STM32入门100步

杜洋 著

人民邮电出版社
北京

图书在版编目（CIP）数据

STM32入门100步 / 杜洋著. -- 北京 : 人民邮电出版社, 2021.7
ISBN 978-7-115-56576-1

Ⅰ. ①S… Ⅱ. ①杜… Ⅲ. ①单片微型计算机—系统设计 Ⅳ. ①TP368.1

中国版本图书馆CIP数据核字(2021)第097507号

内 容 提 要

随着物联网、智能家居的崛起，基于 ARM 内核的 STM32 单片机应用越来越广泛，学习者也越来越多。根据学习者的需求，作者结合多年从事单片机教学的经验，撰写了这本介绍 STM32 单片机开发经验的图书。

本书是一本电子爱好者都能看懂的 STM32 单片机入门与开发能力提升之书，作者通过分层次的设计、生动的语言、细心的讲解、实用的案例和有趣的实验，使读者在轻松、愉快的氛围中掌握 ARM 开发基本能力，提升单片机应用开发水平。

本书面向对单片机开发感兴趣的爱好者和学生，以及有一定硬件开发经验的工程师，也可以作为高校教学参考书使用。各视频网站有本书同名视频，书中各章节也标注了对应的视频集数（第几步），读者可对照视频同步学习。

◆ 著　　　　杜　洋
　责任编辑　周　明
　责任印制　陈　犇
◆ 人民邮电出版社出版发行　　北京市丰台区成寿寺路 11 号
　邮编　100164　　电子邮件　315@ptpress.com.cn
　网址　https://www.ptpress.com.cn
　北京七彩京通数码快印有限公司印刷
◆ 开本：787×1092　1/16
　印张：24.25　　　　2021 年 7 月第 1 版
　字数：664 千字　　　2025 年 3 月北京第 15 次印刷

定价：99.80 元

读者服务热线：(010) 53913866　印装质量热线：(010) 81055316
反盗版热线：(010) 81055315

序

【开始之前】

2007 年，我在《无线电》杂志上发表了一篇 51 单片机入门的文章，收到很好的反响。我自识文笔尚可，于是从 2009 年开始写我的第一本单片机入门书《爱上单片机》。我写东西追求完美，无法兼顾速度，写了 1 年才出版。出版后，我开始录制与书内容同步的教学视频，开启了单片机教学之路。经过几年的努力，《爱上单片机》已经出到第 4 版，累计销售超过 37 000 册，配套的教学视频更新了 70 集，在 10 年间，帮助了很多初学者学习 51 单片机的知识。大家都说我的普通话标准，讲课通俗易懂，没有使用很多专业术语，比较接地气。读者的认可让我有信心在技术教学的路上继续前行。

时代在发展，科技在进步，51 单片机虽然简单易学，却越来越跟不上时代的需求。随着物联网、智能家居的崛起，基于 ARM 内核的 STM32 单片机广泛应用，学习 STM32 的朋友也日益增多。虽然市场上已经有几家科技公司在做 STM32 的入门教学，但在我看来，它们做得还不够好。我是一名“草根”技术人员，没接受过系统性教学，靠自学摸索，一路上跌跌撞撞，好在比较幸运，终于闯出一些门道。也正因如此，我最清楚初学者最想要什么，怎么讲他们才能听懂。技压群雄的人很多，但技术高手不一定能成为好老师，能俯下身来探索教学的人就更少了。把复杂的技术转化为简单的语言，让更多的人学习、运用前沿技术，这本身就是很难的技术。

现如今，我的重点在教学而不是技术，我在努力探索一种与零基础的初学者沟通的方法，不论是讲 51 单片机、STM32 还是其他技术，虽然技术千变万化，但不变的是学习方法。我相信教学才是我的特长，而技术是教学的内容。

【开始】

我看过很多市场上现有的 STM32 开发板，由于竞争激烈，厂商之间像“军备竞赛”一样，你用顶级元器件，我用镀金 PCB 和针脚；你用亚克力外壳，我做金属包装箱。开发板的命名一个比一个大气，不是飞机、大炮就是航母、飞船。它们的教学视频充满励志情节，仿佛学会 STM32 就能走上人生巅峰。为什么要像打鸡血一样学习技术呢？我认为学习技术的关键在于保持兴趣。经过反复思考，最终我决定开始 STM32 的教学工作，我的愿景是为早已成熟的 STM32 行业带来一些新鲜空气。

2018 年，我开启了 STM32 单片机的教学计划，通过多媒体的方式形成教学体系。首先，我设计出一款 STM32 教学用开发板，将其命名为洋桃 1 号开发板。“洋桃”是英文“Young talk”的谐音，有“杜洋在讲课”的含义。开发板的设计非常朴实、简洁。它没有使用精致的亚克力外壳、高端的金属箱以及浮夸的镀金针脚，我所用的是常用的元器件以及普通的包装，尽力压缩成本、降低价格，让初学者能买到性价比较高的开发板。在我看来，开发板是辅助学习的工具，而不是精美的工艺品。

随后，我把大量精力用在教学视频的录制上，视频名为《STM32 入门 100 步》，希望初学者通过 100 集视频能够学到技术，并且运用自如。100 集视频听上去很多，其他厂商的教学视频通常也有百集之多，但对比之后，你会发现二者有很大区别。传统的 STM32 教学视频是做好一份 PPT 文件，打开录屏软件一刀不剪地讲课。讲课内容只有大纲，没有文案，学习过程相对枯燥。《STM32 入门 100 步》每集平均 20 分钟，制作素材和进行课前准备通常需要 2 小时，录制一般需要 80 分钟，我再用 1 小时将视频中的停顿、重复的部分剪掉，发现某处讲得不好还要补录。400 分钟的工时得出 20 分钟的视频，达到的效果是语言标准清晰、没有废话、没有停顿、节奏流畅、一气呵成。以这样的标准做完 100 集视频，我都不知道是怎么坚持下来的。

在教学方法上，我也在不断地探索，大胆地创新。传统教学视频是像电视剧一样的单线故事，从第一集看到最后一集，大家习惯了，好像理所当然。但我考虑到初学者的学历、知识量、理解能力都各不相同，单线讲解怎么能满足不同学习者的需求呢？于是，我想到“视频分支”的方法，先设计一个主线视频《STM32 入门 100 步》，所有初学者都从主线视频开始看，当内容涉及某个基础知识，必然有学过的也有没学过的。学过的人继续看主线视频，没学过的人可以打开另一个专门讲解基础知识的副线视频补习。这样学过的人不会浪费时间，没学过的人也有教学视频可看，两全其美。于是我推出了副线视频《洋桃补习班》专讲基础知识，《洋桃救助队》解答初学者反馈的问题，《洋桃项目组》模拟真实项目的开发全过程。我把这种教学方式叫《洋桃视频集合》，目前视频集合的视频总数达到 180 集，而且还在更新中。

【成书】

当我完成了教学视频的录制，接下来我要全力出版与视频配套的图书，这就是同名教材《STM32 入门 100 步》。取这个名字是希望把开发板、视频集合、教材图书三者融为一体，让大家知道学习材料不只一本书这么简单。教学视频以“集”为单位，每集一步，100 集对应 100 步。而书的内容有章有节，需要结构分明，有大局，有小节。为了弥合二者的差异，我把目录结构划分为六章，把每个知识点定为一节。每节标题前面标出对应教学视频的哪一步（集），有时一节对应好几步也是正常的。学习时把书和视频对比参考，会达到更好的效果。

这本书真可谓是写了好久，不是内容太多，而是我的杂事太多，有很多项目要开发，有很多技术要学习，还有生活琐事。写作的前期，我坚持不参考视频备课的文案，用文学的语言从头创作。万事开头难，读者看本书精彩的开头才有继续学习的热情。第一章的每一节，我都用了两倍的精力去创作，力求让读者入迷，入迷不是为了本书，而是爱上 STM32 单片机。从第二章开始，我便不能再这样“高耗能”写作了。一是精力有限，二是时间不允许，照这样写要 3 年后出版了。于是，我不得不参考视频备课的文案，把视频中的口语改成书面语言，并对视频内容再次加以提炼。这不是说书的质量下降，而是书的质量保持和教学视频质量同等，本来我是想写出比视频质量更高的书的。教学视频已经经过反复打磨，发布后也得到了初学者的认可，书的内容来源于视频备课的文案，这也保证了内容的经典性，对于读者来说可能更有价值。

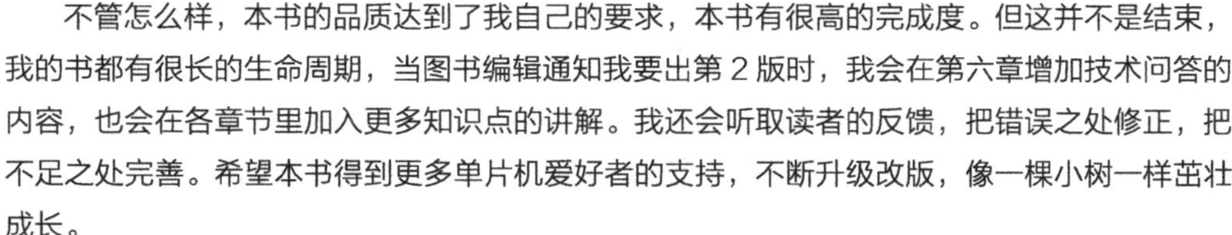

不管怎么样，本书的品质达到了我自己的要求，本书有很高的完成度。但这并不是结束，我的书都有很长的生命周期，当图书编辑通知我要出第 2 版时，我会在第六章增加技术问答的内容，也会在各章节里加入更多知识点的讲解。我还会听取读者的反馈，把错误之处修正，把不足之处完善。希望本书得到更多单片机爱好者的支持，不断升级改版，像一棵小树一样茁壮成长。

【感谢】

感谢我的宝宝给我生活中的照顾和精神上的支撑，督促我录视频、写书。感谢我的图书编辑周明，在策划和校对上，他比我更用心。感谢洋桃 1 号开发板用户，你们在 100 集视频没有录完时就购买开发板支持我，你们提出的每个问题都在帮助我积累经验，你们的好评与鼓励让我有信心坚持下去。感谢给我建议的朋友们，虽然在教学和写作上我很坚持己见，但是你们的热情和关心让我感到温暖。最后感谢购买本书的读者，虽然你们并不关心我是谁，但你们的加入让单片机行业更壮大，让科技的未来有了更多美好的可能。

杜洋
2021 年 2 月

前言

【本书的目标】

正如书名所言，我的目标是让你入门 STM32 单片机。怎样才算入门呢？不同的人有不同的标准，在此，我用一些硬性指标定义“入门”，同时确定学习目标。值得注意的是，入门是开始，入门表示你具有了基础知识和单片机技术的思维方式，可以自我学习了。入门不代表能独立编写程序、开发项目。入门是“小学”毕业，开发项目是“大学”的事。你还有很长的路要走，未来我会出“中学”和“大学”的课程，现在先入门再说。

【“入门”指标10条】

（1）知道什么是 ARM、STM32，了解单片机内部功能，熟悉洋桃 1 号开发板上的各种功能和它们的作用。

（2）成功安装 Keil、FlyMcu、串口助手、超级终端等软件。

（3）会用 Keil 打开工程，能把 HEX 文件下载到开发板中。能在开发板上完成各种示例程序的实验，并了解其工作原理。

（4）掌握 C 语言基础知识，包括函数体、语句、符号、变量、数组、数据类型、基本运算、宏定义等的用法。

（5）能根据电路原理图理解各功能在硬件上的实现原理，每个元器件、芯片的功能和作用。

（6）能根据程序分析的章节理解程序的运行过程、每行程序的作用、调用的每个函数的功能。

（7）能在现有的示例工程中简单修改数值和语句，修改的程序能编译通过，达到自己想要的实验效果。

（8）能在现有示例工程基础上，将其他示例程序移植、拼接、组合在一起，并达到自己预想的实验效果。

（9）能独立创建工程，添加现有的驱动程序，按自己的需求独立编程，达到实验效果。

（10）通过参考数据手册，为新的功能电路（或模块）独立编写驱动程序，并可正常应用。

以上 10 条都是入门的判断标准。你要在认真读完本书、观看教学视频后，在开发板上按照书和视频的步骤认真操作，一步一步顺利完成全部课程。这时回看以上入门标准，第 1 ~ 3 条是最基础的教学，这部分不能达成，说明你不适合学习单片机，可以转行学别的技术。第 4 ~ 7 条是单片机入门标准，达成即表示已经入门单片机，虽然还有很大的提升空间，但只要努力就能从事单片机行业。第 8 ~ 10 条是超额完成任务的标准，达成即表示在单片机技术方面很有天赋，有很大的发展潜力，很可能成为行业内高手。10 条标准满分 10 分，你给自己打几分呢？

【走好100步】

怎样走好入门的 100 步呢？我分享一些方法。我的方法并非权威标准，毕竟每个人都是有个性而鲜活的，我希望你找到适合自己的方法因材施教。我对我的书很熟悉，但不认识每位读者，我的方法是对本书最熟悉的人给出的建议，仅供参考。

工欲善其事，必先利其器。我们先要知道有哪些学习资源，把现有资源整合，以求最大效率。首先当然是本书，这是一切的开始和主轴。可以和本书配合同步学习的是《STM32 入门 100 步》的教学视频，视频共 100 集，是免费公开的，可以在各大视频平台上找到，也能从网盘下载。本书目录中注明了各章节与教学视频的对应关系，请大家按步循序渐进学习。

学习单片机不同于学习纯理论，学技术的目的是实践，单片机的运行效果必然要在硬件电路上观看。所以教学配套的开发板必不可少。洋桃 1 号开发板就是与书和视频配套的教学工具。初学者可以在开发板上观看实验，验证程序是否正确。在硬件上进行实验是检验程序正确性的唯一方法。很多朋友觉得电路仿真软件可以代替开发板，其实二者差别巨大，用电路仿真软件仿真相当于纸上谈兵。

教程、硬件都有了，最后要用“附带资料”把理论与实践连接起来。资料分成手册文档、示例程序、工具软件、第三方资料。手册文档包括硬件电路（洋桃 1 号开发板）的电路原理图、STM32 单片机官方数据手册、各功能芯片数据手册、固件库函数说明手册、协议标准说明手册等。这些是最权威的基础文档，由芯片厂商编写，遇见问题都要以官方数据手册为准。手册文档是重要的学习资料。本书为了教会你如何读懂这些资料，特地引用了原始素材进行讲解。

示例程序是我基于洋桃 1 号开发板的电路编写的程序，程序可直接下载到开发板中看到实验效果。示例程序最大的作用是“示范”，提供分析、研究的指导。学习编程可不是一上来就自己在空白文档中一字一句地写程序，初学者没有基础，可能什么都写不出来，写出来也有各种问题和错误。就像学写作文一样，初学者要先大量阅读别人的优秀作文，理解文章的段落大意和中心思想，分析写作技巧。分析得多了，自然知道怎么写。正所谓“读书破万卷，下笔如有神”。本书一直在分析电路原理，细致分析每行程序。很多初学者都特别着急自己写程序，但下笔之前破万卷了吗？请跟着我把示例程序都分析一遍，先透彻理解再说。

工具软件包括 Keil、FlyMCU、串口助手、超级终端等，我们在工具软件的帮助下才能开展学习。第三方资料是指别人在学习过程中写的笔记、程序、论文，是我们的参考资料，但需要注意第三方资料不具有权威性，我们只能半信半疑。遇见问题时，第三方资料往往有很高的参考价值，所以请你多利用搜索引擎、博客、论坛来搜集更多资料。

对于零基础的初学者而言，一切都是未知的，如果能严格按照教程的指导，可以少遇到问题、少走弯路，等前路明朗之后再自行发挥。想达到最好的学习效果，先要对我的教学有信心，排空之前对 STM32 单片机的片面认知，特别是其他人潜移默化灌输给你的印象。比如：C 语言不如汇编语言，寄存器编程法比固件库函数更好，入门必须用仿真器，只有自己从头写程序才是会编程，STM32 单片机的硬件 I^2C 不稳定。还有很多类似的偏见，我就不一一列出了。请仔细回想，这些观点是谁告诉你的？你知道得出观点的原因和背景吗？它们是个人偏见还是公认的常识？初学者最怕带着满满的傲慢与偏见，想接受别人的教育却必须符合自己固有的想法。千万别以为我在说别人，一旦开始学习，偏见会渐渐萌生。每个初学者都要警惕。

在学习方法上，我再嘱咐几点。

（1）学习时遇见听不懂、学不会的地方，可以观看《洋桃补习班》《洋桃救助队》视频，阅读《洋桃技术支持》文章，搜索第三方资料。依然不能解决，可以跳过这部分往下学习。不要让问题影响课程进度，不要让困难影响学习兴趣。也许学完所有再回看，之前的问题就迎刃而解了。

（2）针对某些知识，有朋友想博学广闻（追求广度），有朋友想深入研究（追求深度）。但在初学阶段，我建议以追求广度为主，一是因为我们还没有深入学习的能力，二是因为广泛的知识能形成大局观。多学多看、不深究细节是初学阶段最好的方法。

（3）学习的同时要培养独立解决问题的能力。遇见问题其实也是得到锻炼的机会，坚持自己查资料、做实验，在此过程中，你会发现自己解决问题的能力越来越强。如果一有问题就问别人，别人告诉你答案，问题解决了，你却什么都学不到。你需要脱离别人的帮助，不成为技术上的"妈宝"。

（4）掌握知识的最好方法是教会别人。读书、看视频、做实验确实能让你学会单片机，但不保证永久记忆。不要高估你的记忆力，特别是在经验不足时。建议多写笔记，把知识点、操作过程、资料重点都写下来，分享到技术博客、交流群里面。别人看你的笔记学习时，你学得更加牢固。你参考别人写的第三方资料，你的笔记也是后来者的第三方资料。

【附带资料】

本书中大量使用"在附带资料中找到……"这句话，"附带资料"是随本书免费提供的附件，你可以扫描二维码下载。附带资料包括数据手册、示例程序等书中引用到的资料。而工具软件、第三方资料等未引用的资料可以在购买洋桃 1 号开发板后在开发板附带的资料中得到。

拿到资料后请逐个文件夹打开查看，了解每个文件夹里的内容，这样在书中涉及某些资料时能很快找到。有朋友可能会觉得附带资料太少，应该越多越好。我知道有些书的附带资料可以装满一个硬盘，看上去能学到好多知识，但你真的都看过吗？真的能学到更多吗？我认为资料贵精不贵多，人的精力有限，学习彼此不相关的资料并不能让知识形成体系，资料应该与教材（书和视频）高度配合，在教学体系中发挥最大效率。我给出的每份资料都是精心挑选、用心制作的。文档的名称、文件夹的结构都有统一风格，系统性强的资料才能帮助初学者建立系统性的思维，达成教学体系。

【问题反馈】

有一件事我敢肯定：世间无完美。人们都在追求完美，这也是生命的魅力。本书在技术层面上的内容一定有错误，存在说法不明确、表达不完整。文字上也会有书写错误、错别字等问题。如果你对本书有意见和建议、批评和表扬，请通过电子邮件反馈给我，我的电子邮箱地址是 346551200@qq.com。

杜洋

2021 年 2 月

本书配套资料下载链接，
手机扫码或在浏览器输入地址
https://exl.ptpress.cn:8442/ex/l/69067896

目录

第一章　基础知识与平台建立

第二章　核心板功能

第三章 开发板功能

第六章　技术问答

第一章

基础知识与平台建立

第 1~2 步

1 是时候学ARM了!

1.1 为啥学?

标题的意思是“现在是学习 ARM 最好的时机”。什么是 ARM？简单来说，它就一种性能出众的 32 位处理器的内核架构。1991 年，一家叫 ARM 的公司在英国成立了，它们设计出了一种高性能、低功耗的处理器的设计方案，给方案取的名字也叫 ARM。

ARM 公司设计出了 ARM 内核架构（有点绕但不难理解），但它们不去制造这种处理器芯片，而是把设计方案卖给其他的芯片生产厂商。生产厂商每生产出一片基于 ARM 架构的处理器，就要向 ARM 公司支付一定的专利使用费（当然最后都加到了消费者头上）。芯片生产厂商使用 ARM 公司的设计方案做出来的芯片就是“基于 ARM 架构的处理器”（以下简称 ARM 处理器）。

这个故事听上去没什么了不起，但后来 ARM 公司火了，正是因为它们赶上了便携式智能设备快速发展的大好时机。正是因为 ARM 处理器比其他处理器在同等性能的情况下功耗更低，更适合使用电池的电子产品，所以很多 PDA 掌上电脑、高级功能手机都使用 ARM 处理器。后来苹果开启了智能手机的新时代，ARM 处理器毫无对手地成为了智能手机 CPU 的唯一选择。目前 ARM 处理器芯片的生产总数已经突破 600 亿片，而且还在快速增长，真是一本万利的好生意。智能手机几乎普及到了全球每个人，也就是说全世界每个人身边都有至少 1 片 ARM 处理器。ARM 处理器的兴旺带动了整个产业链的富强。拿 ARM 处理器做手机的公司越来越多，在智能手机出现 10 周年之际，其市场将近饱和。ARM 处理器的火爆也似乎走到了顶点。

再说说为什么现在是学习ARM的最好时机。不是说学得越早越好吗？ARM处理器刚出现时并不普及，其主要客户是智能产品开发商，能买到和用到 ARM 处理器的是少数大公司的技术人员。当 ARM 处理器在市场上普及之时，也正是智能手机、平板电脑如火如荼之际。ARM 处理器的主要用途还是做手机或者类似的便携式智能产品。手机不是谁都能做的，虽然你能很方便地买到 ARM 处理器芯片，但用它们搞研发的主要还是大公司的技术人员。随着手机商场的饱和，市场开始向可穿戴设备和物联网上发力。2016 年日本软银集团以 310 亿美元的价格收购了 ARM 公司。这一信息告诉我们，ARM 公司还有更大的市场价值，那就是刚刚起步的物联网市场。

物联网将除了计算机和手机之外的更多传感器、控制器连接到互联网中，比如智能电视、智能监控摄像头、智能台灯，都是物联网的设备。用户可以通过计算机、手机远程控制设备，还可以通过大数据、云计算全智能控制。物联网的应用小到每家每户的电器，大到城市交通、智能物流、精准到秒的天气预报。物联网的潜力非常巨大，可能和智能手机一样再次改变我们的生活，我们将迎来物联网时代。

如果说在智能手机时代，掌握研发资格的是少数手机厂商，那在物联网时代，研发的门槛将降到最低。智能手机是单一的产品，目标用户也只有普通消费者。而在物联网时代需要被智能化的电子产品种类众多，而且目标用户有消费者，也有工厂、商场、学校、医院等专业领域。每个领域都希望把设备智能化，这是

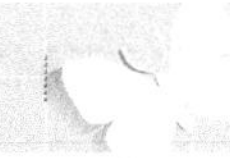

一片巨大的市场，其产值不只百亿。电子行业的同行们将迎来一次机遇和挑战。学习ARM处理器、智能硬件、云计算会是加入物联网狂欢派对的入场券。行业可能重新洗牌，不知道谁能参与下一局。

1.2 谁要学？

ARM 处理器会引领物联网前行，想参与物联网发展的朋友都应该学习相关的技术，但我特别推荐以下几类朋友学习 ARM。他们是电子类专业的大学生、从事单片机行业的技术人员、想以物联网创业的人，以及有进取心的单片机爱好者。

当年我大学毕业时，只身一人去深圳找工作，当时我学过一点 51 单片机，在人才市场里显得格外有优势。大多数公司都要求会些 51 单片机，一点不会的人很多公司都不考虑。多少年过去了，如今的电子技术专业的大学生找工作会是什么样的要求呢？我随便在某著名求职网站搜索“嵌入式开发”，找出两个比较热门的职位能力要求。A 公司的招聘信息（见图 1.1）都是官话，职位是嵌入式硬件研发工程师，工作地在深圳，月薪 8000~10 000 元。其中第 2 条要求熟悉 ARM 和 DSP（数字信号处理），你看，搞硬件的都得玩过 ARM 哦。B 公司的招聘信息（见图 1.2）也是官话，但括号里面说出了老板的心声，职位是嵌入式工程师（或单片机工程师），工作地在深圳，月薪 6000~8000 元，其中第 2 条要求熟悉单片机或 Cortex-M 的 ARM 处理器，还要做过 3 个项目以上。这样的职位要求对于刚毕业的大学生来说是不是有点太苛刻呢？没办法，市场决定技能，技能决定你的价值。

对于刚毕业的大学生和正在从事单片机开发的技术人员来说，如今熟悉使用 51 单片机依然能找到工作，但如果你熟悉 ARM，那你的工作机会与发展潜力更大。会 51 单片机的人太多，如果你不能保证自己足够优秀，那就多掌握在未来有潜力的技能，Cortex-M 系列 ARM 处理器是最好的选择之一。如果你是创业者，涉足物联网行业是不错的选择，智能硬件的潜在价值不可估量，市场份额的巨大使创业者有平等的竞争和无限的机会，以 Cortex-M 系列 ARM 处理器为核心的智能硬件会是更多人的选择。

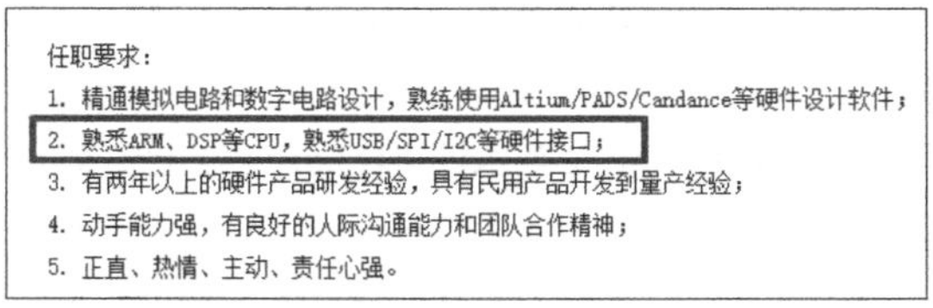

任职要求：

1. 精通模拟电路和数字电路设计，熟练使用Altium/PADS/Candance等硬件设计软件；
2. 熟悉ARM、DSP等CPU，熟悉USB/SPI/I2C等硬件接口；
3. 有两年以上的硬件产品研发经验，具有民用产品开发到量产经验；
4. 动手能力强，有良好的人际沟通能力和团队合作精神；
5. 正直、热情、主动、责任心强。

图 1.1 A 公司招聘信息

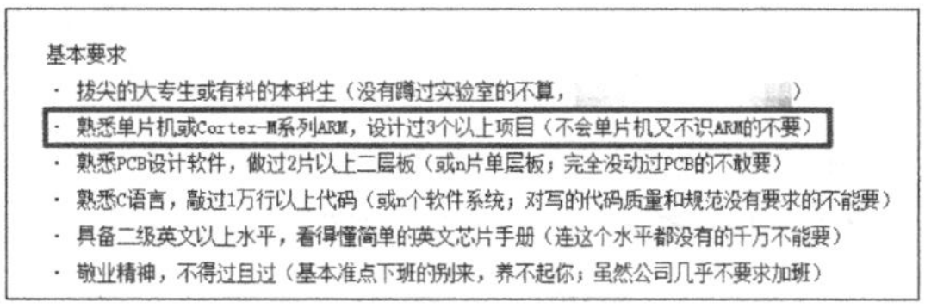

基本要求

· 拔尖的大专生或有料的本科生（没有蹲过实验室的不算，[illegible]）
· 熟悉单片机或Cortex-M系列ARM，设计过3个以上项目（不会单片机又不识ARM的不要）
· 熟悉PCB设计软件，做过2片以上二层板（或n片单层板；完全没动过PCB的不敢要）
· 熟悉C语言，敲过1万行以上代码（或n个软件系统；对写的代码质量和规范没有要求的不能要）
· 具备二级英文以上水平，看得懂简单的英文芯片手册（连这个水平都没有的千万不能要）
· 敬业精神，不得过且过（基本准点下班的别来，养不起你；虽然公司几乎不要求加班）

图 1.2 B 公司招聘信息

1.3 学什么？

我们说学 ARM，学的到底是什么？ARM 不是一个东西，它只是内核架构，熟悉了 ARM 内核架构没有用，我们要学的是基于 ARM 架构的具体某一款芯片的使用。我经过认真的考虑，推荐大家从 Cortex-M 系列 ARM 处理器入手，在 Cortex-M 系列当中又属 STM32F1 系列最适合入门者。我为什么会有如此选择，难道我拿了人家厂商的好处费？Cortex-M 系列、STM32F1 系列又是什么？要想彻底弄明白，就得讲讲 ARM 的进化史。

之前我们说过 ARM 公司设计了 ARM 内核架构，但这个架构并非固定的，随着技术的发展和市场的需求，ARM 的版本也在不断升级。表 1.1 是 ARM 内核分类表。和 iPhone 手机的命名原则一样，ARM 的更新换代也是用数字表示的。第一代叫 ARM1，第 2 代叫 ARM2，但没有 4 和 5（或者出现过却很快消失），直接到了 ARM7。说到 ARM7，我最有体会，我在大学时正是 ARM7 刚出现之时，各种教程都言辞肯定地说 ARM7 将是未来的主流，如今却没有人再提起 ARM7，因为它几乎被淘汰了。没多久，ARM9 又火了起来，因为它具有 MMU（内存管理单元）功能，可以运行操作系统，一时间各大教程又推崇 ARM9，认为能上操作系统才是王道。后来又出现 ARM10、ARM11，这一时期很多初级的智能手机都是选用 ARM 处理器的。

到了 2010 年，ARM 公司又发布了新的版本，这次命名不叫 ARM12，而是专门起了一个名字叫 Cortex。这里还需要说明一点，每次发布的 ARM 版本中都会有不同的内核架构，这样做是为了满足不同领域的应用需求。比如 Cortex 系列是 ARM 的版本名，就像 iPhone7 手机，是大的升级版本，但是针对不同的用户需求，比如有人喜欢小屏，有人喜欢大屏，又分成 iPhone7 和 iPhone7 Plus，这就是 Cortex 版本中的 ARMv7-A、ARMv7-R、ARMv7-M 三种内核架构的子版本，内核架构的差异决定了其所应用的领域。ARMv7-A 系列针对最高性能的操作系统和用户应用，适合作为智能手机的 CPU。ARMv7-R 系列针对实时系统，适用于高性能航空航天设备。ARMv7-M 系列则定位于微控制器，适用于智能终端设备、物联网产品。而在 ARMv7-M 系列中又会分为 Cortex-M3、Cortex-M4、Cortex-M4F 系列，这是针对一个大领域中的具体应用差异所划分的。这类似于 iPhone7 Plus 当中又分 32GB、128GB、256GB 内存版本，在想买 iPhone7 Plus 的用户当中，根据自己使用量的需要选择不同的内存大小。当你向服务员说“我想买苹果公司的 iPhone7 手机、Plus 版、32GB 版，谢谢”，相当于你对我说“我要学 ARM 处理器、ARMv7-M 架构、Cortex-M3 系列，谢谢”。但这里你不需要说 ARMv7-M 架构，因为当你说出 Cortex-M3 系列时，就只能是这一架构了。就像你不用说 iPhone7 手机的 Plus 版，而直接说 iPhone7 Plus 就可以了。

我们最终是要做物联网、智能硬件产品的，所以要特别关注在最新的 Cortex 系列之中，有哪些是针对这一应用而推出的子系列。首先大分类是 Cortex-M 系列，专门用于微控制器的系列。在这个分类之中有 Cortex-M0、Cortex-M1、Cortex-M3、Cortex-M4、Cortex-M4F，其中 M0 和 M1 是针对低性能、低功耗的产品（比如电池供电的计时器），所以二者可以只用 M0 系列指代。M4F 是指在 M4 的基础上加入了浮点运算功能，这是为少数特殊应用设计的，通常只说 M4 系列即可。表 1.2 是 M0、M3、M4 的性能对照表。从中可以看出 M0 系列的架构版本低、频率低，很多功能都没有，于是它的价格也低，适合做简单应用且对成本敏感的产品。M4 系列架构版本最高，所有功能都有，价格必然最贵，适合做高性能且不在乎价格的产品。M3 系列比 M4 系列差一些，性能、价格居中，适合要求性价比的产品。图 1.3 所示是 Cortex 系列性能对照，是所有子系列的性能排行榜。

关于 ARM 内核的部分大家都清楚了，接下来把我们要学习的 ARM 系列投射到具体的实物上，毕竟我们要用一款具体的芯片来学习与实验。之前说过，ARM 公司不生产芯片，它们把方案卖给各大芯片生产商，要学习具体的 ARM 芯片，先要知道有哪些生产 ARM 内核的芯片生产商。

要知道 ARM 芯片已经生产出超过 600 亿片，生产这么多芯片的厂商有成百上千家一点也不夸张吧？这么多厂商我没必要一一列举，苹果公司也自己生产 ARM 芯片，但你买不到。我要介绍的是最有代表性、市场上最常见的厂商，它们的芯片在行业内要有一定影响力。表 1.3 所列是目前最流行的 ARM 处理器生产商。第一家是我们最熟悉的 Atmel 公司，很多朋友的 51 单片机都是从 AT89C51 这款芯片开始的，而这家公司也推出过基于 ARM9 内核的处理器，只不过普及度不高。为了发挥它们的优势，它们还把曾经在单片机圈非常火爆的 AVR 单片机做成了 32 位版本的 AVR32，它不是 ARM 内核，但希望以此与 ARM 竞争，结果是现在很少有人听说过 AVR32。ARM 的地位不可动摇，大部分厂商还是乖乖地生产 ARM 处理器。专业做音频处理的凌云逻辑公司也推出了 5 款基于 ARM9 的芯片。飞利浦麾下的恩智浦公司在 10 年前做过两款 ARM7 芯片流行一时，我最早了解 ARM 也是通过这两款芯片。三星生产的

表 1.1　ARM 内核分类及应用

系列	架构	内核	特色	速度	应用
ARM1	ARMv1	ARM1			
ARM2	ARMv2	ARM2	Architecture 2 加入了 MUL 乘法指令	4MIPS@8MHz	游戏机
	ARMv2a	ARM250	Integrated MEMC (MMU)，图像与 I/O 处理器。Architecture 2a 加入了 SWP 和 SWPB 指令	7MIPS@12MHz	游戏机、学习机
ARM3	ARMv2a	ARM2a	首次在 ARM 架构上使用处理器高速缓存	12MIPS@25MHz	游戏机、学习机
ARM6	ARMv3	ARM610	首创支持寻址 32 位的内存	28MIPS@33MHz	Apple Newton 掌上电脑
ARM7	ARMv3				
ARM7TDMI	ARMv4T	ARM7TDMI(-S)	3 级流水线	15MIPS@16.8MHz	游戏机、iPod 音乐播放器
		ARM710T		36MIPS@40MHz	精简型掌上电脑
		ARM720T		60MIPS@59.8MHz	
		ARM740T			
	ARMv5TEJ	ARM7EJ-S	Jazelle DBX		
StrongARM	ARMv4				
ARM8	ARMv4				
ARM9TDMI	ARMv4T	ARM9TDMI	5 级流水线		
		ARM920T		200MIPS@180MHz	Armadillo、GP32、GP2X、Tapwave Zodiac 游戏机
		ARM922T			
		ARM940T			GP2X 游戏机
ARM9E	ARMv5TE	ARM946E-S			Nintendo DS 掌上游戏机、Nokia N-Gage 手机
		ARM966E-S			
		ARM968E-S			
	ARMv5TEJ	ARM926EJ-S	Jazelle DBX	220MIPS@200MHz	索尼爱立信 K、W 系列手机，明基西门子 x65 系列手机
	ARMv5TE	ARM996HS	无振荡器处理器		
ARM10E	ARMv5TE	ARM1020E	(VFP)、6 级流水线		
		ARM1022E	(VFP)		
	ARMv5TEJ	ARM1026EJ-S	Jazelle DBX		
XScale	ARMv5TE	80200/IOP310/IOP315	I/O 处理器		
		80219		400/600MHz	Thecus N2100 网络存储适配器
		IOP321		600BogoMips@600MHz	
		IOP33x			
		IOP34x	1~2 核，RAID 加速器		
		PXA210/PXA250	应用处理器，7 级流水线		Zaurus SL-5600 掌上电脑
		PXA255		400BogoMips@400MHz	Palm Tungsten E2 掌上电脑
		PXA26x		可达 400MHz	Palm Tungsten T3 掌上电脑
		PXA27x		800MIPS@624MHz	HTC Universal 智能手机，Zaurus SL-C3100、3200 掌上电脑，Dell Axim x30、x50 系列掌上电脑
		PXA800(E)F			
		Monahans		1000MIPS@1.25GHz	掌上电脑
		PXA900			Blackberry 8700 系列黑莓手机
		IXC1100			
		IXP2400/IXP2800			
		IXP2850			
		IXP2325/IXP2350			
		IXP42x			NSLU2 网络存储适配器
		IXP460/IXP465			

续表

系列	架构	内核	特色	速度	应用
ARM11	ARMv6	ARM1136J(F)-S	SIMD、Jazelle DBX、(VFP)、8 级流水线		Nokia N93、N800 手机
	ARMv6T2	ARM1156T2(F)-S	SIMD、Thumb-2、(VFP)、9 级流水线		
	ARMv6KZ	ARM1176JZ(F)-S	SIMD、Jazelle DBX、(VFP)		
	ARMv6K	ARM11 MPCore	1~4 核对称多处理器、SIMD、Jazelle DBX、(VFP)		
Cortex	ARMv7-A	Cortex-A8	Application profile、VFP、NEON、Jazelle RCT、Thumb-2、13-stage pipeline		Texas Instruments OMAP3 掌上电脑
		Cortex-A9			智能通信设备
		Cortex-A9 MPCore			智能通信设备
	ARMv7-R	Cortex-R4(F)	Embedded profile、(FPU)	600DMIPS	带实时操作系统的嵌入式微控制器
	ARMv6-M	Cortex-M0	低成本、低功耗	0.9DMIPS/MHz	低功耗设备
		Cortex-M1	低功耗、高效率	0.9DMIPS/MHz	低功耗智能设备
	ARMv7-M	Cortex-M3	高效率控制	1.25DMIPS/MHz	嵌入式微控制器
		Cortex-M4	高性能控制	1.25DMIPS/MHz	高级嵌入式微处理器
		Cortex-M4F	带浮点运算		高级嵌入式微处理器

表 1.2　3 个系列内核的性能对照

	Cortex-M0	Cortex-M3	Cortex-M4
架构版本	v6M	v7M	v7ME
指令集	Thumb、Thumb-2 系统指令	Thumb、Thumb-2	Thumb、Thumb-2、DSP、SIMD、FP
DMIPS/MHz	0.9	1.25	1.25
总线接口	1	3	3
集成 NVIC	是	是	是
中断数	1~32+NMI	1~240+NMI	1~240+NMI
中断优先级	4	8~256	8~256
断点，观察点	4/2/0,2/1/0	8/4/0,2/1/0	8/4/0,2/1/0
存储器保护单元（MPU）	否	是（可选）	是（可选）
集成跟踪选项（ETM）	否	是（可选）	是（可选）
故障健壮接口	否	是（可选）	否
单周期乘法	是（可选）	是	是
硬件除法	否	是	是
WIC 支持	是	是	是
Bit Banding	否	是	是
单周期 DSP/SIMD	否	否	是
硬件浮点	否	否	是
总线协议	AHB Lite	AHB Lite、APB	AHB Lite、APB
CMSIS 支持	是	是	是
应用	8/16 位应用	16/32 位应用	32 位 /DSC 应用
特性	成本低、功能简单	性能效率高	能进行有效的数字信号控制

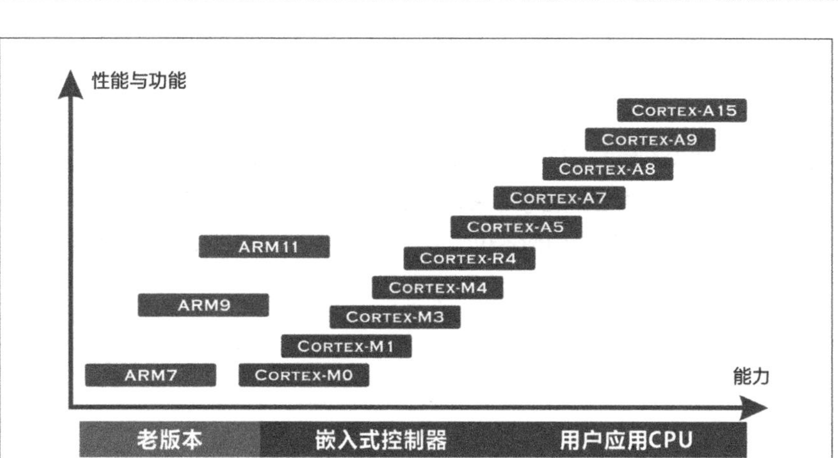

图 1.3 Cortex 系列性能对照表

S3C2440 一度是高性能 ARM9 的王者。但这些老牌大公司因为产品线太多，在 ARM 处理器上都没有太快的更新。当 Cortex-M 系列发布时，大厂们都没看好这款新内核，认为现有的 ARM9 还要流行很长时间。只有意法半导体（ST）推出了基于 Cortex-M 的 STM32F 系列芯片，没想到一炮而红，彻底打败了老牌大厂，STM32 成了最新一代 ARM 处理器的代名词。随后，英飞凌、飞思卡尔（MSP430 单片机的厂商）、德州仪器、新唐科技等大小厂商都跟进推出 Cortex 的芯片，但已经抢占不了太多的市场份额。意法半导体成了 Cortex 产品最大的赢家，当然 ARM 公司赢得更多。

聊完几大商业巨头的竞争史，最后回到主题：学什么？ARM 处理器是目前最有潜力的，Cortex 内核是最新、最好的系列，Cortex-M 系列最适合物联网设备的开发，意法半导体公司的 STM32 系列是最流行、资料最多、应用最广的 ARM 芯片。所以，用 STM32 系列学习 ARM 是目前的最优选择。STM32 有 3 个系列，F0 系列功能太少，F4 系列过于复杂，取中间的 F1 系列进行入门最为适合。最终我选定的 ARM 入门学习用的芯片型号是 STM32F103C8T6，芯片的样子如图 1.4 所示。型号代表什么含义，这款芯片又有什么功能，我们下节再进行介绍。

表 1.3 常见的 ARM 处理器生产商和产品

厂商	产品系列	内核版本
Atmel	AT91 系列	ARM926EJ-S
凌云逻辑	EP93 系列	ARM920T
恩智浦（NXP）	LPC2100 系列	ARM7TDMI
	LPC2210 系列	
三星电子	S3C2410 系列	ARM920T
	S3C2440 系列	
意法半导体（ST）	STM32F0 系列	ARM Cortex-M0
	STM32F1 系列	ARM Cortex-M3
	STM32F4 系列	ARM Cortex-M4
英飞凌	XMC1000 系列	ARM Cortex-M0
	XMC1000 系列	ARM Cortex-M4F
飞思卡尔	K50 系列	ARM Cortex-M4
德州仪器（TI）	LM4Fx Stellaris	ARM Cortex-M4F
新唐科技	NUC505 系列	ARM Cortex-M4F

图 1.4 STM32F103C8T6 芯片

1.4 好学吗?

好不好学因人而异，学过 51 单片机的朋友再学 ARM 就会容易一些，因为一些基础的 C 语言知识和电路原理都是相通的。如果没有模拟 / 数字电路基础，也不会 C 语言，学 ARM 就会困难些，但也没到完全学不会的程度。至于每位读者是否适合学 ARM，我想不妨试试看，如果遇见的困难太多再退而学简单的 51 单片机也不迟。而且在这个过程中你不仅大概了解了 ARM 的知识，也会发现自己学习的极限和局限在哪里。

1.5 怎么学?

目前行业内教授 ARM 处理器的教程和图书已经非常多，比较著名的也有两三家。它们都是从 ARM 处理器的内核架构的原理分析出发，以理论教学为先。这种方式沿袭了大学专业教学模式，适合理论逻辑性很强的优秀大学生。而对于找工作、做项目、有爱好的大众入门者来说，传统教学方式不仅太抽象、太艰深，而且与实践脱节，提不起兴趣，所以我撰写了这本从实践、兴趣、乐趣出发的应用新教学模式的图书，配以相关的教学视频（每节前面的“第 X 步”对应视频名称）。书中内容侧重理论，视频关注操作过程，如此便会有事半功倍的学习效果。

1.6 学多久?

学多久这个问题，除了因人的学习能力而异外，还要看你想学到什么程度。以我的个人见解，学习一项技术是没有止境的。所谓的“学会了”是指掌握了这种技术的基本原理和思维方式，并能够在使用技术时沿用这一原理和思维，自主、独立地展开扩展性学习，而不再需要有老师指点，遇见问题能够自己解决。以我个人学习 STM32 的经历来看，我学 STM32 完全是自学，没有看过某个系统的教程，只是在网上找资料，看数据手册，遇见问题也能独立解决。那是因为我有 13 年的 51 单片机开发经验，对 51 单片机的原理和思维都非常熟悉。把 51 单片机的原理和思维套在 ARM 学习上同样适合，所以对我来说，初学 ARM 就好像把之前学过的东西变个样子复习一遍。正因为我学习 ARM 如此之快，对于这套原理和思维非常熟悉，才有胆量在此连载教学文章。虽然深知天外有天，我做的教学不会是最好的，但我会是最细致、最认真的，把知识与经验分享出来，让更多朋友受益，本身也是一件幸事。回到正题，ARM 到底要学多久?如果你对 51 单片机或者任何一款其他单片机很熟悉，有丰富的应用经验，那 1~3 个月就能学会。如果你是零基础入门的，对电路基础和 C 语言都只是听说过，那么想学会至少需要半年到一年。而我的书会以零基础的初始者为起点，用最低的门槛接纳更多想学习的朋友。

第3步

2 STM32家族大起底

上一节我们了解了 ARM 公司和 ARM 框架，知道要学什么，能做什么。我接触 ARM 比较早，那时是 2006 年，我在一家专门研发 ARM 开发板的公司上班。老板对我很好，让我学到了很多。可是私下里我依然玩着 8051 单片机，原因可能是一种执着，也可能是对 ARM 的畏惧。当年的 ARM 很麻烦，不仅有很多个芯片选择，而且用于开发的软件都不友好。学习上的资料除了官方的数据手册，几乎没有别的。学 ARM 的人不多，我们公司的开发板也卖得不好。

一转眼过去了十多年，现在的 ARM 芯片市场相比从前有着质的差别。因为 ARM 框架的优势越来越明显，加上以苹果 iPhone 为首的智能手机市场的兴起，ARM 的时代开启了。在这十多年里，很多公司看到了做 ARM 的利润，纷纷生产 ARM 芯片，但是随之而来的是选择越来越少了。为什么呢？因为竞争带来了优胜劣汰，大公司吃掉了小公司。就好像点击量高的视频就会有更多人点击，优质的 ARM 芯片很快占领市场的绝大部分，其他小厂商死伤一片。如今的 ARM 市场在嵌入式处理器这个领域，ST 公司是毫无疑问的第一，就像苹果 iPhone 在智能手机中的地位，也像美第奇家族在文艺复兴时期的欧洲的地位一样。说到家族，我觉得 STM32 就像一个家族，它有自己的家谱，大家族里有小家庭，家庭里有兄弟姐妹，每个成员有其个性和擅长的能力。下面请大家跟我一起了解一下 STM32 的家谱。

不背熟贾氏家谱，就难读懂《红楼梦》。不了解 STM32 家谱，就很难明确你在学什么。家谱就像地图，让你知道身处何处，目标在哪。有些初学者只钻研一款型号的芯片，学了很久，经验很多。不论是做低功耗产品还是做高性能应用，都固执地用这款芯片。独爱一人是专一而美好，但兼爱天下更能宽阔心胸、通达人生大道。钻研一款芯片把它用于极致自然好，可是科技在进步，不知何年何月你的芯片就被淘汰了。现在还有些人坚持用 AT89C51（20 世纪 80 年代的古老产品），还不知已经脱离了时代。终一人而有生死，达天下者得永恒。不要把目光盯在一款芯片上，也不要盯在 STM 家族上。看得越远，你站得就越高。

2.1 命名的原理

说家庭的谱系，最方便的入口就是从名字开始研究。不论是人类的家谱还是 STM32 的家谱都有姓名的规律。以我的家谱为例，我父亲“杜贵权”这个名字，“杜”是家族编号。老话曾说过，同姓者 500 年前都是一家人，所以我听说哪个朋友姓杜都会有种亲切感。“贵”是辈分编号，一般都是按设计好的句子顺序排列，比如“富贵荣华”。“权”是个人编号，通过它来区分兄弟姐妹，“杜贵兰”是我姑，“杜贵林”是我叔。按家谱算的话，我应该叫“杜荣洋”，还好家谱退出了历史，个人可以随意取名字，但姓还得保留。

不按家谱取名，别人很难判断你的社会关系。就像 ARM 的 Cortex 框架，明明应该按规律叫 ARM12，却非要用单词代替，让不了解的人不知道它在 ARM 家族中的位置。ARM 公司之所以弃用“家谱”，可能也是想求新求变，毕竟现在流行个性化。STM32 系列的家谱非常明晰，目前还没有例外的命名。我猜是因为芯片名是用户造型（开发产品时研究考虑选择哪一款型号的芯片）的重要依据，随意取名对选型非常不利，这是任何公司都不希望看到的。名字的每一个字符都有明确而有规律的含义，学习、了解这些含义就是掌握 STM32 家谱的方法。

具体问题需要具体分析，为此我制作了一个图表。图 2.1 所示是对一款 STM32 微控制器（或者叫单片机、微处理器都行）型号名称含义的分析，这款微控制器也是我们未来主要学习的对象。这款芯片的“姓名”是“STM32F103C8T6”，在不了解其命名原则的情况下，我们很难记住，也不明白其中的含义。我们在未来的学习中还会涉及更多其他芯片型号，我不能逐一分析，请大家一定要花点时间分析一下，这对于掌控全局比较重要。现在我们看图 2.1，把一整串字符拆开理解。为了更好地理解，我找到了 ST 公司的官方网站 www.st.com，在“产品”分类里找到了“微控制器”这一项。这里面的资料都是按命名的规范来分类的。我从中截了几张图，从中能很方便地说明其家族的分支及成员。

2.2 第1段：STM（公司）

这是指意法半导体公司的微控制器产品系列。ST 就是这家公司的名称，和 IBM、HP 等公司名称是一样的。M 是 Microelectronics 的缩写，这里需要注意，ST 公司算是家大公司了，他们不仅生产微控制

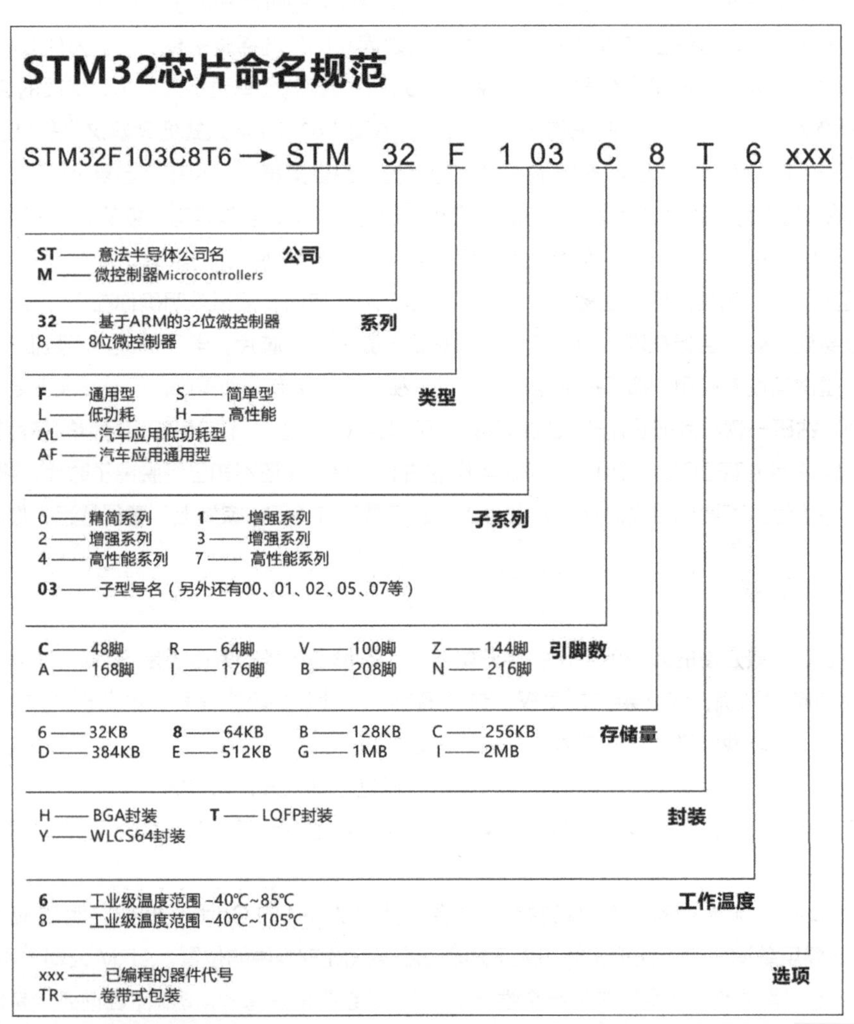

图 2.1 STM32 芯片命名规范

器，还生产二极管、放大器、无线模块之类的电子元器件，STM 只表示 ST 公司微控制器这一品类的命名。

2.3 第2段：32（系列）

这是指 ST 公司的微控制器的位结构系列。不管是计算机、手机还是单片机，计算原理都是相同的，都是用由 0、1 组成的二进制数计算的方式。而在计算机的设计上，把多个二进制的位组成一组，一次处理这一组数据。计算机发明之初，设计的水平有限，当时的计算机一次能处理 4 位二进制数据。后来发展好了，8 位一组，一次处理的位数越多，其计算能力就越强，速度也呈几何倍数提高，我们熟知的 8051 单片机就是 8 位单片机。

为了提高计算性能，又出现了 16 位、32 位、64 位、128 位结构的计算机。目前家用的计算机都是 32 位或 64 位的，智能手机绝大部分采用的是 32 位的处理器。ST 的单片机目前有两种，STM8 是 8 位单片机，主打便宜和超低功耗。STM32 是 32 位单片机，主打高性能、高速度。虽然 STM32 系列产品中也有低功耗的产品，但 32 位结构本身的处理性能就高于 8 位结构，功耗和价格总不会比 8 位的低。这也是为什么 8 位单片机一直没有被淘汰的原因，除非有一天 32 位单片机的功耗、价格与 8 位单片机一样，却有高出几倍的性能。不过我认为早晚会有那么一天。另外还有一个隐含的信息，ST 公司的 8 位单片机是他们自己设计的内核框架，而 32 位单片机全部采用 ARM 公司的内核框架，所以“32”指的是基于 ARM 内核框架的 32 位微控制器。

2.4 第3段：F（类型）

这是指 STM 公司 32 位单片机的类型，按我的话说就是芯片的主要应用方向。图 2.2 所示是 ST 公司的系列和类型的关系图表。字母 F 代表通用型，就是说 F 类型的单片机在性能、功能、功耗、价格方面比较平衡，哪项也不突出，哪项也不缺少，尽量满足所有需要微控制器的场合。如果把话反过来说，ST 公司生产了一些专用于各种专业领域的微控制器，比如用于简单功能开发的 S 系列、用于低功耗的 L 系列、用于高性能的 H 系列。如果你的使用需求不包括在这些领域内，那就推荐你用通用类型的 F 系列，反正总有一款适合你。我们家里的计算机就是通用型微型计算机，你可以在各种场所使用它的各种功能。超市收银台的计算机就是专用计算机，是专门为超市设计的，不能做其他工作。

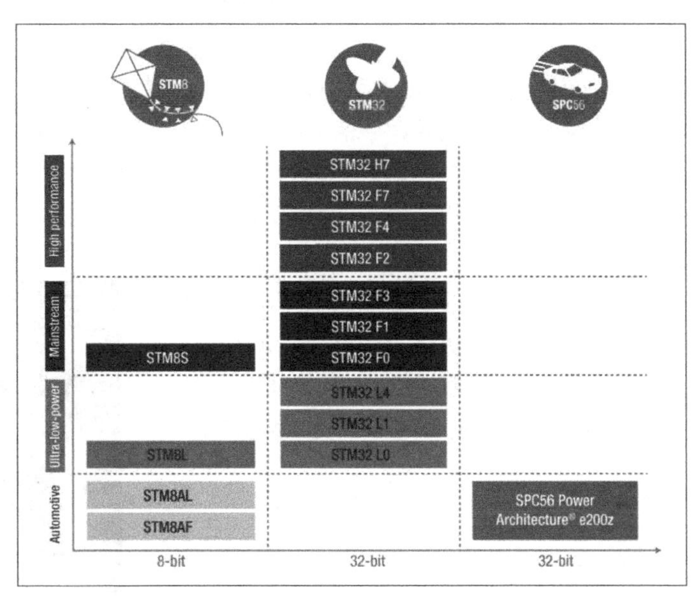

图 2.2 系列和类型

2.5 第4段：103（子系列）

这是指 ST 公司 32 位通用型单片机的子系列分类。图 2.3 是 STM32F1 子系列中具体型号的介绍图

- STM32F100 Value line – 24 MHz CPU with motor control and CEC functions
- STM32F101 – 36 MHz CPU, up to 1 Mbyte of Flash
- STM32F102 – 48 MHz CPU with USB FS
- STM32F103 – 72 MHz, up to 1 Mbyte of Flash with motor control, USB and CAN
- STM32F105/107 – 72 MHz CPU with Ethernet MAC, CAN and USB 2.0 OTG

ARM® Cortex®-M3 (DSP + FPU) – Up to 72 MHz

- -40 to 105°C range
- USART, SPI, I^2C
- 16- and 32-bit timers
- Temperature sensor
- Up to 3x12-bit ADC
- Dual 12-bit ADC
- Low voltage 2.0 to 3.6V (5V tolerant I/Os)

STM32 F1 Product lines	FCPU (MHz)	Flash (Kbytes)	RAM (Kbytes)	USB 2.0 FS	USB 2.0 FS OTG	FSMC	CAN 2.0B	3-phase MC Timer	I^2S	SDIO	Ethernet IEEE1588	HDMI CEC
STM32F100 Value line	24	16 to 512	4 to 32			•		•				•
STM32F101	36	16 to 1M	4 to 80			•						
STM32F102	48	16 to 128	4 to 16	•								
STM32F103	72	16 to 1M	4 to 96	•		•	•	•	•	•		
STM32F105 STM32F107	72	64 to 256	64		•	•	•	•	•		•	

图 2.3 子系列

表。表格上方的几行英文把每个子系列的特点介绍了出来。100 子系列最高主频为 24MHz。101 子系列有最高 36MHz 主频和最大 1MB 的 Flash 空间。102 子系列是最高 48MHz 主频和 USB 功能。103 子系列有最高 72MHz 主频，最大 1MB 的 Flash 空间，有 USB 和 CAN 总线功能。105 和 107 子系列也是最高 72MHz 主频，有以太网、CAN 总线、支持 OTG 的 USB2.0 功能。图 2.3 中靠下方的表格左侧是所有子系列都具有的功能，包括 -40~105℃工业级温度范围、USART 串口功能、SPI 总线、I^2C 总线、16 位和 32 位定时器、3 组 12 位模数转换器（ADC）、2~3.6V 低工作电压（部分 I/O 端口兼容 5V）。表格右侧列出了每个子系列含有的功能，有圆点的表示有这一功能，这里只要关注将要使用的 103 子系列。首先 STM32F103 主频最高可达 72MHz，Flash 空间 16KB~1MB 可选，RAM 空间 4~96KB 可选，拥有的功能包括 USB2.0 通信接口、FSMC（可变静态存储控制器）功能、CAN 总线 2.0 版、3 相 MC 定时器、I^2S 总线、SD 卡接口（SDIO）。大家如果看不懂也没关系，以后的文章中会细讲。

2.6 第5段：C（引脚数）

这是指 STM32F103 这款 32 位通用型 103 子系列单片机的引脚数量，C 表示有 48 个引脚。要知道单片机的内部真实发挥作用的是芯片中央很小的一片原晶片，可以理解为很小、很精密的电路板，所有的功能都在原晶片上实现。原晶片只有本文中的一个逗号大小，要想让用户方便地使用单片机的功能，就得把原晶片放入一个较大的塑料壳里（封装），塑料壳四周或者下方有一

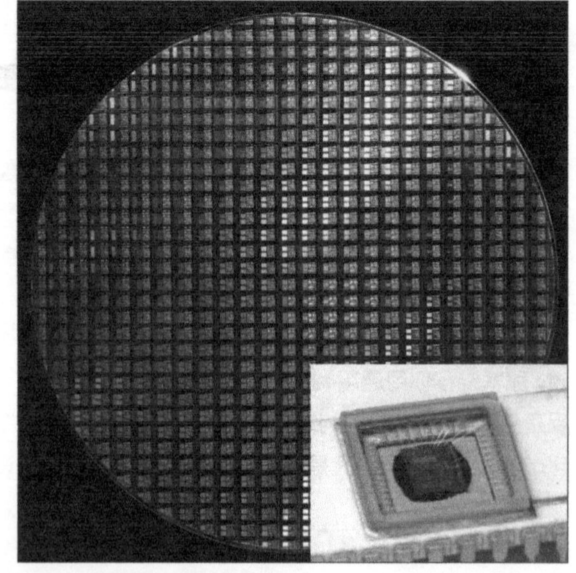

图 2.4 原晶片与封装

排排彼此不连接的金属条（引脚），再用一种非常非常细的金属丝（金线），把原晶片上的电路接口与塑料壳上的金属条连接在一起，最后把塑料壳上盖封死（见图 2.4）。这样一个我们经常使用的芯片就做好了，塑料壳上的金属条就是芯片的引脚。我们再把芯片引脚焊接在 PCB 的铜片（焊盘）上，原晶片上的单片机电路就能与 PCB 上的其他元器件连接了。

其实我们看到的 PCB 上几乎所有元器件，它们真正发挥作用的部分只有其体积百分之一（甚至千分之一）那么微小的一点，其他的部分都是外壳和引脚。之所以要做这么大的外壳，完全是为了方便人类使用。

STM32F103 这款单片机在原晶片上共有 144 个接口可以连接引脚，于是就有了 STM32F103Z，Z 代表有 144 个引脚。但是引脚这么多，芯片的体积也大了，而且作为通用型单片机，一些应用场合根本用不上这么多引脚，空在那里非常浪费。所以芯片生产商会多设计几个小的塑料壳，核心还是同样一款 144 个接口的原晶片，但只引出常用的一部分到引脚上。于是完全相同的 STM32F103 原晶片、具有完全一致的性能和功能，就会有 48 脚、64 脚、100 脚、144 脚的不同芯片。初学者会误以为引脚多的芯片功能多，其实功能多少并不和引脚数量有关，只能说引脚少的芯片可能某些你需要的功能接口没有引出来，只要引出来的接口功能就都是一样的。在满足功能的前提下，使用引脚最少的芯片是最佳状态。

2.7 第6段：8（存储量）

这是指 STM32F103C 这款 32 位通用型 103 子系列 48 脚单片机的 Flash 空间大小，8 表示的是 64KB。103 子系列的 Flash 空间最小的是 16KB，最大的是 1MB，详情可以看图 5 中纵轴对应的芯片型号。Flash（闪存）可以反复擦写 10 万次，掉电不会丢失数据。Flash 空间越大，芯片价格越贵，和我们买手机选内存大小一样。单片机的 Flash 主要用于存储用户写的程序和数据，如果你的程序很大、很复杂，就需要大的 Flash 空间。以我个人经验，64KB 的 Flash 已经完全能满足我的开发需要，初学者别总盯着高性能、大空间，单片机开发最重要的是省钱不是显阔。

我们可以在图 2.5 中发现一个现象，在引脚数量与 Flash 空间的关系中，并不是每一项都有对应型号的芯片。比如拥有 48 脚的 256KB 的芯片是不存在的。这是为什么呢？上文说过，芯片功能的多少并不和引脚数量有关，但是在 ST 公司面向用户应用的层面上，需要考虑到哪些功能在少引脚的芯片中不常用。一般来说，购买 48 脚芯片的用户都是做功能简单、性能要求不高的产品，于是用户写的程序和要存储的

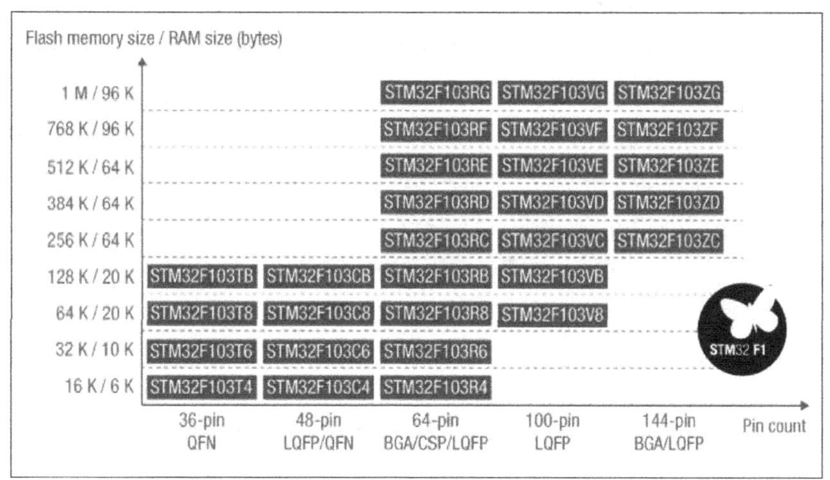

图 2.5 引脚数、存储量与封装

数据不多，所用到的 Flash 空间也不大。就算 ST 公司生产了 48 脚 256KB 的芯片，因为用户不需要，价格又贵，自然销量不好。经过多年的市场反馈，ST 公司就知道生产哪种组合最能满足用户的需求。要知道用户对性能与价格的关系是非常敏感的，特别是批量生产的产品，几百万套的产量，贵 1 分钱就是几万块。如果你想成为未来的单片机开发工程师，那就请你一定要关注性能、功能与价格、功耗之间的博弈。

2.8　第7段：T（封装）

这是指 STM32F103C8 这款 32 位通用型 103 子系列 48 脚 64KB 闪存的单片机采用什么样的封装，T 表示 LQFP 封装。上文谈引脚数量时，我们说把原晶片放到一个塑料壳内，这个塑料壳的材质、形状、样式就是封装。封装决定了单片机以多大的体积出现，也决定了引脚的焊接方式。LQFP 是单片机最常见的封装之一，芯片呈正方形的片状，金属引脚平均平面分布在片状的四周（见图 2.6）。这种封装很便于手工焊接，引脚都露在外面，检查、拆装方便，价格便宜。

图 2.6 64 脚 LQFP 封装的 STM32 芯片

另一种 BGA 封装也是正方形的片状，区别是 BGA 的所有引脚都在片状的下方。这种封装的好处是片状下方的空间大，可以在不增加尺寸的情况下在下方引出更多的引脚。同样 144 脚的芯片，LQFP 封装像一个巨大的黑巧克力，而 BGA 封装却能做到与 LQFP48 脚封装类似的尺寸。只不过 BGA 封装很难手工焊接，检查和拆装都很麻烦，价格也要贵很多。只有在要求引脚数量很多且 PCB 预留空间很小的场合才会使用 BGA 封装。对于初学 STM32F103 来说，LQFP48 和 LQFP64 这两种引脚数量的封装已经能够满足我们几乎全部需要了。

2.9　第8段：6（工作温度）

这是指 STM32F103C8T 这款 32 位通用型 103 子系列 48 脚 64KB 闪存 LQFP 封装的单片机能在怎样的温度下工作，6 表示工业级 -40~85℃的工作温度范围。所有的电子元器件都有其工作温度范围，人要是太冷或太热还不想工作，电子元器件也一样。

所有电子元器件都有两种温度指标，一种是存放温度，比如 -60~180℃，低于这个范围，芯片内部会被冻坏；高于这个范围，芯片的材质会熔化。第二种温度是工作温度，一般情况下工作温度的范围会小于存放温度，比如 -40~85℃，低于或高于这个温度，芯片可能无法运行或者运行错误。家用的电子产品都是民用或商用级别，环境温度在 0~75℃，但有一些电子产品需要在东北的严寒环境还有赤道的沙漠环境中工作，这需要更大的工作温度范围。所以元器件在工作温度上常分为商用范围 0~75℃（民用和商务）、工业级范围 -40~85℃（工业、医疗）、汽车工业级范围 -40~125℃（汽车）、军工级范围 -55~150℃（军事、航空航天）。温度范围越宽，应用的场合就越多，但价格也越贵。

目前工业级 -40~85℃的单片机是最常见的，一般的民用、商用、工业用电子产品都采用这个温度范围。另外需要注意的是，选择工作温度范围需要考虑到产品设计中的所有元器件，不能只是单片机选了工业级，其他元器件都用商用级，那整个产品还是商用级。不过很多单片机厂商为了避免用户犯温度选型错误而怪芯片质量差，都放弃了生产商用级芯片，最低配就是工业级的。

2.10 第9段：xxx（选项）

这一项并不是给用户看的信息，而是说明芯片是定制了程序的还是空白的，以及芯片是如何包装的。这是给工厂看的，我们不需要关心。

好了，经过逐一分解分析，当你再看到 STM32F103C8T6 时，你一定有了亲切感，好像 ST 公司成了自家的亲戚。你能明确指出每一个字段的含义，也能说出它在 STM 大家庭里的地位。如此一来，下节再讲内部功能结构，你便知道自己在哪里、在学什么。也许你会觉得我讲这些太无趣，想看“干货”，但是不打好这个基础，后面深入学习时你就会跟不上、听不懂。很多初学者向我反应，看了其他 ARM 教学的书或者视频却只浮在表面、不能深入，我想根本原因就是不知道自己在哪里、在学什么，甚至有些教 ARM 的老师自己都迷了路，教的学生自然误入歧途。所以请相信基础决定上层建筑。

第 4~5 步

3 STM32内部核心功能

前两节中我们一路从宏观到局部，从全景到细节，知道了什么是 ARM，什么是 STM32，也了解了 STM32 家族系列，接下来就要具体解剖一个 STM32 家族成员的“内脏”，也就是解析一款 STM32 单片机的内部功能。大家千万不要误以为我们只在学习这一款单片机，就好像解剖一个人的内脏不是只为了研究这一个人，目的是通过这个人的内脏结构了解人类的共同之处，我们是要通过研究某一型号的单片机来了解 STM32 家族所有单片机的共同特点，管中窥豹，举一反三。

从更大的方面讲，单片机本身就是一种微小型计算机，其核心原理就是计算机原理，未来再学习其他公司的非 ARM 内核的单片机时，因为原理相通，学起来也更容易。而学习单片机内部或外部的各种功能，其本质是学习总线通信和寄存器操作。我曾在讲 51 单片机入门的《爱上单片机》一书中打过比方，学习各种功能就是操作寄存器，寄存器就像一个布满开关的灯光、音响控制台，把某几个开关打开会有一种效果，再关另一些开关，效果又变了。当你对这个比喻有共鸣的时候就说明你学通了。

我们要研究单片机的内部功能，应该从什么地方入手呢？单片机看上去只是一个引出许多金属引脚的塑料外壳的东西，盯着它看一天也看不出什么名堂。其实想了解一款单片机，最直接的方法是看生产厂家写的使用说明书，就像看电冰箱、洗衣机的说明书一样。单片机或者其他元器件的说明书有一个专业的名称，叫数据手册，英文是 Datasheet，是各生产厂商专门为开发人员和学习者编写的。所有的技术开发人员都要通过它来了解最权威的技术说明。如果你在学单片机的路上没有看过数据手册，而是看了某些教程图书，那么你得到的是别人的二手资料。就好像不去看《论语》原文而去看《论语心得》一样。但对于初学者来说，直接阅读数据手册一定看不懂，必须得有前辈给你注释和分析，所以才有那么多单片机入门图书。这本来没有什么问题，但如果学习者只依赖入门图书而不知道、不熟悉、不想看数据手册，那真是买椟还珠、舍本逐末了。我在此做 STM32 入门的引路人，但未来的路一定要你自己独立地走下去。

数据手册在哪里可以找到呢？最权威、最原始的地方是各生产厂商的官方网站，比如 STM32 单片机的所有数据手册都可以在 ST 公司官网上找到。但是我们在学习、开发的过程中要用到的元器件太多，如果每一样都要找到公司官网，且很多官网都是英文的，找起来也非常麻烦。于是就有了专门用来搜索数据手册的搜索引擎，最常用的有 alldatasheet 和 datasheet5，它们的界面和百度一样，你只要把芯片型号输入搜索框，就能找到 PDF 格式的数据手册。

除了数据手册，别人对这款单片机的使用经验、遇见问题的解决方法也是重要的参考，这时用百度或 Google 搜索单片机型号，就能得到别人的经验文章，有时还能下载别人的源程序。总之，擅长用搜索引擎、熟悉 ST 公司官网，对我们的学习非常有帮助。

我们已经决定要用 STM32F103C8T6 这款单片机，于是我打开百度搜索，输入“STM32F103C8T6 数据手册 中文”，就能找到下面要介绍的数据手册。剖析数据手册的内容就是在了解单片机的内部功能和性能，但数据手册原文有百余页，我这里只挑重点，把每个功能的用途和特点讲出来，其他的细节大家都要去看英文原文。想学好 STM32 也不是看看我的文章就行的，要搭上更多的精力和时间，再看各种资料手册，最后还要多动手、多实践。幸好一旦你学会之后，所学的知识给你带来的回报和成就感要远远大于你的付出。我常对初学者说，学习是一种一本万利的投资。

图 3.1 所示是 STM32F103x8/xB 数据手册中文版的第 1 页，其中 x 所在的位置是封装字段，但我们从上一篇文章中知道，封装字段包括 C、R、V、T 等，并没有小写的 x。其实 x 是一个指代，表示这个字段可以是任何封装的型号，因为封装对于这款单片机的功能和性能没有影响。在未来的学习过程中，你会遇见各种用 x 指代一系列型号的情况。比如 STM32F10x 指代的是 STM32F101、STM3F102、STM32F103、STM32F105、STM32F107 等一系列可能的型号。再比如 STM32F103xx，第一个 x 在封装字段，第二个 x 在存储空间字段，即表示 STM32F103 系列中任何封装和任何存储空间大小都适用。一般在说明某个有相同特性的系列时会用 x 指代，非常方便。标题上写的 STM32F103x8/xB 是指本数据手册适用于 STM32F103 系列中各种封装、存储空间是 64KB 和 128KB 型号的单片机。

接下来的说明是“中等容量增强型，32 位基于 ARM 核心的带 64K 和 128K 字节闪存的微控制器”，这句话其实就是说明了其型号所代表的含义。要注意的是“中等容量”，看来 ST 公司认为 64KB 和 128KB 是中等容量，以此作为参考比较系，以后看到“大容量”“小容量”就能有大概判断。

在图 3.1 右下角有“表 1”，其中就给出了 x 所指代的具体型号。

再看标题下方右侧有个黑白图片（为了适应普遍存在的黑白打印机，绝大多数数据手册都是黑白的），图片中画出 3 款封装，即表示 STM32F103x 所含有的封装样式，封装的下边有多个封装名称，用一张图就把所有的封装表达清楚了。数据手册的编写风格就是这样，能用图表简洁表达的就不用文字，能用一句话能说清楚就绝不用两句。所以数据手册才不容易上手，只有积累了大量阅读经验，才能看懂并且高效阅读。

数据手册第 1 页通常都是生产厂家最引以为傲的功能与性能概要，相当于产品宣传页，把产品最优秀的部分展示给用户（单片机开发人员）。通过第 1 页的内容，我们可以知道这芯片都有什么功能。虽然在

数据手册

ST

STM32F103x8
STM32F103xB

中等容量增强型，32位基于ARM核心的带64或128K字节闪存的微控制器

USB、CAN、7个定时器、2个ADC 、9个通信接口

功能

- **内核：ARM 32位的Cortex™-M3 CPU**
  - 最高72MHz工作频率，在存储器的0等待周期访问时可达1.25DMIPS/MHz(Dhrystone 2.1)
  - 单周期乘法和硬件除法
- **存储器**
  - 从64K或128K字节的闪存程序存储器
  - 高达20K字节的SRAM
- **时钟、复位和电源管理**
  - 2.0～3.6伏供电和I/O引脚
  - 上电/断电复位(POR/PDR)、可编程电压监测器(PVD)
  - 4～16MHz晶体振荡器
  - 内嵌经出厂调校的8MHz的RC振荡器
  - 内嵌带校准的40kHz的RC振荡器
  - 产生CPU时钟的PLL
  - 带校准功能的32kHz RTC振荡器
- **低功耗**
  - 睡眠、停机和待机模式
  - V_{BAT}为RTC和后备寄存器供电
- **2个12位模数转换器，1μs转换时间(多达16个输入通道)**
  - 转换范围：0至3.6V
  - 双采样和保持功能
  - 温度传感器
- **DMA：**
  - 7通道DMA控制器
  - 支持的外设：定时器、ADC、SPI、I^2C和USART
- **多达80个快速I/O端口**
  - 26/37/51/80个I/O口，所有I/O口可以映像到16个外部中断；几乎所有端口均可容忍5V信号

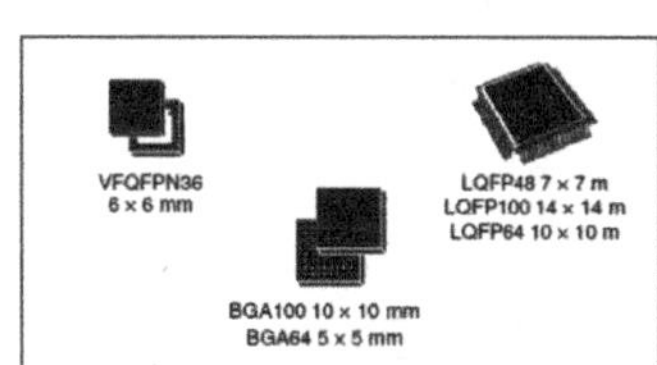

- **调试模式**
  - 串行单线调试(SWD)和JTAG接口
- **多达7个定时器**
  - 3个16位定时器，每个定时器有多达4个用于输入捕获/输出比较/PWM或脉冲计数的通道和增量编码器输入
  - 1个16位带死区控制和紧急刹车，用于电机控制的PWM高级控制定时器
  - 2个看门狗定时器(独立的和窗口型的)
  - 系统时间定时器：24位自减型计数器
- **多达9个通信接口**
  - 多达2个I^2C接口(支持SMBus/PMBus)
  - 多达3个USART接口(支持ISO7816接口，LIN，IrDA接口和调制解调控制)
  - 多达2个SPI接口(18M位/秒)
  - CAN接口(2.0B 主动)
  - USB 2.0全速接口
- **CRC计算单元，96位的芯片唯一代码**
- **ECOPACK®封装**

表1　器件列表

参考	基本型号
STM32F103x8	STM32F103C8、STM32F103R8、STM32F103V8、STM32F103T8
STM32F103xB	STM32F103RB 、STM32F103VB 、STM32F103TB

图 3.1 STM32F103x8/xB 数据手册第 1 页

手册正文中会有更细致、更全面的说明，但那些含有大量专业术语的文字不适合初学者阅读。在此我结合手册正文和我个人的经验，综合性地把各功能介绍一遍。你只要能记住这些功能叫什么名字、它的用途是什么就可以了，因为在未来的文章中，我会非常细致地分析每一个功能，直到你熟练使用为止。

我把手册第 1 页中的功能介绍划分成 3 个部分，分别是核心功能、重要功能、扩展功能。为了方便讲解，我把手册第 1 页的内容整理成表格，见表 3.1。

核心功能是单片机的心脏，没有它，单片机就无法工作，其中包括 ARM 内核、存储器、时钟、复位、电源管理。因为篇幅关系，这一步我只介绍前 3 项。

表 3.1　单片机功能与性能概要

	功能	性能
核心功能	ARM 内核	• ARM 32 位 Cortex-M3，最高 72MHz 工作频率 • 在存储器的 0 等待周期访问时可达 1.25DMIPS/MHz • 单周期乘法和硬件除法
	存储器	• 64KB 或 128KB 的闪存程序存储器 • 高达 20KB 的 SRAM
	时钟	• 4 ~ 16MHz 晶体振荡器 • 内嵌经出厂调校的 8MHz 的 RC 振荡器 • 内嵌带校准的 40kHz 的 RC 振荡器 • 产生 CPU 时钟的 PLL • 带校准功能的 32kHz RTC 振荡器
	复位	• 电 / 断电复位（POR/PDR）、可编程电压监测器（PVD）
	电源管理	• 2.0 ~ 3.6V 供电和 I/O 引脚
重要功能	低功耗	• 睡眠、停机和待机模式 • VBAT 为 RTC 和后备寄存器供电
	模数转换器	2 个 12 位模数转换器（ADC） • 1 μs 转换时间 • 多达 16 个输入通道 • 转换范围：0~3.6V，双采样和保持功能 • 温度传感器
	DMA	7 通道 DMA 控制器 • 支持的外设：定时器、ADC、SPI、I^2C 和 USART
	I/O 端口	多达 80 个快速 I/O 端口 • 不同封装各有 26、37、51、80 个 I/O 端口 • 所有 I/O 端口可以映像到 16 个外部中断 • 绝大多数端口均可容忍 5V 信号
扩展功能	调试模式	• 串行单线调试（SWD） • JTAG 接口
	定时器	多达 7 个定时器 • 3 个 16 位定时器，每个定时器有多达 4 个用于输入捕获、输出比较、PWM 或脉冲计数的通道和增量编码器输入 • 1 个 16 位带死区控制和紧急刹车，用于电机控制的 PWM 高级控制定时器 • 2 个看门狗定时器（独立的和窗口型的） • 系统时间定时器：24 位自减型计数器
	通信接口	多达 9 个通信接口 • 多达 2 个 I^2C 接口（支持 SMBus/PMBus） • 多达 3 个 USART 接口（支持 ISO7816 接口、LIN、IrDA 接口和调制解调控制） • 多达 2 个 SPI 接口（18Mbit/s） • CAN 接口（2.0B 主动） • USB 2.0 全速接口
	CRC	CRC 计算单元
	芯片 ID	96 位的芯片唯一代码

3.1 ARM内核

3.1.1 “ARM 32位Cortex™-M3，最高72MHz工作频率”

这部分说明了这款单片机采用什么样的计算核心，不同的核心会有不同的处理性能，前面文章已经介绍过 Cortex^{TM}-M3（其中角标 TM 是未注册或正在注册的商标标志，表示 Cortex 是 ARM 公司的一个品牌商标，有没有 TM，对内容没有任何影响），这是专门为嵌入式产品开发所设计的内核。写出内核系列潜在地说明了这款单片机适用于嵌入式产品开发。最高 72MHz 工作频率是说这款单片机的工作频率可以通过内部的分频器设置而改变，最大只能到 72MHz。通过设置可以超出这个频率，但单片机会变得不稳定，甚至不能工作。这句话旨在告诉开发人员，这款芯片的工作频率只能到 72MHz，如果你需要更高的工作频率就选其他型号。

3.1.2 “在存储器的0等待周期访问时可达1.25DMIPS/MHz”

存储器 0 等待周期是读写 RAM 和 Flash 时不需要浪费时间，读和写在一瞬间完成，在这种情况下内核的速度可达 1.25DMIPS/MHz。DMIPS 是一种速率计算方式，因为其内容过多就不展开介绍，有兴趣的朋友请自己搜索。因为单片机运行不同程序会影响速度，所以也没有一种权威的测速方式，各厂家都用自己的方式测试，这种数据只是参考。单片机真正的运行速度只有用久了才能从众多经验中综合得出一种感觉，实践中得出的数据最重要。关于“0 等待周期”将会在“存储器”部分细讲。

“单周期乘法和硬件除法”：所有单片机的程序都会涉及运算，加法和减法运算都是单片机内核硬件完成的，部分单片机有硬件完成的乘法运算，还有少部分单片机加入了硬件除法运算。为什么要加硬件运算呢？因为速度快。如果你的单片机内核只有硬件加减法运算，你要算乘法就要把乘法在软件上转换成加法，3×4 要转换成 3+3+3+3，需要加 3 次才能得到结果，而单周期乘法运算只用 1 个时钟周期 1 次完成（关于时钟周期以后会细讲）。硬件除法也是同样的道理。

3.2 存储器

3.2.1 “64KB或128KB的闪存程序存储器”

闪存程序存储器就是常说的 Flash 存储器（简称 Flash），这是一种断电仍可记忆的存储器。Flash 最大的特点是制造成本低，可以做出很大存储容量，可无限次数地读出数据，写入数据有最多 10 万次的限制。写入数据前需要先擦除扇区（把整个空间分成一个个小区块来操作，每一小块就叫一个扇区），读写数据都需要花一些时间，写的速度比读要慢很多，从几微秒到几毫秒不等。在单片机中，Flash 是用来保存用户程序（也就是你给单片机编写的程序）的，所以它叫程序存储器。我们这款单片机的 Flash 有 64KB 和 128KB 两种大小，如果你不在单片机里存放大量的图片数据、字库数据或大量参数的话，64KB 的空间非常够用。至少我一直用 64KB 的单片机开发各种项目，至今只有极少数出现不够用的情况。Flash 相当于计算机的硬盘，能够断电记忆、存储空间大、价格相对便宜。

3.2.2 “高达20KB的SRAM”

SRAM 是一种可快速读写的存储器，学名叫静态随机存取存储器，用户程序就是在 SRAM 里运行。SRAM 最大特点是读和写都是 0 等待周期，不像 Flash 那样需要等待一段时间，所以用户程序在 SRAM 中运行可以达到最高速度。而且 SRAM 可无限次读和写，且写入时也不需要先擦除扇区。SRAM 制造成本较高，通常容量都比较小。SRAM 有一个致命缺点就是断电后存储的数据会丢失。我们这款单片机有高达 20KB 的 SRAM 容量，20KB 感觉上好小，怎么会用“高达”来形容呢？从计算机的角度看，20KB 确实太小了，我们的内存条都是 2GB、4GB 的，但单片机的 SRAM 都很小，我初学 51 单片机时，其 SRAM 只有 512B，后来出现的增强型 51 单片机的 SRAM 也只有 4KB，这款 STM32 单片机有 20KB 的 SRAM，对我来说很惊人，值得用“高达”来形容。SRAM 相当于计算机内存条，断电数据会丢失、存储空间小、价格较贵。用户程序会从 Flash 读取到 SRAM 中运行，SRAM 中存放着各种参与程序运算的数据，而且这些数据会随着程序的内容变化而不断改变，所以它叫随机存取存储器。

就像计算机开机后会把程序从硬盘读到内存条中一样（计算机开机过程主要就是干这个），单片机在上电后也会把用户程序从 Flash 读取到 SRAM 中运行。为什么要这么做呢？因为 SRAM 可以达到读写的 0 等待周期，而 Flash 读写需要花上一些时间。如果程序在 Flash 里运行，写 Flash 会拖慢单片机运行速度，Flash 的写入次数最多 10 万次，频繁写 Flash 很容易损坏。若把数据从 Flash 读到 SRAM 中再运行，一则 0 等待周期不会拖慢速度；二则没有频繁写 Flash 的问题；三则不需要做大容量 SRAM，不会导致成本升高。所以你会看到不论是计算机还是单片机都要使用 SRAM 加 Flash 的组合。如果有一天技术先进了，弥补了 Flash 的缺点，或者让 SRAM 断电记忆且成本更低，那就不需要 SRAM 与 Flash 组合工作了。就好像硬盘的读写速度够快且不限次数就不需要内存条的道理一样。关于 Flash 及 SRAM 的地址映射关系，在今后的文章中我还会详细讲解。

3.3 时钟

时钟可以说是单片机的灵魂，时钟本身看不见、摸不着，但其影响深入单片机的每一个角落。就好像人的心跳，虽然只是心脏所产生的波动，但这个波动作用于人体的每一处，决定着人的健康与体能。

这里所说的时钟大家不要误以为是我们日常的钟表，从单片机技术层面上讲，那种可以记录日期时间的叫实时时钟，英文缩写是 RTC；而单片机的时钟是指单片机工作的基准频率的来源，就是由一个电路产生类似脉搏的脉冲信号，一下一下有规律地稳定地跳动，单片机中所有功能组件都需要将这个跳动作为其工作的标准，就好像人类用钟表作为标准来安排工作日程一样。这个跳动就叫作时钟，每跳动一下就是一个时钟周期，产生这个跳动的功能叫作时钟发生器或时钟源。在单片机圈子里，说到“时钟”有可能指跳动的这个时钟，也有可能指时钟源，还有可能指实时时钟，这要看当时的语境和上下文来判断。

图 3.2 所示是单片机外部时钟源向单片机发来的时钟脉冲的时序图，图中上方的方波脉冲就是单片机所需要的时钟信号，图中的方波由高到低再到高（图中 T_{HSE} 的部分），就一个时钟周期。在这一个时钟周期内，单片机内核能运行一条“单时钟周期”的程序，还有一些“多时钟周期”的程序需要多个时钟周期才能执行完毕。但不论怎样，时钟周期决定了单片机程序运行的周期。时钟频率越高，单片机运行程序越快，所表示出的运行速度就越快。所以说单片机的运行速度取决于时钟频率，时钟频率取决于时钟源的频率。时钟源又分为振荡器和分频器，它们两个共同决定了时钟频率。

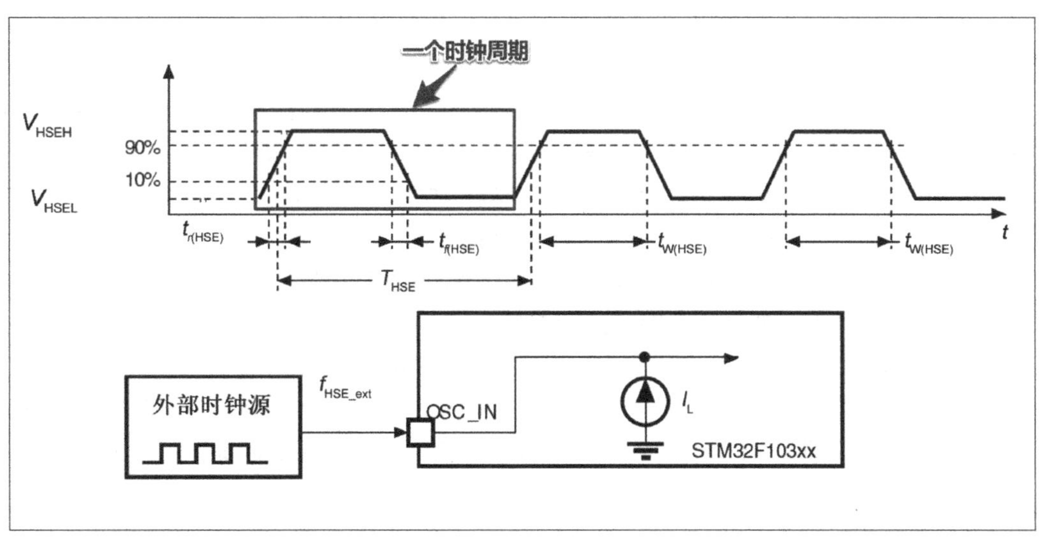

图 3.2 外部高速时钟源的交流时序图

3.4 振荡器

先说振荡器。振荡器是一种可以产生固定频率方波的硬件电路，如果你学过数模电路知识一定了解方波发生电路，比如用 NE555 芯片做方波输出，单片机内部的振荡器大概与之类似。图 3.3 所示是 NE555 芯片方波输出的电路原理图，方波信号从 3 脚输出，这个电路就可以说是一个振荡器。此电路的工作原理解析大家可以在我写的《爱上面包板》一书中找到。方波主要靠电阻 R1 和电容 C1 产生，R1 和 C1 的值决定了方波频率，这种用电阻（R）和电容（C）来产生频率的振荡器电路叫 RC 振荡器。

还有一种石英晶体产生方波输出的振荡器，图 3.4 所示是用 CD4060 芯片外接石英晶体（B1）产生方波的电路，石英晶体的参数值决定了方波频率，这种用石英晶体产生一定频率的振荡器电路叫晶体振荡器。石英晶体是一种元器件，它上面标的频率参数就是它在振荡器电路里所能产生的方波频率，比如标有 8MHz 的晶体就能产生 8MHz 的方波频率。石英晶体就是我们常听说的“晶振”，其实“晶振”本来是指晶体振荡器，是石英晶体相关电路的统称，但因为相关电路都已经集成在单片机内部，在外面可见的只有石英晶体，大家习惯上就把晶体叫成了“晶振”。在此要特别注意，图 3.3 和图 3.4 是我为方便大家理解而画的等效电路，并不是说单片机里真有一个 NE555 和 CD4060，这要说出去可就让人笑话了。

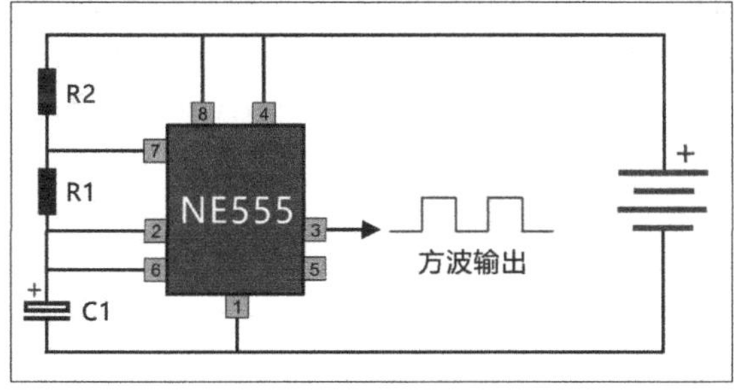

图 3.3 NE555 方波发生电路原理图

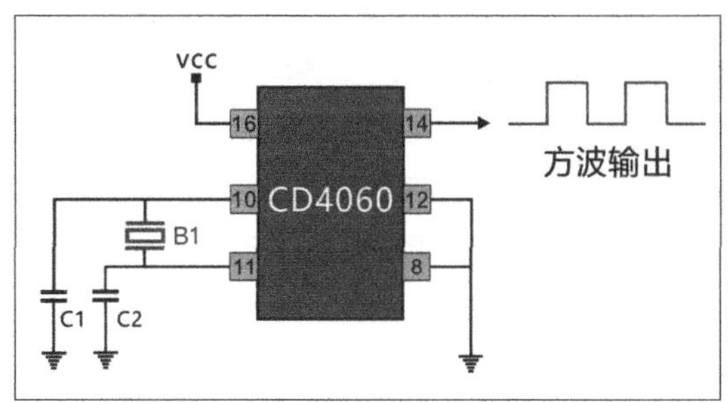

图 3.4 CD4060 方波发生电路原理图

RC 振荡器的重要组件是电阻和电容，优点是成本低，可集成到芯片里面；缺点是温漂太大（频率随温度的变化会有漂移改变），频率输出不稳定。晶体振荡器的温漂很小，但晶体体积大，不能集成在单片机内部，必须要外接一个晶体元件。STM32 内核工作需要一个高速振荡器，而内部的实时时钟（RTC）功能需要一个低速振荡器，两种振荡器都有外部晶体和内部 RC 两套硬件电路，STM32 把它们都放到单片机上供用户选择使用。表 3.2 所示是 4 种可选的振荡器，选择哪一种要看你对性能的要求。比如你需要用到高精度延时、串口、CAN 总线这类对时钟精度要求高的场合，使用外部高速晶体振荡器（HSE）是最佳方案，温漂小且频率准确。如果你对时钟精度要求不高，只做简单的任务，那使用内部高速 RC 振荡器（HSI）可省去外部晶体，节约了成本和电路板的空间。如果你需要 RTC 实时时钟（比如做电子钟或其他带日期时间显示的产品），那一定要使用外部低速晶体振荡器（LSE），并外接一个 32.768kHz 的晶体，只有这样才能达到最准确的日期、时间走时。而内部低速 RC 振荡器（LSI）一般不用来做日期、时间走时，因为走时也不准确，它主要用来做长时间的休眠唤醒，在未来做具体项目开发的时候再细讲。

表 3.2　4 种可选的振荡器

名称	缩写	频率	外部连接	功能	用途	特性
外部高速晶体振荡器	HSE	4~16MHz	4~16MHz 晶体		系统时钟 /RTC	成本高，温漂小
外部低速晶体振荡器	LSE	32kHz	32.768kHz 晶体	带校准功能	RTC	成本高，温漂小
内部高速 RC 振荡器	HSI	8MHz	无	经出厂调校	系统时钟	成本低，温漂大
内部低速 RC 振荡器	LSI	40kHz	无	带校准功能	RTC	成本低，温漂大

3.5　分频与倍频

再说预分频器和倍频器。STM32 单片机内部有一个倍频器，倍频器的工作是把振荡器的频率分割成多段。未来你会发现我们教学使用的 STM32 开发板上所使用的外部晶体是 8MHz 的，那是怎么让内核达到 72MHz 频率的呢？答案就是使用倍频器并设置成 9 倍，8MHz × 9 倍 =72MHz。有朋友会问了，直接用 72MHz 的晶体不是更简单吗，为什么还要用倍频器呢？主要的原因有两个，一则晶体的频率越高价格越贵，甚至有些太高的频率没法制造出来，而倍频器能让低频率晶体做高频率的工作。二则倍频器可以设置分配给各功能不同的频率。单片机内部各功能的时钟输入端还设有预分频器，可以降低频率值。巧妙地利用倍频器和预分频器，我们就能对单片机内部的各功能电路进行任意升高频率或降低频率，以满意不同项目的设计要求。

STM32 内部的倍频器是由一种叫锁相环的硬件电路实现的，英文缩写是 PLL，当你看到数据手册出现 PLL 字样时你要意识到这是用锁相环实现的倍频器。关于锁相环电路细说太复杂了，有兴趣的朋友请自行补习。图 3.5 所示是 4 种振荡器和一个倍频器之间的时钟源连接关系图，也可以叫“时钟树”关系图。初学者看起来可能有些吃力，幸好这不影响你的继续学习，留一个悬念在脑海里吧，当讲到系统时钟编程方法时我们再回过头来分析这张图。

3.6　复位

复位功能是核心功能的一部分，大到 PC，小到单片机，每一台计算机系统都有。在我小时候，台式机的机箱上会有一个独立的复位按钮。随着 PC 越来越高级和稳定，复位按钮渐渐被取消了，但在主板上

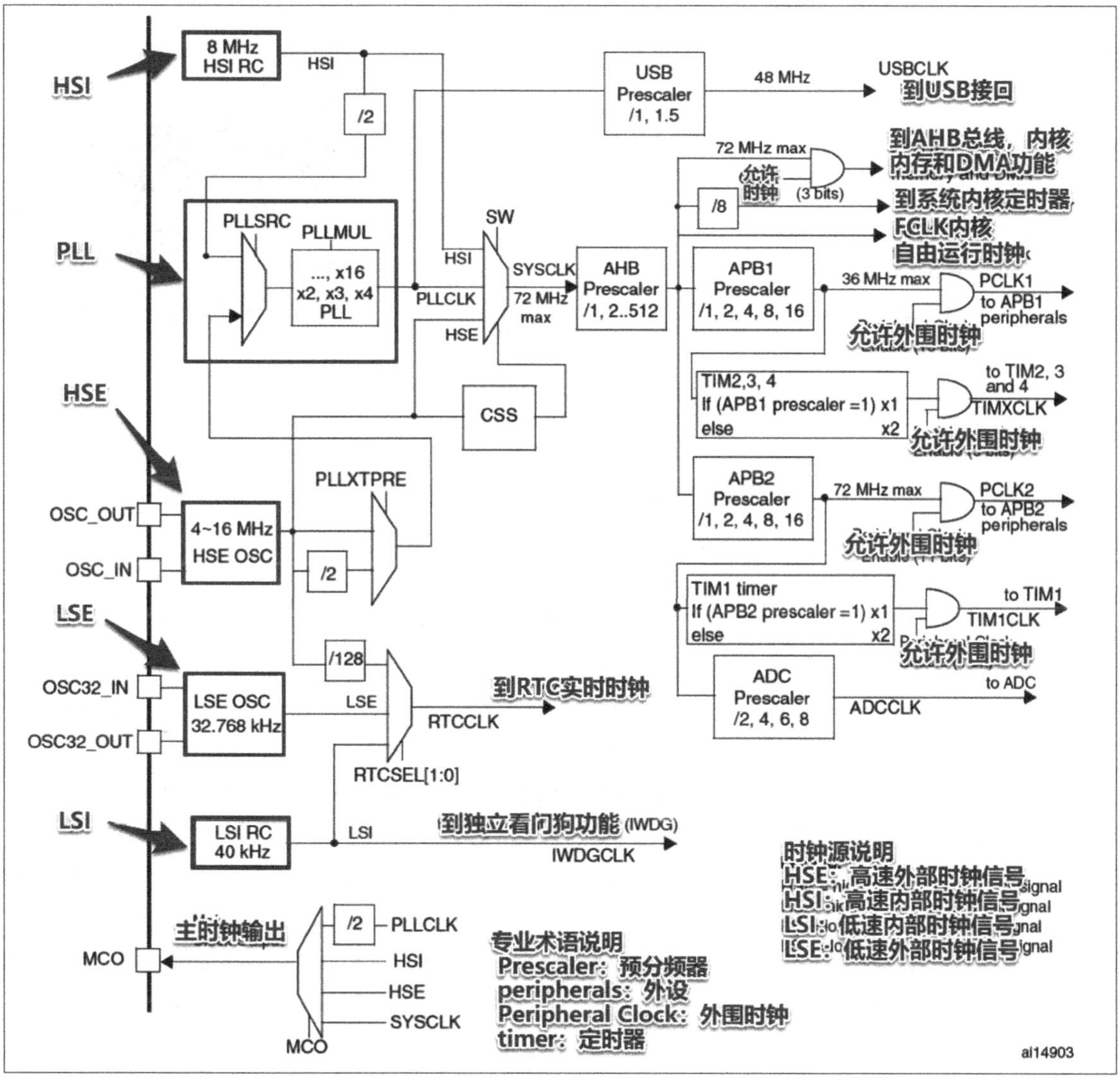

图 3.5 时钟树

还是有复位电路的。单片机上的复位功能也有着类似的变化，在我学习单片机时，需要在单片机的一个复位专用引脚上接一个由电阻和电容组成的复位电路。如果没有这个电路，单片机就没法工作。近些年来的新款单片机都把复位功能内置到单片机中，用户甚至可以忽略复位这件事了。如果有必要，你可以在复位引脚上接一个按键用来手动复位，除此之外不需其他操作。

复位功能的作用是让 RAM 中的数据清空，让所有连接到复位的相关功能都回到刚开始工作的（初始）状态。在接通电源之前，单片机里的存储器及其他功能的状态是混乱、不稳定的。如果上电后不复位，所有功能都处在无序状态，就好像军队集合时没有立正、稍息、向右看齐，直接齐步走的结果就是乱成一片。复位的作用就是让单片机内部秩序化，都回到设计者规定好的状态。这个状态为用户程序的运行做了充分的准备，就像计算机每次重启一样。

在 STM32 单片机中，有一个供电监控器，这个监控器是一直工作的，它能监测外部电源的电压，当电压低于 2V 时，监控器会让单片机复位。当电压高于 2V 时，监控器让单片机进入工作状态。这个监控器本质上达到了上电复位的效果，也就是说你每次给单片机接通电源时，电压都是一次从 0V 升到 3.3V（STM32 的工作电压）的过程，这个过程使单片机复位，不需要再外接复位电路。还有一种复位的方法是在单片机的复位引脚上接一个微动开关，开关另一端接地。按下开关可手动复位，如图 3.6 所示。

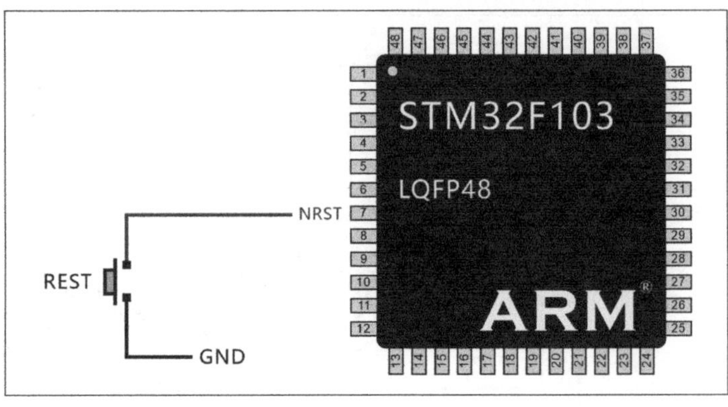

图 3.6 外接复位按键电路原理图

3.7 电源管理

电源管理是指对单片机外接电源处理、分配的功能。电源管理主要分成 4 个部分，分别是备用电源输入、端口输入 / 输出、逻辑电源输入和模拟电源输入。其结构如图 3.7 所示，方框里是单片机内部电路，方框之外是单片机的外部电路。

先说逻辑电源输入，这是单片机最基本的供电输入端口。给这些接口输入 2 ~ 3.6V 的直流电压，就能让 ARM 内核、存储器、I/O 端口和其他纯数字电路工作了。逻辑输入电压还能让 I/O 端口输入或输出数字信号的电压。在未来，我们使用 I/O 端口点亮 LED 或者让一个按键输入，都会用到逻辑电源输入的电压。而模拟电源输入的电压是用在模数转换器（ADC）、RC 振荡器和 PLL 倍频等模拟电路上的。这两部分电源输入在引脚较多（64 脚以上）的单片机上是分开的。而在引脚较少的单片机上，逻辑电源和模拟电源并联在一起使用。分开输入的电源在使用上有很多好处，而合并输入可以减少引脚的占用。合并输入方式会对模拟电源的稳定性造成影响，但如果设计中不要求高精度，一般会合并使用。

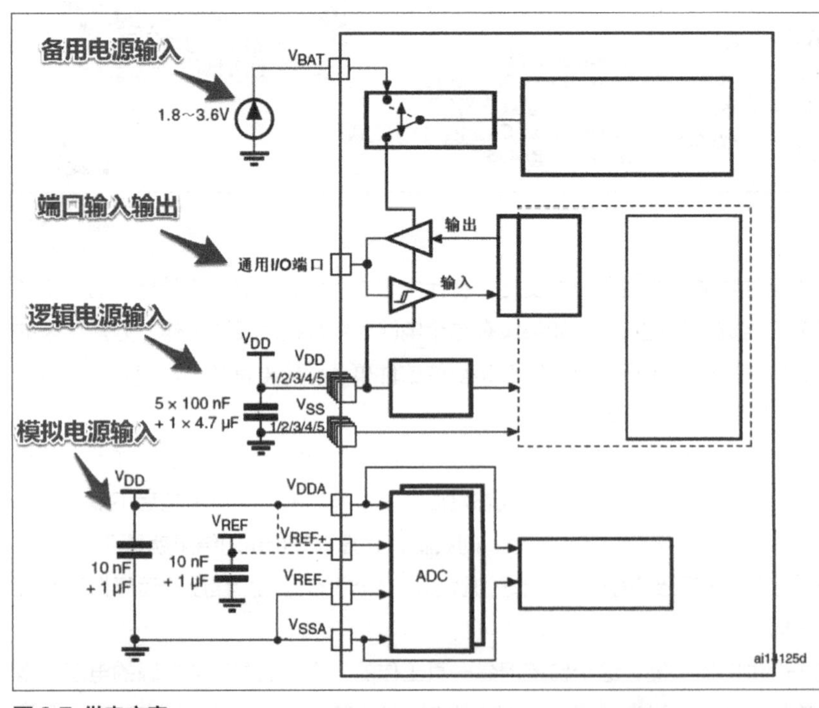

图 3.7 供电方案

备用电源输入是一个独立的存在，它是专门给实时时钟（RTC）供电的，以保证在逻辑电源断开后依然让 RTC 保持走时。同时它也给唤醒电路和后备寄存器供电，让它们一直处在工作状态。备用电源输入可以外接独立电源或者一块 1.8 ~ 3.6V 的电池。如果你不想使用单片机内部的 RTC 等功能，备用电源可以不接。

第 6~9 步

4 STM32内部重要功能

上一节我们讲了内核、存储器、时钟、复位和电源管理，它们都是单片机的核心功能，没有它们中的任何一个，单片机都不能正常工作。本节我要继续介绍单片机的多个重要功能。之所以说它们“重要”，是因为单片机如果没有这些功能，虽然可以正常工作，但其性能和所发挥的作用会大大减弱。重要功能包括：低功耗模式、ADC、DMA、I/O 端口、调试模式、定时器、看门狗定时器和嘀嗒定时器。因为我们现在是做入门的介绍，一开始不能讲得太深、太复杂，对于每个功能，我只介绍其表面上的功能与原理。大家只要看过，有一个基本的印象即可。待日后讲到编程设计时再深入讲解，你便会有温故知新的感觉。

4.1 低功耗模式

单片机在正常工作时，内部大部分功能都处于开启状态，最耗电的 ARM 内核处在 100% 全速运行状态。试想一下你的 PC，在玩大型游戏时，CPU 的风扇强力旋转，这就是 CPU 处在 100% 运行的时候。而平时 CPU 只有 5% 左右的工作量。可是单片机的内核却一直处在全速的状态，只是单片机的性能远低于 PC，发热量低，你感觉不到而已。当单片机要用在电池供电的产品上时，降低功耗、让电量使用更持久便成了重要的项目需求。STM32 单片机为应对这样的用户需要，做出了低功耗功能。通过关掉一些耗电大的内部功能来达到省电的目的，根据关掉的功能数量，可分为 3 种低功耗模式，分别是睡眠模式、停机模式、待机模式，如表 4.1 所示。其实这些低功耗模式在不同的单片机手册中会有不同的名字，如有的叫待机模式，有的叫断电模式，但叫什么模式不重要，只要关心这个模式关掉了什么功能、怎么唤醒这些功能就行了，名字只是帮助你记忆的。

表 4.1 低功耗模式表

工作模式	关掉功能	唤醒方式
睡眠模式	ARM 内核	所有内部、外部功能的中断 / 事件
停机模式	ARM 内核、 内部所有功能、 PLL、HSE	外部中断输入接口 EXTI（16 个 I/O 端口之一）、 电源电压监控中断 PVD、 RTC 闹钟到时、 USB 唤醒信号
待机模式	ARM 内核、 内部所有功能、 PLL、HSE、 SRAM 内容消失、	NRST 接口的外部复位信号、 独立看门狗 IWDG 复位、 专用唤醒 WKUP 引脚、 RTC 闹钟到时

睡眠模式，只关掉 ARM 内核，其他所有功能正常工作。这种方式不怎么省电，但不会影响整个系统的工作。因为内核在关掉之后，可以通过所有内部和外部功能来唤醒（重新开启）内核。相当于我们的 PC 不用时，CPU 只有 2% 左右的工作量，几乎关闭。当我们动动鼠标时，CPU 又被这个行为唤醒，处理鼠标移动的事件，完成后又回到几乎关闭的状态。单片机的睡眠模式与之大体相同。睡眠模式的好处是系统的正常工作不受任何影响，只是内核在没有工作时才关闭；缺点是只关内核不够省电。

停机模式是睡眠模式的升级版，它将 ARM 内核与几乎所有内部功能，包括外部高速晶体振荡器和 PLL 都关掉了，只有 RTC、看门狗定时器、中断控制器在工作，只是还能接收中断，SRAM 中的数据还保存。唤醒的方式是外部中断、RTC 的闹钟还有 USB 接口唤醒，除此之外再没有能恢复的方式，因为所有的内部功能都被关掉了，时钟电路都不工作了。这有点像 PC 的睡眠模式，进入后只有按电源按键才可以唤醒，唤醒后系统数据、你打开的文件都还在，因为内存没有关掉。停机模式的优点是非常省电；缺点是程序不能正常运行了，只有被唤醒后，内部的功能才能工作。停机模式适用于平时工作任务很少的情况，单片机完成工作后有很长一段时间可以休息。这时开启停机模式，可以最大程度省电。

最后也是最省电的模式是待机模式。它和停机模式的区别是把 SRAM 和外部中断控制器也关掉了，用户运行的数据消失，也就表示唤醒后必须从头开始，相当于复位。唤醒的方式是按复位按键、看门狗定时器复位、专用唤醒引脚和 RTC 闹钟唤醒。复位按键和专用唤醒引脚完全不耗电，看门狗定时器算是唯一需要耗电的。RTC 闹钟由备用电源供电，不耗逻辑电源的电。待机模式相当于 PC 的关机，只有按电源按钮才能复位启动。待机模式在实际的项目开发中很少用到，因为停机模式已经很省电了，只有一些特殊需求才会用到。

4.2 ADC

在电源管理的部分提到了 ADC（模数转换器），它需要模拟电源供电。ADC 的功能是读取模拟量的电压，类似于电压表。如图 4.1 所示，在单片机中，I/O 端口是输入或输出逻辑电平的，也就是高电平（1）和低电平（0）。也就是说，I/O 端口只能读取有电压和没电压两种状态，至于有电压时的电压是多少伏，这就需要 ADC 功能来判断。ADC 可以读出从 0V 到电源电压之间的具体电压值，并把这个值变成一组数据。单片机的 ADC 性能各有不同，有 8 位、10 位、12 位甚至更高的，位数越多，表示测得的电压值更精密。STM32F103 中的 ADC 是 12 位的，对于一般的精度需要已经足够。

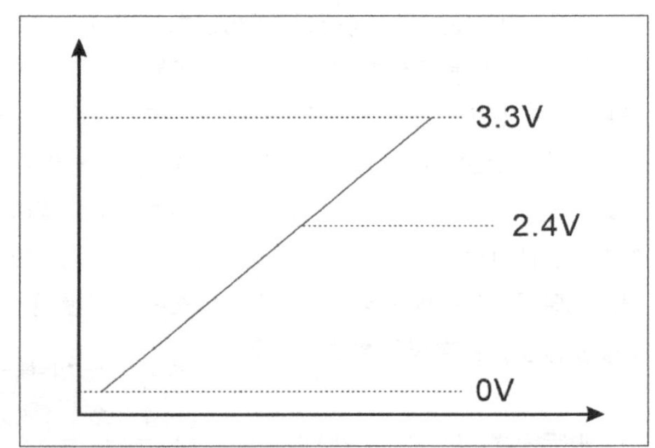

图 4.1 模拟量电压关系

4.3 DMA

DMA 功能是一种比较新的功能，它是代替 CPU 完成内部功能间的数据传递的。这个概念很好理解，比如上面讲到的 ADC 功能，在没有 DMA 功能的单片机里，想读取 ADC 的值，首先要在内核向 ADC 功能发出指令，然后等待 ADC 读取完成，内核再从 ADC 读出数据，再存放到 SRAM 当中，如图 4.2 所示。这个过程需要内核的过程参与，这占用了内核的时间，内核就不能去做别的工作了。而 DMA 功能可以在这种数据读取、存放的任务上完全解放内

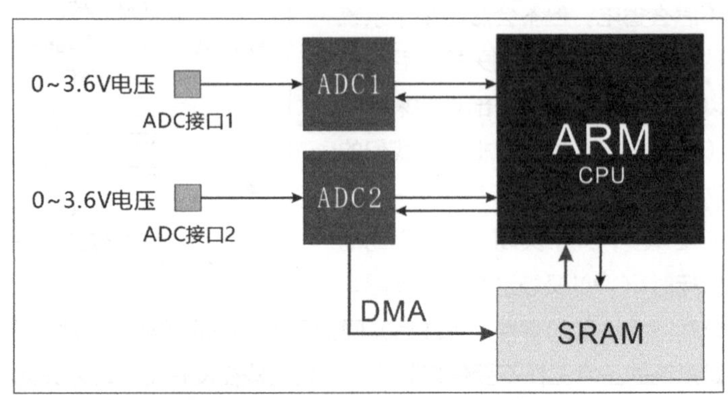

图 4.2 DMA 工作原理举例

核。它能按预先设定好的设置从 ADC 读出数据，然后自动存放到 SRAM 中指定的位置，不需要内核的参与。当内核需要 ADC 的数据时，只要读 SRAM 指定的位置这一步操作就行了。DMA 不只能读 ADC，它还能在 Flash、SRAM、SPI、USART、定时器、I²C 等功能之间相互传递数据，如图 4.3 所示。STM32F103 的 DMA 有 7 个通道，可以设置 7 组数据传递任务。DMA 大大提高了内核的工作效率，真的是很重要的功能。

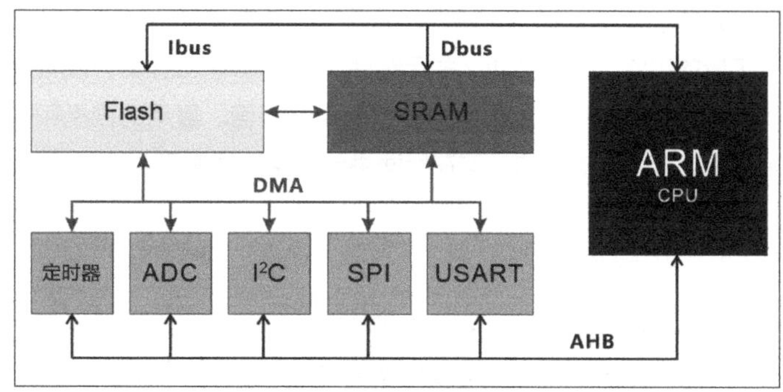

图 4.3 DMA 可在多个功能之间相互传递数据

4.4 I/O端口

终于讲到了 I/O 端口，学习单片机最先接触的往往就是 I/O 端口，它是内部功能当中最重要的一块。因为 I/O 端口也可以代替除 ADC 之外所有的逻辑电平的通信接口，包括我们后面要讲的 I²C、USART、SPI、CAN 等。早年的单片机没有那么多通信接口，也都是靠 I/O 端口来模拟的，由此可见 I/O 端口的全能。I/O 端口最原本的功能就是电平的输入（IN）和输出（OUT），所以才用 I 和 O 两个首字母作为它的名字。在写法上，正确的是 I/O，但也有省去斜线直接写成 IO 的，在 STM32 单片机上也被写成 GPIO，都是可以的。

STM32F103 最多有 80 个 I/O 端口，这些端口每 16 个被分成一组，一共有 5 组。组的名字分别是 PA、PB、PC、PD 和 PE，每组中 16 个端口的名字可以是 PA0 到 PA15，其他组也一样。但由于封装引脚数量不同，端口的数量也不同。STM32F103C8T6 这款单片机的 48 个引脚当中有 37 个可作 I/O 端口，其接口定义如图 4.4 所示。其中 PA 和 PB 的 16 个端口都引出了，PC 组只引出 3 个，PD 组只引出 2 个。

每一个 I/O 端口都有 8 种工作模式，也就是 I/O 端口的状态是输出还是输入？是输入的话，是模拟量输入还是逻辑电平输入？我们需要在启动 I/O 端口之前先把它设置成正确的状态。图 4.5 所示是 GPIO 的 8 个工作模式，模拟输入是在作 ADC 输入接口时使用的，浮空输入是内部不接电阻，下拉和上拉输入是在 I/O 内部接一个约 10kΩ 的下拉或上拉电阻，根据外部连接的电路可以设置它们。输出的模式有推挽输出、开漏输出，还有复用推挽和

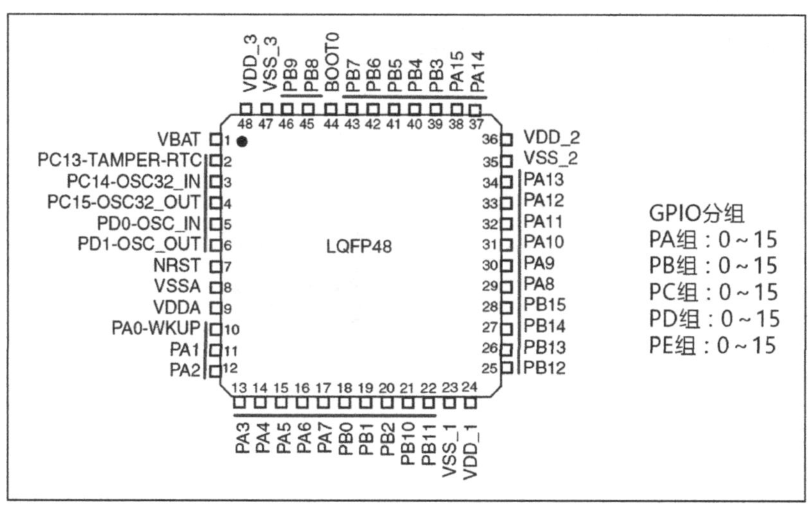

图 4.4 I/O 端口的引脚定义

复用开漏。推挽是指 I/O 端口有很强的电流推动能力，可以输出一定量的电流，用于推动一些元器件（如 LED）工作。开漏则是弱电流的输出，用于逻辑电平的数据信号通信。复用的推挽和开漏是用在复用状态下的，这在后面讲到复用功能时再说吧。

GPIO_Mode_AIN 模拟输入
GPIO_Mode_IN_FLOATING 浮空输入
GPIO_Mode_IPD 下拉输入
GPIO_Mode_IPU 上拉输入
GPIO_Mode_Out_PP 推挽输出
GPIO_Mode_Out_OD 开漏输出
GPIO_Mode_AF_PP 复用推挽输出
GPIO_Mode_AF_OD 复用开漏输出

图 4.5 I/O 端口的工作模式

4.5 调试模式

在 ARM 的内核中，有一组用于仿真调试的接口。不仅是 STM32，所有用 ARM 内核的单片机都支持这个接口，它叫 JTAG。JTAG 接口的功能主要是做程序仿真。所谓仿真，就是不把程序下载到 Flash 里，而是在计算机端直接控制单片机内核，使单片机能达到和运行下载到 Flash 里的程序一样的工作效果。因为不是真的运行程序，而是在计算机上模拟的，所以叫仿真。

仿真的好处是可以在计算机上实时改动参数，还可以慢速一步一步地执行程序，看每一步的效果。用仿真功能要比把程序下载到 Flash 里再看效果要高效很多。JTAG 还有一个功能是控制 I/O 端口的输出电平状态，以测试端口是否正常。但测试端口功能很少有人使用，甚至大家都不太知道有这个功能。所有 STM32 单片机都带有 JTAG 接口，还有 JATG 的简化接口 SWD。图 4.6 所示是调试接口与单片机的关系，可以看出 JTAG 是内核的一部分，并不是一个独立的功能。连接上，可以用 5 条线的标准 JATG，也可以用简化版的 2 条线的 SWD，它们的功能是一样的，只是连接的方式不同。未来讲到程序开发时，我会再专门细讲仿真调试的操作方法。

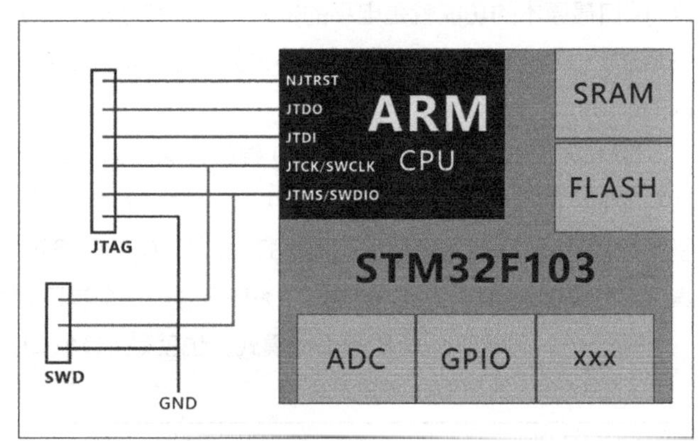

图 4.6 调试接口的原理示意

4.6 定时器、看门狗定时器、嘀嗒定时器

定时器在单片机内部有很多种，之前说过的 RTC 就属于定时器。定时器的本质是计时，当达到设置的时间后去做某个事件。那定时器是怎么知道时间的呢？主要是通过系统时钟，时钟产生机械周期，内核以机械周期为单位工作，定时器也以此计数。所以定时器也被说成计数器，因为它就是以机械周期为间隔时间进行计数。当定时器到达了设置的数值时，就会产生一个中断或事件。普通定时器产生中断信号给内核，看门狗定时器则产生复位，如图 4.7 所示。

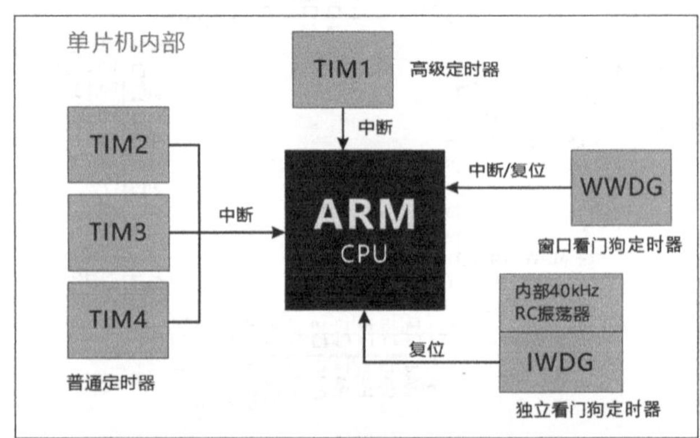

图 4.7 定时器和看门狗定时器的关系

STM32F103 单片机有 1 个高级定时器和 3 个普通定时器，它们不仅能定时和计数，还能做很多复杂的工作。其功能非常强大，

但限于篇幅关系就不展开介绍了。另外还有 2 个看门狗定时器，看门狗定时器的作用是在定时时间到了之后让单片机复位。比如设看门狗定时器定时 5 秒，那么 5 秒后，看门狗定时器会让单片机复位。但如果我们在复位之前，用程序不断把看门狗定时器的计数值清 0，那么看门狗定时器就不能让单片机复位。于是它的真正价值就在这里：如果我们的程序不正常工作了，比如程序中有错或者外部干扰导致死机，当程序不能把看门狗定时器的计数值清 0 时，5 秒后单片机就会被复位，看门狗定时器就把单片机从死机状态中解救出来了。所以它被取了一个很形象的名字，是保护内核正常工作的忠实伙伴。STM32 单片机中还有一个功能很小的定时器叫嘀嗒定时器，它是专门用于实时操作系统中的任务切换的。如果你的单片机没有安装操作系统，那么嘀嗒定时器可以作为普通定时器来使用。

好了，这一节我们简单介绍了单片机内部的重要功能，每一个功能都没有深入展开。主要的目的是让大家先对这些功能产生基本印象，为今后深入介绍其使用方法打下基础。STM32 学习之路还有很远，别想着一口气把一个功能彻底学会，那是不可能的。我希望由浅入深、由易入难，一步一个脚印慢慢来，让学习的过程更轻松。下一节我们来讲单片机的通信接口。

第 10~13 步

5 STM32内部通信功能

上一节我们介绍了单片机内部的重要功能，重要功能可以让单片机高效完成工作任务。但是重要功能所能做的只是通过 GPIO 读取逻辑电平，用 ADC 采集模拟电压，所做的工作都是些采集、控制之类。可是随着单片机系统的功能越来越多，有一些功能是通过专用的芯片 / 模块来实现的。如果芯片 / 模块与单片机之间需要交换的数据太多，那么通过 GPIO 端口简单的高低电平来表示是不够的。这时就需要在芯片 / 模块和单片机之间做专门用于通信的接口，虽然通信接口也是输入 / 输出逻辑电平，但是它们都按照一个固定的格式规范来通信。这种通信的格式规范叫作“通信协议”，针对不同的场合和应用需要，很多行业协会或大公司都会做出自己的通信协议，每一种协议都会有自己的名字。比如飞利浦公司做出了“I^{2}C 总线协议”，英特尔公司联合多家同行发布了“USB 接口协议”。这些公司不仅设计出通信协议，还会把它们用在自己生产的芯片上。比如飞利浦旗下的 NXP 公司生产的 LM75 温度传感器，就使用了自家的 I^{2}C 总线作为通信接口。由于行业巨头的引领，很多芯片厂商都用各种通信协议来生产芯片，很多单片机公司（包括 ST 公司）都会把最常用的通信协议加入单片机内部。单片机用户想外接芯片时就能很方便地完成通信功能的开发。单片机与计算机的通信，其本质也是用某种通信协议来完成的。

每一种通信功能都包括硬件和软件两个层面。在硬件上的是通信接口，即通信需要几条连接线、单片机与芯片之间怎样连接。在软件上的是协议规范，也就是以什么样的逻辑电平方式通信。比如发送高电平代表什么、连发 3 个高电平代表什么，只有收发双方使用相同的规范，通信才能进行。接下来，我们只从硬件层面介绍各通信功能的特性和电路连接（见图 5.1），待讲到编程开发时再讲协议规范的部分。各通信功能没有高低贵贱之分，它们是依不同的场合和应用而设计的，各有各的优势。现在只要先了解它们即可，今后会着重学习它们的使用方法。本篇的最后还要讲 CRC 校验、芯片 ID 两个功能，它们与通信功能无关，只是顺便讲一讲。CRC 校验和芯片 ID 使用得比较少，学习起来也非常简单。

- **多达9个通信接口**
  - 多达2个I^{2}C接口(支持SMBus/PMBus)
  - 多达3个USART接口(支持ISO7816接口，LIN，IrDA接口和调制解调控制)
  - 多达2个SPI接口(18M位/秒)
  - CAN接口(2.0B 主动)
  - USB 2.0全速接口

图 5.1 数据手册第 1 页中的通信功能描述

5.1 I^{2}C总线

I^{2}C（读作“I 方 C”或“I2C”）总线是飞利浦公司发布的一款通信总线标准。所谓总线，是指在一条数据线上同时并联多个设备。设备是指连接在数据线上的芯片或模块。在 I^{2}C 总线上的设备分为主设备和从设备。每一组 I^{2}C 总线上只能有 1 个主设备，主设备是主导通信的，它能主动读取各个从设备上的数据。而从设备只能等待主设备对自己读写，如果主设备无操作，从设备自己不能操作总线。I^{2}C 总线理论上可挂接几百个从设备，每个从设备都有一个固定的 7 位或 10 位从设备地址，相当于身份证号码。主机想读写哪个从设备，就向所有从设备发送一个从设备地址，只有号码一致的从设备才会回应主设备。

如图 5.2 所示，STM32 单片机在 I^{2}C 总线上是主设备，3 个 I^{2}C 设备即是从设备。I^{2}C 总线由 SCL 和 SDA 两条数据线构成，SCL 是总线的时钟线，用于主设备与从设备之间的计数同步。SDA 是总线的

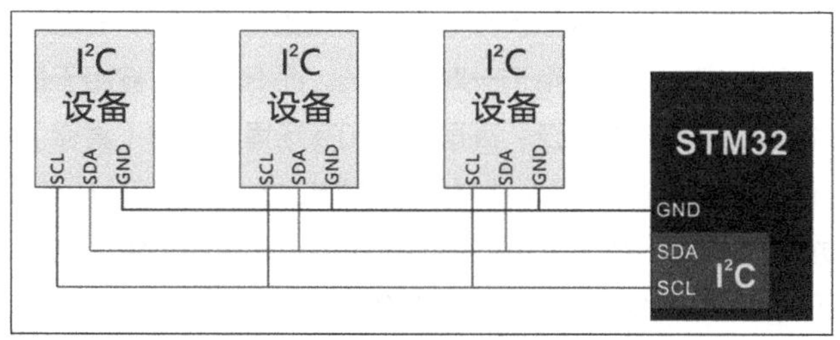

图 5.2 I²C 总线电路连接示意图

数据线，用于收发数据。另外主设备和从设备都必须共地（GND 连在一起）。

I²C 总线的通信速度分为 3 挡，低速模式可达 100kHz，快速模式可达 400kHz，高速模式可达 3.4MHz。但在实际使用中，I²C 在快速和高速模式下都不稳定，经常出现总线出错卡死的问题，所以目前 I²C 总线主要应用于单片机周边芯片 / 模块的低速通信，也就是近距离低速通信。I²C 的优点是协议简单易学，相关的芯片模块成本低，在只占用 2 个 I/O 端口的情况下可挂接上百个从设备。目前有很多 EEPROM 存储器、温度传感器、RTC 时钟、气压传感器等都使用 I²C 总线作通信接口。

STM32F103 单片机内部有 2 个 I²C 总线控制器，都支持 DMA 功能，在硬件上完成了 I²C 的通信协议，用户只需要在指定的 I²C 寄存器中写入从设备的地址和要读写的数据就行了，余下的工作会自动完成。经过实验测试，STM32 硬件 I²C 总线工作在 100kHz 以下时，通信非常稳定，工作在 100kHz 以上时就会出现错误。但这个速度已经够用了，如果你需要高速通信，还是要换用 SPI 总线。关于 I²C 的通信时序与编程方法，我会在后面讲到编程开发时再细讲。

5.2 USART串口

接下来谈谈单片机中最常用的 USART 串口，USART 串口的协议与 I²C 的协议相比要简单很多，它没有地址的概念，也没有主设备、从设备的区别，用户可以自己定义地址和主从，不定义也可以，完全自由、开放。正因为 USART 串口本身的协议简单，硬性规定少，所以它有很好的扩展性。如图 5.3 所示，USART 串口可以有 3 种常用的通信方式。

最基本的是 TTL 电平直接连接，多用于单片机与带有 USART 串口的模块通信，比如 Wi-Fi 模块、GPS 模块、蓝牙模块都支持 USART 串口。另外它还常用于单片机与计算机的通信，今后我们要用计算机给单片机下载程序，就是通过 USART 串口完成。

还有一种基于 USART 串口的扩展接口，叫作 RS232。它用于工业控制类设备，常见于计算机和工控设备之间的通信。比如计算机与 PLC（工业控制常用的可编程控制器）之间的通信就是用 RS232。RS232 接口并没有改变 USART 串口的协议规范，而是通过专用的 RS232 转换芯片，把 TTL 的 5V 电平转换成了 ±12V 电平。因为电平电压的升高，通信的距离和稳定性都有所提高。RS232 的连接线可达 20m 长，在干扰众多的工业场合使用依然稳定。但是随着工业技术的发展，20m 的距离已经满足不了需要，于是市场上又出来了性能更好的 RS485 接口。RS485 的通信线长度可达 1000m，而且

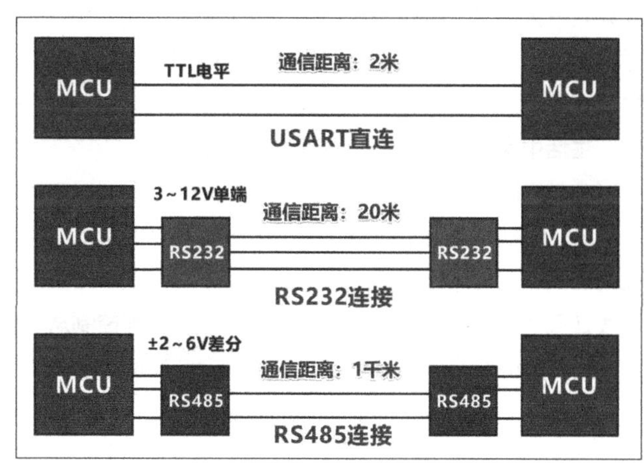

图 5.3 USART 串口电路连接示意图

传输速度比 RS232 还要快很多。虽然 RS232 和 RS485 都可以挂接多个设备，但是因为 RS232 的通信距离太短，20m 的距离内挂多个设备的意义不大，所以 RS232 多用于一对一通信，而 RS485 被用于挂接多个设备的通信，当然也可以一对一通信。RS485 的应用非常广泛，高层住宅和商场里的电梯（直梯）就是用 RS485 连接各楼层，控制叫梯和显示楼层信息。RS485 是非常成熟的通信接口之一。但不论如何，RS232 和 RS485 的协议还是 USART 串口的协议，本质上是一个功能的不同扩展。STM32 单片机内部只有支持 USART 串口协议的 TTL 电平的接口，如果想使用 RS232 或 RS485，需要外接一个芯片才能实现。

STM32F103 单片机上有 3 个 USART 串口，都支持 DMA 功能。其中 USART1 的速度可达 4.5MB/s，其他可达 2.5MB/s，速度算是相当快的。在 8051 单片机中也有一种叫 UART 的串口，少了一个 S，它们是什么关系呢？其实 USART 的全称是同步 / 异步收发器，而 UART 是异步收发器，它们之间差了一个“同步”，USART 接口比 UART 多了一根 USART_CK 同步时钟线，可以同步时钟通信，但这个功能很少用到，所以它们在应用上并没有什么差别。

5.3 SPI总线

SPI 和 I^2C 一样是一种总线。SPI 总线也有主设备和从设备之分，单片机是主设备，各种周边芯片是从设备。SPI 和 I^2C 一样是板级总线，也就是只能在 PCB 上近距离通信，而不能引出导线到较远的距离。SPI 最大的优势是有很高的通信速度，而且在高速下还能稳定工作，这是 I^2C 所不能的。SPI 之所以有这样的速度优势，正是因为它没有采用地址的概念，不在通信数据里放入地址信息，而是使用硬件来选择总线上的设备。每个 SPI 从设备都有一条开关控制线与主设备（单片机）独立连接（图 5.4 中的 CS 线）。当主设备想与哪个从设备通信时，只要开启那个从设备的开关控制线，总线上就只有这个设备是开启的，总线变成了一对一通信。正是用硬件选择从设备，才让 SPI 总线协议简单、速度飞快。

SPI 速度快的另一个原因是全双工。全双工的意思是总线在通信时能同时收发数据。而 I^2C 总线是半双工的，不能同时收发。如果把总线通信比喻成两个人对话，半双工状态就是我说你听，或者你听我说，同一时间只有一人在说；全双工状态就是两个人同时说话，又同时听对方讲话。这样对话效率要高得多，只可惜人脑没有这么快的反应速度，生活中也看不到这样的对话。但是单片机能全双工通信，所以全双工的 SPI 在速度上很难被其他总线超越。

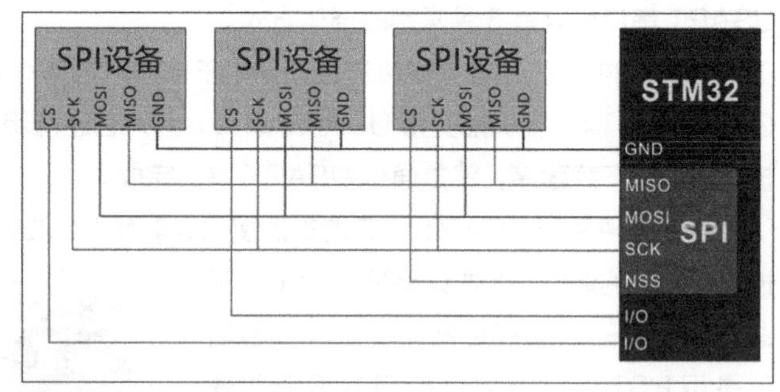

图 5.4 SPI 总线电路连接示意图

STM32F103 单片机上有 2 个 SPI 总线，最大速度可达 18MB/s，而且还支持 DMA 功能和 SD 卡读写功能。我们常见的 SD 卡（或 TF 卡）都支持 SPI 模式，可以用 SPI 总线直接读写卡上的数据。SPI 总线在高速通信上有非常大的优势，只可惜受到控制从设备的 I/O 端口数量的限制，总线上不能挂接太多从设备。待讲到 SPI 编程开发时，我们会对其使用性能做进一步讲解。

5.4 CAN总线

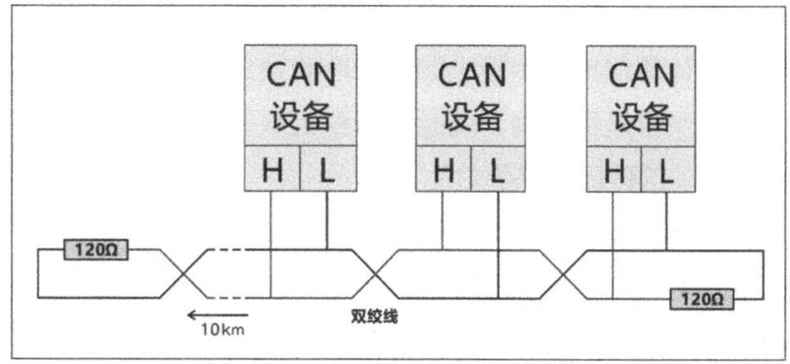

图 5.5 CAN 总线电路连接示意图

CAN 总线是一种工业控制、汽车电子上常用的高级总线，之所以说它高级，是因为 CAN 总线的功能复杂且智能。图 5.5 所示是 CAN 总线的电路连接示意图，CAN 总线只需要两条导线，理论上可以连接无限多的设备，每一个设备即可作主设备，也可作从设备。CAN 总线的通信距离可达 10km，速度可达 1MB/s。听上去好像速度比 SPI 的 18MB/s 差得很远，但 CAN 是远程通信，1MB/s 的速度已经很优秀了。

另外，CAN 总线的功能也很强大，当总线上的某个设备损坏时，总线可以把这个设备从总线上断开。在我看来，CAN 总线算是 RS485 总线的升级版，RS485 是开放的、原始的底层协议，虽然简单，但功能太少。CAN 总线加入了区分总线上设备的标识符概念，也加入了更复杂的协议规范。这让用户在使用 CAN 时更方便了，不用自己设计总线地址之类。CAN 总线的工作很稳定，在汽车行业中被用于车内各电子设备的通信。

STM32F103 单片机有 1 个 CAN 总线接口，但必须外加一片 CAN 收发器芯片（用于电平转换）才能正常使用。由于 CAN 总线的知识太多也太复杂，所以这里不能讲解太多，有兴趣的朋友可以自己研究，未来讲到 CAN 总线通信编程开发时还会细讲。

5.5 USB接口

USB 接口是大家再熟悉不过的了，所有计算机上都会有至少 1 个 USB 接口，因为 USB 接口正是为计算机与周边设备（如 U 盘、鼠标、键盘、打印机）通信而设计的。而 STM32F103 单片机上有 1 个 USB 2.0 接口，它被定义为 USB 从设备，也就是说，它只能用来与计算机连接来作计算机周边设备，比如用STM32制作鼠标或打印机。USB虽然不是总线，但它和CAN总线一样都有底层非常复杂的通信协议，但在用户使用层面上又变得比较简单。图 5.6 是 USB 接口的电路连接示意图，从中可以看出 USB 有 2 条数据线，另外还有 2 条电源线，可以由计算机端给 USB 设备（单片机）供电。USB 接口与之前讲到的 USART 串口都能与计算机通信，可是 USB 接口有明确的主从关系，单片机只能作为计算机的从设备。而 USART 串口的通信没有主从关系，计算机与单片机的通信是平等的，任何一方都能主动发出数据。

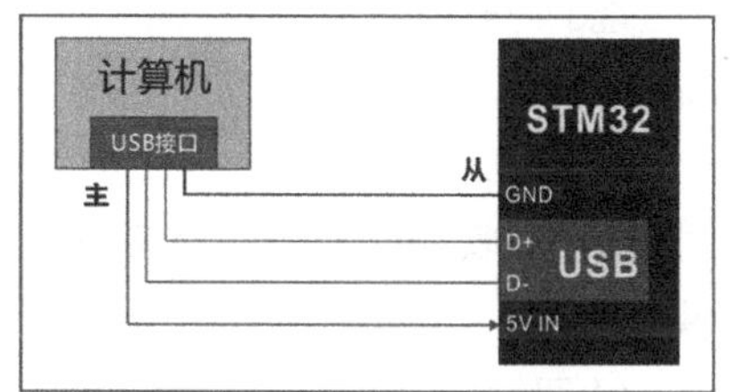

图 5.6 USB 接口电路连接示意图

5.6 CRC校验和芯片ID

说完了通信功能，再补充两个附加功能，它们是 CRC 校验和芯片 ID。CRC 校验是一种用于数据校对的计算器，上面讲过的所有通信功能都可以使用 CRC 功能。CRC 能验证通信过程中的数据有没有出现错误。要知道任何通信在过程中都可能出现错误，接收端要怎么判断接收到的数据有没有错误呢？最简单的方法是接收端把数据原原本本地再发回发送端，如果接收端发回的数据与发送端发出的数据完全一致，就表示数据正确。可惜这种方法太麻烦了，每一组数据都要来回发，浪费了时间，降低了速度。于是开发者们研究出一种算法，它能把一组数据按一个公式计算得出一个短小的值，接收端只要比对这个值是否正确，就能判断整组数据的正确性。这种算法就是 CRC。

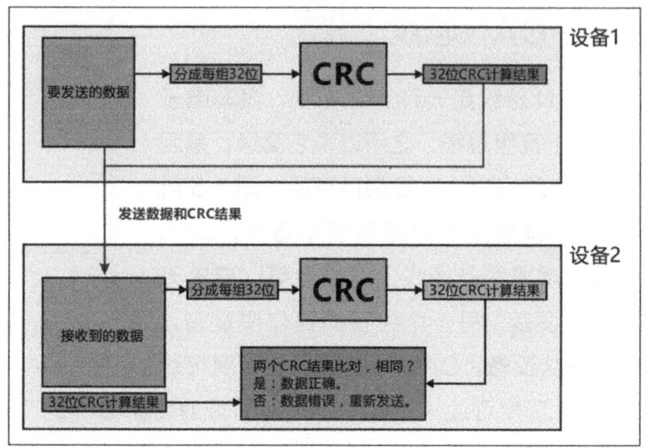

图 5.7 CRC 校验应用原理示意图

图 5.7 所示是 STM32F103 单片机的 CRC 校验应用原理示意图。通过这张图能很快理解 CRC 的工作过程。设备 1 是数据发送端，它在发出数据之前先把这组数据分解成每 32 位一组送入 CRC 功能模块，当整组数据依次放入后，就会得出一个 32 位的 CRC 计算结果。这时设备 1 再把整组数据和这个 CRC 结果一同发送给设备 2，设备 2 再把整组数据通过自己的 CRC 功能模块进行计算，也会得到一个结果。然后设备 2 再把自己 CRC 结果与设备 1 发来的 CRC 结果进行比较，一致则表示数据正确。CRC 校验虽然也有可能出现错误，但这种错误的概率非常微小。CRC 校验功能常被用在对数据正确性要求很高的地方，比如射频卡、无线通信。

芯片 ID 功能说起来非常简单，就是每一片 STM32 单片机内部都有一组 96 位（二进制）全球唯一的序列号，它就像每个人的身份证号码一样，是唯一的。别小看这组 ID，它的作用可不小。用户可以将它当作自己产品的序列号，而不需要再单独设计。它能作为一种加密方法，还能防止用户的程序被复制到其他芯片上运行。日后我们用到的时候再来细讲。

5.7 功能总结

至此，我们讲完了 STM32F103 单片机数据手册第 1 页上所有的内部功能。我们了解了每个功能的特性和用途，可是各功能之间又是什么关系呢？它们是怎么联系在一起的呢？这就需要用全局的角度回看所学的知识。图 5.8 是数据手册中的一张单片机内部功能关系框图，我加入了中文说明，图 5.8 中用方框列出了各功能，并用空心箭头连接它们。单片机内部功能是通过内部总线连接的，内部总线不同于上文讲过的通信总线，内部总线只用于内部功能之间的通信。而所有内部功能又根据它们的特性被分别连接在不同性能的内部总线上。例如 GPIO、TIM1、SPI1、USART、ADC 这种需要高速操作的功能都被连接在 APB2 高速内部总线上（图 5.8 左下方），一些对操作速度要求不高的功能被连接在 APB1 低速内部总线上（图 5.8 右下方）。另外 ARM 内核与 Flash、SRAM 的关系更密切，它们有专用的内部总线彼此连接。图 5.8 中有叹号的部分是让大家注意灰色背景处的电源特性。VDD 是逻辑电源供电，VDDA 是模拟电源供电，VBAT 是备用电池供电。

仔细研究这张框图，彻底了解所有内部功能之间的关系，可以帮助我们清晰地认识这款单片机，再学习某些知识时会有更深刻的理解和记忆。从下一节开始，我们将介绍 STM32 单片机的实践操作部分，会讲到开发环境的建立、固件库的安装、ISP 程序下载等一系列内容，但还是请大家认真地复习理论知识。基础决定上层建筑，学习理论是打基础的过程，不要忽略。

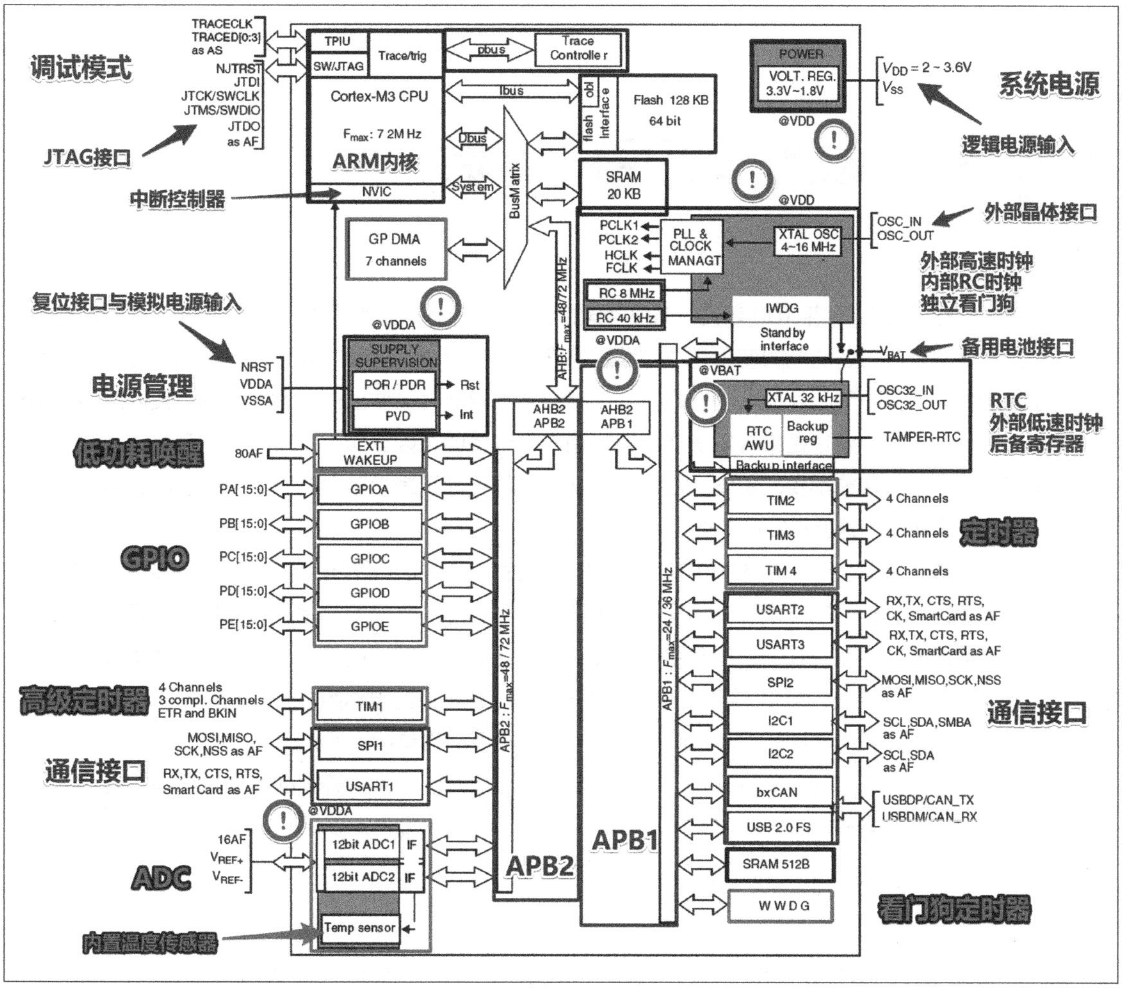

图 5.8 加入注释的功能关系框图

第 14~17 步

6 硬件电路与ISP下载

上节我们介绍了 STM32F103 单片机的内部功能，了解了其内部都有哪些功能，每个功能各有什么作用，这为我们深入学习各功能的使用方法与编程原理非常有帮助。这节一开始，我们先介绍一下单片机芯片的引脚定义，因为一款单片机在物理形态上就是一个塑料外壳上伸出许多金属引脚，其内部功能都要通过这些引脚呈现出来。这也是单片机功能越多，引脚就越多的原因。如果没有引脚或者剪掉引脚，单片机就没有了用处。所有功能都要在引脚上占有一席之地，而且为了减小芯片体积、减少引脚数量，一个引脚往往会具有多个功能，这就是接口的复用。

内部功能在芯片引脚上呈现，单片机芯片还要在一套为其量身打造的外围电路的配合下才能发挥作用。单片机的功能不同，其外围电路设计也不同。这里我们用以实验、练习的，是一套集成了众多初学者入门最常用、最经典的扩展电路。我把这些电路制作在一块电路板上，专门用于我们今后的单片机教学，这块电路板就是洋桃 1 号开发板。接下来我将简单介绍洋桃 1 号开发板的电路组成，为后续深入学习开发板的电路设计做好准备。最后我将告诉大家如何在洋桃 1 号开发板上给单片机下载程序。

这节内容是承前启后的，前承单片机内部功能的理论层面，后启单片机开发的实践过程，其意义很重要，请大家和我一起认真学习吧。

6.1 引脚定义

单片机包含硬件和软件两个部分，硬件是单片机的躯体，软件是单片机的灵魂。

在硬件层面，我们学习单片机在电子电路上的设计，最终让单片机在硬件电路上完成信号采集、运算处理和控制。

在软件层面，我们学习单片机的编程原理。有了正确的程序，才能正确地驱动硬件电路按需求完成工作任务。但程序又是要基于电路才有意义。

单片机的内部功能以及程序在物理上都存在于单片机芯片内部，它们唯一向外呈现的方式就是芯片上的金属引脚。内部功能通过引脚连接到外围电路，程序控制内部功能在引脚上呈现电平的变化，最终控制外围电路。引脚是连接单片机内部与外部的桥梁，也是硬件与软件实现的重要枢纽。掌握了引脚定义，我们就从单片机内部跨到了外部，从理论跨到了实践。所以说，学习引脚定义是单片机理论的最后一课，也是单片机实践的第一课。

图 6.1 所示是 STM32F103 单片机数据手册的第 1 页，其中呈现出了单片机内部的所有功能，接下来我们就看看都有哪些功能需要引出接口。表 6.1 是我总结的每一个内部功能需要引出多少个接口的说明表。

其中有一部分功能只在单片机内部工作，不需要外部引脚，包括 ARM 内核、存储器、DMA、看门狗、嘀嗒定时器、CRC 和芯片 ID。

余下需要引出接口的功能，会根据功能特性需要引出数量不等的接口。少的如复位功能只需要 1 个引脚，多个如 GPIO 端口需要 80 个引脚。当我们仔细阅读表 6.1，并把所需引脚数相加，最终确定要把所有功

数据手册

STM32F103x8
STM32F103xB

中等容量增强型，32位基于ARM核心的带64或128K字节闪存的微控制器
USB、CAN、7个定时器、2个ADC 、9个通信接口

功能

- **内核：ARM 32位的Cortex™-M3 CPU**
  - 最高72MHz工作频率，在存储器的0等待周期访问时可达1.25DMIPS/MMHz(Dhrystone 2.1)
  - 单周期乘法和硬件除法
- **存储器**
  - 从64K或128K字节的闪存程序存储器
  - 高达20K字节的SRAM
- **时钟、复位和电源管理**
  - 2.0～3.6伏供电和I/O引脚
  - 上电/断电复位(POR/PDR)、可编程电压监测器(PVD)
  - 4～16MHz晶体振荡器
  - 内嵌经出厂调校的8MHz的RC振荡器
  - 内嵌带校准的40kHz的RC振荡器
  - 产生CPU时钟的PLL
  - 带校准功能的32kHz RTC振荡器

核心功能

- **低功耗**
  - 睡眠、停机和待机模式
  - V_{BAT}为RTC和后备寄存器供电
- **2个12位模数转换器，1μs转换时间(多达16个输入通道)**
  - 转换范围：0至3.6V
  - 双采样和保持功能
  - 温度传感器
- **DMA：**
  - 7通道DMA控制器
  - 支持的外设：定时器、ADC、SPI、I^2C和USART
- **多达80个快速I/O端口**
  - 26/37/51/80个I/O口，所有I/O口可以映像到16个外部中断；几乎所有端口……信号

重要功能

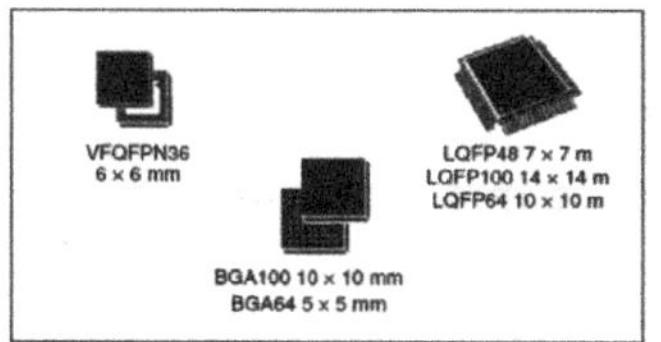

- **调试模式**
  - 串行单线调试(SWD)和JTAG接口
- **多达7个定时器**
  - 3个16位定时器，每个定时器有多达4个用于输入捕获/输出比较/PWM或脉冲计数的通道和增量编码器输入
  - 1个16位带死区控制和紧急刹车，用于电机控制的PWM高级控制定时器
  - 2个看门狗定时器(独立的和……)
  - 系统时间定时器：24位自减型计数器

重要功能

- **多达9个通信接口**
  - 多达2个I^2C接口(支持SMBus/PMBus)
  - 多达3个USART接口(支持ISO7816接口，LIN，IrDA接口和调制解调控制)
  - 多达2个SPI接口(18M位/秒)
  - CAN接口(2.0B 主动)
  - USB 2.0全速接口

通信功能

- **CRC计算单元，96位的芯片唯一代码**
- **ECOPACK®封装**

附加功能

表1 器件列表

参考	基本型号
STM32F103x8	STM32F103C8、STM32F103R8、STM32F103V8、STM32F103T8
STM32F103xB	STM32F103RB 、STM32F103VB、STM32F103TB

图 6.1 数据手册中的单片机内部功能总结

能的所有接口引出来时，最理想的状态下共需要 170 个引脚。这个数量非常惊人，如果只能使用引脚如此之多的单片机，对开发人员来说真是一场悲剧。而我们现在所要介绍的单片机只有 48 个引脚。48 个引脚怎么可能承载全部的功能接口呢？理想与现实之间是如何达成和谐统一的呢？

办法只有两个：舍弃和复用。这两种方式都被用到了。

在舍弃方面，单片机根据封装形式不同会有不同的引脚数量，所以单片机的设计者会按功能重要程度，在引脚少的封装上舍弃不常用的功能接口。比如 GPIO 端口一共有 80 个之多，而在 48 脚封装的单片机上，只保留了 PA0~15、PB0~15 两组的 32 个接口，还有 PC13~15、PD0~1 这 5 个接口，其他的 GPIO 端口都没有引出引脚。

内部的大部分功能都采用了复用的方式。所谓复用，就是把多个功能接口连接在同一个引脚上。比如 GPIO 接口中的 PD0 就和外部高速晶体振荡器接口 OSC_IN 共用一个引脚。如果我们在这个引脚上连接的是晶体振荡器，并且在程序上设置这个引脚为时钟功能，那么这个引脚就用于外接晶体振荡器，PD0 就不能使用了。但如果把晶体振荡器断开，在程序上设置这个引脚为 GPIO，那么 PD0 就可以使用了。一般情况下，在确定了引脚连接的电路之后，某个引脚实现什么功能也就确定下来了。复用的引脚在同一时间只能作为一种功能来使用，其他功能就等于被舍弃了。复用功能是非常实用的设计，它能让我们用引脚较少的单片机实现更多的功能。但实际上复用也是一种舍弃，只是舍弃什么由用户自己决定。

关于 STM32F103 单片机最权威、最完整的引脚定义图，可以在《STM32F103X8-B 数据手册》的第 17 页找到。图 6.2 所示是我截取的引脚定义说明表的一部分。表格左侧是同一系列不同封装的引脚编号。因为我们接下来所使用的是 48 脚单片机，所以这里只看 LQFP48 这一列的编号。因为 48 脚单片机的引脚比别的封装引脚少，编号也少，所以表格中有一些功能的接口是“-”，表示没有引出。在“主功能”一列中给出的是这个引脚在单片机通电后默认的功能接口。“默认复用功能”是通过程序的设置还可以作为哪些功能接口来使用。“重定义功能”是当某个接口功能冲突时，可以将功能接口切换到哪个引脚上。复用和重定义都是改变引脚功能的方法，区别是复用是在一个引脚上选择用哪个功能接口，重定义是把一

表 6.1　内部功能与引脚关系

内部功能	说明	引脚数	引脚定义
ARM 内核	用于运算，只有内部总线，没有向外的接口	0	
存储器	用于存储，只有内部总线，没有向外的接口	0	
时钟	时钟部分有必要向外连接 1 个外部高速晶体振荡器和 1 个外部低速晶体振荡器，每个晶体振荡器需要 2 个引脚，共需要引出 4 个引脚	4	OSC32_IN、OSC32_OUT、OSC_IN、OSC_OUT
复位	需要向外引出 1 个外部复位引脚。	1	NRST
电源管理	需要引出 1 组模拟电源和 3 组逻辑电源，每组电源又有正负极 2 个引脚，共需 8 个引脚	8	VDDA、VSSA、VDD_1、VSS_1、VDD_2、VSS_2、VDD_3、VSS_3
低功耗	需要引出 1 个外部唤醒接口，还要用到 RTC 走时及备用存储器保持数据的备用电池正极引脚（负极与逻辑电源负极共用）	2	WKUP、VBAT
ADC	有 16 个输入通道，需要引出 16 个引脚	16	ADC12_IN0~16
DMA	用于内部数据传递，没有向外的接口	0	
GPIO	共有 5 组 GPIO 接口，每组有 16 个 I/O 端口。加起来共 80 个 I/O 端口	80	PA0~15、PB0~15、PC0~15、PD0~15、PE0~15
调试模式	JTAG 接口需要 5 个接口	5	NJTRST、JTDO、JTDI、JTCK、JTMS
定时器	共有 3 个普通定时器和 1 个高级定时器。一共有 21 个接口	21	TIM1_CH1~4、TIM1_CH1N~3N、TIM1_BKIN、TIM1_ETR、TIM2_CH1~4、TIM3_CH1~4、TIM4_CH1~4
看门狗	没有向外的接口	0	
嘀嗒定时器	没有向外的接口	0	
I^2C 总线	共有 2 组 I^2C 总线，每组 3 个接口，共需要 6 个接口。SCL 是 I^2C 的时钟线；SDA 是 I^2C 的数据线；SMBA 是 SMBus 总线的报警信号，在 I^2C 通信中不会用到	6	I2C1~2_SCL、I2C1~2_SDA、I2C1~2_SMBA
USART 串口	共有 3 组全功能串口，每组内需要 5 个接口。一共有 15 个接口。在一般的串口通信中只会用到 TX 和 RX 两个接口	15	USART1~3_CK、USART1~3_TX、USART1~3_ RX、USART1~3_ CTS、USART1~3_RTS
SPI 总线	有 2 组 SPI 总线，每组又有数据收、数据发、时钟线、使能线 4 个接口。一共 8 个接口	8	SPI1~2_MOSI、SPI1~2_MISO、SPI1~2_ SCK、SPI1~2_NSS
CAN 总线	有数据发送和数据接收，共 2 个引脚	2	CAN_TX、CAN_RX
USB 接口	USB 接口只有 2 条数据线	2	USBDP、USBDM
CRC 校验	没有向外的接口	0	
芯片 ID	没有向外的接口	0	

表5 中等容量STM32F103xx引脚定义

引脚编号						引脚名称	类型(1)	I/O电平(2)	主功能[3](复位后)	可选的复用功能	
LFBGA100	LQFP48	TFBGA64	LQFP64	LQFP100	VFQFPN36					默认复用功能	重定义功能
A3	-	-	-	1	-	PE2	I/O	FT	PE2	TRACECK	
B3	-	-	-	2	-	PE3	I/O	FT	PE3	TRACED0	
C3	-	-	-	3	-	PE4	I/O	FT	PE4	TRACED1	
D3	-	-	-	4	-	PE5	I/O	FT	PE5	TRACED2	
E3	-	-	-	5	-	PE6	I/O	FT	PE6	TRACED3	
B2	1	B2	1	6	-	V_{BAT}	S		V_{BAT}		
A2	2	A2	2	7	-	PC13-TAMPER-RTC[4]	I/O		PC13[5]	TAMPER-RTC	
A1	3	A1	3	8	-	PC14-OSC32_IN[4]	I/O		PC14[5]	OSC32_IN	
B1	4	B1	4	9	-	PC15-OSC32_OUT[4]	I/O		PC15[5]	OSC32_OUT	
C2	-	-	-	10	-	V_{SS_5}	S		V_{SS_5}		
D2	-	-	-	11	-	V_{DD_5}	S		V_{DD_5}		
C1	5	C1	5	12	2	OSC_IN	I		OSC_IN		
D1	6	D1	6	13	3	OSC_OUT	O		OSC_OUT		
E1	7	E1	7	14	4	NRST	I/O		NRST		
F1	-	E3	8	15	-	PC0	I/O		PC0	ADC12_IN10	
F2	-	E2	9	16	-	PC1	I/O		PC1	ADC12_IN11	
E2	-	F2	10	17	-	PC2	I/O		PC2	ADC12_IN12	
F3	-	-[6]	11	18	-	PC3	I/O		PC3	ADC12_IN13	
G1	8	F1	12	19	5	V_{SSA}	S		V_{SSA}		
H1	-		-	20	-	V_{REF-}	S		V_{REF-}		
J1	-	G1[6]	-	21	-	V_{REF+}	S		V_{REF+}		
K1	9	H1	13	22	6	V_{DDA}	S		V_{DDA}		
G2	10	G2	14	23	7	PA0-WKUP	I/O		PA0	WKUP/USART2_CTS[7] ADC12_IN0/ TIM2_CH1_ETR[7]	
H2	11	H2	15	24	8	PA1	I/O		PA1	USART2_RTS[7]/ ADC12_IN1/TIM2_CH2[7]	
J2	12	F3	16	25	9	PA2	I/O		PA2	USART2_TX[7]/ ADC12_IN2/TIM2_CH3[7]	
K2	13	G3	17	26	10	PA3	I/O		PA3	USART2_RX[7]/ ADC12_IN3/TIM2_CH4[7]	
E4	-	C2	18	27	-	V_{SS_4}	S		V_{SS_4}		
F4	-	D2	19	28	-	V_{DD_4}	S		V_{DD_4}		

图 6.2 单片机数据手册中的引脚定义（部分）

个功能接口切换到不同的引脚上。

请大家认真看一下这个表格，了解每一个接口的定义与复用关系。图 6.3 是我按照引脚定义表绘制的芯片引脚对应关系图，图中画了一个单片机芯片的外形，并将各引脚定义内容写在对应引脚的旁边。这样看起来更直观，更容易记忆。

单片机的引脚定义在开发中会经常用到，最好可以把它背下来，至少也要记下各个功能的大概位置、哪几个功能复用。作为单片机开发者来说，背引脚定义是基本功之一。

6.2 开发板简介

学习单片机，既要学习它的内部功能，又要学习内部功能在芯片外的扩展电路，包括电路的设计原理和驱动电路工作的编程方法。初学 STM32，扩展电路从何而来呢？如果自己手动从头做起，没有经验不说，还会把时间浪费在电路的调试和生产中。目前最有效的方法是先借用别人现有的扩展电路来学习，等熟悉掌握其原理后，再自行设计。这也就是目前嵌入式技术学习中主流的开发板教学模式。

在接下来的教学当中，我将使用洋桃 1 号开发板作为硬件电路平台，所写的程序、所做的实验都将在其中运行。图 6.4 所示是洋桃 1 号开发板的结构说明图。它包括的电路有继电器接口、步进电机接口、各种总线接口、8 位数码管、OLED 显示屏、Micro SD（TF）卡插槽、U 盘 / 鼠标 / 键盘接口、触摸按键等。这些功能都是单片机内部功能的扩展应用。从表面上看，我们是在学习驱动步进电机、点亮 OLED 显示屏，但本质上我们还是在学习单片机内部功能扩展的最大可能性。只有学到了本质的内部，你才能脱离开发板，自行为单片机设计外围电路。开发板就像字帖，是用于练习的，最终你要放弃字帖，用字帖带给你的知识与经验来写字。

洋桃 1 号开发板的功能较多、结构较复杂，今后我会一点点进行分析。我们先说开发板的结构层级。在开发板上有一块区域叫核心板，核心板与开发板是通过排针连接的，可以从开发板上拆下来。图 6.5 是核心板正反面的功能结构说明图。我们的 STM32 单片机正是位于核心板的正中央，这就形成了单片机、

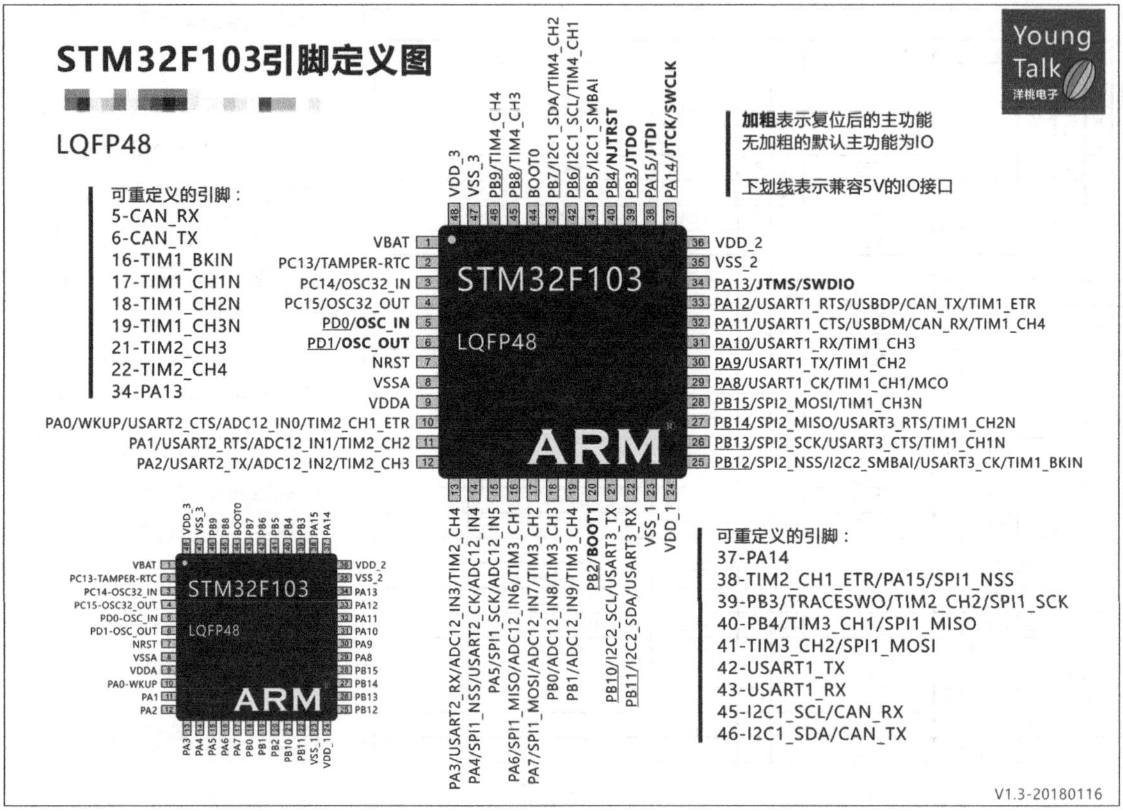

STM32F103引脚定义图

LQFP48

可重定义的引脚：
5-CAN_RX
6-CAN_TX
16-TIM1_BKIN
17-TIM1_CH1N
18-TIM1_CH2N
19-TIM1_CH3N
21-TIM2_CH3
22-TIM2_CH4
34-PA13

加粗表示复位后的主功能
无加粗的默认主功能为IO
下划线表示兼容5V的IO接口

STM32F103
LQFP48
ARM

1 VBAT
2 PC13/TAMPER-RTC
3 PC14/OSC32_IN
4 PC15/OSC32_OUT
5 PD0/**OSC_IN**
6 PD1/**OSC_OUT**
7 NRST
8 VSSA
9 VDDA
10 PA0/WKUP/USART2_CTS/ADC12_IN0/TIM2_CH1_ETR
11 PA1/USART2_RTS/ADC12_IN1/TIM2_CH2
12 PA2/USART2_TX/ADC12_IN2/TIM2_CH3
13 PA3/USART2_RX/ADC12_IN3/TIM2_CH4
14 PA4/SPI1_NSS/USART2_CK/ADC12_IN4
15 PA5/SPI1_SCK/ADC12_IN5
16 PA6/SPI1_MISO/ADC12_IN6/TIM3_CH1
17 PA7/SPI1_MOSI/ADC12_IN7/TIM3_CH2
18 PB0/ADC12_IN8/TIM3_CH3
19 PB1/ADC12_IN9/TIM3_CH4
20 PB2/**BOOT1**
21 PB10/I2C2_SCL/USART3_TX
22 PB11/I2C2_SDA/USART3_RX
23 VSS_1
24 VDD_1
25 PB12/SPI2_NSS/I2C2_SMBAI/USART3_CK/TIM1_BKIN
26 PB13/SPI2_SCK/USART3_CTS/TIM1_CH1N
27 PB14/SPI2_MISO/USART3_RTS/TIM1_CH2N
28 PB15/SPI2_MOSI/TIM1_CH3N
29 PA8/USART1_CK/TIM1_CH1/MCO
30 PA9/USART1_TX/TIM1_CH2
31 PA10/USART1_RX/TIM1_CH3
32 PA11/USART1_CTS/USBDM/CAN_RX/TIM1_CH4
33 PA12/USART1_RTS/USBDP/CAN_TX/TIM1_ETR
34 PA13/**JTMS/SWDIO**
35 VSS_2
36 VDD_2
37 PA14/**JTCK/SWCLK**
38 PA15/**JTDI**
39 PB3/**JTDO**
40 PB4/**NJTRST**
41 PB5/I2C1_SMBAI
42 PB6/I2C1_SCL/TIM4_CH1
43 PB7/I2C1_SDA/TIM4_CH2
44 BOOT0
45 PB8/TIM4_CH3
46 PB9/TIM4_CH4
47 VSS_3
48 VDD_3

可重定义的引脚：
37-PA14
38-TIM2_CH1_ETR/PA15/SPI1_NSS
39-PB3/TRACESWO/TIM2_CH2/SPI1_SCK
40-PB4/TIM3_CH1/SPI1_MISO
41-TIM3_CH2/SPI1_MOSI
42-USART1_TX
43-USART1_RX
45-I2C1_SCL/CAN_RX
46-I2C1_SDA/CAN_TX

Young Talk 洋桃电子

V1.3-20180116

图 6.3 STM32F103 引脚定义图

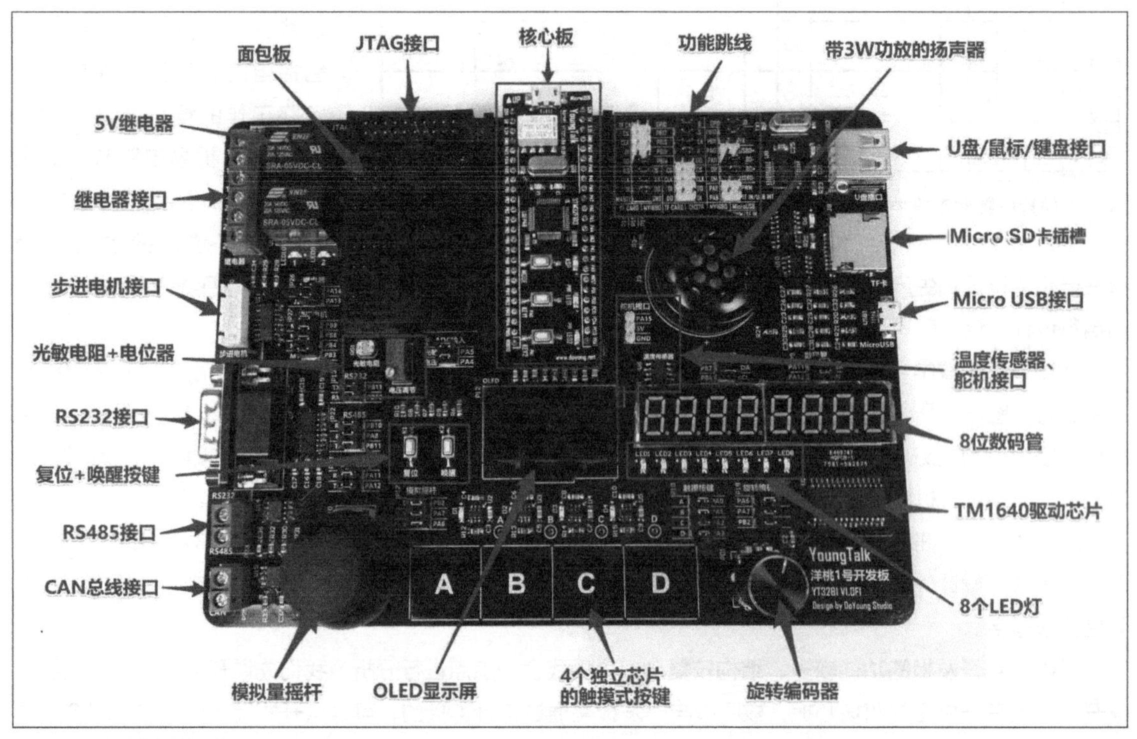

图 6.4 开发板功能介绍

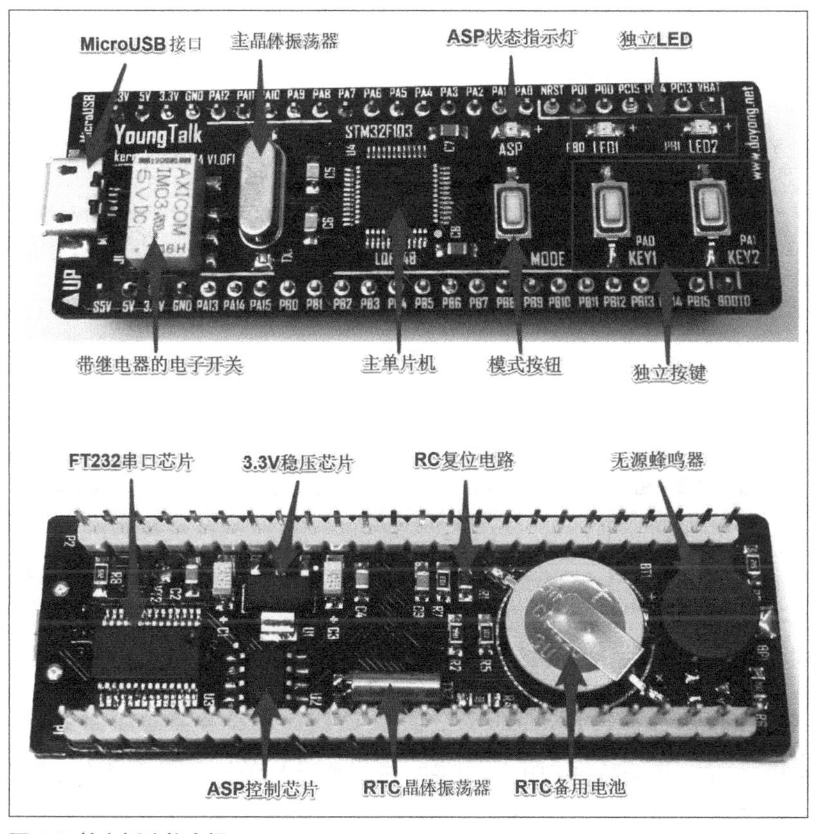

图 6.5 核心板功能介绍

核心板、开发板 3 层嵌套的结构关系，如图 6.6 所示。

其中单片机是实现内部功能和程序的部分，它通过引脚与核心板连接。

核心板上的电路是维持单片机正常工作的最基础的电路，常称为最小系统，另外还有串口、LED、按键、蜂鸣器等最常用的扩展功能。核心板通过排针与开发板连接。

开发板则是针对单片机项目开发中最常见、最值得学习的内容做了扩展。开发板与核心板分离的设计使它有很好的扩展性。

核心板可以脱离开发板而独立工作，核心板上的排针将单片机上的 48 个引脚全部引出了，你可以取下核心板，在排针上连接其他电路进行开发，还可以利用开发板上的面包板，把需要的元器件插到面包板上，再用线连接到核心板两侧的排孔上。洋桃 1 号开发板的技术参数如表 6.2 所示。

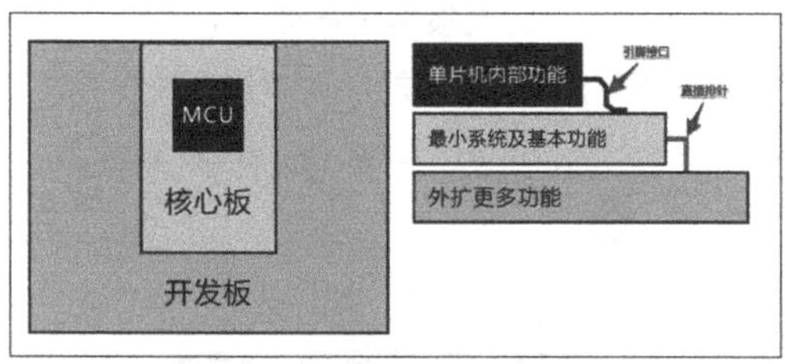

图 6.6 开发板的结构关系

从开发板层级中我们能知道学习的过程：先学单片机内部功能的理论知识，再学核心板上最小系统和基本扩展的简单实践，最后学习开发板上众多功能的复杂开发。这样层层相扣，每一步由易到难、由少到多、由理论到实践，我们的学习才是顺理成章的，能少走转路，取得最好的效果。

6.3 ISP程序下载

单片机必须有程序才能工作，我们在计算机上写好的程序是不能直接通过引脚下载的，必须通过一些外围电路的帮助才能下载。现在我们有了作为学习平台的开发板，如何在开发板上给单片机写入程序呢？写入程序的方法有两种：JTAG 调试下载和串口 ISP 下载。

JTAG 调试下载需要通过一款叫 J-LINK 的仿真调试器来完成。将数据线一端连接到开发板上的 JTAG 接口，另一端连接到计算机的 USB 接口，利用单片机内部的调试仿真功能，用 JTAG 下载。JTAG 接口不仅能下载，还可以与 Keil 软件配合实现在线仿真功能，这些内容在以后的文章中会讲到。

表 6.2　洋桃 1 号开发板技术参数

内容	参数
名称	洋桃 1 号开发板（洋桃 1 号核心板）
型号	YT32B1（核心板：YT3C48A）
主单片机型号	STM32F103C8T6（ARM 32 位 Cortex-M3），64KB 闪存，LQFP48 封装
电源	5V/1A（MicoUSB 接口）
尺寸	175mm × 130mm × 37mm（核心板：69mm × 19mm × 16mm）
核心板引脚数	48Pin（24Pin × 2 排）
净重	开发板 + 核心板：182g；核心板：12g
工作温度	−20~80℃（存放温度：−45~125℃）
开发板功能	2 路继电器、1 个 5 线步进电机接口、1 个 RS232 接口、1 个 RS485 接口、1 个 CAN 总线接口、1 个模拟量游戏摇杆、4 个电容式触摸按钮、1 个旋转编码器按钮、8 位数码管及驱动芯片、8 个 LED 流水灯、1 个 MicoUSB 接口、1 个 Micro SD 卡插槽、1 个 MP3 播放控制芯片、1 个 U 盘或 USB 鼠标 / 键盘接口、1 个 5V 舵机接口、1 个 JTAG 调试接口、1 个面包板、1 个复位按钮、1 个唤醒按钮、1 个 OLED 显示屏、1 个光敏电阻、1 个电压调节电位器、1 个核心板插座、1 个核心板接口扩展插座（所有功能均可用跳线帽与单片机的 I/O 端口连接或断开）
核心板功能	ASP 自动下载、继电器隔离的电源开关、2 个独立按键、2 个独立 LED、1 个无源蜂鸣器、1 个 RTC 备用电池、3.3V 稳定电路、1 个 MicoUSB 串口通信接口

串口 ISP 下载则是利用单片机内部的 USART 串口功能实现的。在核心板上设计有 USART 转 USB 的电路，只要把核心板上的 USB 接口连接到计算机上，再通过计算机上的 ISP 软件就能实现程序下载。为了减少 ISP 下载的操作步骤，在核心板上设计了一个 ASP 自动下载功能。传统的 ISP 下载比较麻烦，需要在下载前和下载后反复拨动 BOOT0 和 BOOT1 引脚上的两个开关，还要按复位按键。而 ASP 自动下载省去了拨动开关、按复位的操作，只要在计算机上单击“开始编程”，核心板就能自动设置开关和复位，不需要你做任何操作。在接下来的教学当中，我将使用串口 ISP 加上自动下载 ASP 方式来给单片机写入程序。

图 6.7　将计算机 USB 接口与核心板连接

第一步是安装 USB 驱动程序。开发板上的 USB 接口对于计算机来说属于一个新的从设备，计算机上需要安装对应的 USB 驱动程序才能与之通信。我们把 USB 线一端连接到核心板上的 MicroUSB 接口，另一端连接到计算机的 USB 接口，这时开发板会上电工作，如图 6.7 所示。如果你使用的是 Windows 7 操作系统或者更高版本，那么只要你的计算机连接了互联网，系统就会自动在网上找到 USB 的驱动程序，并自动完成安装。如果你的系统版本低或没能自动安装，可以通过扫描目录中提供的二维码获取本文相关资料，在其中找到“USB 驱动程序”文件，只要按照附带的安装说明就可以手动安装了。安装成功的标志就是能在“设备管理器”的端口项中找到对应的端口，如图 6.8 所示。找到这个端口之后，请记下端口的编号，我这里是 COM4。

图 6.8 在设备管理器中找到串口号

在此顺便简单介绍一下核心板上的 ASP 功能。在核心板上的一个“MODE”按键和一个“ASP”指示灯，如图 6.9 所示。单击 MODE 键可以开关开发板的电源，电源开启时 ASP 指示灯点亮，电源关闭时 ASP 指示灯熄灭。双击则可以开启或关闭自动下载功能，功能开启时，ASP 指示灯以正常的亮度点亮；关掉功能时，则以较暗的亮度点亮。长按 MODE 键可以切换下载模式，长按后指示灯闪烁 1 次，表示切换到正常的 Flash ISP 模式；长按后指示灯闪烁 2 次，表示切换到用于调试开发的 RAM ISP 模式。因为接下来我们要将程序写入单片机的 Flash，所以这里我们要把模式设置为 Flash ISP 模式、开启自动下载功能。开发板在出厂时默认为以 Flash ISP 模式自动下载，所以没有设置过的朋友无须设置。

接下来只要安装一个 ISP 下载软件就可以了。用于 STM32 的 ISP 软件有很多种，ST 公司也发布了一款叫 Flash Loader Demonstrator 的软件，但是并不好用，操作麻烦还不稳定，反而是第三方的 ISP 软件更了解用户的需求。这里我向大家推荐一款叫 FlyMcu 的软件，它是由国内一家专门做 ISP 下载器的公司开发的，这款软件我长期使用，发现确实比官方的好很多，操作简单又稳定。以后我们就使用这款软件了，下面我来说说它的安装和使用方法。

图 6.9 核心板上的 MODE 按键与 ASP 指示灯

FlyMcu 软件在本书的下载资料包中便有。直接双击 FlyMcu.exe 文件，无须安装，就能直接打开 ISP 下载界面，如图 6.10 所示。在界面上方的菜单栏中，我们单击“搜索串口”，随后再单击右边的“Port:COM4”，会弹出一个下拉列表，里面列出了这台计算机上可以使用的串口。这里我们选择刚刚安装好的串口号 COM4，然后在“bps:115200”上单击，在弹出的下拉列表中选择 115200，这是串口通信的波特率，必须要使用

115200。接下来在“联机下载时的程序文件”栏中单击右侧的“...”按钮，在打开的文件窗口中，选择“资料包”文件夹下面的“LED 闪灯程序 .HEX”文件。然后在右侧的“编程前重装文件”项前面打钩。接着在“联机下载时的程序文件”输入框的下边选择“STMISP”选项卡，在“开始编程”按钮的右边将上面 2 个选项打钩，下面 2 个不打钩。随后单击下方的“设定选项字节等”按钮，在弹出的菜单中单击“STM32F1 选项设置”，如图 6.11 所示。在弹出的窗口中单击“设成 FF，阻止读出”按钮，如图 6.12 所示。这使我们下载的程序在芯片中被加密，不会被别人盗取。最后单击“采用这个设置”。回到主界面后，我们就完成了所有的设置准备。以后启动软件时，就不需要再次设置了。

单击“开始编程”，界面右边的信息窗口开始显示程序下载过程的数据。当程序下载完成后，开发板上的电源会重启一次，然后核心板上的 LED1 指示灯将会以较快的速度闪烁。看到这一效果就表示程序下载成功了。你还可以打开资料包中其他的 HEX 文件，重新单击“开始编程”，开发板上的效果就随之改变了。ISP 程序下载就是这么简单。

最后我们来看一下 STM32F103 最小系统电路图，如图 6.13 所示。图中画出了让单片机保持工作的最基础的外围电路，包括 1 个高速晶体振荡器、1 个低速晶体振荡器、1 个复位按键、1 个备用电池、6 个滤波电容（防止电源干扰）。只要连接了这些电路，单片机就能开始工作。另外由 S1、S2 两个开关及 USB 转 TTL 电平电路部分组成用于 ISP 下载的电路。

USB 转 TTL 电平电路把计算机的 USB 接口转成单片机的 USART 串口，

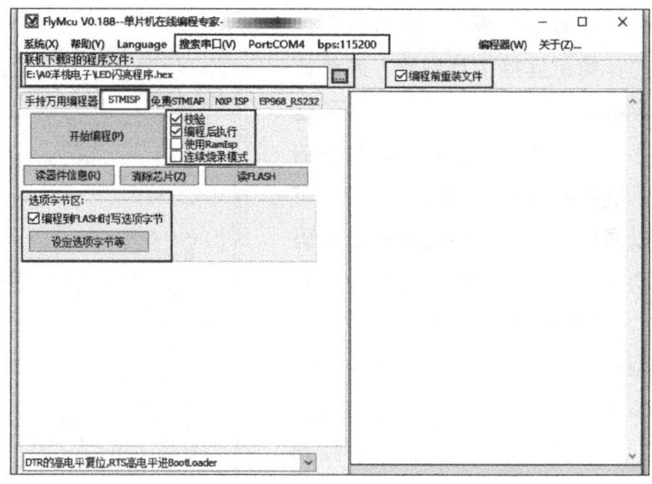

图 6.10 FlyMcu 主界面

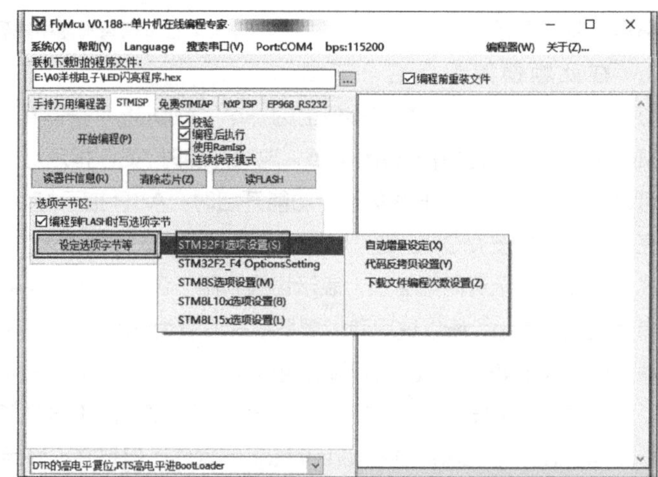

图 6.11 STM32F1 选项设置

Option Bytes Setting For STM32F -
读保护字节：
值： FF 设成A5,允许读出 设成FF,阻止读出
当RDP值等于0xA5时，允许读出Flash存储器内容。
任何其它的值阻止Flash内的内容被读出，并阻止对Flash前4K字节的擦写操作。
硬件选项字节：
值： FF 设成FF(缺省值)
Bit0=1: 软狗 (IWDG须程序启动)
Bit1=1: 进入STOP模式时不产生复位
Bit2=1: 进入Standby模式时不产生复位
Bit3=1 Bit4=1 Bit5=1 Bit6=1 Bit7=1 这5位,用户应该大概也许可以使用
用户数据字节：
Data0(0x1FFFF804): FF Data1(0x1FFFF806): FF 这两字节用户可自由使用
写保护字节：
WRP0: FF 0-3 4-7 8-11 12-15 16-19 20-23 24-27 28-31
WRP1: FF 32-35 36-39 40-43 44-47 48-51 52-55 56-59 60-63
WRP2: FF 64-67 68-71 72-75 76-79 80-83 84-87 88-91 92-95
WRP3: FF 96-99 100-103 104-107 108-111 112-115 116-119 120-123 124-511
采用这个设置 放弃此次设置 恢复出厂缺省值

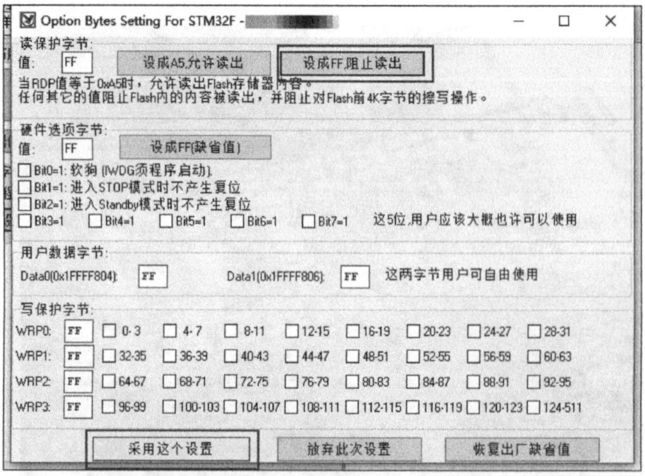

图 6.12 加密设置

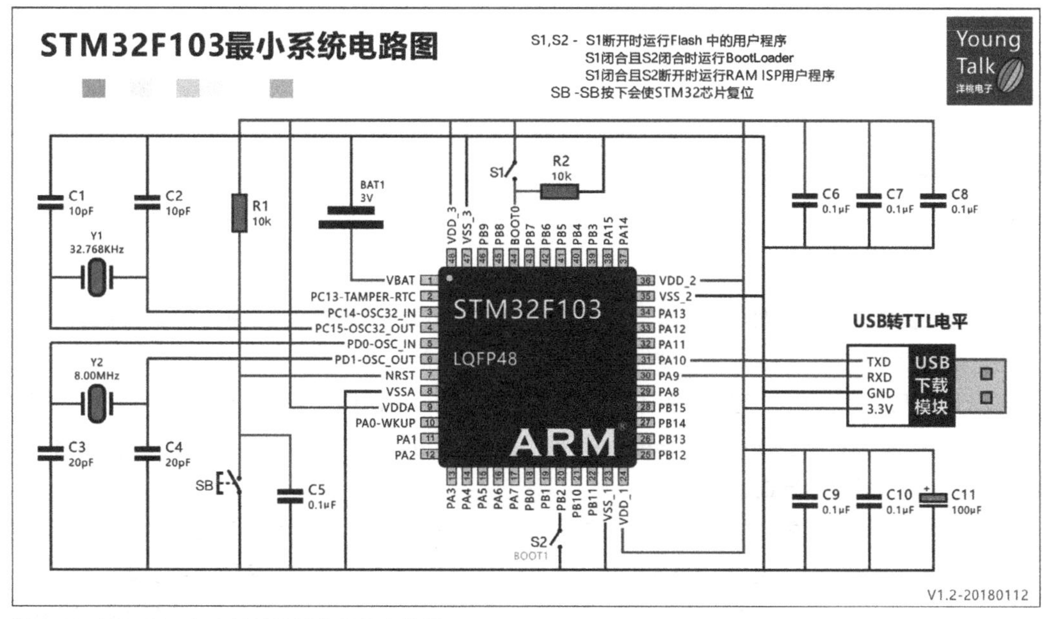

图 6.13 STM32F103 单片机最小系统电路图

让计算机可以与单片机相互通信。而 S1、S2 两个开关是连接在单片机的 BOOT0、BOOT1 两个启动模式接口上的，其中 BOOT1 接口与 PB2 的 I/O 端口复用。通过给 BOOT0 和 BOOT1 输入不同的电平状态，可以让单片机启动时进入不同的工作模式。表 6.3 所示是对 BOOT0 和 BOOT1 两个接口输入不同的电平时，所进入的工作模式。当 BOOT0 为 0（低电平）时，不论 BOOT1 是什么状态，单片机再次复位后都会运行 Flash 里面的用户程序，这也就是正常的启动模式。当 BOOT0 为 1（高电平）、BOOT1 为 0（低电平）时，单片机复位后将运行 Bootloader 程序。Bootloader 程序是由 ST 公司在芯片出厂时写入单片机的一段程序，用户是不能修改的。这段程序的任务就是与计算机上的 ISP 软件相连接，把 HEX 文件存入单片机的 Flash 或 SRAM 中，是一段 ISP 下载辅助程序。当 BOOT1 和 BOOT1 都为 1 时，单片机再次复位后将进入 RAM ISP 模式，这个模式多用于开发过程中的程序调试。

一次 ISP 下载的流程是这样的：我们先让 S1 和 S2 开关都闭合，再按 SB 复位键，这时单片机进入 Bootloader 模式。然后在 FlyMcu 软件上单击“开始编程”按钮，软件将与 Bootloader 程序相配合，将程序写入 Flash 或 SRAM 中。具体写到哪里要看是否勾选了图 6.10 中的“使用 RamIsp”这一项，不勾选就存放到 Flash 里，即正常下载方式。如果程序下载到 Flash 里，则将 S1 断开，S2 随意，再按 SB 复位键，这时单片机将开始运行 Flash 中我们下载好的程序。如果程序下载到 SRAM 里，则将 S1 闭合，将 S2 断开，再按 SB 复位键，程序将从 SRAM 中运行。不过在核心板上有自动下载功能，这一系列 S1、S2、SB 的操作都自动完成了。如上讲解只是希望大家了解 ISP 下载的工作原理，在使用没有自动下载功能的电路时也能轻松应对。

表 6.3 启动模式说明

启动模式选择引脚		启动模式	说明
BOOT1	BOOT0		
X	0	主闪存存储器 Flash ISP	主闪存存储器被选为启动区域
0	1	系统存储器 Bootloader	系统存储器被选为启动区域
1	1	内置 SRAM RAM ISP	内置 SRAM 被选为启动区域

第 18~20 步

7 开发平台的建立

上一节我们在硬件层面上做好了准备，这一节我们再在计算机端建立起必要的软件开发平台。单片机技术不同于其他电子技术，它既要涉及硬件电路设计，又要涉及软件编程。两个方面要同步精进，才能在单片机开发上有所成就。每位学习者都有不同的来历，有从硬件电路设计转学单片机的，有从软件开发转行过来的，但不论如何，都要在电路和编程上并行前进、同时进步。如人的双脚，偏重一侧，便不能从全局思考和设计，不能健全地行走。

要学习软件编程，我们先要在计算机上安装 Keil 4 集成开发环境，然后再安装 STM32 固件库，在此基础上，我们便可开始编写 C 语言程序了。单片机是不能直接读懂 C 语言程序的，所以要用编译器将 C 语言翻译成机器语言，再下载到单片机中。这就是本节我们要学习的内容，熟悉 Keil 4 和固件库的安装能让你更加深入地理解单片机软件开发的本质和原理。

7.1 Keil 4的安装

如果我们可以在计算机上新建一个 Word 文档，在文档里用中文写上我们要让单片机做的事，然后把这个文档用 Wi-Fi 发送给单片机，随后单片机便按文档上的要求去工作，这也许是最理想的单片机开发过程了。只可惜这是不可能的。

首先，单片机里面没有 Wi-Fi，只能通过 ISP 方式下载程序。其次，单片机也不认识中文，更何况还要区分不同的语法和前后句关系。就算有一天人工智能能做到此地步，那时也不需要单片机开发者了，我们都失业了。正因为技术不发达，才要人工来弥补。

最早的单片机开发，需要开发者学习一种非常难学、难用的机器语言，单片机只能读懂机器语言，HEX 文件就是机器语言的一种。开发者要先在脑子里把单片机的工作任务考虑好，再手工查机器语言的字典，一个指令接一个指令地翻译。写一个单片机程序往往需要很多开发者合作翻译、编写很长时间。

后来，随着 PC 的普及，人们开始大量使用计算机来辅助开发者工作。这时有公司设计出了一款计算机软件，它能把一种人类看得懂的语言翻译、转化为机器语言。这种软件叫作“编译器”，自动翻译语言的过程就叫“编译”，是编辑、翻译的意思。这能让开发者省去查表人工编译的过程，大大提高了工作效率。可是新的问题又来了：用哪种人类看得懂的语言作为标准呢，汉语、英语还是法语？都不行！因为人类的语言太复杂，有很多同义词、歧义句。开发者需要一种标准化的、语意明确的、逻辑清晰的新语言。于是有很多人为此发明新语言，其中最流行的有 C 语言和汇编语言。

好了，现在有了新语言，那么还得设计一款用于编写、编辑新语言的软件吧。就像编写文档要有 Word 软件一样。于是又有很多公司开发出了用于 C 语言和汇编语言的编写软件，并且还把编写、编译功能连同仿真调试功能（后面会讲到）也放入一个软件里。这种软件集成了单片机开发中所有软件工具，它不再只是功能单一的软件，所以人们叫它“集成开发环境”，就是把所有功能都集成在一起的意思。

有很多公司都开发出了很优秀的集成开发环境，但是在 STM32 上使用最多的是 Keil 和 IAR。这两

款软件的界面和功能非常类似，学会一个也就会了另一个。这里我选择了 Keil，一是因为开发 Keil 软件的 Keil 公司被 ARM 公司收购了，成了 ARM 的“亲儿子”；二是因为有很多 51 单片机学习者都在使用 Keil 软件，如果他们转向学习 STM32，正好可以沿用 Keil 软件。

Keil 软件目前已经更新到第 5 版（Keil 5），但经过我实际使用发现 Keil 5 在稳定性和兼容性上还不够完善，所以根据单片机开发“稳定优先”的大原则，决定还是使用经无数开发者验证过的第 4 版（Keil 4）。Keil 4 在性能和功能上和 Keil 5 大同小异，不会因版本低而造成学习上的困扰，请大家放心使用。Keil 4 软件内部集成的编译器有 51 版和 ARM 版，ARM 版的编译器叫“MDK”，我们下面要安装的就是带有 ARM 编译器的 MDK 版本。但 51 版和 ARM 版并不冲突，如果已经安装了 51 版的 Keil，现在再安装一次 MDK，就可以同时开发这两种单片机了。

表 7.1　安装 Keil 的计算机性能要求

内容	参数
CPU 主频	1GHz 及以上
硬盘	100GB 及以上
内存	1GB 及以上
操作系统	Windows XP 及以上
接口	至少有 1 个 USB 接口

安装前请认真看一下所需计算机的要求，见表 7.1，目前市场上的大多数计算机都很满足此要求，但选择性能更好的计算机可以提高学习效率。注意：苹果的 macOS 系统不能用于单片机开发，因为绝大多数相关软件没有 macOS 版本。接下来我就详细说明一下 Keil 软件的安装过程，请大家按步骤操作。

1 下载 Keil 4 安装包后解压。双击“MDK412.exe”的安装图标，开始安装。

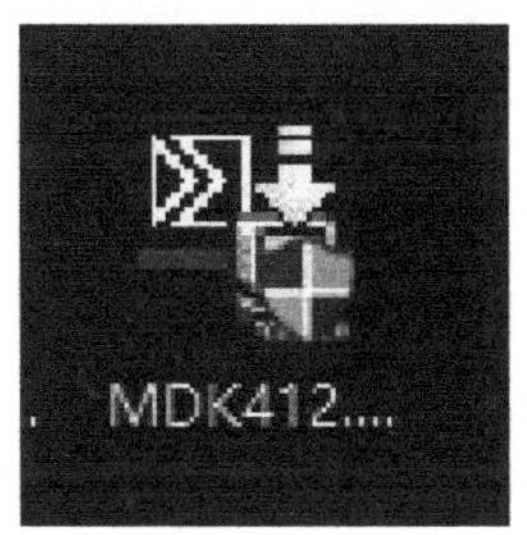

2 在弹出的安装窗口中单击“Next（下一步）”按钮，进入下一步。

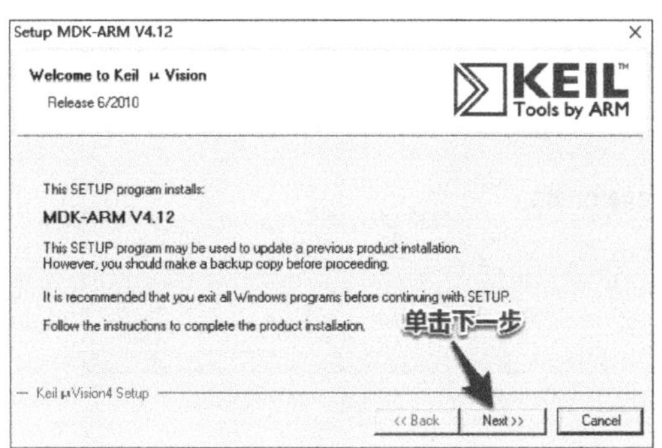

3 在同意安装协议前面打钩，之后单击“Next”进入下一步。

4 在软件安装路径中保持默认路径，更改路径可能在今后使用软件时会出错。单击“Next”进入下一步。

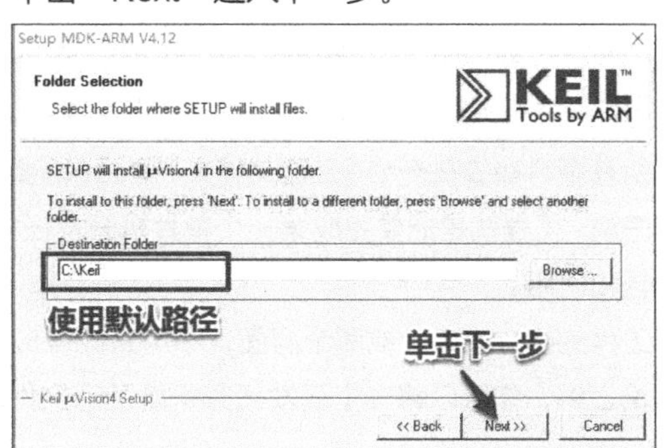

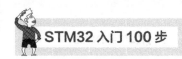

5 这里需要你输入个人信息，从上到下分别是：名字、姓氏、公司名称、电子邮箱。除了电子邮箱需要填写真实邮箱外，其他信息可以随意填写。单击“Next”进入下一步。

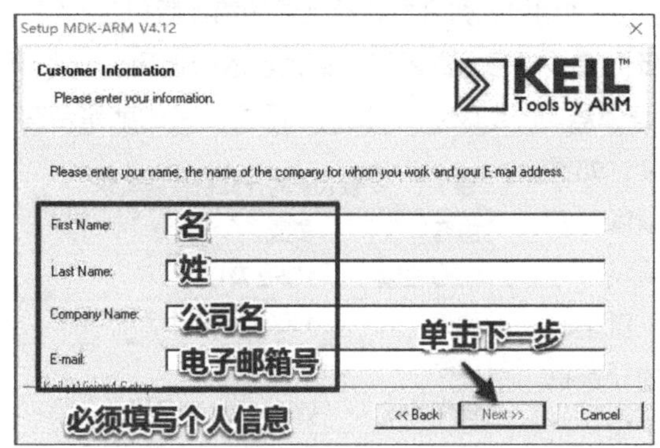

6 开始安装。安装过程需要等待几分钟，等它完成后将会自动跳至下一步。

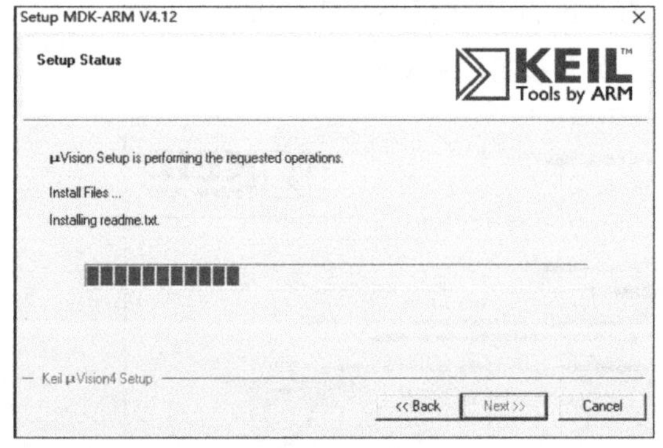

7 安装完成会弹出成功窗口，按默认设置单击“Finish（完成）”即可。

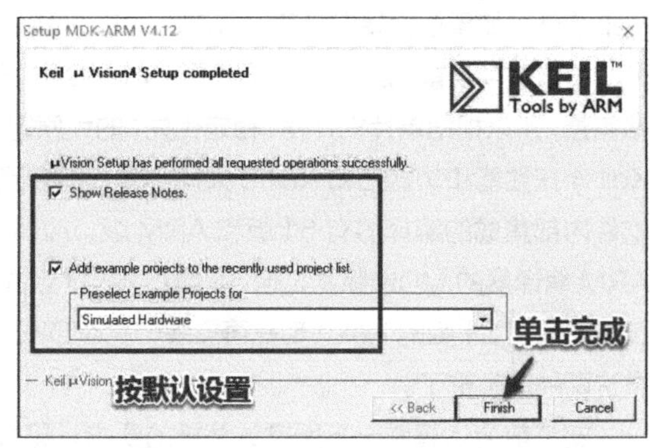

8 这时计算机的桌面上会出现 Keil 4 的图标，表示安装完成。双击此图标就可以打开 Keil 4 软件了。如果在安装过程中弹出其他窗口或者进度条卡住的问题，可以重启计算机重新安装。目前 Keil 4 软件只有英文版本。但这不影响使用，其中涉及的单词非常少，即使是英文水平欠佳的朋友，简单学习一下也能使用。

7.2 工程与固件库介绍

Keil 4 安装好之后，下一步就是在 Keil 4 当中建立工程。什么是工程呢？在日常生活中提到工程，你会想到建大楼、修地铁，这些大型建设才叫工程。其实这些算大工程，一些小的工作也可以叫工程。比如用 STM32 开发一个闪烁 LED，虽然设计相对简单，但要想完成它也需要用到很多资料，比如调用固件库（下文会讲到），配置 Keil 4 各种选项，新建 C 语言文件，在文件里编写程序。如果把多个资料散落在计算机硬盘的各处，查找和使用起来都会很麻烦。Keil 软件则给出“工程”的概念，就是在 Keil 软件当中将相关的所有资料都放在一个“工程文件夹”里面，需要哪个文件就从工程文件夹里找出来打开，非常方便。所以简单来说，工程就是把要完成某一个单片机开发任务的所有相关资料文件都用 Keil 软件统一管理起来，以方便存档和使用。

一个工程的建立可以分成两个层面，一个是计算机硬盘文件的创建，另一个是 Keil 软件中的工程文件添加。理论上讲，你可以将一个开发任务所涉及的文件散放在计算机硬盘上的任何位置，只要将各文件的路径添加在 Keil 软件中就行。但是这对于开发工作是很不利的，因为一旦你需要把所有文件复制到其他计算机上，你就要四处寻找它们。所以前辈们都习惯将工程涉及的所有文件放入一个文件夹里，这个文件夹就是计算机硬盘层面的“工程文件夹”。

接下来要在 Keil 软件里将“工程文件夹”的文件路径添加到“工程文件树”。注意是添加路径，不是复制文件，只是告诉 Keil 软件这些文件都在计算机硬盘上的什么位置。在 Keil 软件“工程文件树”里打开的文件实质上是从计算机硬盘中的工程文件夹打开的。在 Keil 里打开文件只是为了方便开发和调试。

今后我们每写一个单片机程序都要先创建一个工程，然后把相关文件加入进来。如果每次都重复同样的工程创建操作，任何人都会觉得过于麻烦。为了解决这个问题，我们可以创建一个“工程模板”，在模板里把工程常用的文件都放进去。当未来新建工程时，只要复制模板内容并在其中做少量改动就行了，既提高了效率，又避免了反复创建时人为出错。

在创建工程模板之前，先认识一个工程中必不可少的组件——固件库，创建工程最重要也是最烦琐的就是添加固件库文件。从本质上说，固件库是由 C 语言编写的一系列程序文件，这些文件是由 ST 公司官方编写的，其目的是帮助用户很方便地开发 STM32 单片机。要想理解固件库的意义，先要知道单片机程序是如何操作硬件功能的。

比如我们要让一个引脚输出高电平，这是硬件电路的变化，而程序是虚拟的，不能直接变成硬件。将硬件与软件程序联系起来的桥梁就是“功能设置寄存器”，这是在 SRAM 当中的一块寄存器区域，它和硬件电路相连，每个寄存器位 1 或 0 的状态都对应不同硬件电路的高低电平。我们要让某个引脚输出高电平，只要向这个引脚 I/O 端口对应的寄存器写入“1”就可以了。图 7.1 是软硬件层级关系图。

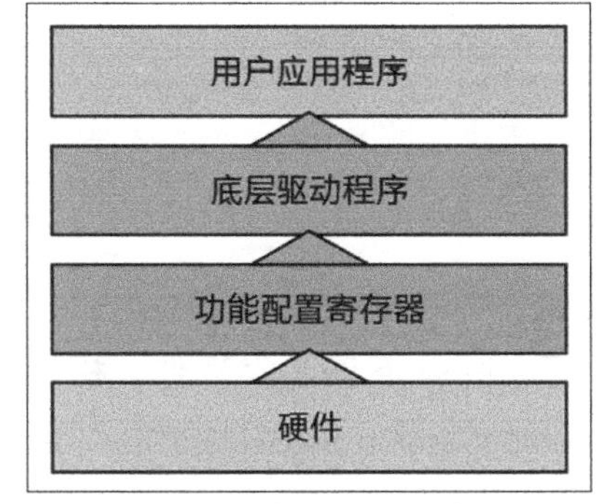

图 7.1 软硬件层级关系图

在固件库没有出现之前，单片机开发者都要学习功能设置寄存器，去记住哪一个功能对应着哪个寄存器。而这样的寄存器有几十上百组，死记硬背非常困难，在开发过程中要一边写程序一边查寄存器表，非常麻烦。而且寄存器之间有一定的关联性，可能打开一个功能需要设置 3 组寄存器，而你只设置 2 组，在调试时就会出问题，而这样的问题又很难被发现。

ST 公司为了解决这一问题（难记忆和易出错），就编写了一套操作功能设置寄存器的标准程序，把程序封装成一个个专用的功能函数。把所有的函数整合到一起，就形成了一个“操作功能配置寄存器的官方函数库”，称为“固件库”。有了固件库之后，开发者再也不用查表学习寄存器了，只要知道固件库中的哪个函数能操作哪个功能就可以了。

记忆固件库的函数名可比记住寄存器要容易多了，而且固件库是 ST 官方不断优化、升级的，是经过无数开发者验证无误的。使用固件库要比自己操作寄存器可靠，再不会出现寄存器设置马虎而导致出错的问题。目前 STM32F10x 单片机专用的固件库已经出到 3.5.0 版本，非常稳定可靠。虽然后来 ST 公司又推出了更强大的 STM32Cube 工具，但其可靠性还有待实践的考验。

固件库不仅能提高开发效率，还能让初学者更好地理解编程的结构性与系统性。作为 STM32 初学者，以固件库方式入门是最佳选择。据我所知，目前还有很多 STM32 入门教程以操作寄存器方式做编程教学，在此我不推荐新入门的朋友再学习寄存器方式，那样既落后又增加了学习难度。

7.3 固件库的安装

固件库可以在 ST 公司的网站上下载，但查找起来比较烦琐，于是我事先下载好，放在本文的附件资料中。大家可以直接下载、解压，就能得到名为“STM32F10x_StdPeriph_Lib_V3.5.0”的文件夹，这就是固件库了。固件库文件夹里包含了很多文件，而我们在接下来的开发中需要用到的大约有 19 个。只要在你的工程中放入这 19 个文件就能直接使用，但是这么多文件有不同的用途，为了今后查看方便，前辈们通常会建立几个子文件夹，把不同功能的固件库分门别类存放。其实你完全可以按自己的喜好分类，甚至不分类。但是既然要好好学习，最好还是沿用广泛使用的分类方法，这样别人也容易看懂你的程序。在接下来的固件库安装部分（所谓安装其实就是复制文件），我会让大家在工程中新建 4 个子文件夹，请严格按照我的方法创建，文件夹名也要完全一致。然后再按我的步骤将 19 个固件库文件放入不同的文件夹中。接下来是固件库的具体安装步骤。

1 下载固件库并解压。

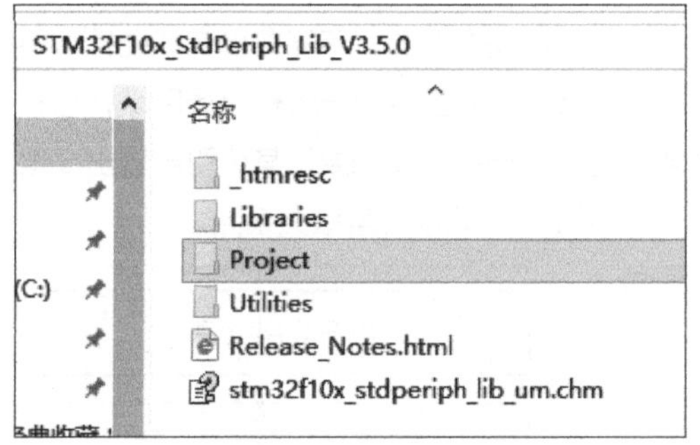

2 先选择一个硬盘目录作为建立工程的地方（文件夹名支持中文），在这个目录下手工新建 4 个文件夹，文件夹名要严格按下图所示的样子输入，注意这里是区分大小写的。

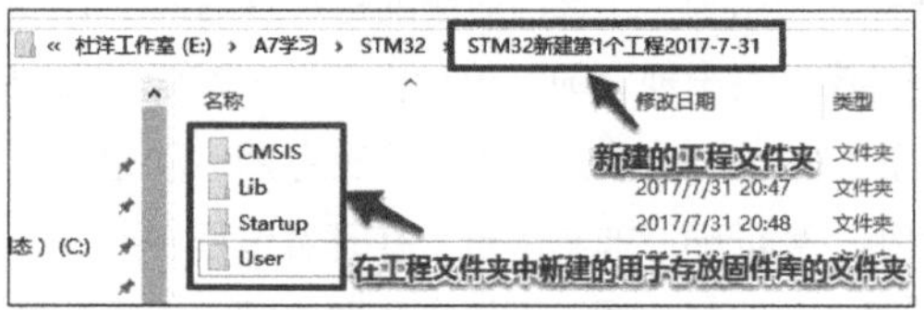

3 把固件库中的“\STM32F10x_StdPeriph_Lib_V3.5.0\Libraries\CMSIS\CM3\CoreSupport”目录下的 2 个文件，和“\STM32F10x_StdPeriph_Lib_V3.5.0\Libraries\CMSIS\CM3\DeviceSupport\ST\STM32F10x”目录下的 3 个文件，复制到新建的“CMSIS”文件夹中。

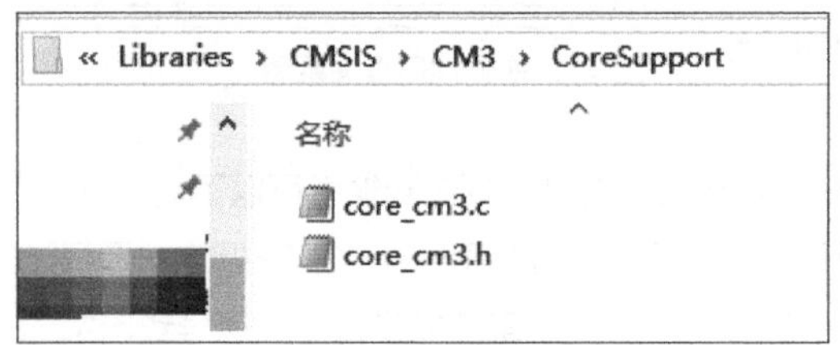

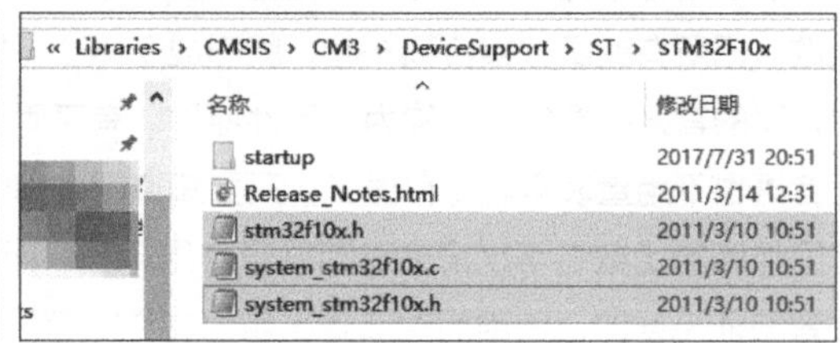

4 把固件库中的“\STM32F10x_StdPeriph_Lib_V3.5.0\Libraries\CMSIS\CM3\DeviceSupport\ST\STM32F10x\startup\arm”目录下的 8 个文件，复制到新建的“Startup”文件夹中。

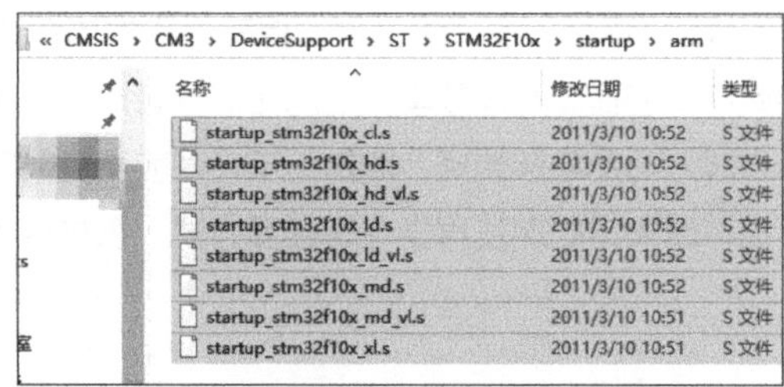

5 把固件库中的“\STM32F10x_StdPeriph_Lib_V3.5.0\Libraries\STM32F10x_StdPeriph_Driver”目录下的 2 个文件夹，复制到新建的“Lib”文件夹中。

« STM32F10x_StdPeriph_Lib_V3.5.0 › Libraries › STM32F10x_StdPeriph_Driver

名称	修改日期	类型
inc	2017/7/31 20:51	文件夹
src	2017/7/31 20:51	文件夹
Release_Notes.html	2011/3/14 12:31	360 se H

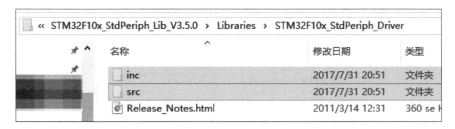

6 把固件库中的“\STM32F10x_StdPeriph_Lib_V3.5.0\Project\STM32F10x_StdPeriph_Template”目录下的 4 个文件，复制到新建的“User”文件夹中。

« STM32F10x_StdPeriph_Lib_V3.5.0 › Project › STM32F10x_StdPeriph_Template

名称	修改日期	类型
EWARM	2017/7/31 20:51	文件夹
HiTOP	2017/7/31 20:51	文件夹
MDK-ARM	2017/7/31 20:51	文件夹
RIDE	2017/7/31 20:51	文件夹
TrueSTUDIO	2017/7/31 20:51	文件夹
main.c	2011/4/4 19:03	C 文件
Release_Notes.html	2011/4/6 18:15	360 se HT
stm32f10x_conf.h	2011/4/4 19:03	H 文件
stm32f10x_it.c	2011/4/4 19:03	C 文件
stm32f10x_it.h	2011/4/4 19:03	H 文件
system_stm32f10x.c	2011/4/4 19:03	C 文件

7.4 创建工程模板

安装固件库只是在计算机硬盘层面上复制了文件，但 Keil 软件并不知道这些文件都放在什么地方，所以我们还要将这些文件的路径告诉它，让固件库文件及文件所在的目录显示在 Keil 软件里面，同时还要对 Keil 进行一些必要的设置。当一切设置好之后，我们就完成了工程模板的创建。我们要把这个模板保存好，未来再创建新工程时，只要把这个模板复制一份即可，不需要再进行安装固件库之类的操作。另外我在本文的附件资料中也给出了一个我创建的工程模板，如果你感觉自己创建太麻烦，也可以直接用我的模板。但还是建议大家从头创建一次工程，这对于理解工程的本质很有帮助。在后续的文章中，我们还会深入研究 Keil 软件的设置和使用方法，随着教学的推进，你对初学时的知识会有不同的理解。以下是创建工程的具体步骤。

1 运行 Keil 4 软件，在主界面的菜单栏中选择“Project（工程）”下拉列表中的第一项“New uVision Project（新建工程）”。

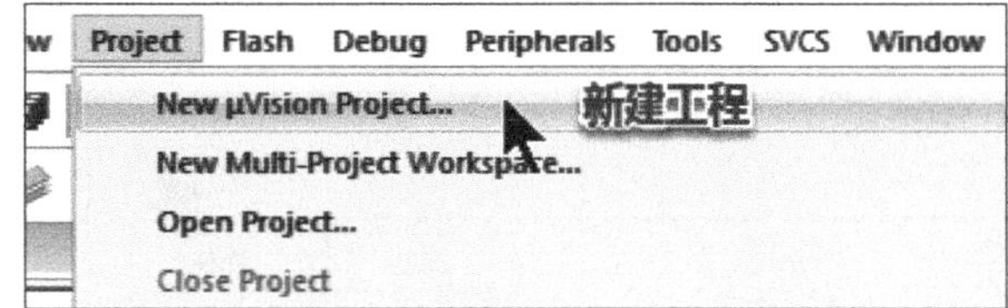

2 选择之前创建的工程文件夹，将 Keil 新工程建立在其中，同时在窗口下边给新工程取一个名字，名字里不要有中文，然后单击“保存”按钮。

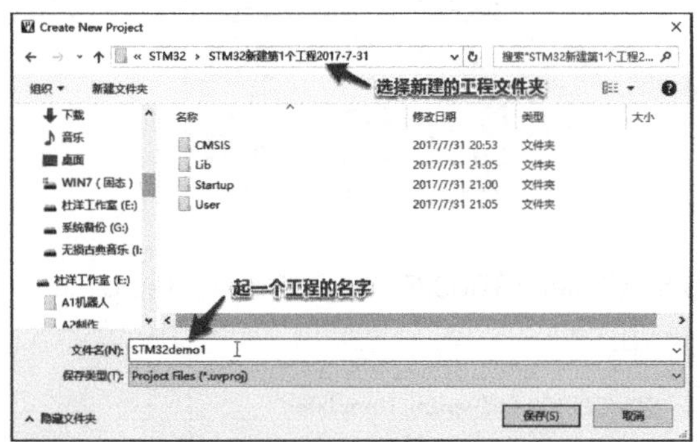

3 在随后弹出的CPU选择窗口中，在左侧列表中找到“STMicroelectronics”，点开前边的加号图标，在下方选择型号“STM32F103C8”，然后单击下方的“OK”按钮。

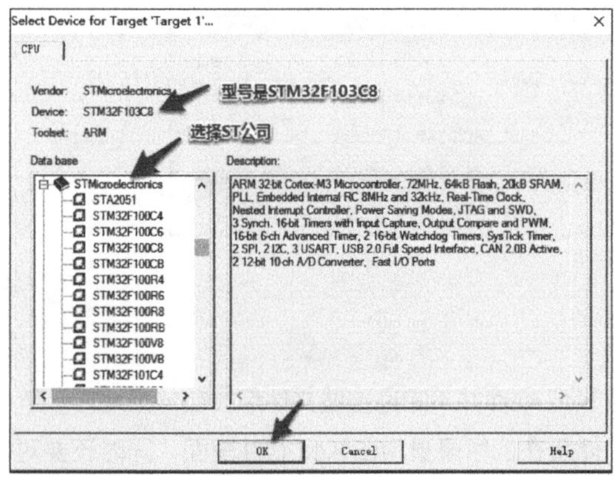

4 在弹出的对话框中单击“否”。注意这里一定要选择“否”，如果选择“是”，会把一些不必要的配置文件添加到工程里，为后续开发造成麻烦。如果不小心点错了，就要把工程中所有文件删除，然后重新创建。

5 单击工具栏中“品”字形的图标，进行工程文件的添加、配置。

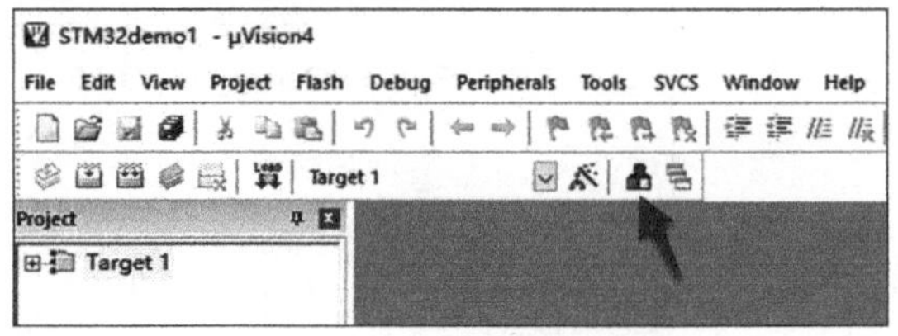

6 在“Project Components（工程组件）”选项卡中，在“Groups（分组）”栏中单击“创建分组”图标，把之前在硬盘上创建的文件夹名手工写入“Groups”的框里。并且在每个分组里单击下方的“Add Files（添加文件）”按钮，把硬盘中对应文件夹下方的“.c”文件加入到分组里。具体哪个文件加到哪个组里，请参照下方第二张图操作。

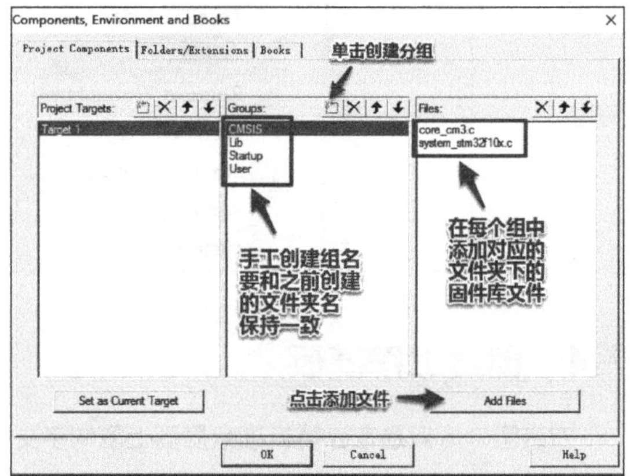

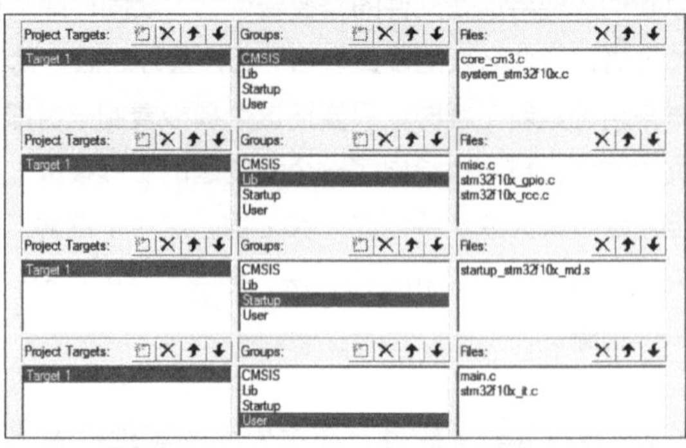

7 配置完成后，在左边工程目录中就会有如右图所示的文件目录。

表 7.2 所示是标准工程子文件夹的类型说明。一个标准的工程中通常包含 6 个子文件夹，但目前我们只建立了 4 个，“Basic”和“Hardware”两个文件夹用来存放用户自己编写的驱动程序，暂时不创建，等讲到编写驱动程序时再创建不迟。

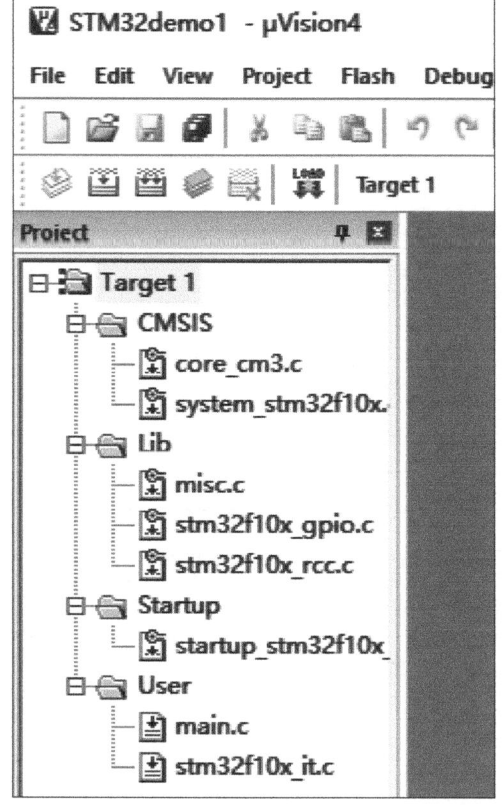

8 单击工具栏上魔法棒的图标，进入工程的选择设置。

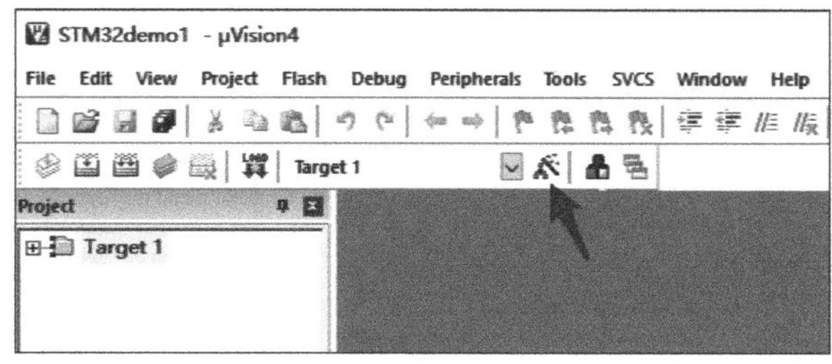

9 在“Options（选项）”窗口中选择“Target（目标）”选项卡，在晶体振荡器频率一项中写入 8.0，表示我们外接的晶体振荡器频率是 8.0MHz。这要根据你的硬件电路的实际情况来输入，因为洋桃 1 号开发上的高速晶体振荡器是 8MHz 的，所以这样写。如果日后硬件上的晶体振荡器频率修改了，这里也要同步修改。

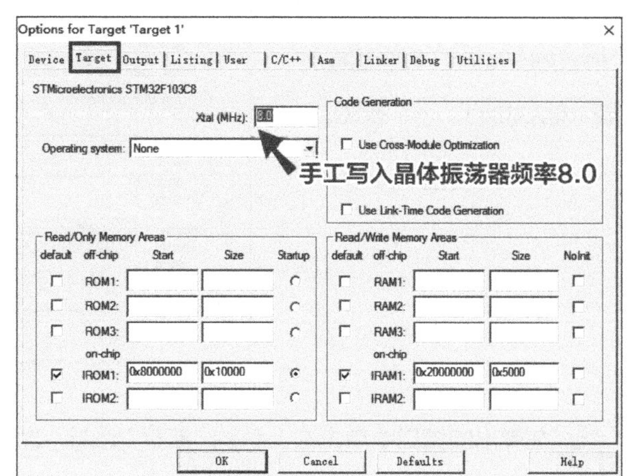

表 7.2　工程子文件夹说明

文件夹名	存放类型	说明
CMSIS	内核驱动程序	用来存放跟内核和单片机系统有关的内容
Lib	内部功能函数库	用来存放操作功能配置寄存器的各功能的固件库函数
Startup	单片机启动程序	用来存放单片机启动时进行初步设置的程序
User	用户程序	用来存放主函数、中断处理函数、报错处理函数等
Basic	内部功能驱动程序	用来存放用户自己编写的内部功能的驱动程序
Hardware	外部硬件驱动程序	用来存放用户自己编写的硬件电路驱动程序

10 在“Output（输出）”选项卡中，在“Create HEX File（生成 HEX 文件）”一项前边打上钩。

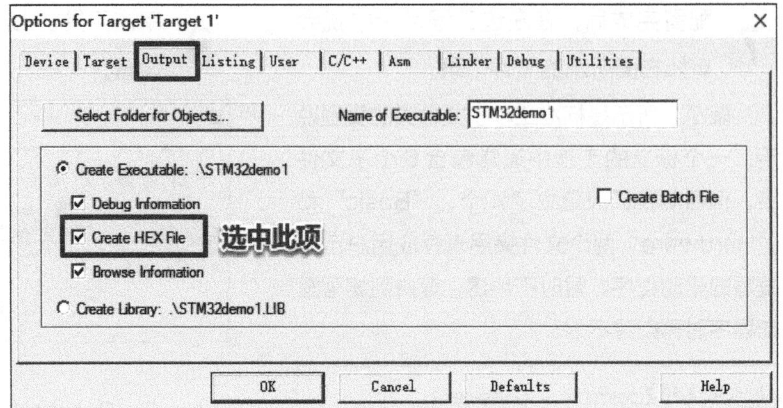

11 在“C/C++”选项卡中“Define：（定义）”输入框中手工输入“USE_STDPERIPH_DRIVER，STM32F10X_MD”，字母全部大写。然后单击下方的“Include Paths（包含路径）”输入框后面的“…”按钮。

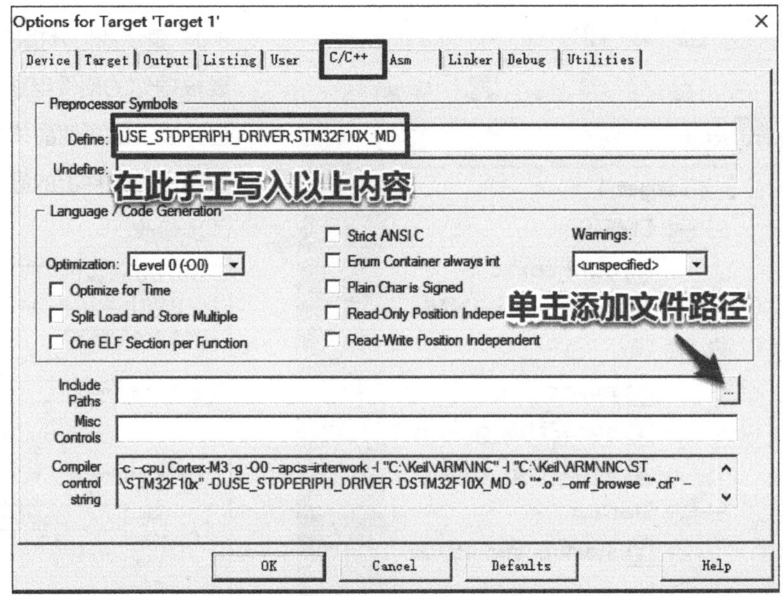

12 在弹出的窗口中单击右上角的“新建”图标。然后在下方出现一个输入框。单击输入框右边的“...”按钮就会弹出打开文件夹窗口。在窗口中将固件库子文件夹的路径都添加进来。这样 Keil 软件就知道该到哪里找固件库文件了。

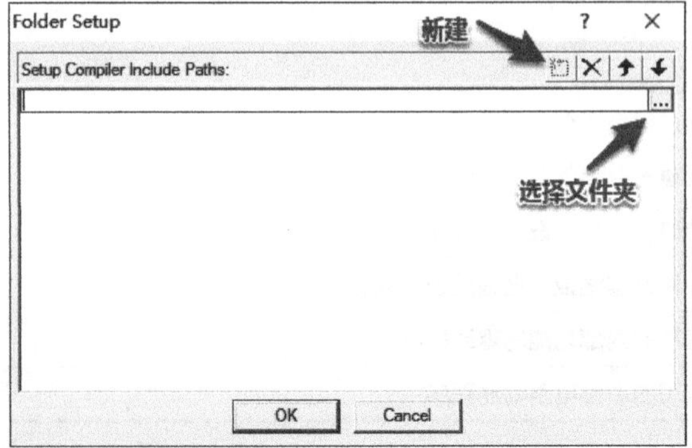

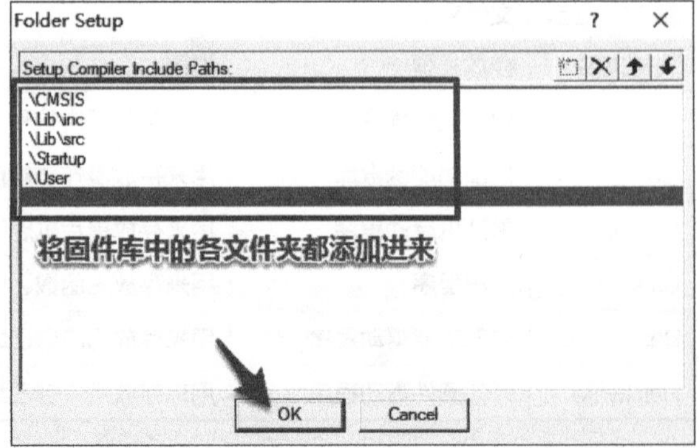

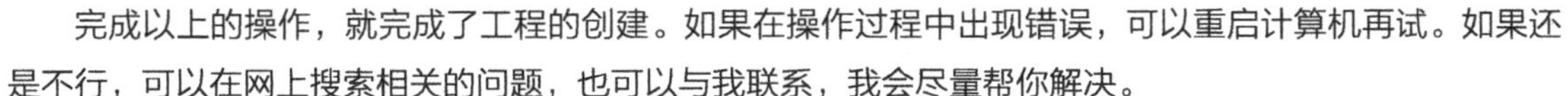

完成以上的操作，就完成了工程的创建。如果在操作过程中出现错误，可以重启计算机再试。如果还是不行，可以在网上搜索相关的问题，也可以与我联系，我会尽量帮你解决。

7.5 编程调试

工程建好了，接下来就是在工程中编写我们自己的程序，然后让 Keil 中的编译器把 C 语言程序编译成单片机能认识的 HEX 文件，再用上一节介绍的 ISP 下载方法将 HEX 文件写入单片机里。写程序、编译、ISP 下载、看效果，这一过程是每位单片机开发者必须反复做的日常工作，因为没有人能一蹴而就，即使是拥有多年经验的高手也不能一次写成、从不修改。我们根据预想的效果来写程序，可人总会犯错，总有一些我们考虑不到的地方。于是我们就先把程序下载到单片机上，看看有没有达到效果，哪里不足再重新修改，再下载看效果。这个过程叫“编程调试”。高手调试的数次可能少，一般水平的人需要大量调试，水平差的人发现问题却找不到原因。编程调试是单片机开发非常重要的一环，却没有什么技巧可以讲，只能通过不断的调试，在失败中积累经验。很多人佩服单片机高手，其实并不是高手们比别人聪明，只是调试的次数多、开发的经验丰富而已。要想学好单片机，就得多写程序、多调试。

现在我们是初学者，还没有能力编写自己的程序，那就先抄写一段最简单的程序吧，主要是让大家了解调试的过程。如图 7.2 所示，打开 Keil 软件，在左边的工程文件树（工程文件夹的管理器）中点开“User”文件夹前面的加号，在下边找到“main.c”文件，双击打开。

将“main.c”文件里原有的内容全部删除，然后将“示例程序”的内容手工输入“main.c”文件。或

图 7.2 编写程序

者在本文的附件资料中找到“自己编写的 main.c 文件 .txt”文件，然后把文件中的内容全部复制到 main.c 文件里。为了让大家手工输入方便，示例程序的内容经过简化，但二者达到的效果是一样的。

然后单击工具栏中的“编译”按钮。程序开始编译，编译的过程会在下方的“Build Output（编译结果）”窗口显示。如果最后显示“0 Error(s)”则表示我们输入或复制的程序没有错误。同时倒数第二行显示“creating hex file（生成 HEX 文件）”，则表示已经将程序编译成了 HEX 文件。如图 7.3 所示，在计算机硬盘的工程文件夹中可以找到与工程同名的扩展名是“.hex”的文件。如果没有显示文件扩展名，可在计算机的属性中设置。

› 杜洋工作室 (E:) › A7学习 › STM32工程 › 1-STM32新建第1个工程2017-7-31

名称	修改日期	类型	大小
CMSIS	2017/7/31 21:31	文件夹	
Lib	2017/7/31 21:05	文件夹	
Startup	2017/7/31 21:00	文件夹	
User	2017/7/31 21:05	文件夹	
core_cm3.crf	2017/7/31 21:55	CRF 文件	4 KB
core_cm3.d	2017/7/31 21:55	D 文件	1 KB
core_cm3.o	2017/7/31 21:55	O 文件	10 KB
main.crf	2017/7/31 21:55	CRF 文件	338 KB
main.d	2017/7/31 21:55	D 文件	1 KB
main.o	2017/7/31 21:55	O 文件	367 KB
misc.crf	2017/7/31 21:55	CRF 文件	339 KB
misc.d	2017/7/31 21:55	D 文件	2 KB
misc.o	2017/7/31 21:55	O 文件	368 KB
startup_stm32f10x_md.d		D 文件	1 KB
startup_stm32f10x_md.lst		LST 文件	41 KB
startup_stm32f10x_md.o	2017/7/31 21:55	O 文件	6 KB
STM32demo1.axf	2017/7/31 21:55	AXF 文件	22 KB
STM32demo1.hex	2017/7/31 21:55	HEX 文件	4 KB
STM32demo1.htm	2017/7/31 21:55	360 se HTML Do...	32 KB
STM32demo1.lnp	2017/7/31 21:55	LNP 文件	1 KB
STM32demo1.map	2017/7/31 21:55	MAP 文件	55 KB
STM32demo1.plg	2017/7/31 21:55	PLG 文件	3 KB
STM32demo1.sct	2017/7/31 21:52	Windows Script ...	1 KB
STM32demo1.tra	2017/7/31 21:55	TRA 文件	2 KB
STM32demo1.uvopt	2017/7/31 21:55	UVOPT 文件	75 KB
STM32demo1.uvproj	2017/7/31 21:52	UVPROJ 文件	16 KB
STM32demo1 Target 1.dep	2017/7/31 21:55	DEP 文件	10 KB

生成的HEX文件

图 7.3 编译生成 HEX 文件

示例程序

```
#include "stm32f10x.h"
int main (void){ }
```

如果你能顺利完成以上的操作，则表示你的 STM32 单片机开发平台已经在计算机上创建好了。今后你可以利用工程模板来创建新的工程项目，也能利用编程调试过程不断优化程序内容，直到完成开发任务。接下来我们要正式开始编程了。

第 21 步

8 编程语言介绍

我们在计算机中安装好了 Keil 软件，也新建了工程，在工程中安装了固件库，准备工作完成后，接着就是在工程中编写程序了。只有程序使 ARM 内核有规律地工作，才能控制各功能在硬件上发挥作用。程序是单片机的思维，思维必须通过硬件电路产生实际的效果。

硬件电路的设计一旦完成就很难改动，而单片机的魅力就是在硬件不改变的情况下，通过程序的千变万化在硬件上呈现出五花八门的效果。虽说单片机开发需要硬件与软件兼顾，但硬件设计通常有经典方案，即使有改变也很小。所以硬件部分的学习相对固定且简单，而软件编程不仅需要与硬件配合，还要考虑寄存器占用、运行速度、多任务处理、实时性、稳定性、检查未知错误等很多方面。所以学习单片机开发最主要的还是学习编程，而学习编程最主要的是掌握编程语言。那么，STM32 单片机都有哪些编程语言？每一种都有怎样的特性？我们未来的教学要使用哪一种语言呢？这一期我们就来介绍一下。

8.1 编译器

给单片机写程序，本质上是与单片机对话的过程。我们用一种计算机语言告诉单片机要做什么，这个过程相当于我们说给单片机听。然后单片机会按我们的语言去操作内部功能和外部接口，从而在硬件电路上实现我们预想的效果。单片机运行的结果就是单片机告诉我们的答案，这个过程相当于单片机说给我们听。单片机开发、调试的过程就是我们下达任务，单片机回答任务结果的对话。

那么我们要以什么样的语言和单片机交流呢？汉语？英语？还是意大利语呢？要知道汉语、英语是人与人之间交流的语言，人要掌握这些语言必须通过学习，单片机是机器，它可不会学习。所以我们与单片机交流就得用它能理解的语言，这就是机器语言，这是由最基础的计算机原理决定的。单片机只能理解机器语言，人类要用单片机就得学习机器语言，可机器语言非常抽象难懂，它没有固定的逻辑、含义，就类似用“4B”表示“我”，用“8V”表示“你”，这样，完全是死记硬背。为了降低人们的学习难度，技术人员发明了各种高级语言，高级语言很类似英语，比如用“if”表示“如果”，用“else”表示“否则”，只要学会了英语，就能很快学会高级语言。常用的高级语言有很多种，如 BASIC、C、C++、C#、Java、Python。

其实只要有对应的“编译器”，所有语言都能做单片机开发。编译器就像“百度翻译”一样，可以把高级语言翻译成机器语言。如果我们有一种强大的汉语编译器，那么写汉字也能编程，可惜设计出这种编译器太困难了，基本没人开发（有一种汉字编程的“易语言”，但很少有人用）。目前市面上针对 STM32 已有的编译器只支持汇编语言和 C 语言这两种（见图 8.1）。这两种语言的可操作性强，又有很好的通用性，代码简洁，执行效率高。Keil 4 软件里面的

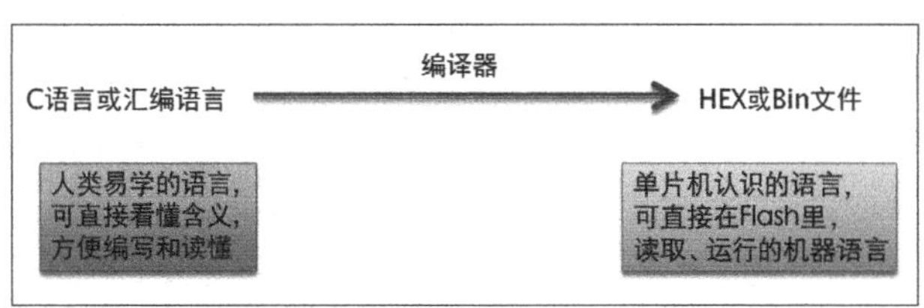

图 8.1 编译器的作用

编译器就支持这两种语言，Keil 4 软件会把汇编语言文件（见图 8.2）或 C 语言文件（见图 8.3）编译成 HEX 或 BIN 文件（见图 8.4），HEX 或 BIN 文件叫作单片机可执行文件，俗称烧写文件。烧写文件是单片机可以直接识别的语言，也就是机器语言，它是一堆毫无规律的十六进制数据，被直接存放在 Flash 里面。单片机运行时调用这些十六进制数据，就可以直接被 ARM 内核执行了。

最早的单片机开发者因为没有像 Keil 这样的编译工具，当时的计算机技术也不发达，需要查阅机器语言对应的执行命令表格逐一编写，开发难度非常大。随着计算机技术的不断发展，各种辅助软件应运而生，其中就有像 Keil 这样带有编译器的开发软件，这样单片机工程师就不需要直接去查表格写机器语言了，只要学习一种人类容易学习、方便编写和读懂的高级语言，然后再通过编译器把它转换成机器语言，就可以更轻松、更快速地完成开发。

```
                IF      :DEF:__MICROLIB

                EXPORT  __initial_sp
                EXPORT  __heap_base
                EXPORT  __heap_limit

                ELSE

                IMPORT  __use_two_region_memory
                EXPORT  __user_initial_stackheap

__user_initial_stackheap

                LDR     R0, =  Heap_Mem
                LDR     R1, =(Stack_Mem + Stack_Size)
                LDR     R2, = (Heap_Mem +  Heap_Size)
                LDR     R3, = Stack_Mem
                BX      LR

                ALIGN

                ENDIF

                END
```

图 8.2 一段汇编语言程序

```
int main (void){//主程序
  u8 c=0x01;
  u8 disp[8]; //数码管地址加1模式的显示缓冲区
  RCC_Configuration(); //系统时钟初始化
  RTC_Config(); //RTC初始化
  TM1640_Init(); //TM1640初始化
  while(1){
    if(RTC_Get()==0){ //读出RTC时间
      disp[0]=8; //向显示缓冲区写入数据
      disp[1]=7;
      disp[2]=6;
      disp[3]=5;
      disp[4]=4;
      disp[5]=3;
      disp[6]=2;
      disp[7]=1;
      TM1640_display_add(0,disp); //写入地址加1模式

      TM1640_led(c); //与TM1640连接的8个LED全亮
      c<<=1; //数据左移 流水灯
      if(c==0x00)c=0x01; //8个灯显示完后重新开始
      delay_ms(125); //延时
    }
  }
}
```

图 8.3 一段 C 语言程序

```
:020000040800F2
:1000000068070020DD180008831900088519000081A
:100010008919000088D19000891190008000000000D6
:1000200000000000000000000000000095190081A
:10003000971900080000000099190008 9B19000892
:10004000F7180008F7180008F71800089 31C0008B4
:10005000F7180008F7180008F7180008F718000844
:10006000F7180008F7180008F7180008F718000834
:10007000F7180008F7180008F7180008F718000824
:10008000F7180008F7180008F7180008F718000814
:10009000F7180008F7180008F7180008F718000804
:1000A000F7180008F7180008F7180008F7180008F4
:1000B000F7180008F7180008F7180008F7180008E4
:1000C000F7180008F7180008F7180008F7180008D4
:1000D000F71800086D1B0008F7180008F71800084B
:1000E000F7180008A71C0008F718000800F002F82D
:1000F00000F092F80AA090E8000C82448344AAF130
:100100000107DA4501D100F087F8AFF2090EBAE82D
:100110000F0013F0010F18BFFB1A43F0010318473B
:1001200004038000060380000103A24BF78C878C119
:10013000FAD8520724BF30C830C144BF04680C60ED
:1001400070470000002300240025002610 3A28BF35
:1001500078C1FBD8520728BF30C148BF0B60704739
:100160006E2902F0D981702902F05283662903F0CA
:100170007E83652903F07B83672903F078836129F7
:10018000AFF3008003681B0A28BF41F08001692992
:1001900002F0888164 2902F08581752902F082814C
:1001A0006F2902F0DD82782902F01E83E92902F02E
```

图 8.4 一段机器语言代码（HEX 烧写文件）

8.2 C语言

STM32 单片机最常用的编程语言就是 C 语言和汇编语言，汇编语言主要是用在单片机内核的启动代码上，而且这部分程序也不需要初学者修改，一般不需要掌握。但是有精力自学自然更好，技多不压身，多学有益。C 语言则用于用户常用的底层驱动和上层应用程序的编写，ST 公司提供的固件库绝大部分是用 C 语言编写的，只要我们学会 C 语言就能完成 STM32 单片机的开发。C 语言是我们未来学习的重点，它不仅能用于 STM32 单片机的开发，还可用于 8051、PIC、MSP430 等其他单片机的开发。可以这么说：学好 C 语言，几乎可以应对所有单片机的开发。请大家一定要学好它。

除此之外，还有一种图形化编程方式，但其本质上还是 C 语言，只是设计者将常用的 C 语言程序做成图形块，编程时将需要的 C 语言程序所对应的程序块用鼠标拖动到流程图上，就会自动生成一套完整的程序。这种编程方式非常直观、高效，图形化编程可能在未来代替 C 语言成为主流的编程方式，可目前各单片机公司都只为自己的单片机设计图形化编程软件，比如我们后面会讲到的 STM32Cube 软件是 ST 公司为 STM32 单

片机设计的，这款软件不支持其他公司的单片机。

目前图形化编程还有很多不足之处，首先是各单片机的图形化编程软件不通用，不能像C语言那样“通吃”；其次是图形化编程只是在C语言基础上所做的升级版，当涉及深入、复杂的编程，还是需要掌握C语言。所以图形化编程只是C语言编程的辅助工具，而想全面取代C语言还需要很多年。

再进一步说，之所以我们要学习C语言和汇编语言，就是因为编译器的功能还不够强大，不能直接读懂我们的汉字或英文，如果足够强大的编译器能把我们的文字直接转换成单片机的机器语言，我们就不需要再学习C语言了。随着计算机科技和人工智能的进步，C语言和汇编语言也终将被淘汰！我想那时单片机的开发者也会被淘汰，因为计算机可以通过人工智能直接编程了。不过，在这一切来临之前，我们还是要认真地学习C语言来做单片机的开发！

现在计算机编程语言越来越多，我们为什么还要学习很古老的C语言呢？其实到目前为止，单片机的开发大都是用C语言和汇编语言完成的，所以你只要学好一门语言，就可以在单片机程序开发方面畅通无阻。之所以只能通过C语言来对单片机开发，是因为虽然C语言是高级语言，但它并不是太高级，还和底层硬件寄存器有着很深刻的联系，所以它的适应性非常好，在各种环境下不需要太多支持就可以运行。尽管C语言提供了许多低级处理的功能，但是依然保持着良好的跨平台特性。C语言不仅能够在许多计算机上进行编译，甚至还能在一些嵌入式处理器，也就是单片机上进行编译。而像C#、Java这样的语言不能够开发单片机，正是因为它的跨平台能力太弱，它们是为某一个平台（如PC或手机）而专门设计的。但C语言不是，它既能在计算机上运行，还能在单片机上运行，而C++、C#、Java这些语言的底层结构也基于C语言。

当你学好C语言之后，再学习其他编程语言就会更加轻松。我们来看一下汇编语言和C语言的优缺点（见图8.5），性能对比参见表8.1。汇编语言的格式非常简单，它是类似于直接操作底层寄存器的语言方案，它的优点就是执行效率非常高，开发者可以直接操作指定的某一个寄存器，编程操作非常精准。但精准也会带来缺点，那就是不容易移植。单片机有很多型号，每一种型号都有自己的设计，你在一个单片机上用汇编语言精准开发的程序，挪到另一个型号的单片机上就无法运行。编写好后的语言更不容易读懂，因为当中涉及大量的指令，需要死记硬背，学习难度非常大。

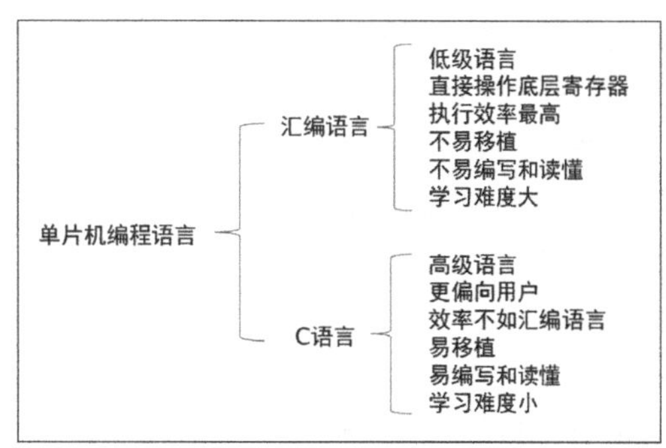

图8.5 汇编语言与C语言的优劣点对比

表8.1 汇编语言和C语言的性能对比

编程语言	易学程度	易用程度	普及程度	未来趋势	可移植性	完善程度	占用内存	执行效率	底层可操作性
C语言	优	优	优	优	优	优	良	良	良
汇编语言	中	中	差	差	差	优	优	优	优

而C语言是高级语言，它的设计更偏向于用户的易用性，虽然它的编程效率不及汇编语言（C语言需要先把语句转换成汇编语句才能操作单片机内的寄存器），用户只能操作上层部分，底层部分由C语言自动处理，但带来的好处是方便移植。当你更换单片机型号时，只要对C语言在底层自动处理的部分做出调整（由编译器自动完成），用户编写的程序不需要修改。而且C语言中都是英文单词，非常容易读懂。

8.3 程与序

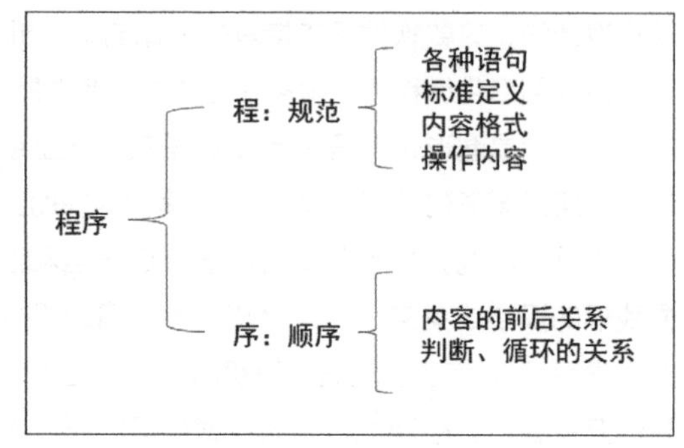

图 8.6 程与序的关系

在介绍 C 语言的基本组成部分之前，先来说一下编程的基本概念，我们所说的编程实际上是编写“程序”。程序这个词很有意思，它可以拆开来看，“程”代表一种规范、一种章程，“序”代表顺序（见图 8.6）。

规范是指硬性的规定，也就是我们按照这个规定去做，就能完成一些任务。比如 C 语言中的各种语句，if、while、for，你要知道每一种语句的含义和功能是什么，还有其内容的格式，比如一条语句应该怎样写、一个函数怎样组成。另外，规范还包括“操作内容”，也就是要写的程序内容，比如用 C 语言让单片机点亮一个 LED 要怎么操作、读取一个按键的开关状态要写怎样的语句。

而“序”所讲的顺序是指内容的前后关系。比如我们想点亮一个 LED，然后再熄灭它。如果语句内容不变，前后顺序调过来，就变成了先熄灭后点亮。这样虽然在规范上没有错误，但是顺序错误依然达不到我们想要的效果。除了先后顺序之外，还有判断和循环的关系。我们需要判断一个事件，还有我们要反复执行一个事件，在某些情况下跳出这个事件，这都是“序”的工作。

我们要学习编写程序，要注意规范是否正确、内容的顺序是否正确，其中有任何一个错误都不能达到程序的正确要求。初学者可能对“程序”的深意不能完全理解，但没有关系，大家只要有一个基本概念和初步印象，随着未来不断学习、实践，相信你会理解得越来越深刻。图 8.7 是一张单片机 C 语言编程组成的思维导图。从这张图上，我们可以了解 C 语言的大概组成框架，在我们未来的编程开发当中会不断涉及这些内容。这些内容细讲起来比较复杂，图中只列出常用的内容，关于指针、枚举之类的高级应用并没有体现，在后文涉及时，我会再逐一细讲。

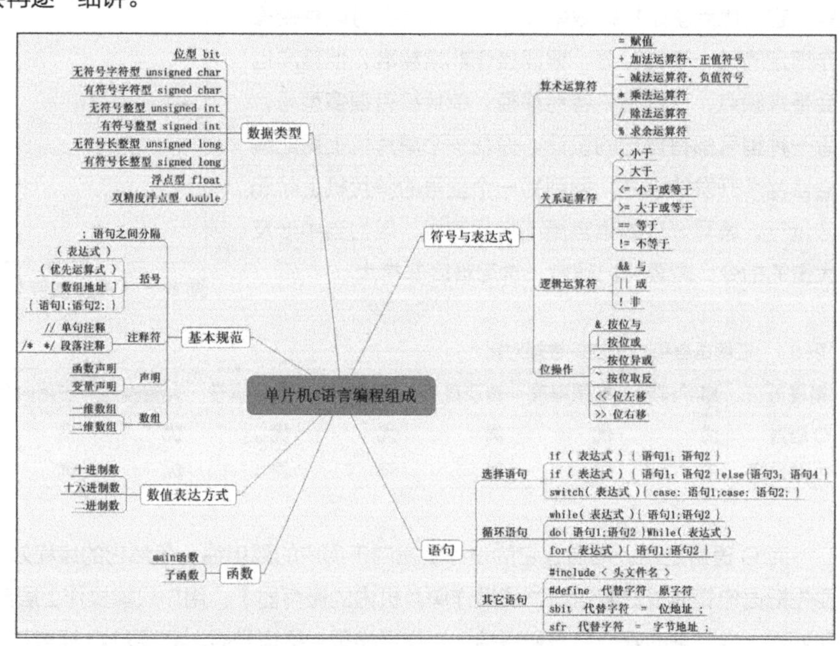

图 8.7 单片机 C 语言编程组成思维导图

先看一下“函数”部分，其中包括 main 函数和子函数。main 函数就是主函数，单片机上电后，程序从 main 函数开始执行，然后再跳转到各种子函数，最后还是跳回 main 函数。再看“数值的表达方式”，我们平时习惯的数值表达方式主要是十进制，但是在 C 语言中，十进制只是其中一种，常用的还有十六进制和二进制。再看“基本规范”，C语言有一些基本规范，

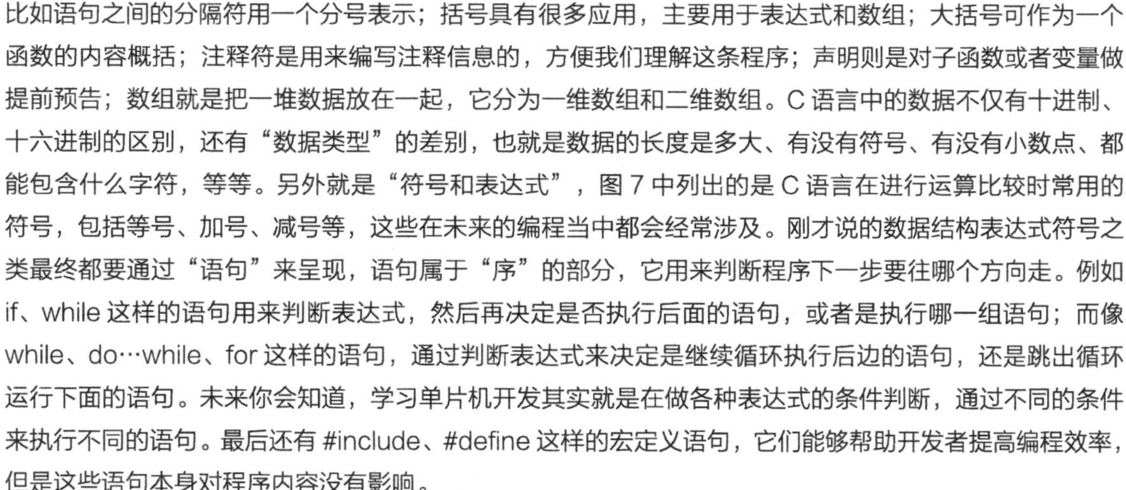

比如语句之间的分隔符用一个分号表示；括号具有很多应用，主要用于表达式和数组；大括号可作为一个函数的内容概括；注释符是用来编写注释信息的，方便我们理解这条程序；声明则是对子函数或者变量做提前预告；数组就是把一堆数据放在一起，它分为一维数组和二维数组。C 语言中的数据不仅有十进制、十六进制的区别，还有“数据类型”的差别，也就是数据的长度是多大、有没有符号、有没有小数点、都能包含什么字符，等等。另外就是“符号和表达式”，图 7 中列出的是 C 语言在进行运算比较时常用的符号，包括等号、加号、减号等，这些在未来的编程当中都会经常涉及。刚才说的数据结构表达式符号之类最终都要通过“语句”来呈现，语句属于“序”的部分，它用来判断程序下一步要往哪个方向走。例如 if、while 这样的语句用来判断表达式，然后再决定是否执行后面的语句，或者是执行哪一组语句；而像 while、do…while、for 这样的语句，通过判断表达式来决定是继续循环执行后边的语句，还是跳出循环运行下面的语句。未来你会知道，学习单片机开发其实就是在做各种表达式的条件判断，通过不同的条件来执行不同的语句。最后还有 #include、#define 这样的宏定义语句，它们能够帮助开发者提高编程效率，但是这些语句本身对程序内容没有影响。

8.4 注意事项

了解以上内容只能说大概知道了 C 语言的基本骨架，要想真正学会 C 语言，还需要在单片机开发实践当中不断学习和积累。我之前遇到过很多单片机初学者，他们都说学不会单片机编程，实际上编程的基础知识并不难，难的是不断在实践中积累经验，熟练掌握、娴熟运用。这个娴熟的过程是最难的，也是最复杂的。在学习 C 语言的过程中，我希望你可以阅读专门讲解 C 语言的书，遇见不懂、不会的地方，能利用网络搜索引擎自行找到答案。把你的问题放入搜索框，我相信网络上一定会有解答，如果没有就再多花点功夫查找。另外，我讲的知识在 STM32 的开发中不会都派上用场，很多语句、运算符少有用到。你的学习方法不是自己按照规则一句一行地写程序，而是参照我给出的示例程序，或者到网上查资料看看别人是怎么写程序的，观察程序的结构和逻辑，分析程序运行的原理和效果。

初学者最容易犯的毛病是过早地自己独立写程序，就好像汉字还没认全就想写小说，最后一定四处碰壁，反而会走很多弯路。初学者最好先学会复制、粘贴，把别人的程序“抄”到自己的程序里，东拼西凑组成自己的程序。这种方法感觉像是小学生抄作业，不算光明正大，但编程老手都是这么做的，我写的大部分程序是从各种渠道复制过来的，极少有一字一句打字写成的。这才是正常的状态，请收起初学者的偏见，“入乡随俗”地写程序吧。关于编程的细节之处还有很多可以说，但是现在你还没有开始学习，说多了不仅听不懂，还会产生厌烦情绪，所以在后面的文章中讲到具体内容时再插话吧。最后免费赠送一份祝福：祝你能轻松学会、熟练运用！

下节我将具体介绍图 8.7 中的各部分知识，希望能让你看懂任何一段 C 语言程序。

8.5 注意事项总结

- 初学者别急于自己编程，而是多看别人的程序。别不会走就想跑。
- 学习基础知识只能看懂别人的程序，不断地练习编程和实际开发项目才能真正独立写程序。
- 行业中大多数编程者是尽量找到现有的程序，而不是从头到尾自己写，复制、粘贴程序才是常态。
- 要善于利用网络，有不懂的知识要用搜索引擎找答案，也可以在网上找到很多现有的示例程序来参考。
- 有兴趣还有多余精力的朋友可以再学汇编语言和 C++ 语言，你对编程的本质能理解得更深入。

9 补习：C语言基础知识

这一节我们来讲讲 C 语言的基础知识，如果你有过单片机 C 语言的开发经验则可以略过。如果你只学过计算机上的 C 语言开发而不是单片机上的 C 语言开发，那这一节同样有必要学习，因为计算机与单片机上的 C 语言开发有很多差异，只是有计算机 C 语言基础，学起来会快很多。若是你没有任何 C 语言学习经验，更要认真阅读。

学完之后，你能知道 C 语言中 80% 的内容，余下的则需要你不断练习，多看别人的程序，多写自己的程序。时间长了，经验丰富了，自然就都明白了。不过话说回来，就算是我有 14 年单片机开发经验，有 12 年 C 语言编程经验，我也不敢说我 100% 掌握了 C 语言。就在我为了写这节内容而整理资料时，我就学到了之前没见过的 C 语言运算符。所以我也只能说我掌握了 95% 左右的内容，而我接下来要讲的并不是我知道的 95% 的内容，而是 C 语言的基本规则和逻辑。任何语言都是在不断变化和发展的，C++、C#、Java 语言都是在 C 语言的基础上发展而来的。如果你只是接受我 95% 的知识是不是太浅显了呢？任何语言都有内在的逻辑，我希望你能发现 C 语言的逻辑，在今后学习其他语言时，逻辑可以帮助你快速入门，毕竟万变不离其宗。

9.1 编辑区

在介绍 C 语言之前，先来看看我们要在哪里编辑吧。我们既然安装了 Keil 软件，肯定是在 Keil 里编辑了。没错，Keil 作为 IDE（集成开发环境）软件，集成了编译器、仿真器，自然也会有编辑器功能。如图 9.1

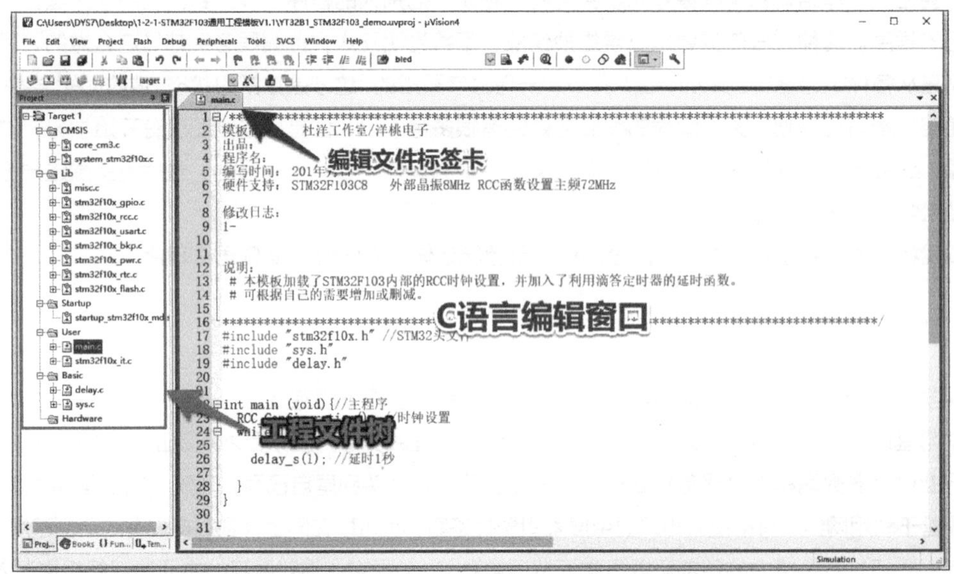

图 9.1 Keil 软件中的 C 语言编辑窗口

所示，当我们在 Keil 中建立或者打开工程时，在窗口左边的工程文件树（文件列表）中可以双击打开扩展名为“.c”的文件，在窗口右侧区域便出现 C 语言文件的编辑窗口。

可用鼠标单击文本中的任何位置，然后用键盘输入。窗口的左上角会以标签卡的方式显示当前的文件名，你可以同时打开多个文件，通过单击左上角的标签卡来切换编辑的文件。但需要注意的是，ST 官方函数库里的文件只能查看，不能编辑。你可以打开它们，试着用键盘输入，会发现文件中任何字符都不能修改。之所以不能编辑，是因为在每个文件的属性设置里，勾选了“只读”选项，如图 9.2 所示。如果想修改固件库，可先去掉“只读”选项，然后重新打开 Keil。

图 9.2 固件库不能编辑是因为在属性里设置了“只读”

当在 Keil 里打开一段 C 语言程序时，你会发现五颜六色的字符，函数名是黑色的，常数是浅绿色的，语句是蓝色的。如此炫丽不是为了美观，而是想让编程者快速分辨内容，更轻松地理解程序结构。如图 9.3 所示，每种颜色代表着一种类型，这是 Keil 作为编辑器的特色功能之一。

除了 Keil 软件之外，C 语言文件（.c）和库文件（.h）还可在 Windows 系统的文件管理器中用记事本软件打开。打开后你会发现并没有颜色的区别，而且有些对齐的格式也会有些许错乱，如图 9.4 所示。

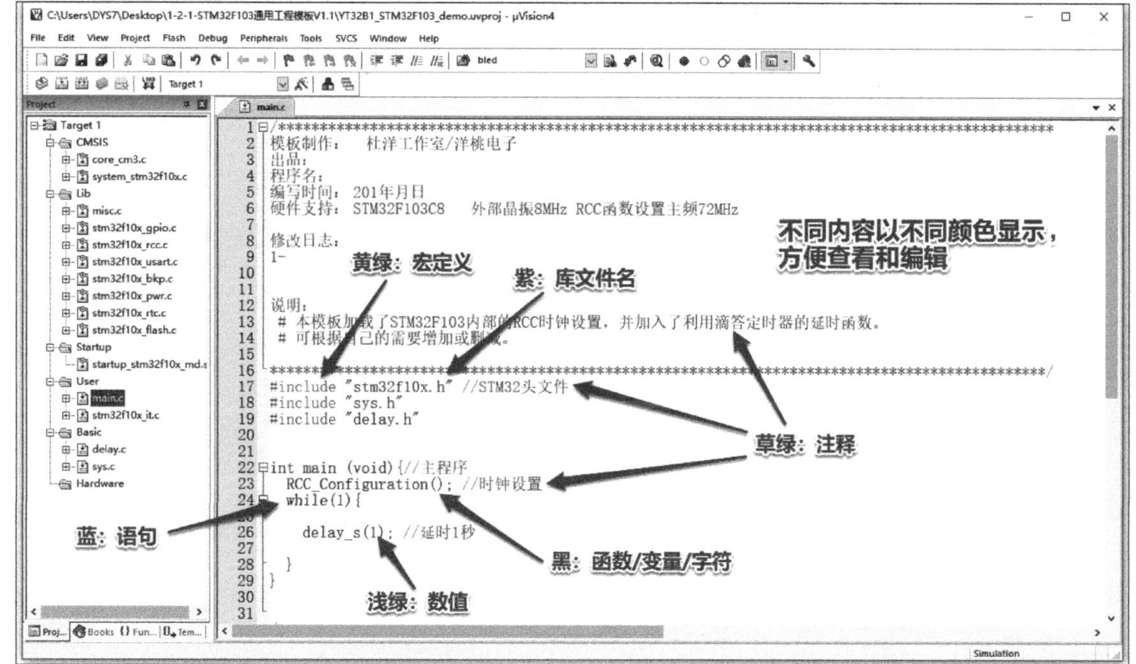

图 9.3 不同的类型的内容呈现出不同的颜色

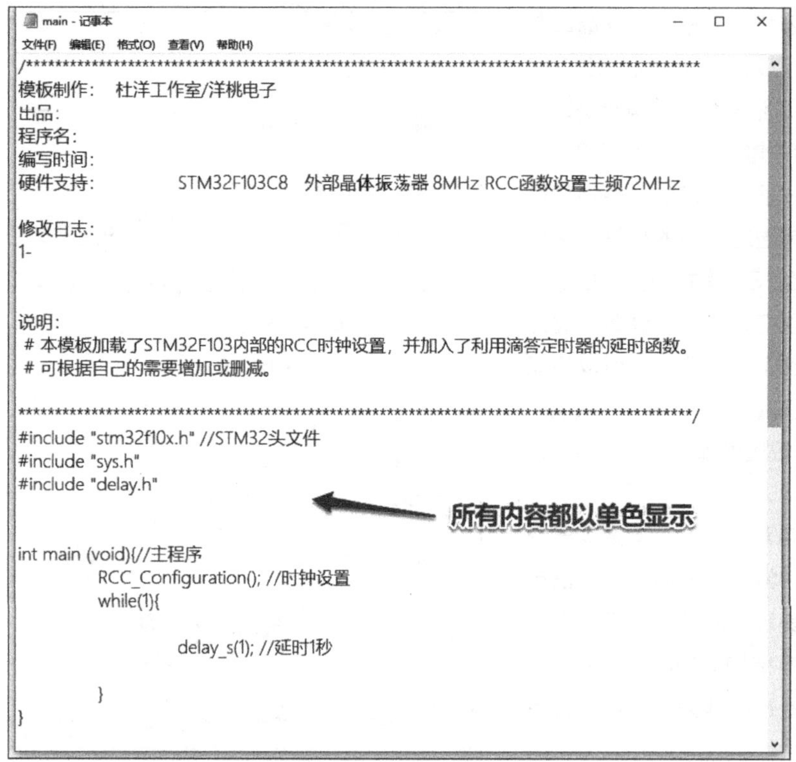

图 9.4 用记事本程序直接打开 C 语言文件

无论你在哪里编辑，本质上都是在操作 .c 和 .h 文件，Keil 软件只是打开这些文件而已。Keil 支持对内容进行字体、字号、颜色的设置，方法是单击菜单栏中的“Edit”（编辑），然后选择最后一项“Configuration”（配置），在弹出的窗口中选择“Colour&Fonts”（颜色与字体）选项卡，在左侧“Window”区块里可以选择你要设置哪种语言，Keil 软件支持对每一种语言类型单独设置。这里选择“C/CPP Editor Files”（C 语言文件），然后在中间的“Element”区块里就能看到各种 C 语言中的内容。例如“Text”是设置基本的文本，“Number”是设置数值，“Keyword”是设置关键词（语句等）。单击其中一项后，右侧“Font”区块中会显示这一项对应的字体、字号、风格、颜色（包括字体颜色和背景颜色），最下方有显示效果的预览（见图 9.5）。大家可以试着把字号改大一点，这样编写时不会累眼睛。

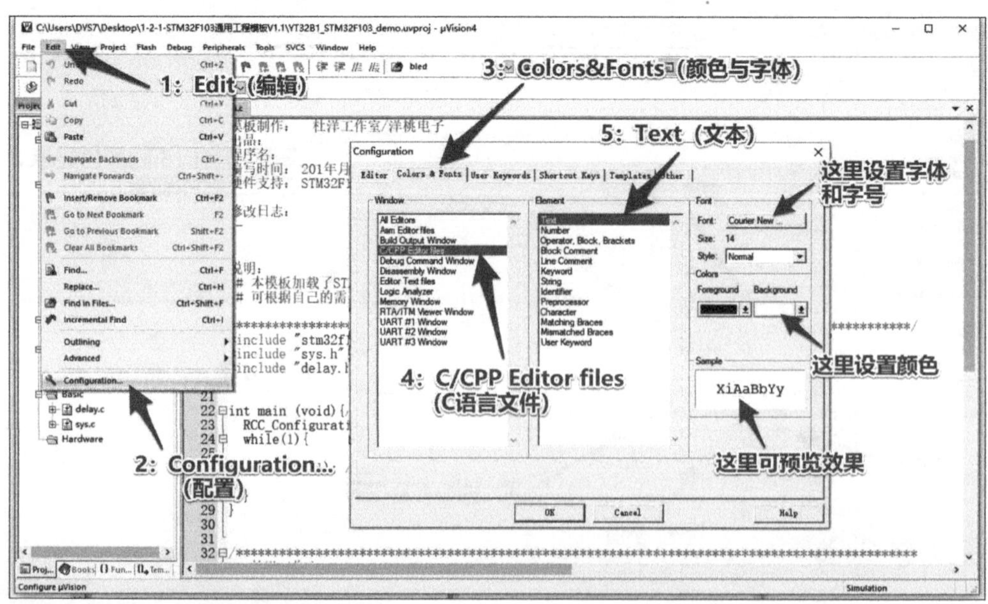

图 9.5 在配置菜单中可更改颜色和字体

需要注意的是，同一种语言设置里，所有内容的字体是统一的，修改一个，其他的也会改变。这样设计是为了防止一段程序里出现不同的字体和字号，那样看起来反而更混乱。

另外还有一点需要注意，由于 Keil 是英国公司研发的，它对英文之外的其他语言并不是默认支持的。当使用中文写注释时，要在“Editor”（编辑器）选项卡中选择编码方式为中文 GB2312（见图 9.6），这样才能支持中文字符的输入，否则输入的中文是一堆乱码。有精力的朋友还可以研究一下其他选项卡，这里有很多有趣的设置，研究透彻能让编程更有效率。

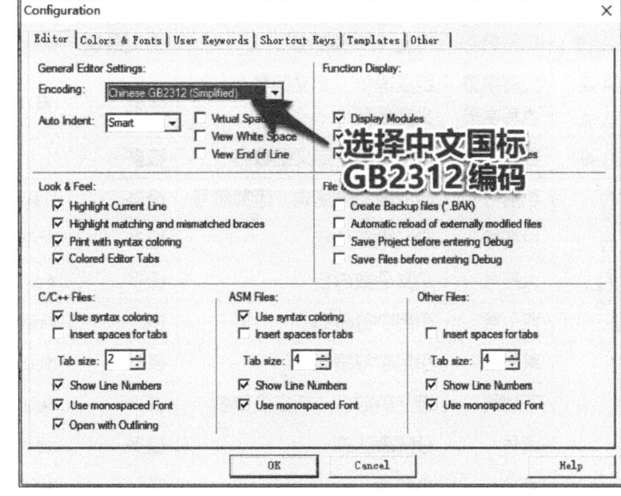

图 9.6 在“Editor”选项卡中选择编码方式为中文 GB2312

了解了以上内容，就可以在编辑窗口写入程序了，写程序的方法和用 Word 写文本一样，不同的是 Word 文档最终给别人看，C 语言程序既要给编译器看，也要给别人看。

9.2 字符

有了编辑窗口，接下来要考虑输入的内容。既然用键盘作为输入设备，那么所能输入的内容也不会超出这个范围。键盘所能输入的无非是字母、数字和符号。

字母是 26 个英文字母，可通过“Caps”（大小写切换）键选择大小写。C 语言中的英文字母是区分大小写的，也就是说“a”和“A”是不同的两个字符，于是我们有 52 个字母可以使用。

数字指键盘上字母区上方的 0~9 共 10 个阿拉伯数字。

符号是键盘上围绕字母区周边的，以及数字键上通过“Shift”（上挡）键输入的符号，一共有 32 个符号可用。但在 C 语言中只使用 29 个符号，“`”（上撇）、“$”（货币符号）、“@”（at 符号）没有被使用。你可以在注释里使用它们，但它们不会出现在程序正文中。

总结一下，我们有 52 个字母、10 个数字、29 个符号，一共 91 个字符用于编辑 C 语言。听上去好像不多，但就像钢琴上的 88 个琴键一样，单按一个琴键只有单调的声音，而多个琴键同时按下会形成和弦，和弦随节拍不断变奏便形成变化多端、无穷无尽的美妙音乐了。编程仿佛是为单片机谱写一篇工整、细致的字符交响曲。你不仅要了解每个字符的用途，还要掌握字母、数字、符号组合在一起的种种关系。表 9.1 所示是单一字符在 C 语言中的用途说明，表 9.2 所示是多个字符组合在一起所产生新的用途的说明。大家可以仔细阅读、初步认识它们。

在 C 语言程序中，变量名、函数名、数组名等统称为“标识符”。标识符是给变量、函数、数组起一个名字，以方便其他程序关联到它。除了库函数的函数名由 ST 官方事先定义之外，其余都可由用户随意定义。C 语言规定，标识符只能由字母（a ~ z、A ~ Z）、数字（0 ~ 9）、下划线（_）组成，并且标识符的第一个字符必须是字母或下划线，不能以数字开头。C 语言不限制标识符的长度，但它可能受部分旧版本 C 语言编译器的限制，所以建议变量名不要起得太长。除此之外，C 语言有一些事先规定好的字母组合作为语句（也叫关键词），比如 if、else、while 等，后文会介绍它们。例如你不能以 if 作为一个变量的名字（标

表 9.1　单一字符定义说明

字符	字符名称	用途（主要部分）	使用频次	使用形式
A~Z a~z	大写字母 小写字母	组成语句、定义函数名、定义变量名	极多	u8 a;
0~9	数字	数值常量、定义函数名	极多	0、1、0x02
()	小括号	组成语句表达式、运算符号	极多	(a+b)*c
[]	中括号	定义数组数量	极多	no[8];
{}	大括号	定义函数内容	极多	if(a>b){ a=0; }
" "	双引号	引用字符编码	多	#include “adc.h”
' '	单引号	引用字符编码	多	display(‘H’);
_	下划线	定义函数名、定义变量名	多	delay_mS();
,	逗号	分隔表达式	极多	u8 a,b,c;
.	点	小数点	多	3.1415926
;	分号	语句之间的分隔	极多	a=0; b=1;
:	冒号	标记点	少	MARK:
*	星号	相乘运算符、定义指针变量	少	c=a*b;
#	井号	宏定义前缀	多	#include “adc.h”
/	斜杠	相除运算符	少	c=a/b;
\	反斜杠	转义字符前缀、语句换行	极少	\n\r
%	百分号	除余运算符、转义字符前缀	少	c=a%b;
&	and 符号	按位与	少	c=a&b;
|	竖线	按位或	少	c=a|b;
^	上箭头	按位异或	极少	c=a^b;
!	感叹号	逻辑非运算符	少	c=!a;
+	加号	相加运算符	多	c=a+b;
–	减号	相减运算符	多	c=a-b;
=	等号	赋值	多	c=a-b;
~	波浪线	取反运算符	少	c=~a;
<	小于号	小于判断	少	if(a<b){ a=0; }
>	大于号	大于判断	少	if(a>b){ a=0; }
?	问号	组成条件运算符	极少	c=a>b?100:200;

识符），因为它是规定好的语句名，你可以用 i、f、fi、iff 当成变量名。总之，为了防止你自定义标识符与库函数名、语句相冲突，掌握 C 语言都有哪些库函数名和语句就成了编程前的重要基础之一。

总结的注意事项如下。

（1）C 语言中的英文字母是区分大小写的，也就是说“a”和“A”是不同的两个字符。

（2） 标识符的第一个字符只能是字母或下划线，且名字不要太长。

（3）自定义标识符不要与事先定义好的库函数、语句重名，也不要与自定义的其他标识符重名。

（4）C 语言中不能识别所有中文字符和全角符号，但是在注释里可以使用它们。

（5）C 语言程序正文中没有使用“`”“$”“@”这 3 个字符，但是在注释里可以使用。

（6）为查看方便，C 语言允许换行编写，换行时可加入符号“\”（反斜杠）或者什么都不加，但是在“#define”宏定义中的换行必须加“\”。

9.3　正文与注释

在讲字符时，我提到了“注释”，我说：“C 语言中不能识别所有中文字符和全角符号，但是在注释里可以使用它们。”这里的注释指的是在编辑器里写一些 C 语言程序之外的文字内容，这些内容是不会被编译器编译的，它们只是给编程人员看的文字，一般是为了用人类的语言清晰地解释程序的功能和作用。也就是说，在 Keil 编辑器里，你可以输入两种内容：一种是程序正文，比如 C 语言、汇编语言，这些语

表 9.2　组合字符用途定义说明

<table>
<tr><th>组合字符</th><th>字符名称</th><th>用途（主要部分）</th><th>使用频次</th><th>使用形式</th></tr>
<tr><td>//</td><td>双斜杠</td><td>注释前缀</td><td>极多</td><td>// 注释</td></tr>
<tr><td>==</td><td>双等号</td><td>等于</td><td>极多</td><td>if(a==b){a=0;}</td></tr>
<tr><td>++</td><td>双加号</td><td>加 1</td><td>多</td><td>a++;</td></tr>
<tr><td>--</td><td>双减号</td><td>减 1</td><td>多</td><td>a--;</td></tr>
<tr><td>&&</td><td>双 and 号</td><td>逻辑与</td><td>多</td><td>if(a>b&&b<c)
{a=0;}</td></tr>
<tr><td>||</td><td>双竖线</td><td>逻辑或</td><td>多</td><td>if(a>b||b<c){a=0;}</td></tr>
<tr><td><<</td><td>双小于号</td><td>按位左移</td><td>少</td><td>c=a<<1;</td></tr>
<tr><td>>></td><td>双大于号</td><td>按位右移</td><td>少</td><td>c=a>>1;</td></tr>
<tr><td>/*</td><td>斜杠和星号</td><td>注释开始</td><td>极多</td><td>/* 注释 */</td></tr>
<tr><td>*/</td><td>星号和斜杠</td><td>注释结束</td><td>极多</td><td>/* 注释 */</td></tr>
<tr><td>+=</td><td>加号和等号</td><td>相加并赋值</td><td>少</td><td>a+=b;</td></tr>
<tr><td>-=</td><td>减号和等号</td><td>相减并赋值</td><td>少</td><td>a-=b;</td></tr>
<tr><td>!=</td><td>感叹号和等号</td><td>判断不等于</td><td>少</td><td>a!=b;</td></tr>
<tr><td><=</td><td>小于号和等号</td><td>判断小于等于</td><td>少</td><td>if(a<=b){a=0;}</td></tr>
<tr><td>>=</td><td>大于号和等号</td><td>判断大于等于</td><td>少</td><td>if(a>=b){a=0;}</td></tr>
<tr><td>&=</td><td>and 号和等号</td><td>按位与并赋值</td><td>少</td><td>a&=b;</td></tr>
<tr><td>^=</td><td>上箭头和等号</td><td>按位异或并赋值</td><td>少</td><td>a^=b;</td></tr>
<tr><td>|=</td><td>竖线和等号</td><td>按位或并赋值</td><td>少</td><td>a|=b;</td></tr>
<tr><td>-></td><td>减号和大于号</td><td>指向结构体子数据</td><td>极少</td><td>c=p->a;</td></tr>
<tr><td>/=</td><td>斜杠和等号</td><td>相除后赋值</td><td>极少</td><td>a/=b;</td></tr>
<tr><td>*=</td><td>星号和等号</td><td>相乘后赋值</td><td>极少</td><td>a*=b;</td></tr>
<tr><td>%=</td><td>百分号和等于</td><td>相除余数后赋值</td><td>极少</td><td>a%=b;</td></tr>
<tr><td>>>=</td><td>双大于号和等号</td><td>右移后赋值</td><td>极少</td><td>a>>=b;</td></tr>
<tr><td><<=</td><td>双小于号和等号</td><td>左移后赋值</td><td>极少</td><td>a<<=b;</td></tr>
<tr><td>?:</td><td>条件运算符</td><td>判断后赋值</td><td>极少</td><td>c=a>b?100:200;</td></tr>
</table>

言是至关重要的，它们会被编译器识别并编译成机械语言文件；另一种是注释，也叫注释信息或注释说明，也有俗称为注解、标注、标识文字的，它们不被编译器识别，你可以写任何内容，不需遵守编程规范，因为它是给编程者观看的文字。图 9.7 所示是一段程序中出现的正文与注释。通常注释默认用绿色字体显示，即使在注释文字里面有语句、数值、函数名，也统一用绿色字体显示，因为编译器只识别正文，在注释里写入什么都是注释文字。

从图 9.7 中可以看出，在正文上方的一大段注释是用于说明程序文件属性的，包括编写人姓名、编写日期等。而在正文右侧有很多段注释，这是与左侧正文中的程序相关的，用于说明这一行程序（或几行程序）的功能和作用。为什么要这样做呢？要知道很多复杂的项目开发，程序一写就是成千上万行，程序里面有很多函数和变量，它们之间又会相互关联。当程序内容多了，有时连作者本人都会忘记某行程序的作用，若把程序给别人看更是没有头绪。这时注释就会起到提示的作用。编程者每写一行程序，就在程序的右侧加一条注释，说明这一行程序的作用，或写出这里要注意的事项。不论是作者还是别人，看程序都能根据注释理清思路。

我们要如何编写注释呢？有两种方法，如图 9.8 所示。第一种方法是加入大段的注释内容，一般用于程序文件开头处对整个程序的说明，以及在函数的上方用于对函数的介绍。注释方法是在注释内容的最前面加上“/*”（斜杠和星号），然后在注释内容的最末尾加上“*/”（星号和斜杠），在此之间的内容都会被编辑器识别为注释，变成绿色字体。其格式是“/* 注释内容 */”。这种注释支持换行，也就是说不论你的注释有多少行，只要第一行的开头和最后一行的结尾加上注释符号，中间多行的内容都属于注释。

第二种方法是单行的注释内容，在任意一行中，加入“//”（双斜杠）之后，其右边的内容都被识别

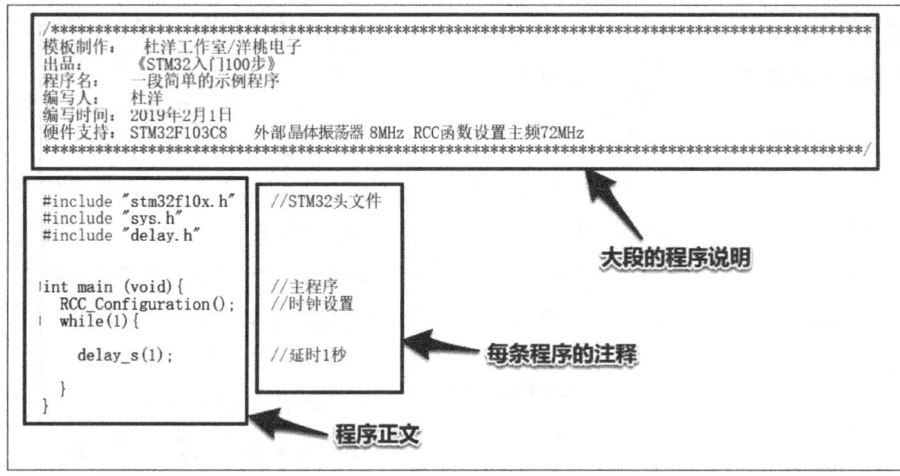

图 9.7 C 语言中的正文与注释

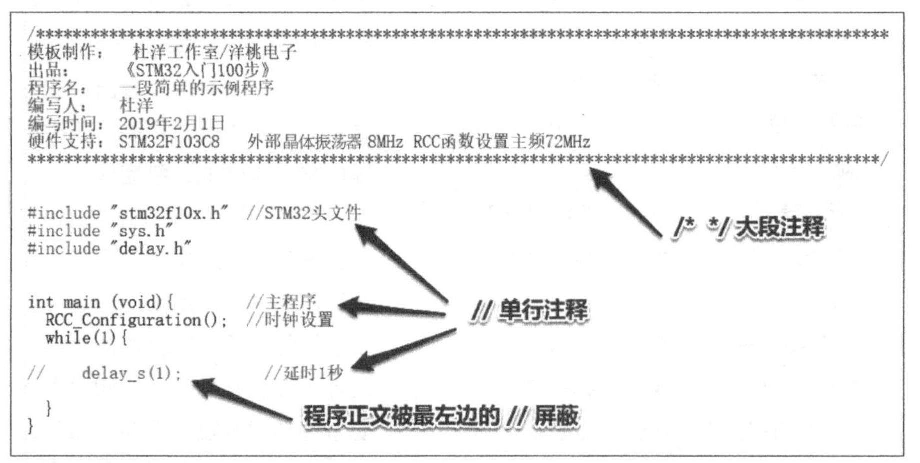

图 9.8 两种注释的示例

为注释。但这种注释不支持换行，也就是说换下一行时便又恢复为正文了。而且它只使双斜杠 + 右侧的内容变成注释，左侧的内容依然是正文。这一属性可以让我们给每一行程序正文单独加注释，格式是“正文 //注释”。两种注释在实际使用中会产生有趣的用法，这里我举几个例子。在写程序时，如果你不想让某一行程序运行，正常来讲应该从正文中把它删除，但今后有可能还要用到这行程序，删除后重新写又太麻烦。这时我们用注释功能就可以起到“屏蔽程序”的功能。如果你想暂时删除一行程序，只要在正文的左侧加上“//”，这行程序就变成了注释，不会被编译。如果日后想恢复，只要删除“//”，注释就又变回了正文，非常方便。同理，若想屏蔽很多行程序，可用“/* */”实现。在图 9.8 中有一行正文是被我屏蔽的，你能找出它吗？

关于注释，最后再说一些我的个人经验。很多初学者有一个误区，认为程序正文是重要的，注释可有可无，毕竟注释不参与编译。但是以我多年的单片机开发经验来看，注释与正文同样重要。我总是在编写正文时一同写好注释，还要用初学者的眼光详细地写明每条程序的作用和注意事项。别人看到我的程序，总会夸我的程序格式规整、注释清晰、一看就懂。我想这种习惯不仅可以帮助别人理解你的程序，也是一种认真做事的状态。所以建议大家初学之时就养成爱写注释的好习惯，你会从中受益匪浅。

9.4 函数

书中的文字需要放在章节里，C 语言的程序也需要放在函数中。在 C 语言程序中，函数是必不可少的。这里说的函数并不是数学上的，而是编程上的。在编程概念中，函数是一组程序内容的集合，方便其他函数引用。没有程序正文是放在函数之外的，除非是宏定义和变量定义。通常一个完整的程序由很多个函数组成，每个函数负责一个功能的实现。比如延时函数、定时器初始化函数、中断处理函数，每个函数里面的程序正文都是为实现这一功能而编写的，这类似电路设计中的模块，比如蓝牙模块，它是由通信接口、处理芯片、天线等组成的，这些组件合作组成了模块，而对用户来说模块就是一个整体，只要连接上模块的接口，就能从中读写数据。函数就像一个模块，函数由程序语句组成，对外部而言只有函数名和通信接口，函数名用于说明这个函数的功能，以方便连接其他函数，通信接口分为输入和输出，输入接口叫“参数”，输出接口叫“返回值”。

一个完整的函数格式是这样的：“返回值 函数名(参数){ 函数内部的程序语句 }”。最左边是返回值，即函数中输出数据的部分，返回值通常是定义一个变量。接着用一个空格隔开的是函数名，名字可以自己随意写，函数之间不能重名，也不能与已有的主函数、库函数、中断函数重名。接着是参数，参数要用“( )”小括号括起来，它的作用是向函数内部输入数据，方法是定义一个或多个变量。当定义多个变量时，参数之间用“,”（逗号）隔开。最后是函数的内部程序语句，用“{ }”大括号括起来，这里面就是为实现函数功能而编写的程序了。大括号里的内容长度没有限制，程序语句之间用“;”（分号）隔开。图 9.9 所示是一个完整的函数，函数名是“LED_Init”，返回值和参数都是 void，void 表示没有返回值或参数。在函数内部程序中，语句是支持换行的，你可以把所有语句写成一行，也可以分多行写，只要是在大括号以内，其中每条语句结尾用“;”（分号）分隔就可以了。

```
void LED_Init(void){ //LED灯的接口初始化
  GPIO_InitTypeDef  GPIO_InitStructure;
  GPIO_InitStructure.GPIO_Pin = LED1 | LED2; //选择端口号（0~15或all）
  GPIO_InitStructure.GPIO_Mode = GPIO_Mode_Out_PP; //选择I/O端口工作方式
  GPIO_InitStructure.GPIO_Speed = GPIO_Speed_50MHz;//设置I/O端口速度（2/10/50MHz）
  GPIO_Init(LEDPORT, &GPIO_InitStructure);

  GPIO_ResetBits(LEDPORT,LED1|LED2); //LED灯都为低电平（0） 初始为关灯
}
```

图 9.9 一个完整的函数

了解了一个函数的组成之后，我们再看函数都有哪几类。粗略地分类，可分为主函数、特殊函数、用户函数。每一个 C 语言程序必须要有且只有一个主函数，函数名是固定的“main”，编译器开始编译时首先会搜索程序中的 main 函数，然后从 main 函数中的程序开始编译。其他函数（除中断处理函数）都要在 main 函数中被调用才能起作用。也就是说，编译器从头到尾只编译了一个 main 函数，其他函数都是在 main 函数里被调用时才跳转到那里，编译完那个函数后再回到 main 函数，直到编译到 main 函数的最后一行才结束。由此可见 main 函数的重要性，所以它才叫主函数——所有函数的主人。main 函数的内容都是空白的，需要我们按自己的设计去编写。通常我们在 main 函数里设计出程序的总体框架，不断地调用其他函数，具体的方法后面的章节再讲。

main 函数的名字是固定不变的，还有一些函数名也是事先定下来的，这就是特殊函数。特殊的意思是它们并不是由用户创建的，而是工程自带的、事先编写好的。特殊函数包括前文中说过的固件库函数和各类中断处理函数。固件库函数的名字和内容都是现成的，不允许用户修改。而中断处理函数则只有名字是固定的，但内容是空白的。当我们需要用到中断函数时，再向其内部写入需要的程序内容。关于什么是“中断”，留在后面的章节再讲。

最后一类就是用户函数。用户函数是指由开发人员自己创建、自己定义函数名、自己写内部程序的函数，也叫“子函数”或“自定义函数”。用户函数是为了方便程序正文的分类管理而设计的。单片机开发中会涉及各种功能程序，有用于延时的，有用于处理按键操作的，有用于蓝牙模块通信的，用户可以把一类功能的程序做成一个函数，然后在 main 函数中调用，用户函数之间也可以相互调用。程序被一个个用户函数模块化了，开发效率会有很大提高。要在程序中加入一个新功能，只要先把这个功能封装成一个或多个

函数，给出参数和返回值，然后在 main 函数里适时地调用就行了。

函数之间要怎样调用呢？方法很简单，只要在一个函数的正文中写出要调用函数的名字就可以了。比如在 main 函数里调用 delay 延时函数，只要在 main 函数正文中写“delay();”就行了，前提是这个函数既没有参数也没有返回值。如果被调用的函数有参数，也就是在“( )”括号里需要给出一个数值，那么调用时就变成“delay(5);”，其中的“5”是参数（可以是常量或变量，还可以是表达式），参数会参与被调用函数的内部程序。

还有一种情况是被调用函数有返回值，比如我们读取 ADC 模数转换器的数据，需要调用 ADC_READ 函数，函数会把读出的模拟量数值输送给 main 函数，这时就要用到返回值的函数调用方法，即“a=ADC_READ();”，其中“a”是 main 函数中定义的一个变量，“=”等号表示赋值，就是把右边函数的返回值放入左边的变量中。经过这样的调用，模拟数值就被存放在变量“a”当中了。当然有些函数既有变量又有返回值，这时调用的方法是“a=ADC_READ(2);”。关于参数要写入什么，返回值读出的是什么数据，这要根据具体函数而定，这里仅是讲解用法。图 9.10 所示是主函数中出现的各种形式的用户函数。

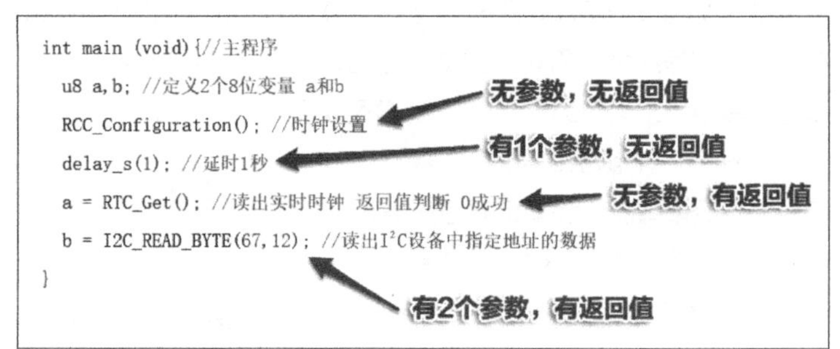

图 9.10 主函数中调用的用户函数

C 语言中的函数还支持多层调用，也叫嵌套。比如我们在 main 函数里调用了 A 函数，A 函数的正文里调用了 B 函数，B 函数的正文里又调用了 C 函数。这样，程序的设计灵活多变。但需要注意的是，如果 A 中调用了 B，B 中调用了 C，那么 C 中就不能调用 A 和 B。也就是说，不能调用嵌套关系中上一级别的函数。但在 A 函数中你可以调用 B（B 里调用了 C），A 也可再调用 C，因为在 A 函数中执行 B 函数时嵌套了 C，可一旦 B 函数执行结束，再回到 A 函数里执行 C 时，这时的嵌套关系就变了，B 结束后就没有 B 的事了，只有 A 和 C 之间的关系。图 9.11 所示是嵌套关系的示例说明，你要是刚接触可能半懂不懂，随着经验的丰富，慢慢地就能理解了。

9.5 注意事项

（1）函数名虽说没有限制，但尽量要能让人一看便知其作用，尽量用约定俗成的英文或汉语拼音来写。比如延时函数大家都用“delay”表示，你也这么用吧。

（2）函数之间的调用要注意，如果 A 中调用了 B，B 中调用了 C，那么 C 中就不能调用 A 和 B。main 函数不能被调用。

（3）中断函数里调用的函数不要再被 main 函数调用，不然会出现数据错乱。

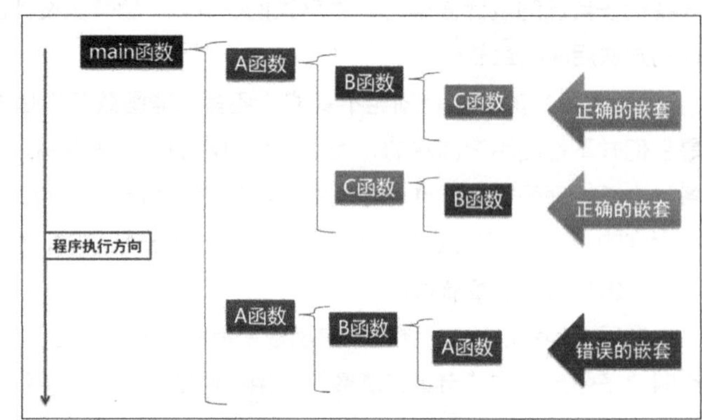

图 9.11 函数嵌套的示范

9.6 数据

接下来我将介绍 C 语言中的数据，数据在编程时很常用。单片机是微型计算机系统，计算机中所谓的计算就是在不断地计算数据，把几个数据从存储器中读出来，或是运算或是判断，再把处理的结果存回存储器中。我们编程，就是告诉单片机 3 件事：需要从存储器里读出哪些数据；如何计算，是相加还是相乘；将计算结果放到什么地方。在单片机内部只有存储器（RAM）和运算器（加法器）两个硬件电路。计算的过程就是从存储器中读出数据，放到运算器中计算，把结果存回存储器。如此反复无数次，在硬件上就会呈现出我们想要的程序效果。计算过程看似简单，却需要很多不同属性的数据参与，有固定数值的常量；也有可变化数值的变量；更有不是数值，仅告诉你数值存放在哪里的指针。在数据的表达形式上，有方便观看的十进制，有方便计算的十六进制。而这里所讲的并不是数据的全部，仅算是抛砖引玉吧。

9.6.1 常量

常量就是固定的数据，比如 5 就是一个常量，5 不能变成 4，也不能代替 3，5 就是 5。常量是参与计算最多的数据，我们预先知道的、准备用于计算的数据都是常量。但常量有很多种表示方式，比如 12 这个数值用十进制表示是 12，用二进制表示是 1100，用十六进制表示是 0x0C。数值本身没有变，只是书写的方式变了，进制参照如表 9.3 所示。就像苹果的英文名字是 Apple 一样，我们需要在不同的环境下选择不同的表示方式。

表 9.3　进制参照

二进制数	十进制数	十六进制数
0	0	0
1	1	1
10	2	2
11	3	3
100	4	4
101	5	5
110	6	6
111	7	7
1000	8	8
1001	9	9
1010	10	A
1011	11	B
1100	12	C
1101	13	D
1110	14	E
1111	15	F
10000	16	10
11111111	255	FF

1. 十进制数

十进制是我们小学数学课就学过的数值表示方式，十进制数由 0 到 9 组成，逢 10 进位。本书的页码就是十进制数。在 C 语言中没有任何前缀和后缀的数字，都被认为是十进制数，如 2、10、230 等。

2. 二进制数

二进制虽然在单片机编程中并不常用，但它绝对是所有数值表示的基础。因为单片机（或者说计算机系统）都是运算和处理二进制数的，其他表示方式最终都会变成二进制数输入单片机，单片机的任何输出也同样是二进制数。二进制数只用 0 和 1 这两个数字来表示，它的原则是逢 2 进位。为方便理解，我们对二进制数和日常使用的十进制数做一个对比。由于 STM32 编程所用的 Keil 软件不支持二进制数的表示方式，开发者要先把二进制转化成十进制或十六进制，再用 C 语言表示（在纯软件编程所用的 C 语言编程工具中，以 0b 或 0B 开头表示二进制数）。如表 9.3 所示，二进制数中随着数值的变大，位数也会增多。我们常说的 8 位单片机指的就是单片机一次可以处理的二进制数长度是 8 位，即 1 字节。而 STM32 是 32 位的单片机，一次可以处理 32 位（4 字节）数据。单片机位数越高，处理速度就较快。

3. 十六进制数

十六进制是单片机编程中最常用也最重要的数值表示方式。十六进制数由 0、1、2、3、4、5、6、7、8、9、A、B、C、D、E、F 这 16 个数字和字母组成。9 加 1 后为 A，再加 1 为 B，依此类推，到 F 后开始进位。

虽然用英文字母表示数值会让人有些不习惯，但十六进制在单片机编程中很常用，必须熟练使用。在 C 语言中，前缀为“0x”的数字是十六进制数，如 0x00、0x10、0x1f、0xff 等，字母不区分大小写。

4. 你的进制数

了解了上面几种数值表示方式后，你是否总结出了规律呢？二进制逢 2 进位，十进制逢 10 进位，十六进制逢 16 进位；所用数字先用 0~9 表达，当数字不足时就用英文字母补充。按照这个规律，你很容易理解八进制数，也可以设计出有个性的表示方式，如五进制、二十七进制等。

5. 数值转换

现在我们了解了十进制、二进制、十六进制，那么它们之间如何转换呢？最简单的方法是借助 Windows 系统中的计算器软件。单击“开始菜单”→“附件”→“计算器”，打开计算器。在计算器的菜单栏单击“程序员”或“科学型”，如图 9.12 所示。这时界面中就会出现各种进制数的显示区，如图 9.13 所示。先选择一个需要转换的进制类型，输入数值后就能在其他显示区看到对应的其他进制数值。计算器中还有很多辅助功能，方便我们完成数据转换和计算。

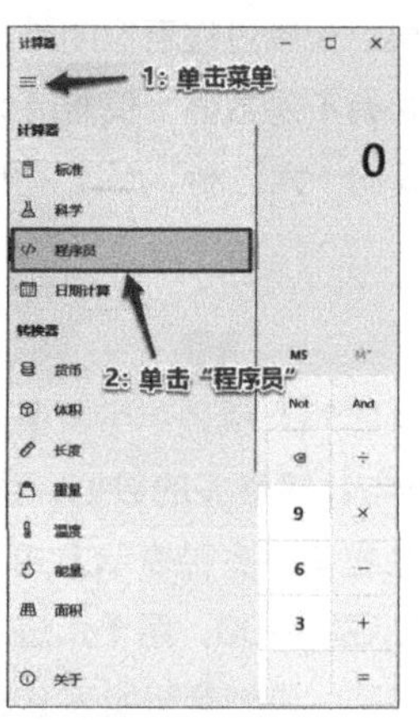

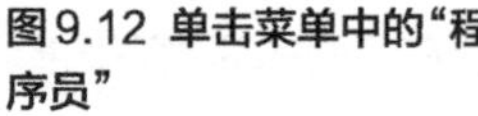
图 9.12 单击菜单中的“程序员”

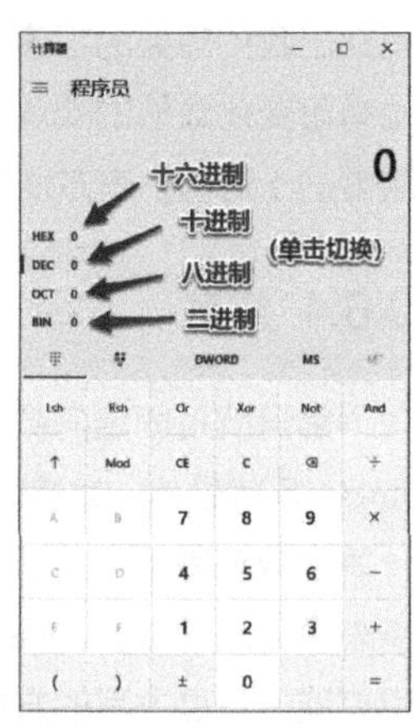

图 9.13 4 种不同进制的显示区

另一种常用的数值转换心算法就是 BCD 码（也叫 8421 码），标准意义上的 BCD 码是用 4 位二进制数表示一位十六进制数（见表 9.4）。后来人们发现 BCD 码的换算方法还可以在单片机编程上得到很多应用。我们以 4 位二进制数与十六进制数的转换为例，这是 BCD 码的标准应用。我们让 4 位二进制数从左到右依次与“8、4、2、1”相乘，然后把结果相加，如 0 就是（0×8）+（0×4）+（0×2）+（0×1），这样所得的结果就是十六进制数 0~F。当我们用 8 位二进制数时，就需要把其中的前 4 位和后 4 位分开计算。例如十六进制数 0x95，转换为 BCD 码是 1001 0101。表 9.4 所示是十进制、十六进制与 BCD 码的对照。

表 9.4 BCD 码对照

十进制	十六进制	BCD 码			
		8	4	2	1
0	0	0	0	0	0
1	1	0	0	0	1
2	2	0	0	1	0
3	3	0	0	1	1
4	4	0	1	0	0
5	5	0	1	0	1
6	6	0	1	1	1
7	7	0	1	1	1
8	8	1	0	0	0
9	9	1	0	0	1
10	A	1	0	1	0
11	B	1	0	1	1
12	C	1	1	0	0
13	D	1	1	0	1
14	E	1	1	1	0
15	F	1	1	1	1

6. 浮点数

以上介绍的常量都是整数，只是用不同的方法表示而已。在 C 语言中，除整数外，还有小数。可以把带有小数点的数值称为浮点数，浮点数一般用十进制来表示。比如在程序中可以出现“3.4+89.23”这样的浮点数计算，但是浮点数并不是 Keil 编译器原生支持的，一般需要使用浮点数库文件才能使用。

另外，浮点数在计算时与其他常量、变量之间的关系需要很有经验的编程者才能处理好，所以在初学阶段。我不建议大家学习使用浮点数，这里也就不展开讲解了。有兴趣的朋友可以找一下相关的教程，但浮点数在实际的 STM32 项目开发中应用得并不多。

9.6.2 变量

什么是变量？它是相对于常量而言的，常量是不能赋值，也不能修改的数值，比如 240、0x32、1、0，直接用十进制数或十六进制数表示。而变量在程序运行的过程中，数值是不断变化的，例如这一刻还是 25，下一刻就变成 31 了。变量不是一个具体的数值，而是一个空盒子，可以装进各种不同的数据。

这个空盒子有多大？它可以装入多少数值？每个数值的范围是什么？这种对变量的设定叫数据类型。C 语言允许用英文字母、数字和“_”（下划线）给变量取一个名字，比如 a、x、ABC、abc、a1、DY_a1 等。变量的定义字母是区分大小写的，也就是说 ABC 和 abc 是两个不同的变量，从业内人士的习惯来看，大家通常是用小写字母定义变量。变量的开头不能是数字。已经被使用的函数名和语句不可作为变量名，比如 if、for 等。建议大家先用简单的 a~z 来定义变量，等能熟练编程后，自然可以游刃有余。

只要给出数据类型和名字，就能定义一个变量，格式是“数据类型 变量名；”。数据类型要参考表 9.5，通过表中的“定义语句”来确定。例如我们定义一个无符号整型变量，名字为 a，占用 2 字节的空间，数值范围是 0~65 535。那么在程序中的定义语句是“unsigned int a;”。如果想定义同一个数据类型的多个变量，也可以在一条定义中写入多个变量名，每个变量名用“,”（逗号）隔开。比如“unsigned

表 9.5　变量的数据类型

数据类型	定义语句	简写	占用空间	数值范围	使用频率
32 位无符号变量	unsigned long	u32	4 字节	0~4 294 967 295	高
16 位无符号变量	unsigned short	u16	2 字节	0~65 535	极高
8 位无符号变量	unsigned char	u8	1 字节	0~255	极高
易变的 32 位无符号变量	volatile unsigned long	vu32	4 字节	0~4 294 967 295	低
易变的 16 位无符号变量	volatile unsigned short	vu16	2 字节	0~65 535	低
易变的 8 位无符号变量	volatile unsigned char	vu8	1 字节	0~255	高
只读的 32 位无符号变量	unsigned long const	uc32	4 字节	0~4 294 967 295	低
只读的 16 位无符号变量	unsigned short const	uc16	2 字节	0~65 535	低
只读的 8 位无符号变量	unsigned char const	uc8	1 字节	0~255	高
32 位有符号变量	signed long	s32	4 字节	−2 147 483 648~2 147 483 647	极低
16 位有符号变量	signed short	s16	2 字节	−32 768~32 767	极低
8 位有符号变量	signed char	s8	1 字节	−128~127	极低
易变的 32 位有符号变量	volatile signed long	vs32	4 个字节	−2 147 483 648~2 147 483 647	极低
易变的 16 位有符号变量	volatile signed short	vs16	2 个字节	−32 768~32 767	极低
易变的 8 位有符号变量	volatile signed char	vs8	1 个字节	−128~127	极低
只读的 32 位有符号变量	signed long const	sc32	4 个字节	−2 147 483 648~2 147 483 647	极低
只读的 16 位有符号变量	signed short const	sc16	2 个字节	−32 768~32 767	极低
只读的 8 位有符号变量	signed char const	sc8	1 个字节	−128~127	极低
位型	bit		1 位	0，1	不能使用
浮点型	float		4 个字节	-3.4×10^{38}~3.4×10^{38}	极低
双精度浮点型	double		8 个字节	-1.79×10^{308}~1.79×10^{308}	极低

int a,b,c;”，就是同时定义了 3 个无符号整型变量。另外，定义变量时还能设定初始值，比如“unsigned int a=1,b=0xff,c;”，其中变量 a 等于 1；变量 b 等于 0xff（十六进制数）；变量 c 没有初始值，则默认初始值为 0。在 STM32 开发中，数据类型的定义可以简写，例如“unsigned char”可以简写成“u8”，那么定义变量就可以简化为“u8 a;”。

还有一个“数值溢出”问题需要特别注意。如果定义一个变量“unsigned char i=600”，所定义的数值超出了数据类型的边界。有时初始值定义没有问题，可是在使用变量时会出现数值溢出。在编译时，数值溢出一般不会提示出错，但在程序运行时将会出现不可预知的问题。

变量在程序结构上又分为函数内部的变量和可以跨函数使用的全局变量，这部分在后面应用举例时再介绍吧。

注意事项：

（1）变量的定义应该在函数的最前面，定义变量的语句上方不能有其他语句；

（2）在单片机开发中，通常只会用到无符号数据类型，除非涉及复杂的浮点计算；

（3）在使用 for 循环等语句不断累加一个变量值时，需要考虑数据溢出问题；

（4）在 STM32 开发中是没有 bit 位型定义的。

9.6.3 数组

在单片机编程中有时会用到大量数据，假如我们需要 30 个甚至更多的同一类型的数据，该怎么办呢？当然你可以单独定义 30 个变量，但最常用的方法是定义数组。就好像书店里的图书，只有几本时可随便摆放（定义单独的变量），如果有成百上千本，就该按规律放到书架上，书架就是数组。

数组就是一组数据的集合。数组分为一维数组和多维数组。各种数组的基本原理相同，这里仅介绍常用的一维数组和二维数组。只有一横排而没有上下层，所有的图书都按序号排列在一横行，这种书架就是一维数组。书架有多层，每一层又都是一维数组，这便是二维数组了。

一维数组的定义形式为：“数据类型 数组名 [数量]={ 数值 1, 数值 2 };”。二维数组的定义形式为：“数据类型 数组名 [行数量] [列数量]={ 数值 1, 数值 2 };”。其中“[ ]”（中括号）里填写的是数组中元素的数量，如果空着的话，编译器会计算“{ }”（大括号）里的实际数值数量。如果“[ ]”里写了 10，可“{ }”中的数值只有 6 个，编译器会准备 10 个数值，多出的 4 个用 0 补上。如果“[ ]”里写了 10，可“{ }”中的数值有 12 个，编译器会忽略最后 2 个数值。从上面的规则来看，初学者最好不要在 [ ] 里写数量，直接把数值添加到“{ }”里就行了。

数组的定义方法和变量的定义方法是一样的，只是数组所要定义的数据量更大。比如我们要定义一个带有 8 个变量（元素）的数组，只要给出数据类型（u8）、数组名（b）、数量（8）就可以了，如图 9.14 第一行的定义语句所示。如此定义的数组相当于 8 个变量，你可以在程序中向数组的 8 个位置读写数据。

还有一种是定义固定数据的数组，定义后的数组数据是不可改变的，在程序运行时只能读出这些数据而不能修改。图 9.14 中第二行就定义了数据类型为 8 位无符号（u8）、数组名是 t，且是固定数据（const）的数组。关键字“const”表示固定内容的数组，这时必须在等号（=）后面给出所有数据的值，4 个数据分别是 1、2、3、4。图 9.14 中第三行是定义固定数据的二维数组，方法和第二行的定义方法基本一致，只是大括号中又嵌套了一组大括号。

在程序中调用数组也很简单，图 9.15 所示是 3 种调用方法的举例。其中第一行是把数据 t 中第 0 位

```
u8 b[8]; //定义8个字节8位数组变量
const u8 t[4]={1,2,3,4}; //定义4个8位固定数据的数组
const u8 y[2][3]={{1,2,3},{4,5,6}}; //定义2组每组3个固定数据的二维数组
```

图 9.14 定义数组的方法

```
a = t[0]; //将数组b中第0位置的数据写入变量a
a = y[0][2]; //将二维数组y中第0组第2位置的数据写入变量a
a = t[i]; //将数组t中第i位置的数据写入变量a（i是变量）
```

图 9.15 数组的调用方法

的数据写入变量 a 中，变量 a 的类型必须与数组 t 的类型一致。这里需要注意，数据位置是从 0 开始计算的，也就是说数组的第 0 个元素才有第 1 个值。如图 9.14 所示，我们知道数组 t 的值是 1、2、3、4，如想读出数值“1”，那就需要用“a=t[0];”而不是“a=t[1];”。图 9.15 中的第二行是读出二维数组 y 中第 0 行第 2 列的值，根据图 9.14 中的定义，我们读到的值是多少呢？第 0 行一共有 3 个值，为 1、2、3，第 2 列（第 3 个）的值是 3。在调用数组时，除了给出明确的位置外，还可以用变量读出数值。图 9.15 中第三行的示例就是用变量 i 读出数值，改变 i 的值就可以读出数组不同元素的数据，这一方法在程序开发中很常用。

9.6.4 枚举

枚举是一种数据类型，它只包含自定义的特定数据，它是一组有共同特性的数据的集合，和数组很像，但也不太一样。常见的枚举有四季（春、夏、秋、冬）、星期、颜色、音阶等。这么说很难理解，让我们举一个例子吧。每个人都有手机，手机中的通信录就是枚举的例子。手机通信录中都会保存着亲朋好友的电话号码，这些号码本身只是一组 13 位数据。13 位的数字组合成可以拨通的电话号码有几亿个，但我们只需要其中的几十、几百个，这就是在广泛的数据范围中提取需要的一小部分，我们的选择永远不会超出这个通信录的范围，在需要限制数据范围的应用中非常好用，这是枚举最大的作用。图 9.16 所示的通信录中存放着我们需要的电话号码，每个号码都有一个名称，当我们打电话给“小张”时，最终拨出的就是名称关联的电话号码——数据本身。这就是枚举的基本概念。

在 C 语言编程中，枚举并不常用，大部分开发者更喜欢定义范围更广泛的变量来代替枚举。定义枚举的方法是使用关键字 enum，格式是“enum 枚举名 { 标识符 = 整型常数 , 标识符 = 整型常数 } 枚举变量 ;”，如图 9.17 所示。

其中标识符是枚举中的一个成员，枚举的大括号里允许有多个标识符。在枚举中，你必须给每一个标识符一个值。如果没给标识符赋值，它的值就等于上一个标识符的值加 1。如果第一个标识符没有赋值，则系统默认它的值为 0。

给枚举中增加标识符相当于给手机通信录添加联系人，是确

枚举的例子

手机通信录就是枚举数据

通信录

爸爸：139045388670122
妈妈：151032137656790
老婆：150222317649201
老板：139888888888888
小张：152740387921233
……

使用枚举数据：拨号给小张

图 9.16 枚举的例子

enum 枚举名 { 标识符[=整型常数], 标识符[=整型常数], … 标识符[=整型常数] } 枚举变量;	enum 通信录 { 爸爸=139045388670122, 妈妈=151032137656790, 老婆=150222317649201, 老板=139888888888888, 小张=152740387921233 } 拨出号码;	enum ABC { a=4, b=88, c=50, d=99 }x;
枚举变量 =标识符;	拨出号码 = 小张;	x = b;

图 9.17 定义枚举的示意

定枚举数据内容的关键一步。每个枚举的大括号后面都要跟一个“枚举变量”，它是用于调出枚举数据的，类似于通信录下方的“拨出号码”按钮。当我们在通信录中点击小张的名字时，小张的电话号码被拨出。同样，当某一个标识符赋值给枚举变量时，枚举变量的值就等于这个标识符所关联的值。其他程序可以调用枚举变量，只有改变标识符对枚举变量的赋值才能改变枚举变量的值，且枚举变量的值只能是现有标识符所关联的值。

在数组中最核心的是数据的位置，因为在调用数组中的数据时，数组名右边中括号内的参数决定了取哪一个数据。枚举中最核心的是标识符，不同标识符向枚举变量赋值，会得到不同的值。枚举的使用在 STM32 固件库文件中很常见，例如图 9.18 所示的 stm32f10x_gpio.h 文件中的枚举定义了 GPIO 接口的多种工作模式，而真正起作用的是标识符后面的数据。使用标识符主要是为了方便开发者的理解和使用。对于枚举不要求会用，只要能看懂就行。

9.6.5 结构体

想了解结构体，只要知道结构体与枚举的区别就可以了。枚举是同一类型数据的集合（即只有一种数据类型），而结构体是不同类型数据的集合。如图 9.19 所示，枚举是在一种数据类型中只选择一部分需要的数据，比如定义一个 8 位无符号变量，它的值的范围是 0~255，但定义一个枚举可能只用到 0~4，所以说枚举是取整个数据类型中的一部分；而结构体则是把多种不同类型的数据集合在一起，作为一个新的类型，比如一个结构体中可以包含一个 8 位无符号变量的全部值（0~255），同时还包含一个 16 位无符号变量的全部值（0~65 535），两种类型合在一起就构成了一个结构体。

```
typedef enum
{ GPIO_Mode_AIN = 0x0,
  GPIO_Mode_IN_FLOATING = 0x04,
  GPIO_Mode_IPD = 0x28,
  GPIO_Mode_IPU = 0x48,
  GPIO_Mode_Out_OD = 0x14,
  GPIO_Mode_Out_PP = 0x10,
  GPIO_Mode_AF_OD = 0x1C,
  GPIO_Mode_AF_PP = 0x18
}GPIOMode_TypeDef;
```

图 9.18 stm32f10x_gpio.h 文件中的枚举定义

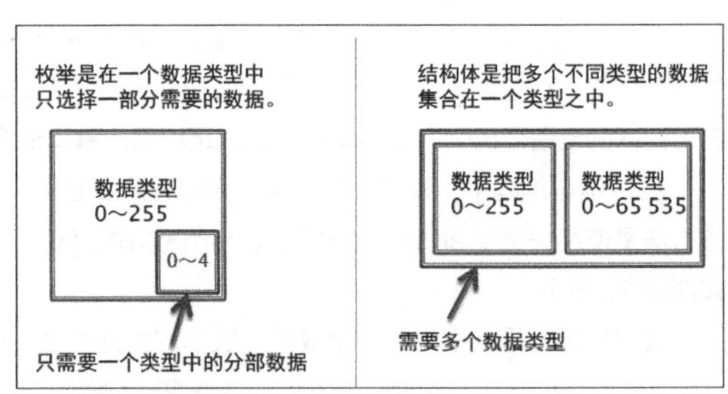

图 9.19 枚举和结构体的区别

再来看结构体与数组的区别，如图 9.20 所示。在 C 语言中，数组和结构体都是一种数据的集合方式，但数组和枚举一样也是同一种类型的数据集合，在定义数组时，数组名左边给出的数据类型限制了数组中全部数据的类型；而结构体是不同类型的数据集合，可以包含各种类型的变量，还能包含数组、枚举、指针。

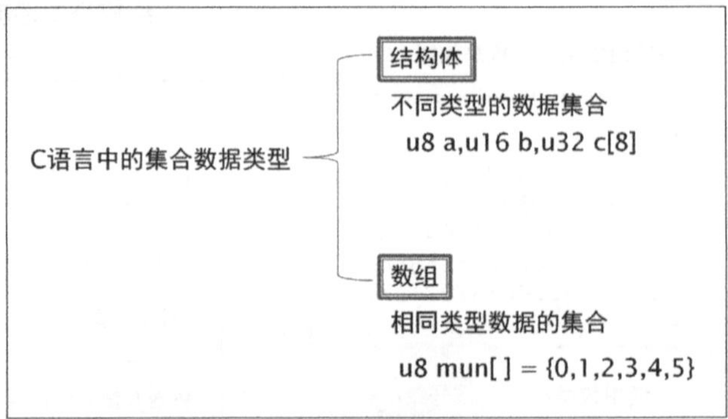

图 9.20 结构体与数组的区别

定义结构体需要使用关键字“struct”，

格式是“struct 结构体名 { 结构体成员 ; 结构体成员 ;} 结构体变量 ;”，此格式与枚举类似（见图 9.21）。其中的结构体成员是用户需要添加的各种数据类型。结构体变量决定了使用结构体中的哪组数据。

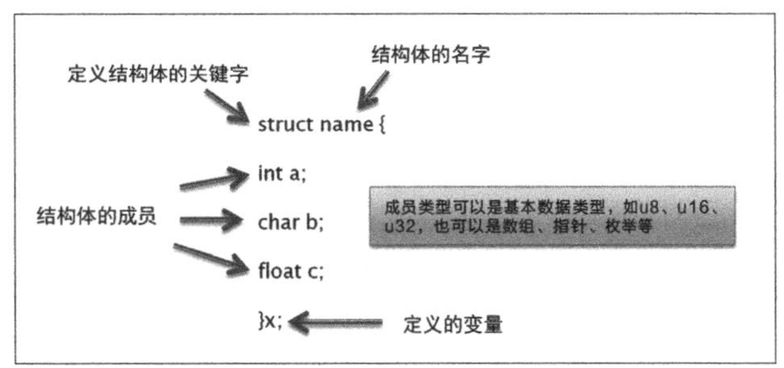

图 9.21 结构体的组成

图9.22所示是一个普通结构体的定义、写入数据、调用数据的方法。其中定义了3种不同类型的变量a、b、c，结构体变量为x，向结构体成员写入数据的方法是“结构体变量 . 成员名”，即 x.a 表示结构体 x 中的成员 a，可以直接对其赋值。调用时也是直接使用 x.a，只把它视为一个普通变量来操作。需要注意在写入和调用时，不同结构体成员有不同的数据类型，一定要了解每个成员的类型后再操作。

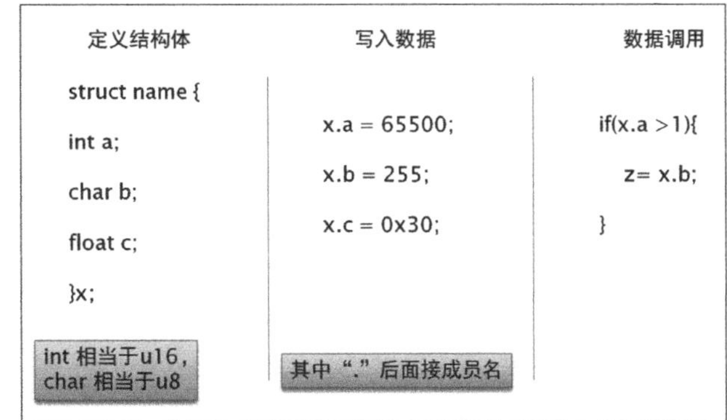

定义结构体
写入数据
数据调用
struct name {
int a;
char b;
float c;
}x;
x.a = 65500;
x.b = 255;
x.c = 0x30;
if(x.a >1){
z= x.b;
}
int 相当于u16，
char 相当于u8
其中“.”后面接成员名

图 9.22 普通结构体的定义、写入、调用

除了普通的结构体定义，还有一种带有 typedef 前缀的结构体也很常用。如图 9.23 所示，带有 typedef 前缀的结构体被看成一个数据类型定义前缀。之前我们介绍的 u8、u16 就是数据类型定义的关键字，使用 typedef struct 定义的结构体，结构体变量就变成数据类型关键字。在图 9.23 中，结构体变量 x 不能被当成变量看待，而要当成和 u8、u16 一样的关键字看待。“x y;”的意思是定义一个变量 y，它的数据类型是 x。然后变量 y 就可以代表结构体中的数据来操作了。写入、调用的方法依然相同，只是从 x 改成了 y。

定义结构体	写入数据	数据调用

typedef struct {
int a;
char b;
float c;
}x;
	x y;
	y.a = 65500;
	y.b = 255;
	y.c = 0x30;
		if(y.a >1){
		z= y.b;
		}

x变成了一种数据类型，可用来定义变量	定义变量y，y的类型是x，这里的x类似于u8	

图 9.23 带有 typedef 前缀的结构体的定义、写入、调用

关于结构体的知识细讲起来还有很多，但初学者只要能看懂别人程序中的结构体就行，不需要自己会运用。这对于我们后面学习编程开发没有什么影响，有兴趣的朋友可自学。

9.6.6 指针

指针也是一种数据类型，它是通过指向数据位置的方式表达数据的。为了更好地理解指针的概念，我们举一个例子来说明。如图 9.24 所示，假如我们有 10 个盒子，每个盒子里存放着一个数据，盒子的顺序是固定的，数据是由用户自己存放的。这个结构有点像数组，如果是数组，我们想读出哪个盒子里的数据，只要给出盒子编号就行了。例如读 7 号盒子（输入的值是 7），得到的数据就是 40（输出的值是 40）。如果我们用指针方式，需要先定义一个指针变量，名字是“*P”，这时就会出现一个指针指向最开始的一

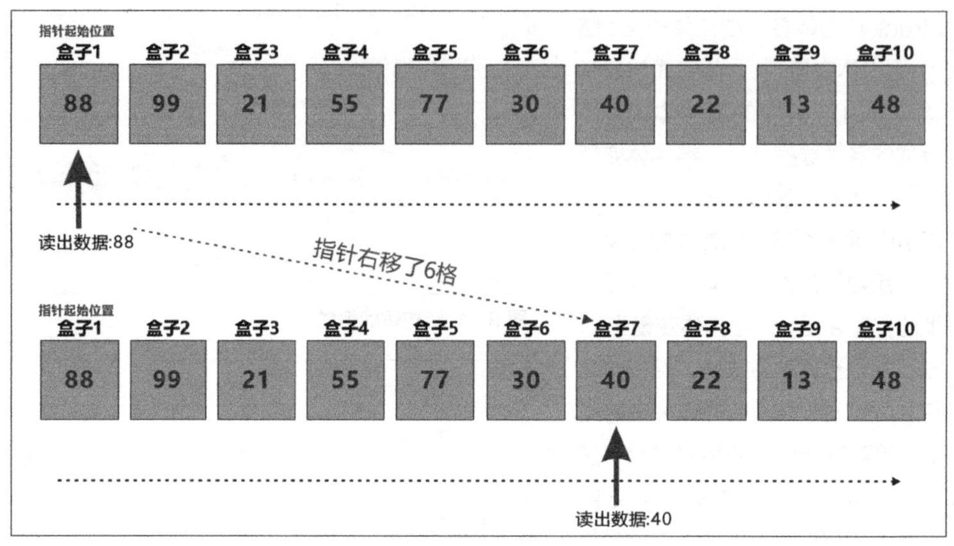

图 9.24 指针举例

个盒子，即盒子 1。这时我们读出这个指针变量，它的值就是 88（盒子 1 中的数据）。如果我想读盒子 7 中的值怎么办？方法是让指针变量向后移动 6 格，即“*(P+6)”，输出的值为 40。从中我们可以看出指针的本质就是地址。盒子 1 到盒子 10 是按顺序排列的一串地址，指针所保存的就是数据所在的地址。

要知道单片机程序之所以能够运行，也是依靠一个叫 PC 指针的东西。我们把程序下载到 Flash 空间中，程序代码是按顺序存入 Flash 中，这就形成了 Flash 的地址。单片机运行程序时，就是用 PC 指针指向程序代码的开始处，读出数据（程序内容）后让 PC 指针加 1，读出下一个地址的数据。就这样，PC 指针的值不断加 1，程序代码的内容就源源不断地从 Flash 读到 ARM 内核中执行。

而 PC 指针本身也是一个寄存器，只是这个寄存器比较特殊，寄存器里面的值不是有用的数据，而是一个地址。这个地址指向 Flash 中的某个位置，真正有用的数据存放在那里。所以当我们定义一个指针变量时，实际是定义了一个寄存器，未来我们将用这个指针寄存器存放某个其他寄存器的地址。我们可以在指定指针变量时设定这个变量的类型，可以是 u8 型、u16 型、u32 型。

定义指针只比定义变量多了一个“*”（星号），格式为“u8 *a;”，其中“u8”是指针的数据类型，这个数据类型不是指针所指向数据的类型，而是指针本身的地址长度（见图 9.25）。“*a”代表指针变量，指针变量上存放的不是具体的数据，而是数据所在的地址。

向指针写入数据的方法是“*a=0x30”，这是向指针当前指向的地址中写入数据 0x30。读出数据的方法是“b=*a”，从指针当前指向的地址中读出数据赋值到变量 b。如果想移动指针指向其他地址，方法是“a=a+6”，意思是让指针指向原地址加 6 后的地址。注意移动指针的本质是改变指针指向的地址，所以不加星号。如果加上星号“*a=*a+6”，那就不是移动指针位置（改变指向的地址），而是让当前指针指向的地址中的数据加 6。简单来说，就是加了星号表示指针指向的地址中的数据，不加星号表示指针指向的地址。指针的功能非常强大，它可发挥的应用远不止于此。但作为 C 语言的初学者，掌握以上的内容就已经够用了。在未来涉及大量数据调用和复杂算法时，再深入学习指针会是不错的选择。

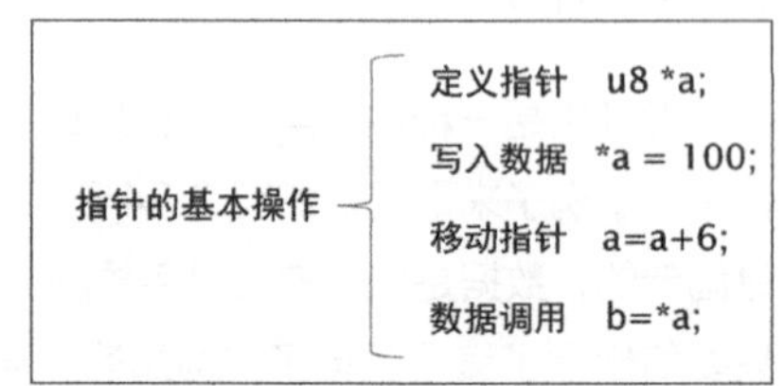

图 9.25 指针的基本操作

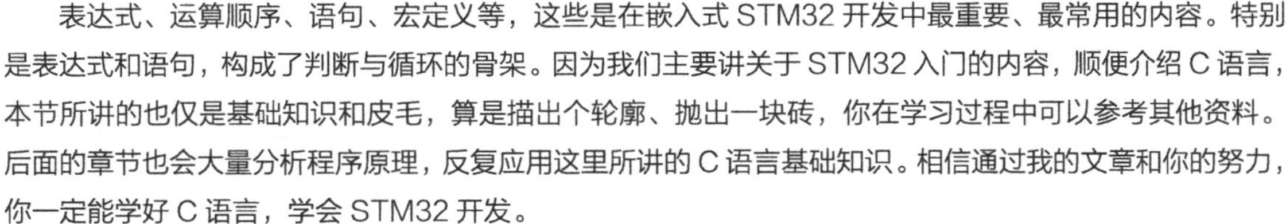

表达式、运算顺序、语句、宏定义等，这些是在嵌入式 STM32 开发中最重要、最常用的内容。特别是表达式和语句，构成了判断与循环的骨架。因为我们主要讲关于 STM32 入门的内容，顺便介绍 C 语言，本节所讲的也仅是基础知识和皮毛，算是描出个轮廓、抛出一块砖，你在学习过程中可以参考其他资料。后面的章节也会大量分析程序原理，反复应用这里所讲的 C 语言基础知识。相信通过我的文章和你的努力，你一定能学好 C 语言，学会 STM32 开发。

9.7 表达式

什么是表达式？比较严谨的定义是：表达式是由数字、算符、数字分组符号（括号）、自由变量和约束变量等以能求得数值的有意义排列方法所得的组合。以我的理解简单说就是：为了在程序中表现数据之间的关系而写出的算式。比如我想在程序中表现 1+2=3，这就是表达式；或者表示几个变量的关系而写出“x>a+b”，这也是表达式。表达式可以由常量、变量、符号组成。C 语言中组成表达式的有算术运算符、关系运算符、逻辑运算符和位操作符等。

9.7.1 算术运算符

算术运算就是简单的四则运算，有加、减、乘、除，还多了一个求余数（见表 9.6）。在编程开发中，这些运算符都很常用。和数学课上老师告诉我们的规则一样，乘法、除法、求余数都有优先运算的权力，如果需要先计算加法或减法，就需要用括号括起来，如“(a+b)*c”。

表 9.6　算术运算符

符号	说明	举例
=	赋值	c=a+b
+	加法运算符、正值符号	a+b
-	减法运算符、负值符号	a-b
*	乘法运算符	a*b
/	除法运算符	a/b
%	求余运算符	a%b（得到 a/b 的余数）

在讲加、减、乘、除之前，我们先来谈一下“等于”。“=”在生活中和小学课堂里是“等于”的意思，而在 C 语言里，“等于”是用“==”来表示的。C 语言把“=”留给了最常用的赋值功能，赋值的意思是将“=”右边的数据或是算式的结果赋值给“=”左边，例“c=1+3”，执行这条程序之后，c 的值就等于 4 了。我初学表达式时经常出错，常把“==”（等于）写成“=”（赋值），小学教育对我影响太深了。有的时候忘记比记住更难。

求余运算是用来做什么的呢？举个例子：14/10 结果为 1；如果写成 14%10，结果为 4；因为 14 除以 10 的结果就是得 1 余 4。

另外再介绍一种自增减运算符，它在一个变量的前面或后面加上“++”或“--”表示自加或自减。如程序中出现“i++”或“++i”即相当于“i=i+1”（i 的值加 1），出现“i--”或“--i”即相当于“i=i-1”（i 的值减 1）。加减号放在前面和后面的意义稍有不同，这在以后深入学习时再谈。

9.7.2 关系运算符

关系运算符并不参与运算，它用来对两个参数进行判断和比较，多在条件判断时使用（见表 9.7）。如“if(a<b){ }”，if 是条件判断语句，意思是如果 a 的值小于 b 的值，就运行 { } 中的程序。

表 9.7 关系运算符

符号	说明	举例
<	小于	a<b
>	大于	a>b
<=	小于或等于	a<=b
>=	大于或等于	a>=b
==	等于	a==b
!=	不等于	a!=b

表 9.8 逻辑运算符

<table>
<tr><th>符号</th><th>说明</th><th>举例</th></tr>
<tr><td>&&</td><td>与</td><td>a&&b</td></tr>
<tr><td>||</td><td>或</td><td>a||b</td></tr>
<tr><td>!</td><td>非</td><td>!a</td></tr>
</table>

表 9.9 逻辑运算与真假的关系

<table>
<tr><th></th><th>真</th><th>真</th><th>假</th><th>假</th></tr>
<tr><td>与</td><td>1&&1</td><td></td><td>1&&0</td><td>0&&0</td></tr>
<tr><td>或</td><td>1||1</td><td>1||0</td><td>0||0</td><td></td></tr>
<tr><td>非</td><td>!0</td><td></td><td>!1</td><td></td></tr>
</table>

表 9.10 位操作符

<table>
<tr><th>符号</th><th>说明</th><th>举例</th></tr>
<tr><td>&</td><td>按位与</td><td></td></tr>
<tr><td>|</td><td>按位或</td><td></td></tr>
<tr><td>^</td><td>按位异或</td><td>^a</td></tr>
<tr><td>~</td><td>按位取反</td><td>~a</td></tr>
<tr><td><<</td><td>位左移</td><td>a<<2</td></tr>
<tr><td>>></td><td>位右移</td><td>a>>2</td></tr>
</table>

9.7.3 逻辑运算符

逻辑运算无非就是与（AND）、或（OR）、非（NOT）3 种（见表 9.8），其结果是真或假。一般用 1 表示真，用 0 表示假。“a 与 b”时，只有 a 和 b 都为 1 时结果才为 1；“a 或 b”时，当 a 和 b 中有至少有一个为 1 时结果为 1；“非 a”时，a 为 1 则结果为 0，a 为 0 则结果为 1（见表 9.9）。总结成易记的句子是：与，都真则真；或，有真则真；非，真则假，假则真。

在 C 语言中，只要数值不为 0，都表示真；数值为 0 表示假。

9.7.4 位操作

位操作是针对一个字节中的 8 个位来说的（见表 9.10）。一个字节有 8 个位，而单片机运算是以字节为单位的。如何操作字节中的位呢？这就需要位操作符了。但是要想讲解位操作的应用，会涉及许多我们还没有介绍的知识，所以这里不举例说明。总结成易记的句子就是：与，都真则真；或，有真则真；异或，相异则真；取反，真则假，假则真；左移，向左移动，溢出舍弃，空位补 0；右移，向右移动，溢出舍弃，空位补 0，举例如图 9.26 所示。

9.8 运算顺序

当表达式中涉及运算时，就会产生运算顺序的问题。例如在“a+b*c%2”中，要先算加法还是先算乘法呢？为了解决这个问题，我们要参考“C 语言运算符优先级表”（见表 9.11）。在优先级表的优先级一栏中，数值越小的越要优先运算；同一优先级的运算符，运算次序由结合方向一栏决定。从中你会发现“( )”（小括号）具有很高的优先级，所以当你想把表达式中某组的优先级提高（先运算）时，只要把它们用小括号括起来就行了，如“a*(b+c)”会先算加法再算乘法。如果有哪个表达式中的优先级你不确定先后，也可以把想先运算的部分括起来。

图 9.26 位操作的举例

表 9.11 C 语言运算符优先级表

优先级	运算符	名称或含义	使用形式	结合方向	说明
1	[]	数组下标	数组名[常量表达式]	左到右	
	()	圆括号	（表达式）/函数名(形参表)		
	.	成员选择（对象）	对象.成员名		
	->	成员选择（指针）	对象指针->成员名		
	++	后置自增运算符	++变量名		单目运算符
	--	后置自减运算符	--变量名		单目运算符
2	-	负号运算符	-表达式	右到左	单目运算符
	(类型)	强制类型转换	(数据类型)表达式		
	++	前置自增运算符	变量名++		单目运算符
	--	前置自减运算符	变量名--		单目运算符
	*	取值运算符	*指针变量		单目运算符
	&	取地址运算符	&变量名		单目运算符
	!	逻辑非运算符	!表达式		单目运算符
	~	按位取反运算符	~表达式		单目运算符
	sizeof	长度运算符	sizeof(表达式)		
3	/	除	表达式/表达式	左到右	双目运算符
	*	乘	表达式*表达式		双目运算符
	%	求余（取模）	整型表达式/整型表达式		双目运算符
4	+	加	表达式+表达式	左到右	双目运算符
	-	减	表达式-表达式		双目运算符
5	<<	左移	变量<<表达式	左到右	双目运算符
	>>	右移	变量>>表达式		双目运算符
6	>	大于	表达式>表达式	左到右	双目运算符
	>=	大于等于	表达式>=表达式		双目运算符
	<	小于	表达式<表达式		双目运算符
	<=	小于等于	表达式<=表达式		双目运算符
7	==	等于	表达式==表达式	左到右	双目运算符
	!=	不等于	表达式!=表达式		双目运算符
8	&	按位与	表达式&表达式	左到右	双目运算符
9	^	按位异或	表达式^表达式	左到右	双目运算符
10	|	按位或	表达式|表达式	左到右	双目运算符
11	&&	逻辑与	表达式&&表达式	左到右	双目运算符
12	||	逻辑或	表达式||表达式	左到右	双目运算符
13	?:	条件运算符	表达式1?表达式2:表达式3	右到左	三目运算符
14	=	赋值运算符	变量=表达式	右到左	
	/=	除后赋值	变量/=表达式		
	*=	乘后赋值	变量*=表达式		
	%=	取模后赋值	变量%=表达式		
	+=	加后赋值	变量+=表达式		
	-=	减后赋值	变量-=表达式		
	<<=	左移后赋值	变量<<=表达式		
	>>=	右移后赋值	变量>>=表达式		
	&=	按位与后赋值	变量&=表达式		
	^=	按位异或后赋值	变量^=表达式		
	|=	按位或后赋值	变量|=表达式		
15	,	逗号运算符	表达式,表达式,…	左到右	从左向右顺序运算

9.9 语句

如果说函数体是单片机C语言编程的骨架，那么语句便是功能器官，表达式和数据化身为血液，在各器官间往来循环，一个鲜活的系统便应运而生了。

语句大体分两种：判断和循环。其中判断语句也被称为分支语句。表 9.12 所示是最常用的 5 个语句，但这并非全部，还有一些高级语句和语句的高级用法，等你能熟练编程后再学也不迟。下面我先介绍这 5 个语句。

9.9.1 if：真诚请进，非诚勿扰

if 在英文里是“如果”的意思，语句可以理解为：如果表达式的结果为“真”，则执行语句 1 和语句 2；如果表达式的结果为“假”，则跳过语句 1 和语句 2，执行下面的其他程序（见图 9.27、图 9.28）。简单说就是真诚请进，非诚勿扰。

9.9.2 switch：多管齐下，从一而终

if 语言通过判断表达式的结果是真是假达

到了 2 路分支，switch 则能实现多路分支。在 switch 语句中，表达式的结果要依次与 case 后面的值进行比对，如果相同，则执行此行 case 下面的语句（见图 9.29）。switch 的表达式只能有一个，但是 case 语句可以有很多，当需要多项判断分支时可以使用。简单说就是多管齐下，从一而终。

表 9.12　C 语言中常用的 5 个语句

语句	类型	格式
if/if…else	判断 / 分支	if(表达式){ 语句 1; 语句 2;} if(表达式){ 语句 1; 语句 2;} else{ 语句 3; 语句 4;}
switch	判断 / 分支	switch(表达式){case: 语句 1;case: 语句 2;}
while	循环	while(表达式){ 语句 1; 语句 2;}
do… while	循环	do{ 语句 1; 语句 2;} while(表达式)
for	循环	for(表达式){ 语句 1; 语句 2;}

9.9.3 while：有言在先，周而复始

while 是循环语句。循环是指在一定条件下反复地执行一组程序，这种功能可以应用在延时、等待、重复执行等程序中。一般的单片机程序就是一个无限循环程序，从 main 函数开始，在 while 语句中无限循环。while 语句的特点是先判断表达式，如果结果为真则执行 { } 里的程序，如果结果为假则退出。其功能类似 if 语句，但 if 语句不能循环执行和判断，而 while 可以。条件为真、执行 { } 里的程序后，while 还会再重新判断一次表达式，判断后的操作和前一次相同（见图 9.30）。也就是说，当表达式结果始终为真时，while 语句就会一直循环下去，直到表达式结果为假时才退出。简单说就是有言在先，周而复始。

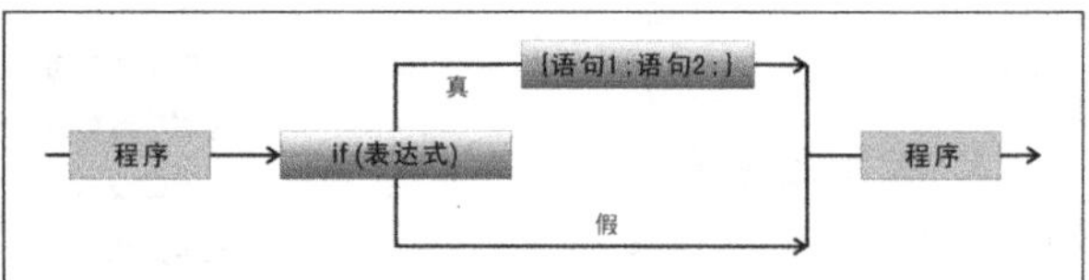

图 9.27　if 语句的执行过程

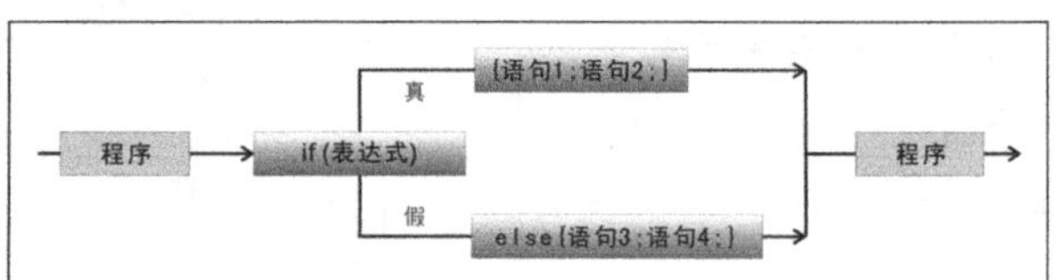

图 9.28　if…else 语句的执行过程

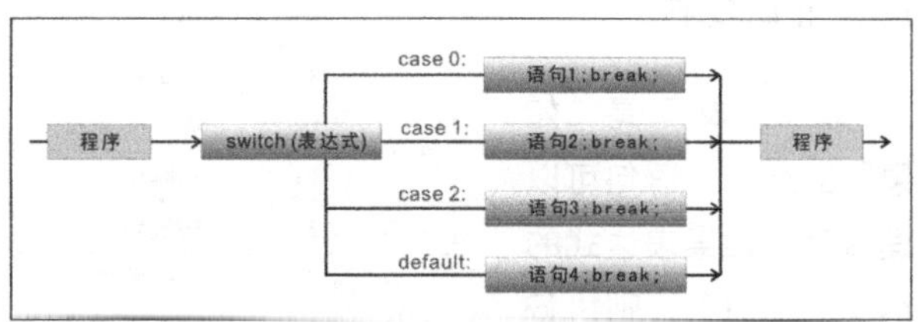

图 9.29　switch 语句的执行过程

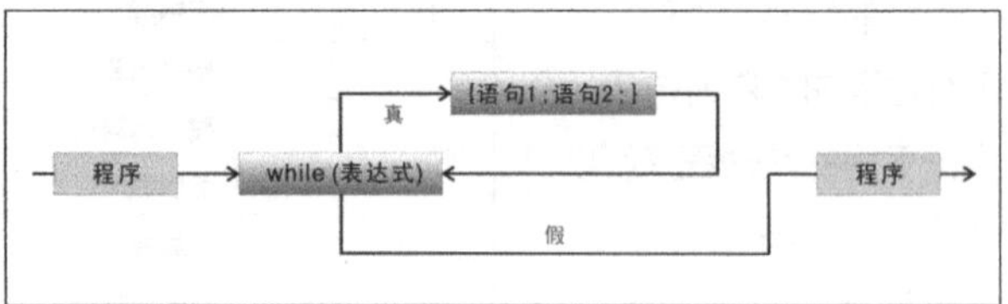

图 9.30　while 语句的执行过程

9.9.4 do…while：先斩后奏，循环往复

do…while 语句是 while 语句的变种，do…while 与 while 的唯一区别是 do…while 先执行程序再判断表达式，表达式结果为真则继续循环，表达式结果为假则退出（见图 9.31）。do…while 语句至少会执行一次 { } 内的程序。简单说就是先斩后奏，循环往复。

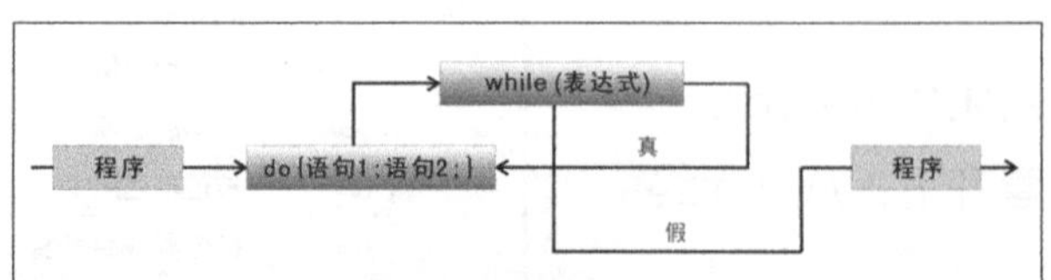

图 9.31　do…while 语句的执行过程

9.9.5 for：循序渐进，见好就收

for 语句的特点是先判断表达式，结果为

真则执行{}里的程序，结果为假则退出。每执行完{ }里的程序之后，for 语句会重新判断表达式，并按结果循环执行或者退出（见图 9.32）。其功能类似 while 语句，但 for 语句的表达式有特殊功能。for 语句由 3 个表达式组成，表达式之间用“;”隔开，即 for(表达式 1; 表达式 2; 表达式 3){ }。三者的位置不能调换，每一部分都有自己的特殊用途。for 语句的执行流程是最先执行表达式 1；然后判断表达式 2，表达式 2 结果为假时退出，表达式 2 结果为真时先执行{ }里的语句，再执行表达式 3；然后重新判断表达式 2，根据结果循环执行或退出（见表 9.13）。简单说就是循序渐进，见好就收。

9.10 指令

在 C 语言开发中，几乎没有一个程序文件能包含所有程序内容，通常需要很多个文件配合，包括之前介绍过的固件库文件还有各功能的库文件。如果我们的程序涉及其他文件，就必须先引用它们，方法是使用 #include 指令。在需要引用的程序文件最上方（函数之外），写入“#include <库文件>”或“#include "库文件"”，就可以把库文件引用过来。在编译时，编译器会自动加载你引用的库文件。例如在图 9.33 所示的 main.c 文件中，程序正文的第 1 条就是“#include "stm32f10x.h"”，这样就把这个头文件和 main.c 关联了起来，头文件里的内容就可以被 main.c 所使用。不过需要注意的是，在 Keil 软件里引用头文件不仅要在文件里使用 #include，还要在设置选项中添加头文件，具体方法在后面的章节中会介绍。

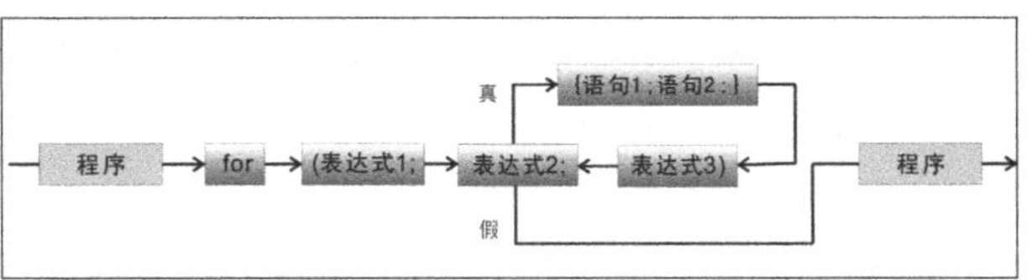

图 9.32 for 语句的执行过程

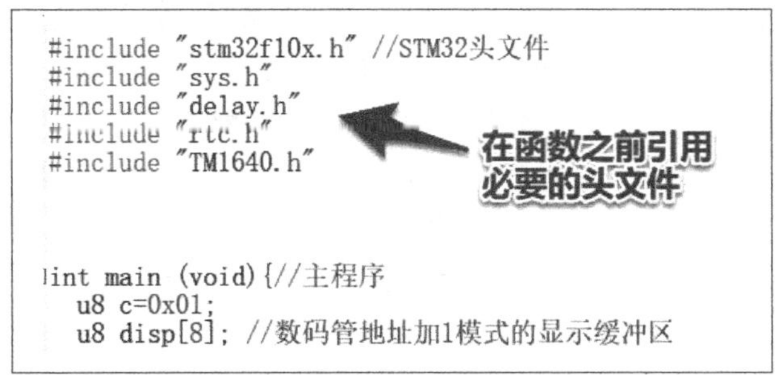

图 9.33 引用头文件的指令实例

表 9.13 for 语句的 3 个表达式

	功能	说明
表达式 1	最初执行	进入 for 语句时首先被执行的语句
表达式 2	结束条件	条件为真时循环执行语句，条件为假时退出 for 语句
表达式 3	追加执行	表达式 2 结果为真且执行完{ }里的语句后执行表达式 3

9.11 宏定义

在 C 语言中还有一种辅助型程序，它们不参与单片机程序的运行，却可以使程序开发更方便，这就是宏定义。如表 9.14 所示，在 STM32 开发中常用的宏定义语句有 7 个，下面我们来逐一认识它们。

首先是 #define，此语句后面有两个内容，中间用空格隔开。第一个是代替名，第二个是原名，它的功能是用代替名代替程序中的原名。例如在程序中有一条语句是“a=5;”，如果使用宏定义，即在程序文件的最上方（函数外部）写上“#define n 5”，然后把“a=5;”改成“a=n;”，这样所达到的效果是一样的，但我们用 n 代替了 5。看上去这好像没什么用，但在实际开发中非常有用。假如程序中有几十处内容都用到了 5，如果想把所有的 5 改成 6，就需要在这十几处一个一个地改。但有了宏定义，用 n 代替了 5，只要在“#define n 5”这里把 5 改成 6 即可，修改大量数据变得非常方便。需要注意的是，#define 宏定义后面的内容之间只用空格隔开，且结束处不加分号，必须用换行来结束。如果因语句太长，需要分几行写，则要在换行的后面加“\”（反斜杠），如图 9.34 所示。

#ifdef、#endif 是带有判断功能的宏定义（见表 9.14）。它们与 #define 组合，可以在程序中控制哪些内容能被编译，也可以防止同一个文件被重复编译。图 9.35 所示是延时函数所使用的 .h 库文件的全部内容。从中可以看出，开始一句“#ifdef __DELAY_H”是进行一个判断，判断在此之前有没有定义过 __DELAY_H。如果之前定义过则直接退出，如果没有定义过则进入下一句。下一句是 #define __DELAY_H，下次再进入同一个延时函数库文件时就不会再定义了，而是直接退出。为什么要这么做呢？因为在编写程序时，会有很多函数多次引用同一个子函数。在编译器编译程序时，这个子函数只能被编译一次，若被反复编译就会产生错误。于是 #ifdef 与 #define 的组合能判断编译器有没有编译过这个函数，若没有编译过就编译，若编译过就退出（不重复编译）。#endif 是 #ifdef 的结束标志语句，所谓退出 #ifdef 就是跳到 #endif 外边，两个语句之间的内容都不会被编译。

表 9.14　宏定义说明

宏定义	说明
#define 代替名 原名	用代替名代替原名
#undef 代替名	撤销宏定义
#ifdef 代替名	使能编译或防止重复定义头文件
#if 表达式	使能编译，如果判断
#elif 表达式	使能编译，否则如果判断
#else	使能编译，否则判断
#endif	结束 #ifdef 或 #if

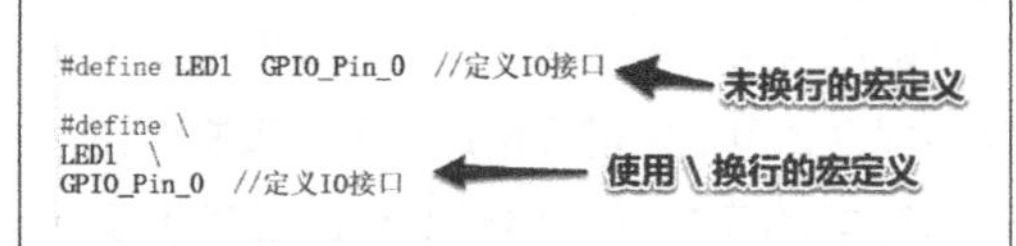

图 9.34　宏定义中用“\”换行

#if、#elif、#else 也可组合出判断并阻止编译的宏定义，用法和上文介绍的 if、else if、else 语句一样。应用的例子如图 9.36 所示。如果 #if 后面的表达式结果为真，则编译下面的语句；如果结果为假，则跳到 #elif 或者 #else 再判断，最后以 #endif 结束。通过 #if 和 #elif 后面的表达式，编译器可选择编译哪组程序内容。就像我最开始所说，宏定义并不参与单片机程序的运行，但它们可以决定哪些程序被编译、被运行。关于宏定义的扩展应用还有很多，在后续的文章里我会结合实例介绍、分析。

9.12　排版

我们学会了上文的知识点，就可以开始编程了。在此介绍的排版，并不会影响程序的执行效果，只是为了让自己或他人阅读程序方便而产生的一种约定俗成的规范。不论是程序正文还是注释，书写的内容多了，就会涉及排版问题。C 语言并没有统一的排版要求，每个人都可以按照自己的喜好来排版，但这里要先介绍一种通用的排版方法。我不阻止大家发挥自己的个性，但在初学期间还是建议你按照通用的排版方法来编程，这样做更有利于程序的移植和风格的统一。

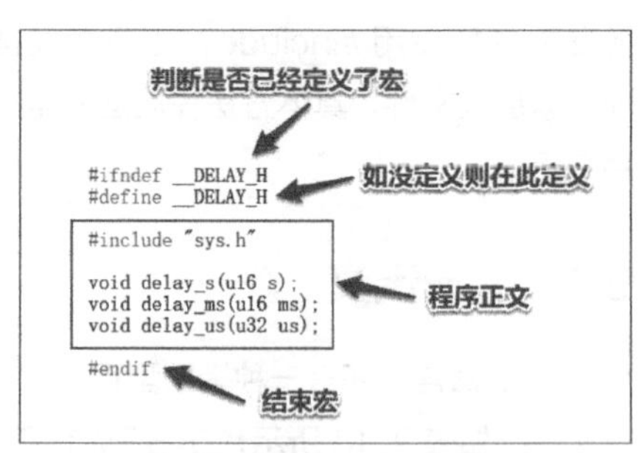

图 9.35　防止重复定义头文件的程序

排版规范中最重要的就是缩进和换行。函数和语句中的程序内容都会由“{ }”（大括号）括起来，在每一组大括号里面的内容都要向右缩进一个单位。所谓的一个单位是指按一次键盘上的 Tab 键（它在字母 Q 的左边），此行内容就会右移 4 个字符的空间。有些编辑器，按一次 Tab 键是右移 2 个字符，或者可以设置移动几个字符。

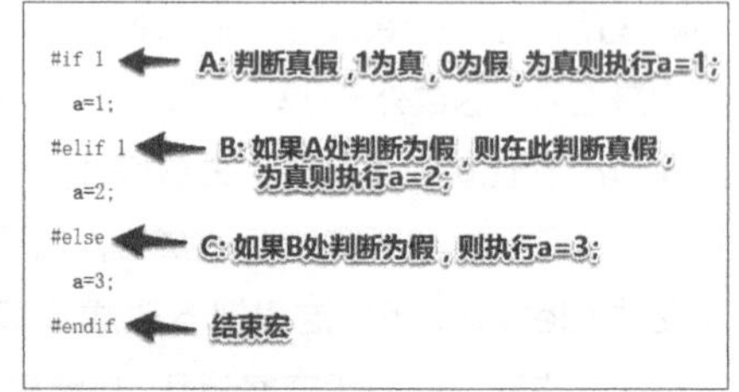

图 9.36　#if 宏定义的说明

在同一个大括号内的语句，在“;”（分号）后都要换行。

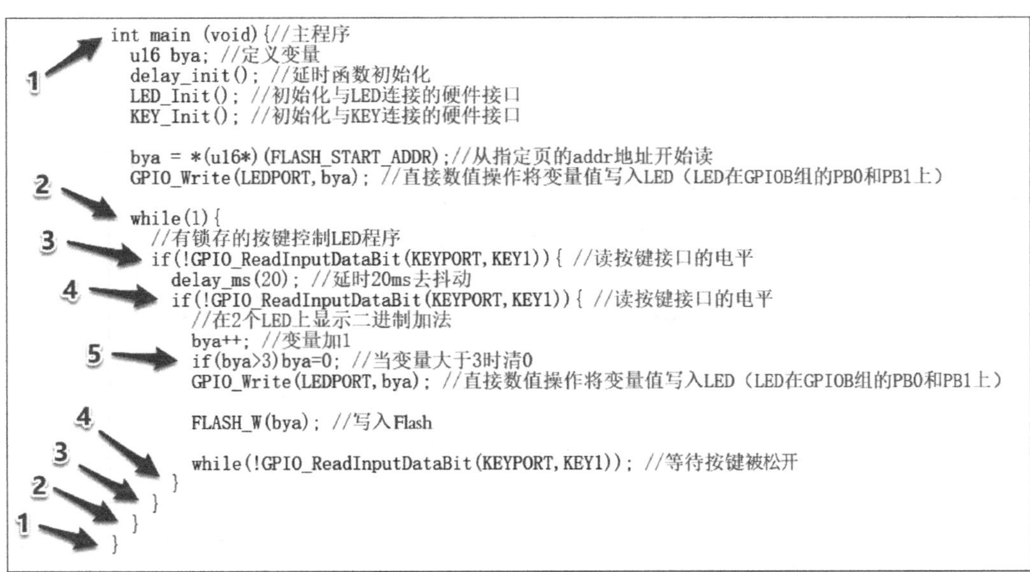

```
int main (void){//主程序
  u16 bya; //定义变量
  delay_init(); //延时函数初始化
  LED_Init(); //初始化与LED连接的硬件接口
  KEY_Init(); //初始化与KEY连接的硬件接口

  bya = *(u16*)(FLASH_START_ADDR);//从指定页的addr地址开始读
  GPIO_Write(LEDPORT,bya); //直接数值操作将变量值写入LED（LED在GPIOB组的PB0和PB1上）

  while(1){
    //有锁存的按键控制LED程序
    if(!GPIO_ReadInputDataBit(KEYPORT,KEY1)){ //读按键接口的电平
      delay_ms(20); //延时20ms去抖动
      if(!GPIO_ReadInputDataBit(KEYPORT,KEY1)){ //读按键接口的电平
        //在2个LED上显示二进制加法
        bya++; //变量加1
        if(bya>3)bya=0; //当变量大于3时清0
        GPIO_Write(LEDPORT,bya); //直接数值操作将变量值写入LED（LED在GPIOB组的PB0和PB1上）

        FLASH_W(bya); //写入Flash

        while(!GPIO_ReadInputDataBit(KEYPORT,KEY1)); //等待按键被松开
      }
    }
  }
}
```

图 9.37 一段程序中的缩进格式

也就是说，同一个大括号中语句的缩进都是对齐的。使用 Tab 键向右缩进，使用 Shift+Tab 键向左缩进，在编写程序的过程中就要同时把缩进关系排版好。

图 9.37 所示是一段程序中 main 函数的部分，我把同一个缩进对齐的语句用相同的数字标注出来。其中 1 是 mian 函数，由于它是最外边的函数体，所以它的缩进是顶格的（在最左边无空格）。再看程序最后一行的“}”（大括号括回），这是属于 main 函数体的大括号，所以这个括号也要顶格，与第 1 行的 main 函数对齐，它们之间的内容都不能顶格了。从程序的第 2 行开始，下面几行都是缩进 1 个单位的，直到标注 2 的位置进入了 while 语句。while 语句结束在倒数第 2 行的“}”，所以它们是属于同一缩进对齐的。在它们之间的内容又要向里缩进一个单位。里面还会遇见带大括号的语句，缩进方法以此类推。

每一条程序的右边都可以紧挨着写上注释，如果想对下方一大段程序进行整体注释，可以在程序上方单独用一行注释，它的缩进同下方程序。如果遇见某一条或几条特别重要的程序，可以在它们的上、下方加空行，这样会引起观看者的注意，从而分清程序的结构和轻重等级。

以上我所说的重点，在图 9.37 中都有体现，在今后阅读别人写的程序时，也要注意他是如何排版的，如果有好的方法，你可以借鉴。排版的优劣不会影响程序的执行效果，但能看出一个程序员对编程的态度。

9.13 辅助工具

Keil 软件的编辑器为开发者提供了很多辅助工具，让开发过程更方便、更快捷。开发辅助工具主要集成在工具栏和编辑菜单中。最常用的当然是“undo”（撤销）和“redo”（重做），如图 9.38 所示。当你发现程序写错了，想回到之前的状态可以用 undo；改回去后突然发现刚才没有写错，就再用 redo 改过来。另

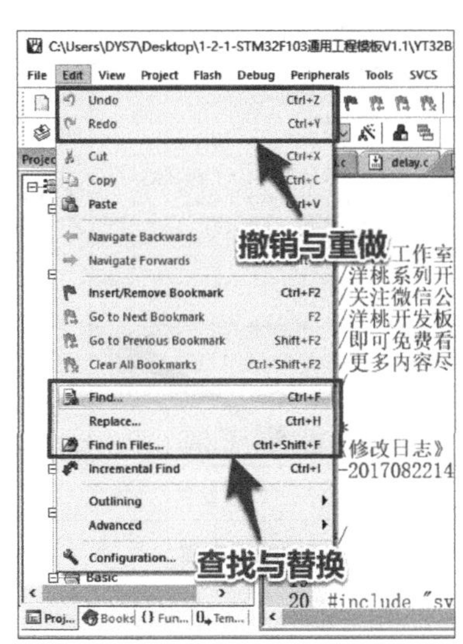

图 9.38 撤销与重做、查找与替换

外，当程序多达成千上万行时，你会发现找到其中一行变得特别困难，这时你可以使用“Find”（查找）、“Replace”（替换）、“Find in Files”（在文件中查找）这 3 个工具，给出你记忆中的函数名、变量名或参数，就能快速跳转到想找之处，也能替换、修改。

但是新的问题又来了，如果想在几段程序之间反复跳转，用查找工具还是不方便，这时你可以试试标记工具。如图 9.39 所示，在 KEIL 工具栏上有 4 个图标，这是标记工具，第一个是创建标记，第二个是跳转到上一个标记，第三个是跳转到下一个标记，第四个是删除标记。想创建标记时，把鼠标指针放在那一行上，并单击创建标记图标，就会在这一行的左边产生一个标记。程序中允许创建任意多个标记，然后单击第二个、第三个图标，就可以在多个标记之间跳转了。

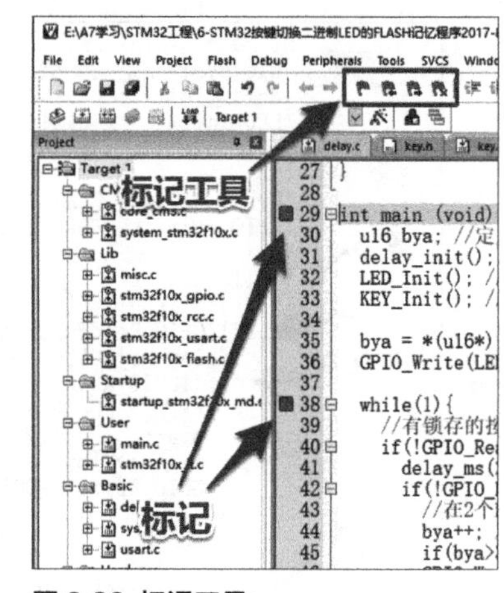

图 9.39 标记工具

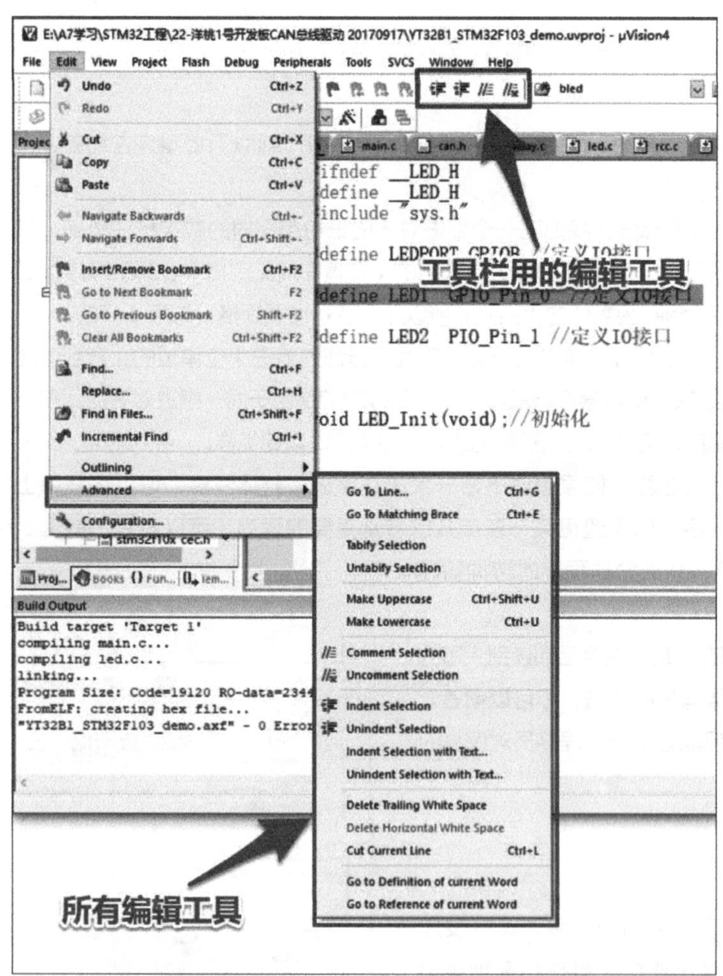

图 9.40 常用的编辑工具

接下来比较常用的是缩进工具和注释工具。如图 9.40 所示，在 Keil 窗口上方的工具栏中可以找到 4 个小图标，第一个是向右缩进，第二个是向左缩进，第三个是将选中的行改成注释，第四个是将注释改成程序正文。这 4 个工具都是为大段程序操作而设计的，当你想对多行程序进行操作时，先拖动鼠标选中多行，再单击工具图标，即可完成整体操作。除了这 4 个最常用的图标，在“Edit”（编辑）菜单里面的“Advanced”（高级）下面，还有很多辅助工具，你可以试着使用它们。

还有一些不常用的功能，这里就不介绍了，有兴趣的朋友自行研究吧。

第 22 步

10 固件库的调用

我们安装好了固件库，也知道固件库当中都有哪些文件，下一步就是要知道固件库当中的文件是如何相互调用、相互协作来完成单片机程序运行的。只有从原理上知道了文件之间的调用关系，才能够在今后遇到问题时，从根本上发现问题、解决问题。在这一步中，我们会用到一个新的文件，大家可以在 ST 公司官方网站上或者通过百度搜索找到“STM32F103xx 固件函数库用户手册”（中文）。这个文件就是函数库的说明文档。它介绍了 ST 公司为 F103 这款芯片都提供了怎样的函数、每一个函数都起到什么作用。

10.1 工程中的文件和固件库函数

我们来回看之前建立的 YTS 工程文档，这一步要介绍工程文档中的这些文件是如何相互调用的。所有扩展名是“.c”的文件都是用 C 语言编写的文件，而扩展名是“.s”的文件是用汇编语言编写的文件。在整个工程中，只有 Startup 文件夹中的文件是用汇编语言编写的，主要是单片机的启动代码，而单片机启动之后，所有的运行文件都是用 C 语言编写的。

其中 core_cm3.c 文件所存放的是 Crotex-M3 内核相关的程序。双击打开文件，我们可以看到这个文件中是一些跟汇编语言关系很紧密的一些程序，这里我们先不需要学习。接下来看 system_stm32f10x.c 文件，这里面主要是联系到 STM32F103 以及其他单片机与内核相关的部分，包括外部时钟、内部时钟的相关设置以及频率，这部分我们暂时也不需要考虑。

接下来就是 lib 文件夹中的文件。这些文件主要是 STM32F103 单片机的内部功能相关的底层驱动文件。其中第一个是 msc.c，这里面的程序主要是中断向量控制器的驱动程序。下面是 stm32f10x_adc.c 文件，这是 ADC 模数转换功能的库文件驱动程序，这里面都是对 ADC 功能的寄存器地址定义和底层驱动函数，这些函数就是我们未来使用这个功能时所需要调用的库函数。比如文件中一个名为 ADC_DeInit 的函数，它是 ADC 功能的初始化函数。在你想使用 ADC 功能时，首先需要调用这个函数对 ADC 功能初始化，初始化的意思是启动这个功能。同理，我们可以在 lib 文件夹里面看到所有的单片机内部功能相关的驱动程序。stm32f10x_bkp.c 是电池驱动的备用寄存器驱动程序，stm32f10x_can.c 是总线驱动程序。全部的文件说明如表 10.1 所示。我们之前讲过的内部功能，在 lib 文件夹中都能找到对应的驱动程序文件。

那么我们如何学习这些文件，如何知道文件中都有什么函数，它们都起什么作用呢？我们需要打开“STM32F103XX 固件函数库用户手册”，在目录中可以看到每一章节都对应着某一个功能的具体介绍（见图 10.1）。比如在“4.2 ADC 库函数”

图 10.1 目录部分

表 10.1　固件库文件说明表

功能缩写	库文件	功能描述
ADC	stm32f10x_adc.c	模数转换器
BKP	stm32f10x_bkp.c	备份寄存器
CAN	stm32f10x_can.c	控制器局域网模块
CEC	stm32f10x_cec.c	消费性电子产品控制
CRC	stm32f10x_crc.c	循环冗余校验
DAC	stm32f10x_dac.c	数模转换器
DBG	stm32f10x_dbgmcu.c	仿真调试
DMA	stm32f10x_dma.c	直接内存存取控制器
EXTI	stm32f10x_exti.c	外部中断事件控制器
FLASH	stm32f10x_flash.c	闪存
FSMC	stm32f10x_fsmc.c	灵活的静态存储控制器
GPIO	stm32f10x_gpio.c	通用输入输出
I2C	stm32f10x_i2c.c	内部集成电路
IWDG	stm32f10x_iwdg.c	独立看门狗
PWR	stm32f10x_pwr.c	电源 / 功耗控制
RCC	stm32f10x_rcc.c	复位与时钟控制器
RTC	stm32f10x_rtc.c	实时时钟
SDIO	stm32f10x_sdio.c	SD 卡通信接口
SPI	stm32f10x_spi.c	串行外设接口
TIM	stm32f10x_tim.c	通用定时器（含高级定时器 TIM1）
USART	stm32f10x_usart.c	通用同步 / 异步接收 / 发射端
WWDG	stm32f10x_wwdg.c	窗口看门狗
SysTick	misc.c	系统嘀嗒定时器
NVIC	misc.c	嵌套中断向量列表控制器

下边的每个小节都对应着一个功能函数。我们只要用鼠标单击对应的目录，就可以跳转到对应的函数说明。这里包含了对所有函数内容的概述，每一个函数是如何调用的、功能是什么、有哪些参数、有哪些返回值都会一一列出。

图 10.2 所示是第 120 页某一具体功能（GPIO 功能）的总体介绍。图 10.3 所示是该功能涉及的函数列表。图 10.4 所示是对某一个具体函数的介绍。

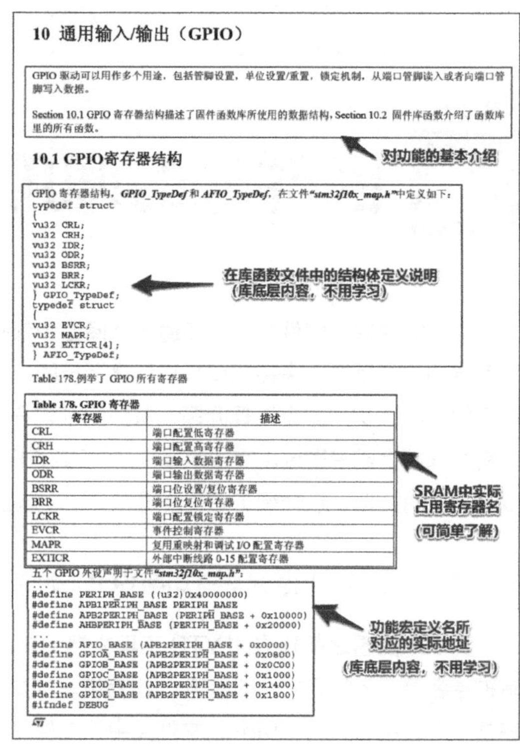

10 通用输入/输出（GPIO）

GPIO 驱动可以用作多个用途，包括管脚设置，单位设置/重置，锁定机制，从端口管脚读入或者向端口管脚写入数据。

Section 10.1 GPIO 寄存器结构描述了固件函数库所使用的数据结构，Section 10.2 固件库函数介绍了函数库里的所有函数。

10.1 GPIO寄存器结构

GPIO 寄存器结构，*GPIO_TypeDef* 和 *AFIO_TypeDef*，在文件"*stm32f10x_map.h*"中定义如下：

```
typedef struct
{
vu32 CRL;
vu32 CRH;
vu32 IDR;
vu32 ODR;
vu32 BSRR;
vu32 BRR;
vu32 LCKR;
} GPIO_TypeDef;
typedef struct
{
vu32 EVCR;
vu32 MAPR;
vu32 EXTICR[4];
} AFIO_TypeDef;
```

Table 178.例举了 GPIO 所有寄存器

Table 178. GPIO 寄存器

寄存器	描述
CRL	端口配置低寄存器
CRH	端口配置高寄存器
IDR	端口输入数据寄存器
ODR	端口输出数据寄存器
BSRR	端口位设置/复位寄存器
BRR	端口位复位寄存器
LCKR	端口配置锁定寄存器
EVCR	事件控制寄存器
MAPR	复用重映射和调试 I/O 配置寄存器
EXTICR	外部中断线路 0-15 配置寄存器

五个 GPIO 外设声明于文件"*stm32f10x_map.h*"：

```
...
#define PERIPH_BASE ((u32)0x40000000)
#define APB1PERIPH_BASE PERIPH_BASE
#define APB2PERIPH_BASE (PERIPH_BASE + 0x10000)
#define AHBPERIPH_BASE (PERIPH_BASE + 0x20000)
...
#define AFIO_BASE (APB2PERIPH_BASE + 0x0000)
#define GPIOA_BASE (APB2PERIPH_BASE + 0x0800)
#define GPIOB_BASE (APB2PERIPH_BASE + 0x0C00)
#define GPIOC_BASE (APB2PERIPH_BASE + 0x1000)
#define GPIOD_BASE (APB2PERIPH_BASE + 0x1400)
#define GPIOE_BASE (APB2PERIPH_BASE + 0x1800)
#ifndef DEBUG
```


图 10.2 功能的总体介绍

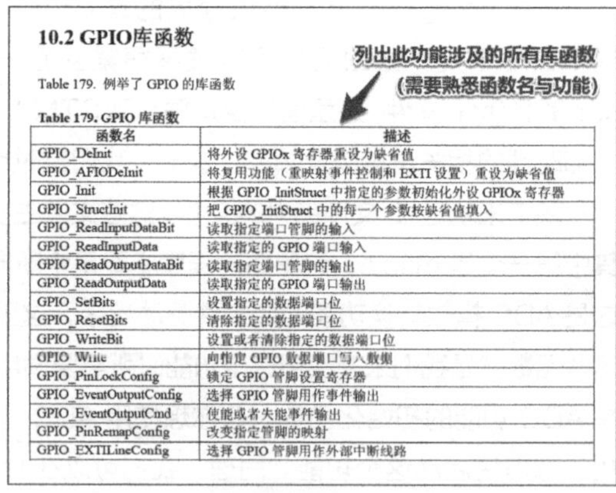

10.2 GPIO库函数

Table 179. 例举了 GPIO 的库函数

Table 179. GPIO 库函数

函数名	描述
GPIO_DeInit	将外设 GPIOx 寄存器重设为缺省值
GPIO_AFIODeInit	将复用功能（重映射事件控制和 EXTI 设置）重设为缺省值
GPIO_Init	根据 GPIO_InitStruct 中指定的参数初始化外设 GPIOx 寄存器
GPIO_StructInit	把 GPIO_InitStruct 中的每一个参数按缺省值填入
GPIO_ReadInputDataBit	读取指定端口管脚的输入
GPIO_ReadInputData	读取指定的 GPIO 端口输入
GPIO_ReadOutputDataBit	读取指定端口管脚的输出
GPIO_ReadOutputData	读取指定的 GPIO 端口输出
GPIO_SetBits	设置指定的数据端口位
GPIO_ResetBits	清除指定的数据端口位
GPIO_WriteBit	设置或者清除指定的数据端口位
GPIO_Write	向指定 GPIO 数据端口写入数据
GPIO_PinLockConfig	锁定 GPIO 管脚设置寄存器
GPIO_EventOutputConfig	选择 GPIO 管脚用作事件输出
GPIO_EventOutputCmd	使能或者失能事件输出
GPIO_PinRemapConfig	改变指定管脚的映射
GPIO_EXTILineConfig	选择 GPIO 管脚用作外部中断线路

图 10.3 功能涉及的函数列表

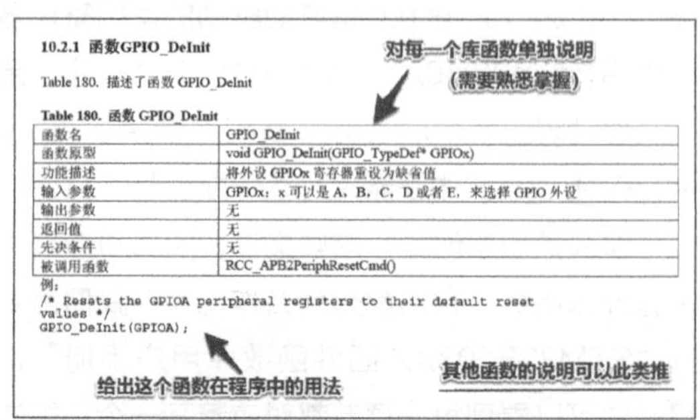

10.2.1 函数GPIO_DeInit

Table 180. 描述了函数 GPIO_DeInit

Table 180. 函数 GPIO_DeInit

函数名	GPIO_DeInit
函数原型	void GPIO_DeInit(GPIO_TypeDef* GPIOx)
功能描述	将外设 GPIOx 寄存器重设为缺省值
输入参数	GPIOx：x 可以是 A，B，C，D 或者 E，来选择 GPIO 外设
输出参数	无
返回值	无
先决条件	无
被调用函数	RCC_APB2PeriphResetCmd()

例：

```
/* Resets the GPIOA peripheral registers to their default reset
values */
GPIO_DeInit(GPIOA);
```


图 10.4 具体函数的介绍

未来我们需要使用函数库来实现各种功能，那么参考固件库使用说明就非常重要，大家需要认真浏览一遍，熟悉其中的结构和内容，这对于后续的学习很有帮助。阅读中你会发现目录中的内容与 lib 文件夹中的“stm32f10x_xxx.c”文件，名称的后缀有着一一对应关系。比如 GPIO 功能可以找到 GPIO 函数库，在 Keil 工程 lib 文件夹里的文件内容你也可以找到同样的函数名，比如工程文件内容中的 GPIO_DeInit 函数和文档中第 123 页的 GPIO_DeInit 函数说明是对应的，文档中有对这个函数的解释。每一个库函数具体的执行内容，用户是不需要了解的，因为这是 ST 公司事先封装好的一些内容，就是为了让用户不去考虑这些底层的操作，而专心于上层应用的编写。工程中的这些库文件都是不允许用户修改的，只有 User 文件夹中的文件才允许用户编写。

main.c 文件是我们要编写的程序所存放的位置。在 main.c 文件中有一个 main 函数，就是我们常说的主程序。今后要编写的用户程序都要放在这里。而和 main 函数放在同一个文件夹中的还有 stm32f10x_it.c 文件，这个文件用来处理单片机运行过程中的一些错误，比如硬件读取错误、信息错误、总线通信错误等。目前这些函数中的内容都是空的，我们暂时不需要考虑。未来我们只要在 main 函数中编写自己的程序，然后在其中不断地调用 lib 文件夹中的 stm32f10x_xxx.c 文件，也就是封装好的函数库即可，这样可以大大降低开发难度。

图 10.5 所示是 Keil 软件左侧的工程窗口，在工程文件的左侧都有一个加号图标，用鼠标单击加号，展开之后所列出的就是这个 .c 文件所涉及的所有 .h 库文件。这些库文件主要是对 .c 文件所涉及的内容进行调用前的声明。大家可以看到这里面有 stm32f10x_adc.h，还有 stm32f10x_can.h 等，都是每一个功能对应的 .h 库文件，双击文件打开就能看到里面内容。其实 .h 文件也是用 C 语言编写的，只是里面没有函数，只有对函数的声明或是对一些变量和接口的宏定义。再看下边，这里有对 ADC 功能设计的库函数的一些声明，这些声明就使得 main.c 文件里可以调用 adc.c 文件里的这些函数，所以 main.c 文件和其他的库文件之间是通过每个 .c 文件所配套的 .h 文件相关联的。

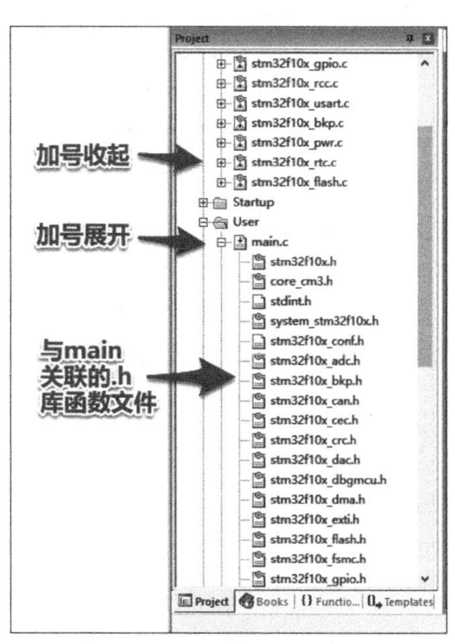

图 10.5 Keil 4 工程窗口

而 main 函数最开始的“#include”则是调用了 stm32f10x.h 文件，这个文件很重要，里面存放着对所有 STM32F103 单片机所涉及的功能配置寄存器的地址定义，如图 10.6 所示，使用 #define 宏指令把地址数据（右侧）定义为易记的单词。如用“FLASH_BASE”这个名称来代替 Flash 存储的起始地址 0x08000000，英文单词比数字更容易记忆和使用。通过这样的定义，我们在程序中就能通过名称来操作地址。

```
#define FLASH_BASE            ((uint32_t)0x08000000) /*!< FLASH ba
#define SRAM_BASE             ((uint32_t)0x20000000) /*!< SRAM bas
#define PERIPH_BASE           ((uint32_t)0x40000000) /*!< Periphera

#define SRAM_BB_BASE          ((uint32_t)0x22000000) /*!< SRAM bas
#define PERIPH_BB_BASE        ((uint32_t)0x42000000) /*!< Periphera

#define FSMC_R_BASE           ((uint32_t)0xA0000000) /*!< FSMC reg

/*!< Peripheral memory map */
#define APB1PERIPH_BASE       PERIPH_BASE
#define APB2PERIPH_BASE       (PERIPH_BASE + 0x10000)
#define AHBPERIPH_BASE        (PERIPH_BASE + 0x20000)

#define TIM2_BASE             (APB1PERIPH_BASE + 0x0000)
#define TIM3_BASE             (APB1PERIPH_BASE + 0x0400)
#define TIM4_BASE             (APB1PERIPH_BASE + 0x0800)
#define TIM5_BASE             (APB1PERIPH_BASE + 0x0C00)
#define TIM6_BASE             (APB1PERIPH_BASE + 0x1000)
#define TIM7_BASE             (APB1PERIPH_BASE + 0x1400)
#define TIM12_BASE            (APB1PERIPH_BASE + 0x1800)
#define TIM13_BASE            (APB1PERIPH_BASE + 0x1C00)
```

图 10.6 stm32f10x.h 文件中的宏定义

另外，stm32f10x.h 文件里还调用了几个重要的库文件（见图 10.7），它们是 core_cm3.h（ARM 内核配置库文件）、system_stm32f10x.h（STM32F10x 芯片配置库文件）和 stdint.h（C 语言编译标准库文件）。这些文件进一步定义和设置了 ARM 内核和 F10x 系列单片机的最底层选项。而在这几个库文件中还会再引用其他库文件，这个结构比较复杂，初学者不需要深究。我们只要知道 stm32f10x.h 文件将关于底层的一切内容都定义和设置好了，用户直接在 main.c 文件的开始处引用这个文件，然后在 main 函数里编写自己的程序就好了。用户可通过这些定义名称来操作对应的寄存器地址，同时也可以在 main 主函数里面直接调用 lib 文件夹中的库函数。比如我们要操作 ADC 功能，只要调用 stm32f10x_adc.h 和 stm32f10x_adc.c 库函数，就可以直接进行设置和操作。我们今后的程序开发就是要学习各类功能库函数（ADC、DMA、I²C 等），了解它们都起什么作用，以及怎么调用这些函数。我们还要记住工程文档中的文件都存放在什么位置。

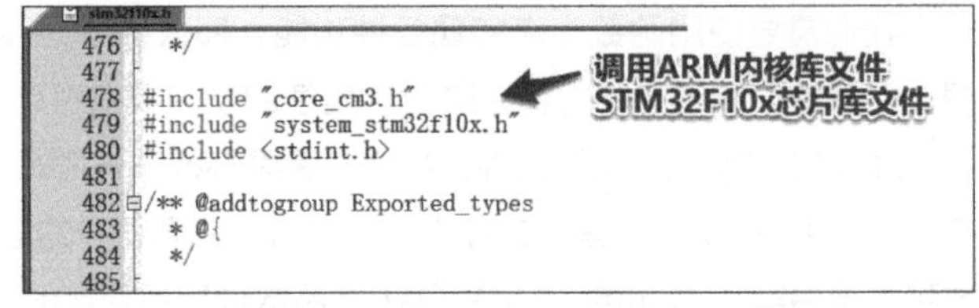

图 10.7 stm32f10x.h 文件里调用了几个重要的库文件

在 User 文件夹里，我们可以看到 main.c 文件和两个 .h 文件。lib 文件夹中有两个文件夹，SRC 文件夹中存放的是 .c 的库函数文件；INC 文件夹中存放的是各种库函数所对应的 .h 文件，里面是对各种库函数的声明，以方便其他库函数相互调用。这里需要注意：不是只有 main.c 文件才能调用这些功能固件库函数，固件库函数之间也是可以相互调用的。比如 adc.c 文件可使用 can.c 的库文件。STM32 的工程文件结构比较复杂，请一定熟练掌握每一个文件夹中的 .h 文件和 .c 文件，了解其中的内容，并探索出它们之间的调用关系，这样在今后的学习中才会更加顺畅。如果你觉得这些内容还是不容易理解也没有关系，暂时可以先不去理解它，等后面实际操作时，你会慢慢地体悟到其中的含义。

10.2　程序的执行顺序

以上介绍了组成一个工程的各种文件和固件库函数。它们在一个工程中是如何关联的，它们之间的调用关系又是怎样的？接下来我们就从单片机的运行顺序上、函数调用的关系上来分析一下函数的调用关系和程序的执行顺序。

我们先从最简单的函数层面上看，图 10.8 所示是函数层面上的程序执行顺序和函数调用关系，从中可以看出单片机程序开始于startup_stm32f10x_md.s 文件。

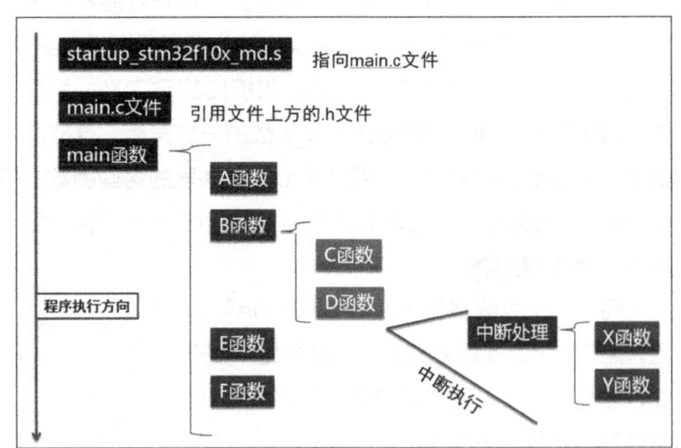

图 10.8 程序执行顺序

为什么是从这个文件开始呢？这和编译器的设置有关，在 Keil 软件上使用 MDK（ARM 内核编译器）就是规定从 startup_stm32f10x_md.s 这个汇编语言文件开始。这个文件会对单片机启动时的设置及需要使用的寄存器进行设置，确定单片机使用什么样的工作模式、ARM 内核的基本工作方式、以哪个时钟源作为系统时钟、Flash 和 RAM 的地址映射关系、C 语言程序的起始位置等。总之就是把单片机开始工作之前所需要的最基础的选项设置好，这有点像设置 PC 中的 BIOS，只有 BIOS 设置正确了才能运行操作系统。ST 公司给每个系列的单片机提供的标准的 startup_stm32f10x_md.s 启动文件一般不需要用户修改，我们在安装固件库时就已经把它加入工程中了。startup_stm32f10x_md.s 启动文件会在设置好基础选项之后，将程序转向 main.c 文件。正是因为这一点，我们才需要在每个工程中都要有 main.c 文件。

main.c 文件中会有关于这个程序的说明，比如程序名称、编写人、编写时间等，它们以注释信息的方式呈现，并不参与程序运行。接着是用“#include”引入各种库文件，这些库文件是在下边 main 函数开始执行之前事先准备好的，也就是先让编译器知道在 main 函数中会有哪些函数被调用（函数声明），有哪些宏定义，又有哪些固件库会被用到。这些内容不是单片机要在启动文件之后马上执行的程序内容，而只是单纯地给编译器“通知”，让编译器在开始编译 main 函数时，不会出现没见过的函数名、不知道的宏定义。如果你在开发中发现编译失败，报错信息是不能识别某个宏定义或函数名，多半是你没有在 main 函数上方引用相关的库文件。现在我们知道 main 函数上方的“#include”引用如此重要，又因为引用是在 main 函数的“上头”，所以业内人士习惯把引用的文件叫“头文件”。

当编译器“通读”了一遍头文件之后，接下来正式开始编译程序执行的部分，就是 main 函数。startup_stm32f10x_md.s 文件中的内容也会让单片机开始执行一些工作，但是工作的内容只是简单地改变关键寄存器中的数值，既不操作 GPIO 端口也不操作 ADC、DMA、USART 等功能。也可粗略地理解为在 main 函数之前的内容没有让单片机执行程序，只有在 main 函数之内，才真正让单片机开始工作。

main 函数里的内容可以由用户自由编写，可以直接操作底层寄存器（不推荐），也可以调用自己写的应用函数，或者调用固件库函数。具体如何编写全凭你喜欢。但是单片机开发存在了这么多年，行业前辈早就总结出一套高效、系统的编写方法，就是把每一个独立的功能封装成函数。由于这个函数是我们自己写的，所以又被称为用户函数或应用函数。用户函数之间可以相互调用，也可以调用固件库函数。如图 10.8 所示，在 main 函数中程序从 A 函数开始执行，然后执行到 B 函数，B 函数中调用了 C 函数和 D 函数，然后继续执行 E 和 F 函数。执行路线非常清晰。另外，单片机还有一个中断功能，它能让单片机中止执行当前的程序，跳转到一个独立的中断处理函数去执行其中的内容。中断处理函数也可以调用用户函数。在中断处理函数执行结束后，程序又会跳回原来中止的地方继续执行。单片机允许无限次中断。

好了，把以上介绍的内容再拆分一下，就会变成图 10.9 所示的内容。程序从启动文件开始，到头文件再到 main 函数，最后是用户函数（子函数）。问题的关键是分清楚哪些是程序执行部分，哪些是编译器编译的部分。编译过程是在 Keil 软件里完成的，包括了预知函数声明和宏定义，也包括程序执行的部分。在整个程序执行区域之外，还有一个 stm32f10x_it.c 文件，文件中包含着多个很特别的中断处理函数。用户可以在这些中断函数中写上想处理的内容，但是一般情况下可以不用写。图 10.10 所示是在文件调用层面上更详细的说明。其中的 stm32f10x.h 和 adc.h 是头文件，adc.c 是用

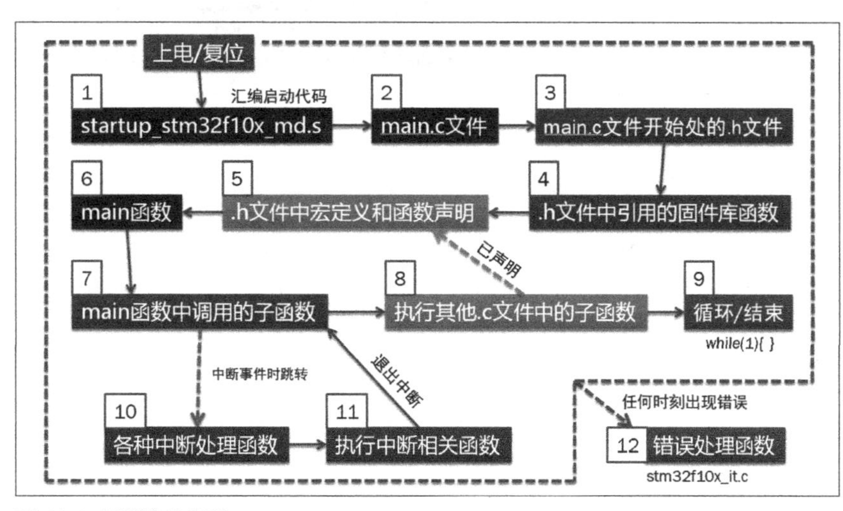

图 10.9 函数连接关系

户函数文件。这里需要区分哪些是固件库文件，哪些是用户编写的文件。有一个简单方法就是看注释信息，如果一个文件的注释是英文则是固件库文件，如果是中文则是由其他人编写的用户函数文件（adc.c）。在我给出的示例程序的工程里，已经写好了相应功能的用户函数文件（如 adc.c、adc.h），这些用户函数文件现在属于你了，你可以直接拿来使用。如果我的示例里没有你想要的用户函数文件，那就需要你在网上搜索或者自己参考资料，然后按要求自己编写用户函数并整理成文件。

这一节讲固件库的调用，要理解固件库在整个工程中的调用关系，就得先理解程序的执行顺序和引用关系。下一节我们在工程中加入工程文件，其实就是加入用户函数文件。只有固件库函数和用户函数相互配合，才能构建出一个完整的工程。

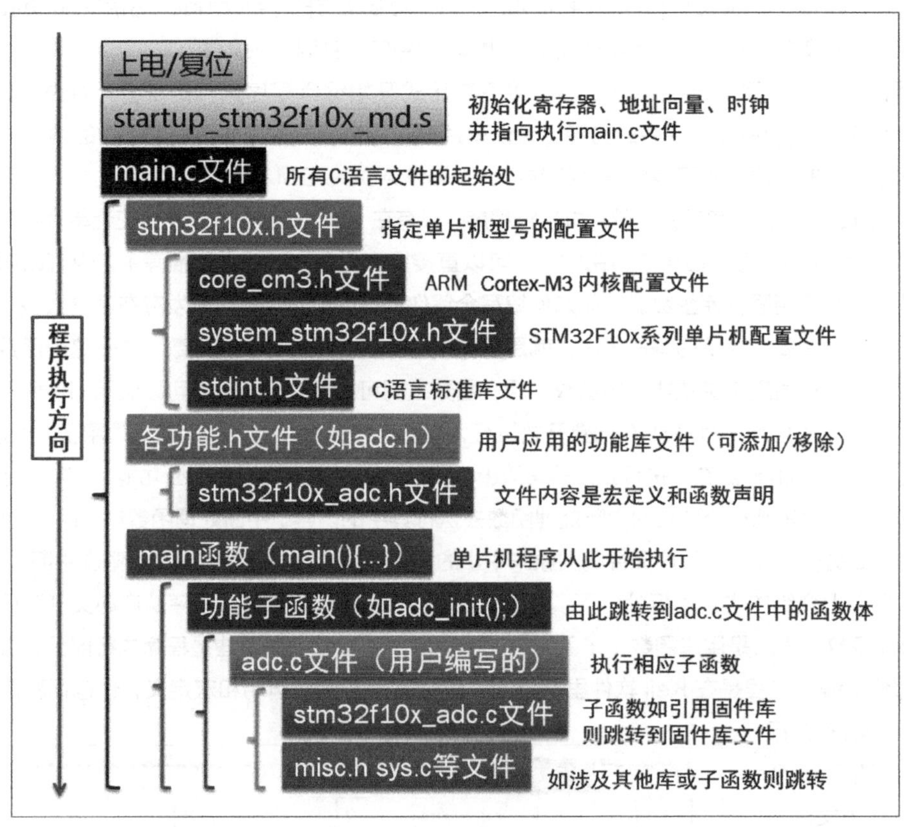

图 10.10 程序执行过程说明

11 添加工程文件

11.1 驱动程序文件的意义

添加好了固件库函数，我们就能在自己的程序里调用固件库函数，让单片机按我们的需要工作了。但新的问题又出现了，那就是如何写“自己的程序”。解决这个问题可不是简单地想一想就行了，需要深谋远虑。我们不仅要让编写程序简单，还要想到未来当程序越来越大、越来越复杂时，如何让程序条理清晰、层次分明。幸好单片机发展到今天已经成熟，前辈们总结出了经验供我们使用。如图 11.1 所示，自己的程序（即用户程序）有两种编写方式。

方式 1 是把所有的用户程序都写在 main 函数里，由 main 函数直接调用固件库函数，这是二层结构。图 11.2 所示是以方式 1 编写的程序，其中左侧的工程文件树只有固件库文件夹和 main.c 文件。在 main 函数里面直接调用了固件库的 ADC 初始化函数 ADC_Init( )。方式 1 层次简单、直观易懂；缺点是层次单一，当代码数量很多时会显得混乱，也不方便移植。移植的意思是把一个程序段落放入另一个程序之中，使之与新的程序相匹配。就像器官移植需要血型、大小等匹配一样，程序移植也需要让被移植的程序具有通用的属性，只进行尽量小的改动便能放入新的程序中，而方式 1 的结构并不适合移植。

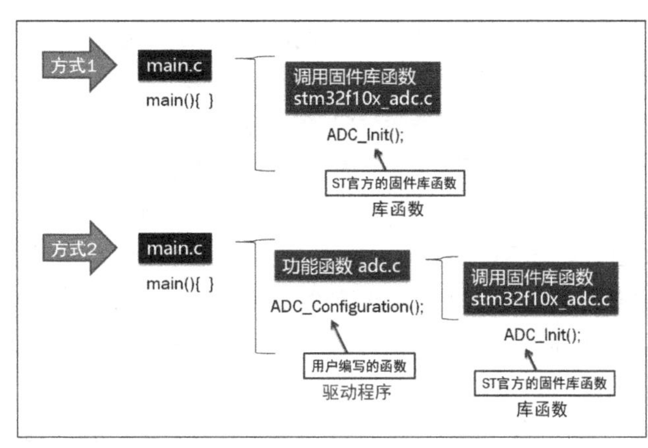

图 11.1 两种编写程序的方式

于是前辈们在 main 函数和固件库函数之间插入了一层功能函数，也称为功能驱动程序或驱动程序，如图 11.1 中的方式 2 所示。main 函数并不直接调用固件库函数，而是调用功能函数，由功能函数来调用固件库函数。在这样的结构下，某一个功能函数的内容只负责实现一个功能的初始化、输入、输出等，把同一功能的多个函数放在一个文件里面，就是功能驱动程序文件。比如最简单的 ADC 驱动程序文件里就可以包含 ADC初始化函数ADC_Configuration( )、ADC 数据读取函数，然后在 ADC 初始化

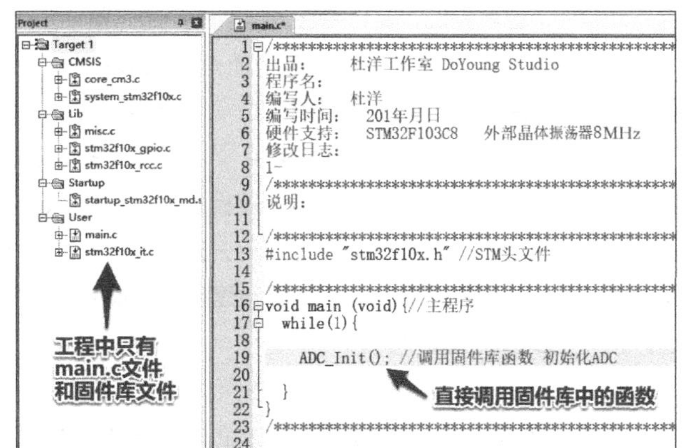

图 11.2 以方式 1 编写的程序，主函数直接调用固件库函数

函数里再去调用固件库的 ADC 初始化函数 ADC_Init( )。

表面上看方式 2 相比方式 1 似乎多此一举，但实际使用中你会受益无穷。比如当我们写好了某个功能的功能函数，就不再需要改动。我们只要在 main 函数里编写主程序，即什么时候调用哪个功能函数。如果主程序不变，某功能的硬件电路变了，我们只要修改电路对应的功能函数，而不需要修改 main 函数。总之，方式 2 把程序分为 3 层，上层 main 函数负责主程序，中层功能函数负责完成调用某一功能的固件库函数，底层固件库函数控制寄存器与硬件关联。图 11.3 所示是在文件管理层面上的 3 层结构划分，main 函数放在 main.c 文件里，main.c 文件在 User 文件夹中；各功能函数在各功能的文件（如 ADC.c 文件）里，各功能文件又放在各功能的文件夹（如 ADC 文件夹）里，各功能文件夹分别放在 Basic 和 Hardware 两个文件夹里；固件库的函数、文件、文件夹在安装时已经确定，不再赘述。以上就是理论层面上的程序结构，今后我们要以此结构编写程序。那么如何在空白工程里创建这样的结构呢?

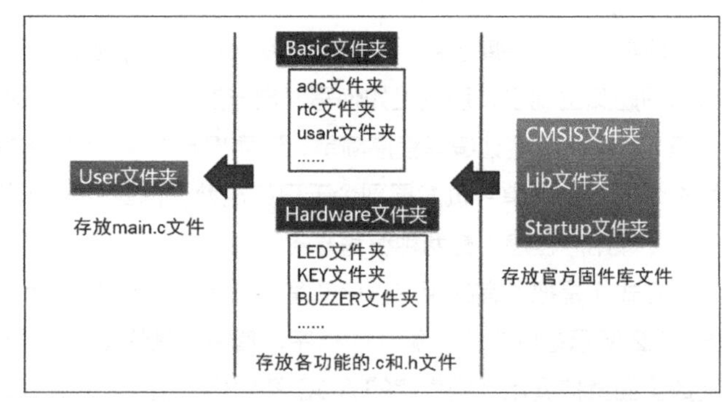

图 11.3 文件管理的 3 层结构

11.2 驱动程序文件的添加

配置好固件库只是建立整个项目工程的开始，接下来要在工程中加入底层硬件驱动程序以及用户应用程序。为了方便管理，我们会把这些硬件驱动程序分门别类放到不同的文件夹中。那么要如何添加这些文件，又如何有组织、系统地管理它们呢？理论上讲，固件库中的这些文件完全不需要建立 4 个文件夹分开存放，可以直接存放在工程文件的根目录下。之所以要建立这 4 个文件夹，完全是出于方便用户使用的考虑，因为固件库中的文件众多，如果不分门别类，在后续开发时可能会出现文件混乱，没有头绪的情况。如果未来在工程中添加了更多的驱动程序文件，那么查找和阅读起来也更加困难。这些文件夹的名字都是由用户自定义的，名字可以是任何英文与数字的组合。但是为了教学的统一，请尽量使用我定义的名字，这样在后续的学习中不至于因名字而产生混乱。

目前工程中的 4 个文件夹都存放固件库函数文件，只包含 STM32F103 单片机最底层功能的驱动程序。但我们现在有了自己的硬件——洋桃 1 号开发板（或你有自己的一套定制硬件），那么就要添加硬件对应的驱动程序。也就是说，要想完善工程，还要加入驱动程序文件。例如“以 4 种方式实现 LED 闪灯程序”的工程中不仅有 4 个固件库文件夹，还有 Basic 和 Hardware 两个文件夹，Basic 文件夹存放的是单片机底层的、最基础的、与最小系统相关、不涉及更多扩展电路部分的驱动程序，如 delay 延时、RTC 时钟、USART 串口等驱动程序。Hardware 文件夹存放的是与扩展硬件相关的驱动程序，这里有 LED 和 KEY 按键的驱动程序，对应着洋桃 1 号开发板上 LED 和按键的硬件。当然你也可以把 Basic 和 Hardware 中的文件放在一起，但我更倾向于把它们分开，Basic 存放的是最底层、最基础的程序，Hardware 存放的是根据不同硬件做不同修改的硬件驱动程序。当我们改用其他硬件电路时，只要在 Hardware 文件夹中修改，不需要改动其他文件夹。

如何在工程中添加这两个文件夹呢？方法很简单，就是在工程文件夹里创建两个文件夹（见图 11.4），在文件夹中再分别创建不同功能的子文件夹，再在每个子文件夹中新建两个文件：一个是 xx.c 文件，它包含此功能的 C 语言程序；另一个是 xx.h 文件，它包含此功能的宏定义、接口定义、函数声明。

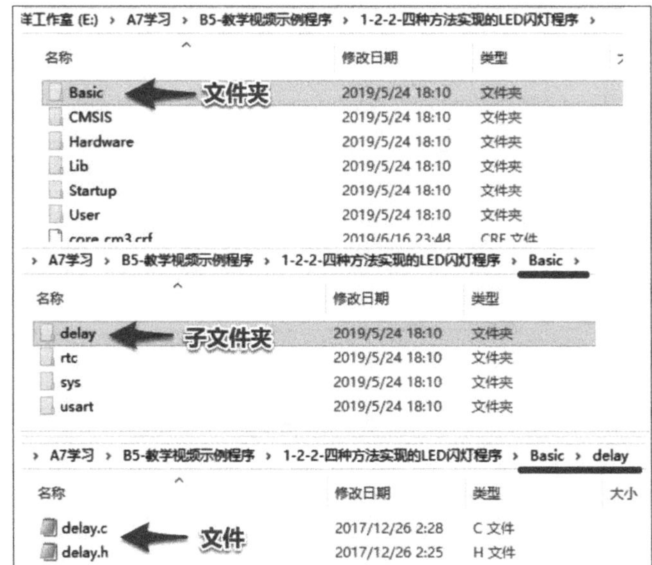

图 11.4 文件路径

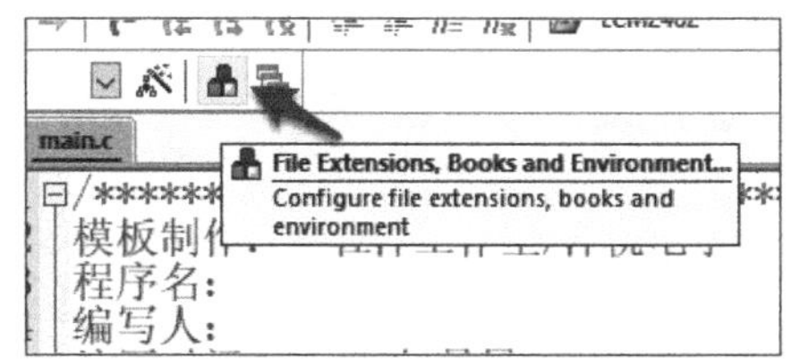

图 11.5 单击工具栏中 3 个小方块图标

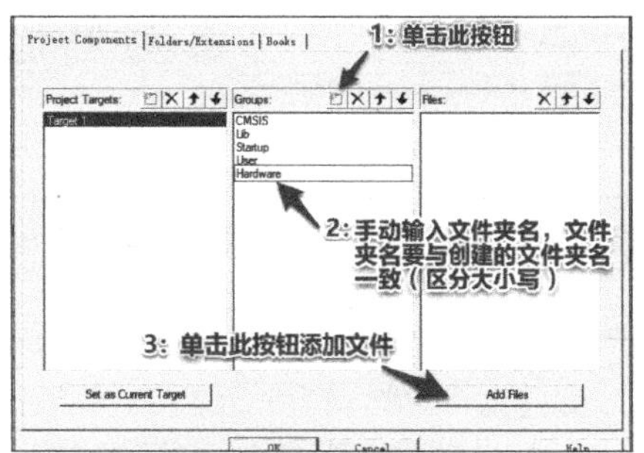

图 11.6 手动添加文件夹名称

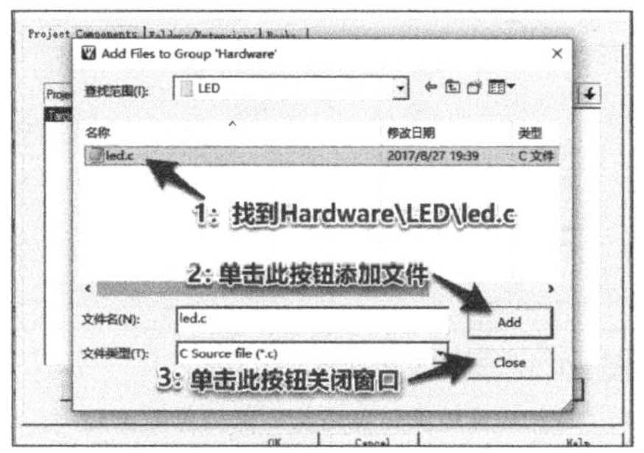

图 11.7 添加 led.c 文件

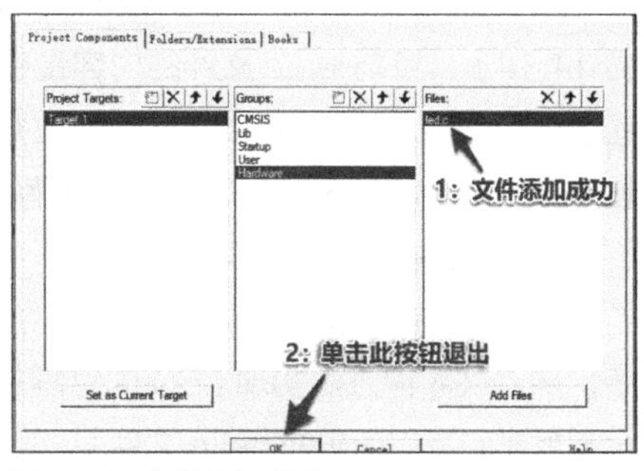

图 11.8 文件添加成功

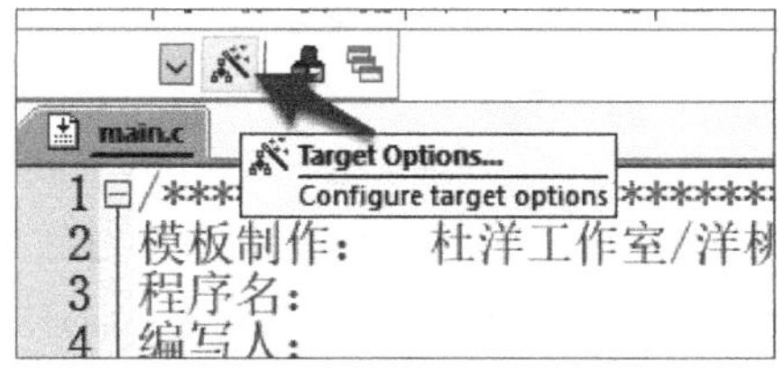

图 11.9 单击魔法棒图标

观察一下，你会发现，每个文件夹里都是这样的结构，文件夹里有子文件夹，子文件夹里有两个文件。这是驱动程序文件的常用管理方法。如果你还想添加其他功能的驱动程序，只要按照这个套路（结构）创建文件夹，然后在文件夹中创建两个文件（.c 和 .h）就可以了。关于如何新建文件夹和文件，这是计算机操作的常识，不再赘述。只需要注意新建文件时，先创建一个 txt 文本文件，然后修改文件名，同时将扩展名改成 .c 或 .h 即可。

刚才文件夹和文件只是在工程目录中进行了添加，并没有在 Keil 软件中添加，下一步要在 Keil 软件中添加。先单击工具栏中 3 个小方块图标（见图 11.5），在弹出的对话框中单击新建按钮，输入文件夹名“Hardware”，注意名称要跟我们刚才新建的文件夹名称一致，再单击下面的“Add Files”（添加文件）按钮（见图 11.6）。打开 Hardware 文件夹下的 LED 文件夹，选择 led.c 文件，单击“Add”（添加）按钮，再单击“Close”（关闭）按钮（见图 11.7）。在最右侧窗口里出现 led.c 即表示添加成功（见图 11.8）。

退回主界面后，接下来再单击魔法棒图标（见图 11.9）。在弹出的窗口中选择“C/C++”选项卡，在下边单击“…”按钮选择路径（见图 11.10）。在弹出的窗口中单击新建按钮，再单击“…”按钮（见图 11.11）。在弹出的文件夹中选择 Hardware 文件夹，点开左边的箭头再选择 LED 文件夹，再单击“确定”（见图 11.12）。添加成功

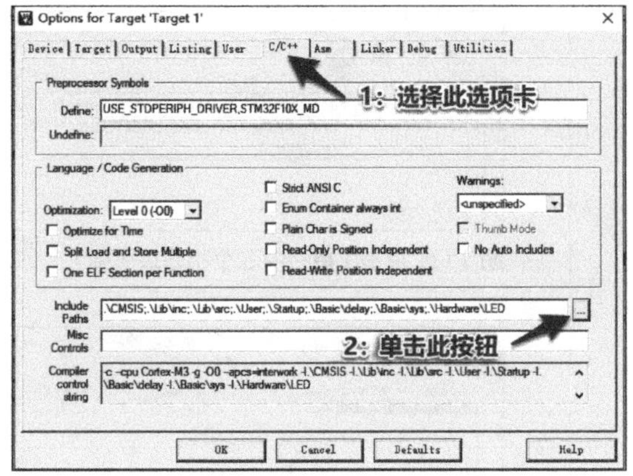

图 11.10 选择“C/C++”选项卡，单击“…”按钮

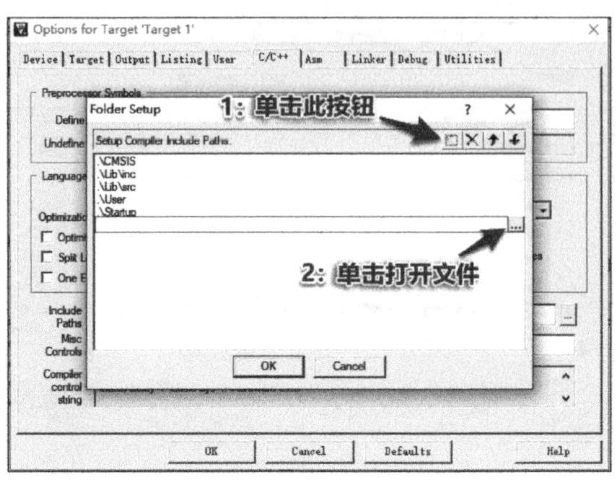

图 11.11 单击新建按钮，再单击“…”按钮

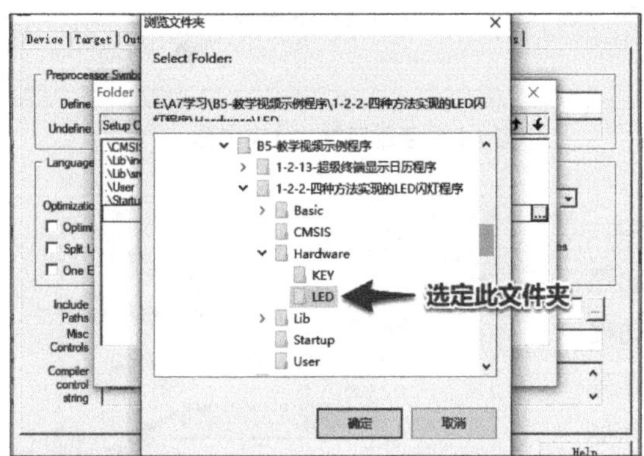

图 11.12 选择文件夹

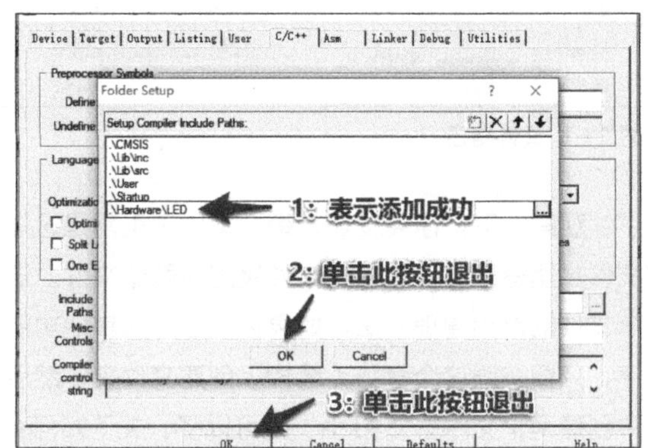

图 11.13 文件夹添加成功

如图 11.13 所示，单击“OK”退出。这时就能在工程文件树中看到 Hardware 文件夹，单击左侧的加号，里面是添加的 led.c 文件（见图 11.14）。目前 led.c 文件的内容是空白的，因为我们之前只是新建了空白文档，而且 led.c 文件的左边并没有像其他文件那样有一个加号图标，因为它还没有关联 led.h 文件。关联 led.h 文件需要在 led.c 文件的内容中添加一条语句。

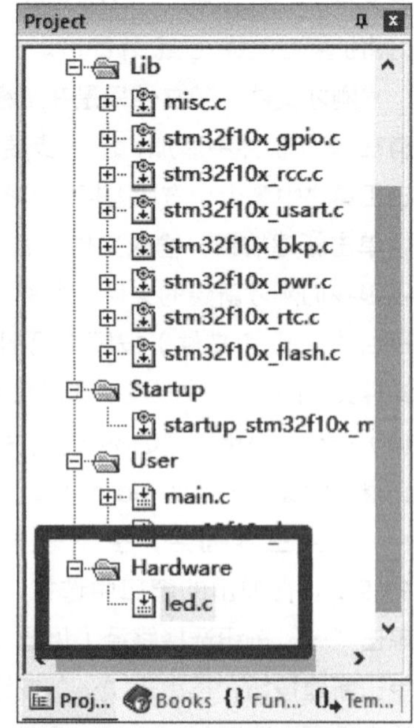
图 11.14 在工程文件树中看到 led.c 文件

由于现在还没有讲到程序的部分，所以请先找到我提供的示例程序，从“以 4 种方法实现 LED 闪灯程序”中把 led.c 文件中的内容全部复制到我们新建的 led.c 文件里。复制后来看程序中的 #include “led.h”这条语句（见图 11.15），其中双引号括着的文件名就是我们创建的 led.h 文件。这条语句的作用就是将 led.h 文件与 led.c 文件关联，当编译器读到这条语句时，会知道下面的内容需要关联一个叫 led.h 的文件。理解了这一点后，现在我们单击编译按钮重新编译。编译结束后，虽然编译并没有通过（因为 .h 文件里没有正确的内容），但能看到 led.c 前边有了加号图标，点开加号就能看到 led.h 在里面（见图 11.16），这表明编译器已经读到了这条语句并把 .h 文件关联了进来。

```
#include "led.h"        关联led.h文件

void LED_Init(void){ //LED灯的接口初始化
  GPIO_InitTypeDef  GPIO_InitStructure;
    RCC_APB2PeriphClockCmd(RCC_APB2Periph_GPIOA|RCC_APB2Periph_GPIOB|RCC_APB2Periph_GPIOC,ENABLE
    GPIO_InitStructure.GPIO_Pin = LED1 | LED2; //选择端口号（0~15或all）
    GPIO_InitStructure.GPIO_Mode = GPIO_Mode_Out_PP; //选择IO接口工作方式
    GPIO_InitStructure.GPIO_Speed = GPIO_Speed_50MHz; //设置IO接口速度（2/10/50MHz）
  GPIO_Init(LEDPORT, &GPIO_InitStructure);
}

/*********************************************************************************************
 * 杜洋工作室 www.DoYoung.net
 * 洋桃电子 www.DoYoung.net/YT
*********************************************************************************************/
```

图 11.15 将 led.h 文件与 led.c 文件关联

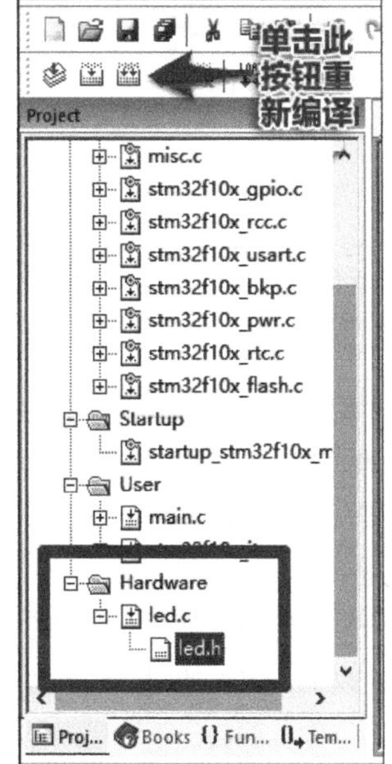

图 11.16 led.h 文件已与 led.c 文件关联

接下来双击打开 led.h 文件，它也是空白的。然后我们把示例程序中“以 4 种方法实现 LED 闪灯程序”里的 led.h 文件的内容全部复制过来。.h 文件的内容主要是引用的库文件说明、硬件电路相连接的端口号定义，还有 .c 文件中的函数声明。而 led.c 文件里面只存放函数，包括 LED 初始化程序等需要被主函数调用的函数。

这就是硬件驱动程序文件夹和文件的创建和添加方法，大家可以用同样的方法添加更多的驱动程序文件和文件夹。关于函数中各条语句的分析，我会在后面的章节中细讲。

11.3 工程中文件的移除

假设我们在工程中添加了很多驱动程序，当不再需要某个功能时，最好把相关的驱动程序从工程中移除，这可以减少工程的编译代码量，同时减少对单片机存储空间的占用。需要注意的是，移除不是删除，移除只说明 Keil 软件不再导入这个文件，文件仍然在文件夹内。

移除的方法很简单，就是添加方法的逆操作：在添加的窗口中选择你要移除的文件夹，然后单击移除按钮（见图 11.17、图 11.18）。你可以

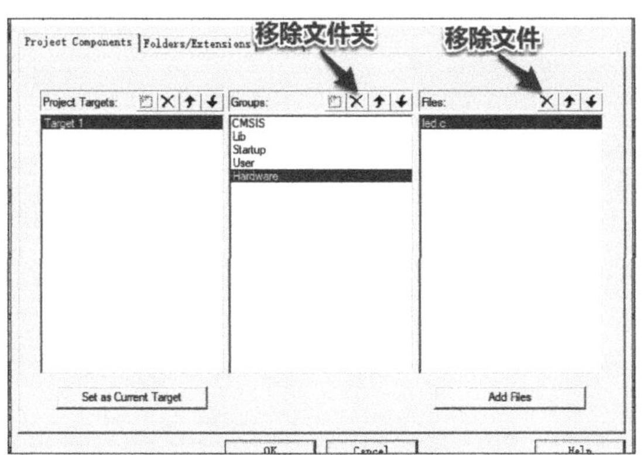

图 11.17 从工程中移除文件或文件夹

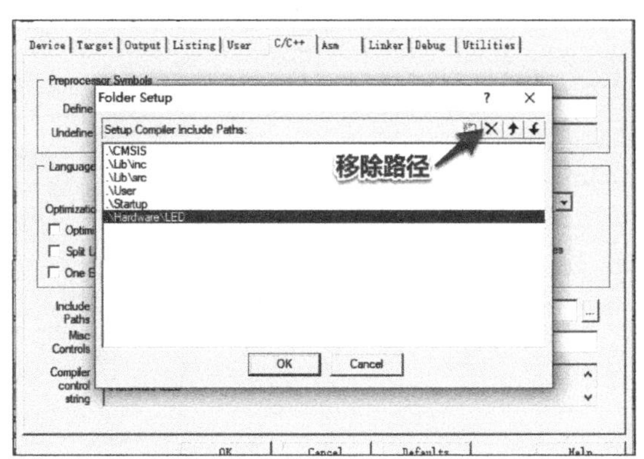

图 11.18 移除路径

选择移除文件，也可以移除整个文件夹（路径）。这时即使在你的工程文件夹中依然有功能驱动程序文件夹和文件，但是它并不会被 Keil 软件编译，更不会生成到 HEX 文件中，不会占用单片机的存储空间。

另外，lib 文件夹中有 STM32F10x 的底层驱动程序文件，这些文件涉及单片机内部所有功能，但是我们在开发中不会用到这么多功能。比如，当我们不使用 CAN 总线时，就可以把 CAN 总线的固件库文件从工程中移除，以减少代码的编译量。移除的方法是单击 3 个小方块图标，在弹出的窗口中选择“lib”文件夹，在后边的文件中选中不需要的文件，单击移除按钮（见图 11.19）。编译器下次就不会编译移除的文件了，你可以根据实际需要来添加或移除这些库文件。但是有些固件库文件是底层需要的，不能移除。如果初学者对文件的内容不是很了解，那么建议还是保留为好。另外，CMSAS 和 Startup 文件夹中的内容千万不要移除，不然会导致程序无法编译。

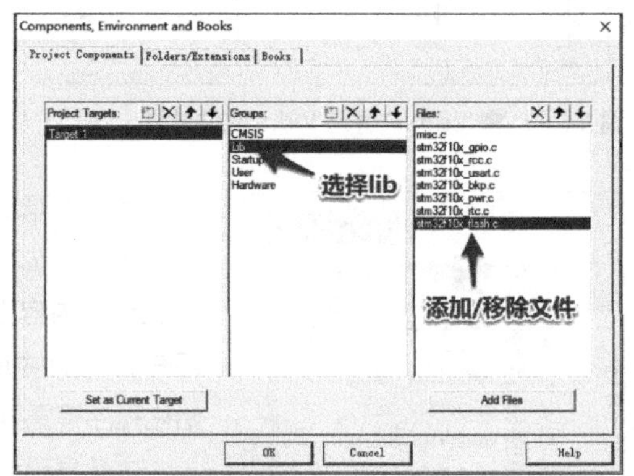

图 11.19 添加 / 移除文件

需要注意的是，你在完成以上操作时，不能只是机械地照做，而要去观察、思考，去理解“在 Keil 中添加文件”和“在文件夹中添加文件”的关系、“文件夹里的固件库文件”和“驱动程序文件”之间的关“.c 文件”和“.h 文件”的关系、“main.c 文件”和“固件库文件”之间的关系。只有通过不断观察、思考，真正明白了它们的关系，再往下学习时才会思路清晰、逻辑分明。

到此为止，我们就把固件库的基础知识讲完了，接下来就开始针对开发板进行编程了。在此之前，请大家下载一个“STM32F103 通用工程模板”。我把常用的驱动程序建成了一个模板，用 Keil 打开工程就能看到，我已经对 lib 文件夹中的固件库进行了删减，加入了 Basic 和 Hardware 文件夹，在里面加入了延时函数（delay）和系统函数（sys）。今后的学习中所涉及的程序编写都将基于此工程模板。当你开发新项目时也可以使用这个模板，而不需要再按上文的步骤从头安装固件库和新建工程。也就是说，不论是新建工程、安装固件库、创建驱动程序文件，都是一劳永逸的工作。把建好的工程当成标准模板，再次建立新工程只要复制模板再进行修改即可。不过，如果你是初学者，我建议你至少从头新建工程、安装固件库、创建驱动程序文件 10 次以上，这能加深你对工程整体的理解，能够让你在工程文件和文件设置出现问题时快速反应、找到原因。当你发现自己不论是操作过程还是文件之间的关系都了然于胸时，再使用模板的方式快速创建新工程。

第二章

核心板功能

第 24 步

12 核心板电路分析

从这章开始，我们就要介绍开发板的硬件电路和软件编程了。先看一下洋桃 1 号核心板的电路都有哪些功能部分，再分析一下每个功能部分都有怎样的结构。最开始我们肯定不能把开发板上所有功能电路结构都讲出来，那样太多、太麻烦，我们先把核心板从开发板上拆下来，单独讲核心板的电路，一旦把核心板学懂、学通，设计几个小程序，再回过头把核心板插回到开发板上，介绍开发板上的功能电路。这样由浅入深的学习过程有助于兴趣的培养，也能化繁为简、化整为零。

所以第一步，我们要将核心板从开发板上取下来。核心板和开发板是通过排针、排孔连接的，所以只要用一只手扶住开发板，用另一只手的两根手指夹住核心板的上下两端的电路板，慢慢向上交替用力并且拔出。注意千万不要只从一个方向用力，那样会使排针弯曲甚至折断。上下来回轻轻地用力，让它反复上下翘起，当翘起到一定程度即从开发板上脱落下来。如果你的动手能力太弱，实在无法取下核心板，也可以把开发板上的所有跳线都断开，也能让核心板上的电路独立，也能完成接下来的学习。

12.1 电路原理分析

接下来我来介绍一下核心板上面都有哪些元器件，元器件之间的电路连接是怎样的。要学习核心板上的电路原理，第一步是学习核心板的电路原理图，如图 12.1 所示。它是用 Altium Designer 软件（一款

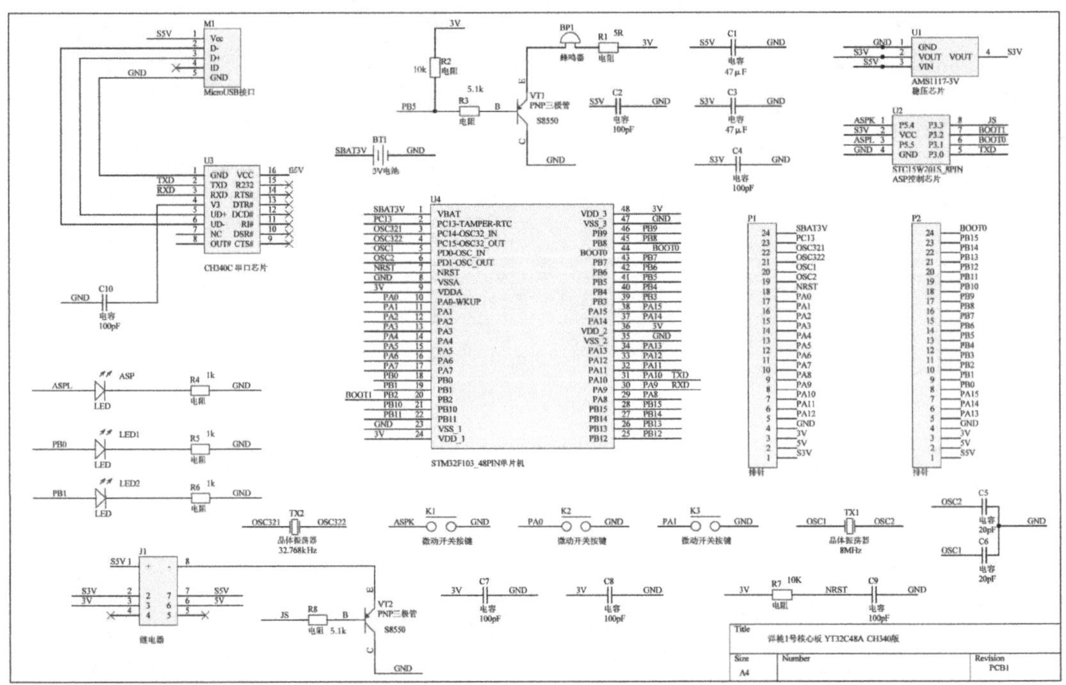

图 12.1 核心板电路原理图

流行的 PCB 绘制软件）绘制的，元器件之间不是用导线连接，而是用电路标号来连接，名称相同的标号就表示在电路上连接在一起。

当你仔细观察电路原理图时，也许会因为元器件众多、标号复杂而乱了头绪。其实看似复杂的图中可以简单划分成几个主要部分。图 12.2 所示是将核心板上的电路按功能划分成 6 个部分，各部分之间都有其联系。

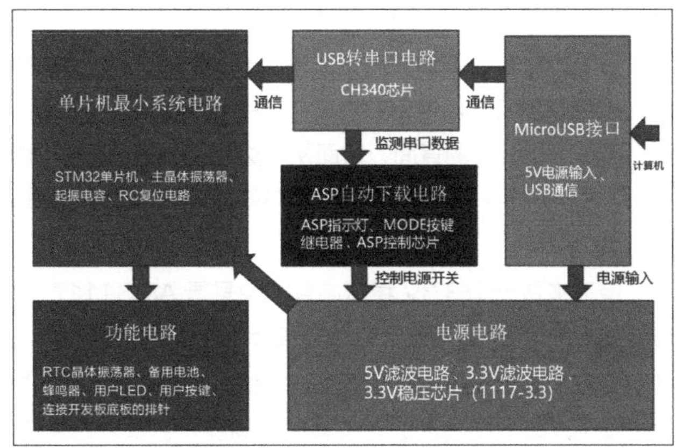

图 12.2 核心板电路结构说明

单片机最小系统是负责单片机运行的最基础电路，包括单片机（STM32F103）、主晶体振荡器（8MHz）、起振电容、RC 复位电路。MicroUSB 接口负责通过 USB 线与计算机连接，为核心板提供 5V 电源输入和串口通信。USB 转串口电路负责将 USB 协议通信转换成单片机能处理的 USART 串口通信。电源电路负责给整个核心板提供 5V 和 3.3V 的稳定电压。ASP 自动下载电路负责监测串口数据，实现自动下载功能。功能电路指核心板上的 LED、按键、蜂鸣器、RTC 走时等附加功能。对照图 12.2 中的电路划分再来分析图 12.1 中的电路设计便会更加明朗。

当基本明白了原理图中的设计，并对原理图中的元器件、标号熟悉之后，我们再来将原理图和电路实物图之间的关系进行对照，从而将功能划分、原理图、实物三者在心中对应起来，为编程做好准备。

图 12.3 所示是带标注文字的核心板的正面和反面，在核心板正面中间的芯片是 STM32 单片机，元器件标号是 U4。在它旁边有两个滤波电容 C7 和 C8，滤波电容的作用是去除电源电压的波动干扰。左边的 C5 和 C6 是两个起振电容，电容值是 20pF，起振电容可帮助晶体振荡器稳定地工作。再往左边是主时钟晶体振荡器，频率是 8MHz，标号是 TX1。再向左边方形的是继电器和 MicroUSB 接口，继电器是核心板的电源总开关，MicroUSB 接口用来给单片机供电并提供下载的通信接口。

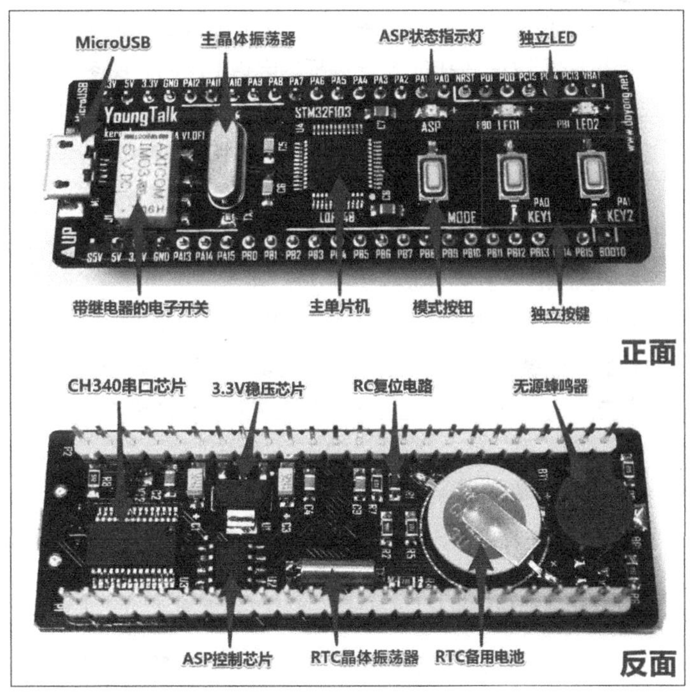

图 12.3 核心板上元器件的分布

接着再看单片机右边，有 3 个按键和 3 个 LED。其中 ASP 状态指示灯和 MODE 按键的功能在介绍开发板时已经介绍过了。LED1 和 LED2 是两个用户 LED，可以通过 PB0 和 PB1 这两个 GPIO 端口来控制灯的亮灭。LED 下方是 2 个按键，分别连接 GPIO 端口中的 PA0 和 PA1。

另外，核心板两侧有两排排针，标号是 P1 和 P2，排针连接的是 STM32 单片机上的所有引脚，外加 5V、3.3V、GND 等电源接口。排针可以与开发板底板相连接，也可以插入标准尺寸的面包板进行实验。

看一下核心板的背面，背面从左边起第一个是串口转换芯片，型号是 CH340C，标号是 U3。它是用来把 USB 接口转换为 USART 串口的芯片，用户可以通过它给单片机下载程序，也可以用它进行与计算机的串口通信。

接下来是一个 3.3V 稳压芯片，型号是 AMS1117-3.3，它的功能是将 USB 接口供电中的 5V 电压转换成 3.3V 电压，给单片机以及单片机周边使用 3.3V 电源的元器件供电。再往下是一个 ASP 控制芯片。它的功能是实现核心板的程序自动下载，关于这个部分下文会细讲。

接下来是一个柱形的金属晶体振荡器，它是为单片机内部的 RTC 时钟提供 32.768kHz 频率的时钟基准。旁边有电容 C9 和电阻 R7，它们组成了单片机外部的 RC 复位电路。可以在单片机上电时产生复位电平。再右边是 RTC 时钟的备用 3V 电池，是为 RTC 不间断走时使用的。最右边是无源蜂鸣器，单片机可以通过输出一个有频率的脉冲来控制蜂鸣器发出一定频率的声音。核心板的背面还有一些三极管、电容、电阻，它们都参与刚才我们说的这些电路功能，我们可以记住它的标号，在电路原理图中都能找到它们的对应位置。

我们再来看电路原理图部分，先看标号为 U4 的 STM32 单片机。在实物中，单片机是一个四边有引脚的黑色方块；而在原理图中，它是一个两侧引出引脚的图形，所以说原理图中的表示方法并不是与实物对应的，大家要看的对应关系是原理图中每一个引脚的标号。原理图中会标注 1、2、3、4、5 这样的引脚号，而单片机实物并没有标号，而只在一角上出现一个下凹的圆点，以圆点为起点逆时针方向数引脚，便是 1、2、3、4、5 引脚，它与原理图上的引脚号对应。

接下来看单片机与两排排针之前的关系。单片机实物两侧所有的引脚都在 P1 和 P2 排针中引出，每组排针是 24Pin（Pin 是针个数的意思）。在核心板正面排针焊接处有每个针脚的标注名称。排针的功能是连接开发板底板，使核心板与底板的电路相连接。我逐一介绍各排针的连接关系。第 1 脚 VBAT，原理图标号是 SBAT3V，与它相连接的是 BT1 电池的正极，实物中对应着核心板背面的电池。电池的负极接到 GND。第 2 脚 PC13 只与排针中的 PC13 连接，没有连接其他电路。第 3、4 脚是外部低速晶体振荡器接口，它与 TX2 晶体振荡器（32.768kHz）的两个引脚相连。第 5、6 脚是外部的高速晶体振荡器接口，它与 TX1 晶体振荡器（8MHz）相连接，同时 TX1 晶体振荡器上面连接了两个 20pF 起振电容，电容的另一端接 GND。在核心板实物中，3、4 脚连接的是 32.768kHz 晶体振荡器，5、6 脚连接的是 8MHz 晶体振荡器，起振电容是 C5 和 C6。第 7 脚标号是 NRST，它连接了由电阻 R7 和电容 C9 组成的 RC 复位电路，但是单片机内部有电压监控复位电路，所以外部 RC 复位电路可以不接，但为了让大家了解外部复位电路要如何设计，这里还是加上了 RC 复位电路。第 8、9 脚是单片机的模拟电源输入，分别接到 3V 和 GND，单片机的 3V 电源是通过 AMS1117-3V（实际是 3.3V）芯片来降压的。从芯片的第 3 脚输入 5V 电压，第 2 脚输出 3.3V 电压，第 1 脚接地。这款稳压芯片 5V 电源来自于 M1（microUSB 接口），本质上是由计算机的 USB 接口提供（计算机 USB 接口会恒定输出 5V 电压）。

标号 S3V 并不是直接连接到单片机上，而是以 J1 继电器作开关。S3V 连接在继电器开关控制位的一端，另一端连接到 3V。5V 的电源输出连接在 P1 和 P2 排针上，为开发板底板提供 5V 电源。

接下来是 GPIO 端口的部分，从第 10 脚到第 22 脚都是 GPIO 端口的输出，这些端口和排针上的端口一一对应，只有第 20 脚（BOOT1）和 U2（ASP 控制芯片）相连接。这一设计可在自动下载程序时切换 Bootloader 模式。第 23、24 脚是第一组逻辑电源输入，连接 3.3V 和 GND。第 25 ~ 34 脚是 GPIO 端口，与 P1 和 P2 排针上的端口号对应。第 30、31 脚连接 RXD 和 TXD，和串口转换芯片相连接，用于下载程序和 USART1 串口通信。第 35、36 脚是第 2 组逻辑电源输入，第 37 ~ 46 脚是 GPIO 端口，与 P1 和 P2 排针上的端口对应。第 44 脚是 BOOT0，和 U2（ASP 控制芯片）相连接。第 47、48 脚是第 3 组逻辑电源输入，同样连接 3.3V 和 GND。

下面看核心板上的蜂鸣器、LED、按键都是如何连接的。蜂鸣器标号是 PB1，它使用 3.3V 电源输入，蜂鸣器另一端连接到 PNP 三极管（S8550）的发射极 e，三极管的基极 b 通过一个限流电阻 R3 连接到单片机的 PB5 端口，也就是说控制 PB5 端口便可控制蜂鸣器发声。接下来是原理图上的 3 个按键（K1、K2、K3），K1 是“ASP 自动下载功能”的模式按键 MODE，用于开关电源、自动下载和启动模式切换，这是开发板自带的特殊功能，不需要用户考虑。K2 和 K3 是用户按键，K2 连接的是 PA0，K3 连接的是 PA1，两个按键的另一端接地。这两个按键对应着核心板实物中的 KEY1（PA0）、KEY2（PA1），也就是说能通过 PA0 和 PA1 端口来读出按键的状态。接下来是 3 个 LED，标注“ASP”的是 ASP 自动下载功能的指示灯；“LED1”一端通过一个限流电阻接地，另一端连接到 PB0 端口上；“LED2”连接到 PB1 端口上。也就是说，控制 PB0 和 PB1 端口就能点亮或熄灭 LED1 和 LED2。电路实物中的 LED1 和 LED2 与原理图中的 LED1、LED2 对应。

在原理图的左下角是继电器部分，继电器通过三极管驱动，三极管的基极 b 通过一个限流电阻 R8 连接到 ASP 自动下载芯片的 JS 端口。继电器的功能是配合 ASP 芯片实现开发板电源开关、自动下载时的重启等功能。它属于核心板特有的功能，你不能通过编程控制它，所以这部分在教学上不需要考虑。另外我们还可以看到原理图中有许多两端连接电源正负极的电容，比如 C7、C8 等，它对应的是核心板实物中的 C7 和 C8。在原理图右上角有 C1、C2、C3、C4 这 4 个电容。它们分布在核心板背面 1117-3.3V（U1）芯片的两侧，作用也是电源滤波，防止电源的噪声对单片机产生干扰。

在原理图的左上角，标号为 M1 的 USB 接口，对应的是实物中的 MicroUSB 接口。MicroUSB 接口的功能有两个：一是为核心板及开发板底板供电，USB 接口上的 1、5 脚连接的是核心板的 5V 电源输入。第二个功能是把计算机 USB 接口转换成单片机端 USART 接口，以实现用计算机 USB 接口给单片机下载程序，单片机出厂时已经规定只有 USART1 接口能下载程序，所以 USB 接口的数据线（D+ 和 D-）连接到串口转换芯片上。

至此，我们讲完了核心板的电路部分，电路所涉及的芯片及元器件型号在原理图中都有标注。有朋友会问：这些电路是怎么设计出来的，为什么这样设计呢？其实我也说不清楚，我只知道这是多少年来前辈们总结出来的经典电路，按照这个电路设计就能让单片机稳定地运行。我在初学时也并不清楚，学习了多年之后才慢慢悟出其中的用意和道理，幸好即使不知道设计的原理也并不影响我们继续入门。所以想刨根问底，就先学好基础知识吧！在开发实践中积累经验，慢慢深入本质，总有一天能摆脱经典电路的束缚，自己独立设计电路。

12.2 自动下载过程分析

洋桃 1 号开发板具有 ASP 自动下载功能，这一功能就集成在核心板的电路中。我想很多朋友一定对电路是如何实现自动下载这一过程感到好奇，既然已经讲到核心板的电路分析，就顺便把这个知识点也讲一下吧。但需要注意的是，ASP 自动下载功能是洋桃 1 号开发板的创新设计，并不是“标配”功能。也就是说，你可能不会在其他的开发板上看到它。当未来的某一天，你学有所成，想自己设计一款应用于项

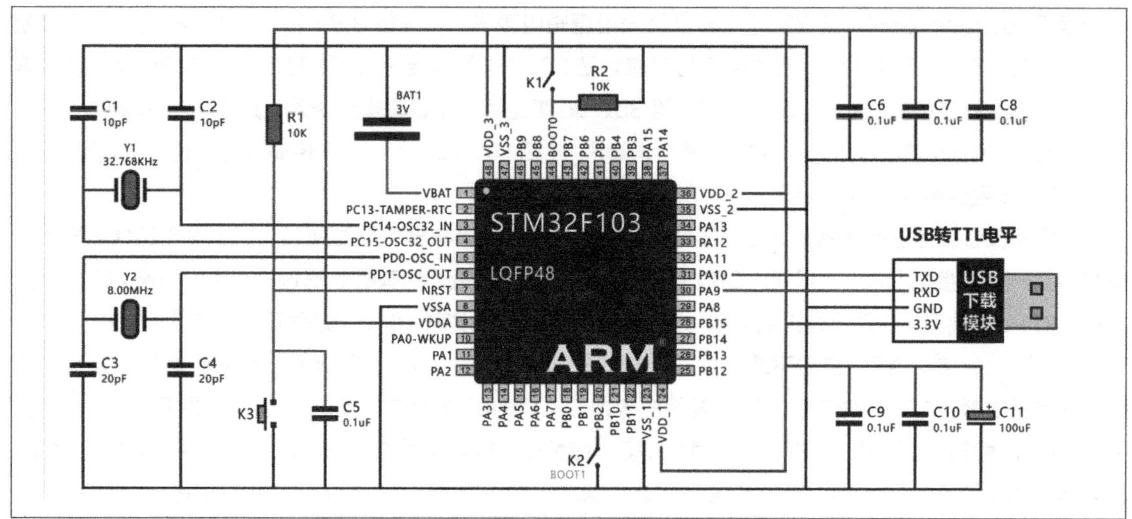

图 12.4 手动下载方式的电路图

目现场的单片机控制板时，你也不必加入这一功能。ASP 自动下载不属于单片机最小系统的一部分，仅是我为了减少下载步骤、方便学习实验而设计的。

在介绍 ASP 自动下载功能之前，我们先来看看普通的手动下载电路是怎么设计的吧。图 12.4 所示是带有手动下载方式的系统电路图，除了最小系统电路外，还多出了 USB 转 TTL 电平模块、复位按键（K3）、Bootloader 设置开关（K1、K2），这几个部分配合计算机上的 ISP 下载软件（FlyMCU）就能实现手动下载。操作步骤如下。

（1）将 USB 转 TTL 电平模块（即 USB 串口模块）与计算机连接，使计算机端给单片机供电。

（2）在计算机端打开 FlyMCU 软件，找到串口号，加载 HEX 文件并单击“开始编程”按钮。

（3）将电路中的 K1 和 K2 开关闭合，使 BOOT0 为高电平，BOOT1 为低电平，此设置可让单片机在冷启动或复位后进入 Bootloader 下载模式。

（4）按电路中的 K3 按键，使单片机复位。此时在 FlyMCU 软件中会显示正在下载。

（5）下载结束后，将 K1 和 K2 开关断开，然后按 K3 按键使单片机再次复位。这时单片机开始运行下载的程序。

以上步骤看似复杂，其实可以简单总结为：在软件上单击“开始编程”→设置 Bootloader →复位→下载结束→设置 Bootloader →复位。使用手动下载方式，用户需要在计算机与硬件之间来回操作多次才能完成一次程序下载，若是需要反复下载调试，操作过程便是很麻烦的体力活。而 ASP 自动下载功能就是要把手动操作的部分简化为一步，只要在软件上单击“开始编程”，余下的硬件操作全部省去。不仅减少麻烦，还提高了速度。

图 12.5 所示是 ASP 自动下载功能的结构框图，图中的“ASP 控制芯片”其实就是一个单片机，它与 4 个部分相连接：能控制电源开关的继电器、能读取串口数据的 RXD 数据线、能设置 Bootloader 的两个 BOOT 引脚、能与用户交互的 ASP 指示灯和 MODE 按键。ASP 自动下载功能的电路原理图当然还是包括在核心板的原理图（见图 12.1）中，请将图 12.1 和图 12.5 比对着研究。

没有下载操作的时候，ASP 控制芯片会让继电器导通，单片机最小系统通电正常工作，两个 BOOT 引脚会设置为运行程序的 Flash ISP 模式，ASP 指示灯点亮，一切看起来和普通的最小系统没有区别。

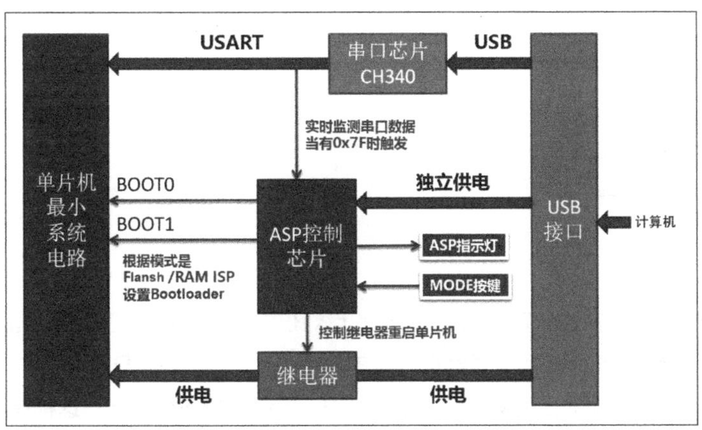

图 12.5 ASP 芯片控制结构图

但你不知道的是，ASP 控制芯片会实时监测 USART 串口中计算机端发来的数据，没有下载时，计算机端并无数据发送（或者发送的数据不是 0x7F），不会触发自动下载机制。当你单击“开始编程”按钮时，FlyMCU 会向单片机端发送多个 0x7F 这个数据，意思是请求下载程序，等待单片机回应。由于单片机正在运行用户程序，不会回应，但 ASP 芯片却也监测到了请求的信号，于是 ASP 控制芯片会先设置两个 BOOT 引脚到下载模式，再使继电器断电 0.5s 后重要通电，即让单片机重启，相当于手动方式下的按复位键。单片机重启时会检查是否有 0x7F 数据，如果有就回应并开始下载。ASP 控制芯片此时继续监测串口数据，一旦数据停止，就表示下载完成了，这时再次设置两个 BOOT 引脚到运行模式，控制继电器使单片机重启，开始运行程序。

这就是自动下载的基本过程，只是将原来的手动操作改用一个独立的单片机来完成。当然 ASP 控制芯片还要能读取 MODE 按钮操作，也要让 ASP 指示灯在相应的时刻指示出相应的状态，当然还有一些附加功能的设计，在此不做细讲了。

最后需要注意的是，ASP 自动下载功能只是一个辅助性的小功能，在用于学习的开发板上添加比较适宜，若用于批量生产且不需要频繁下载的应用板上便需要仔细考虑了。因为批量生产的嵌入式产品最重要的参考指标是性价比，虽然此功能只增加一个单片机和少量元器件，但在量产级别上计算也是不小的成本。也就是说，ASP 自动下载功能只是辅助我们学习开发的，并不是未来项目产品的必备功能，若能合理取舍便是学以致用了。

第 25~26 步

13 点亮一个LED

我们的教学进行了 1/4，终于要进行万众期待的点灯仪式了。所谓的点灯仪式，就是用我们自己编写的程序来点亮核心板上的一个 LED，这也标志着我们迈出了编程开发的第一步。如何将 LED 所连接的 GPIO 端口进行初始化？如何通过程序控制 GPIO 端口的高低电平变化，从而点亮和熄灭 LED？这都是我们这次要学习的知识。

13.1 最基础的LED亮点方法

如图 13.1 所示，从电路原理图上，我们知道 LED1 的负极接地（GND），正极连接到 PB0 端口，也就是单片机的第 18 脚。当 PB0 端口输出高电平时，LED1 正极是高电平，负极是低电平（GND），LED 点亮；当 PB0 输出低电平时，LED1 正负极都是低电平，没有电流通过而熄灭。电阻 R5 是限流电阻，使通过 LED 的电流不至于过大而导致损坏，同时也控制了 LED 的亮度。电路设计就是这么简单，单片机驱动 LED 和微动开关按键可能是最简单的单片机电路了，一学就会，一看就懂。

接下来我们就在计算机上操作软件，通过程序来达到点亮 LED 的目的。我们所用的方法并不是新建一个空白工程，安装固件库和一句一行地写程序，因为这些工作我们已经在之前的教学中介绍过了。而且 STM32 的程序结构比较复杂，我不建议初学者自己创建空白文档，从头编写程序，这样很容易出现问题、带来挫败感，不利于学习热情的培养。

我们直接打开一个现有的工程，在现有的程序模板上进行修改，直接编译 HEX 文件并下载以达到效果，

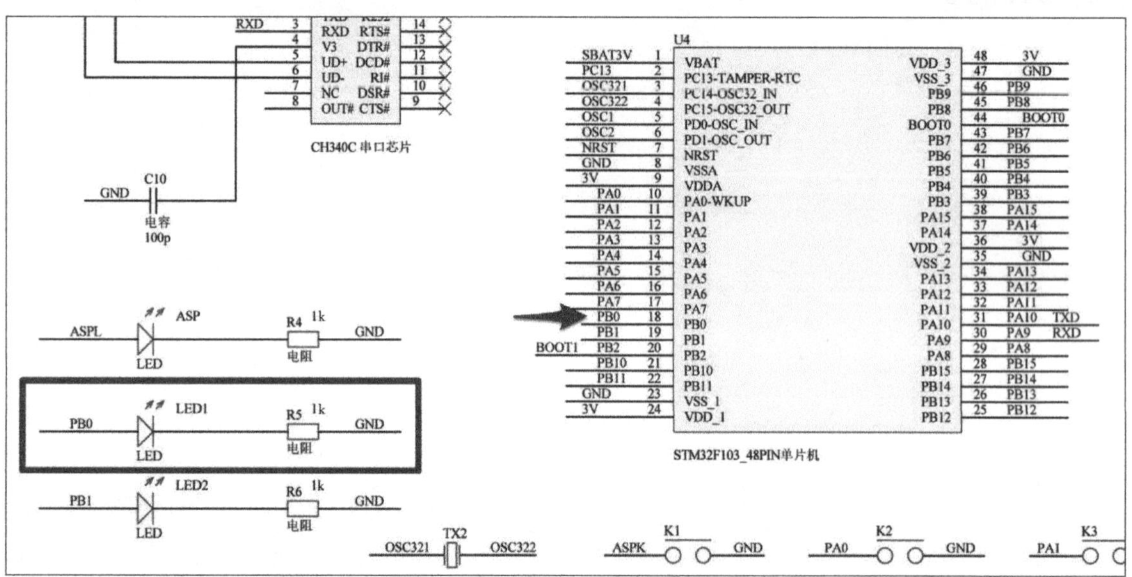

图 13.1 核心板上 PB0 所连接的 LED1 电路原理图

一旦熟悉了程序模板的使用方法，再重新创建自己的程序也会更加得心应手。这样我们就可以把精力更多地放在实现点亮LED的程序语句上，而不是过多地考虑其他事情。由于点亮一个LED的程序过于简单，单独为其创建一个工程有些小题大做，不如利用稍微复杂一点的LED控制程序，删减或屏蔽不需要的语句，把控制LED闪烁的程序修改为点亮LED的程序。如此也能顺便学习程序的删减、修改方法，一举两得。

现在请找到配套资料，在示例程序中找到“4种方法实现LED闪灯”，借助这个已经写好的程序示例进行改写。打开“4种方法实现闪灯程序”的工程，双击打开main.c文件，看一下里面的程序内容，如图13.2所示，第17行加载了STM32芯片的库文件STM32F10x.h，第18行加载了系统库文件sys.h，这两个文件是必须引用的。接下来第19行是延时函数的库文件，但这里暂不涉及延时函数，可以删去或用“//”屏蔽。第20行是LED的库文件，因为我们所要实现的点亮LED需要调用LED库文件，所以这个需要保留。第23行开始进入main主函数，在主程序中第24条是RCC系统时钟配置函数RCC_Configuration();，暂时先不需要考虑它。第25条是LED初始化函数LED_Init();，它的工作是对LED连接的I/O端口进行初始化，一会儿我们会细讲。

接下来第26行进入while循环，由于点亮或熄灭LED只是操作I/O端口的电平状态，不涉及延时函数的功能，所以可把第30和32行的延时函数delay_us(50000);屏蔽，最后只剩下第29和31行两个函数。第29行是GPIO_WriteBit(LEDPORT,LED1,(BitAction)(1));，注意在参数最后面这个括号里面的数字是“1”。第31行是GPIO_WriteBit(LEDPORT,LED1,(BitAction)(0));，其中最后一个参数是“0”，这里我们可以看函数后面的注释信息。第29行是让与LED连接的I/O端口输出高电平“1”，第31行是让与LED连接的I/O端口输出低电平“0”。现在我们的目的是要点亮LED，所以只保留第29行，把第31行用“//”屏蔽。图13.3所示是程序修改后的样子。在

```
17 #include "stm32f10x.h" //STM32头文件
18 #include "sys.h"
19 #include "delay.h"
20 #include "led.h"
21
22
23 int main (void){//主程序
24   RCC_Configuration(); //时钟设置
25   LED_Init();
26   while(1){
27
28     //方法1:
29     GPIO_WriteBit(LEDPORT,LED1,(BitAction)(1)); //LED1端口输出高电平(1)
30     delay_us(50000); //延时1秒
31     GPIO_WriteBit(LEDPORT,LED1,(BitAction)(0)); //LED1端口输出低电平(0)
32     delay_us(50000); //延时1秒
33
34     //方法2:
35 //     GPIO_WriteBit(LEDPORT,LED1,(BitAction)(1-GPIO_ReadOutputDataBit(LEDPORT,LED1))); //取反LED1
36 //     delay_ms(500); //延时1秒
37
38     //方法3:
39 //     GPIO_SetBits(LEDPORT,LED1); //LED都为高电平（1）
40 //     delay_s(1); //延时1秒
41 //     GPIO_ResetBits(LEDPORT,LED1); //LED都为低电平（0）
42 //     delay_s(1); //延时1秒
43
44     //方法4
45 //     GPIO_Write(LEDPORT,0x0001); //直接将变量数值写入LED
46 //     delay_s(2); //延时1秒
47 //     GPIO_Write(LEDPORT,0x0000); //直接将变量数值写入LED
48 //     delay_s(2); //延时1秒
49
50   }
```

图13.2 “4种方法实现LED闪灯”中的mian.c文件内容

```
18 #include "sys.h"
19 #include "delay.h"
20 #include "led.h"
21
22
23 int main (void){//主程序
24   RCC_Configuration(); //时钟设置
25   LED_Init();
26   while(1){
27
28     //方法1:
29     GPIO_WriteBit(LEDPORT,LED1,(BitAction)(1)); //LED1端口输出高电平(1)
30 //     delay_us(50000); //延时1秒
31 //     GPIO_WriteBit(LEDPORT,LED1,(BitAction)(0)); //LED1端口输出低电平(0)
32 //     delay_us(50000); //延时1秒
33
34     //方法2:
35 //     GPIO_WriteBit(LEDPORT,LED1,(BitAction)(1-GPIO_ReadOutputDataBit(LEDPORT,LED1)));
36 //     delay_ms(500); //延时1秒
37
```

图13.3 只让第29行程序有效

while(1) 的主循环中只有第 29 行的程序是有效的、可以执行的。完成后单击“编译”按钮重新编译，当在 Keil 软件下方窗口看到“0 Error(s), 0 Warning(s)”（0 错误，0 警报）时，即表示编译成功。然后打开 flyMCU 软件，加载刚刚编译好的 HEX 文件，然后单击“开始编程”按钮。

```
22
23 int main (void){//主程序
24   RCC_Configuration(); //时钟设置
25   LED_Init();
26   while(1){
27
28     //方法1:
29     GPIO_WriteBit(LEDPORT,LED1,(BitAction)(0));
30 //    delay_us(50000); //延时1秒
31 //    GPIO_WriteBit(LEDPORT,LED1,(BitAction)(0));
32 //    delay_us(50000); //延时1秒
33
34     //方法2:
```

图 13.4 只执行第 29 行的程序，把“1”改成“0”

下载完成后，你会看到在核心板上的 LED1 已经点亮了，说明我们的点灯仪式圆满成功。接下来我们再试着把这条程序中参数的“1”改成“0”，如图 13.4 所示。也就是让 LED1 连接的 I/O 端口变成低电平。然后再重新编译、下载，我们便能看到核心板上的 LED1 已经熄灭。LED1 点亮和熄灭的效果如图 13.5 所示。

图 13.5 LED1 点亮和熄灭的效果

如此看来，操作 I/O 端口是非常简单的事情。只要写入一条程序，在参数中写入“1”就输出高电平，写入“0”就输出低电平。那么这条程序中的函数是如何实现控制 I/O 端口的呢？下面我们就来分析一下它的工作原理。

先来看第 25 行的 LED 初始化函数，把光标放在这个函数上面，单击鼠标右键，在弹出的菜单中选择“Go To Definition Of 'LED_init'”，如图 13.6 所示。编辑器窗口会弹出 led.c 文件中的初始化函数，如图 13.7 所示。为什么要初始化 LED 呢？这是因为单片机的使用规范中规定，单片机上电之后，大部分内部功能处于关闭状态。如果我们想使用 I/O 端口，必须在操作前先开启 I/O 要使用的 I/O 端口功能，并把端口功能设置到我们需要的状态，这一过程就是初始化。初始化函数里面主要完成的初始化工作包括设置端口号的状态是输入还是输出；如果状态是输出，输出的速率是多大。

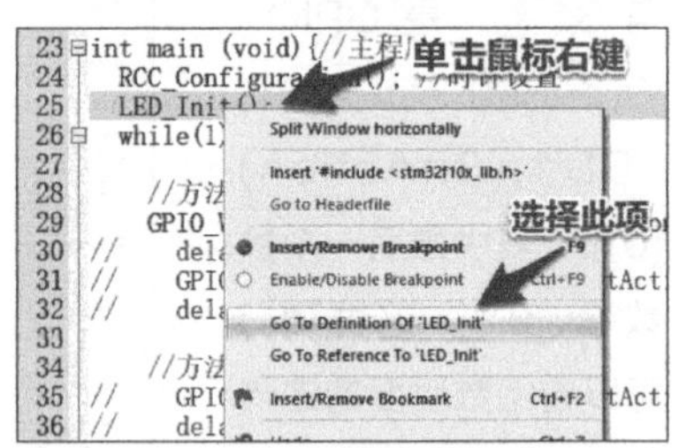

图 13.6 在初始化函数上单击鼠标右键，选择“Go To Definition Of ‘LED_init’”

接下来我们按行逐一分析程序。初始化函数里面的第一条语句，即第 25 行程序“GPIO_InitTypeDef GPIO_InitStructure;”是对 GPIO 端口初始化参数的结构体声明，我们可以把光标放在“GPIO_InitTypeDef”上面，然后单击鼠标右键选择跳到相关的

```
22 #include "led.h"
23
24 void LED_Init(void){ //LED的接口初始化
25   GPIO_InitTypeDef  GPIO_InitStructure;
26     RCC_APB2PeriphClockCmd(RCC_APB2Periph_GPIOA|RCC_APB2Periph_GPIOB|RCC_APB2Periph_GPIOC,ENABLE);
27     GPIO_InitStructure.GPIO_Pin = LED1 | LED2; //选择端口号（0~15或all）
28     GPIO_InitStructure.GPIO_Mode = GPIO_Mode_Out_PP; //选择I/O端口工作方式
29     GPIO_InitStructure.GPIO_Speed = GPIO_Speed_50MHz; //设置I/O端口速度（2/10/50MHz）
30   GPIO_Init(LEDPORT, &GPIO_InitStructure);
31 }
32
```

图 13.7 弹出的 led.c 文件中的初始化函数

```
typedef struct
{
  uint16_t GPIO_Pin;              /*!< Specifies the GPIO pins to be configured.
                                       This parameter can be any value of @ref GPIO_pins_define */

  GPIOSpeed_TypeDef GPIO_Speed;   /*!< Specifies the speed for the selected pins.
                                       This parameter can be a value of @ref GPIOSpeed_TypeDef */

  GPIOMode_TypeDef GPIO_Mode;     /*!< Specifies the operating mode for the selected pins.
                                       This parameter can be a value of @ref GPIOMode_TypeDef */
}GPIO_InitTypeDef;
```

图 13.8 stm32f10x_gpio.h 文件中的结构体声明

结构体。可以看到这是一个结构体声明，结构体里面有 3 个参数，第 1 个是 GPIO 端口的端口号，第 2 个是 GPIO 端口的速度（以频率进行设置），第 3 个是 GPIO 端口的模式，如图 13.8 所示。关于结构体的介绍过于复杂，在此不多介绍，你只要知道结构体可以帮助我们一次性设置好初始化所需要的参数即可。

我们再回到 led.c 文件中，第 26 行程序是在系统时钟层面上启动 I/O 端口，通过之前所学的理论知识可知，GPIO 端口功能在单片机内部连接在 APB2 高速总线上，若要开启端口，先要在 APB2 高速总线上启动它。所以第 26 行函数的意思就是启动 APB2 高速总线上的 I/O 端口功能。看参数可以得知它启动了 GPIOA、GPIOB、GPIOC，其中参数 ENABLE 表示允许，即开启的意思。这 3 组 GPIO 只有在系统时钟上得到启动，我们才能够使用它们。如果在内部总线上没有启动，之后对 GPIO 的任何操作都是无效的。

接下来第 27 行是对初始化结构体的参数定义。我们刚才说过，在初始化参数的结构体中有 3 个设置内容，它正好关联了 STM32 固件库当中的 GPIO 相关的函数库，于是可以通过对这 3 个参数进行赋值来设置 I/O 端口。

首先看“GPIO_InitStructure.GPIO_Pin = LED1 | LED2;”，这是设置 I/O 端口的端口号，这里给出的端口号是 LED1 和 LED2。这两个名称是宏定义名称，在 led.h 文件中定义过。在工程树中可以双击打开 led.h 文件看到宏定义，见图 13.9 中的第 8、9 两行。其中 LED1 所代表的是 GPIO_Pin_0，LED2 代表的是 GPIO_Pin_1。在头文件中进行这样的宏定义，主要是为了方便日后修改和移植，只需在此修改端口号，而不用在程序里逐一修改。

```
7  #define LEDPORT GPIOB //定义I/O端口
8  #define LED1  GPIO_Pin_0   //定义I/O端口
9  #define LED2  GPIO_Pin_1   //定义I/O端口
```

图 13.9 led.h 文件中的宏定义

再回到 led.c 文件中的 LED_Init 初始化函数，看第 28 行“GPIO_InitStructure.GPIO_Mode = GPIO_Mode_Out_PP;”，这是设置端口的工作模式，这里使用的是推挽输出方式。还记得理论知识当中介绍的 GPIO 工作模式吗？它有 8 种模式，其中推挽输出模式的代号是“GPIO_Mode_Out_PP”，只要把想达到的模式的语句放到等号的右侧，就可以让 I/O 端口变成对应的输入或输出模式。假设我们想使用开漏输出模式，对应的语句是“GPIO_Mode_Out_OD”，只要在第 28 行写入“GPIO_InitStructure.GPIO_Mode =GPIO_Mode_Out_OD;”就可以了。但要想点亮 LED 必须使用大电流驱动，所以必须选择推挽输出方式。

接下来第 29 行是设置 I/O 端口的输出速度，端口速度只有在 I/O 端口被设置为输出时才有效。如果 I/O 端口为输入或开漏模式则不需要设置速度。速度有 3 挡，以频率进行设置，分别是 2MHz、10MHz、50MHz。一般情况下设置为 50MHz，你也可以把它修改成 2MHz 或 10MHz。只要直接修改数字，就能够改变 I/O 端口的速度。值得注意的是，某些 I/O 端口会对输出速度有限定，比如 GPIOC 组接口中与外部晶体振荡器引脚复用的端口就不能设置为推挽输出模式。请仔细阅读单片机的数据手册了解更多限定内容。

第 30 行是运行 GPIO 的初始化库函数 GPIO_Init，作用是把上面 3 条设置内容一次写入 I/O 端口对应的寄存器中。库函数的第一个参数“LEDPORT”是要设置哪组端口，LEDPORT 本身又是一个宏定义的名称，在 led.h 文件中被定义，见图 13.9 中的第 7 行。它实际对应的端口是 PB 组端口（GPIOB）。第二个参数“&GPIO_InitStructure”是这一组端口的结构体变量，也就是第 27、28、29 行所设置的结构体内容。当运行了“GPIO_Init(LEDPORT, &GPIO_InitStructure);”初始化函数之后，端口号、模式、速度就被写入 GPIOB 端口，最终完成端口的初始化。

总结一下，整个 LED_Init 函数执行的内容是：先定义一个结构体变量，将 GPIO 功能的 APB2 时钟启动，把 GPIOB 组端口中的 PB0 和 PB1 设置为推挽输出模式，输出速度是 50MHz。好了，现在回到我们的任务中来，因为我们只要点亮一个 LED，所以可以把第 27 行后面的“ | LED2”删掉，只保留“GPIO_InitStructure.GPIO_Pin = LED1;”，这样就只初始化了 PB0 一个端口。你也可以修改端口号为 GPIO_Pin_0~GPIO_Pin_15 的任何一个，也可以用 GPIO_Pin_all，all 表示把整组端口从 0 到 15 全部统一设置。如想同时设置多个端口，可用“|”竖线分隔的方法来统一设置，如“GPIO_InitStructure.GPIO_Pin = LED1 | LED2| LED3| LED4;”。需要注意的是，以上设置的 GPIO 的模式、速度等内容，只针对给出的端口号，在“GPIO_InitStructure.GPIO_Pin = LED1 | LED2;”中没有写出来的端口号不被初始化。另外在实际使用中只用到了 GPIOB 组中的 PB0 端口，所以在第 26 行的 RCC 系统时钟设置的程序中，也可以把参数中的 GPIOA 和 GPIOC 的部分删掉，因为并没有用到它们，所以不必启动它们的时钟。启动而不用是浪费电能的，特别是在电池供电的程序中要减少浪费。

我们再回到 main.c 文件中的 main 函数，如图 13.4 所示。至此我们了解了 LED 初始化函数的功能和设置，接下来看第 29 行对 LED 的操作程序。操作同样使用了库函数，我们把光标放在库函数名称“GPIO_WriteBit”上面，单击鼠标右键，选择“Go To Definition Of 'GPIO_WriteBit'”一项，弹出对应的库函数文件。可以看到我们所在的程序文件是 stm32f10x_gpio.c，也就是 GPIO 对应的内部功能库文件。库文件中函数里的程序去操作 GPIO 相关的底层寄存器，从而改变 I/O 端口引脚的电平状态。作为初学者，我们暂时不需要考虑它里面的内容是怎么实现的，只要知道如何使用这个函数，即如何给出参数和接收返回值。

第 29 行的“GPIO_WriteBit (LEDPORT, LED1,(BitAction)(0));”有 3 个参数，第 1 个参数“LEDPORT”是使用哪一组 I/O 端口，LEDPORT 是宏定义中的 GPIOB。第 2 个参数“LED1”是使用哪一个端口号，LED1 即 GPIO_Pin_0。第 3 个参数“(BitAction)(0)”是决定让 I/O 端口“置位”还是“清 0”，“置位”是指输出高电平、逻辑“1”；“复位”是指输出低电平、逻辑“0”。这个参数里使用了枚举值，要查看枚举的内容可以把光标放在“BitAction”的位置，单击鼠标右键会弹出枚举定义内容，如图 13.10 所示。枚举定义共有两个内容，一个是 Bit_RESET，另一个是 Bit_SET。Bit_RESET 即端口清零，让 I/O 端口输出低电平。Bit_SET 是给端口置位，I/O 端口输出高电平。我们再回到 main.c 文件中的第 29 行，按照枚举的定义，正常操作端口的参数应该是“GPIO_WriteBit(LEDPORT,LED1,(BitAction)(Bit_SET));”和“GPIO_WriteBit(LEDPORT,LED1,(BitAction)(Bit_RESET));”，前者用于置位，后者用于复位。这样的写法才是最正常、最规范、最符合库函数使用要求的。可是我在实际开发中发现，操作 I/O 端口的电平参数可能经常需要变动，如果用 Bit_RESET 和 Bit_SET，修改会有些麻烦。为了方便，我直接使用了枚举名所对应的数值“0”和“1”，这样写更方便修改，看起来也更直观。你采用我的方法或者按正规的方法书写都是没有问题的。

```
typedef enum
{ Bit_RESET = 0,
  Bit_SET
}BitAction;
```

图 13.10 枚举定义的内容

关于第 29 行的“GPIO_WriteBit”函数的具体使用方法，可以打

开“STM32F103 固件库函数用户手册”，在 129 页的 10.2.11 节中找到函数说明（见图 13.11）。说明中介绍了此函数有 3 个参数，第一个参数就是端口组，可写入 GPIOA、GPIOB、GPIOC 或 GPIOD 等 I/O 端口组名；第二个参数是端口号，可写入 GPIO_Pin_0 ~ 15，也可以用“|”分隔写入多个端口号；第三个参数是电平输出状态，值是上文介绍的枚举值。了解了函数参数的写入原则，你就可以按你所想来修改，可以改成让 LED2 点亮，也可以让 LED1 和 LED2 同时点亮。具体如何就看你举一反三的能力了。

10.2.11 函数GPIO_WriteBit

Table 195. 描述了 GPIO_WriteBit

Table 195. 函数 GPIO_WriteBit

函数名	GPIO_WriteBit
函数原形	void GPIO_WriteBit(GPIO_TypeDef* GPIOx, u16 GPIO_Pin, BitAction BitVal)
功能描述	设置或者清除指定的数据端口位
输入参数 1	GPIOx：x 可以是 A，B，C，D 或者 E，来选择 GPIO 外设
输入参数 2	GPIO_Pin：待设置或者清除指的端口位 该参数可以取 GPIO_Pin_x(x 可以是 0 ~15)的任意组合 参阅 Section：GPIO_Pin 查阅更多该参数允许取值范围
输入参数 3	BitVal：该参数指定了待写入的值 该参数必须取枚举 BitAction 的其中一个值 Bit_RESET：清除数据端口位 Bit_SET：设置数据端口位
输出参数	无
返回值	无
先决条件	无
被调用函数	无

例：

```
/* Set the GPIOA port pin 15 */
GPIO_WriteBit(GPIOA, GPIO_Pin_15, Bit_SET);
```

图 13.11 GPIO_WriteBit 函数说明（文档中把“置位”翻译成了“设置”，意思相同）

刚才的内容涉及很多固件库的函数，想深入学习可以打开“STM32F103 固件库函数用户手册”，在第 122 页 10.2 节找到 GPIO 库函数，在 Table 179 中可以看到 GPIO_Init，它是配置 I/O 端口的初始化函数，如图 13.12 所示。表格中还有 GPIO_WriteBit，设置或清除指定的数据端口位，也就是我们刚刚介绍过的操作 LED 的库函数。表格中还有很多与 I/O 端口相关的库函数，在手册中你能找到每个函数的功能和使用方法，若你有兴趣，欢迎多多搜索它们，从而学到在教程中学不到的深层内容，这能很好地锻炼自学精神，也能发现单片机的更多巧妙和乐趣。

13.2 更多点亮LED的方法

上文介绍的点亮 LED 的方法只是众多方法中的一种，现在我们来研究其他方法。在今后的编程开发中，你可以选择自己喜欢的方法来使用。之前我们介绍的是使用 GPIO_WriteBit 函数来操作 I/O 端口进行输出高低电平。这里用到了枚举参数，通过改写后面的 Bit_SET（或者“1”）或 Bit_RESET（或者“0”）使 I/O 端口输出高低电平。其实在函数库当中还有其他操作 I/O 端口的函数。如图 13.12 所示，在“STM32F103 固件库函数用户手册”第 122 页的 Table 179 的表格中还能找到另外的能操作 I/O 端口的函数，GPIO_ResetBits 就是其中之一。如图 13.13 所示，此函数只有两个参数，第一个参数是选择哪一组端口，第二个参数是选择哪个端口号。除此之外没有第三个参数来选择是设置还是清零，因为 GPIO_ResetBits 本身就是一个专门用于清零的函数，只要使用它写入端口组和端口号，对应的 I/O 端口就会被清零（复位），输出低电平。图 13.13 中表格的下方有一个函数的使用举例。我们可以看到，

10.2 GPIO库函数

Table 179. 例举了 GPIO 的库函数

Table 179. GPIO 库函数

函数名	描述
GPIO_DeInit	将外设 GPIOx 寄存器重设为缺省值
GPIO_AFIODeInit	将复用功能（重映射事件控制和 EXTI 设置）重设为缺省值
GPIO_Init	根据 GPIO_InitStruct 中指定的参数初始化外设 GPIOx 寄存器
GPIO_StructInit	把 GPIO_InitStruct 中的每一个参数按缺省值填入
GPIO_ReadInputDataBit	读取指定端口管脚的输入
GPIO_ReadInputData	读取指定的 GPIO 端口输入
GPIO_ReadOutputDataBit	读取指定端口管脚的输出
GPIO_ReadOutputData	读取指定的 GPIO 端口输出
GPIO_SetBits	设置指定的数据端口位
GPIO_ResetBits	清除指定的数据端口位
GPIO_WriteBit	设置或者清除指定的数据端口位
GPIO_Write	向指定 GPIO 数据端口写入数据
GPIO_PinLockConfig	锁定 GPIO 管脚设置寄存器
GPIO_EventOutputConfig	选择 GPIO 管脚用作事件输出
GPIO_EventOutputCmd	使能或者失能事件输出
GPIO_PinRemapConfig	改变指定管脚的映射
GPIO_EXTILineConfig	选择 GPIO 管脚用作外部中断线路

图 13.12 GPIO 库函数列表

只要使用 GPIO_ResetBits，参数写入组号 GPIOA，端口号 GPIO_Pin_10 | GPIO_Pin_15，就能让 PA10 和 PA15 端口的输出变成低电平。

在文档中还可以找到函数 GPIO_SetBits，它是专门用于将 I/O 端口置位的，也就是输出高电平。它也有两个参数，第一个是 I/O 端口组，第二个是 I/O 端口号。只要写入 GPIO_SetBits，在参数中加入端口组和端口号，就能将对应的 I/O 端口置位。图 13.14 所示是 GPIO_SetBits 函数在手册中的说明，它的参数设置与 GPIO_ResetBits 相同，可达到的效果与之相反。GPIO_ResetBits 是将指定端口复位，GPIO_SetBits 是将指定接口置位，这两个函数往往成一组配合使用，也能达到与 GPIO_WriteBit 函数同样的效果。我们回到“4 种方法实现 LED 闪灯”的工程中来，在 main.c 文件中的“方法 3”程序下面就使用了 GPIO_SetBits 和 GPIO_ResetBits。接下来让我们使用“方法 3”中的程序来验证其是否有效吧。

首先把“方法 1”中的程序用“//”屏蔽，然后只解除第 39 行的屏蔽，只执行“方法 3”中的“GPIO_SetBits (LEDPORT,LED1);”函数，如图 13.15 所示。这时编译器就会只将 PB0 端口变成高电平，我们可以重新编译并下载看一下效果。测试效果应该是 LED1 被点亮。

接着我们再把第 39 行屏蔽，解除第 41 行的屏蔽，只执行“GPIO_ResetBits (LEDPORT,LED1);”函数，如图 13.16 所示。重新编译、下载，测试效果应该是 LED1 熄 灭。GPIO_SetBits 和 GPIO_ResetBits 是通过独立的两条指令来选择对应的 I/O 端口置位还是复位的。而 GPIO_WriteBit 是通过参数中的值是 1 还是 0 来决定对 I/O 端口置位还是复位的。除此之外，

10.2.10 函数GPIO_ResetBits

Table 194. 描述了 GPIO_ResetBits

Table 194. 函数 GPIO_ResetBits

函数名	GPIO_ResetBits
函数原形	void GPIO_ResetBits(GPIO_TypeDef* GPIOx, u16 GPIO_Pin)
功能描述	清除指定的数据端口位
输入参数 1	GPIOx：x 可以是 A，B，C，D 或者 E，来选择 GPIO 外设
输入参数 2	GPIO_Pin：待清除的端口位 该参数可以取 GPIO_Pin_x(x 可以是 0～15)的任意组合 参阅 Section：GPIO_Pin 查阅更多该参数允许取值范围
输出参数	无
返回值	无
先决条件	无
被调用函数	无

例：

```
/* Clears the GPIOA port pin 10 and pin 15 */
GPIO_ResetBits(GPIOA, GPIO_Pin_10 | GPIO_Pin_15);
```

图 13.13 GPIO_ResetBits 函数说明

10.2.9 函数GPIO_SetBits

Table 193. 描述了 GPIO_SetBits

Table 193. 函数 GPIO_SetBits

函数名	GPIO_SetBits
函数原形	void GPIO_SetBits(GPIO_TypeDef* GPIOx, u16 GPIO_Pin)
功能描述	设置指定的数据端口位
输入参数 1	GPIOx：x 可以是 A，B，C，D 或者 E，来选择 GPIO 外设
输入参数 2	GPIO_Pin：待设置的端口位 该参数可以取 GPIO_Pin_x(x 可以是 0～15)的任意组合 参阅 Section：GPIO_Pin 查阅更多该参数允许取值范围
输出参数	无
返回值	无
先决条件	无
被调用函数	无

例：

```
/* Set the GPIOA port pin 10 and pin 15 */
GPIO_SetBits(GPIOA, GPIO_Pin_10 | GPIO_Pin_15);
```

图 13.14 GPIO_SetBits 函数说明

```
26   while(1){
27
28     //方法1:
29 //     GPIO_WriteBit(LEDPORT,LED1,(BitAction)(0));
30 //     delay_us(50000); //延时1秒
31 //     GPIO_WriteBit(LEDPORT,LED1,(BitAction)(0));
32 //     delay_us(50000); //延时1秒
33
34     //方法2:
35 //     GPIO_WriteBit(LEDPORT,LED1,(BitAction)(1-GPIO_ReadOutpu
36 //     delay_ms(500); //延时1秒
37
38     //方法3:
39     GPIO_SetBits(LEDPORT,LED1); //LED都为高电平（1）
40 //     delay_s(1); //延时1秒
41 //     GPIO_ResetBits(LEDPORT,LED1); //LED都为低电平（0）
42 //     delay_s(1); //延时1秒
```

图 13.15 只执行第 39 行程序

```
26   while(1){
27
28     //方法1:
29 //     GPIO_WriteBit(LEDPORT,LED1,(BitAction)(0));
30 //     delay_us(50000); //延时1秒
31 //     GPIO_WriteBit(LEDPORT,LED1,(BitAction)(0));
32 //     delay_us(50000); //延时1秒
33
34     //方法2:
35 //     GPIO_WriteBit(LEDPORT,LED1,(BitAction)(1-GPIO_ReadOu
36 //     delay_ms(500); //延时1秒
37
38     //方法3:
39 //     GPIO_SetBits(LEDPORT,LED1); //LED都为高电平（1）
40 //     delay_s(1); //延时1秒
41     GPIO_ResetBits(LEDPORT,LED1); //LED都为低电平（0）
42 //     delay_s(1); //延时1秒
```

图 13.16 只执行第 41 行程序

它们在使用上没有差别。

接着，我们还能在手册中找到另一个新的函数 GPIO_Write，它也是用于操作 GPIO 端口的。不同的是，它并不是操作单一的端口号，而是对 GPIO 端口整组 16 个端口统一进行操作。GPIO_Write 函数有两个参数，第一个参数是要控制的 GPIO 组名称，第二个参数是要写入整组端口的 GPIO 电平状态。也就是说，GPIO_Write 是把第二个参数里的 16 位数据，一次性写入第一个参数的 GPIO 端口组中。16 位数据中低位到高位对应端口号为 GPIO_Pin_0~GPIO_Pin_15。16 位数据中的每一位如果是 1 代表高电平，如果是 0 代表低电平。如图 13.17 所示，在图中表格的下方有一个示例是“GPIO_Write(GPIOA,0x1101);”。其中第一个参数是端口组 GPIOA，第二个参数是 16 位的十六进制数据 0x1101。把十六进制的数据转换成二进制数据则变成了 16 个 0 和 1 组成的数据，再把它们与 GPIOA 组接口从 GPIO_Pin_15 到 GPIO_Pin_0 对应起来，就是 0001000100000001。可得出 GPIOA 组端口中，端口 0、8、12 为高电平，其余都是低电平。由此看出 GPIO_Write 函数可以把整组 GPIO 的 16 个端口一次性进行高低电平写入，效率非常高。在“4 种方法实现 LED 闪灯”的工程中，“方法四”中第 45、47 行都使用了 GPIO_Write，第 45 行给出的参数是“LEDPORT,0x0001”，含义是将 PB0 变为高电平，其他 15 个端口（PB1 ~ PB15）变为低电平。而下边这条同样的函数给出的参数是“LEDPORT,0x0000”，是将 GPIOB 组的 16 个端口全部清零，也包括 PB0。大家可以试着解除这条语句的屏蔽，如图 13.18 所示，重新编译，看它能否操作 LED。对整组 GPIO 端口进行操作，可能涉及很多问题。作为初学，你简单测试一下就好，先不要过多使用这种方法。

10.2.12 函数GPIO_Write

Table 196. 描述了 GPIO_Write

Table 196. 函数 GPIO_Write

函数名	GPIO_Write
函数原形	void GPIO_Write(GPIO_TypeDef* GPIOx, u16 PortVal)
功能描述	向指定 GPIO 数据端口写入数据
输入参数 1	GPIOx：x 可以是 A，B，C，D 或者 E，来选择 GPIO 外设
输入参数 2	PortVal：待写入端口数据寄存器的值
输出参数	无
返回值	无
先决条件	无
被调用函数	无

例：

```
/* Write data to GPIOA data port */
GPIO_Write(GPIOA, 0x1101);
```

图 13.17 GPIO_Write 函数说明

```
26	while(1)
27
28		//方法1:
29 //		GPIO_WriteBit(LEDPORT,LED1,(BitAction)(0));
30 //		delay_us(50000); //延时1秒
31 //		GPIO_WriteBit(LEDPORT,LED1,(BitAction)(0));
32 //		delay_us(50000); //延时1秒
33
34		//方法2:
35 //		GPIO_WriteBit(LEDPORT,LED1,(BitAction)(1-GPIO_ReadOutputData
36 //		delay_ms(500); //延时1秒
37
38		//方法3:
39 //		GPIO_SetBits(LEDPORT,LED1); //LED都为高电平（1）
40 //		delay_s(1); //延时1秒
41 //		GPIO_ResetBits(LEDPORT,LED1); //LED都为低电平（0）
42 //		delay_s(1); //延时1秒
43
44		//方法4
45		GPIO_Write(LEDPORT,0x0001); //直接将数值写入LED
46 //		delay_s(2); //延时1秒
47 //		GPIO_Write(LEDPORT,0x0000); //直接将数值写入LED
48 //		delay_s(2); //延时1秒
```

图 13.18 只执行第 45 行程序

好了，关于点亮 LED 这一简单问题的多种方法就介绍完了，请大家认真复习以上方法，熟练掌握每一种操作的内部原理，并且结合固件库用户手册，深入学习每一种固件库函数的更多内容。如果对我以上所讲的内容还有不明白的地方，特别是结构体、枚举等内容，可到网络上搜索相关资料进一步学习。这些知识并不复杂，只要认真学，都能学会。

第 27~28 步

14 LED闪烁与呼吸灯

当我们学会了点亮一个 LED 后，也开启了一个对 LED 多样变化操控的世界。LED 可以做出闪烁、呼吸灯、流水灯、二进制计数等多种好玩的设计，加之每种设计又能设置不同的速度、不同的花样，还能把多个花样搭配组合，呈现出丰富多彩的 LED 光影世界。这一节，我将介绍 LED 常见的两个效果——闪烁和呼吸灯，仔细分析每一种效果的程序实现方法。

14.1 LED闪烁程序

我们学会了 LED 的点亮和熄灭，那接下来，能不能做一个让 LED 以一定频率自动点亮和熄灭，也就是闪烁的程序呢？要写出闪烁程序，就必然涉及延时函数。在 STM32 中，延时函数的原理是怎样的？我们又要如何调用它呢？

回想一下，这个让 LED 以一定的频率自动闪烁的效果之前是不是已经实现过了？上一篇文章中下载 HEX 文件时，第一个所下载的就是“4 种方法实现 LED 闪烁”程序。我们也通过 ISP 下载看到了闪烁程序的效果，现在依然使用前几次教学中一直在使用的“4 种方法实现 LED 闪烁”程序示例。请大家把上次在程序中进行的修改删除，重新下载，重新打开，让示例程序回到最初下载时的状态。

可以看到，在这个工程中有 4 种方法实现 LED 闪烁，每一种闪烁方法都给出了不同 I/O 端口的操作方法，以及不同时间单位的延时函数。I/O 端口的操作方法已经讲过，接下来重点看一下延时函数，要想实现 LED 自动闪烁，实际上是让 LED 先点亮，然后延时一段时间。延时的意思是让单片机什么都不做，等待一段时间。为什么要等待呢？正是因为单片机的运算速度太快了，如果不加延时，直接点亮然后熄灭，肉眼根本分辨不出亮灭的变化，达不到闪烁效果。而加入延时函数能够让 LED 点亮后，有一段停顿时间，让它一直点亮，当肉眼与大脑意识到 LED 是亮的，再运行熄灭 LED 的程序，再延时一段时间，当大脑意识到 LED 熄灭之后，再回到点亮 LED 的程序，如此这般点亮、延时、熄灭、延时……肉眼就能看到 LED 的亮灭闪烁。而延时函数的延时时间，决定了 LED 点亮多长时间、熄灭多长时间，也决定着闪烁频率。延时越短，频率越快；延时越长，频率越慢。

那如何在程序中加入延时程序呢？方法见图 14.1 中第 19 行，在程序开始位置加载延时函数的库文件 delay.h，那么在工程文件树的 Basic 文件夹里面也包含了 delay.c 延时函数文件，以及它所关联的 delay.h 文件。只要在文件夹中包含这两个文件，同时在 Keil 4 的 Components 设置里面加入延时程序，最后在主程序中需要延时的地方调用对应的延时子函数，就可以起到延时作用。

延时的时间长度由延时函数的参数决定，延时的时间单位等级由不同的函数名决定。比如方法 1 中第 30 行的 delay_us()，“us”表示 μs(微秒)，后面写入的时间参数的单位就是微秒。再比如方法 2 中第 36 行的延时函数 delay_ms()，“ms”表示毫秒，也就是后面的时间参数的单位是毫秒。在方法 3 中第 46 行的 delay_s()，“s”表示秒，则后面时间参数的单位是秒。调用不同时间单位的延时函数，就能精准地做不同级别的延时。微秒、毫秒和秒之间的换算关系是：1s=1000ms，1ms=1000μs。

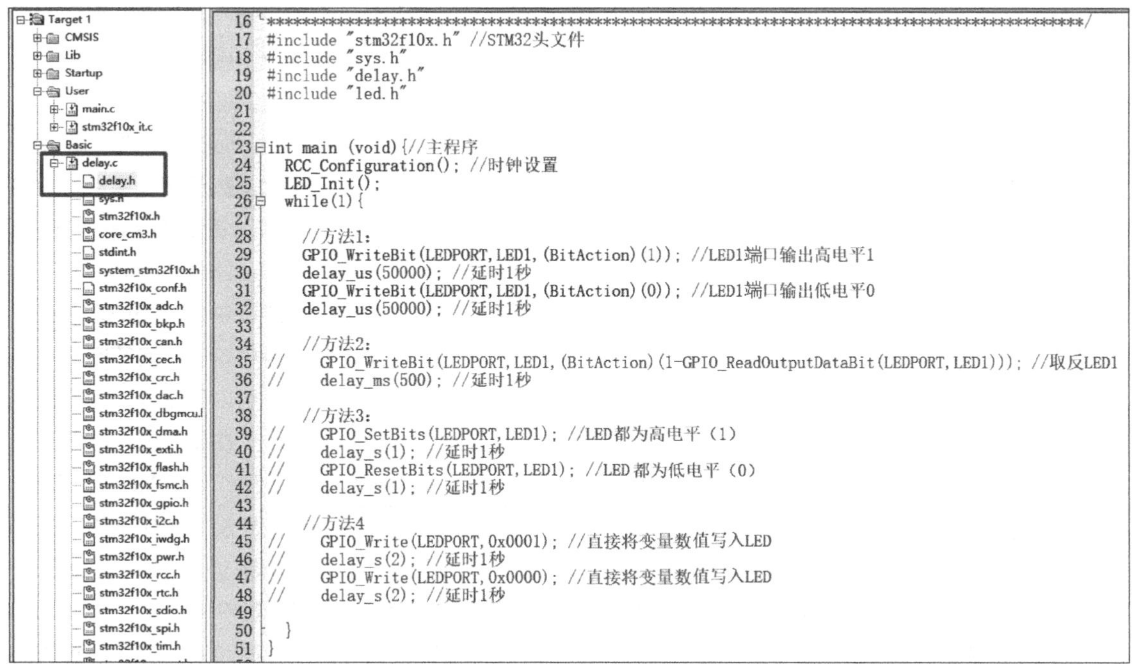

图 14.1 工程文件树与 main.c 文件

让我们回到示例程序，主函数里的方法 1 中第 30 行和 32 行调用了微秒级延时函数，延时时间 50 000 μs，换算成毫秒是 50ms，换算成秒是 0.05s，所以方法 1 中 LED 点亮时间是 0.05s，熄灭时间也是 0.05s，一个周期是 0.1s。这个速度对人眼来说比较快，大家可以重新编译，将 HEX 文件写入单片机，体验一下周期为 0.1s 的闪烁速度。

方法 2 中使用了毫秒级延时函数，延时时长为 500ms，即 0.5s。接下来屏蔽方法 1 中的程序，解除方法 2 中的程序屏蔽，重新编译，在核心板上体验一下闪烁速度的变化。

接下来屏蔽方法 2，解除方法 3 的程序屏蔽。方法 3 中使用了秒级延时，延时时间是 1s。再次重新编译，体验闪烁速度的变化。

当你看过 3 种延时的闪烁速度变化，你大概就能明白延时值和速度之间的关系，便能修改参数来达到自己想要的延时速度（或叫延时频率）了。比如我想让速度再慢一些，可以把方法 3 中第 40 行和第 42 行的参数改成“2”，把延时时间变成 2s。延时函数的参数值，可输入的最小值是 1，最大值为 65 535。在填写参数时千万不要超出此值域范围，不然程序会卡死或出错。在常见的闪烁程序中，使用毫秒的次数较多，在程序中大家可以像我这样直接修改延时函数的等级和参数。

现在我们知道了延时函数如何使用，那么延时是如何实现的呢？要了解这个知识，我们可以把光标放在延时函数上，单击鼠标右键，选择“Go To Definition Of 'delay_us'”一项跳到对应的延时函数所在的文件 delay.c，在文件当中可以找到 void delay_us(u32 uS) 函数，这是微秒级延时函数的程序，这里面就是实现延时的程序（见图 14.2）。

学过 8051 单片机的朋友一定知道，在 8051 单片机的程序中，实现延时的方法是通过 C 语言的循环语句，让程序不断循环计数，以无意义的计数浪费时间来达到延时目的的。但这种方法的延时误差较大，只能得到大概的时间范围。由于 C 语言编译器的不同、循环计数的次数不同等诸多原因，延时误差也不相同。对于简单的闪烁程序来说，快点慢点并无大碍。如果要用在精密延时的场合，这种延时程序就派不上

```
20
21 #include "delay.h"
22
23
24 #define AHB_INPUT  72  //请按RCC中设置的AHB时钟频率填写到这里（单位MHz）
25
26
27 void delay_us(u32 uS){ //uS微秒级延时程序
28   SysTick->LOAD=AHB_INPUT*uS;      //重装计数初值（当主频是72MHz，72次为1微秒）
29   SysTick->VAL=0x00;        //清空定时器的计数器
30   SysTick->CTRL=0x00000005;//时钟源HCLK，打开定时器
31   while(!(SysTick->CTRL&0x00010000)); //等待计数到0
32   SysTick->CTRL=0x00000004;//关闭定时器
33 }
34
35 void delay_ms(u16 ms){ //mS毫秒级延时程序（参考值即是延时数，最大值65535）
36   while( ms-- != 0){
37     delay_us(1000); //调用1000微秒的延时
38   }
39 }
40
41 void delay_s(u16 s){ //S秒级延时程序（参考值即是延时数，最大值65535）
42   while( s-- != 0){
43     delay_ms(1000); //调用1000毫秒的延时
44   }
45 }
46
```

图 14.2 delay.c 延时函数文件

用场了。开发者需要编写一个用定时器达到精密延时的程序。

而在 STM32 单片机大多数示例程序中，会使用滴答定时器来实现延时，延时时间非常精准。之前讲过 STM32 内部功能中有一个滴答定时器，它可以用在嵌入式操作系统（在单片机上运行的一种操作系统）的任务切换。如果没有操作系统，它可用来进行延时函数的计时。所以在我们学习嵌入式操作系统之前，用嘀嗒定时器进行精密延时就再合适不过了。

要知道滴答定时器本质上是一个倒计时用的计数器，你可以写入一个初始值，它会根据系统时钟的频率计数，在我们的延时函数中只使用了第 28 行到第 32 行的 5 行语句，就完成了对滴答定时器的延时控制。这 5 行语句所使用的是寄存器操作方式，而不是现在要学习的固件库操作方式。之所以使用寄存器直接操作是因为效率更高，当然你也可以通过固件库的方法来实现这样的程序。大家可以打开“固件库数据用户手册”，在第 238 页找到 18.2 节“滴答定时器的固件库函数”，这里有对滴答定时器的初始化、重装值和一些设置的说明，大家可以作为深入学习的参考资料。

接下来我们逐行讲解延时函数内的程序。如图 14.2 所示，第 28 行语句是重装初值，是把需要定时多长时间的计数值写入滴答定时器的计数器中，因为滴答定时器所使用的是系统时钟源，现在使用的系统时钟主频是 72MHz。有朋友可能会问，核心板上的单片机外部晶体振荡器的频率不是 8MHz 吗，怎么是 72MHz 呢？关于这个问题后文会有详解。要在第 24 行宏定义语句中，在“#define AHB_INPUT 72”中写入数值“72”，如果日后你修改了系统时钟的频率，还需要在此位置同步修改系统时钟的频率数值。

接下来第 28 行将系统时钟频率与我们要延时的时间长度值相乘（AHB_INPUT*uS），得到一个需要计时的时间值，然后把它写入滴答定时器的计数器中。第 29 行语句清空定时器的计数器，规定计数之前必须要清 0。接着第 30 行打开定时器，让定时器开始倒计时。第 31 行语句通过 while 循环等待计时器计时时间到达，也就是在此循环判断计时器的时间值是否为 0。如果是 0 表示时间到，然后跳出 while 循环向下执行。由此可知，单片机在 while 处会停下来，不做其他工作，一直判断、等待着定时器的时间为 0。一旦定时器为 0 就表示计数结束，设定的时间已经到达。随后运行第 32 行关闭定时器，这里写入的数值“0x00000004”是对寄存器的关闭操作。这样具体的计算器操作大家不需要知道，只要简单了解它的含义即可。

这就是微秒级延时函数的实现方法。那毫秒级和秒级的延时是如何实现呢？并不是重复这 5 行操作滴答定时器的指令，而是在毫秒延时的函数内直接调用 1000 次微秒级延时函数。我之前说过毫秒、微秒和秒之间的单位换算关系，所以在毫秒级延时函数中调用了 1000 次微秒级延时函数，也就相当于延时了 1ms。再通过第 36 行的 while 循环就能根据参数是多少毫秒来调用多少千次微秒级延时函数，这样就达

到了毫秒级延时。同理，秒级延时函数是调用了 1000 次毫秒级延时函数，然后每次毫秒级延时再去调用 1000 次微秒级延时，最终调用的还是微秒级延时函数中这 5 行控制滴答定时器的程序。

总体来看延时函数的实现比较简单，初学者如果没有听懂以上关于延时函数的原理也没关系，会调用、会使用即可，等到经验丰富了，了解了单片机的深层原理之后，延时函数的原理自然就明白了。现在我们只要关注延时函数如何使用即可。重点有两点：第一是看要调用什么级别的延时函数以及参数值要在正确范围内；第二是当你修改系统主频时，也要在延时函数中第 24 行的宏定义中修改对应的系统主频。请大家反复练习，修改延时函数的等级和时间参数，重新编译下载，在核心版上体验时间变化的效果，由此熟悉参数与硬件效果之间的关系，这对积累开发经验很有帮助。

14.2 LED呼吸灯程序

LED 除了闪烁效果之外，另一个常见的效果是呼吸灯。所谓呼吸灯就是让 LED 像人的呼吸一样，亮度随时间逐渐变化，渐渐亮、渐渐暗。下面我们就来看一下，如何用延时程序实现呼吸灯效果。在学习呼吸灯的程序原理之前，大家可以先看一下呼吸灯的效果。在附带资料中找到 LED 呼吸灯程序，用 flyMCU 软件打开工程中的 HEX 文件，并下载到单片机中。程序下载后，核心板上的 LED1 便处在呼吸的状态，它的亮度强弱不断交替变化，这就是呼吸灯的效果。有朋友会问：单片机的 I/O 端口不是只能输出高、低电平的数字信号吗？而亮度变化应该和电压、电流相关。不改变硬件电路，电压、电流不变，又是怎么用高、低电平的信号来实现LED的亮度变化呢？这个问题涉及亮度占空比的知识，我们通过实验来了解其中原理。

首先我们依然打开“4 种方法实现 LED 闪烁”的工程。方法 1 的程序实现了 LED 闪烁的效果，使用的延时值是 50 000 μs。如果想让闪烁的速度加快，只要减少延时值就可以了。可是你会发现当延时值减少到一定程度时，LED 竟然不闪了。比如把延时值统一改成 500 μs，重新编译、下载，你会发现核心板上的 LED1 竟然不闪烁了，呈现出常亮状态。但是仔细观察，你会发现 LED 的亮度要比正常点亮时的亮度要低一些。我们再改一下延时值，把点亮 LED 的时间改成 5 μs，熄灭 LED 时间是 500 μs，然后重新编译、下载，你会发现 LED 的亮度变得非常低。只是改了一下延时值，却改变了 LED 亮度。按照之前的理论，LED 不是应该闪烁得更快吗？怎么会不闪烁而变成亮度降低了呢？此处我们就要讲一下视觉暂留以及亮度占空比的知识。

熟悉电影和电视原理的朋友都知道，电影和电视画面在本质上都是由一帧一帧的单独画面组成的，当画面以 24 帧 / 秒以上的速度播放时，画面中的图像就连贯了起来，当画面切换的速度足够快时，人的眼睛就不能分辨每一幅画面，只能看到连续的画面了。同样的原理，如图 14.3 所示，当眼睛看到 LED 闪烁时，其实我们看到的是高、低电平的变化，当线在 H 位置，表示 I/O 端口处于高电平，LED 点亮；当线在 L 位置，表示低电平，LED 熄灭。LED 闪烁程序就是让 LED 有这样的高、低、高、低的不断变化，变化速度较慢，肉眼可以分辨 LED 的点亮和熄灭。当变化周期变得非常快，肉眼无法分辨点亮和熄灭的变化，最终反映到大脑的就是 LED 一直点亮，只是亮度变暗了一些。这正是因为肉眼看到了 LED 的亮和灭

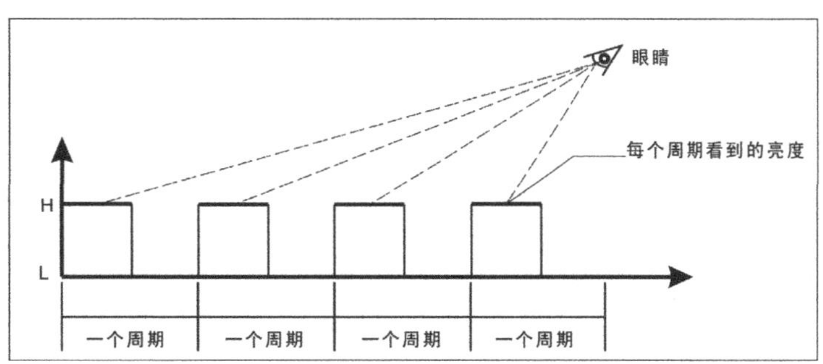

图 14.3 亮度占空比

一个周期的变化，当 LED 的点亮时间和熄灭时间相同时，我们看到的亮度应该是最高亮度的 50%。

当把点亮部分的延时值改为 5 μs、熄灭 500 μs 时，实际上是在一个亮和灭的周期内，点亮的时间短，熄灭的时间长。由于视觉暂留现象的存在，肉眼看到的 LED 亮度变得更低了。根据这个原理，只要通过延时值来改变点亮时间与熄灭时间的比例，就能改变亮度。比如点亮时间占 10%，熄灭时间占 90%，那么 LED 就会很暗；如果点亮的时间是 100%，LED 就会达到最高亮度。LED 点亮、熄灭时间的比值叫“占空比”，“占”代表点亮时间，“空”代表熄灭时间。

我们知道了如何通过占空比来调节 LED 亮度，接下来看一下如何实现呼吸灯效果。在附带资料中打开 LED 呼吸灯程序，在工程中找到 main.c 文件中的 main 函数，如图 14.4 所示。你可以先试着看一下主函数里的内容，看看能不能看懂，如果看不懂，再来看我的讲解。要想学好单片机开发，最重要的是能读懂别人的程序，也能够自己来编写程序，所以在没有任何参考与帮助的情况下，逐行分析程序，可以锻炼你独立分析的能力。看的程序越多，理解力就越强，这对今后的独立编程非常有益。所以请你对今后的每一个程序示例也都如法炮制，在我讲解之前自己先分析一遍，不懂之处再看我的讲解。

LED 呼吸灯程序最终呈现的效果，就是刚刚实验所看到的呼吸灯效果。呼吸灯效果从过程上可拆分成两个部分：一是亮度逐渐变亮，二是亮度逐渐变暗。两个部分需要用两段程序分别实现，在工程中我使用了菜单切换，菜单切换是编程中很重要的技巧之一，可以把不同功能的程序放入不同的菜单值判断中，通过改变菜单值来切换运行不同的程序。

```
17 #include "stm32f10x.h" //STM32头文件
18 #include "sys.h"
19 #include "delay.h"
20 #include "led.h"
21
22
23 int main (void){//主程序
24     //定义需要的变量
25     u8 MENU;
26     u16 t,i;
27     //初始化程序
28     RCC_Configuration(); //时钟设置
29     LED_Init();
30     //设置变量的初始值
31     MENU = 0;
32     t = 1;
33     //主循环
34     while(1){
35         //菜单0
36         if(MENU == 0){ //变亮循环
37             for(i = 0; i < 10; i++){
38                 GPIO_WriteBit(LEDPORT,LED1,(BitAction)(1)); //LED1端口输出高电平1
39                 delay_us(t); //延时
40                 GPIO_WriteBit(LEDPORT,LED1,(BitAction)(0)); //LED1端口输出低电平0
41                 delay_us(501-t); //延时
42             }
43             t++;
44             if(t==500){
45                 MENU = 1;
46             }
47         }
48         //菜单1
49         if(MENU == 1){ //变暗循环
50             for(i = 0; i < 10; i++){
51                 GPIO_WriteBit(LEDPORT,LED1,(BitAction)(1)); //LED1端口输出高电平1
52                 delay_us(t); //延时
53                 GPIO_WriteBit(LEDPORT,LED1,(BitAction)(0)); //LED1端口输出低电平0
54                 delay_us(501-t); //延时
55             }
56             t--;
57             if(t==1){
58                 MENU = 0;
59             }
60         }
61     }
62 }
```

图 14.4 main.c 文件中的 main 函数

比如我们定义一个用于菜单值的变量 MENU，如果菜单值等于 0，将循环运行第 36 行的“if(MENU==0)”判断语句内的 LED 变亮的程序。如果菜单值等于 1，则循环运行第 49 行的“if(MENU==1)”的 LED 变暗程序。只要在初始化程序中给出变量 MENU 值（第 31 行），就能决定程序从哪一部分开始执行。在其他部分也能修改菜单值（第 45、58 行），以从当前菜单切换到其他菜单。除此之外，你还可以定义更多的菜单值和 if 判断语句，比如“if(MENU==2)”或“if(MENU==3)”都可以运行不同的菜单内容。

在第 36 行“if(MENU==0)”的循环程序中，我们要实现 LED 变亮的循环，要怎样做到呢？首先在第 37 行中有一个 for 循环，for 循环的作用是调节呼吸灯的速

度，在 for 循环的内部，第 38 行到第 41 行是点亮和熄灭 LED 程序。第 39、41 行使用了微秒级延时函数，注意延时参数中的值并不是固定数值，而是一个变量 t，由第 43 行可知，t 的值会不断增加，也就是让 LED 点亮的时间逐渐变长，而下面第 41 行的延时函数参数中使用“501-t”的算式，501 是一个占空比周期的总延时值。假如 t 值为 1，LED 点亮时间为 1 μ s，那么 LED 熄灭时间是“501-1”，即 500 μ s。假定 t 值不断累加到 500，熄灭延时就是“501-500”，等于 1 μ s。点亮和熄灭的一个周期总时长还是 501 μ s，通过变量 t 的不断变化，就改变了 501 μ s 中点亮和熄灭 LED 的时间，实现了占空比控制。

而每次 t 值在同一亮度的情况下通过第 37 行的 for 循环反复执行了 10 次，如果没有 for 循环，则每次 t 值都会加 1，呼吸速度会变得很快。而加了 for 循环，同一个占空比的亮度循环执行 10 次，相当于同一亮度停留的时间增加了 10 倍。当停留一段时间（10 次循环的时间）之后，接下来 t 值加 1，再回到 for 循环时点亮 LED 的时间就会延长，同时熄灭 LED 的时间就会缩短。导致占空比不断增加，LED 由暗逐渐变亮。如果 t 值达到了最大亮度，LED 完全点亮，就应该结束渐亮的程序，跳转到渐暗的程序。所以第 44 行 if 判断当 t 等于 500 时，将菜单值 MENU 变成 1（第 45 行）。这时程序切换到第 49 行“if(MENU==1)”，进入变暗循环部分。变暗循环的程序原理和变亮循环一样，只是 t 值递减（第 56 行），当 t 值减到 1 时（第 57 行），表示 LED 已经最暗，这时再将菜单值 MENU 变成 0（第 58 行），回到变亮的 if 循环（第 36 行），这样就完成了一个变亮再变暗的周期，实现了呼吸灯效果。

在 main.c 文件中第 25 行程序的开始部分，有定义需要的变量。在 STM32 程序开发中，定义变量有一个简单的方法，输入“u8”表示定义无符号 8 位变量，输入“u16”表示定义无符号 16 位变量。下边第 31、32 行是给定义的变量写入初始值，以便让程序在第一次进入第 34 行的 while 主循环时决定进入哪一个 if 判断语句。先给出第 36 行的 MENU=0，然后再给出第 37 行变量 t 的初始值，从而决定第一次进入第 36 行“if(MENU==0)”时延时函数的时间初始值。

关于 STM32 编程中定义变量的方法，如图 14.5 所示，这里有全部的变量定义方法，“u32”表示定义无符号的 32 位变量，“vu32”则表示定义无符号易变型 32 位变量。所谓的“易变型”主要是用在中断处理函数中。还有“uc32”表示定义只读的无符号 32 位变量，这种变量只能读、不能写，实际上它的内容存放在 Flash 中，一般要做固定参数时才用到。我们最常用的是定义 u8、u16、u32 这样的无符号变量，它们的值存放在 RAM 中，可以在程序运行过程中不断读取和改写。关于变量定义的内容，后文还会讲到。

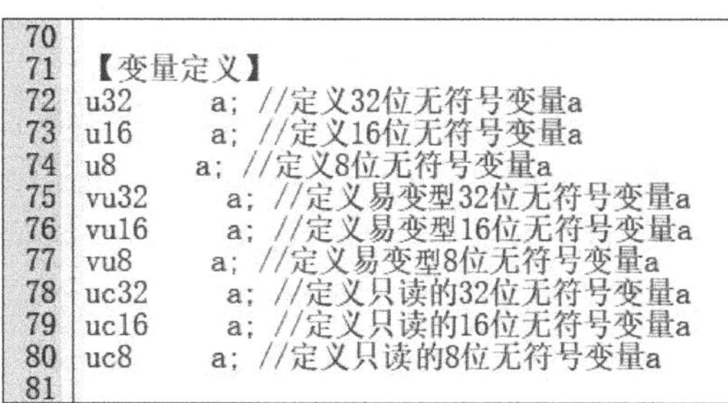

```
【变量定义】
u32     a; //定义32位无符号变量a
u16     a; //定义16位无符号变量a
u8      a; //定义8位无符号变量a
vu32    a; //定义易变型32位无符号变量a
vu16    a; //定义易变型16位无符号变量a
vu8     a; //定义易变型8位无符号变量a
uc32    a; //定义只读的32位无符号变量a
uc16    a; //定义只读的16位无符号变量a
uc8     a; //定义只读的8位无符号变量a
```

图 14.5 变量定义的说明

在呼吸灯程序中有几个参数大家可以试着修改一下，看看效果会有怎样的变化。第一个就是呼吸灯的速度，可以修改第 37 行和第 50 行中 for 循环的值来调节。第二个就是占空比的总时长，修改它可以调节亮度变化每一格的精度，因为 t 值每次只加 1，如果总时长很短，变量每加 1 的亮度变化就很大；如果总时长很长，那么 t 值每次加 1，亮度之间的变化就很小。所以第 41 行中的 t 的最大值 500 可以调节亮度的变化精度，同时也能够改变呼吸周期的长度。在修改此值时，你同时也要修改第 44 行的判断值，别忘了它们之间是相互关联的，变暗部分的修改方法也一样。大家可以试着自己修改一下程序，做出有自己风格的呼吸灯。

第 29 步

15 通过按键控制LED

上节我们学会了 I/O 端口的输出操作，也就是通过 I/O 端口控制 LED 的亮灭与亮度。这节我们来学习 I/O 端口的输入操作，也就是通过 I/O 端口读取微动开关按键的状态，然后再写一段程序，通过按键来控制 LED，看一看按键控制都有哪些特性和编程技巧。按照之前的惯例，讲解一个新的功能要从硬件电路分析、程序分析和下载 HEX 观察实验效果这 3 个方面展开。现在我们介绍微动开关按键的功能，先来看一下硬件部分。

如图 15.1 所示，在核心板上有两个独立的用户按键，分别是 KEY1 和 KEY2。微动开关按键的基本原理是：用手指按下按键帽时，按键两端的引脚便会导通。当手指离开按键帽时，按键弹起，两端的引脚断开。

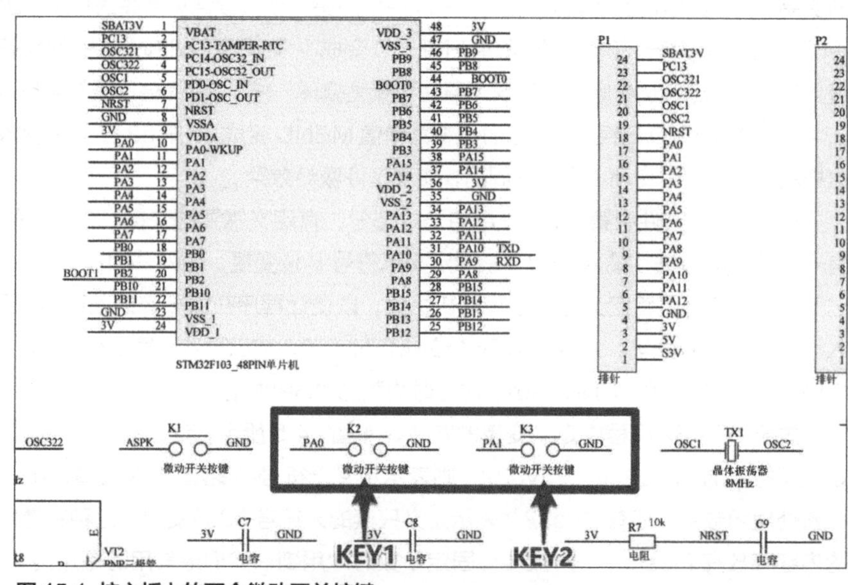

图 15.1 核心板上的两个微动开关按键

如图 15.2 所示，在核心板电路原理图上有 K2 和 K3 这两个按键，K2 所对应的是核心板上的 KEY1，K3 所对应的是核心板上的 KEY2。从原理图上看，K2 按键两个引脚中的一个连接到 PA0 端口，也就是 STM32 单片机的第 10 脚；另一个连接到 GND，也就是电源负极。K3 按键两个引脚中的一个连到 PA1 端口，也就是单片机的第 11 脚；另一个连接到 GND。也就是说当 K2 按键被按下时，PA0 端口和 GND 导通，使得 I/O 端口短接到电源负极。我们可以通过程序来读取 I/O 端口的电平状态，如果是低电平，表示按键被按下；如果是高电平，表示按键被放开。这种一端接 I/O 口，另一端接 GND 的按键连接方法是最经典、最常用的按键连接方法，大家以后在设计单片机电路时，只要按照此方法连接即可，不需要再做其他改进。如果你想用较少的 I/O 端口来连接更多的按键，那就需要阵列式按键连接方式，这种按键连接方式在后文中我会讲到。在使用较少按键时，可以用这种独立的按键连接方式。

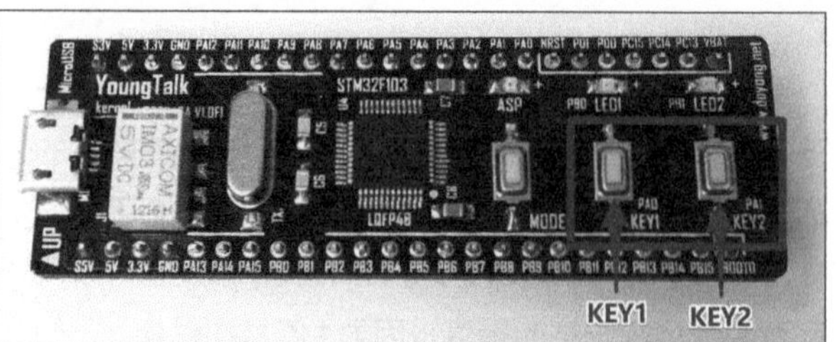

图 15.2 核心板电路原理图中的按键

硬件电路部分非常简单，无须多言。下面看一下程序部分。大家可以在附带资料中找到“按键控制 LED 程序”。用 Keil 软件打开工程，我已经在工程树中加入了 key.c 文件和 key.h 文件（见图 15.3），而且也在 Keil 4 的 Components 设置中加入了相关的文件或文件夹，如果你需要在其他工程中加入 key.c 文件，那就必须在 Components 设置中的 Hardware 文件夹里加入 key.c，如图 15.4 所示；同时要在 Options 设置的 C/C++ 选项卡的 Include Paths 栏中加入 Hardware 中的 KEY 文件夹，如图 15.5 所示。这样才能正常编译。

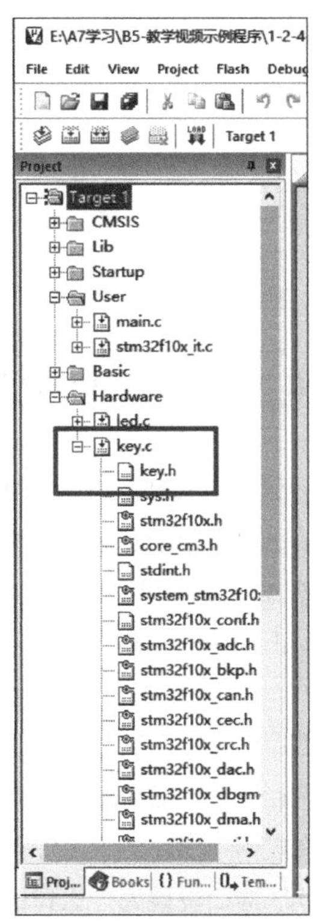

图 15.3 工程树中的按键相关文件

我们先来看 key.h 文件中都有什么内容。如图 15.6 所示，首先第 3 行是 #include "sys.h"，加载了 sys.h 文件。接下来第 13 行声明了 KEY_Init() 函数，这是微动开关接口的初始化程序。这个初始化程序和之前学过的 led.c 文件中的 LED 初始化程序 LED_Init() 是一样的，都是在上电之后对 I/O 端口进行端口号、工作模式、速度的初始化设置，只是 LED 所使用的 I/O 端口是用来输出的，而微动开关按键的 I/O 端口是用来输入的，所以有工作模式上的差别。

接下来我们打开 key.c 文件，如图 15.7 所示。第 21 行是加载 key.h 文件，第 23 ~ 30 行是按键初始化函数 KEY_Init() 的具体内容。其中第 24 行是定义枚举变量，第 25 行是启动相应的 RCC 总线时钟，这些都和 LED_Init() 中的程序一样，不再赘述。第 26 行是定义按键的 I/O 端口号，这里有 KEY1 和 KEY2 两个按键。第 27 行是设置 I/O 端口的工作模式，这里设置为上拉电阻输入模式。

刚才说过，按键在被按下后与 GND 短接，即当按键没有按下时需要让 I/O 端口保持在高电平。所以这里使用上拉电阻模式，即在按键没有被按下时让按键所连接的 I/O 端口没有连接 GND，是未接任何电路的悬空状态。设置为内部上拉电阻，I/O 端口则在悬空时仍保持高电平状态。当按键被按下时，I/O 端口与 GND 短接，被 GND 强制变成低电平，单片机只要通过读取按键是高电平还是低电平，就能知道按键是否被按下。因为设置了 I/O 端口为上拉电阻输入模式，所以第 28 行设置 I/O 端口的速度就不需要了（可屏蔽）。因为单片机数据手册里有说明，当 I/O 端口设置为输入模式时不需要设置速度，当 I/O 端口设置为输出模式时速度设置才有效。第 29 行是 I/O 端口的初始化程序 GPIO_Init(KEYPORT,&GPIO_InitStructure)，参数中使用了 KEYPORT，这与 LED 初始化中的作用一致。

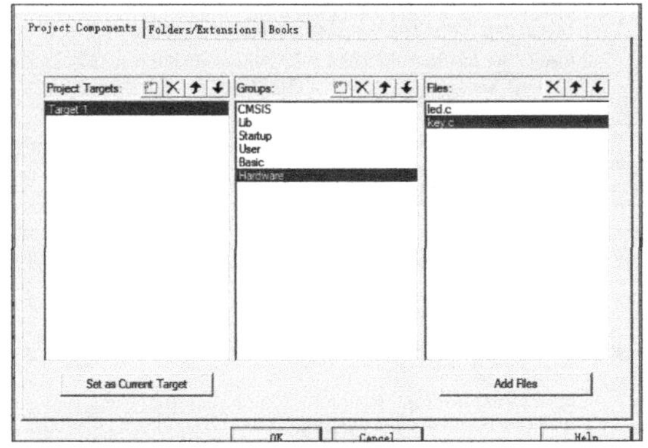

图 15.4 Components 设置窗口

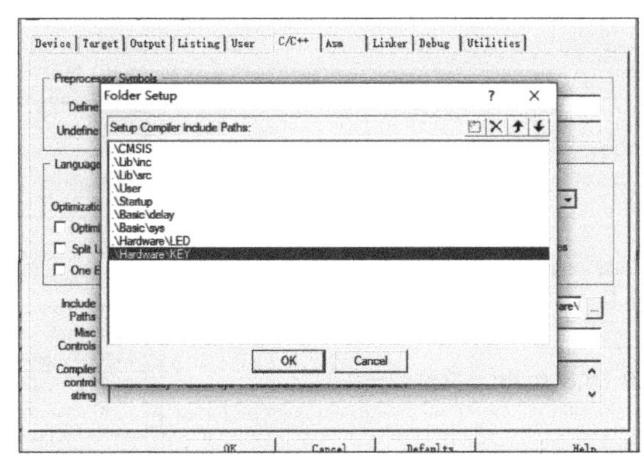

图 15.5 Options 设置窗口

```
1  #ifndef __KEY_H
2  #define __KEY_H
3  #include "sys.h"
4
5  //#define KEY1 PAin(0)// PA0
6  //#define KEY2 PAin(1)// PA1
7
8  #define KEYPORT GPIOA //定义I/O端口组
9  #define KEY1  GPIO_Pin_0  //定义I/O端口
10 #define KEY2  GPIO_Pin_1  //定义I/O端口
11
12
13 void KEY_Init(void);//初始化
14
15
16 #endif
```

图 15.6 key.h 文件中的内容

我们再回到 key.h 文件中看一下，如图 15.6 所示。第 8 ~ 10 行是宏定义，定义了 KEYPORT 所代表的 I/O 端口组，KEY1、KEY2 定义了所对应的 I/O 端口号。其中 KEYPORT 定义为 GPIOA，也就是 PA 组的 I/O 端口，KEY1 是第 0 号端口（PA0），KEY2 是第 1 号端口（PA1），如图 15.7 所示。

接下来打开 main.c 文件，如图 15.8 所示，开头部分依然是加载库文件的声明，注意第 22 行一定要把 key.h 文件加载进来，这样后续才能够调用按键相关的函数。接下来进入 main 函数，第 25 行定义一个 u8 变量 a，此变量在下面程序中会用到。第 27 行是系统时钟初始化函数 RCC_Configuration()，第 28 行是 LED 初始化函数 LED_Init()，第 30 行是按键初始化函数 KEY_Init()。按键初始化函数就是调用了 key.c 文件中的 KEY_Init() 按键初始化函数。在第 33 行 while 主循环中，我设计了 4 个按键使用的示例，这些示例都使用了固件库中的函数，大家可以打开固件函数库用户手册，在第 122 页找到 GPIO 端口相关的函数（见图 15.9）。

与 I/O 端口输入相关的有：（1）GPIO_ReadInputDataBit，这个函数读取指定 I/O 端口的输入状态，也就是读取某一个 I/O 端口的电平状态，比如单独读取 PA0 或 PA1 的电平输入状态；（2）GPIO_ReadInputData，这个函数读取 GPIO 端口组的输入状态，它能读取 PA 或 PB 整组的 16 个 I/O 端口的电平状态；（3）GPIO_ReadOutputDataBit，这个函数读取 I/O 端口引脚的输出状态，也就是说将 I/O 端口设置为什么样的输出，就可以读出什么样的输出状态。GPIO_ReadOutputData 是读取指定的 GPIO 整组端口 16 个端口的状态，它是读取 I/O 端口输出的电平状态。这些函数的具体内容，大家可以向下翻看手册找到。

```
#include "key.h"

void KEY_Init(void){ //微动开关的端口初始化
  GPIO_InitTypeDef  GPIO_InitStructure; //定义GPIO的初始化枚举结构
    RCC_APB2PeriphClockCmd(RCC_APB2Periph_GPIOA,ENABLE);
    GPIO_InitStructure.GPIO_Pin = KEY1 | KEY2; //选择端口号（0~15或all）
    GPIO_InitStructure.GPIO_Mode = GPIO_Mode_IPU; //选择I/O端口工作方式 //上拉电阻
//    GPIO_InitStructure.GPIO_Speed = GPIO_Speed_50MHz; //设置I/O端口速度（2/10/50MHz）
  GPIO_Init(KEYPORT,&GPIO_InitStructure);
}
```

图 15.7 key.c 文件中的内容

```
17 #include "stm32f10x.h" //STM32头文件
18 #include "sys.h"
19 #include "delay.h"
20 #include "led.h"
21
22 #include "key.h"
23
24 int main (void){//主程序
25   u8 a; //定义变量
26   //初始化程序
27   RCC_Configuration(); //时钟设置
28   LED_Init();//LED初始化
29
30   KEY_Init();//按键初始化
31
32   //主循环
33   while(1){
```

图 15.8 main.c 文件的开头部分

Table 179. GPIO 库函数

函数名	描述
GPIO_DeInit	将外设 GPIOx 寄存器重设为缺省值
GPIO_AFIODeInit	将复用功能（重映射事件控制和 EXTI 设置）重设为缺省值
GPIO_Init	根据 GPIO_InitStruct 中指定的参数初始化外设 GPIOx 寄存器
GPIO_StructInit	把 GPIO_InitStruct 中的每一个参数按缺省值填入
GPIO_ReadInputDataBit	读取指定端口管脚的输入
GPIO_ReadInputData	读取指定的 GPIO 端口输入
GPIO_ReadOutputDataBit	读取指定端口管脚的输出
GPIO_ReadOutputData	读取指定的 GPIO 端口输出
GPIO_SetBits	设置指定的数据端口位
GPIO_ResetBits	清除指定的数据端口位
GPIO_WriteBit	设置或者清除指定的数据端口位
GPIO_Write	向指定 GPIO 数据端口写入数据
GPIO_PinLockConfig	锁定 GPIO 管脚设置寄存器
GPIO_EventOutputConfig	选择 GPIO 管脚用作事件输出
GPIO_EventOutputCmd	使能或者失能事件输出
GPIO_PinRemapConfig	改变指定管脚的映射
GPIO_EXTILineConfig	选择 GPIO 管脚用作外部中断线路

图 15.9 固件函数库用户手册第 122 页的表格

15.1 示例1

```
35      //示例1：无锁存
36      if(GPIO_ReadInputDataBit(KEYPORT,KEY1)){ //读按键端口的电平
37        GPIO_ResetBits(LEDPORT,LED1); //LED 都为低电平（0）
38      }else{
39            GPIO_SetBits(LEDPORT,LED1); //LED都为高电平（1）
40      }
```

图 15.10 示例 1

先来看第 35 ~ 40 行的“示例 1”，如图 15.10 所示，这是一个读取无锁按键状态控制 LED 的程序，请大家单击“编译”，然后将 HEX 文件下载到核心板中看一下效果。写入程序后，我们可以看到没有按下按键时，LED 熄灭。当按下 KEY1 按键时，LED1 点亮；松开 KEY1，LED1 熄灭。于是我们就能通过 KEY1 按键来控制 LED。这种按下点亮、松开熄灭的方式，俗称“无锁存”按键控制。

那么无锁存按键控制程序是如何实现的呢？如图 15.10 所示，第 36 行为一个 if 语句，if 语句里面调用了一个固件库函数 GPIO_ReadInputDataBit(KEYPORT,KEY1)，也就是读取一个 I/O 端口的电平输入状态。此函数中有两个参数：第一个参数是使用哪个 I/O 端口组，第二个参数是端口号。这里面使用的第一个参数是 KEYPORT，也就是 GPIOA；第二个参数是 KEY1，也就是使用了 PA0 端口，那么 if 语句判断此 I/O 端口状态，如果读取到高电平（逻辑 1），表示 if 判断为真，则执行第 37 行的语句 GPIO_ResetBits(LEDPORT,LED1)，把 LED 的 I/O 端口变成低电平，LED 熄灭；如果读取到低电平（逻辑 0），if 判断为假，则执行第 39 行 else 里面的程序 GPIO_SetBits(LEDPORT,LED1)，将 LED 点亮。如此一来就达到了刚才看到的程序效果。

15.2 示例2

示例 1 的操作相对简单，接下来把示例 1 部分屏蔽，解除示例 2 部分的屏蔽，重新编译并下载，在核心板上观察效果。代码如图 15.11 所示，示例 2 所达到的效果和示例 1 完全相同，但是它的程序更加简单，只有一行语句。

首先使用了 GPIO_WriteBit 函数，也就是 I/O 端口写操作，写入 LED1 指示灯的状态。使用了 (BitAction)(?)，如果括号里的问号部分为真（逻辑 1），表示输出高电平，LED 点亮；为假（逻辑 0），对应的 I/O 端口输出低电平，LED 熄灭。问号处并没有直接写入数字“1”或“0”，而是写了读取按键的固件库函数 GPIO_ReadInputDataBit(KEYPORT,KEY1)，也就是读取按键 KEY1 的电平状态。需要注意的是，在读取按键 KEY1 电平状态的函数前面有一个叹号“!”，叹号的含义是取非运算，即如果读取的按键状态为高电平（逻辑 1），取非运算后为低电平（逻辑 0），使得问号处最终为 0，相当于执行了 GPIO_WriteBit(LEDPORT,LED1,(BitAction)(0)) 这样的函数，LED 熄灭；如果读取按键状态为低电平（逻辑 0），取非运算后为高电平（逻辑 1），相当于执行了 GPIO_WriteBit(LEDPORT,LED1,(BitAction)(0))，LED1 点亮。总之，在示例 2 这一行程序中调用了两个固件库函数。从这个示例可以得出结论，GPIO_WriteBit 函数的参数中的 (BitAction)(?)，问号处可以是 1 或 0，也可以是其他库函数，这样的程序写法扩展了编程的更多可能性。

15.3 示例3

```
    //示例2：无锁存
    GPIO_WriteBit(LEDPORT,LED1,(BitAction)(!GPIO_ReadInputDataBit(KEYPORT,KEY1)));
```

图 15.11 示例 2

好，现在我们屏蔽示例 2，解除示例 3 的屏蔽。如图 15.12 所示，示例 3 有所不同，它是有锁存的按键程序。请大家重新编译、下载，在核心板上看一下效果。效果是不按按键时 LED 熄灭，按下按键时 LED 点亮。但是当松开

```
45      //示例3：有锁存
46      if(!GPIO_ReadInputDataBit(KEYPORT,KEY1)){ //读按键端口的电平
47        delay_ms(20); //延时去抖动
48        if(!GPIO_ReadInputDataBit(KEYPORT,KEY1)){ //读按键端口的电平
49          GPIO_WriteBit(LEDPORT,LED1,(BitAction)(1-GPIO_ReadOutputDataBit(LEDPORT,LED1))); //LED取反
50          while(!GPIO_ReadInputDataBit(KEYPORT,KEY1)); //等待松开按键
51        }
52      }
```

图 15.12 示例 3

时，LED 依然处于点亮状态。只有再次按下并松开按键，LED 才熄灭。这种效果像是家用的电灯，按一下开关点亮，再按熄灭。它能够锁存 LED 当前状态。那么这个效果是如何实现的呢？

如图 15.12 所示，第 46 行依然使用了 if 判断，加入了读取按键的输入状态的函数 GPIO_ReadInputDataBit(KEYPORT,KEY1)，只是函数前面加入了取非运算符“!”，也就是当执行此 if 语句时，如果按键被按下才执行 if 语句里面的内容。第 47 行在进入 if 语句后并不进行其他操作，而是加入一个 20ms 的延时函数，这是为什么呢？这就需要说明一下按键的特性。

如图 15.13 所示，按键在被按下和松开的瞬间会有一个电平的抖动，因为按键是机械开关，在两个金属片连接和断开的一瞬间会有机械抖动，抖动产生了按键的声音，当我们按下按键时就会听到“啪”的声音，声音来自振动，也就是按键的抖动。抖动的时间一般在 10 ~ 20ms，但是进行按键判断就需要考虑到这个抖动，当按键没有被按下时，由于内部的上拉电阻的作用，按键保持在高电平状态。但是当按键被按下的瞬间，因为单片机的处理速度非常快，如果在这一瞬间就去读取电平，那么读到的电平可能是高电平，也可能是低电平，因为它处在一个不稳定的波动状态。为了能正确判断按键是否被按下，我们需要躲过按键抖动的时期，等 10 ~ 20ms 后，当按键进入稳定的低电平状态时，我们再来读取按键的电平状态，这样才能读到按键的真实、稳定状态。这种方法是读取按键状态的必要过程，也是经典的程序设计技巧，这个方法的有效性已经被无数开发者所印证，是稳定可靠的，大家可以放心借鉴。

经过了 20ms 的等待，按键进入了稳定状态，这时我们还需要重新读一次按键，这一次读取的才是真正的按键状态。如果为低电平就执行 if 语句里面的内容，如果为高电平说明这次判断是一个干扰，不运行 if 语句里面的内容。如果按键是被按下的，读取 I/O 端口为低电平，那么第 48 行的第 2 次 if 判断也为真，则运行第 49 行的 GPIO_WriteBit(LEDPORT,LED1,(BitAction)(1-GPIO_ReadOutputDataBit(LEDPORT,LED1)))，它是将 LED 所连接的 I/O 端口的电平状态取反（非运算）。使用的同样是 GPIO_WriteBit 固件库函数，GPIO_WriteBit 第 3 个参数的括号内又一次加入了固件库函数 GPIO_ReadOutputDataBit (LEDPORT,LED1)，也就是读取 I/O 端口的输出状态，因为我们设置了 LED 所连接的 I/O 端口为输出状态，所以这里必须使用读取输出的电平状态的函数，不能使用 GPIO_ReadInputDataBit（只有把 I/O 端口设置为输入模式才能使用）。所以第 39 行程序中，它先读取了 LED 连接的 I/O 端口的电平状态，然后用“1”减去，这就等同于取反（非运算）操作。如果当前 LED 状态是低电平（逻辑 0），那么 1-0=1；如果 LED 状态是高电平（逻辑 1），那么 1-1=0，相当于取反的效果。这样一来就能够将 LED 状态读进来，进行取反，将取反的值再送回 LED 端口，最终使得 LED 状态反转。点亮

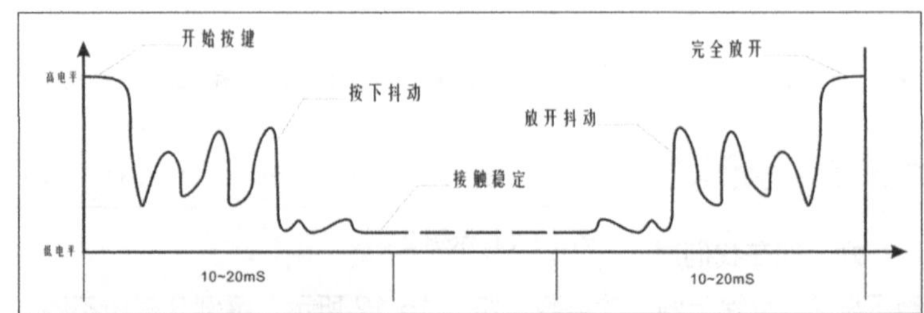

图 15.13 微动开关按键的抖动过程

变成熄灭，熄灭变成点亮。

接下来第 50 行判断按键是否被放开，这里面依然使用了 GPIO_ReadInputDataBit 读取 I/O 端口的输入状态，前面用“!”取反。这里使用了 while 语句，即循环等待。如果读到按键状态是低电平，按键是被按下的，那么就一直循环这条语句，不断判断按键状态，直到按键被放开才跳出，向下执行。加入第 50 行程序是为了防止按键被按住不放时，程序会一直反复判断和运行，这样 LED 会一直反复地点亮和熄灭，达不到稳定效果。所以在每次按键被按下后都要有一个等待被放开的判断，只有按键被放开才能运行其他程序。

大家记住经典的按键读取流程是：先判断按键是否被按下，如果被按下则延时 20ms，再一次判断是否被按下，如果被按下则进行相对应的 LED 控制，最后等待按键被放开，只有按键被放开才退出程序。示例 3 是经典的按键读取操作示例，请大家牢记，今后会经常用到。

15.4 示例4

```
54      //示例4: 有锁存
55      if(!GPIO_ReadInputDataBit(KEYPORT,KEY1)){ //读按键端口的电平
56        delay_ms(20); //延时20ms去抖动
57        if(!GPIO_ReadInputDataBit(KEYPORT,KEY1)){ //读按键端口的电平
58          //在2个LED上显示二进制加法
59          a++; //变量加1
60          if(a>3){ //当变量的值大于3时清0
61            a=0;
62          }
63          GPIO_Write(LEDPORT,a); //直接操作数值将变量值写入LED (LED在GPIOB组的PB0和PB1上)
64          while(!GPIO_ReadInputDataBit(KEYPORT,KEY1)); //等待松开按键
65        }
66      }
```

图 15.14 示例 4

接下来屏蔽示例 3，解除示例 4 的屏蔽，如图 15.14 所示。这同样是一个有锁存的按键程序，但使用了两个 LED 指示灯（LED1 和 LED2），产生了二进制点亮的效果。我们可以编译、下载，看一下效果。效果是按下按键时 LED1 点亮，再次按下按键时 LED2 点亮，再按一次按键时 LED1 和 LED2 同时点亮，再按一次按键时 LED1 和 LED2 同时熄灭。其实实现这个效果的方法非常简单，首先依然使用了经典的按键读取程序（示例 3），只是在 LED 控制部分加了新的花样。

之前的 LED 状态是通过固定的 1 和 0 来操作的，而这里使用了变量 a，变量 a 是在 main 函数开头定义的一个 8 位无符号变量。当按键确定被按下之后，便执行第 59 行的 a++，也就是 a 的值加 1。初始状态下，变量 a 的值为 0，加 1 后为 1。下边第 63 行使用了 GPIO_Write(LEDPORT,a)，写入整组 I/O 端口状态，写入的是 LEDPORT，也就是 PB 组端口，写入的值是变量 a，a 的值此时是 1，使得整组 16 个 I/O 端口组中第 0 位（PB0）为 1，即 LED1 的状态为高电平点亮。当下一次按键被按下时，a 值又加 1 等于 2，则 LED2 点亮；当下一次按键被按下时，a 再加 1 等于 3，在二进制数中，3 是 11，LED1 和 LED2 同时点亮；当 a 值加到 4 时，第 60 行的 if 语句发挥作用，判断 a 的值大于 3 则让 a 的值等于 0，再次写入就使得两个 LED 同时熄灭，也就实现了刚才实验的效果。

当你理解以上 4 个关于按键的示例程序的写法时，你就掌握了按键的基本使用方法。按键虽然有很多复杂的应用，比如双击、长按等，但其核心原理无非是“按下”和“放开”。而这两个基本动作又连接到对 I/O 端口的读取操作，涉及 4 个固件库函数。学习单片机编程，需要养成一种将复杂拆分成简单的思维方式。在化繁为简的过程中，你能体会到程序之间的结构关系，理清各层次的关联和差异。这能让你在面对更复杂、更困难的学习时，保持四两拨千斤的能力。希望你能理解，学习 LED 的驱动、按键的使用并不是目的，我们的目的是从一项项功能的硬件电路分析和程序分析中，发现它们的规律。只有掌握规律才能一通百通、举一反三。如果只关注你是否学会了按键的使用方法，那么一旦脱离了我的分析、指导，你要如何自学呢？

第 30 步

16 Flash读写程序

之前我们讲过，单片机中的 Flash 存储器（闪存）不仅能够保存下载的用户程序，还能保存单片机运行时的临时数据。现在我们就来看一下，如何用 Flash 保存 LED 的开关状态。

首先我们依然在附带资料中找到“Flash 读写程序”，把工程中的 HEX 文件写入单片机当中，看一下运行效果。在核心板上可以看到两个 LED 同时点亮，按 KEY1 键可以切换 LED 状态，这和上一节中使用按键控制 LED 亮灭的效果是一样的。唯一不同的是，使用上一节中的程序，一旦关掉电源再开启，两个 LED 的初始状态是同时熄灭的，而这一节的程序中加入了 Flash 存储功能，也就是说 LED 当前的状态在重新上电或复位之后，依然能保持断电之前的状态。请在核心板上按 MODE 键关掉电源再打开，你会发现两个 LED 的点亮状态和关闭电源前的状态相同，LED 的点亮状态已经存储在单片机内部的 Flash 中，即使断电也不会丢失。

这个效果是如何实现的呢？要把数据存储在Flash中并不复杂，请打开附带资料中的“Flash读写程序”的工程，工程的其他部分都和上一节中的“用按键控制 LED 程序”完全相同，只是在 Basic 文件夹里面创建了一个新的“flash”文件夹，在里面加入了 flash.c 和 flash.h 两个文件。

我们用 Keil 4 软件打开工程，在工程中我已经设置好了新加入的 flash.c 和 flash.h 文件。如果你需要把它们加入你自己的工程中，那么就要在 Keil 4 中进行设置。单击 Components 按钮，如图 16.1 所示。在弹出的窗口中的 Basic 文件夹中单击“Add Files”（添加文件）按钮添加 flash.c 文件，如图 16.2 所示。然后单击 Options 按钮，在弹出的窗口中单击“C/C++”选项卡的“...”按钮，在关联文件夹一项中添加 Basic 里面的 flash 文件夹，如图 16.3 所示。

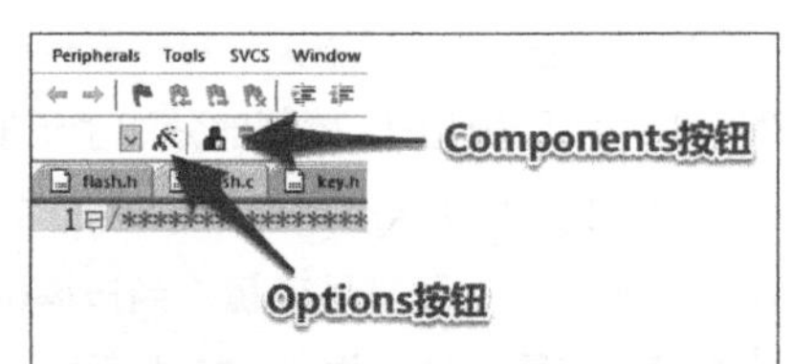

图 16.1 Keil 软件的两个关键设置按钮

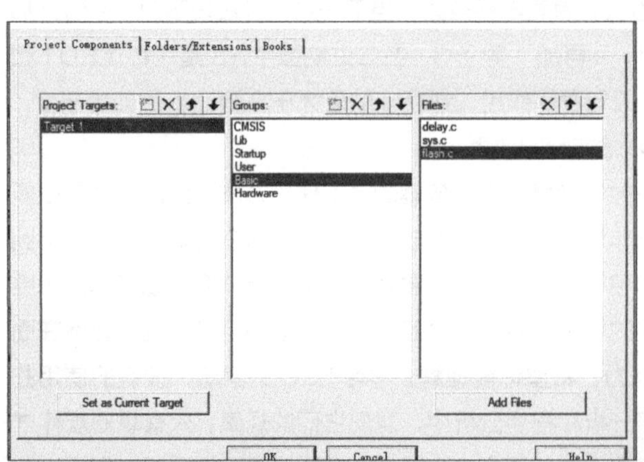

图 16.2 在 Basic 文件夹中添加 flash.c 文件

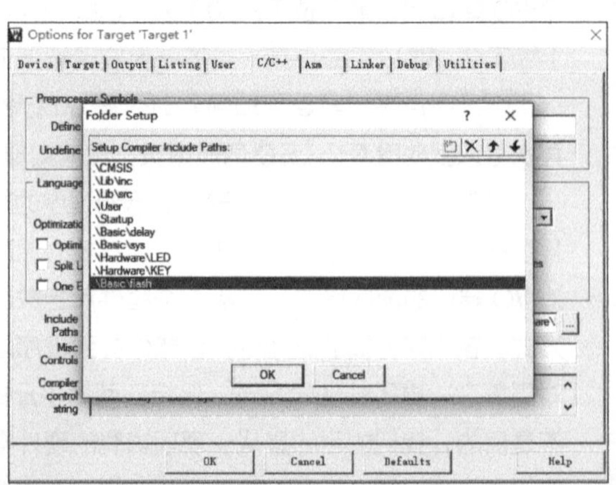

图 16.3 添加 Basic 里面的 flash 文件夹

另外，在 Flash 程序中涉及底层库函数，所以要在工程文件树的 Lib 文件夹下添加 stm32f10x_flash.c 底层固件库文件。方法是单击 Keil 4 界面上的 Components 按钮，在设置窗口中选择 Lib 文件夹，然后单击下面的“Add Files”按钮，在添加文件窗口 Lib 文件夹中找到 src 文件夹，在里面找到 stm32f10x_flash.c 文件，单击“Add”按钮进行添加，如图 16.4 所示。如果发现窗口中已经添加过了这个文件就无须重复添加。添加完成后就可以使用 Flash 相关的固件库函数。

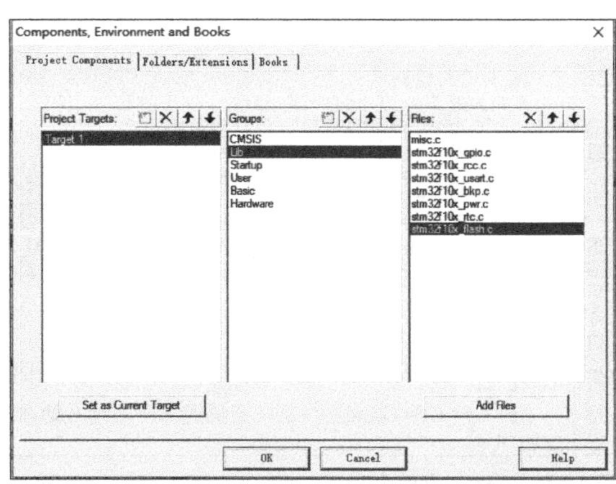

图 16.4 在 Lib 文件夹中添加 stm32f10x_flash.c 文件

接下来我们看一下 flash.c 和 flash.h 文件都有哪些内容。首先打开 flash.h 文件，如图 16.5 所示。第 3 行声明 sys.h 文件，接下来并没有 I/O 端口的宏定义，只有第 6 行和第 7 行的两个函数声明，FLASH_W 是写数据函数，FLASH_R 是读数据函数。

```
1  #ifndef __FLASH_H
2  #define __FLASH_H
3  #include "sys.h"
4
5
6  void FLASH_W(u32 add,u16 dat);
7  u16 FLASH_R(u32 add);
8
9  #endif
10
```

图 16.5 flash.h 文件内容

我们再打开 flash.c 文件，如图 16.6 所示。第 19 行加载 flash.h 文件。第 22 ~ 30 行是向 Flash 写入数据的函数，函数名是 FLASH_W。它有两个参数，第一个参数是 32 位的无符号变量 add，它用来给出我们要写入的 Flash 地址；第二个参数是一个 16 位的无符号变量 dat，用来给出我们要写入的数据。第 24 ~ 29 行是通过固件库函数来操作 Flash，在指定的 32 位地址中存储 16 位数据。读写 Flash 的相关固件库函数，可以在“固件库函数库用户手册”第 105 页找到相关的说明。

接下来我们具体分析 Flash 的操作过程，如图 16.6 所示，第 23 行是打开内部高速时钟 RCC_HSICmd(ENABLE)，但这条处于被屏蔽的状态。因为 Flash 操作必须是在启动了内部或外部高速时钟的情况下才能使用，因为系统初始化时已经启动了外部高速时钟，所以这里不需要重复设置时钟。第 24 行调用了固件库函数，它的意思是“解锁 Flash 编程”，Flash 的主要任务是存放我们下载的用户程序（HEX 文件）。为了防止程序运行时出错，对 Flash 数据进行篡改，设计者为 Flash 操作添加了操作锁定，只有先解锁才能操作。第 25 行是清除标志位，第 26 行是擦除指定的页地址。

这里需要说明，Flash 操作有一个特点，每次写入数据前都必须先擦除 Flash 中原有的数据。而擦除不是以字节，而是以页进行的。如表 16.1 所示，在表格中“主存储区”是 Flash 的存储空间，Flash 空间是以地址来划分的，每两个地址就是一个存储单元，一个单元存放

表 16.1　Flash 存储区域地址表

块	名称	地址范围	长度
主存储区	页 0	0x08000000~0x080003FF	4×1KB
	页 1	0x08000400~0x080007FF	
	页 2	0x08000800~0x08000BFF	
	页 3	0x08000C00~0x08000FFF	
	页 4~7	0x08001000~0x08001FFF	4×1KB
	页 8~11	0x08002000~0x08002FFF	4×1KB
	……	……	……
	页 124~127	0x0801F000~0x0801FFFF	4×1KB
信息区	启动程序代码	0x1FFFF000~0x1FFFF7FF	2KB
	用户配置区	0x1FFFF800~0x1FFFF9FF	512B

```
19 #include "flash.h"
20 
21 //Flash写入数据
22 void FLASH_W(u32 add,u16 dat){ //参数1：32位Flash地址。参数2：16位数据
23 //   RCC_HSICmd(ENABLE); //打开HSI时钟
24    FLASH_Unlock();  //解锁Flash编程擦除控制器
25      FLASH_ClearFlag(FLASH_FLAG_BSY|FLASH_FLAG_EOP|FLASH_FLAG_PGERR|FLASH_FLAG_WRPRTERR);//清除标志位
26      FLASH_ErasePage(add);     //擦除指定地址页
27      FLASH_ProgramHalfWord(add,dat); //从指定页的addr地址开始写
28      FLASH_ClearFlag(FLASH_FLAG_BSY|FLASH_FLAG_EOP|FLASH_FLAG_PGERR|FLASH_FLAG_WRPRTERR);//清除标志位
29      FLASH_Lock();    //锁定Flash编程擦除控制器
30 }
31 
32 //Flash读出数据
33 u16 FLASH_R(u32 add){ //参数1：32位读出Flash地址。返回值：16位数据
34   u16 a;
35     a = *(u16*)(add);//从指定页的addr地址开始读
36 return a;
```

图 16.6 flash.c 文件内容

一个 16 位数据。在 STM32F103 系列单片机中，Flash 空间的起始地址是 0x08000000，结束地址是 0x0801FFFF。当然，存储空间的大小、结束地址的位置根据单片机型号的不同而不同。设计人员又把多个地址划分为“页”，也叫“扇区”。每一页中有 1024 个地址单元，之所以把地址划分成页，是为方便以页为单位进行擦除。比如要在 0x08000000 地址写入一个 16 位数据，首先我们查到这个地址被划分在第 0 页中，那么就要把第 0 页中所有地址的数据全部擦除，然后再把新的数据写入 0x08000000 地址。虽然操作比较烦琐，但它是由 Flash 的硬件特性决定的，所以我们必须要熟悉附表，知道哪个地址在哪一页。

我们再回到程序分析，第 26 行的库函数 FLASH_ErasePage 用于擦除 add 这个地址所在页的数据。需要注意：要擦除哪一页，只要给出这一页所包含的地址中的任意一个地址，固件库程序就能识别其所在的页。

接下来第 27 行是调用固件库 FLASH_ProgramHalfWord 写入数据。函数有两个参数，第一个是要写入的地址 add，第二个是要写入的数据 dat。这两个参数正好就是 FLASH_W(u32 add,u16 dat) 函数的参数。接下来第 28 行是清除标志位，这是必要的操作。第 29 行将 Flash 重新锁定。好了，一次完整的 Flash 数据写入就完成了。其实主要任务是对 Flash 的解锁和重新锁定、两次标志的清除，以及在写入数据前先擦除地址所在的页，只有数据被擦除后才能再次写入。

再来看第 33 ~ 37 行 Flash 读出数据函数，如图 16.6 所示。函数名是 FLASH_R，它有一个参数 add，是读取数据所在的地址。从 Flash 中读出的数据放在此函数的返回值，返回值是 16 位数据。程序里面的内容很简单，第 34 行定义一个 16 位变量 a，用于临时存放数据。第 35 行通过 *(u16) 的指针操作，直接读取 Flash 某个地址中的内容，读取的地址就是参数 add 给出的，然后再通过“return a”将数据通过返回值送出，完成一次 Flash 读操作。如果以上的函数分析没听懂也没关系，因为这已经是经典操作，只要会调用读和写两个函数就可以了。

Flash 读写函数如何调用呢？我们打开 main.c 文件，如图 16.7 所示，文件开始处除加载 led.h、key.h 外，在第 23 行加入了 #include "flash.h"，声明了 flash.h 文件。这样才能在主函数中调用 Flash 相关的函数。接下来第 25 行是一条宏定义，定义了用英文字符串代表一个地址，这样在后续使用中可以很方便地修改。接下来第 28 行进入主函数，在主函数中，第 31 ~ 33 行依然调用了相关硬件的初始化函数，这里新加入的第 35、37 行程序一会再讲，先来看 while(1) 主循环。如图 16.8 所示，主循环中依然用了上一节所用的示例 4（有锁存的按键控制 LED 程序）的内容，其中通过变量 a 使两个 LED 产生二进制加法的计数效果，也就是刚刚在核心板上看到的演示效果。这里与上一节的区别是加入了第 53 行的 Flash

```
17 #include "stm32f10x.h" //STM32头文件
18 #include "sys.h"
19 #include "delay.h"
20 #include "led.h"
21 #include "key.h"
22
23 #include "flash.h"
24
25 #define FLASH_START_ADDR  0x0801f000    //写入的起始地址
26
27
28 int main (void){//主程序
29   u16 a; //定义变量
30   //初始化程序
31   RCC_Configuration(); //时钟设置
32   LED_Init();//LED初始化
33   KEY_Init();//按键初始化
34
35     a = FLASH_R(FLASH_START_ADDR);//从指定页的地址读Flash
36
37   GPIO_Write(LEDPORT,a); //直接将变量值写入LED（LED在GPIOB组的PB0和PB1上）
```

图 16.7 main.c 文件初始化部分

写操作函数。写操作函数中第一个参数是写入的地址，给出的是第 25 行的宏定义地址。第二个参数是写入的数据，这里写入的是控制 LED 状态的变量 a，把这个变量写入 Flash 才能在断电后保存状态。执行完第 53 行程序后，LED 当前的状态被保存下来。但是仅保存还不够，还需要在下次重新上电复位之后把保存的数据从 Flash 中读取出来，写回变量 a。这时就要涉及在主循环上方的第 35、37 行程序，也就是在单片机上电之后要运行的这两行程序。如图 16.7 所示，第 35 行使用了 Flash 读取程序，将对应地址中的数据读出来送入变量 a。第 37 行通过 GPIO_Write(LEDPORT,a) 让变量 a 的值操作 I/O 端口，使 LED 的状态变成 Flash 中保存的状态，即断电前的状态。程序进入主循环时，变量 a 已经恢复到上次保存的值，所以在重新上电之后，LED 的状态与上次断电时相同。

如此看来，Flash 的操作方法很简单，只要在程序中想存储数据的地方加入一行 Flash 写操作，给出地址和数据即可。注意：要写入的数据必须是 16 位的，程序中为写入数据还特别定义了 16 位的变量 a。下一步是读出，在程序中想读出的地方调用 FLASH_R 函数，给出读取地址就能从中读出数据。

关于 Flash 操作需要注意几个细节。第一是写入地址不能和用户程序相冲突。刚才说过，在 Flash 中有地址分布规则，下载的用户程序（HEX 文件）是要在第 0 页开始写入的。根据程序大小，会占用不同大小的 Flash 空间。如果你想在运行时保存临时数据，你的数据就不能和下载程序空间重叠，否则会破坏程序内容。所以建议把临时数据放到比较靠后的地址中。在今后的项目开发中，如果要存储临时数据，你就需要考虑用户程序所占用的空间大小，然后在用户程序没有占用的空白区域存放临时数据。

如果想同时写入更多数据，可以在 Flash 写函数中增加一个数据参数 dat2，然后在函数内部（见图 16.8）中的第 27 行 Flash 写函数的下方再加一行同样的写函数，将并把参数地址写为 add+2。这样就能在同一页中以宏定义中的地址为起始地址写入两个数据，写入的数据是 dat 和 dat2。在主函数调用 Flash 读函数时，新定义一个变量 b，然后使用相同的数据读取函数，在参数中将地址加 2（ADD+2），这样就能读出刚才写入的第 2 个数据，然后把数据赋给变量 b。在 flash.h 文件的函数声明里面，需要修改函数声明内容，加入新的参数 dat2，不然会编译出错。按照此方法可以写入更多的数据，在想写入

```
39   //主循环
40   while(1){
41
42     //示例4：有锁存
43     if(!GPIO_ReadInputDataBit(KEYPORT,KEY1)){ //读按键端口的电平
44       delay_ms(20); //延时20ms去抖动
45       if(!GPIO_ReadInputDataBit(KEYPORT,KEY1)){ //读按键端口的电平
46         //在2个LED上显示二进制加法
47         a++; //变量加1
48         if(a>3){ //当变量值大于3时清0
49           a=0;
50         }
51         GPIO_Write(LEDPORT,a); //直接将变量值写入LED（LED在GPIOB组的PB0和PB1上）
52
53         FLASH_W(FLASH_START_ADDR,a); //从指定页的地址写入Flash
54
55         while(!GPIO_ReadInputDataBit(KEYPORT,KEY1)); //等待按键被松开
56       }
57     }
58   }
59 }
```

图 16.8 main.c 文件主循环部分

更多数据时可使用数组或指针，由于涉及的知识较多，暂不介绍。关于 Flash 的操作，我们目前只要会简单的读写即可，后续的项目开发教学会涉及 Flash 的复杂用法，到时再来深入讲解。

重点复习Flash操作的注意事项

1 操作时一定要先擦除、后写入。也就是刚才我所讲的在写入之前一定要先擦除地址所在的页，每页是 1024 个地址，起始地址是 0x08000000。

2 擦除操作以页为单位操作，必须以 16 位数据为单位，允许跨页写入。所谓跨页写入就是你可以在连续多页的地址中连续写入，但是进行跨越写入前也要先擦除相关的所有页。

3 擦除或写入时必须启动外部或内部的高速时钟。

4 Flash 的可擦写次数为 10 万次，不可以死循环擦写。也就是说擦写程序不能被频繁调用，否则 Flash 会被反复擦写，10 万次的上限很快会被用完，导致数据无法写入。

5 擦写时要避开用户程序存储区，否则会覆盖用户程序。

6 擦除一页耗时 10ms 左右，速度相对比较慢。进行开发时，大家需要考虑 Flash 擦除速度会不会影响整体速度。

7 每个 16 位数据占用 2 个地址空间，读写多个数据时，每 2 个数据要存放在前 1 个数据地址 +2 的新地址中。

第 31~32 步

17 蜂鸣器驱动与MIDI音乐播放

17.1 蜂鸣器驱动原理

核心板的背面有一个无源蜂鸣器。它能在单片机的控制下发出提示音或者演奏 MIDI 音乐。本节就来分析一下蜂鸣器的电路连接和驱动程序。请在附带资料中找到“蜂鸣器驱动程序”的工程，把工程中的 HEX 文件下载到核心板中看一下效果。程序效果与上一节大致相同，也是用按键控制，但在按键时，蜂鸣器会发出提示音，按一次响一声，而且上电时也会有提示音。这样的效果是如何实现的呢？

先来分析硬件电路，如图 17.1 所示，无源蜂鸣器在核心板的背面，按键提示音就是蜂鸣器发出的，蜂鸣器旁边有一个三极管和几个电阻。这里的蜂鸣器采用的是“无源蜂鸣器”，相对地还有一种“有源蜂鸣器”，单片机开发中经常用到这两种蜂鸣器，这里简单介绍一下。

有源蜂鸣器内置频率发生电路，能在接通电源时自动发出固定频率的声音。无源蜂鸣器的内部没有频率发生电路，需要通过外部给出频率才能产生声音频率，外部电路给出不同频率会发出不同的声音。相对于有源蜂鸣器，无源蜂鸣器能发出的声音更多、变化性更大。无源蜂鸣器没有内置电路，所以成本低。两种蜂鸣器的外观几乎一样，只有通过型号或通电才能判断。单片机教学中通常采用无源蜂鸣器，可以通过单片机程序产生各种频率、发出各种声调，还能产生 MIDI 音乐或电子琴效果，这是有源蜂鸣器做不到的。

接下来看一下无源蜂鸣器的电路原理图，打开附带资料中的“洋桃 1 号开发板电路原理图（核心板部分）”，在单片机 U4 的上方就是无源蜂鸣器的电路图，如图 17.2 所示。元器件 BP1 就是无源蜂鸣器（以下简称为蜂鸣器），蜂鸣器有两个引脚，一个引脚通过限流电阻 R1 连接到 3.3V 电源，另一引脚以 PNP 型三极管（S8550）作为开关控制电路，三极管的集电极 C 端连接 GND（地），基极 B 端通过限流电阻 R3 连接到单片机第 41 脚 PB5 端口。这个三极管开关电路能控制蜂鸣器的通电和断电。当 PB5 端口输出高电平时，三极管集电极 C 端和发射极 E 端断开，蜂鸣器处在断电状态。当 PB5 输出低电平时，三极管 C 端和 E 端导通，蜂鸣器引脚一端是 3.3V，另一端是 GND，其内部线圈通电。

但是单纯地通电不会使蜂鸣器发出声音，反而会使内部线圈通电发热，时间长了会损坏蜂鸣器。也就是说，不使用蜂鸣器时 PB5 端口要处于高电平，使三极管断开，内部线圈断电。只有 PB5 端口输出一个

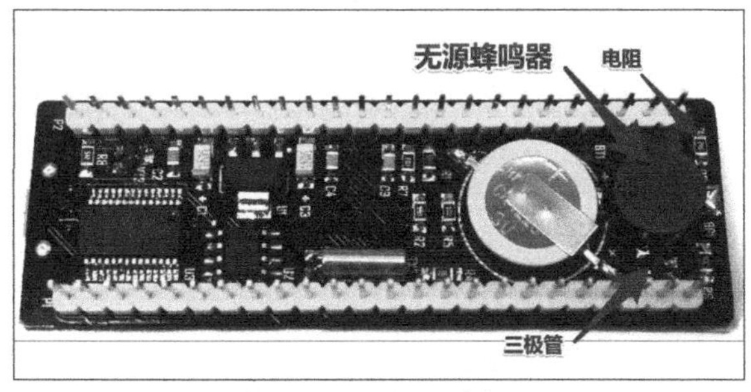

图 17.1 无源蜂鸣器在核心板背面的位置

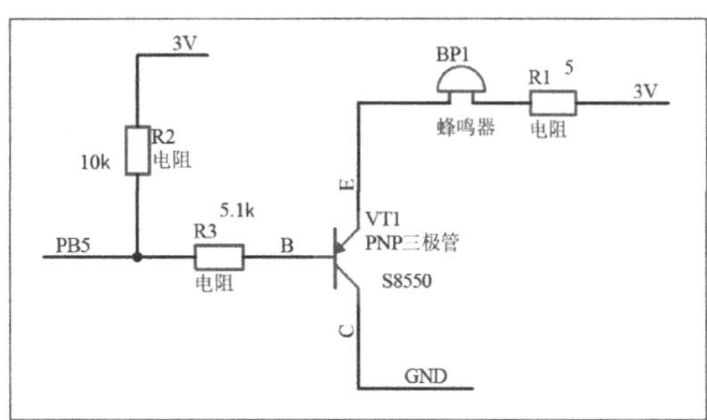

图 17.2 蜂鸣器部分电路原理图

不断高低变化的脉冲频率时才能发出蜂鸣声音。任何情况下PB5 端口都不能长时间处在低电平，这样会损坏蜂鸣器。为了防止没有使用蜂鸣器时 PB5 端口处在失效状态，我们要在三极管基极 B 端加入上拉电阻 R2，它能使 PB5 端口没有初始化时，三极管保持在断开状态，防止蜂鸣器损坏。

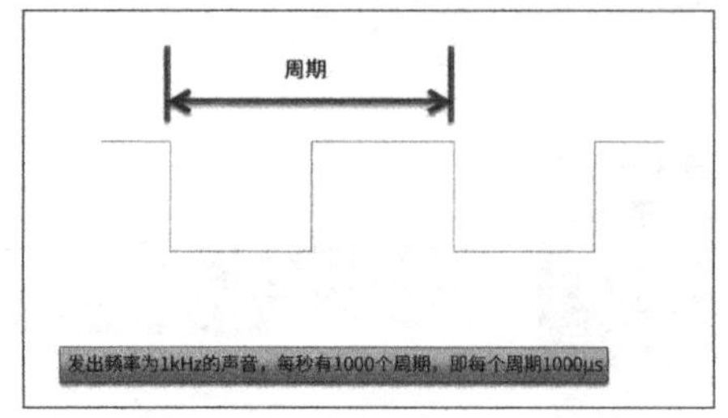

图 17.3 频率的脉冲时序图

单片机如何产生频率、驱动蜂鸣器发出声音呢？这里我简单画了一个单片机 I/O 端口输出一定频率的脉冲时序图，如图17.3 所示。假设这是 PB5 端口输出的高低电平频率，平时 I/O 端口应该处在高电平状态，三极管断开，蜂鸣器不工作。需要蜂鸣器发声时，就让 I/O 端口变为低电平，这时三极管导通，蜂鸣器内部线圈通电，带动扬声器振片振动。低电平维持一段时间后再回到高电平，三极管断开，内部线圈断电，扬声器振片回到原位。这样一个过程就完成一个频率周期，下一个频率周期与之相同。

频率周期的总时间决定了蜂鸣器发声的时间长度，每个频率周期所占用的时间决定了蜂鸣声音的音调。修改这两个参数就能发出各种频率的声音，比如 1kHz 的声音。1kHz 是经典的提示音频率，示例程序所发出就是 1kHz 蜂鸣音。要想发出这个声音，首先要知道赫兹（Hz）的含义，赫兹是每秒内声音振动次数，1kHz 是每秒振动 1000 次。用计算器计算得出，每次（每个周期）的时间长度是 0.001s（1000μs）。也就是说，只要让单片机产生高低电平变化，每个周期为 1000μs，就能发出 1kHz 的蜂鸣音。

单片机程序要如何实现 1000μs 的周期呢？接下来我们打开“蜂鸣器驱动程序”的工程，这个工程复制了上一节“Flash 读写程序”的工程文件，并在 Hardware 文件夹中加入 BUZZER 文件夹，在BUZZER 文件夹里新创建 buzzer.c 和 buzzer.h 两个文件。用 Keil 软件打开工程，在 Components 窗口设置里，在 Hardware 项中加入 buzzer.c 文件，如图 17.4 所示。然后在 Options 窗口设置里添加“.\Hardware\BUZZER”路径，如图 17.5 所示。重新编译后就能在工程文件树 Hardware 文件夹下边找到 buzzer.c，点开前面的加号图标，就能看到 buzzer.h 文件，如图 17.6 所示。（在 Keil 中的设置方法前文多次详细介绍过，在此仅简单说明，如果有疑问，可参考之前文章中的同类型设置介绍。）

我们先打开 buzzer.h 文件，如图 17.7 所示，第 5 行是定义一个 I/O 端口，名为 BUZZERPORT，使用 PB 组端口。然后第 6 行定义 BUZZER 为 PB5 接口，和原理图中的端口号一致。第 10 ~ 11 行声明了两个函数，一个是蜂鸣器初始化函数 BUZZER_Init，另一个是蜂鸣器鸣响一声的函数 BUZZER_BEEP1。

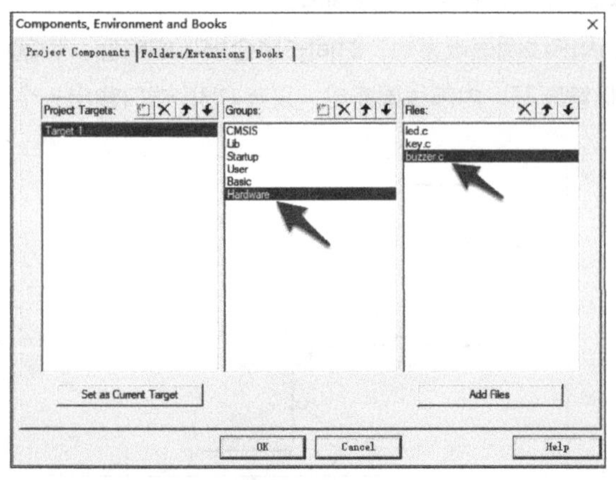

图 17.4 Components 窗口设置

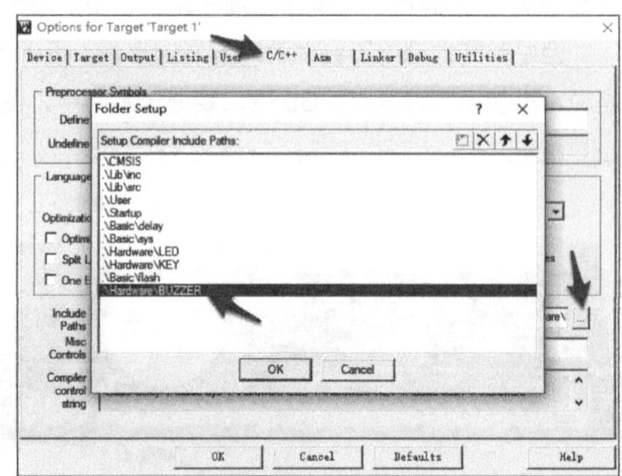

图 17.5 Options 窗口设置

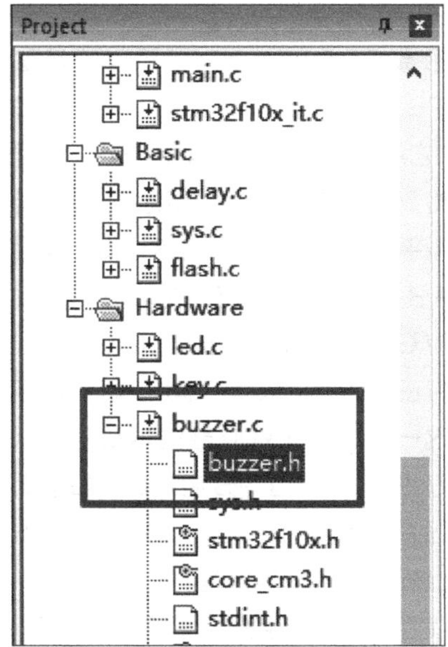

图 17.6 工程文件树

```
#ifndef __BUZZER_H
#define __BUZZER_H
#include "sys.h"

#define BUZZERPORT   GPIOB //定义I/O端口
#define BUZZER  GPIO_Pin_5   //定义I/O端口



void BUZZER_Init(void);//初始化
void BUZZER_BEEP1(void);//响一声


#endif

```

图 17.7 buzzer.h 文件

接下来打开 buzzer.c 文件，如图 17.8 所示。第 20 行调用了 buzzer.h 文件。因为蜂鸣器的程序中会用到延时函数，所示第 21 行又调用了 delay.h 文件。第 23 ~ 31 行是蜂鸣器的接口初始化函数 BUZZER_Init，函数里是对 I/O 端口的初始化设置。我想大家对其中的内容一定非常熟悉。第 24 ~ 28 行不做分析了。第 30 行是通过 GPIO_WriteBit(BUZZERPORT,BUZZER,(BitAction)(1)) 将 I/O 端口设置为高电平，目的是让 I/O 端口上电后就输出高电平，使 I/O 端口所连接的三极管处在断开状态，保护蜂鸣器。第 33 ~ 41 行是蜂鸣器鸣响一声的函数 BUZZER_BEEP1。第 34 行定义了 16 位变量 i，第 35 行加入 for 循环语句，循环次数是 200 次，可以产生 200 个脉冲周期，让蜂鸣器鸣响一段时间。第 36 ~ 39 行产生蜂鸣器周期，第 36 行让 I/O 端口输出低电平，第 37 行延时 500 μs，第 38 行是 I/O 端口输出高电平，第 39 行延时 500 μs，完成了一个周期的脉冲输出。在这一个周期中，低电平是 500 μs，高电平也是 500 μs，周期总时长是 1000 μs，计算可知频率是 1kHz。

知道了这些原理，大家就可以自行修改两个参数。一是修改延时长度来决定周期长度，即声音的频率（音调）。延时越短，频率越高，声调越高。二是修改 for 循环的次数，次数决定了声音的时间长度，循环次数越多，时间越长。但无论怎么修改都要注意，函数结束时一定要以蜂鸣器输出高电平结束，如果把高低电平的位置调换，以输出低电平结束，鸣响结束时低电平会损坏蜂鸣器。

接下来分析 main.c 文件，如图 17.9 所示。开头部分是库文件的调用，大体和上一节相同，只是在第 24 行声明了 buzzer.h 文件。main 函数内容和上一节基本相同，区别是第 36 行调用了 BUZZER_Init() 函数，使蜂鸣器初始化。第 37 行是 BUZZER_BEEP1()，能使蜂鸣器发出 1kHz 提示音，放到程序中的这个位置形成上电提示音。需要特别注意的是：在第 41 行对 I/O 端口操作这里，之前的参数只有变量 a，即 GPIO_Write(LEDPORT,a)，现在加入了 GPIO_Write(LEDPORT,a|0xfffc&GPIO_ReadOutputData(LEDPORT))。为什么要这样改动呢？因为在 led.h 文件中 led 使用 PB 组的 PB0 和 PB1 端口，而蜂鸣器使用

```
20  #include "buzzer.h"
21  #include "delay.h"
22
23  void BUZZER_Init(void){ //蜂鸣器的端口初始化
24      GPIO_InitTypeDef  GPIO_InitStructure;
25        GPIO_InitStructure.GPIO_Pin = BUZZER; //选择端口号
26        GPIO_InitStructure.GPIO_Mode = GPIO_Mode_Out_PP; //选择I/O端口工作方式
27        GPIO_InitStructure.GPIO_Speed = GPIO_Speed_50MHz; //设置I/O端口速度（2/10/50MHz）
28      GPIO_Init(BUZZERPORT, &GPIO_InitStructure);
29
30      GPIO_WriteBit(BUZZERPORT,BUZZER,(BitAction)(1)); //蜂鸣器端口输出高电平1
31  }
32
33  void BUZZER_BEEP1(void){ //蜂鸣器响一声
34      u16 i;
35      for(i=0;i<200;i++){
36        GPIO_WriteBit(BUZZERPORT,BUZZER,(BitAction)(0)); //蜂鸣器端口输出低电平
37        delay_us(500); //延时
38        GPIO_WriteBit(BUZZERPORT,BUZZER,(BitAction)(1)); //蜂鸣器端口输出高电平
39        delay_us(500); //延时
40      }
41  }
```

图 17.8 buzzer.c 文件

```
16  *****************************************************************
17  #include "stm32f10x.h" //STM32头文件
18  #include "sys.h"
19  #include "delay.h"
20  #include "led.h"
21  #include "key.h"
22  #include "flash.h"
23
24  #include "buzzer.h"
25
26  #define FLASH_START_ADDR  0x0801f000    //写入的起始地址
27
28
29  int main (void){//主程序
30    u16 a; //定义变量
31    //初始化程序
32    RCC_Configuration(); //时钟设置
33    LED_Init();//LED初始化
34    KEY_Init();//按键初始化
35
36    BUZZER_Init();//蜂鸣器初始化
37    BUZZER_BEEP1();//蜂鸣器音1
38
39      a = FLASH_R(FLASH_START_ADDR);//从指定页的地址读Flash
40
41    GPIO_Write(LEDPORT,a|0xfffc&GPIO_ReadOutputData(LEDPORT));
42
43    //主循环
44    while(1){
```

图 17.9 main.c 文件开头部分

PB 组的 PB5 端口，所以在使用固件库函数 GPIO_Write 时，操作的是整个 PB 组的 I/O 端口。如果只写入变量 a，它所输出的不仅是两个 LED，同时还将 PB 组其他端口全部设为 0，输出低电平。上一节之所以能这样做，是因为 PB 组端口只初始化 PB0 和 PB1，即使 GPIO_Write 输出了 16 个端口，但真正起作用的只有 PB0 和 PB1。可是这一节加入了蜂鸣器的驱动程序，恰好蜂鸣器使用了 PB 组端口，如不优化程序，就会在操作 LED 时使 PB5 输出低电平，损坏蜂鸣器。于是第 41 行使用算法调用固件库函数 GPIO_ReadOutputData 读取 PB 整组端口的电平状态。算法中有“&”（按位与）和“|”（按位或）运算，“&”运算具有较高的优先级，算式先将 0xFFFC 按位与 PB 组端口的当前输出状态。运算结果使得 PB 组端口的高 14 位保持 I/O 端口原来的电平状态，最低两位清零。然后再将这个结果跟变量 a 进行按位或运算，运算结果使 PB 组最低两位的电平变成变量 a 的最低两位电平，其他端口的电平状态不变。再把最低两位的值写入 PB 组的最低两位，PB 组其他位不受影响。最终实现操作 LED 状态时不会影响蜂鸣器的电平状态。

如图 17.10 所示，第 44 行是 while(1) 主循环，其中第 55 行使用了同样的“防干扰算法”。在第 57 行加入蜂鸣器提示音函数 BUZZER_BEEP1()。每次按键时 LED 状态改变之后，蜂鸣器发出 1kHz 的声音，循环 200 个周期后结束。理解了这段程序之后，大家可以试着把 BUZZER_BEEP1() 函数放在程序的不同位置，看看效果有什么变化。蜂鸣器的操作就是这么简单，大家可以自行发挥想象，创造更多有趣的声音效果。

17.2 MIDI音乐播放程序

蜂鸣器不仅能够实现单个音调的提示音效果，还能通过多个音调的组合实现电子琴或 MIDI 音乐播放效果。现在就来看一下如何用蜂鸣器实现 MIDI 音乐播放，程序上又要如何编写。

首先依然在附带资料中找到“MIDI 音乐播放程序”，

```
43    //主循环
44    while(1){
45
46      //示例4：有锁存
47      if(!GPIO_ReadInputDataBit(KEYPORT,KEY1)){ //读按键端口的电平
48        delay_ms(20); //延时20ms去抖动
49        if(!GPIO_ReadInputDataBit(KEYPORT,KEY1)){ //读按键端口的电平
50          //在2个LED上显示二进制加法
51          a++; //变量的值加1
52          if(a>3){ //当变量的值大于3时清0
53            a=0;
54          }
55          GPIO_Write(LEDPORT,a|0xfffc&GPIO_ReadOutputData(LEDPORT)); //
56
57          BUZZER_BEEP1();//蜂鸣器音1
58
59          FLASH_W(FLASH_START_ADDR,a); //从指定页的地址写入Flash
60          while(!GPIO_ReadInputDataBit(KEYPORT,KEY1)); //等待按键松开
61        }
62      }
63    }
64  }
```

图 17.10 main.c 文件主循环部分

将工程中的 HEX 文件写入核心板，看一下效果。效果是在核心板上听到蜂鸣器播放 MIDI 音乐。要让单片机播放 MIDI 音乐，先要知道什么是 MIDI 音乐。MIDI 是“乐器数字接口”的意思，本来定义为解决电子乐器之间相互通信的一种接口，但是通常它也可以用来表示一种电子乐器的格式。MIDI 音乐格式不同于常见的 MP3 格式，MP3 音乐是录制真实、自然的声音，把模拟信号转化成数字信号存储。MIDI 音乐则是纯粹的数字信号产生的声音，电子琴、早期卡式游戏机所发出的配乐都是 MIDI 音乐，示例程序在上电后自动播放的也是 MIDI 音乐。

表 17.1　C 调音符与频率对照表

音符	频率（Hz）	音符	频率（Hz）	音符	频率（Hz）
低音 1	262	中音 1	523	高音 1	1046
低音 1#	277	中音 1#	554	高音 1#	1109
低音 2	294	中音 2	587	高音 2	1175
低音 2#	311	中音 2#	622	高音 2#	1245
低音 3	330	中音 3	659	高音 3	1318
低音 4	349	中音 4	698	高音 4	1397
低音 4#	370	中音 4#	740	高音 4#	1480
低音 5	392	中音 5	784	高音 5	1568
低音 5#	415	中音 5#	831	高音 5#	1661
低音 6	440	中音 6	880	高音 6	1760
低音 6#	466	中音 6#	932	高音 6#	1865
低音 7	494	中音 7	988	高音 7	1976

MIDI 音乐和蜂鸣音的产生原理相同，都是通过单片机产生高低电平变化的周期。周期长短决定音调，给出每个音调的时间长度，把多个音调组合起来就是一段 MIDI 音乐。创作 MIDI 音乐先要知道音调和频率的关系。我在网上搜索到音符与频率数据的对照表，如表 17.1 所示。表中有低音区、中音区、高音区，并有每个音符所对应的频率关系。比如低音 1（C）对应 262Hz 的频率，中音 1（C）对应 523Hz，高音 1（C）对应 1046Hz。编写一段音乐可以在网上找到音乐的简谱，把简谱每个音符拆分下来，对照表 17.1 将音符换算成频率，再根据音符的节拍决定时间长度，最后让单片机按照音符的顺序依次播放，就组合出一段完整的 MIDI 音乐。

```
17  #include "stm32f10x.h" //STM32头文件
18  #include "sys.h"
19  #include "delay.h"
20  #include "led.h"
21  #include "key.h"
22  #include "flash.h"
23
24  #include "buzzer.h"
25
26  #define FLASH_START_ADDR  0x0801f000    //写入的起始地址
27
28
29  int main (void){//主程序
30      u16 a; //定义变量
31      //初始化程序
32      RCC_Configuration(); //时钟设置
33      LED_Init();//LED初始化
34      KEY_Init();//按键初始化
35
36      BUZZER_Init();//蜂鸣器初始化
37  //  BUZZER_BEEP1();//蜂鸣器音1
38      MIDI_PLAY(); //播放MIDI音乐
39
40      a = FLASH_R(FLASH_START_ADDR);//从指定页的地址读Flash
41      GPIO_Write(LEDPORT,a|0xfffc&GPIO_ReadOutputData(LEDPORT));
42
43
44      //主循环
45      while(1){
```

图 17.11　main.c 文件开头部分

播放 MIDI 音乐依然使用核心板上的蜂鸣器电路。接下来看一下程序如何编写。首先打开“MIDI 音乐播放程序”的工程。这个工程完全复制“蜂鸣器驱动程序”工程文件，只是在 main.c 文件将第 37 行发出提示音程序屏蔽，在第 38 行加入播放音乐的函数 MIDI_PLAY()，如图 17.11 所示。也就是说，在上电初始化后直接运行 MIDI_PLAY() 播放音乐，播放结束再运行与“蜂鸣器驱动程序”相同的按键控制程序。MIDI 音乐播放程序只要调用 MIDI_PLAY() 函数就能实现。具体程序内容在 buzzer.c 文件中，这里新加入 MIDI_PLAY 函数。注意：加入新函数后一定要在 buzzer.h 文件中对新函数进行声明。

接下来我们分析函数的实现原理。如图 17.12 所示，第 85 ~ 95 行是 MIDI_PLAY 函数的内容。其

```
85 void MIDI_PLAY(void){ //MIDI音乐
86   u16 i,e;
87   for(i=0;i<39;i++){
88     for(e=0;e<music1[i*2]*music1[i*2+1]/1000;e++){
89       GPIO_WriteBit(BUZZERPORT,BUZZER,(BitAction)(0)); //蜂鸣器端口输出低电平
90       delay_us(500000/music1[i*2]); //延时
91       GPIO_WriteBit(BUZZERPORT,BUZZER,(BitAction)(1)); //蜂鸣器端口输出高电平
92       delay_us(500000/music1[i*2]); //延时
93     }
94   }
95 }
```

图 17.12 buzzer.c 文件中的 MIDI_PLAY 函数

中第 87 行是 for 循环，它里面还包含了第 88 行的 for 循环 . 第 87 行的 for 循环循环 39 次，因为要播放的音乐有 39 个音符。第 88 行的 for 循环循环不同的次数以达到让一个音符播放足够长的时间的效果。这里定义了变量 e，e 的初始值为 0，最大值是算式“music1[i*2]*music1[i*2+1]/1000”的结果。也就是说，第 88 行的 for 循环的循环次数由算式决定，算式决定了每个音符播放的时长。第 88 行 for 循环里的程序内容与“蜂鸣器驱动程序”类似，区别是延时函数的参数变成了算式“500000/music1[i*2]”。第 89 和 91 行的算式内容相同，延时函数的算式参数决定了每个周期的时长（音调）。由此可知，延时算式参数决定了产生哪个音符，而第 88 行 for 循环中的算式决定了音符的时长，即简谱中的节拍。先来看第 89 行的延时函数参数，其中调用了一个数组 music1。如图 17.13 所示，buzzer.c 文件的第 43 行定义了数组的内容。数据类型是 uc16，即无符号 16 位只读变量。只读变量存放在 Flash 中，我们编写的音乐数据都是存放在单片机的 Flash 中。数组 music1 里面包含 78 个数据，在第 44 ~ 82 行。为了让大家能够看清频率和时间的关系，我将每两个数据放在一行，更容易对照理解。数据中的奇数位（每行的左边）用来存放音调，比如第 44 行左边的“330”是音调（音符），右边的“750”是时长（节拍）。大家可以对照频率和音调的关系，330 对应低音 3（E），时长 750ms。第 45 行左边“440”对应低音 6（A）。请大家自行将频率与附表中的音符对应。偶数位（右边）中的时长即节拍，简谱中可知每个音符是几拍，然后转换成对应比例 μs 数值。一拍是多长时间就请大家自己来掌握，也可以参考示例程序中的音调和时长。

```
43 uc16 music1[78]={
44 330,750,
45 440,375,
46 494,375,
47 523,750,
48 587,375,
49 659,375,
50 587,750,
51 494,375,
52 392,375,
53 440,1500,
54 330,750,
55 440,375,
56 494,375,
57 523,750,
58 587,375,
59 659,375,
60 587,750,
61 494,375,
62 392,375,
63 784,1500,
64 659,750,
65 698,375,
66 784,375,
67 880,750,
68 784,375,
69 698,375,
70 659,750,
71 587,750,
72 659,750,
73 523,375,
74 494,375,
75 440,750,
76 440,375,
77 494,375,
78 523,750,
79 523,750,
80 494,750,
81 392,750,
82 440,3000
83 };
```

图 17.13 音乐数组表

现在我们知道了数组 music1 里面存放了 78 个数据，数据中奇数是音符对应的频率，偶数是节拍对应的时长。那么在 MIDI_PLAY 函数中是如何使用数组的呢？先看音符对应的频率，第 89 行和第 91 行调用数组里面的内容是“i*2”，i 的值是第 87 行 for 循环所使用的一共要调用多少个音符，示例程序中是 39 个。i 的初始值为 0，第一次调用延时函数时 i 值为 0，0*2 等于 0。运算结果正好调用了 music1 数组中第 0 个数据（330），“music1[i*2]”得到的结果是 330。接下来“500000/music1[i*2]”，即 500000/330。这是什么意思呢？在延时函数中要得到的是 I/O 端口被拉为低电平的时长，需要根据得出的 330Hz 频率进行换算，看看 330Hz 对应的低电平时长。因为 1Hz 以 1s 为单位，即 1s 振动多少次。330Hz 是 1s 振动 330 次。但是

周期既要有低电平又要有高电平，假设高低电平的时间长度相同，那么每个电平状态对应 0.5s，所以 500 000 是指 500 000 μs（0.5s）。500 000 除以振动的次数得到 0.5s 内振动 330 次中每次的延时时间。接下来第 91 行将 I/O 端口变成高电平时也需要同样计算 0.5s 内振动 330 次对应的每次的延时时间。这个时间长度让单片机驱动蜂鸣器播放出对应频率的音符，当程序运行到第 92 行第一个音符播放结束又跳回第 87 行的 for 循环，播放第二个音符时 i 加 1，对应“500000/music1[i*2]”中的 i 变为 1，1*2 等于 2，使得数组读取第 2 个数据“440”，跳过了第 1 个数据“750”。利用“i*2”算法能只读数组左边一列，读到的都是音符，不会读到时长。

接下来再看第 87 行 for 循环的参数，算式“music1[i*2]*music1[i*2+1]/1000”决定每个音符播放的时长，music1 数组的右边列表示时长，单位是毫秒。比如第 1 个音符播放 750ms，那么在算式中“i*2+1”是读取时长。因为读取音符的算式“i*2”是读取左边列的音符，那么“i*2+1”读取左边列的下一位，正好是右边列的时长。“i*2+1”能只读右边列的时长，不会读到音符。但读出的时长 750ms 并不是用于延时程序的参数，而是用于第 87 行 for 循环的参数。要循环多少次才是 750ms？这需要考虑 for 循环执行一次所需要的时间。已知 1s 振动 330 次，再乘以时间长度 750，相乘的结果就是 750s 振动多少次。但是由于数组中使用的时间单位是毫秒，所以要除以 1000，将 750s 变成 750ms。最终算数的结果是音符每秒钟振动 330 次，750ms 振动多少次，变量 e 就循环多少次。最终达到延时 750ms 的效果。

函数中涉及的两个算式并不复杂，只是简单的四则运算，主要还是请大家掌握数组的调用，还有音乐中音符、频率、节拍、时长的关系。只要知道了如何将节拍和音符转化成对应的数据，就能编写出各种 MIDI 音乐。大家可以在网上搜索你喜欢的歌曲简谱，通过音符频率对照表来修改数组 music1，计算数组中的音符数量，将数组长度参数改成音符数量就能得到你想要的音乐了。学会了播放 MIDI 音乐的原理，再学习电子琴的原理就简单许多了，区别只是用按键控制音符，每个按键对应一个音符。有兴趣的朋友可以自己设计八音盒或电子琴的程序，我想这是非常有趣又有益的练习。

第 33~34 步

18 通过USART串口发送数据

控制 LED、按键、蜂鸣器在本质上是对 I/O 端口进行操作。本节要介绍的 USART 串口是单片机内部的通信接口，简单、易入门，对未来学习更复杂的通信很有帮助。现在就来看一下 USART 串口的硬件连接和软件编程方法。

这次要实现的效果是单片机用 USART 串口向计算机串口发送数据。核心板上能够实现此功能的是 CH340 串口转换芯片（包括芯片的外围电路）。平时我们使用它来进行程序的 ISP 下载，除此之外，它还能实现与计算机的串口通信。接下来的实验效果是在计算机上看到单片机发送的数据，而在核心板硬件上并没有什么效果呈现。大家只要和之前一样，将核心板连接到计算机的 USB 接口，余下的操作都会在计算机上完成。

首先来看核心板电路原理图，如图 18.1 所示。通过之前的单片机内部功能介绍，我们知道单片机内部有 3 组 USART 串口，现在要使用 USART1，它在单片机接口定义上占用第 29 ~ 33 引脚，需要使用的只有第 30 引脚 USART1_TX（PA9）和第 31 引脚 USART_RX（PA10），其他引脚不需要使用。其中的 USART_TX 表示发送引脚，是单片机向计算机发送数据的。USART_RX 表示接收引脚，是单片机接收计算机发来的数据的。两个接口与 I/O 端口的 PA9 和 PA10 复用，在你使用 USART1 时，不能同时使用 PA9 和 P10，也不能使用定时器 TIM1 的 2、3 通道（关于定时器 TIM1 以后会细讲）。

如图 18.1 所示，单片机的第 30、31 引脚分别连接到 PA9、PA10 的外接排针 P1 的引脚上，也通过 TXD 和 RXD 连接到 CH340 芯片。CH340 芯片的功能是将 USB 接口转换为 USART 串口，转换的串口为 TTL 电平的，转换后接口可以连接单片机，不需要其他外围电路。USB 接口可以连接到计算机的 USB 接口，只要在计算机上安装 CH340 的驱动程序，就能让计算机端识别出 USART 串口的新硬件，即在设备管理器中“端口”中显示的 COM4。之前我们用串口来进行 ISP 程序下载，而现在要用它向计

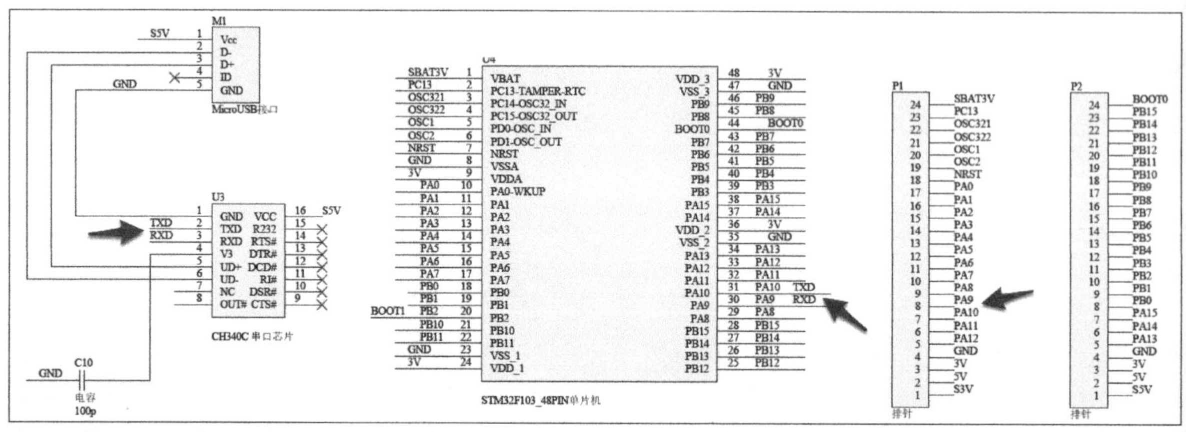

图 18.1 核心板电路原理图的 USART 电路部分

算机发送数据。电路原理部分比较简单，大家在设计USART 电路时参考我提供的图纸即可。

接下来我们打开附带资料中的开发板示例程序之“USART 串口发送程序”。在附带资料中找到“工具软件及驱动程序”文件夹，找到“DYS 串口助手（中文版）”。在讲解之前，先看一下程序演示效果。打开 FlyMcu 软件，加载“USART 串口发送程序”文件夹中的HEX文件，把程序下载到单片机。程序下载完成后，在计算机上打开“DYS 串口助手”，在界面中选择和你下载时相同的端口号，我这里是 COM4。波特率选择“115200”，接收模式选择“数值”模式。单击“打开端口”，在右侧可以看到单片机发来的十六进制数据“0x55”，每一秒收到一次，如图 18.2 所示。

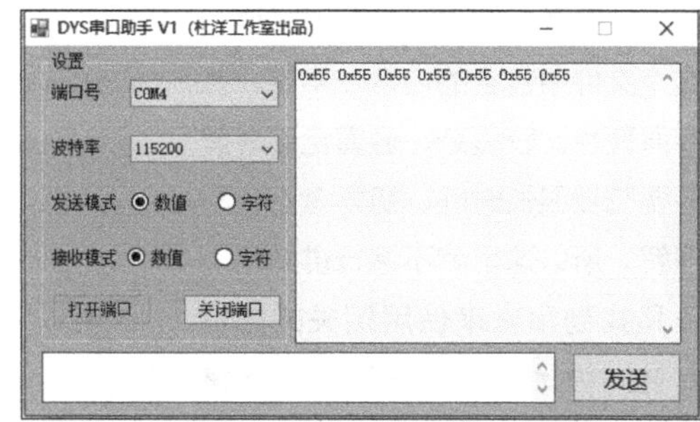

图 18.2 USART 串口发送程序的演示效果

看过效果之后，单击“关闭端口”。因为串口助手和 FlyMcu 软件是共用 COM4 串口的，不能同时使用。在使用 FlyMcu 下载时必须关闭串口助手，下载完成后再在串口助手中单击“打开端口”观看程序运行效果。

接下来看一下单片机程序是如何实现串口数据发送的。我们使用的“USART 串口发送程序”是从上一节的“MIDI 音乐播放程序”中复制过来的，复制后在 Basic 文件夹中加入 USART 文件夹，在文件夹里加入 usart.c 和 usart.h 文件。然后用 Keil 软件打开工程，在 Components 窗口里的 Basic 文件夹下加入 usart.c（见图 18.3），在 Lib 文件夹下加入 stm32f10x_usart.c 文件（见图 18.4）。在 Options 窗口设置里添加“.\Basic\usart”文件夹路径（见图 18.5）。

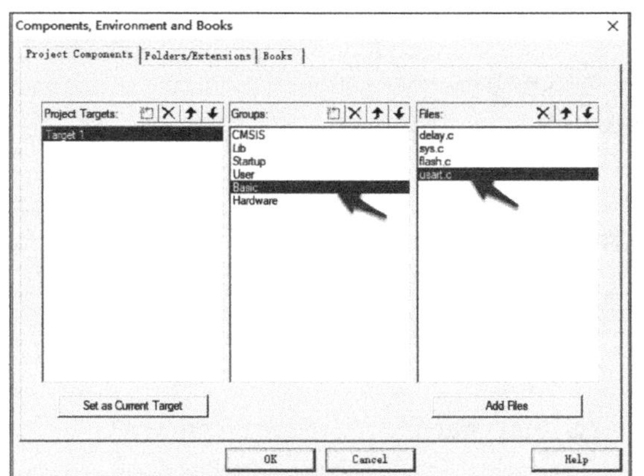

图 18.3 Components 窗口设置（1）

重新编译后能在工程树中找到 usart.c 文件，单击前面的加号图标，能在关联文件列表中找到 usart.h 文件。还可以打开“STM32F103 固件函数库用户手册”，在第 344 页找到 USART 库函数说明，这里列出了 USART 串口所使用的相关库函数，usart.c 文件就是调用固件库，完成串口初始化和数据的收发的。

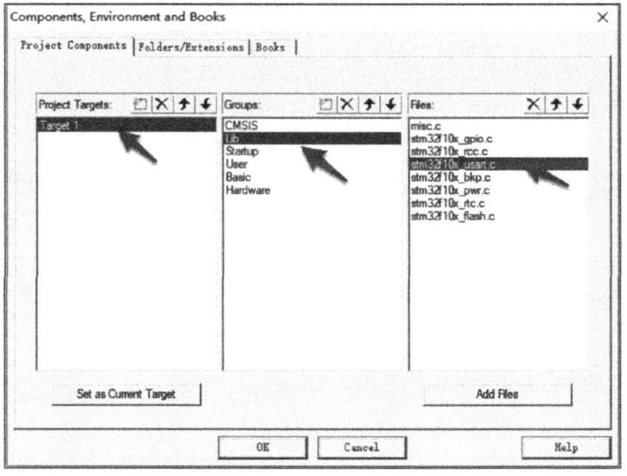

图 18.4 Components 窗口设置（2）

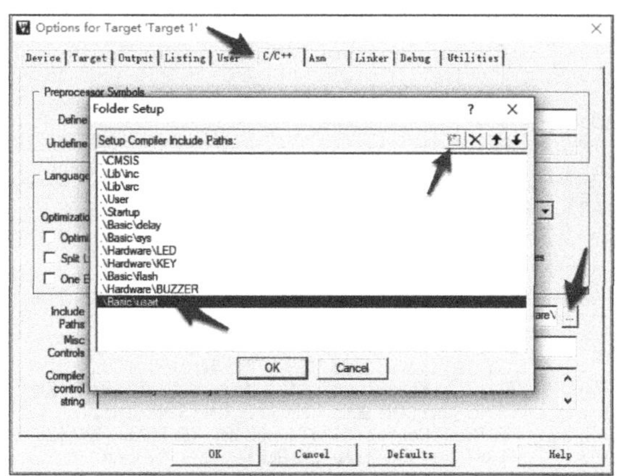

图 18.5 Options 窗口设置

现在我们打开 usart.c 文件，这个文件中包含的内容非常多，程序原理也比较复杂，通篇全部讲解需要花费很长时间，初学者不容易理解。所以这里就不逐行讲解了，只是找到和未来使用相关的内容有针对性地分析。一般使用不需要了解 usart.c 文件的所有内容，只要知道它的基本原理、学会如何调用即可。如图 18.6 所示，在 usart.c 文件的开始部分，第 18 和 19 行加载了 sys.h 和 usart.h 两个库文件，第 23 ~ 40 行是对 printf 函数的设定。从第 44 行开始是 USART1 的相关程序，包括 USART 的 printf 函数，这是用于串口 1（USART1）的数据发送函数，可以向计算机串口发送数据。printf 函数里的内容暂时不需要了解。

```
18 #include "sys.h"
19 #include "usart.h"
20
21 //使UASRT串口可用printf函数发送
22 //在usart.h文件里可更换使用printf函数的串口号
23 #if 1
24 #pragma import(__use_no_semihosting)
25 //标准库需要的支持函数
26 struct __FILE {
27     int handle;
28 };
29 FILE __stdout;
30 //定义_sys_exit()以避免使用半主机模式
31 _sys_exit(int x){
32     x = x;
33 }
34 //重定义fputc函数
35 int fputc(int ch, FILE *f){
36     while((USART_n->SR&0X40)==0);//循环发送,直到发送完毕
37         USART_n->DR = (u8) ch;
38     return ch;
39 }
40 #endif
41
42
43 /*
44 USART1串口相关程序
45 */
46
47 #if EN_USART1   //USART1使用与屏蔽选择
48 u8 USART1_RX_BUF[USART1_REC_LEN];     //接收缓冲,最大USART_REC_LEN个字节.
49 //接收状态
50 //bit15，  接收完成标志
51 //bit14，  接收到0x0d
52 //bit13~0，  接收到的有效字节数目
53 u16 USART1_RX_STA=0;       //接收状态标记
54
55 /*
56 USART1专用的printf函数
57 当同时开启2个以上串口时，printf函数只能用于其中之一，其他串口要自创独立的printf函数
58 调用方法：USART1_printf("123"); //向USART2发送字符123
59 */
60 void USART1_printf (char *fmt, ...){
61     char buffer[USART1_REC_LEN+1];  // 数据长度
62     u8 i = 0;
63     va_list arg_ptr;
64     va_start(arg_ptr, fmt);
65     vsnprintf(buffer, USART1_REC_LEN+1, fmt, arg_ptr);
66     while ((i < USART1_REC_LEN) && (i < strlen(buffer))){
67             USART_SendData(USART1, (u8) buffer[i++]);
68             while (USART_GetFlagStatus(USART1, USART_FLAG_TC) == RESET);
69     }
70     va_end(arg_ptr);
71 }
```

图 18.6 usart.c 文件（片段 1）

如图 18.7 所示，第 73 行是 USART1 的初始化程序，在初始

```
73 void USART1_Init(u32 bound){ //串口1初始化并启动
74      //GPIO端口设置
75      GPIO_InitTypeDef GPIO_InitStructure;
76    USART_InitTypeDef USART_InitStructure;
77    NVIC_InitTypeDef NVIC_InitStructure;
78    RCC_APB2PeriphClockCmd(RCC_APB2Periph_USART1|RCC_APB2Periph_GPIOA, ENABLE); //使能USART1、GPIOA时钟
79       //USART1_TX   PA.9
80      GPIO_InitStructure.GPIO_Pin = GPIO_Pin_9; //PA.9
81      GPIO_InitStructure.GPIO_Speed = GPIO_Speed_50MHz;
82      GPIO_InitStructure.GPIO_Mode = GPIO_Mode_AF_PP; //复用推挽输出
83      GPIO_Init(GPIOA, &GPIO_InitStructure);
84      //USART1_RX   PA.10
85      GPIO_InitStructure.GPIO_Pin = GPIO_Pin_10;
86      GPIO_InitStructure.GPIO_Mode = GPIO_Mode_IN_FLOATING;//浮空输入
87      GPIO_Init(GPIOA, &GPIO_InitStructure);
88     //Usart1 NVIC 配置
89      NVIC_InitStructure.NVIC_IRQChannel = USART1_IRQn;
90    NVIC_InitStructure.NVIC_IRQChannelPreemptionPriority=3 ;//抢占优先级3
91    NVIC_InitStructure.NVIC_IRQChannelSubPriority = 3;     //子优先级3
92    NVIC_InitStructure.NVIC_IRQChannelCmd = ENABLE;      //IRQ通道使能
93    NVIC_Init(&NVIC_InitStructure); //根据指定的参数初始化VIC寄存器
94     //USART 初始化设置
95    USART_InitStructure.USART_BaudRate = bound;//一般设置为9600;
96    USART_InitStructure.USART_WordLength = USART_WordLength_8b;//字长为8位数据格式
97    USART_InitStructure.USART_StopBits = USART_StopBits_1;//一个停止位
98    USART_InitStructure.USART_Parity = USART_Parity_No;//无奇偶校验位
99    USART_InitStructure.USART_HardwareFlowControl = USART_HardwareFlowControl_None;//无硬件数据流控制
100   USART_InitStructure.USART_Mode = USART_Mode_Rx | USART_Mode_Tx; //收发模式
101     USART_Init(USART1, &USART_InitStructure); //初始化串口
102     USART_ITConfig(USART1, USART_IT_RXNE, ENABLE);//开启ENABLE/关闭DISABLE中断
103     USART_Cmd(USART1, ENABLE);                    //使能串口
104 }
```

图 18.7 usart.c 文件（片段 2）

化程序中，第 75 ～ 77 行定义下面设置中用到的结构体，第 78 行的函数调用使能了 APB2 总线上的串口时钟，同时也启动了 GPIOA 端口。第 80 ～ 83 行设置 USART1_TX（PA9）的 I/O 端口的状态。虽然端口被设置为串口的 TX（发送接口），但是在使用之前也需要进行 I/O 端口的初始化设置。比如 PA9 端口用于串口数据发送，所以要设置为推挽输出模式，输出频率为 50MHz（第 81 行）。接下来设置的 PA10 端口用于串口数据接收，端口模式设置为悬空输入。只有按照串口对应的输入 / 输出方式设置，串口才能正常使用。第 89 行设置中断向量控制器 NVIC，这部分按默认设置即可。第 95 ～ 100 行设置串口的基本性能。第 95 行使用了一个变量 bound 来设置串口波特率，变量 bound 正是“void USART1_Init(u32 bound)”串口初始化函数的参数。也就是说，在主函数调用串口初始化 USART1_Init 时，可以通过参数设置波特率。因为波特率是需要修改的参数，单独放在参数中是很好的设计。第 96 ～ 100 行设置串口的其他参数，包括串口一次发送的数据长度、停止位长度、是否有奇偶校验、有无硬件数据流控制，这些内容都按默认设置即可，今后也几乎不会修改。第 101 行调用了串口初始化的库函数，将以上设置内容写入 USART1 的寄存器。第 102 行选择是否开启串口中断，串口中断用于串口数据接收，如果程序设计上需要用中断来接收数据，就在参数中填写 ENABLE；如果不使用，就填写 DISABLE。第 103 行使能串口，串口按照以上的设置被开启，USART1 可以使用了。

如图 18.8 所示，第 106 ～ 130 行是 USART1 的中断处理程序，当设置为启动串口中断，并且在串口启动后收到计算机发来的数据时，程序就会跳转到串口中断处理函数。中断处理函数的函数名 USART1_IRQHandler 不可以修改，函数内容我们暂不分析，讲到串口接收时再细讲。从第 135 行开始是 USART2 的相关程序，其内容结构和 USART1 相同。从第 226 行开始是 USART3 的相关程序，结构和设置也和 USART1 相同，不再赘述。

接下来打开 usart.h 文件，如图 18.9 所示。串口常用的参数都在 usart.h 文件里通过宏定义设置，我们只要知道几个小设置即可。首先是 printf 函数要使用在哪个串口上。目前使用的是 USART1，如想用于其他串口，只要把第 10 行的定义中的“USART1”修改为“USART2”或“USART3”即可。第 12 ～ 14 行是 3 组串口接收数据的最大数据量，默认设置为 200。第 17 ～ 19 行是串口使能的设置，如果使用 USART1，就将右边的数字改成“1”，不使用则改成“0”。例如要使用 USART3，就将第 19

```
106 void USART1_IRQHandler(void){ //串口1中断服务程序（固定的函数名，不能修改）
107   u8 Res;
108   //以下是字符串接收到USART1_RX_BUF[]的程序，(USART1_RX_STA&0x3FFF)是数据的长度（不包括回车）
109   //当(USART1_RX_STA&0xC000)为真时表示数据接收完成，即超级终端里按下回车键。
110   //在主函数里写判断if(USART1_RX_STA&0xC000)，然后读USART1_RX_BUF[]数组，读到0x0d 0x0a即是结束。
111   //注意在主函数处理完串口数据后，要将USART1_RX_STA清0
112   if(USART_GetITStatus(USART1, USART_IT_RXNE) != RESET){  //接收中断(接收到的数据必须以0x0d 0x0a结尾)
113     Res =USART_ReceiveData(USART1);//(USART1->DR);  //读取接收到的数据
114     printf("%c",Res); //把收到的数据以 a符号变量 发送回计算机
115     if((USART1_RX_STA&0x8000)==0){//接收未完成
116       if(USART1_RX_STA&0x4000){//接收到了0x0d
117         if(Res!=0x0a)USART1_RX_STA=0;//接收错误,重新开始
118         else USART1_RX_STA|=0x8000; //接收完成了
119       }else{ //还没收到0x0D
120         if(Res==0x0d)USART1_RX_STA|=0x4000;
121         else{
122           USART1_RX_BUF[USART1_RX_STA&0X3FFF]=Res ; //将收到的数据放入数组
123           USART1_RX_STA++;  //数据长度计数加1
124           if(USART1_RX_STA>(USART1_REC_LEN-1))USART1_RX_STA=0;//接收数据错误,重新开始接收
125         }
126       }
127     }
128   }
129 }
130 #endif
```

图 18.8 usart.c 文件（片段 3）

```
1  #ifndef __USART_H
2  #define __USART_H
3  #include <stdarg.h>
4  #include <stdlib.h>
5  #include <string.h>
6  #include "stdio.h"
7  #include "sys.h"
8
9
10 #define USART_n   USART1  //定义使用printf函数的串口，其他串口要使用USART_printf专用函数发送
11
12 #define USART1_REC_LEN        200   //定义USART1最大接收字节数
13 #define USART2_REC_LEN        200   //定义USART2最大接收字节数
14 #define USART3_REC_LEN        200   //定义USART3最大接收字节数
15
16 //不使用某个串口时要禁止此串口，以减少编译量
17 #define EN_USART1       1   //使能（1）/禁止（0）串口1
18 #define EN_USART2       0   //使能（1）/禁止（0）串口2
19 #define EN_USART3       0   //使能（1）/禁止（0）串口3
20
21 extern u8  USART1_RX_BUF[USART1_REC_LEN]; //接收缓冲,最大USART_REC_LEN个字节.末字节为换行符
22 extern u8  USART2_RX_BUF[USART2_REC_LEN]; //接收缓冲,最大USART_REC_LEN个字节.末字节为换行符
23 extern u8  USART3_RX_BUF[USART3_REC_LEN]; //接收缓冲,最大USART_REC_LEN个字节.末字节为换行符
24
25 extern u16 USART1_RX_STA;                  //接收状态标记
26 extern u16 USART2_RX_STA;                  //接收状态标记
27 extern u16 USART3_RX_STA;                  //接收状态标记
28
29 //函数声明
30 void USART1_Init(u32 bound);//串口1初始化并启动
31 void USART2_Init(u32 bound);//串口2初始化并启动
32 void USART3_Init(u32 bound);//串口3初始化并启动
33 void USART1_printf(char* fmt,...); //串口1的专用printf函数
34 void USART2_printf(char* fmt,...); //串口2的专用printf函数
35 void USART3_printf(char* fmt,...); //串口3的专用printf函数
36
37 #endif
```

图 18.9 usart.h 文件（片断）

行宏定义的数字改成“1”，多个串口可以同时使用。现在只用到 USART1，所以第 17 行的宏定义为“1”。

最后来到 main.c 文件，如图 18.10 所示。第 17 ~ 21 行是对库文件的调用，第 21 行新加载了 usart.h 文件。接下来在 main 函数中除了时钟设置程序以外，第 29 行加入了 USART1 的初始化函数 USART1_Init(115200)，参数是波特率 115 200 波特。波特率是指数据收发的速度，要想实现数据的正确收发，发送端和接收端的波特率必须相同。初始化中，波特率的值要和计算机软件接收波特率设置的值相同，如果计算机波特率设置为 9600，初始化参数也要改成 9600。波特率的数值越大，通信速度越快。但波特率数值并非可以随意填写，它有固定的数值，这些数值在串口助手软件的波特率下拉列表里，为 600~115 200。串口初始化之后进入 while 主循环部分，我在此列出了 3 种向计算机发送数据的程序。USART 串口的发送一般有 3 种方式，最常用的是第二种。当前程序中生效的是“方法 1”（第 35 ~ 36 行），请重新编译并下载到核心板，看一下运行效果。下载完成后，打开串口助手软件，设置端口号和波特率（115 200），然后打开端口。这时在接收窗口中将能看到单片机发来的数据 0x55，每秒向计算机发送一次。

```
17 #include "stm32f10x.h" //STM32头文件
18 #include "sys.h"
19 #include "delay.h"
20
21 #include "usart.h"
22
23
24 int main (void){//主程序
25   u8 a=7,b=8;
26   //初始化程序
27   RCC_Configuration(); //时钟设置
28
29   USART1_Init(115200); //串口初始化（参数是波特率）
30
31   //主循环
32   while(1){
33
34     /* 发送方法1 */
35     USART_SendData(USART1 , 0x55); //发送单个数值
36     while(USART_GetFlagStatus(USART1, USART_FLAG_TC)==RESET); //检查发送中断标志位
37
38     /* 发送方法2 */
39 //    printf("STM32F103 "); //以纯字符串发送数据到串口
40
41 //    printf("STM32 %d %d ",a,b); //以纯字符串和变量发送数据到串口
42
43     /* 发送方法3 */
44 //    USART1_printf("STM32 %d %d ",a,b);
45
46       delay_ms(1000); //延时
47   }
48 }
```

图 18.10 main.c 文件（片断）

在程序上实现串口数据的发送很简单，因为串口是标准协议接口，固件库中已经将串口的常用功能封装成固件库，直接从固件库

中调用相对应的函数即可。“方法 1”调用了固件库的两个函数。第一个函数是 USART_SendData，功能是发送一个字节的数据。它有两个参数，第一个参数是要向哪个端口发送数据，当前使用 USART1，就写 USART1。第二个参数是要发送的十六进制数据，数据必须是 8 位十六进制数据，这里随意写入数据 0x55。程序运行到这行，就把 0x55 发送到计算机。但是只有发送还不够，如果前一个数据还未发送结束又开始发送新的数据，就会产生数据冲突，所以在使用 USART_SendData 函数发送后，要加一行 while 进行判断，在 while 中调用另一个固件库函数 USART_GetFlagStatus，其功能是检查发送中断标志位。它有两个参数，第一个参数是要检查的串口号，第二个参数是要检查的标志位。通过 while 循环判断，如果标志位的结果是复位 RESET（逻辑假），就继续循环判断。一旦串口中断标志位置为 SET（逻辑真），则跳出循环，向下执行。第 36 行程序的含义是判断串口发送标志位，串口底层寄存器中有很多标志位，它们用来表现串口当前状态，其中一个是发送结束标志位，while 循环就是检查发送结束标志位是否为真，若为真表示发送结束，即可发送其他数据，若为假则循环等待。所以使用“方法 1”进行串口发送就必须包含这两条程序。大家可以试着将发送的数据改成 0x66，看看在串口助手中是否收到不同的数据。你也可以将数据改成变量，比如 main 函数开始处定义了两个变量 a 和 b，可以使用变量 a 来发送数字 7，这里给出的变量初始值为十进制的 7，在发送函数中给出的这个数据都是十六进制的，编译器会自动将 a 值以十六进制的方式呈现。串口助手收到并显示的也是十六进制数据。

说到这里，需要说一下在串口助手接收模式下的两个选项，这两个选项分别是“数值”和“字符”模式。数值模式是将串口助手收到的数据以十六进制数值显示。字符模式是将数据以 ASCII 码字符显示。当接收模式为“数值”时，可以看到接收窗口中显示的是十六进制数据 0x55；当接收模式为“字符”时，显示变成了字母“U”。其实串口通信传输的是十六进制数据（“数值”方式），但是有时我们想显示一些字母、符号或数字，看起来更直观，所以串口助手增加了字符模式，按照“ASCII 码、字符数据对照表”（见表 18.1）将十六进制数据换化为字母、符号、数字显示。字母“U”对应的十六进制数值是 0x55，发送对应的数据，在接收端选择“字符”方式显示，就能看到“U”而非 0x55。

表格中 ASCII 值 0 ~ 32 是特殊功能指令，例如“退格”“回车”“换行”等；33 是十六进制的 0x21，对应字符是惊叹号“！”，也就是说单片机发送十六进制数据 0x21，串口助手就会显示“！”；十六进制数据 0x30~0x39 对应的字符是数字“0”~“9”；十六进制数据 0x41~0x5A 对应大写英文字母“A”~“Z”；十六进制数据 0x61~0x7A 对应小写英文字母“a”~“z”。数值与字符可以查表得知对应关系。当然在编程时不需要查表，C 语言可以用单引号来引用 ASCII 码表，只要直接用键盘输入 ASCII 码表中的字母、符号、数字，并用单引号括起来，例如输入“U”，在程序编译时会自动将 U 转换成十六进制数据 0x55 并发送。

“方法 1”每次只能发送一个数据（字符），如果想发送多个数据，就要复制出多个发送函数 USART_SendData，操作起来非常麻烦。有没有一种将多个数据连续发送的方法呢？这里我们就要说到“方法 2”。我们先将“方法 1”屏蔽，解除“方法 2”的屏蔽。“方法 2”只有一行 printf 函数。重新编译、下载看一下效果。下载完成后，我们以“字符”模式显示，可以看到串口帮助手显示“STM32F103”。这个效果是通过 printf 函数实现的。在 printf 的参数中加入双引号，在双引号里输入一串字符（ASCII 中的字符），当前输入的是“STM32F103”，使用这个函数就能一次发送多个字符。

有朋友会问，printf 能发送字符，那它能发送数据吗？答案是肯定的。以 0x55 为例，在双引号里面加入 %c，然后在双引号后加入逗号“,”，在逗号后面输入 0x55，完整的写法是 printf(“%c”,0x55)。重新编译下载，下载完成后将串口助手选择为“数值”模式，接收窗口中出现 0x55。程序中的 %c 是什

表 18.1　ASCII 码、字符数据对照表

ASCII 码		字符	ASCII 码		字符	ASCII 码		字符	ASCII 码		字符
十进制	十六进制		十进制	十六进制		十进制	十六进制		十进制	十六进制	
0	0	NUT	32	20	(space)	64	40	@	96	60	、
1	1	SOH	33	21	!	65	41	A	97	61	a
2	2	STX	34	22	"	66	42	B	98	62	b
3	3	ETX	35	23	#	67	43	C	99	63	c
4	4	EOT	36	24	$	68	44	D	100	64	d
5	5	ENQ	37	25	%	69	45	E	101	65	e
6	6	ACK	38	26	&	70	46	F	102	66	f
7	7	BEL	39	27	,	71	47	G	103	67	g
8	8	BS	40	28	(	72	48	H	104	68	h
9	9	HT	41	29	)	73	49	I	105	69	i
10	A	LF	42	2A	*	74	4A	J	106	6A	j
11	B	VT	43	2B	+	75	4B	K	107	6B	k
12	C	FF	44	2C	,	76	4C	L	108	6C	l
13	D	CR	45	2D	-	77	4D	M	109	6D	m
14	E	SO	46	2E	.	78	4E	N	110	6E	n
15	F	SI	47	2F	/	79	4F	O	111	6F	o
16	10	DLE	48	30	0	80	50	P	112	70	p
17	11	DC1	49	31	1	81	51	Q	113	71	q
18	12	DC2	50	32	2	82	52	R	114	72	r
19	13	DC3	51	33	3	83	53	S	115	73	s
20	14	DC4	52	34	4	84	54	T	116	74	t
21	15	NAK	53	35	5	85	55	U	117	75	u
22	16	SYN	54	36	6	86	56	V	118	76	v
23	17	ETB	55	37	7	87	57	W	119	77	w
24	18	CAN	56	38	8	88	58	X	120	78	x
25	19	EM	57	39	9	89	59	Y	121	79	y
26	1A	SUB	58	3A	:	90	5A	Z	122	7A	z
27	1B	ESC	59	3B	;	91	5B	[	123	7B	{
28	1C	FS	60	3C	<	92	5C	/	124	7C	|
29	1D	CS	61	3D	=	93	5D	]	125	7D	}
30	1F	RS	62	3E	>	94	5E	_	126	7E	~

么意思呢？我们可以找到 usart.c 文件，在文件最下方可以找到转译符号功能说明，如图 18.11 所示。这里列出了 printf 能够使用的转译符号，转译符号以“%”开头，后边跟不同的字母。比如 %d 表示以十进制有符号的整数发送，%c 是以单个字符发送（将逗号后面的 0x55 以单一字符的方式显示在 %c 的位置）。也就是说，它将 0x55 转换成字符“U”，再以字符方式在 %c 的位置发送。接收端以字符模式显示则是“U”，但是以数值模式显示是 0x55。

```
/*
a符号的作用:

%d 十进制有符号整数
%u 十进制无符号整数
%f 浮点数
%s 字符串
%c 单个字符
%p 指针的值
%e 指数形式的浮点数
%x, %X 无符号以十六进制表示的整数
%o 无符号以八进制表示的整数
%g 自动选择合适的表示法
%p 输出地址符

*/
```

图 18.11　转译符号功能说明

这种方法比较不好理解，我们再举一个例子，比如在双引号内输入“STM32”，它会以字符方式发送到串口助手，因为凡是 printf 函数双引号中的内容都以字符方式发送。而 %c 发送的并不是字符“%c”，而是发送双引号和逗号后面的数值。那以什么方式呈现呢？是由转译符号中百分号（%）后面的字母决定。如果是 %c 则表示以单个字符方式发送，它会将 0x55 转换为单个字符“U”。执行 printf(“STM32 %c”,0x55) 后，串口助手以字符模式显示的内容是“STM32 U”，其中“U”是由 0x55 以字符方式呈现的。

我们还可以换一种方式，比如改成 %d 是以十进制有符号整数的方式发送。因为要呈现十进制数据，逗号后面也改成十进制数据。比如输入“7”，意思是将“7”以十进制数的方式在 %d 的位置发送。重新编译、下载，看一下效果。printf(“STM32 %d”,7) 最终显示为“STM32 7”，其中“7”是双引号和逗号后面的十进制数据“7”，显示的位置是 %d 的位置，你也可以将 %d 放在任何位置，还可以将双引号和逗号后边的数据改为变量。

如果你想在字符串中显示更多的数据要怎么办呢？接下来屏蔽第 39 行的程序，解除第 41 行的屏蔽。第 41 行在字符“STM32”的后边加入了两个 %d，它对应后面的两个数值，两个数值是按前后顺序对应的。左边的 %d 对应变量 a，右边的 %d 对应变量 b。我们在第 25 行已知变量 a=7、b=8，重新编译、下载，看一下效果。最终显示内容是“STM32 7 8”，两个变量的内容分别显示在两个 %d 的位置。这种方法能一次发送多个字符和数值。

这里我要说说 printf 函数，它是 C 语言中自带的“打印”函数，如果你在计算机上运行 C 语言，printf 用来在显示器上打印（显示）一串字符。而在单片机程序中，printf 函数默认是 USART1 的串口发送函数，当我们想使用 USART1 发送数据时就可以直接使用。你还可以在 usart.h 文件中修改宏定义，让 printf 用在其他串口上，printf 同一时间只能用于一个串口。但是在开发中可能会同时用到两或三个串口。如果 printf 已经用于 USART1，那么 USART2 和 USART3 的数据要怎么发送呢？这时就要用到自定义的 printf 函数。现在我们屏蔽“方法 2”，解除“方法 3”的屏蔽。方法 3 中调用了自定义的发送函数 USART1_printf，这是 USART1 专用的发送函数。使用方法和标准的 printf 相同。USART2 和 USART3 同样也有专用的发送函数 USART2_printf 和 USART3_printf，在程序中直接调用就可以向不同串口发送字符串了。需要注意：发送之前必须先对串口初始化。请大家自行修改 printf 的参数，发现和熟悉发送字符串的原理。

第 35~36 步

19 通过USART串口接收数据

19.1 串口接收

本次，我们学习通过 USART 串口接收数据。串口的接收是指从计算机发出数据，单片机接收数据。单片机接收数据有中断和查询两种方式。我们来看一下串口接收在程序上如何实现。首先依然在附带资料中找到“USART 串口接收程序”，使用 Keil 软件打开工程，这个工程和上一节的“USART 串口发送程序”的工程几乎相同，区别是在 while 主循环中加入了查询串口接收方式，并在 usart.c 文件里“串口 1”的接收中断函数中加入了新的内容，这两处改动是我要讲的两种串口接收方式。

先来看查询接收方式。如图 19.1 所示，while 主循环中的第 35~38 行是用查询方式来接收串口数据的程序。串口接收功能在第 29 行串口初始化中被打开了。需要注意：使用查询方式接收时一定要关闭串口中断。如图 19.2 所示，要在 usart.c 文件中将串口 1 初始化函数 USART1_Init 的第 102 行的串口中断参数改成 DISABLE，关闭串口中断，这样在串口收到数据时才不会跳到中断处理函数。设置好这一项之后回到主函数，重新编译、下载，看一下效果。

```
17 #include "stm32f10x.h" //STM32头文件
18 #include "sys.h"
19 #include "delay.h"
20
21 #include "usart.h"
22
23
24 int main (void){//主程序
25   u8 a;
26   //初始化程序
27   RCC_Configuration(); //时钟设置
28
29   USART1_Init(115200); //串口初始化（参数是波特率）
30
31   //主循环
32   while(1){
33
34     // 以查询方式接收
35     if(USART_GetFlagStatus(USART1,USART_FLAG_RXNE) != RESET){  //查询串口待处理标志位
36       a =USART_ReceiveData(USART1);//读取接收到的数据
37       printf("%c",a); //把收到的数据发送回计算机
38     }
39
40
41 //       delay_ms(1000); //延时
42   }
43 }
```

图 19.1 USART 串口查询接收程序

写入程序之后，打开串口助手软件，设置

```
94      //USART 初始化设置
95     USART_InitStructure.USART_BaudRate = bound;//一般设置为9600;
96     USART_InitStructure.USART_WordLength = USART_WordLength_8b;//字长为8位数据格式
97     USART_InitStructure.USART_StopBits = USART_StopBits_1;//一个停止位
98     USART_InitStructure.USART_Parity = USART_Parity_No;//无奇偶校验位
99     USART_InitStructure.USART_HardwareFlowControl = USART_HardwareFlowControl_None;//无硬件数据流控制
100    USART_InitStructure.USART_Mode = USART_Mode_Rx | USART_Mode_Tx; //收发模式
101      USART_Init(USART1, &USART_InitStructure); //初始化串口
102      USART_ITConfig(USART1, USART_IT_RXNE, DISABLE);//开启ENABLE/关闭DISABLE中断
103      USART_Cmd(USART1, ENABLE);                       //使能串口
104  }
105
```

图 19.2 将串口中断参数改成 DISABLE

好端口号和波特率，发送模式和接收模式都设置为“字符”。单击“打开端口”，右边的接收窗口并没有收到数据，因为单片机正在等待串口助手向它发送数据，所以要在发送框中输入要发送的内容。比如发送数字“1”，就把光标放在下方的输入栏中，输入“1”，单击“发送”按钮。这时接收窗口收到数字“1”，表示单片机收到数据并把数据又重新发回给计算机，所以才能在接收窗口看到发送的数据（见图 19.3）。

这样的发送 / 接收程序是如何实现的呢？如图 19.1 所示，main.c 文件的开始部分和上一节相同，不再分析。只说一下第 35~38 行新加入的查询接收程序。第 35 行使用 if 判断，判断内容调用了固件库函数，这是串口发送程序“方法一”中介绍过的固件库函数 USART_GetFlagStatus。为了更深入地了解这个函数，可以打开“STM32F103 固件函数库用户手册”，在第 359 页找到此函数（见图 19.4）。函数的说明中有参数的说明（Table 743），第 1 个参数是你要使用哪个 USART 串口，第 2 个参数是要查询的串口标志位，标志位的内容在下方列表（Table 744）中，上一节“方法一”检查的标志位是 USART_FLAG_TC（发送完成标志位）。数据发送完成后，此标志位会置位（变为 1）。第 35 行所使用的是 USART_FLAG_RXNE（串口数据寄存器非空标志位），非空是指串口接收寄存器中有从计算机发来的数据，此标志位置位表示计算机已经发来了数据。于是 if 语句判断非空标志位是否置位，置位则表示串口收到数据，便执行第 36~37 行的内容。第 36 行调用了串口接收的固件库函数 USART_ReceiveData，参数是串口号（USART1）。通过返回值返回变量 a，接收的数据便存放在变量 a 中。串口每次接收一个字节的数据。你可以根据自己的需要对变量 a 中的数据进行操作，当前是把数据重新发送回计算机，所以第 37 行用 printf 函数将变量 a 的数据发送到计算机，实现了在串口助手中发送数据，同时在接收框中收到同样的数据。

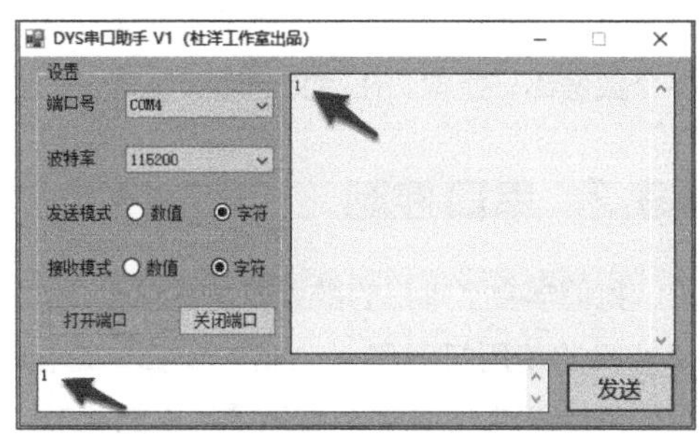

图 19.3 串口发送与接收的效果

以上是用查询方式来做串口数据接收的方法。所谓查询就是不断循环检查接收标志位，标志位为 1 说明收到数据，然后处理数据。查询方式的优点是编程较简单，主程序不会被中断，程序需要查询串口数据时再去查询，不需要查询时可忽略。查询方式的缺点是失去了实时性（快速响应能力）。查询程序只是主程序中的一部分，还会有其他程序要执行。假设在一个项目中串口收到的数据必须马上处理，等待查询到标志位已经耽误了很长时间，为了保证实时性，就要使用串口中断接收方式。

21.2.22 函数USART_GetFlagStatus

Table 743. 描述了函数USART_ GetFlagStatus

Table 743. 函数 USART_ GetFlagStatus

函数名	USART_ GetFlagStatus
函数原形	FlagStatus USART_GetFlagStatus(USART_TypeDef* USARTx, u16 USART_FLAG)
功能描述	检查指定的 USART 标志位设置与否
输入参数 1	USARTx：x 可以是 1，2 或者 3，来选择 USART 外设
输入参数 2	USART_FLAG：待检查的 USART 标志位 参阅 Section：USART_FLAG 查阅更多该参数允许取值范围
输出参数	无
返回值	USART_FLAG 的新状态（SET 或者 RESET）
先决条件	无
被调用函数	无

USART_FLAG

Table 744. 给出了所有可以被函数USART_ GetFlagStatus检查的标志位列表

Table 744. USART_FLAG 值

USART_FLAG	描述
USART_FLAG_CTS	CTS 标志位
USART_FLAG_LBD	LIN 中断检测标志位
USART_FLAG_TXE	发送数据寄存器空标志位
USART_FLAG_TC	发送完成标志位
USART_FLAG_RXNE	接收数据寄存器非空标志位
USART_FLAG_IDLE	空闲总线标志位
USART_FLAG_ORE	溢出错误标志位
USART_FLAG_NE	噪声错误标志位
USART_FLAG_FE	帧错误标志位
USART_FLAG_PE	奇偶错误标志位

例：

```
/* Check if the transmit data register is full or not */
FlagStatus Status;
Status = USART_GetFlagStatus(USART1, USART_FLAG_TXE);
```

图 19.4 “STM32F103 固件函数库用户手册”第 359 页的内容

接下来我们将查询方式的程序屏蔽，然后打开 usart.c 文件，如图 19.2 所示，在 USART1 初始化函数的第 102 行，将 DISABLE 改成 ENABLE，开启串口中断。这样当串口收到数据时会自动跳转到串口中断处理函数 USART1_IRQHandler。在串口中断处理函数中写入数据处理程序。使用

```
106 void USART1_IRQHandler(void){ //串口1中断服务程序（固定的函数名,不能修改）
107     u8 a;
108     if(USART_GetITStatus(USART1, USART_IT_RXNE) != RESET){  //接收中断(接收到的数据必须以0x0d 0x0a结尾)
109         a =USART_ReceiveData(USART1);//读取接收到的数据
110         printf("%c",a); //把收到的数据发送回计算机
111     }
112 }
```

图 19.5 usart.c 文件中的串口 1 中断处理函数（中断服务程序）

这种方式，每次串口收到数据会自动中断主函数的程序，跳转到中断处理函数执行，执行结束后再跳回主函数继续执行。中断方式能够保证串口在收到数据的瞬间马上进行处理。在对实时性要求很高的场合，必须使用中断方式。

如图 19.5 所示，中断处理函数中依然加入了 if 判断，注意第 108 行调用了新固件库函数 USART_GetITStatus，这是对中断标志位的判断。“STM32F103 固件函数库用户手册”的第 360 页有此函数的说明，其中给出了串口中断相关的标志位，如图 19.6 所示。在此判断的是 USART_IT_RXNE（接收中断）标志位。之所以这样判断，是因为串口中断有很多种方式，每次的中断事件包括发送中断、发送完成中断都会跳到串口中断处理函数。所以在进入中断处理函数后要再确定一下是否是接收中断。如果是接收中断，再执行第 109~110 行的程序，程序内容和查询方式相同。重新编译、下载，再次实验，效果和之前相同。另外，如果你想连续接收多个数据，可以在中断函数中定义数组，将数据按顺序放入数组，将多个数据统一处理。在后文的超级终端数据收发教学中，我们会讲到批量数据的接收和发送。

19.2 串口控制

我们学会了串口的数据收发，这无疑对单片机的使用打开了一个新的窗口。之前我们只能通过LED简单显示单片机的状态，而现在能够收发大量数据，通过串口来做单片机调试，把单片机的数据实时显示出来；还能使用串口来做远程控制，用计算机控制单片机输出，或把单片机的状态显示在计算机端。接下来看一下如何用串口实现远程控制。

21.2.24 函数USART_GetITStatus

Table 746. 描述了函数USART_ GetITStatus

Table 746. 函数 USART_ GetITStatus

函数名	USART_ GetITStatus
函数原形	ITStatus USART_GetITStatus(USART_TypeDef* USARTx, u16 USART_IT)
功能描述	检查指定的 USART 中断发生与否
输入参数 1	USARTx：x 可以是 1，2 或者 3，来选择 USART 外设
输入参数 2	USART_IT：待检查的 USART 中断源 参阅 Section：USART_IT 查阅更多该参数允许取值范围
输出参数	无
返回值	USART_IT 的新状态
先决条件	无
被调用函数	无

USART_IT

Table 747. 给出了所有可以被函数USART_ GetITStatus检查的中断标志位列表

Table 747. USART_IT 值

USART_IT	描述
USART_IT_PE	奇偶错误中断
USART_IT_TXE	发送中断
USART_IT_TC	发送完成中断
USART_IT_RXNE	接收中断
USART_IT_IDLE	空闲总线中断
USART_IT_LBD	LIN 中断探测中断
USART_IT_CTS	CTS 中断
USART_IT_ORE	溢出错误中断
USART_IT_NE	噪音错误中断
USART_IT_FE	帧错误中断

图 19.6 “STM32F103 固件函数库用户手册”第 360 页的内容

在附带的资料中找到“USART 串口控制程序”的工程，将工程中的 HEX 文件下载到单片机，看一下效果。下载完成后打开串口助手，设置好端口号和波特率，将接收和发送模式都设置成“字符”，单击“打开端口”。程序的功能是实现远程控制，在发送框输入“0”和“1”来控制核心板上的 LED。输入“1”，单击“发送”，这时核心板上 LED1 点亮，接收框内显示“1:LED1 ON”。前面的“1”是发送的“1”，“LED ON”表示执行开灯指令。接下来把发送框中的“1”改成“0”，单击“发送”。核心板上的 LED1 熄灭，接收框内显示“0:LED1 OFF”，表示已经执行了关灯指令。我们实现了在计算机上控制单片机连接的 LED。另外也能按核心板上的 KEY1 按键，接收框内显示“KEY1”，表示按下了 KEY1 按键。再按

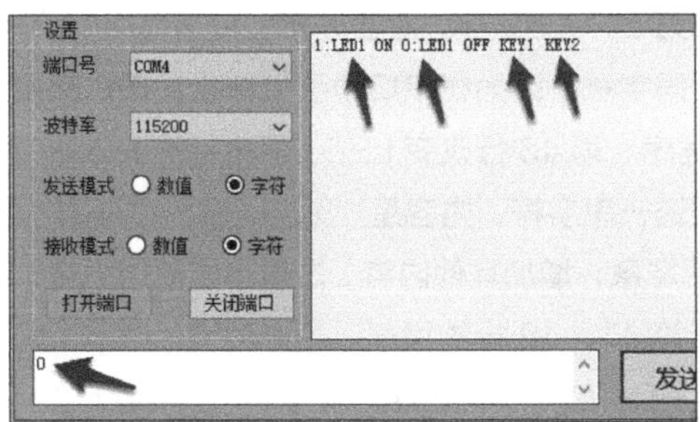

图 19.7 串口助手的演示效果

```
17 #include "stm32f10x.h" //STM32头文件
18 #include "sys.h"
19 #include "delay.h"
20 #include "led.h"
21 #include "key.h"
22 #include "buzzer.h"
23 #include "usart.h"
24
25
26 int main (void){//主程序
27     u8 a;
28     //初始化程序
29     RCC_Configuration(); //时钟设置
30     LED_Init();//LED初始化
31     KEY_Init();//按键初始化
32     BUZZER_Init();//蜂鸣器初始化
33     USART1_Init(115200); //串口初始化（参数是波特率）
34
35     //主循环
36     while(1){
```

图 19.8 main.c 文件的开始部分

KEY2 按键，接收框内显示“KEY2”（见图 19.7）。这样的操作能把单片机状态发送给计算机，让我们在计算机上看到单片机的状态。学会两种状态的编程方法就能扩展更多的应用：将 LED 改成继电器可控制电器的开关，把按键改成传感器可在计算机上远程监控。

这样的功能在程序上如何实现呢？接下来用 Keil 4 打开“USART 串口控制程序”的工程。此工程是在“USART 串口接收程序”的基础上改写的。如图 19.8 所示，在 main.c 文件开始部分的第 20 ~ 22 行加载指示灯、按键和蜂鸣器的库文件。第 30 ~ 32 行调用了指示灯、按键和蜂鸣器的初始化函数。while 主循环中第 39 ~ 57 行加入了控制程序，使用查询接收方式。第 60 ~ 73 行将按键的值发送到计算机上（见图 19.9）。因为使用查询模式，在 USART 初始化函数中，将串口中断一项设置为 DISABLE（禁止中断）。

```
35     //主循环
36     while(1){
37
38         //以查询方式接收
39         if(USART_GetFlagStatus(USART1,USART_FLAG_RXNE) != RESET){  //查询串口
40             a =USART_ReceiveData(USART1);//读取接收到的数据
41             switch (a){
42                 case '0':
43                     GPIO_WriteBit(LEDPORT,LED1,(BitAction)(0)); //LED控制
44                     printf("%c:LED1 OFF ",a); //
45                     break;
46                 case '1':
47                     GPIO_WriteBit(LEDPORT,LED1,(BitAction)(1)); //LED控制
48                     printf("%c:LED1 ON ",a); //
49                     break;
50                 case '2':
51                     BUZZER_BEEP1(); //蜂鸣一声
52                     printf("%c:BUZZER ",a); //把收到的数据发送回计算机
53                     break;
54                 default:
55                     break;
56             }
57         }
58
59         //按键控制
60         if(!GPIO_ReadInputDataBit(KEYPORT,KEY1)){ //读按键端口的电平
61             delay_ms(20); //延时20ms去抖动
62             if(!GPIO_ReadInputDataBit(KEYPORT,KEY1)){ //读按键端口的电平
63                 while(!GPIO_ReadInputDataBit(KEYPORT,KEY1)); //等待按键被松开
64                 printf("KEY1 "); //
65             }
66         }
67         if(!GPIO_ReadInputDataBit(KEYPORT,KEY2)){ //读按键端口的电平
68             delay_ms(20); //延时20ms去抖动
69             if(!GPIO_ReadInputDataBit(KEYPORT,KEY2)){ //读按键端口的电平
70                 while(!GPIO_ReadInputDataBit(KEYPORT,KEY2)); //等待按键被松开
71                 printf("KEY2 "); //
72             }
73         }
74
75 //      delay_ms(1000); //延时
76     }
77 }
```

图 19.9 main.c 文件的主循环部分

接下来分析程序。第 39 行是以查询方式实现由计算机控制 LED1，USART_GetFlagStatus 函数检查标志位，判断是否收到数据，如果收到，将数据存入变量 a。第 41 行将变量 a 的值放入 switch 语句进行判断，如果 a='0' 则执行第 43 ~

45 行，如果 a='1' 则执行第 47 ~ 49 行，如果 a='2' 则执行第 51 ~ 53 行。需要注意：变量 a 的值 '0' '1' '2' 由单引号括起来，并不是十六进制的数据，而是 ASCII 码字符。因为在串口助手中将收发模式都设置成“字符”，在发送框内输入“0”就执行第 43、44 行的程序。第 43 行改变 LED1 所连接的 I/O 端口的状态，将 LED1 变为低电平（熄灭），再通过 printf 函数发送一串字符，内容是“%c:LED1 OFF”，其中 %c 是变量 a，“:LED1 OFF”表示关灯。你也可以发挥想象，增加其他内容。注意不能使用中文，只能使用英文和数字。同样，在串口助手发送“1”就能执行第 47、48 行的程序。第 47 行让 LED1 输出高电平（点亮），第 48 行用 printf 函数发送变量 *a* 的值和“:LED1 ON”表示开灯。第 51 行是当输入“2”时，蜂鸣器响一声，接收框内会显示“2:BUZZER”。接下来是按键控制，按下两个按键，将按键状态发送到计算机。这个程序更加简单，使用了之前学过的按键判断，第 60 行判断 KEY1，第 61 行延时 20 毫秒，第 62 行再判断一次，第 63 行等待按键被放开，第 64 行等按键被放开后向串口发送“KEY1 ”。第 67 ~ 73 行的 KEY2 控制原理与此相同，按下 KEY2，在串口助手中显示“KEY2 ”。

以上是串口控制的基本实现方法，但是在实际使用中，串口助手实现这些功能有些笨拙，每次都要去修改发送框中的值，显示内容只能是英文和数字，不能使用转义字符，串口操作被局限，不能更好地发挥。串口助手只是简单的测试软件，想进行更复杂、更丰富的串口通信，需要一款更强大的串口软件——超级终端。图 19.10 所示是超级终端的窗口界面。超级终端的功能非常强大，特点是发送框和接收框合二为一，在一个窗口里输入与显示。按下 KEY1 按键时，超级终端窗口中会显示“KEY1”，相当于接收窗口。在超级终端窗口中输入“1”或“0”，不需按“发送”键，数据会自动发送到单片机。超级终端能显示中文字符、转义字符，设置背景、字体颜色，功能非常丰富。现在就来介绍一下超级终端的安装和使用方法。

先来安装超级终端软件，只有 Windows XP 操作系统在“附件”中内置了超级终端软件，Windows 7/8/10 都需要安装。下载“超级终端（中文版）”软件。双击 setup.exe 文件，在弹出的安装向导上单击“下一步”，使用默认的安装路径，单击两次“下一步”，安装完成后单击“关闭”按钮。安装后可在系统桌面找到“超级终端”的快捷图标，双击打开，打开的窗口即超级终端主界面。在主界面中需要创建一个串口连接，在窗口左上角单击“文件”→“新建连接”，如图 19.11 所示。在弹出的窗口中选择核心板的串口号（我这里是 COM4），注意核心板必须与计算机连接才能选择串口号。单击“确定”后会弹出新建连接设置窗口，如图 19.12 所示。串口号选择“COM4”，波特率项选择“115200”，其他项默认，“编码”选择“GB2312”，即国标字库，只有选择这一项才能显示汉字字符。确认无误后单击“确定”，这时就完成了串口连接。当前串口是打开状态，按下核心板上的 KEY1 按键，就能在窗口中显示信息，也

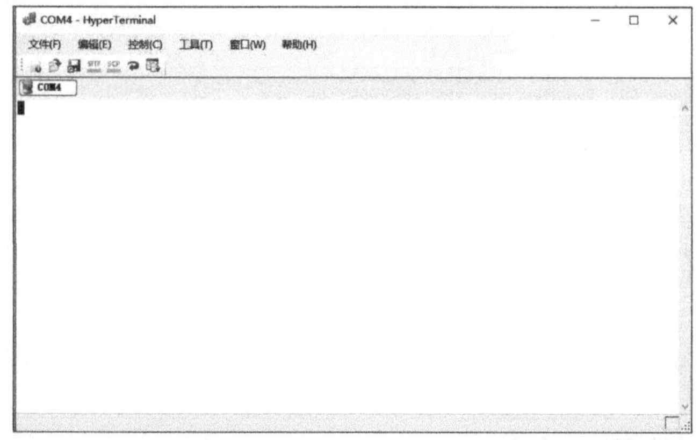

图 19.10 超级终端主界面

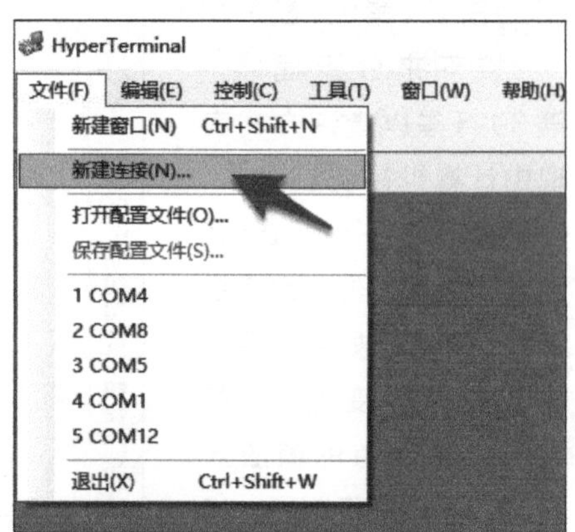

图 19.11 在超级终端中新建连接

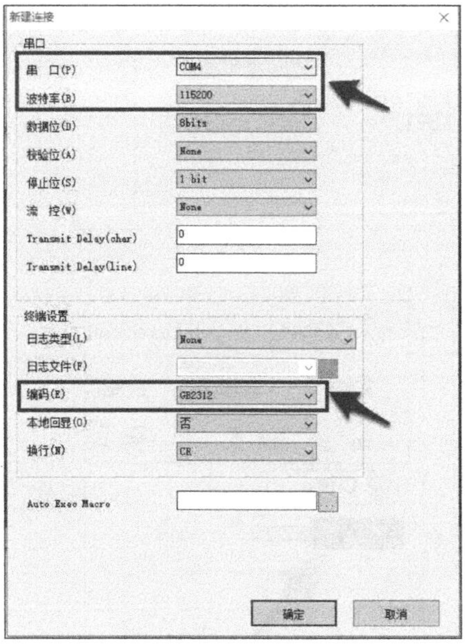

可以按下键盘上的“1”“0”“2”，像使用串口助手一样操作。想断开超级终端进行 ISP 下载时，如图 19.13 所示，将鼠标指针放在“COM4”选项卡上单击鼠标右键，选择“关闭”，串口和超级终端断开连接，就可使用 FlyMcu 给单片机下载程序了。想再次连接超级终端，只要在菜单栏单击“文件”选择“COM4”即可。

图 19.12 新建连接设置窗口

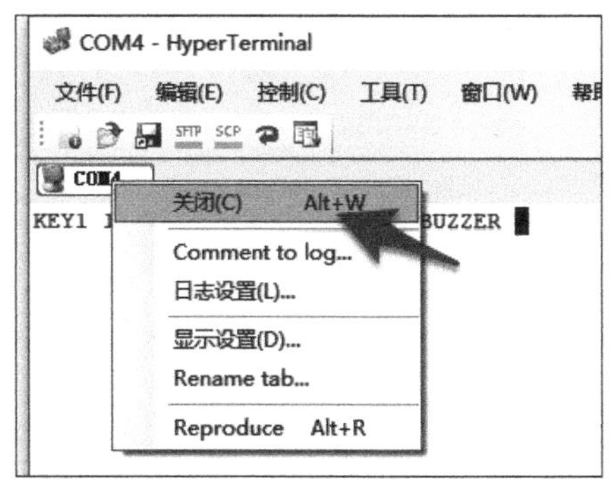

图 19.13 关闭串口的方法

超级终端能实现更强大的串口开发，先来学习转义字符。图 19.14 所示是常用的功能转义字符，是超级终端的扩展功能。其中“\n”表示换行，一般与“\r”一起使用。因为“\n”只是换到下一行，不能让光标回到行首，“\r”是让光标回到行首，所以用“\n\r”能实现“回车键”效果，让新内容在下一行显示。“\t”（横向跳格）和“\b”（退格）都是常用的转义字符。双引号的部分很有意思，在 printf 函数中显示的内容都要用双引号括起来。在内容中出现双引号会让 C 语言误以为它是 printf 的双引号，如果想在字符中显示双引号，要使用斜杠加双引号（\"）。

转义字符	说明
\n	换行
\r	回车
\t	横向跳格
\b	退格
\f	走纸换页
\\	斜杠（\）
\'	单引号（'）
\"	双引号（"）
\d05	八进制表示字符
\x1c	十六进制表示字符

图 19.14 功能转义字符

超级终端还能设置字体和背景的颜色，通过“\033”加一些参数来改变字体颜色或背景颜色。“\033”是转义字符，后边加中括号“[”，接着是定义字符亮度，图 19.15 下方表格所示是字符的显示方式。“0”表示默认状态，“1”表示高亮显示，“4”表示带下划线，“5”表示闪烁，“7”表示反白显示，“8”表示不可见。接着是分号“;”，分号后面是背景色代码。图 19.15 上方表格所示是背景颜色，从 40 到 47 分别是黑、红、绿、黄、蓝、紫、青、白。再接一个分号“;”，后边接前景色代码，也就是字的颜色，从 30 到 37。最后用字母“m”收尾。这是一段完整的颜色转义字符。最终在 printf 的双引号中写入“\033[1;40;32m”，意思是显示黑色背景、高亮绿色字体。请大家把这段转义字符放入程序中，加入到 KEY1 按键的 printf 函数内容中（图 19.9 中的第 64 行程序）。重新编译、下载，看一下效果。连接超级终端，按下核心板上的 KEY1 按键，可以看到超级终端窗口中显示“KEY1”的背景色是黑色，字体是绿色；我们再按 KEY2 按键，颜色依然是新的配色。这是因为我们只给出了改变颜色的转义字符，并没有给出取消颜色的转义字符，根据转义字符列表写入“\033[0m”可让颜色回到默认状态。把这段转义字符放在“KEY1”后面，如图 19.16 所示。这样使新配色的“KEY1”显示完成后，改回原来的颜色。重新编译可以看到效果如我所言，“KEY1”用

前景代码	背景代码	颜色
30	40	黑色
31	41	红色
32	42	绿色
33	43	黄色
34	44	蓝色
35	45	紫红色
36	46	青蓝色
37	47	白色

代码	显示方式
0	默认设置（黑底白字）
1	高亮显示
4	使用下划线
5	闪烁
7	反白显示
8	不可见

图 19.15 颜色转义字符

```
    //按键控制
    if(!GPIO_ReadInputDataBit(KEYPORT,KEY1)){ //读按键端口的电平
      delay_ms(20); //延时20ms去抖动
      if(!GPIO_ReadInputDataBit(KEYPORT,KEY1)){ //读按键端口的电平
        while(!GPIO_ReadInputDataBit(KEYPORT,KEY1)); //等待按键被松开
        printf("\033[1;40;32m KEY1 \033[0m"); //
      }
    }
```

图 19.16 在程序中加入颜色转义字符

新的配色显示，“KEY2”为默认颜色，如图 19.17 所示。

接下来再试试“\n\r”的效果，在 KEY1 和 KEY2 的内容的最后加入“\n\r”，重新编译、下载。你会发现每次“KEY1”都在下一行显示。当你学会了转义字符的用法，便能在超级终端中建立人机交互界面。下一节我将用超级终端建立一个交互界面，把所学的串口知识全部应用，做出综合的、总结性的程序讲解。

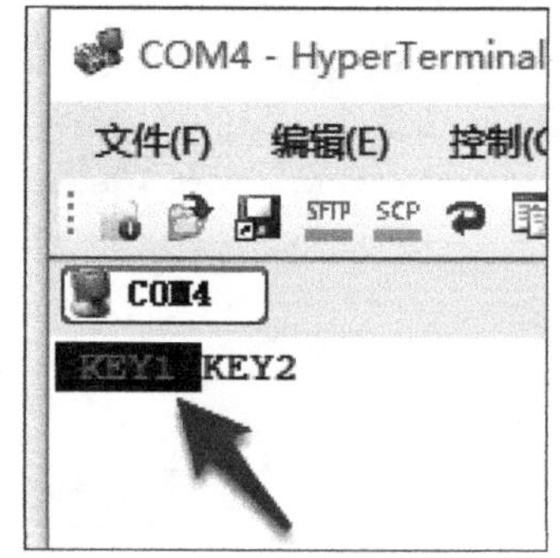

图 19.17 颜色转义字符的显示效果

第 37 步

20 超级终端串口控制

本节我们结合之前学过的串口知识来做一款基于超级终端的远程控制交互界面。设计过程涉及的内容较多，包括全局变量以及各种转义字符。没有看懂的朋友最好配合视频教程和数据手册等资料一起阅读，这样能事半功倍。

首先在附带资料中找到“超级终端串口控制程序”的工程，将工程中的 HEX 文件写入单片机中，看一下效果。效果是在超级终端上显示远程控制的交互界面。程序运行之后，超级终端窗口会显示一个说明界面，如图 20.1 所示。其中“1y”表示点亮 LED1，“1n”表示熄灭 LED1，“2y”表示点亮 LED2，“2n”表示熄灭 LED2。“请输入控制指令，按回车键执行！”这时光标在下一行闪烁，现在在窗口中输入“1y”并按回车键，窗口中会显示“LED 已经点亮！”，同时核心板上的 LED1 点亮。接下来输入“1n”并按回车键，这时显示“LED1 已经熄灭！”，接着输入“2y”并按回车键，核心板上 LED2 点亮。输入“2n”并按回车键，LED2 熄灭。通过输入字符来控制单片机上 LED 的点亮和熄灭，这就是远程控制。在以后的教学中会学到 RS-232 和 RS-485 通信，到时也可用超级终端做出同样的控制界面。另外，如果在控制界面输入错误的字符，窗口会显示“指令错误！”。不输入字符只按回车键，会重新弹出说明菜单。

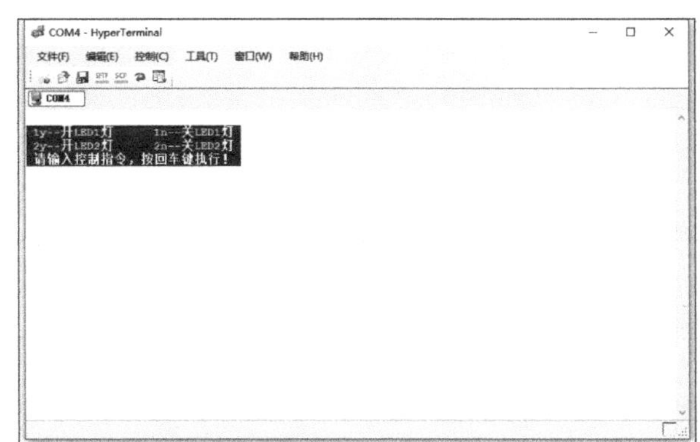

图 20.1 超级终端交互界面

这样的效果在程序上是如何实现的呢？我们打开“超级终端串口控制程序”的工程，这个工程是根据“USART 串口控制程序”的工程改写的。如图 20.2 所示，在 main.c 文件中第 17 ~ 23 行的库文件和上节所讲内容相同。第 27 ~ 31 行加载的初始化函数也和上节所讲内容相同，第 32 行加入的新语句 USART1_RX_STA=0xC000，在 while 主循环中加入了复杂的程序，其中使用 printf 函数显示了很多中文字符，这也是基于超级终端能显示中文字符的优势。这段程序起什么作用呢？我们一会再讲，先来看什么是“全局变量”。全局变量是能够在工程中的任何函数内调用的变量。之前所学过的变量，比如 8 位变量 res 只能用在定义它的中断处理函数中，不能用于其他函数。那么如果一个变量能在多个函数之间相互调用，它就是全局变量。比如在中断处理函数中定义全局变量，在 main 函数或其他函数都能读写全局变量，这是全局变量的优势。需要注意：全局变量会固定占用 RAM 中的空间，所以没有特殊需求不要随便定义。定义全局变量的方法是在需要使用全局变量文件中定义一个变量，变量定义在函数体的外边。如图 20.3 所示，比如在 usart.c 文件中，在函数体外第 53 行定义变量 USART.1_RX_STA，变量初始值赋值为 0。接下来要在 usart.h 中声明全局变量，第 25 行在声明前面加 extern 前缀，这是用来定义全局变量的指令。extern 后边加全局变量的声明 u16 USART.1_RX_STA，最后只要在 main.c 文件第 23

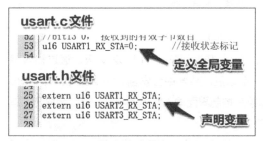

```
#include "stm32f10x.h" //STM32头文件
#include "sys.h"
#include "delay.h"
#include "led.h"
#include "key.h"
#include "buzzer.h"
#include "usart.h"


int main (void){//主程序
	RCC_Configuration();
	LED_Init();//LED初始化
	KEY_Init();//按键初始化
	BUZZER_Init();//蜂鸣器初始化
	USART1_Init(115200); //串口初始化，参数中写波特率
	USART1_RX_STA=0xC000; //初始值设为有回车的状态，即显示一次欢迎词
	while(1){
		if(USART1_RX_STA&0xC000){ //如果标志位是0xC000表示收到数据串完成，可以处理。
			if((USART1_RX_STA&0x3FFF)==0){ //单独的回车键再显示一次欢迎词
				printf("\033[1;47;33m\r\n"); //设置颜色（参考超级终端使用）
				printf(" 1y--开LED1灯      1n--关LED\r\n");
				printf(" 2y--开LED2灯      2n--关LED2\r\n");
				printf(" 请输入控制指令，按回车键执行！  \033[0m\r\n");
			}else if((USART1_RX_STA&0x3FFF)==2 && USART1_RX_BUF[0]=='1' && USART1_RX_BUF[1]=='y'){
				GPIO_SetBits(LEDPORT,LED1); //LED都为高电平（1）
				printf("1y -- LED1已经点亮！ \r\n");
			}else if((USART1_RX_STA&0x3FFF)==2 && USART1_RX_BUF[0]=='1' && USART1_RX_BUF[1]=='n'){
				GPIO_ResetBits(LEDPORT,LED1); ////LED都为低电平（0）
				printf("1n -- LED1已经熄灭！ \r\n");
			}else if((USART1_RX_STA&0x3FFF)==2 && USART1_RX_BUF[0]=='2' && USART1_RX_BUF[1]=='y'){
				GPIO_SetBits(LEDPORT,LED2); //LED都为高电平（1）
				printf("2y -- LED2已经点亮！ \r\n");
			}else if((USART1_RX_STA&0x3FFF)==2 && USART1_RX_BUF[0]=='2' && USART1_RX_BUF[1]=='n'){
				GPIO_ResetBits(LEDPORT,LED2); ////LED都为低电平（0）
				printf("2n -- LED2已经熄灭！ \r\n");
			}else{ //如果以上都不是，即是错误的指令。
				printf("指令错误！ \r\n");
			}
			USART1_RX_STA=0; //将串口数据标志位清0
		}
	}
}
```

图 20.2 main.c 文件的内容

行调用usart.h库文件，这样就完成了全局变量的定义。在main函数或其他函数中都可以调用这个全局变量。本工程中在usart.h文件里第21～27行定义6个全局变量，前3个是8位数组，后3个是16位数组。

定义全局变量的目的是什么呢？上节的控制程序通过核心板上的按键执行点亮或熄灭LED的操作，界面控制需要输入多个字符。比如输入“1”和“y”两个字符，还要按回车键。这说明单片机必须记住输入的两个字符，还能在按下回车键时识别之前输入的字符，然后去寻找需要执行的程序，即点亮或熄灭LED。程序需要记住输入的字符，于是我们定义一组全局变量，其中包括USART1_RX_BUF，如图20.4第21行所示。这是数组变量，数组大小由第12行的宏定义USART1_REC_LEN决定，当前值是200。也就是说定义了有200个数据的数组，而第22～23行是定义USART2和USART3的数组，我们以USART1为例，USART2和USART3的原理相同。另一个全局变量是第25行的USART1_RX_STA，用来表示串口当前状态。它可以在多个函数间传递串口状态，在分析程序时你将明白它的作

usart.c文件

```
53 u16 USART1_RX_STA=0;       //接收状态标记
```

定义全局变量

usart.h文件

```
25 extern u16 USART1_RX_STA;
26 extern u16 USART2_RX_STA;
27 extern u16 USART3_RX_STA;
```

声明变量

图 20.3 全局变量的定义和声明

```
10 #define USART_n    USART1  //定义使用printf函数的串口，其他串口要使用USART_printf专用函数发送
11 
12 #define USART1_REC_LEN        200   //定义USART1最大接收字节数
13 #define USART2_REC_LEN        200   //定义USART2最大接收字节数
14 #define USART3_REC_LEN        200   //定义USART3最大接收字节数
15 
16 //不使用某个串口时要禁止此串口，以减少编译量
17 #define EN_USART1         1    //使能（1）/禁止（0）串口1
18 #define EN_USART2         0    //使能（1）/禁止（0）串口2
19 #define EN_USART3         0    //使能（1）/禁止（0）串口3
20 
21 extern u8  USART1_RX_BUF[USART1_REC_LEN]; //接收缓冲,最大USART_REC_LEN个字节.末字节为换行符
22 extern u8  USART2_RX_BUF[USART2_REC_LEN]; //接收缓冲,最大USART_REC_LEN个字节.末字节为换行符
23 extern u8  USART3_RX_BUF[USART3_REC_LEN]; //接收缓冲,最大USART_REC_LEN个字节.末字节为换行符
24 
25 extern u16 USART1_RX_STA;                 //接收状态标记
26 extern u16 USART2_RX_STA;                 //接收状态标记
27 extern u16 USART3_RX_STA;                 //接收状态标记
28 
29 //函数声明
30 void USART1_Init(u32 bound);//串口1初始化并启动
31 void USART2_Init(u32 bound);//串口2初始化并启动
32 void USART3_Init(u32 bound);//串口3初始化并启动
33 void USART1_printf(char* fmt,...); //串口1的专用printf函数
34 void USART2_printf(char* fmt,...); //串口2的专用printf函数
35 void USART3_printf(char* fmt,...); //串口3的专用printf函数
```

图 20.4 usart.h 文件的内容

用。第 26 ~ 27 行定义的两个变量用于 USART2 和 USART3。接下来要分析的程序中只用到数组变量 USART1_RX_BUF 和接收状态标记变量 USART1_RX_STA。数组变量存放着接收的多个字符，当按下回车键时，程序会从数组中查找存放的字符，实现多字符输入的功能。

接下来分析程序。首先在 usart.c 文件的串口初始化函数中，将第 102 行是否开启串口中断的函数参数改为 ENABLE，开启 usart1 中断，使用串口中断函数来接收数据。这样在 USART1 的中断处理函数（也叫中断服务程序）中对接收的内容进行处理。如图 20.5 所示，第 112 ~ 124 行是对接收内容进行处理的程序。第 112 行由程序判断是否为接收中断，如果是则执行第 113 行，将串口收到的数据读出来放到变量 res 中，res 是在第 107 行定义的。接下来第 114 行将串口内容通过 printf 函数发送到超级终端，效果是在键盘输入时，超级终端窗口会同时显示输入的字符。从第 115 行开始是一系列判断程序，第 115 行用 if 语句判断全局变量串口中断标记 USART1_RX_STA，将它和 0x8000 进行按位与运算，即判断 16 位全局变量的最高位是否为 1（二进制数据的最左侧、最高位），如果不是 1 表示接收未完成。因为程序是第一次运行，变量定义初始值为 0，因此 if 语句读到的最高位不是 1。这说明 if 语句的判断成立，执行 if 语句的内容。第 116 行还是判断全局变量的状态，USART1_RX_STA 和 0x4000 运行按位与运算。也就是判断 16 位中高位的第 2 位（二进制中左边第 2 位）是否为 1。为 1 则执行第 117 ~ 118 行，为 0 则执行第 120 ~ 124 行。由于 USART1_RX_STA 初始值为 0，左边第 2 位肯定不是 1，所以要执行第 120 ~ 124 行的内容。第 120 判断收到的数据是否等于 0x0d，0x0d 是什么意思呢？通过查 ASCII 码表可知，0x0d 是回车键，即检查超级终端中输入的回车键。当在超级终端窗口按下回车键时，实际上是向单片机发送 0x0d，所以收到 0x0d 表示按下了回车键。这时执行第 120 行 USART1_RX_STA|=0x4000，把状态标志位左边第 2 位置位变成 1。我们通过左边第 2 位来标记串口有没有收到回车键。因为回车键非常重要，它表示指令输入完成。读到回车键后，状态标志位的左边第 2 位置位变成 1。没有读到回车键或读到其他字符，则执行第 122 ~ 124 行的程序。第 122 行把收到的值存入全局变量的数组。存入数组的哪个位置呢？这由状态标记变量 USART1_RX_STA 和 0x3FFF 进行按位与运算，也就是将状态标记的 16 位数据中最左边 2 位忽略。剩下的部分（右边的 14 位）用作数组计数器，决定数据存放在数据的哪个位置。USART1_RX_STA 初始值为 0，即存到第 0 位。假设在超级终端窗口中输入的是“1y”，

```
106 void USART1_IRQHandler(void){ //串口1中断服务程序（固定的函数名，不能修改）
107   u8 Res;
108   //以下是字符串接收到USART_RX_BUF[]的程序，(USART_RX_STA&0x3FFF)是数据的长度（不包括回车）
109   //当(USART_RX_STA&0xC000)为真时表示数据接收完成，即在超级终端里按下回车键。
110   //在主函数里写判断if(USART_RX_STA&0xC000)，然后读USART_RX_BUF[]数组，读到0x0d 0x0a即结束。
111   //注意在主函数处理完串口数据后，要将USART_RX_STA清0
112   if(USART_GetITStatus(USART1, USART_IT_RXNE) != RESET){  //接收中断(接收到的数据必须是以0x0d 0x0a结尾)
113     Res =USART_ReceiveData(USART1);//(USART1->DR);  //读取接收到的数据
114     printf("%c",Res); //把收到的数据以 a符号变量 发送回计算机
115     if((USART1_RX_STA&0x8000)==0){//接收未完成
116       if(USART1_RX_STA&0x4000){//接收到了0x0d
117         if(Res!=0x0a)USART1_RX_STA=0;//接收错误,重新开始
118         else USART1_RX_STA|=0x8000; //接收完成了
119       }else{ //还没收到0X0D
120         if(Res==0x0d)USART1_RX_STA|=0x4000;
121         else{
122           USART1_RX_BUF[USART1_RX_STA&0X3FFF]=Res ; //将收到的数据放入数组
123           USART1_RX_STA++;  //数据长度计数加1
124           if(USART1_RX_STA>(USART1_REC_LEN-1))USART1_RX_STA=0;//接收数据错误,重新开始接收
125         }
126       }
127     }
128   }
129 }
```

图 20.5 usart.c 文件的串口 1 中断处理函数

“1”存入全局数组 USART1_RX_BUF 第 0 位，第 123 行存入后 USART1_RX_STA 加 1。下一个字符“y”存入数组的第 1 位。

第 124 行又加入了一个判断语句，目的是判断 USART1_RX_STA 是否超过数组最大数量，因为在 usart.h 文件中定义的数组长度是 200，超级终端一次输入的字符超过 200 个就会出错。所以要加一个判断，如果数据超出就将状态标志清 0。这样可防止数据溢出导致出错。按照程序逻辑，输入的字符都会按顺序存放在数组中，然后 USART1_RX_STA 加 1，直到按下回车键。接着分析程序，当按下回车键时，第 120 行的 if 语句为真，使得 USART1_RX_STA 最高位的第 2 位为 1（左边第 2 位）。注意，回车键是超级终端向单片机发出 2 个字节的数据，第 1 个数据是 0x0d，功能是光标回到行首；第 2 个数据是 0x0a，功能是换到下一行。提到转义字符时我曾讲过，“/n/r”组合可达到回车键的效果，按下回车键是输出换行和回到行首 2 个数据。在收到 0x0d 时将 USART1_RX_STA 最高位的第 2 位（左边第 2 位）变为 1。收到 0x0a 时运行第 116 行判断 USART1_RX_STA 最高第 2 位是否为 1，结果为“真”使程序运行第 117 ~ 118 行，对回车键的第 2 个数据 0x0a 进行判断。收到的数据不是 0x0a，说明数据出错，因为回车键一定是 0x0d 和 0x0a 的组合，只收到 0x0d 必然是错误的。出错时将 USART1_RX_STA 清 0。如果收到 0x0a，说明是回车键的第 2 个数据，这时程序执行第 118 行，把 USART1_RX_STA 最高位（左边第 1 位）变为 1。USART1_RX_STA 最高 2 位都为 1，说明接收到了一组需要处理的串口数据。这时串口中断处理函数完成了任务，完成了一次多字符指令的接收，接下来的工作在主函数中继续进行。

如图 20.2 所示，主函数中第 34 行通过 if 语句判断 USART1_RX_STA 和 0xC000 执行按位与运算的结果是否为真。由于 USART1_RX_STA 是全局变量，可以在主函数中调用，按位与运算是判断 USART1_RX_STA 最高 2 位是否都为 1。如果都是 1 则执行第 35 ~ 55 行的程序。第 35 行把 USART1_RX_STA 最高两位清 0，再判断剩下的数值（用于字符计数的部分）是否为 0。为 0 则表示在超级终端窗口中没有输入任何字符，直接按了回车键。这时执行第 36 ~ 39 行显示说明菜单。如果不为 0 则执行第 40 ~ 54 行的判断语句。第 36 行是改变颜色，第 37 ~ 39 行是显示菜单内容并让颜色恢复默认值，通过“/n/r”切换到下一行，达到按下回车键显示说明菜单的效果。

第 40 行是 else if 判断，如果不是直接按下回车键，则执行第 40 行，判断输入的是不是 2 个字符，同时判断数组的第 0 位（也就是输入的第一个字符）是不是字符“1”。注意这里是单引号括起来的“1”，表示 ASCII 码的字符。然后再判断数组的第 1 位（输入的第 2 个字符）是不是字符“y”。如果 3 个判断都为真，说明输入了 2 个字符“1”和“y”。判断成立，执行第 41 ~ 42 行程序，第 41 行点亮 LED1，第 42 行用 printf 函数发送“LED1 已经点亮！”并换行。如果 3 个判断有任何一个不为真，则执行第 43 行。43 行有 3 个判断，即判断字符是不是 2 个、第一个字符是不是“1”、第 2 个字符是不是“n”。如果 3 个判断都成立则执行第 44 行，熄灭 LED1，然后执行第 45 行，用 printf 显示字符。同样原理，第 46 ~ 51 行是判断是否点亮或熄灭 LED2 的程序。第 52 行的 else 判断表示若以上都不为真，就显示“指令错误”。当一次完整的判断结束，第 55 行将 USART1_RX_STA 清 0，字符计数初始化，为下次接收指令做好准备。接收到新数据时又会在串口中断处理函数中重新处理。

另外在 main 函数的第 32 行把 USART1_RX_STA 变成 0xC000，目的是在单片机上电时先将 USART1_RX_STA 的最高两位变为 1，模拟有回车输入的状态，让第 34 行的 if 语句为真，上电后显示说明菜单。以上就是超级终端串口交互界面的程序原理，稍微有些难以理解，请大家反复研究。在大家熟悉程序逻辑后，可以按照自己的想法修改，设计你的交互界面。

21 RTC实时时钟的基本原理及功能

本节我将介绍单片机内部的实时时钟（RTC）功能，RTC 不仅可以为系统计时，还能作为闹钟在低功耗模式下唤醒定时器。现在就来看一下 RTC 的工作原理以及如何编写驱动程序。首先看一下在核心板硬件上与 RTC 相关的硬件部分。如图 21.1 所示，在核心板的背面中间位置有一个 RTC 外部晶体振荡器，型号是 32.768kHz 的圆柱形晶体振荡器。虽然单片机内部集成了一个 40kHz 的 RC 振荡器，但 RC 振荡器的频率会随着温度升高产生漂移，计时精度不高，一般会采用外接石英晶体振荡器。另一个是 RTC 备用电池，备用电池使用一枚 3V 纽扣电池，它焊接在核心板的背面，作用是在单片机主电源断开时给 RTC 供电，同时它还能保存后备寄存器（BKP）的数据，包括计时器值、用户临时数据等。如果不想使用 RTC 功能，晶体振荡器和备用电池可以不连接。如果让 RTC 作为系统的唤醒计时器，则不需要连接外部晶体振荡器，只需使用 40kHz 内部 RC 振荡器。我们再来看核心板的电路原理图，如图 21.2 所示，标号为 TX2 的元器件是 32.768kHz 外接晶体振荡器，晶体振荡器的两个引脚连接单片机的第 3、4 脚，这是外部低速晶体振荡器的连接引脚。标号为 BT1 的元器件是备用电池。电池负极接地（GND），电源正极连接单片机的 VBAT 引脚，这是备用电池专用引脚。

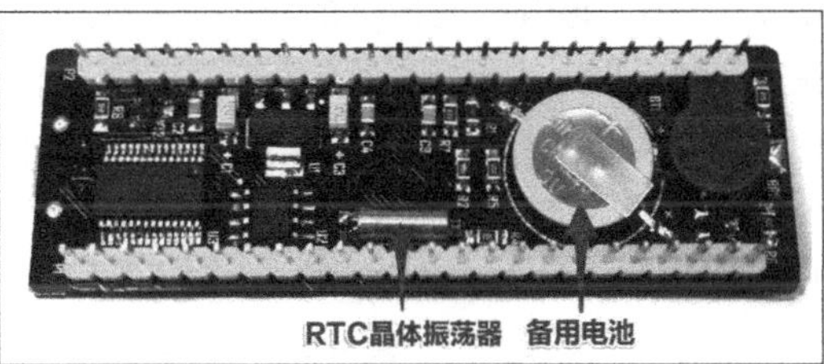

图 21.1 核心板上 RTC 部分的元器件

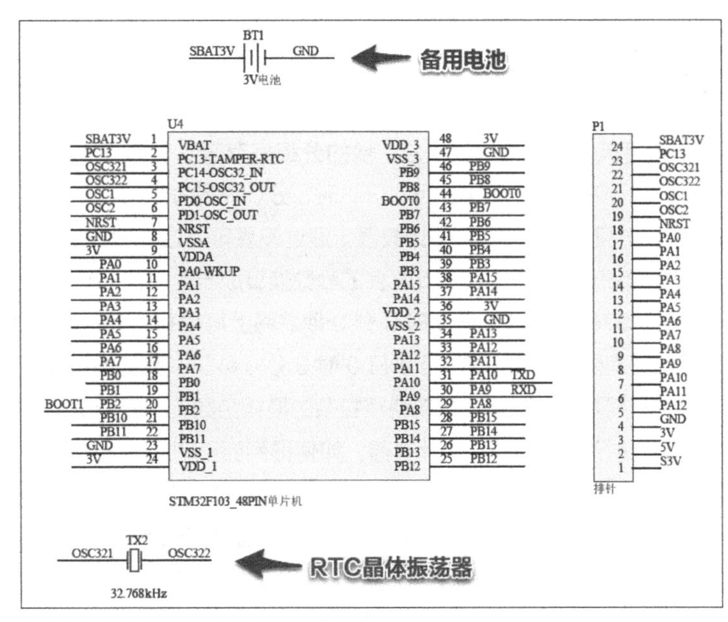

图 21.2 核心板 RTC 部分电路原理图

接下来看一下 RTC 的实现原理，先打开“STM32F 103X8-B 数据手册（中文）”文档，在第 8 页找到RTC和后备寄存器的说明，

2.3.14 RTC(实时时钟)和后备寄存器

RTC和后备寄存器通过一个开关供电，在V_{DD}有效时该开关选择V_{DD}供电，否则由V_{BAT}引脚供电。后备寄存器(10个16位的寄存器)可以用于在关闭V_{DD}时，保存20个字节的用户应用数据。RTC和后备寄存器不会被系统或电源复位源复位；当从待机模式唤醒时，也不会被复位。

实时时钟具有一组连续运行的计数器，可以通过适当的软件提供日历时钟功能，还具有闹钟中断和阶段性中断功能。RTC的驱动时钟可以是一个使用外部晶体的32.768kHz的振荡器、内部低功耗RC振荡器或高速的外部时钟经128分频。内部低功耗RC振荡器的典型频率为40kHz。为补偿天然晶体的偏差，可以通过输出一个512Hz的信号对RTC的时钟进行校准。RTC具有一个32位的可编程计数器，

图 21.3 数据手册中的 RTC 说明

如图 21.3 所示。从说明中能理解 RTC 的工作原理。RTC 和后备寄存器通过一个开关供电，在 VDD 有效时开关选择 VDD 供电，否则由 VBAT 引脚供电。也就是说单片机由外部电源供电时，RTC 和后备寄存器由外部电源供电，外部电源断开时切换到备用电池供电。后备寄存器是 10 个 16 位寄存器，用于在外部电源断开后保存最多 20 个字节的用户数据，由备用电池供电。后备寄存器可以反复擦写，断电后数据不丢失。我们可以使用它来保存断电时的重要数据。RTC 和后备寄存器不会被系统复位，从待机模式唤醒也不会复位。RTC 和后备寄存器是独立工作的，与系统电源、系统复位、低功耗模式复位没有关系，保证了RTC和后备寄存器的独立性。RTC具有一组连续运行的计数器，可以通过软件实现日历、时钟功能，还具有闹钟中断和阶段性中断功能。可以理解为 RTC 是一个连续运行的计数器，它不会中断，可持续运行，可作日历、时钟提供计时。RTC 可以提供“年、月、日、时、分、秒”的计时功能，还有闹钟中断功能，由用户设定闹钟，到预设时间会产生闹钟中断。RTC 可以输入多个时钟源，可以是外部 32.768kHz 晶体振荡器，可以是内部 40kHz 的 RC 振荡器，可以是外部 8MHz 晶体振荡器的 128 分频。内部低功耗 RC 振荡器的频率为 40kHz，并不会产生精准的 1 秒钟的时间基准，所以不能用于日历、时钟功能。“为补偿天然晶体的偏差，可以通过输出一个 512Hz 的信号对 RTC 时钟进行校准”，意思是即使我们使用外部的 32.768kHz 晶体振荡器，因为晶体振荡器之间有偏差，所以提供 RTC 时钟频率输出 512Hz 功能，单片机读取频率并对晶体振荡器频率进行校准。“RTC 具有一个 32 位的可编程计数器，使用比较寄存器可以进行长时间的测量”，意思是 RTC 时间由一个 32 位计数器来实现。“一个 20 位的预分频器用于时基时钟，默认情况下时钟频率为 32.768kHz，它将产生一个 1 秒长的时间基准”，意思是 RTC 内部通过一个 20 位的预分频器可以产生 1 秒的时间基准信号，将外部 32.768kHz 晶体振荡器频率通过分频器最终产生 1 秒的时间基准。

接下来看 RTC 用于日历、时钟的特性，要知道 STM32 的 RTC 只用一个 32 位计数器来计时，而非使用年、月、日、时、分、秒的分组寄存器。学过 51 单片机的朋友知道，最常用的 RTC 芯片是 DS1302，它采用的是年、月、日、时、分、秒的分组寄存器，不同寄存器存放不同数据。但 STM32 的 RTC 计时只使用一个 32 位计数器。通过设置可以让计数器每秒加 1，因为计数器长度是 32 位，计数范围为 0~0xFFFFFFFF。如此之多的秒数换算成年，可计时约 136 年。时间计算总有起点，我们定义起点时间为 1970 年 1 月 1 日 0 时 0 分 0 秒。网上可以找到以此时间为起点的时间计算函数，计算函数规定的起始时间是“1970 年 1 月 1 日 0 时 0 分 0 秒”，我们借用此函数则继承了这个时间基准。当然你也可以修改时间基准，但需要重新编写复杂的换算函数，一般情况下我们都沿用现有函数所使用的基准时间。有了基准时间，有了 32 位计数器，如何得到当前时间呢？如果想读到当前的年、月、日、时、分、秒，首先要读取 32 位 RTC 计数器，然后以 1970 年 1 月 1 日 0 时 0 分 0 秒为起点，在此之上加上计数器的秒值。换句话说，把 32 位时间计数器中的秒值换算成年、月、日、时、分、秒，再加上起始日期时间的年、月、日、时、分、秒，就得到当前的日期和时间。换算的过程比较复杂，我们只需学会调用函数即可。

接下来看一下 RTC 时钟的程序实现原理，在附带资料中找到“LED 灯显示 RTC 走时程序”的工程，将工程中的 HEX 文件下载到核心板上看一下效果。效果是在核心板上的 LED1 和 LED2 指示灯分别以一定的频率闪烁，LED1 以秒为单位闪烁，秒值为奇数时 LED1 点亮，为偶数时熄灭。LED2 以分钟为单位闪烁，分钟值为奇数时 LED2 点亮，为偶数时熄灭。秒和分钟是 RTC 产生的，通过 LED 显示出来。这样的效果是如何实现的呢？我们来分析程序。打开“LED 显示 RTC 走时程序”工程，这个工程是复制上节的“超级终端串口控制程序”工程，只是在 Basic 文件夹中添加 RTC 文件夹，在 RTC 文件夹中添加 rtc.c 和 rtc.h 文件，然后用 Keil4 软件打开工程，Components 窗口设置里，在 Basic 文件夹中加

入 rtc.c 文件。由于使用了 RTC 官方固件库，还要在 Lib 文件夹下添加 stm32f10x_rtc.c 文件。然后在 Options 窗口设置里添加“.\Basic\rtc”文件夹路径。添加完成后重新编译，这时在工程文件树的 Basic 文件夹中找到 rtc.c 文件，单击前面的加号图标，可以找到 rtc.h 文件。

先来分析 rtc.h 文件，如图 21.4 所示。在 rtc.h 文件中没有定义 I/O 端口的语句，因为 RTC 不使用外部接口。文件中只在第 9 ~ 10 行声明了全局变量，用于存放时钟计算之后得出的年、月、日、时、分、秒的数据。接下来第 14 ~ 19 声明 rtc.c 文件中的函数。再打开 rtc.c 文件，如图 21.6~ 图 21.11 所示。第 45 ~ 46 行定义了存放时钟结果的全局变量。接下来是时钟的操作函数。第 50 行是首次启动 RTC 的设置函数 RTC_First_Config，第 67 行是时钟初始化函数 RTC_Config，第 101 行是 1 秒中断处理函数，第 109 行是闹钟中断处理函数 RTCAlarm_IRQHandler，第 123 行是闰年计算函数 Is_Leap_Year，第 141 行是写入时间函数 RTC_Set，第 166 行是读出时间函数 RTC_Get，第 207 行是读出星期函数 RTC_Get_Week。这些函数的内容一会儿再详细介绍。接下来再看 main.c 文件，如图 21.5 所示。第 25 行加载 rtc.h 文件，第 30 行调用了实时时钟初始化函数 RTC_Config。加入这两部分后，RTC 就能正常工作了。接下来在 while 主循环中只要调用 RTC_Get 函数便可读出 RTC 时间，并转化成年、月、日、时、分、秒的值，再将这些值存放在 rtc.c 文件第 9 ~ 10 行定义的全局变量中。其中 16 位变量 ryear 存放 4 位数的年，8 位变量 rmon 存放月，rday 存放日，rhour 存放小时，rmin 存放分钟，rsec 存放秒，rweek 存放星期。接下来第 39 行通过 if 语句判断 RTC_Get 函数返回值，0 表示成功读取 RTC，不是 0 表示数据错误。时间正确就执行 if 语句中的程序。第 40 行是操作 LED1 电平状态，使用了 RTC 秒值，将秒值除以 2（%2），秒值为奇数，余数为 1，LED1 点亮；秒值为偶数，余

```
1  #ifndef __RTC_H
2  #define __RTC_H
3  #include "sys.h"
4
5
6  //全局变量的声明，在rtc.c文件中定义
7  //以下2条是使用extern语句声明全局变量
8  //注意：这里不能给变量赋值
9  extern u16 ryear;
10 extern u8 rmon,rday,rhour,rmin,rsec,rweek;
11
12
13
14 u8 RTC_Get(void);//读出当前时间值
15 void RTC_First_Config(void);//首次启用RTC的设置
16 void RTC_Config(void);//实时时钟初始化
17 u8 Is_Leap_Year(u16 year);//判断是否是闰年函数
18 u8 RTC_Set(u16 syear,u8 smon,u8 sday,u8 hour,u8 min,u8 sec);//写入当前时间
19 u8 RTC_Get_Week(u16 year,u8 month,u8 day);//按年、月、日计算星期
20
```

图 21.4 rtc.h 文件的全部内容

```
17 #include "stm32f10x.h" //STM32头文件
18 #include "sys.h"
19 #include "delay.h"
20 #include "led.h"
21 #include "key.h"
22 #include "buzzer.h"
23 #include "usart.h"
24
25 #include "rtc.h"
26
27 int main (void){//主程序
28     RCC_Configuration(); //系统时钟初始化
29
30     RTC_Config(); //实时时钟初始化
31
32     LED_Init();//LED初始化
33     KEY_Init();//按键初始化
34     BUZZER_Init();//蜂鸣器初始化
35     USART1_Init(115200); //串口初始化，参数中写波特率
36     USART1_RX_STA=0xC000; //初始值设为有回车的状态，即显示一次欢迎词
37     while(1){
38
39         if(RTC_Get()==0){ //读出时间值，同时判断返回值是不是0，非0时读取的值是错误的。
40             GPIO_WriteBit(LEDPORT,LED1,(BitAction)(rsec%2)); //LED1接口
41             GPIO_WriteBit(LEDPORT,LED2,(BitAction)(rmin%2)); //LED2接口
42         }
43     }
44 }
```

图 21.5 main.c 文件的全部内容

数为 0，LED1 熄灭。通过这样的设计使 LED1 每秒点亮或熄灭一次。同样原理，LED2 以分钟为单位点亮或熄灭。RTC 走时的效果通过两个 LED 显示出来。

rtc.c 文件中如何完成 RTC 初始化，如何进行日期换算呢？我们来分析 rtc.c 文件，通过分析函数了解 RTC 的工作流程以及参数的设置方法。图 21.6 ~ 图 21.11 呈现了 rtc.c 文件中的所有函数。第 50 行是 RTC 首次初始化函数，第 67 行是 RTC 平时初始化函数。有朋友会问，RTC 为什么需要两个初始化函数？这是由 RTC 电源决定的，RTC 不同于其他内部功能，其他功能都是由单片机的主电源供电，每次上电只需初始化这个功能。RTC 不仅使用主电源，还使用后备电池供电，使得每次上电后都要判断 RTC 状态。RTC 状态有两种，一种是首次上电，第一次使用 RTC 时因为之前没有初始化，数据是空白的，或者备用电池断开，备用存储器的数据丢失。这种情况上电时需要对 RTC 所有计数器进行首次设置，让 RTC 进入走时状态。第二种情况是 RTC 备用电池没有断开，一直保持走时状态，备用寄存器的数据没有丢失。如果是这种情况，就不需要对 RTC 数据重新初始化，只要让 RTC 保持之前

```
40 #include "sys.h"
41 #include "rtc.h"
42
43
44 //以下2条全局变量--用于RTC时间的读取
45 u16 ryear; //4位年
46 u8 rmon,rday,rhour,rmin,rsec,rweek;//2位月、日、时、分、秒、周
47
48
49
50 void RTC_First_Config(void){ //首次启用RTC的设置
51     RCC_APB1PeriphClockCmd(RCC_APB1Periph_PWR | RCC_APB1Periph_BKP, ENABLE);//启用PWR和BKP的时钟（from APB1）
52     PWR_BackupAccessCmd(ENABLE);//后备域解锁
53     BKP_DeInit();//备份寄存器模块复位
54     RCC_LSEConfig(RCC_LSE_ON);//外部32.768kHz晶体振荡器开启
55     while (RCC_GetFlagStatus(RCC_FLAG_LSERDY) == RESET);//等待稳定
56     RCC_RTCCLKConfig(RCC_RTCCLKSource_LSE);//RTC时钟源配置成LSE（外部低速晶体振荡器频率为32.768kHz）
57     RCC_RTCCLKCmd(ENABLE);//RTC开启
58     RTC_WaitForSynchro();//开启后需要等待APB1时钟与RTC时钟同步，才能读写寄存器
59     RTC_WaitForLastTask();//读写寄存器前，要确定上一个操作已经结束
60     RTC_SetPrescaler(32767);//设置RTC分频器，使RTC时钟频率为1Hz,RTC period = RTCCLK/RTC_PR = (32.768kHz )/(32767+1)
61     RTC_WaitForLastTask();//等待寄存器写入完成
62     //当不使用RTC秒中断时，可以屏蔽下面2条
63 //     RTC_ITConfig(RTC_IT_SEC, ENABLE);//使能秒中断
64 //     RTC_WaitForLastTask();//等待写入完成
65 }
```

图 21.6 rtc.c 文件的首次启动 RTC 的设置函数

```
67 void RTC_Config(void){ //实时时钟初始化
68     //在BKP的后备寄存器1中，存了一个特殊字符0xA5A5
69     //第一次上电或后备电源掉电后，该寄存器数据丢失，表明RTC数据丢失，需要重新配置
70     if (BKP_ReadBackupRegister(BKP_DR1) != 0xA5A5){//判断寄存数据是否丢失
71         RTC_First_Config();//重新配置RTC
72         BKP_WriteBackupRegister(BKP_DR1, 0xA5A5);//配置完成后，向后备寄存器中写特殊字符0xA5A5
73     }else{
74     //若后备寄存器没有掉电，则无须重新配置RTC
75         //这里我们可以利用RCC_GetFlagStatus()函数查看本次复位类型
76         if (RCC_GetFlagStatus(RCC_FLAG_PORRST) != RESET){
77             //这是上电复位
78         }
79         else if (RCC_GetFlagStatus(RCC_FLAG_PINRST) != RESET){
80             //这是外部RST引脚复位
81         }
82         RCC_ClearFlag();//清除RCC中复位标志
83
84         //虽然RTC模块不需要重新配置，且掉电后依靠后备电池依然运行
85         //但是每次上电后，还是要使能RTCCLK
86         RCC_RTCCLKCmd(ENABLE);//使能RTCCLK
87         RTC_WaitForSynchro();//等待RTC时钟与APB1时钟同步
88
89         //当不使用RTC秒中断时，可以屏蔽下面2条
90 //         RTC_ITConfig(RTC_IT_SEC, ENABLE);//使能秒中断
91 //         RTC_WaitForLastTask();//等待操作完成
92     }
93     #ifdef RTCClockOutput_Enable
94         RCC_APB1PeriphClockCmd(RCC_APB1Periph_PWR | RCC_APB1Periph_BKP, ENABLE);
95         PWR_BackupAccessCmd(ENABLE);
96         BKP_TamperPinCmd(DISABLE);
97         BKP_RTCOutputConfig(BKP_RTCOutputSource_CalibClock);
98     #endif
99 }
```

图 21.7 rtc.c 文件的时钟初始化函数

```
101 void RTC_IRQHandler(void){ //RTC时钟1秒触发中断函数（名称固定,不可修改）
102   if (RTC_GetITStatus(RTC_IT_SEC) != RESET){
103 
104   }
105   RTC_ClearITPendingBit(RTC_IT_SEC);
106   RTC_WaitForLastTask();
107 }
108 
109 void RTCAlarm_IRQHandler(void){ //闹钟中断处理（启用时必须调高其优先级）
110   if(RTC_GetITStatus(RTC_IT_ALR) != RESET){
111 
112   }
113   RTC_ClearITPendingBit(RTC_IT_ALR);
114   RTC_WaitForLastTask();
115 }
116 
117 //判断是否是闰年函数
118 //月份    1  2  3  4  5  6  7  8  9  10 11 12
119 //闰年    31 29 31 30 31 30 31 31 30 31 30 31
120 //非闰年 31 28 31 30 31 30 31 31 30 31 30 31
121 //输入:年份
122 //输出:该年份是不是闰年.1,是;0,不是
123 u8 Is_Leap_Year(u16 year){
124   if(year%4==0){ //必须能被4整除
125     if(year%100==0){
126       if(year%400==0)return 1;//如果以00结尾,还要能被400整除
127       else return 0;
128     }else return 1;
129   }else return 0;
130 }
131 //设置时钟
132 //把输入的时钟转换为秒钟
133 //以1970年1月1日为基准
134 //1970~2099年为合法年份
135 
136 //月份数据表
137 u8 const table_week[12]={0,3,3,6,1,4,6,2,5,0,3,5}; //月修正数据表
138 const u8 mon_table[12]={31,28,31,30,31,30,31,31,30,31,30,31};//平年的月份日期表
```

图 21.8 rtc.c 文件的 1 秒中断处理函数、闹钟中断处理函数、闰年计算函数

```
140 //写入时间
141 u8 RTC_Set(u16 syear,u8 smon,u8 sday,u8 hour,u8 min,u8 sec){ //写入当前时间（1970~2099年有效）
142   u16 t;
143   u32 seccount=0;
144   if(syear<2000||syear>2099)return 1;//syear范围为1970~2099，此处设置范围为2000~2099
145   for(t=1970;t<syear;t++){ //把所有年份的秒钟相加
146     if(Is_Leap_Year(t))seccount+=31622400;//闰年的秒钟数
147     else seccount+=31536000;//平年的秒钟数
148   }
149   smon-=1;
150   for(t=0;t<smon;t++){ //把前面月份的秒钟数相加
151     seccount+=(u32)mon_table[t]*86400;//月份秒钟数相加
152     if(Is_Leap_Year(syear)&&t==1)seccount+=86400;//闰年2月份增加一天的秒钟数
153   }
154   seccount+=(u32)(sday-1)*86400;//把前面日期的秒钟数相加
155   seccount+=(u32)hour*3600;//小时秒钟数
156   seccount+=(u32)min*60;  //分钟秒钟数
157   seccount+=sec;//最后的秒钟加上去
158   RTC_First_Config(); //重新初始化时钟
159   BKP_WriteBackupRegister(BKP_DR1, 0xA5A5);//配置完成后，向后备寄存器中写特殊字符0xA5A5
160   RTC_SetCounter(seccount);//把换算好的计数器值写入
161   RTC_WaitForLastTask(); //等待写入完成
162   return 0; //返回值:0,成功;其他:错误代码.
163 }
```

图 21.9 rtc.c 文件的写入时间函数

```
207 u8 RTC_Get_Week(u16 year,u8 month,u8 day){ //
208   u16 temp2;
209   u8 yearH,yearL;
210   yearH=year/100;
211   yearL=year%100;
212   // 如果为21世纪,年份数加100
213   if (yearH>19)yearL+=100;
214   // 闰年数只算1900年之后的
215   temp2=yearL+yearL/4;
216   temp2=temp2%7;
217   temp2=temp2+day+table_week[month-1];
218   if (yearL%4==0&&month<3)temp2--;
219   return(temp2%7); //返回星期值
220 }
```

图 21.10 rtc.c 文件的读出星期函数

的设置，默认它继续走时即可。所以这里有两个初始化函数，第一个是首次启动 RTC 的设置函数，第一次使用 RTC 或备用电池断开过，内部数据丢失。这种情况下需要调用第 50 行的函数进行初始化。如果不是第一次使用 RTC 或者备用电池没有断开，就不需要进行数据初始化。第 123 行是判断闰年的函数，因为 RTC 功能采用 32 位计数器，计数器加 1 相当于加 1 秒，在换算时要把时间换算成年、月、日，年数据要考虑闰年问题。闰年的时间长度和其他年份不同，这里使用了闰年判断函数。接下来第 166 行是读取当前时间的函数 RTC_Get，函数没有参数，因为唯一的参数是 32 位 RTC 计数器，在函数中将值转化成年、月、日、时、分、秒，存放在全局变量中。接下来第 141 行是写入当前时间的函数 RTC_Set，参数需要给出年、月、日、时、分、秒，函数内部会将参数计算转化成 32 位计数值，并写入 RTC 计数器。最后第 207 行是星期值计算函数 RTC_Get_Week，参数中写入年、月、日 3 个变量，能计算出这个日期是星期几。具体的计数原理涉及复杂的数字问题我们不深入研究，只要会调用函数即可。

下面来分析每个函数的具体内容。如图 21.6 所示，首先来看首次启动 RTC 的设置函数 RTC_First_Config。函数内容假设 RTC 第一次使用，RTC 数据为空白。通过此函数将 RTC 数据重新设

```
//读出时间
u8 RTC_Get(void){//读出当前时间值 //返回值:0,成功;其他:错误代码.
  static u16 daycnt=0;
  u32 timecount=0;
  u32 temp=0;
  u16 temp1=0;
  timecount=RTC_GetCounter();
  temp=timecount/86400;    //得到天数(秒钟数对应的)
  if(daycnt!=temp){//超过一天了
    daycnt=temp;
    temp1=1970;  //从1970年开始
    while(temp>=365){
         if(Is_Leap_Year(temp1)){//是闰年
           if(temp>=366)temp-=366;//闰年的秒钟数
           else {temp1++;break;}
         }
         else temp-=365; //平年
         temp1++;
    }
    ryear=temp1;//得到年份
    temp1=0;
    while(temp>=28){//超过了一个月
      if(Is_Leap_Year(ryear)&&temp1==1){//当年是不是闰年/2月份
        if(temp>=29)temp-=29;//闰年的秒钟数
        else break;
      }else{
            if(temp>=mon_table[temp1])temp-=mon_table[temp1];//平年
            else break;
      }
      temp1++;
    }
    rmon=temp1+1;//得到月份
    rday=temp+1;  //得到日期
  }
  temp=timecount%86400;//得到秒钟数
  rhour=temp/3600;     //小时
  rmin=(temp%3600)/60; //分钟
  rsec=(temp%3600)%60; //秒钟
  rweek=RTC_Get_Week(ryear,rmon,rday);//获取星期
  return 0;
}
```

图 21.11 rtc.c 文件的读出时间函数

置。第 51 行是启动 PWR 和 BKP 的电源，PWR 是电源管理部分，BKP 是备用寄存器。PWR 电源中有关于 RTC 和备用寄存器的电源，需要打开。因为 RTC 需要使用后备寄存器，所以 BKP 电源也要打开。第 52 行是解锁 RTC 和后备寄存器的功能，调用了固件库函数 PWR_BackupAccessCmd，关于这个固件库的说明，在“固件库用户手册”第 189 页。它的功能描述是“使能或禁止 RTC 和后备寄存器访问”，参数写入 ENABLE 表示允许访问，DISABLE 表示不允许访问。当前设置为允许访问。第 53 行调用固件库函数 BKP_DeInit，复位后备寄存器模块。该函数在“固件户用户手册”第 64 页有说明，它是将所有后备寄存器设为缺省值，相当于复位。接下来第 54 行是启动外部 32.768kHz 晶体振荡器，第 55 行等待晶体振荡器进入稳定状态。第 56 行将外部晶体振荡器设置为 RTC 的时钟输入源，这样 RTC 功能才有时钟输入。第 57 行开启 RTC 计数，RTC 开始工作。第 58 ~ 59 行是在开启 RTC 后必要的时钟同步和检查，每次设置都需要加入这两行程序。第 60 行是对 RTC 分频器的设置。上文说过外部晶体振荡器通过内部分频器将频率转化为 1Hz，第 60 行就是对分频器的设置，32767 是分频器参数，根据注释中的公式 RTC period = RTCCLK/RTC_PR，32.768kHz 除以 32767 再加 1，得到 1Hz 频率。修改参数 32767 可微调计数时间，达到时钟校准的效果。如果发现时钟走时不准，可修改此值校正。接下来第 61 行是等待写入的固定库函数 RTC_WaitForLastTask，等待前面的操作完成再向下执行。第 63 ~ 64 行是开启 1 秒中断的函数，解除这两行的屏蔽便可启动秒中断，每 1 秒产生 1 次中断，程序进入第 101 行的 1 秒中断处理函数。当前不需要中断功能，因此屏蔽了这两行程序。

再看第 67 行的 RTC 平时初始化函数，第 70 行先对 RTC 状态进行判断，检查 RTC 走时数据是否丢失。这如何检查数据是否丢失呢？这就要用到后备寄存器，由 if 语句判断数据，调用后备寄存器的读数据固件库函数 BKP_ReadBackupRegister，“该函数在固件库用户手册”第 67 页有说明，它的功能是从后备寄存器读出数据，后备寄存算器共有 10 个 16 位寄存器，地址为 DR1~DR10。当前读出的地址是 BKP_DR1，地址中可存储一个 16 位数据。BKP_ReadBackupRegister(BKP_DR1) 是以十六进制数读出数据。所以第 70 行是判断 DR1 寄存器中的数据是不是 0xA5A5，0xA5A5 是随便写入的值。如果 RTC 是第一次使用，它的值一定是缺省值（0XFFFF 或者其他值）。读出的值不是 0xA5A5 就表示第一次使用，寄存器内部没有数据。这时就对 RTC 进行首次初始化，第 71 行调用首次初始化函数 RTC_First_Config。接下来再执行第 72 行，调用固件库函数 BKP_WriteBackupRegister，在后备寄

存器 DR1 地址写入 0xA5A5。也就是说把 RTC 配置好，让 RTC 进入走时状态，再将后备寄存器 DR1 写入 0xA5A5，单片机下次启动时进入 RTC 初始化函数，后备寄存器的数据不丢失，再次判断 DR1 寄存器是不是 0xA5A5，结果就为真了。因为第 72 行已经写入了这个值。如果备用电池断开，走时和后备寄存器数据丢失，读取 DR1 寄存器的值不会是 0xA5A5，再次执行 RTC 首次初始化（DR1 地址写入 0xA5A5）。用后备寄存器预先存入一个数值，就能巧妙地判断 RTC 状态，如果数据没有丢失则执行第 73 行 else 语句。其中第 76 行和第 79 行可以判断复位方式是重新上电复位方式还是复位引脚复位。大家可以在这两个判断中写入自己的程序，如果你想让单片机在上电复位的情况下完成哪些工作，就把内容写在第 77 行。如果想让单片机在按下复位按键时执行哪些内容，则把内容写到第 80 行。

第 82 ~ 87 行是对 RTC 模块的重新配置。第 90 行是否启动 1 秒中断，第 93 ~ 98 行判断是否启动 RTC 输出功能，一般不需要使用。接下来第 101 行是 1 秒中断处理函数，在初始化函数中如果启动了 1 秒中断，每秒会产生中断，程序跳转到中断处理函数。同样第 109 行是闹钟中断处理函数，如果启动闹钟中断，闹钟到时，程序会跳到中断处理函数，我们只要把自己的程序写到第 111 行，便会在中断处理程序中执行我们的程序。秒中断和闹钟中断暂不讲解，感兴趣的朋友可在搜索资料自学。接下来第 123 行为判断是否是闰年的函数，参数是年变量，返回值为 1 表示闰年，为 0 表示不是闰年。实现方法不需要深入研究，只要知道输入、输出的参数即可。接下来第 141 行和第 166 行是时钟设置函数，包括写入时间和读出时间。如图 8 所示，第 137 ~ 138 行设置了一个月份数据表，用于写入时间的计算。写入时间的函数 RTC_Set，参数比较多，包括 16 位的年，8 位的月、日、时、分、秒，这些数据是十进制的。只要在 main 函数中调用写时间的函数，并给出日期、时间参数就可写入时间。时间写入正确则返回值为 0。函数内部是对时间的计算，主要是把参数转换成 RTC 计数器值，算法比较复杂，不需要深入研究。转化结束后，第 158 行会重新初始化时钟，将所有数据清空，第 159 行重新写入后备寄存器 0xA5A5，第 160 行把计算好的计数器值写入 RTC 计数器，第 161 行等待写入完毕。第 162 行返回数据 0，表示写入成功。接下来第 166 行是读出时间函数 RTC_Get，没有参数，读时间是把 32 位计数器通过算法换算成年、月、日、时、分、秒，第 171 ~ 203 行是计算过程。计算结束会将各种数据写入对应的全局变量中，同时在第 203 行调用读出星期值的函数，将年、月、日 3 个数据写入 RTC_Get_Week 函数，得到的星期值写入到全局变量 rweek。第 208 ~ 218 行是计算星期值的过程星期值放入返回值，0 表示星期日，1 表示星期一，6 表示星期六。因为 RTC_Get 函数已经调用了星期值计算，主函数中不需要再调用读取星期值。以上就是对 RTC 驱动程序的分析。

接下来我们看一下这些函数中哪些是需要我们用户调用的。在初始化部分只需要调用实时时钟初始化 RTC_Config，此函数已经包含了判断 RTC 状态，在函数中会直接调用首次初始化函数。除非需要对 RTC 强制初始化，否则不需要在主函数中调用 RTC_First_Config。另外用户需要调用的是读出时间函数 RTC_Get 和写入时间函数 RTC_Set，并且知道将时间值放入全局变量，写入时间之前先要在年、月、日、时、分、秒的变量中存放需要设置的数值。返回值为 0 表示写入成功。其他函数不需要用户调用，闰年计算、星期计算都包含在时间读写函数中，不需要单独调用。如此一来，RTC 的使用非常简单，只要在 main 函数进行 RTC 初始化，在 while 主循环中使用 RTC 读或写函数，就可以了。你还可以在需要的位置调用读写后备寄存器的固定库函数，将你的数据写入后备寄存器的 DR1 ~ DR10 地址，这些数据在单片机掉电后不丢失。

RTC 的深层使用还有很多内容可讲，作为初学者掌握以上内容就足够了。建议大家认真阅读“固化函数库用户手册”中第 63 ~ 69 页关于后备寄存器的部分，还有第 214 ~ 222 页关于 RTC 库函数的部分。了解每一个库函数的功能、参数、返回值，对于深入理解 RTC 功能很有帮助。

第 40~41 步

22 利用超级终端显示日历与RCC时钟设置

22.1 利用超级终端显示日历

上节我们介绍了 RTC(实时时钟) 的基本原理与功能，本节我们将超级终端和 RTC 功能相联系，分析一个用超级终端显示 RTC 日历的程序。在附带资料中找到“超级终端显示日历程序”的工程，将工程中的 HEX 文件下载到核心板，看一下效果（见图 22.1）。程序写入后打开超级终端，打开串口，按下回车键，窗口中将出现一串中文说明：“洋桃开发板 STM32 实时时钟测试程序”。下一行显示现在实时时间，再下两行是修改时间的方法说明。方法是在超级终端中直接输入一串数字，包括 4 位年、2 位月、2 位日、2 位时、2 位分和 2 位秒，然后按回车键确定。实时时间由 RTC 产生，每次按回车键是从 RTC 读出时间显示在窗口中。输入“C”可以初始化时钟，输入后会显示“初始化成功”。再按回车键可以看到时间为“1970 年 1 月 1 日 0:00:00”，说明 RTC 计数器全部清零，时钟强制初始化。接下来按照格式输入“20180121015202”，按回车键确定，显示“写入成功！”。再按回车键，时间成功修改，星期值也通过换算自动生成。

接下来分析程序。打开“超级终端显示日历程序”，此工程复制了上节“LED 显示 RTC 走时程序”的工程。如图 22.2 所示，main.c 文件第 17 ~ 35 行没有修改，只是在第 27 行定义了一个 8 位变量“bya”。如图 22.3 所示，while 主循环中加入串口和 RTC 操作的程序。另外一处修改是在 usart.c 文件第 102 行是否开启 USART1 串口中断的参数中写入 ENABLE，开启串口中断（见图 22.4）。先简单说一下串口中断处理函数，串口中断处理函数中所使用的程序和之前相同，也是用状态标志位 USART1_RX_STA 保存串口状态，通过数组 USART1_RX_BUF 存放超级终端发来的数据。数据内容通过回车键确认，判断相邻两个数据是否是 0x0D 和 0x0A（回车键），如果是将 USART1_RX_STA 最高 2 位变成 1，再将之前接收的数据数量值存放进 USART1_RX_STA 的低 14 位。主函数处理串口数据时，主要考虑数组收到哪些数据、状态标志位和数据数量。关注这 3 部分就能在主函数中处理串口数据了。

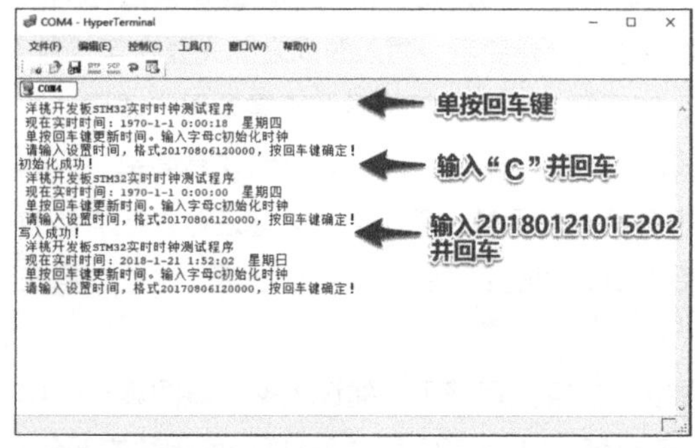

图 22.1 超级终端显示效果

```
17 #include "stm32f10x.h" //STM32头文件
18 #include "sys.h"
19 #include "delay.h"
20 #include "led.h"
21 #include "key.h"
22 #include "buzzer.h"
23 #include "usart.h"
24 #include "rtc.h"
25
26 int main (void){//主程序
27     u8 bya;
28     RCC_Configuration(); //系统时钟初始化
29     RTC_Config(); //实时时钟初始化
30     LED_Init();//LED初始化
31     KEY_Init();//按键初始化
32     BUZZER_Init();//蜂鸣器初始化
33     USART1_Init(115200); //串口初始化，参数中写波特率
34     USART1_RX_STA=0xC000; //初始值设为有回车的状态，即显示一次欢迎词
35     while(1){
```

图 22.2 main.c 文件开始部分

```
37      if(USART1_RX_STA&0xC000){ //如果标志位是0xC000表示收到数据串完成，可以处理
38        if((USART1_RX_STA&0x3FFF)==0){ //单独的回车键再显示一次欢迎词
39          if(RTC_Get()==0){ //读出时间值，同时判断返回值是不是0，非0时读取的值是错误的
40            printf(" 洋桃开发板STM32实时时钟测试程序    \r\n");
41            printf(" 现在实时时间：%d-%d-%d %d:%d:%d  ",ryear,rmon,rday,rhour,rmin,rsec);//显示日期、时间
42            if(rweek==0)printf("星期日    \r\n");//rweek值为0时表示星期日
43            if(rweek==1)printf("星期一    \r\n");
44            if(rweek==2)printf("星期二    \r\n");
45            if(rweek==3)printf("星期三    \r\n");
46            if(rweek==4)printf("星期四    \r\n");
47            if(rweek==5)printf("星期五    \r\n");
48            if(rweek==6)printf("星期六    \r\n");
49            printf(" 单按回车键更新时间。输入字母C初始化时钟 \r\n");
50            printf(" 请输入设置时间，格式为20170806120000，按回车键确定！ \r\n");
51          }else{
52            printf("读取失败！\r\n");
53          }
54        }else if((USART1_RX_STA&0x3FFF)==1){ //判断数据是不是2个
55          if(USART1_RX_BUF[0]=='c' || USART1_RX_BUF[0]=='C'){
56            RTC_First_Config(); //键盘输入c或C，初始化时钟
57            BKP_WriteBackupRegister(BKP_DR1, 0xA5A5);//配置完成后，向后备寄存器中写特殊字符0xA5A5
58            printf("初始化成功！        \r\n");//显示初始化成功
59          }else{
60            printf("指令错误！            \r\n"); //显示指令错误！
61          }
62        }else if((USART1_RX_STA&0x3FFF)==14){ //判断数据是不是14个
63          //将超级终端发过来的数据换算并写入RTC
64          ryear = (USART1_RX_BUF[0]-0x30)*1000+(USART1_RX_BUF[1]-0x30)*100+(USART1_RX_BUF[2]-0x30)*10+USART1_RX_BUF[3]-0x30;
65          rmon = (USART1_RX_BUF[4]-0x30)*10+USART1_RX_BUF[5]-0x30;//串口发来的是字符，减0x30后才能得到十进制0~9的数据
66          rday = (USART1_RX_BUF[6]-0x30)*10+USART1_RX_BUF[7]-0x30;
67          rhour = (USART1_RX_BUF[8]-0x30)*10+USART1_RX_BUF[9]-0x30;
68          rmin = (USART1_RX_BUF[10]-0x30)*10+USART1_RX_BUF[11]-0x30;
69          rsec = (USART1_RX_BUF[12]-0x30)*10+USART1_RX_BUF[13]-0x30;
70          bya=RTC_Set(ryear,rmon,rday,rhour,rmin,rsec); //将数据写入RTC计算器的程序
71          if(bya==0)printf("写入成功！        \r\n");//显示写入成功
72          else printf("写入失败！        \r\n"); //显示写入失败
73        }else{ //如果以上都不是，即是错误的指令。
74          printf("指令错误！            \r\n"); //如果不是以上正确的操作，显示指令错误！
75        }
76        USART1_RX_STA=0; //将串口数据标志位清0
77      }
78    }
79  }
```

图 22.3 main.c 文件主循环部分

```
void USART1_IRQHandler(void){ //串口1中断服务程序（固定的函数名不能修改）
  u8 Res;
  //以下是字符串接收到USART_RX_BUF[]的程序，(USART_RX_STA&0x3FFF)是数据的长度（不包括回车）
  //当(USART_RX_STA&0xC000)为真时表示数据接收完成，即超级终端里按下回车键
  //在主函数里写判断if(USART_RX_STA&0xC000)，然后读USART_RX_BUF[]数组，读到0x0D 0x0A即是结束
  //注意在主函数处理完串口数据后，要将USART_RX_STA清0
  if(USART_GetITStatus(USART1, USART_IT_RXNE) != RESET){  //接收中断(接收到的数据必须以0x0D 0x0A结尾)
    Res =USART_ReceiveData(USART1);//(USART1->DR);  //读取接收到的数据
    printf("%c",Res); //把收到的数据以 a符号变量 发送回计算机
    if((USART1_RX_STA&0x8000)==0){//接收未完成
      if(USART1_RX_STA&0x4000){//接收到了0x0D
        if(Res!=0x0a)USART1_RX_STA=0;//接收错误,重新开始
        else USART1_RX_STA|=0x8000;  //接收完成了
      }else{ //还没收到0x0D
        if(Res==0x0d)USART1_RX_STA|=0x4000;
        else{
          USART1_RX_BUF[USART1_RX_STA&0X3FFF]=Res ; //将收到的数据放入数组
          USART1_RX_STA++;  //数据长度计数加1
          if(USART1_RX_STA>(USART1_REC_LEN-1))USART1_RX_STA=0;//接收数据错误,重新开始接收
        }
      }
    }
  }
}
```

图 22.4 usart.c 文件的中断处理函数

接下来分析主函数，如图 22.3 所示。第 37 行 USART1_RX_STA 与 0xC000 按位相与运算，判断变量最高两位是不是 1，都是 1 表示有回车键输入。接着第 38 行 USART1_RX_STA 和 0X3FFF 按位相与运算，判断结果是不是 0，与运算使得最高两位被忽略，剩下的数据是串口收到的数据数量，数量为 0 表示未输入字符，直接按下回车键，这种操作时重新显示说明文字。先通过第 39 行的 if 语句调用 RTC_Get 函数，读取当前时间。返回值为 0 表示读取成功。第 40 行通过 printf 函数发送一串汉字说明

信息，结尾的“/r/n”用于换行。第 41 行发送一串有变量的字符。“现在显示时间：”后面接“%d”用来显示时间变量，“%d”是指以十进制有符号的整数显示时间值。显示内容就是逗号后边按位对应。年数据是 16 位的全局变量。比如”2018“即表示 2018 年。后面显示字符“-”，再显示月变量，月份是十进制 8 位变量，显示在“2018-”后面。接下来显示“-”和日变量。然后用空格把日期和时间隔开。“%d：%d：%d”显示小时、分钟、秒钟。第 42 ~ 48 行显示汉字的星期，%d 不能用于显示汉字，于是使用 7 行 if 语句判断。第 42 行判断如果星期值为 0 则表示星期日，于是用 printf 函数发送汉字字符“星期日”并换行。直到星期值为 6，显示“星期六”。第 49 ~ 50 行是两行汉字显示。第 51 行 else 语句是判断时钟读取失败的处理，如果第 39 行时钟读取错误则执行第 52 行显示“读取失败”。未能初始化、晶体振荡器损坏、RTC 设置错误等问题都能导致读取错误。接下来第 54 行通过 else if 语句判断数据数量，数量为 1 表示按回车键之前收到 1 个数据，即执行第 55 ~ 61 行的程序。第 55 行判断数组第 0 位（第 1 个数据）是不是小写字母 c，使用“||”同时判断是不是大写字母 C。按下 C 键执行第 56 ~ 58 行调用 RTC 首次初始化，在备用寄存器写入 0xA5A5，显示“初始化成功！”。如果数据不是 c 或 C 则执行第 60 行的 else 语句，显示“指令错误！”。

如果收到的不是回车也不是 1 个字符，则在第 62 行判断收到的是不是 14 个数据。因为修改时间就是需要输入 14 个关于年、月、日、时、分、秒的数据，如果是 14 个数据表示是修改时间的指令，于是第 64 ~ 76 行是对 RTC 重新修改时间。方法是把收到的 14 个数据按格式依次存放到年、月、日、时、分、秒的变量，输入的年数据“2017”是 4 个字符，需要把 4 个数据合并成 1 个年数据，再写入变量“ryear”。首先读出数组中的第 0 位（第 1 个字符）“2”，“2”是字符，需要先将字符转化成十六进制数据。如何转化呢？方法是减去 0x30，0x30 是 ASCII 码偏移量，ASCII 表中 0x30~0x39 对应字符“0”~“9”，只要减去 0X30 便可得到数据 0 ~ 9。数组第 0 位是字符“2”，减去 0x30 变成十六进制数值 2，可用于计算，第 64 行中把数值 2 乘以 1000。因为 4 个字符 2、0、1、7 需要合并为数值 2017，将 2 乘以 1000 变成 2000 即得到千位值。同样道理，数组第 1 位减去 0x30 再乘以 100，得到百位值。数组第 2 位减去 0x30 乘以 10，得到十位值。数组第 3 位减去 0x30 得到个位值。把 4 个数值相加，得到数值 2017 存入变量“ryear”。月、日、时、分、秒的方法成此类推。最终在所有变量中得到新的时间值。接下来第 70 行调用 RTC_Set，将时间所有变量放入函数的参数，返回值放入变量“bya”。返回值为 0 表示写入成功，为其他值则表示写入失败。所以第 71 行判断变量“bya”是否为 0，为 0 显示“写入成功！”，否则显示“写入失败！”。第 73 行的 else 语句的作用是当数据数量不是 0、1、14 时，在第 74 行显示“指令错误”。最后第 76 行将串口状态标志位 USART1_RX_STA 清空，使串口中断可以接收新的数据。以上就是串口接收处理的完整过程。

22.2 RCC时钟设置

下面再为大家介绍 RTC 初始化程序时涉及的 RCC 设置函数。RCC 是复位和时钟功能的缩写，通过 RCC 功能可以设置单片机内部各功能的时钟输入源与频率。之前介绍过的每个示例程序都有 RCC 设置函数。现在我们来学习 RCC 设置函数。上期我们分析了 RTC 初始化函数，函数中涉及 RCC 设置函数。如图 22.5 所示，第 51 行启动 PWR 和 BKP 功能，第 54 行开启外部低速晶体振荡器，第 55 行等待晶体振荡器进入稳定状态，第 56 行设置 RTC 时钟的时钟输入源，第 57 行开启 RTC 走时，这些都是对 RCC 功能的操作。RCC 功能是设置单片机的复位和系统时钟的分配。使用 RTC 时涉及 32.768kHz 外部低速晶体振荡器，使用晶体振荡器必须设置 RCC。单片机上电后先要设置时钟输入源，是用外部

```
void RTC_First_Config(void){ //首次启用RTC的设置
    RCC_APB1PeriphClockCmd(RCC_APB1Periph_PWR | RCC_APB1Periph_BKP, ENABLE);
    PWR_BackupAccessCmd(ENABLE);//后备域解锁
    BKP_DeInit();//备份寄存器模块复位
    RCC_LSEConfig(RCC_LSE_ON);//外部32.768kHz晶体振荡器开启
    while (RCC_GetFlagStatus(RCC_FLAG_LSERDY) == RESET);//等待稳定
    RCC_RTCCLKConfig(RCC_RTCCLKSource_LSE);//RTC时钟源配置成LSE
    RCC_RTCCLKCmd(ENABLE);//RTC开启
    RTC_WaitForSynchro();//开启后需要等待APB1时钟与RTC时钟同步，才能读写寄存
    RTC_WaitForLastTask();//读写寄存器前，要确定上一个操作已经结束
    RTC_SetPrescaler(32767);//设置RTC分频器，使RTC时钟为1Hz,RTC period = RTC
    RTC_WaitForLastTask();//等待寄存器写入完成
```

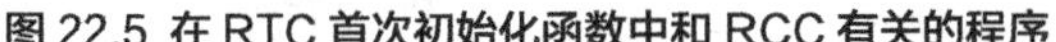

图 22.5 在 RTC 首次初始化函数中和 RCC 有关的程序

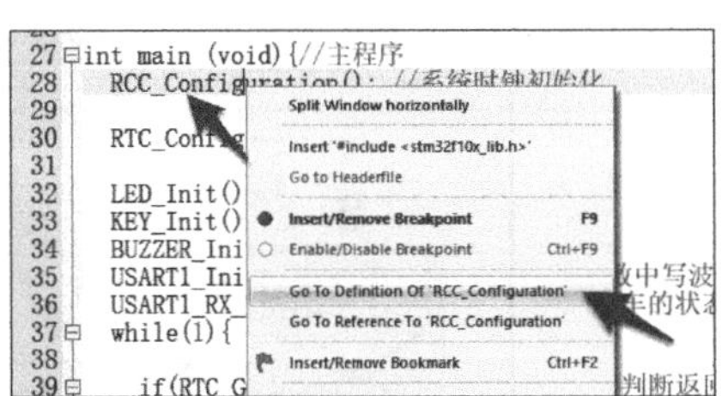

图 22.6 鼠标右键跳转法

高速晶体振荡器还是内部高速晶体振荡器？是否倍频或分频？各总线的时钟频率是多少？以上都是通过设置 RCC 来决定。现在打开“LED 灯显示 RTC 走时程序”的工程，把鼠标指针放在函数上单击鼠标右键，选择“Go To Definition Of RCC_Configuration”跳到 RCC 函数所在的 sys.c 文件（见图 22.6）。文件中有两个函数：中断向量控制器的设置函数和 RCC 时钟的设置函数，第 27 ~ 51 行是对单片机内部各种时钟进行选择和设置（见图 22.7）。了解每行程序的含义需要借助“时钟树框图”，打开“STM32F103X8-B 数据手册（中文）”第 12 页找到“时钟树框图”，接下来结合框图来分析程序。还要打开“STM32F103 固件函数库用户手册（中文）”第 193 页找到复位和时钟设置 RCC 固件库函数，其中有涉及 RCC 的寄存器的内容，后面几页有 RCC 相关的全部固件库函数，包括外部高速晶体振荡器、内部高速晶体振荡器、PLL 时钟、倍频器等设置。还包括各种内部总线、USB 时钟、ADC 时钟、RTC 时钟源、AHB 和 APB 总线的设置。RCC 的设置比较复杂，我们仅就已经学过的内容来分析外部高速时钟、倍频、分频相关的设置。

先来分析“时钟树框图”（见图 22.8）。框图中可以把设置项分成两部分，以系统时钟为连接点，SYSCLK 是指系统时钟，最大值是 72MHz，也就是常说的单片机主频。框图左边部分表示如何通过 RCC 设置产生主频。右边部分表示产生的主频通过 RCC 设置输送到各种内部总线和功能。简单来说，左边是产生主频，右边是分配主频。我们先来看主频如何产生。主频有两个时钟来源，一个是外部连接的高速晶体振荡器（HSE），使用的单片机两个引脚为 OSC_IN 和 OSC_OUT，对应第 5 脚和第 6 脚。

```
26 void RCC_Configuration(void){ //RCC时钟的设置
27     ErrorStatus HSEStartUpStatus;
28     RCC_DeInit();                /* RCC system reset(for debug purpose) RCC寄存器恢复初始化值*/
29     RCC_HSEConfig(RCC_HSE_ON); /* Enable HSE 使能外部高速晶体振荡器 */
30     HSEStartUpStatus = RCC_WaitForHSEStartUp(); /* Wait till HSE is ready 等待外部高速晶体振荡器使能完成*/
31     if(HSEStartUpStatus == SUCCESS){
32       /*设置PLL时钟源及倍频系数*/
33       RCC_PLLConfig(RCC_PLLSource_HSE_Div1, RCC_PLLMul_9); //RCC_PLLMul_x（枚举2~16）是倍频值。当HSE=8MHz,RCC_PLLMul_9时PLLCLK=72MHz
34       /*设置AHB时钟（HCLK）*/
35       RCC_HCLKConfig(RCC_SYSCLK_Div1); //RCC_SYSCLK_Div1——AHB时钟 = 系统时钟(SYSCLK) = 72MHz（外部晶体振荡器8HMz）
36       /*注意此处的设置，如果使用SYSTICK做延时程序，此时SYSTICK(Cortex System timer)=HCLK/8=9MHz*/
37       RCC_PCLK1Config(RCC_HCLK_Div2); //设置低速AHB时钟（PCLK1）,RCC_HCLK_Div2——APB1时钟 = HCLK/2 = 36MHz（外部晶体振荡器8HMz）
38       RCC_PCLK2Config(RCC_HCLK_Div1); //设置高速AHB时钟（PCLK2）,RCC_HCLK_Div1——APB2时钟 = HCLK = 72MHz（外部晶体振荡器8HMz）
39       /*注：AHB主要负责外部存储器时钟。APB2负责AD、I/O、高级TIM、串口1。APB1负责DA，USB，SPI，I2C，CAN，串口2、3、4、5，普通TIM */
40       FLASH_SetLatency(FLASH_Latency_2); //设置Flash 存储器延时时钟周期数
41       /*Flash 时序延迟几个周期，等待总线同步操作
42       推荐按照单片机系统运行频率：
43       0～24MHz时，取Latency_0;
44       24～48MHz时，取Latency_1;
45       48~72MHz时，取Latency_2*/
46       FLASH_PrefetchBufferCmd(FLASH_PrefetchBuffer_Enable); //选择Flash预取指缓存的模式，预取指缓存使能
47       RCC_PLLCmd(ENABLE); //使能PLL
48       while(RCC_GetFlagStatus(RCC_FLAG_PLLRDY) == RESET); //等待PLL输出稳定
49       RCC_SYSCLKConfig(RCC_SYSCLKSource_PLLCLK); //选择SYSCLK时钟源为PLL
50       while(RCC_GetSYSCLKSource() != 0x08); //等待PLL成为SYSCLK时钟源
51     }
52     /*开始使能程序中需要使用的外设时钟*/
53 //   RCC_APB2PeriphClockCmd(RCC_APB2Periph_USART1 | RCC_APB2Periph_GPIOA | RCC_APB2Periph_GPIOB |
54 //   RCC_APB2Periph_GPIOC | RCC_APB2Periph_GPIOD | RCC_APB2Periph_GPIOE, ENABLE); //APB2外设时钟使能
55 //   RCC_APB1PeriphClockCmd(RCC_APB1Periph_USART2, ENABLE); //APB1外设时钟使能
56 //   RCC_APB1PeriphClockCmd(RCC_APB1Periph_USART3, ENABLE);
57 //   RCC_APB2PeriphClockCmd(RCC_APB2Periph_SPI1, ENABLE);
58 //   RCC_APB2PeriphClockCmd(RCC_APB2Periph_AFIO, ENABLE);
59 }
```

图 22.7 sys.c 文件中的 RCC 时钟设置函数

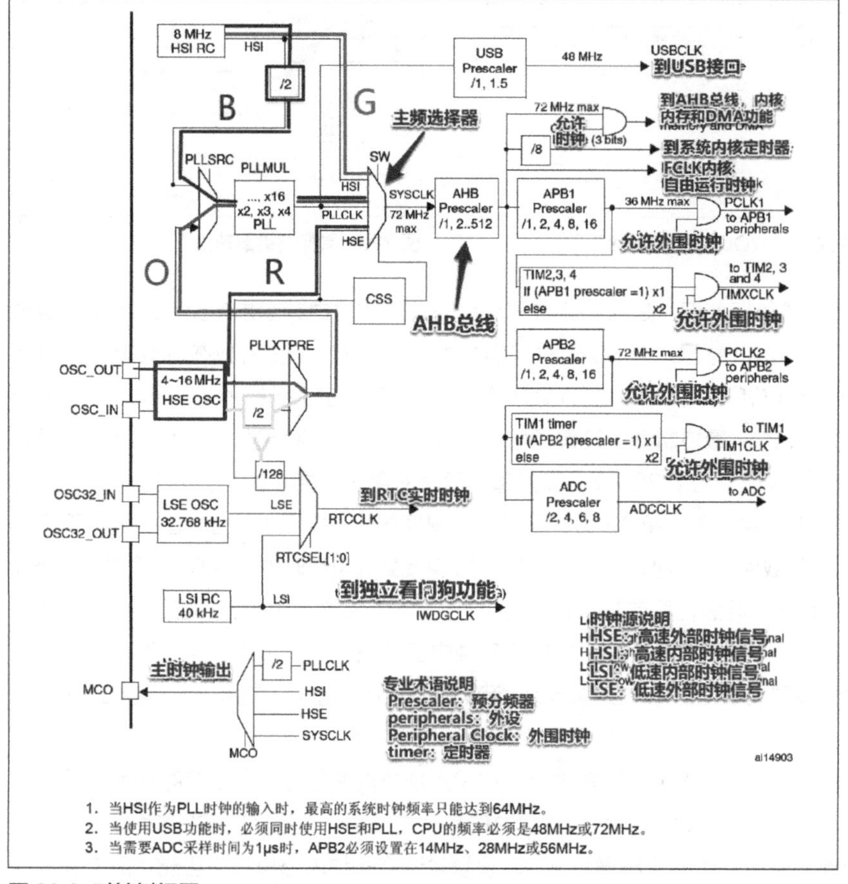

图 22.8 时钟树框图

两个引脚连接在外部晶体振荡器 TX1 的两脚上，同时连接 2 个 20pF 起振电容，电容另一端接地（GND），外部晶体振荡器频率是 8MHz。另一个时钟源是 8MHz 的内部 RC 振荡器（HSI）。接下来是各种选择器的设置。第一种方式可以看图中 R 线，它将外部的时钟频率输送到选择器，只要将选择器 SW 设置为 HSE 外部时钟输入，就可以直接产生主频。第二种方法是通过 G 线的通道进入主频选择器 SW，把选择器设置为 HSI 就能将内部 8MHz 的 RC 振荡器输入给主频。第三种方法是通过 O 线标示路径，使用内部倍频器将外部高速时钟通过两个选择器（PLLXTPRE 和 PLLSRC）输送到锁向环倍频器 PLLMUL，设置倍频系数产生不同倍数的频率，再将频率输送到主频选择器 SW，只要选择器通过 PLLCLK 就能将倍频频率输送给主频。第四种方法是 B 线标示的路径，内部 RC 振荡器通过“/2”的部分减少一半的频率，再输送到倍频器 PLLMUL。设置倍频器的倍数，把倍频后频率输送到主频选择器 SW。4 种方法由用户在 RCC 函数中进行设置。

接下来回到 sys.c 文件，看一下 RCC 时钟设置具体如何实现。如图 22.7 所示，第 27 行是定义枚举变量，主要用在第 31 行的 if 判断，判断外部晶体振荡器的使能是否成功。枚举值为“SUCCESS”表示成功，为“ERROR”表示失败。第 28 行调用 RCC 初始化函数，将 RCC 内部寄存器全部设为初始值，接下来设置过程中没有被设置到的寄存器处于默认值。第 29 行是使能（即开启）外部高速晶体振荡器。示例程序都使用外部晶体振荡器倍频产生 72MHz 主频率，所以这里先开启外部高速晶体振荡器，开启后要再次确认晶体振荡器是否正常工作，所以第 30 行的固件库函数读出晶体振荡器状态，第 31 行把读出的值放入枚举进行判断，晶体振荡器成功开启则为真，为真时执行第 33 ~ 51 行的程序。第 33 行设置 PLL 时钟源及倍频系数，调用设置 PLL 的固件库函数 RCC_PLLConfig。此函数有两个参数，第 1 个参数是选择时钟源，或者说使用哪种方式输入。第 2 个参数是 PLL 倍频器的倍频系数。我们先把鼠标指针放在第一个参数上面，单击鼠标右键选择“Go To Definition Of RCC_PLLSource_HSE_Div1”跳到参数宏定义的部分，跳转到了 rcc.h 文件，如图 22.9 所示，里面有 3 个设置内容。第一个 RCC_PLLSource_

```
#define RCC_PLLSource_HSI_Div2           ((uint32_t)0x00000000)

#if !defined (STM32F10X_LD_VL) && !defined (STM32F10X_MD_VL) && !defined (STM32F
 #define RCC_PLLSource_HSE_Div1           ((uint32_t)0x00010000)
 #define RCC_PLLSource_HSE_Div2           ((uint32_t)0x00030000)
 #define IS_RCC_PLL_SOURCE(SOURCE) (((SOURCE) == RCC_PLLSource_HSI_Div2) || \
                                   ((SOURCE) == RCC_PLLSource_HSE_Div1) || \
                                   ((SOURCE) == RCC_PLLSource_HSE_Div2))
#else
 #define RCC_PLLSource_PREDIV1            ((uint32_t)0x00010000)
 #define IS_RCC_PLL_SOURCE(SOURCE) (((SOURCE) == RCC_PLLSource_HSI_Div2) || \
                                   ((SOURCE) == RCC_PLLSource_PREDIV1))
#endif /* STM32F10X_CL */
```

图 22.9 PLL 时钟源及倍频系数的选择项

HSE_Div1 是设置 PLL 的输入源为外部高速时钟，使用 DIV1 不分频方式，对应图 22.8 中 O 线标示的路径。8MHz 外部高速时钟通过 PLLXTPRE 和 PLLSRC 选择器进入 PLLMUL 倍频器后输入到主频。第 2 个 RCC_PLLSource_HSE_Div2 也是外部高速晶体振荡器输入，使用 DIV2 方式将频率除以 2。对应图 8 中 Y 线加 O 线所标示的路径。外部高速晶体振荡器频率除以 2（减半），之后通过 3 个选择器进入主频。注意：外部频率直接输入还是减半后输入是由 PLLXTPRE 选择器决定，DIV1（直通）和 DIV2（减半）是切换选择器的输入设置。还有一个设置项 RCC_PLLSource_HSI_Div2 是内部高速时钟，选择方式只有 DIV2。对应图 22.8 中 B 线标示的路径，8MHz 内部 RC 振荡器减半后输送到 PLLMUL 倍频器再输送给主频。有朋友会问，之前说过的 8MHz 晶体振荡器产生的频率可以通过 G 线标示的路径输送给主频，还有外部晶体振荡器通过 R 线标示的路径输送给主频。但是这两个路径由选择器 SW 控制，目前设置的是 PLL 相关的选择器，只能设置 PLLXTPRE 和 PLLSRC，其他选择器不归 PLL 的选择器管理。

继续分析程序。如图 22.7 所示，第 1 个参数选择外部晶体振荡器的原始频率（不减半）RCC_PLLSource_HSE_Div1。第 2 个参数是 PLL 倍频系数，是图 22.8 中的 PLLMUL。设置系数可以将 3 种方式输入的频率进行倍频，多少倍由倍频系数决定。在倍频系数的程序文字上单击鼠标右键，选择“Go To Definition Of RCC_PLLMul_9”跳到定义位置。如图 22.10 所示可以看到倍频系数最低为 2，最高为 16，对应 2 ~ 16 倍，RCC_PLLMul_9 代表 9 倍。已知外部时钟输入源频率为 8MHz，进入倍频器乘以 9，最终输出 72MHz 频率（8MHz × 9=72MHz）。注意：单片机主频不得超过 72MHz，不论输入频率和倍频系数是多少，结果不得大于 72MHz。第 33 行选择了时钟输入源和倍频系数，设置主频为 72MHz。接下来是将主频在各种内部总线和功能之间进行分配。第 35 行是对 AHB 总线时钟的设置。图 22.8 中 AHB 总线是其他总线和功能的“前端”，也就是说 AHB 总线的分频频率将会分配给其下所有的总线和功能（除了 USB 功能）。USB 功能时钟是通过倍频器直接产生的，不受 AHB 总线控制。第 35 行调用的固件库函数 RCC_HCLKConfig，参数是 AHB 总线分频系数，用“鼠标右键跳转法”跳到定义位置。图 22.11 所示是 AHB 总线分频系数的选择项，RCC_SYSCLK_Div1 表示不分频，RCC_SYSCLK_Div2 表示频率除以 2，RCC_SYSCLK_Div512 表示 512 分频（除以 512）。目前选择 RCC_SYSCLK_Div1，不分频，即 AHB 时钟为 72MHz。第 37 ~ 38 行设置 APB1 和 APB2 总线，对应

```
   */
#ifndef STM32F10X_CL
 #define RCC_PLLMul_2                    ((uint32_t)0x00000000)
 #define RCC_PLLMul_3                    ((uint32_t)0x00040000)
 #define RCC_PLLMul_4                    ((uint32_t)0x00080000)
 #define RCC_PLLMul_5                    ((uint32_t)0x000C0000)
 #define RCC_PLLMul_6                    ((uint32_t)0x00100000)
 #define RCC_PLLMul_7                    ((uint32_t)0x00140000)
 #define RCC_PLLMul_8                    ((uint32_t)0x00180000)
 #define RCC_PLLMul_9                    ((uint32_t)0x001C0000)
 #define RCC_PLLMul_10                   ((uint32_t)0x00200000)
 #define RCC_PLLMul_11                   ((uint32_t)0x00240000)
 #define RCC_PLLMul_12                   ((uint32_t)0x00280000)
 #define RCC_PLLMul_13                   ((uint32_t)0x002C0000)
 #define RCC_PLLMul_14                   ((uint32_t)0x00300000)
 #define RCC_PLLMul_15                   ((uint32_t)0x00340000)
 #define RCC_PLLMul_16                   ((uint32_t)0x00380000)
```

图 22.10 倍频系数的设置项

```
#define RCC_SYSCLK_Div1                  ((uint32_t)0x00000000)
#define RCC_SYSCLK_Div2                  ((uint32_t)0x00000080)
#define RCC_SYSCLK_Div4                  ((uint32_t)0x00000090)
#define RCC_SYSCLK_Div8                  ((uint32_t)0x000000A0)
#define RCC_SYSCLK_Div16                 ((uint32_t)0x000000B0)
#define RCC_SYSCLK_Div64                 ((uint32_t)0x000000C0)
#define RCC_SYSCLK_Div128                ((uint32_t)0x000000D0)
#define RCC_SYSCLK_Div256                ((uint32_t)0x000000E0)
#define RCC_SYSCLK_Div512                ((uint32_t)0x000000F0)
```

图 22.11 AHB 总线的设置项

框图中 APB1、APB2 两个位置。它们可以设置分频系数，从不分频道到 16 倍分频，目前 APB1 使用 2 分频（除以 2），APB2 不分频。设定总线频率前要先考虑总线上的功能需要多大频率。

第 40 行是单片机内部 Flash 的设置，因为系统主频和各功能的分频不同，Flash 读写速度会受到影响，所以要对 Flash 进行设置。第 41 ~ 45 行的注释信息是 Flash 设置的说明。设置好系统主频后，按照频率范围可以设置 Flash 时序延迟参数为 0、1、2。目前主频是 72MHz，所以设置为 Flash_Latency_2。接下来第 46 行打开 Flash 的“预取缓存模式”，预取缓存是把要用的数据提前从 Flash 中读出来放入 RAM，执行程序时 RAM 中就已经有了事先放入的数据，运行效率大大提高。如果关闭此功能，程序数据不会提前读出，拖慢了运行速度。一般选择开启。开启后会占用一些 RAM 空间，不过单片机 RAM 空间足够大，占用一点也没关系。

第 47 行是使能 PLL，锁相环倍频器开始工作。第 48 行判断 PLL 是否工作稳定。第 49 行设置系统输入时钟源，可以在参数上用“鼠标右键跳转法”跳到定义处，如图 22.12 所示，有 3 个选项。RCC_SYSCLKSource_HSI 是使用内部高速时钟，RCC_SYSCLKSource_HSE 是使用外部高速时钟，RCC_SYSCLKSource_PLLCLK 是使用 PLL 时钟。3 个参数对应着系统时钟 SW 选择器的 3 种选项（HSI、PLLCLK、HSE）。加上之前设置的 PLL 两个选择器（第 33 行），就对系统时钟输入源进行了全面的控制和选择。第 50 行等待时钟源切换进入稳定状态。执行完以上程序，单片机的主频输入源、三大内部总线的分频系数就设置好了，各种内部功能就可以使用设置好的时钟了。比如第 53 ~ 58 行调用固件库函数对 APB2 和 APB1 总线上的内部功能进行开启和设置。至于哪个总线连接哪个功能，可以参考“STM32F103 固件函数库用户手册（中文）”第 11 页中的单片机内部结构框图。大家会发现我把第 53 ~ 58 行的程序屏蔽了，因为我要把各功能的开启程序放在各功能的初始化函数中，比如 LED.C 文件中 LED 初始化函数的第 2 行程序就是调用 RCC 固件库函数，开启 APB2 总线上的 GPIO 端口。这样设计的好处是在不使用某项功能时不会加载此功能的 C 文件，不会开启此功能的 RCC 设置，需要时直接加载或删除功能的 C 文件，同步完成了 RCC 的设置。各位可以试着在“LED 闪灯程序”的工程中修改 RCC 时钟输入源和倍频系数，观察 LED 的闪烁速度是否发生变化。若有变化就表示 RCC 设置对主频产生了影响。RCC 牵连的内容较多，设置项就会比较敏感，设置失误会导致单片机工作不稳定。初学者尽量不要修改 RCC 设置，只需了解程序原理并按默认设置即可。

```
#define RCC_SYSCLKSource_HSI             ((uint32_t)0x00000000)
#define RCC_SYSCLKSource_HSE             ((uint32_t)0x00000001)
#define RCC_SYSCLKSource_PLLCLK          ((uint32_t)0x00000002)
```

图 22.12 系统输入时钟源的设置项

第三章

开发板功能

第 42~44 步

23 触摸按键

23.1 原理介绍

上节我们介绍了利用超级终端显示日历与 RCC 时钟的设置，核心板的内容已全部介绍完毕。接下来我将介绍开发板的各项功能的电路原理和编程方法。本节我先从简单的内容开始，介绍开发板上的 4 个触摸按键。

首先，我们要将核心板插到开发板上，操作非常简单，只要将核心版放到开发板的对应的排孔上，注意核心板上的“UP”三角箭头和开发板上的箭头对应。然后将排针对排孔插入，用大拇指按住单片机芯片用力向下压，使排针完全压入排孔，完成核心板的安装（见图 23.1）。接下来将开发板上标注为“触摸按键”（编号 P10）的 4 条跳线短接（插上），再把标注为“继电器”（编号 P26）的 2 条跳线（J1 和 J2）断开（拔出）。因为与继电器连接的 I/O 端口上电时输出低电平，若程序没有对继电器进行初始化，继电器会吸合，会额外消耗功率，所以在不使用继电器时尽量断开跳线。将 USB 线插入核心板上的 USB 接口，给开发板上电。接下来下载程序，在附带资料中找到“洋桃 1 号开发板与核心版的电路原理图”文件夹，在文件夹里找到 2 个文件：“洋桃 1 号开发板电路原理图（开发板总图）”和“洋桃 1 号开发板电路原理图（触摸按键部分）”。找到“洋桃 1 号开发板周围电路手册资料”文件夹，打开文件名为“TTP223 单触摸键检测”的 PDF 文件。在附带资料中找到“触摸按键驱动程序”，将工程中的 HEX 文件下载到开发板，看一下效果。我们下载的这个示例程序是用来驱动触摸按键的，可让开发板正下方的 4 个 A、B、C、D 按键控制核心板上 LED 的开关状态。触摸 A 键，核心板上 LED1 点亮；触摸 B 键，LED2 点亮；触摸 C 键，2 个 LED 熄灭；触摸 D 键，2 个 LED 点亮。触摸按键不同于核心板上的微动开关，用手轻轻触摸就可触发。下面我将为大家介绍触摸按键的电路实现原理和程序。

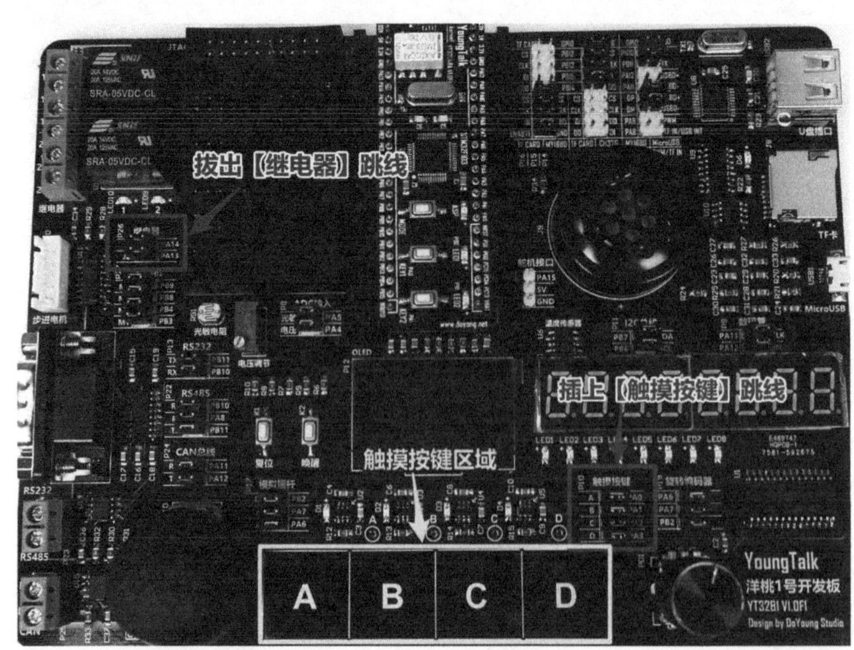

图 23.1 开发板上的跳线设置

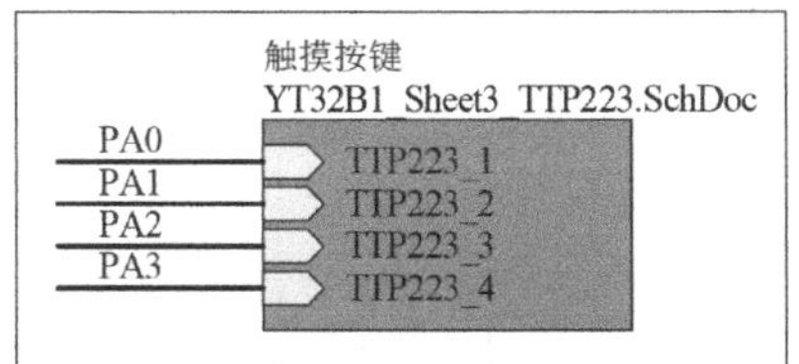

图 23.2 开发板总图中的触摸按键子电路

先来分析电路原理图，打开“洋桃 1 号开发板电路原理图（开发板总图）”文件。总图中包含核心板的连接排孔，下方每个绿色方块（子电路图）对应开发板的各项功能。图 23.2 所示是触摸按键的子电路部分，与触摸按键连接的 I/O 端口共有 4 个（PA0、PA1、PA2、PA3），分别连接触摸按键子电路图中的 TTP223_1 ~ TTP223_4。TTP223_1 对应 PA0 接口，TTP223_4 对应 PA3 接口。打开“洋桃 1 号开发板电路原理图（触摸按键部分）”（见图 23.3）。我们在图纸左上角可以看到 TTP223_1 ~ TTP223_4，这与开发板总图中的 TTP223_1 ~ TTP223_4 在电路上是相连接的。4 条线通过 P10 跳线连接到网络标号 OUT_1~OUT_4。不需要触摸按键时，可将 P10 跳线上的跳线帽取下来，使触摸按键电路与 I/O 端口断开。接下来看一下触摸按键的电路原理图，图中有 4 组完全相同的电路，包括触摸按键芯片 TTP223 和电容、电阻等周边元器件，区别是每个电路的输出分别连接不同的 I/O 端口。除了输入、输出端的连接口不同外，其他各组电路都相同，因此我们通过分析一组电路就能了解触摸按键的电路原理。为实现触摸功能，我选用了触摸按键芯片，型号为 TTP223。这是一款单按键、高稳定、低功耗的触摸按键芯片。之所以用单按键芯片，主要是因为每个按键的电路都是独立的，方便大家在项目开发中自行设定按键数量。

在我们了解触摸按键原理后，可通过阅读触摸按键芯片的数据手册，学习各项功能的使用和参数的设定。首先我们打开“TTP223 单触摸按键检测”文档，从中可以了解到芯片工作电压是 2 ~ 5.5V，当电压为 3V 时，工作电流是 3.5μA，最大电流是 7.0μA，非常省电。芯片是 SOT32-6 贴片封装的，有 6 个引脚，引脚说明如图 23.4 所示。1 脚 Q 是触摸按键的输出引脚。2 脚 GND 是电源负极。3 脚 I 是传感器输入引脚，连接触摸按键的金属片。4 脚 AHLB 是输出电平的选择设置位，4 脚连接高电平，触摸时 1 脚输出低电平；4 脚接地，触摸时 1 脚输出高电平。5 脚 VDD 是电源正极。6 脚 TOG 是输出类型选择设置，6 脚连接高电平为触发模式，连接低电平为直接模式。触发模式是指锁存输出效果，按下触摸键输出高电平，松开按键依然保持高电平，再次按下触摸键输出低电平，松开按键保持低电平。效果和微动开关按键的锁存效果相同。直接模式没有锁存效果，没有按下触摸按键时输出高电平，按下时输出低电平，松开后回到高电平。洋桃 1 号开发板上的电路设计为直接模式。输出模式的选择在“TTP223 单触摸按键检

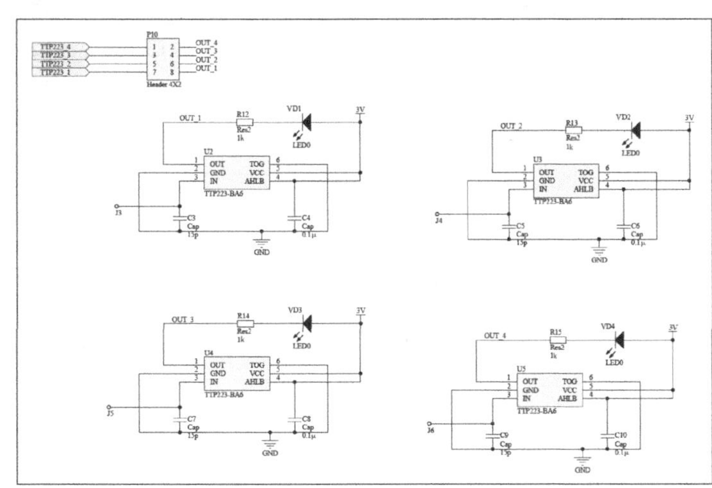

图 23.3 触摸按键部分

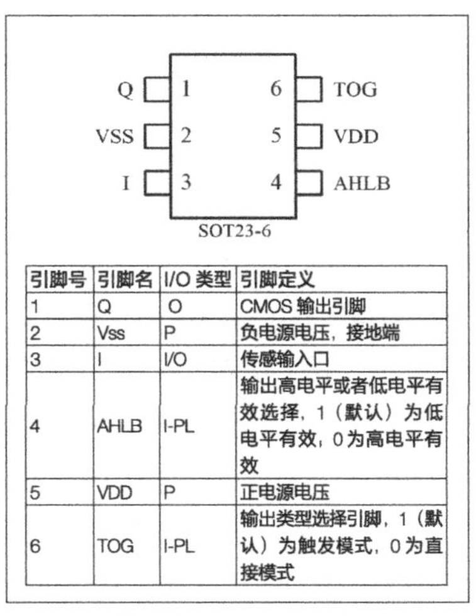

引脚号	引脚名	I/O 类型	引脚定义
1	Q	O	CMOS 输出引脚
2	Vss	P	负电源电压，接地端
3	I	I/O	传感输入口
4	AHLB	I-PL	输出高电平或者低电平有效选择，1（默认）为低电平有效，0 为高电平有效
5	VDD	P	正电源电压
6	TOG	I-PL	输出类型选择引脚，1（默认）为触发模式，0 为直接模式

图 23.4 芯片数据手册中的引脚定义

测”手册第4页有详细说明。手册第5页给出了应用电路图(见图23.5),3脚输入线连接了一个感应电极,即一块正方形的金属片。在洋桃1号开发板上的触摸按键的PCB下方是一片方形铜片,充当感应电极。各位可以在PCB上画出敷铜区域作为感应电极,也可以用一片金属板作为感应电极。感应电极的输入端还连接了CS电容,可以用它调节触摸灵敏度。4脚和6脚的选择设置端可根据我们的需要接高电平或低电平。手册第4页有关于调节触摸按键灵敏度的说明。触摸按键灵敏度有3个决定因素:一是感应电极的面积,面积越大,灵敏度越高;二是铜片厚度;三是CS的电容值。图5是经典的应用电路图,CS电容值在0 ~ 50pF,不连接电容时灵敏度最高,电容值越大,灵敏度越低;当电容值为50pF时,灵敏度最低。实际电路中,要在感应电极面积与厚度确定时,通过反复测试不同的电容值确定CS电容。

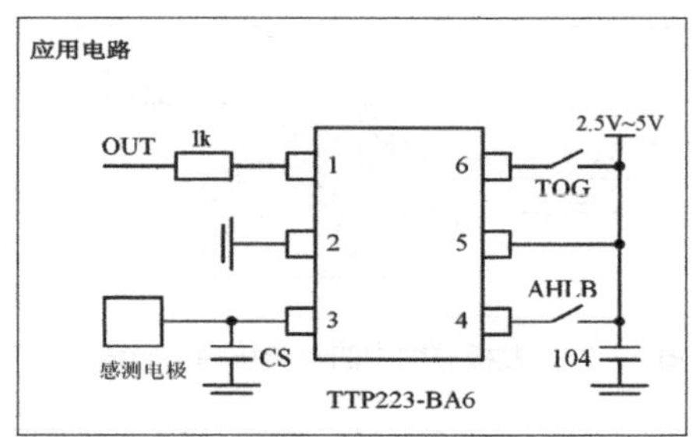

图23.5 芯片数据手册中的应用电路

我们回看触摸按键的电路原理图(见图23.3)。电容C3、C5、C7、C9是灵敏度电容CS,电容值是15pF。实际测试的触摸效果良好,但这并不代表在其他电路中可以沿用此电容,还需要通过实际测试进行检验。J3是金属触片(感应电极),电容C4是0.1μF滤波电容,它可让芯片更稳定地工作。4组芯片中左上角一组芯片的第1脚连接OUT_1(PA0),其他各组芯片的连接方式以此类推。1脚连接了LED指示灯VD1和限流电阻R22。我们将4组电路连接在3.3V电源上,4脚连接高电平,6脚连接低电平,设置为无锁存的直接模式,按下触摸键输出低电平。在这里我们可沿用之前的按键处理程序。还有一点需要注意:电容触摸芯片在上电瞬间会读取感应电极的电容状态,为未触摸按键的初始状态。所以在上电瞬间,手指不能放在按键上,按键周围也不要放其他电子产品。在实际使用中,触摸按键可能会受到笔记本电脑、手机、无线电台、路由器等大功率电子产品的无线电干扰。

23.2 程序分析

接下来我们打开触摸按键的驱动程序,分析读取按键值的程序。用Keil软件打开工程,通过工程设置将Hardware文件夹中加入touch_key.c和touch_key.h文件,具体设置方法和上期相同。在示例程序的工程中已经添加了驱动程序文件,若你发现设置中已经有相应的文件就不用重复添加。首先打开touch_key.h文件(见图23.6)。第5 ~ 9行是接口宏定义,定义TOUCH_KEYPORT为GPIOA端口,TOUCH_KEY_A ~ TOUCH_KEY_D对应PA0 ~ PA3端口。第12行是声明触摸按键的初始化函数。打开touch_key.c文件(见图23.7),文件中仅有触摸按键初始化函数TOUCH_KEY_Init,第25行定义按键端口,第26行定义上拉电阻的输入模式。第27行调用GPIO固件库函数,定义过程与微动开关按键的定义相同。接下来打开main.c文件(见图23.8),第21行加载了touch_key.h,第26行加入了触摸按键的初始化函数TOUCH_KEY_Init。第28、31、34、37行是4个if语句对4个按键的判断与处理程序,使用GPIO_ReadInputDataBit固件库函数读取触摸按键连接的I/O端口状态,

```
1  #ifndef __TOUCH_KEY_H
2  #define __TOUCH_KEY_H
3  #include "sys.h"
4
5  #define TOUCH_KEYPORT GPIOA //定义I/O端口组
6  #define TOUCH_KEY_A   GPIO_Pin_0 //定义I/O端口
7  #define TOUCH_KEY_B   GPIO_Pin_1 //定义I/O端口
8  #define TOUCH_KEY_C   GPIO_Pin_2 //定义I/O端口
9  #define TOUCH_KEY_D   GPIO_Pin_3 //定义I/O端口
10
11
12 void TOUCH_KEY_Init(void);//初始化
13
```

图23.6 touch_key.h文件的全部内容

```
#include "touch_key.h"

void TOUCH_KEY_Init(void){ //微动开关的端口初始化
  GPIO_InitTypeDef  GPIO_InitStructure; //定义GPIO的初始化枚举结构
    GPIO_InitStructure.GPIO_Pin = TOUCH_KEY_A | TOUCH_KEY_B | TOUCH_KEY_C | TOUCH_KEY_D; //选择端口
    GPIO_InitStructure.GPIO_Mode = GPIO_Mode_IPU; //选择I/O端口工作方式 //上拉电阻
  GPIO_Init(TOUCH_KEYPORT,&GPIO_InitStructure);
}
```

图 23.7 touch_key.c 文件的全部内容

```
#include "stm32f10x.h" //STM32头文件
#include "sys.h"
#include "delay.h"
#include "led.h"
#include "touch_key.h"

int main (void){//主程序
  RCC_Configuration(); //系统时钟初始化
  LED_Init();//LED初始化
  TOUCH_KEY_Init();//按键初始化
  while(1){
    if(!GPIO_ReadInputDataBit(TOUCH_KEYPORT,TOUCH_KEY_A)){ //读触摸按键的电平
      GPIO_WriteBit(LEDPORT,LED1,(BitAction)(1));//LED控制
    }
    if(!GPIO_ReadInputDataBit(TOUCH_KEYPORT,TOUCH_KEY_B)){ //读触摸按键的电平
      GPIO_WriteBit(LEDPORT,LED2,(BitAction)(1));//LED控制
    }
    if(!GPIO_ReadInputDataBit(TOUCH_KEYPORT,TOUCH_KEY_C)){ //读触摸按键的电平
      GPIO_WriteBit(LEDPORT,LED1|LED2,(BitAction)(0));//LED控制
    }
    if(!GPIO_ReadInputDataBit(TOUCH_KEYPORT,TOUCH_KEY_D)){ //读触摸按键的电平
      GPIO_WriteBit(LEDPORT,LED1|LED2,(BitAction)(1));//LED控制
    }
  }
}
```

图 23.8 main.c 文件的全部内容

通过判断按键状态控制 LED 点亮和熄灭，这与微动开关的按键状态的读取方法相同。

但触摸按键和微动开关的处理程序有一些不同，微动开关的处理程序需要去抖动处理，而触摸按键不需要。因为触摸按键芯片可输出平滑、稳定的电平，不需要去抖动处理。除此之外，触摸按键和微动开关的处理方法相同，你可以试着套用微动开关的示例程序，用触摸按键实现同样的效果。

第 45~46 步

24 数码管

24.1 原理介绍

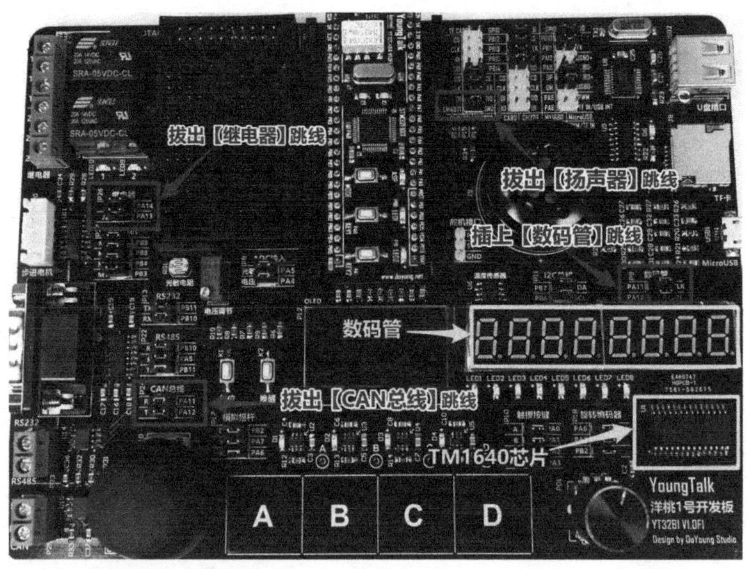

图 24.1 开发板上的跳线设置

数码管是一种常用的输出设备，它可以发光显示数字和部分字母。相比液晶显示器，数码管的成本更低，在单片机开发中较为常用，现在我们来分析数码管电路的原理及驱动程序。首先对开发板上的跳线进行设置，如图 24.1 所示。把标注为“数码管”（编号为 P9）的两个跳线短接（插上），这样单片机的 I/O 端口才能和数码管电路连接。再把标注为“CAN 总线”（编号为 P24）的两个跳线断开（拔出），这是 CAN 总线与单片机的连接跳线。因为 CAN 总线使用的 I/O 端口与数码管相同，所以使用数码管时要将 CAN 总线的跳线断开。找到核心板右侧的 3 列跳线帽中左边最下方标号为“LM4871--GND”的跳线，将此跳线断开，从而将开发板上的扬声器断开，因为单片机与数码管的通信会使扬声器发出杂音。跳线设置好后就可以下载示例程序了。在附带资料中找到“数码管 RTC 显示程序”，将工程中的 HEX 文件下载到开发板，效果是开发板上的数码管显示了数字，数码管下方的 8 个 LED 以流水灯的方式依次点亮。数码管上显示的内容是 RTC 时间，从左到右依次显示日期、小时、分钟、秒钟。秒钟在不断走时，每组数据占 2 位，各组数据用小数点分隔，这就是用数码管显示 RTC 时钟的效果。

流水灯效果在硬件电路上是如何设计的呢？为了解数码管驱动电路的原理，我们需要准备两份资料，在附带资料中找到“洋桃 1 号开发板电路原理图（TM1640 数码管部分）”。在“洋桃 1 号开发板周围电路手册资料”文件夹中找到“TM1640_V1.2 数据手册（中文）”。先打开“洋桃 1 号开发板电路原理图（开发板总图）”，在图纸的右边可以找到“8 位数码管 +8 个 LED”的子原理图（见图 24.2）。这个部分占用 PA11 和 PA12 两个 I/O 端口。PA11 连接 TM1640_SCLK，PA12 连接 TM1640_DIN。接下来打开“洋桃 1 号开发板电路原理图（TM1640 数码管部分）”文档，在原理图下方有两个网络标号：TM1640_SCLK 和 TM1640_DIN，它们连接着 PA11 和 PA12 端口。端口连接了 P9 跳线（数码管上方的

图 24.2 开发板总图中的数码管部分

跳线），两个 I/O 端口连接在 TM1640 芯片第 7 脚（DIN）和第 8 脚（SCLK）。

打开“TM1640_V1.2 数据手册（中文）”文档，TM1640 是一款专用的数码管驱动芯片，相当于 LED 驱动控制专用电路，最多可以驱动 16 个 8 段数码管。开发板上的数码管是 8 位 8 段的。此外芯片还具有 8 级亮度可调、支持串行总线通信、采用 SOP28 封装等特点。这款芯片在开发板上位于数码管下方，如图 1 所示。也许各位在其他的单片机教程中学过如何使用数码管，驱动方式通常是用单片机 I/O 端口连接数码管引脚，驱动程序较为复杂，还需对数码管实时扫描。其实单片机直接驱动数码管的方法更适合 51 单片机的教学，能让新手清晰地了解数码管的工作原理，但是在项目开发中使用这种方式会使单片机的工作量增大，在单片机处理其他任务时会导致数码管出现显示停滞等问题。所以我们在项目开发中通常会使用专用的驱动芯片，单片机将显示内容发送给驱动芯片，驱动芯片会自行刷新显示内容，保证系统的稳定性，也让单片机可以高效地处理其他任务。目前市场上数码管的驱动芯片很多，我采用的是经过大量项目开发测试，比较稳定的一款驱动芯片，它的成本也较低。目前开发板上的驱动芯片型号为 TM1640，同系列还有 TM1628、TM1629、TM1650 等，不同的数码管数量、驱动方式、总线连接方式都有对应型号的驱动芯片可供选择。

接下来看接口定义，TM1640 可以驱动 16 个 8 段数码管，开发板上的为共阴数码管。手册第 1 页下方是引脚定义图，芯片第 17 脚是 VDD 电源正极，第 6 脚是 VSS 电源负极，输入电压是 5V。第 7 脚 DIN 和第 8 脚 SCLK 连接开发板的 PA12 和 PA11 I/O 端口。其他接口都与数码管的引脚连接，从第 18 脚 GRID1 逆时针向上到第 5 脚 GRID16，这 16 个引脚分别连接数码管的 16 个位。从第 9 脚的 SEG1 逆时针向下到第 16 脚的 SEG8 分别是数码管每 1 位的 8 个显示段码。在下方的“正常工作范围”可以看到芯片的工作电压为 5V。在“电气特性”表格中可以看到芯片的电流和功率数据。在“接口说明”部分有通信协议说明，SCLK 是时钟同步线，DIN 是数据线。第 4 ~ 5 页还有“通信时序图”，在编写芯片驱动程序时会用到时序图。第 6 ~ 8 页是通信的数据指令集、地址命令设置、显示控制指令等。我已写好了驱动程序，时序图和指令集在分析程序时会讲到。第 8 页介绍了 TM1640 芯片与数码管电路的连接方式。第一幅是驱动共阴数码管的电路图，第二幅是驱动共阳数码管的电路图，开发板使用的是共阴数码管，所以只看第一幅图。图中给出了 16 个单独的共阴数码管，数码管上的 8 个段位 a、b、c、d、e、f、g、dp（小数点）连接在 TM1640 芯片的 SEG1 ~ SEG8 端口，每个数码管上的共阴极引脚连接到 GRID1~GRID16。图纸上给出的是独立 1 位的数码管，而洋桃 1 号开发板上的数码管是 4 位合为一体的，但电路连接原理相同。数据手册的最后是 IC 封装尺寸图，设计 PCB 封装时可以参考。

回看“洋桃 1 号开发板电路原理图（TM1640 数码管部分）”，如图 24.3 所示，芯片的第 17 脚连接 5V 电源，第 6 脚接 GND，5V 和 GND 之间连接两个滤波电容 C1 和 C2。芯片第 7 脚和第 8 脚通过 P9 跳线连接开发板的 I/O 端口。第 18 脚到第 26 脚通过网络标号“1”到“9”连接到第一个 4 位共阴数码管（J1）的共阴极的 1、2、3、4，和第二个 4 位共阴数码管（J2）的共阴极的 1、2、3、4。数码管 J1 在开发板左边，J2 在右边。第 18 脚控制数码管 J1 第 1 位（从左数，后同），第 19 脚控制数码管 J1 左数第 2 位，第 20 脚控制第 3 位，第 21 脚控制第 4 位。第 22 脚控制数码管 J2 第 1 位，第 23 脚控制数码管 J2 第 2 位，第 24 脚控制第 3 位，第 25 脚控制第 4 位。两组 4 位数码管（J1 和 J2）的 8 个段码的阳极“a、b、c、d、e、f、g、dp”分别与 SEG1 ~ SEG8 端口相连，这样连接后，开发板就能控制数码管显示了。如图 24.3 所示，左边有独立的 8 个 LED 电路，它也通过驱动芯片控制。8 个 LED 的负极全部连接到第 26 脚（DRID9），其为共阴极驱动位。LED 的正极分别连接在 SEG1~SEG8，这样使得 8 个 LED 相当于 1 位数码管的 8 个段码。也就是说 8 个 LED 相当于 1 位数码管的控制方法，因为数码管每 1 位的 8 个段码本质上是 8 个 LED，所以在使用上可以将 8 个

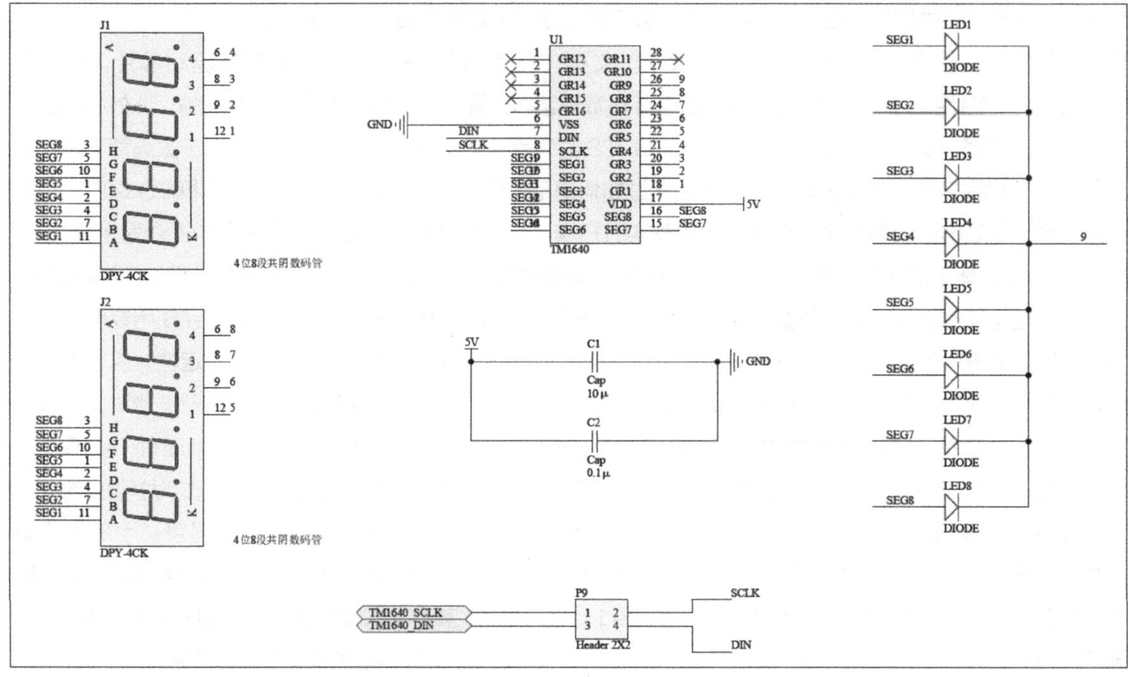

图 24.3 TM1640 数码管部分原理图

LED 理解为第 9 位数码管显示，点亮 LED 的方法和驱动数码管的方法一样。

24.2 程序分析

接下来打开名为“数码管 RTC 显示程序”的工程。在 Hardware 文件夹中新建 TM1640 文件夹，加入 TM1640.c 和 TM1640.h 文件，这是我编写的数码管驱动程序。在 Keil4 设置中添加这两个文件。接下来打开 main.c 文件，如图 24.4 所示。在文件开始处第 21 行加载 TM1640 库文件。主函数中第 28 行调用 RTC 初始化函数，第 29 行调用 TM1640 初始化函数。while 主循环中是实现数码管显示的程序。第 31 行使用 if 语句读取 RTC 时间，第 32 ~ 39 行调用 TM1640 显示函数。显示函数有两个参数，第一个参数是数码管的位选项，第二个参数是显示内容。第一个参数如果是 0，表示 8 位数码管最左边 1 位显示，如果是 7，表示最右边 1 位显示。第 32 行是在左边第 1 位显示日数据的十位（rday/10）。左边第 2 位显示日数据的个位（rday%10+10），其中的“+10”是通过

```
17 #include "stm32f10x.h" //STM32头文件
18 #include "sys.h"
19 #include "delay.h"
20 #include "rtc.h"
21 #include "TM1640.h"
22
23
24
25 int main (void){//主程序
26     u8 c=0x01;
27     RCC_Configuration(); //系统时钟初始化
28     RTC_Config();  //RTC初始化
29     TM1640_Init(); //TM1640初始化
30     while(1){
31         if(RTC_Get()==0){ //读出RTC时间
32             TM1640_display(0,rday/10);  //天
33             TM1640_display(1,rday%10+10);
34             TM1640_display(2,rhour/10); //时
35             TM1640_display(3,rhour%10+10);
36             TM1640_display(4,rmin/10);  //分
37             TM1640_display(5,rmin%10+10);
38             TM1640_display(6,rsec/10); //秒
39             TM1640_display(7,rsec%10);
40
41             TM1640_led(c); //与TM1640连接的8个LED全亮
42             c<<=1; //数据左移 流水灯
43             if(c==0x00)c=0x01; //8个灯显示完后重新开始
44             delay_ms(125); //延时
45         }
46     }
47 }
```

图 24.4 main.c 文件的全部内容

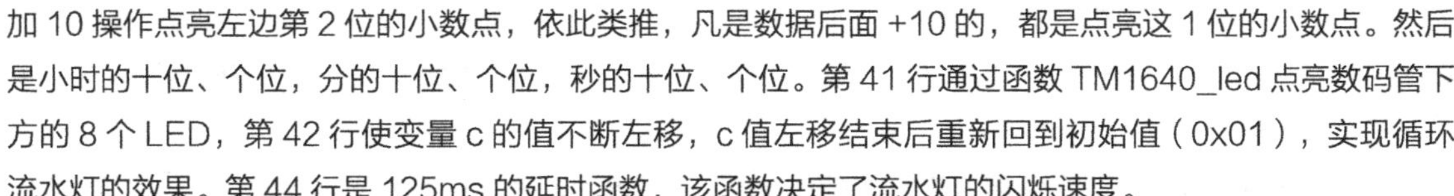

加 10 操作点亮左边第 2 位的小数点，依此类推，凡是数据后面 +10 的，都是点亮这 1 位的小数点。然后是小时的十位、个位，分的十位、个位，秒的十位、个位。第 41 行通过函数 TM1640_led 点亮数码管下方的 8 个 LED，第 42 行使变量 c 的值不断左移，c 值左移结束后重新回到初始值（0x01），实现循环流水灯的效果。第 44 行是 125ms 的延时函数，该函数决定了流水灯的闪烁速度。

main.c 文件中第 29 行调用了 TM1640 初始化函数，第 32 ~ 39 行调用了 TM1640 数码管显示函数，第 41 行调用了 8 个 LED 控制函数。如果你掌握了这 3 个函数就掌握了数码管的全部显示功能。若你在新工程中使用数码管，首先要在主函数加入 TM1640 初始化函数 TM1640_Init，在程序内部需要让数码管显示数字的地方，调用数码管显示函数 TM1640_display，函数第一个参数是显示位置。开发板上数码管最左边是位置 0，最右边是位置 7。第二个参数实现内容显示，内容是十进制数字 0~9。想显示小数点就给第二个参数加 10，还可以在第二个参数输入“20”来关闭某一位的显示。TM1640_led 函数控制 TM1640 连接的 8 个 LED，参数是把数据拆分成 8 位二进制数。比如二进制“00000001”的 8 个位对应 LED1~LED8，数据最低 1 位（最右边）关联 LED1，最高 1 位关联 LED8，0 表示熄灭，1 表示点亮。所以“00000001”是点亮 LED1，熄灭其他 LED。由于 C 语言不允许写二进制数，所以要把二进制转化为十六进制，“00000001”转化成十六进制是 0x01。让 8 个 LED 全部点亮的二进制数据“11111111”转化成十六进制是 0xFF。修改程序，重新编译、下载，8 个 LED 会全部点亮。当前函数中参数是变量 c，初始值为 0x01，也就是让 LED1 点亮，第 42 行让变量 c 左移 1 位。所谓“左移”是让 8 个二进制数整体向左移动，使得二进制数中“1”的位置从右起第 1 位变到第 2 位，使 LED2 点亮。主循环每循环一次，变量 c 都会向左移动 1 位，从 LED1 到 LED8 依次点亮，当变量 c 移动 8 次后变为 0x00，这时通过第 43 行 if 判断，将变量 c 变为初始值 0x01，重新从 LED1 点亮，开始新的循环。

```
4
5  #define TM1640_GPIOPORT GPIOA //定义I/O端口
6  #define TM1640_DIN  GPIO_Pin_12 //定义I/O端口
7  #define TM1640_SCLK GPIO_Pin_11 //定义I/O端口
8
9  #define TM1640_LEDPORT  0xC8  //定义I/O端口
10
11
12 void TM1640_Init(void);//初始化
13 void TM1640_led(u8 date);//
14 void TM1640_display(u8 address,u8 date);//
15 void TM1640_display_add(u8 address,u8 date);//
16
```

图 24.5 TM1640.h 文件的全部内容

接下来分析 TM1640 的驱动程序。首先打开 TM1640.h 文件，如图 24.5 所示。第 5 ~ 7 行定义了 TM1640 使用的 I/O 端口，DIN 连接 PA12，SCLK 连接 PA11。第 9 行定义了 8 个 LED 的操作地址 0xC8。第 12 ~ 15 行是对 TM1640.c 文件中的函数的声明，第 12 行声明的是 TM1640 初始化函数，第 13 行声明的是 8 个 LED 的驱动函数，第 14 行声明的是TM1640数码管显示函数。第 15 行声明的也是数码管显示函数，此函数具有自动加 1 的功能，可自动增加地址，但这里暂不使用第 15 行的函数。前 3 个函数是以下分析的重点。打开 TM1640.c 文件，如图 24.6 所示，第 21 ~ 22 行声明了 TM1640.h 和

```
20
21 #include "TM1640.h"
22 #include "delay.h"
23
24 #define DEL  1   //宏定义 通信速率（默认为1，如不能通信可加大数值）
25
26 //地址模式的设置
27 //#define TM1640MEDO_ADD  0x40   //宏定义 自动加1模式
28 #define TM1640MEDO_ADD  0x44   //宏定义 固定地址模式（推荐）
29
30 //显示亮度的设置
31 //#define TM1640MEDO_DISPLAY  0x88   //宏定义 亮度  最小
32 //#define TM1640MEDO_DISPLAY  0x89   //宏定义 亮度
33 //#define TM1640MEDO_DISPLAY  0x8a   //宏定义 亮度
34 //#define TM1640MEDO_DISPLAY  0x8b   //宏定义 亮度
35 #define TM1640MEDO_DISPLAY  0x8c   //宏定义 亮度（推荐）
36 //#define TM1640MEDO_DISPLAY  0x8d   //宏定义 亮度
37 //#define TM1640MEDO_DISPLAY  0x8f   //宏定义 亮度 最大
38
39 #define TM1640MEDO_DISPLAY_OFF  0x80   //宏定义 亮度 关
40
```

图 24.6 TM1640.c 文件的内容

delay.h 延时函数的库文件。在 TM1640 底层驱动程序中使用了延时函数，所以需要加载延时函数。第 24 行是宏定义 DEL，代表 1，我们用 DEL 表示通信速度，1 表示速度最快。如果发现数码管的数据经常丢失或显示不稳定，可以将速度值增大。第 27 ~ 28 行设置地址模式，有两种地址模式。一种是固定地址模式，另一种是地址自动加 1 模式。我们这里使用固定地址模式。第 31 ~ 37 行设置亮度，TM1640 有 8 挡亮度，当前亮度是 0x8C，若想降低亮度，可将这行程序屏蔽，然后在第 31 ~ 37 行中选择需要的亮度，将那一行的屏蔽取消，大家可以尝试最小和最大亮度，从而理解“挡位”和实际亮度的关系。需要注意：亮度调节是针对全体数码管的，不能对某 1 位数码管单独设置亮度。在第 39 行中（0x80）表示关闭亮度，即关闭数码管显示。

如图 24.7 所示，TM1640_start 注释信息中写有“底层”，表示底层通信协议，函数直接操作数据线 DIN 和 SCLK。TM1640_stop 和 TM1640_write 函数都是 TM1640 的底层函数，是根据芯片数据手册中的通信协议图编写的程序，我们暂时不分析函数的具体实现方法。如图 24.8 所示，第 84 行是 TM1640 初始化函数 TM1640_Init。第 87 ~ 90 行设置 I/O 端口，我们将 I/O 端口设置为推挽输出，速度为 50MHz。第 92 ~ 93 行将 I/O 端口变为高电平。第 94 ~ 100 行是底层通信协议内容，参数使用了宏定义。第 98 行设置显示亮度。也就是说初始化函数做了两件事，一是对初始化 I/O 端口，0 二是设置数码管的地址模式和亮度。第 103 行是 8 个 LED 的控制函数 TM1640_led，调用底层协议 TM1640_start 函数开启通信，TM1640_write 函数写入数值。参数 TM1640_LEDPORT 是宏定义的 LED 地址 0xC8，对应数码管第 9 位。根据 TM1640 数据手册中的地址指令表，显示地址从 0x00 到 0xFF 共 16 位，

```
void TM1640_start(){ //通信时序 启始（基础GPIO操作）（低层）
  GPIO_WriteBit(TM1640_GPIOPORT,TM1640_DIN,(BitAction)(1)); //端口输出高电平1
  GPIO_WriteBit(TM1640_GPIOPORT,TM1640_SCLK,(BitAction)(1)); //端口输出高电平1
  delay_us(DEL);
  GPIO_WriteBit(TM1640_GPIOPORT,TM1640_DIN,(BitAction)(0)); //端口输出0
  delay_us(DEL);
  GPIO_WriteBit(TM1640_GPIOPORT,TM1640_SCLK,(BitAction)(0)); //端口输出0
  delay_us(DEL);
}
void TM1640_stop(){ //通信时序 结束（基础GPIO操作）（低层）
  GPIO_WriteBit(TM1640_GPIOPORT,TM1640_DIN,(BitAction)(0)); //端口输出0
  GPIO_WriteBit(TM1640_GPIOPORT,TM1640_SCLK,(BitAction)(1)); //端口输出高电平1
  delay_us(DEL);
  GPIO_WriteBit(TM1640_GPIOPORT,TM1640_DIN,(BitAction)(1)); //端口输出高电平1
  delay_us(DEL);
}
void TM1640_write(u8 date){ //写数据（低层）
  u8 i;
  u8 aa;
  aa=date;
  GPIO_WriteBit(TM1640_GPIOPORT,TM1640_DIN,(BitAction)(0)); //端口输出0
  GPIO_WriteBit(TM1640_GPIOPORT,TM1640_SCLK,(BitAction)(0)); //端口输出0
  for(i=0;i<8;i++){
    GPIO_WriteBit(TM1640_GPIOPORT,TM1640_SCLK,(BitAction)(0)); //端口输出0
    delay_us(DEL);

    if(aa&0x01){
      GPIO_WriteBit(TM1640_GPIOPORT,TM1640_DIN,(BitAction)(1)); //端口输出高电平1
      delay_us(DEL);
    }else{
      GPIO_WriteBit(TM1640_GPIOPORT,TM1640_DIN,(BitAction)(0)); //端口输出0
      delay_us(DEL);
    }
    GPIO_WriteBit(TM1640_GPIOPORT,TM1640_SCLK,(BitAction)(1)); //端口输出高电平1
    delay_us(DEL);
    aa=aa>>1;
  }
  GPIO_WriteBit(TM1640_GPIOPORT,TM1640_DIN,(BitAction)(0)); //端口输出0
  GPIO_WriteBit(TM1640_GPIOPORT,TM1640_SCLK,(BitAction)(0)); //端口输出0
}
```

图 24.7 TM1640.c 文件的内容

```
84 void TM1640_Init(void){ //TM1640接口初始化
85   GPIO_InitTypeDef  GPIO_InitStructure;
86     RCC_APB2PeriphClockCmd(RCC_APB2Periph_GPIOA|RCC_APB2Periph_GPIOB|RCC_APB2Periph_GPIOC,ENABLE);
87     GPIO_InitStructure.GPIO_Pin = TM1640_DIN | TM1640_SCLK; //选择端口号（0~15或all）
88     GPIO_InitStructure.GPIO_Mode = GPIO_Mode_Out_PP; //选择I/O端口工作方式
89     GPIO_InitStructure.GPIO_Speed = GPIO_Speed_50MHz; //设置I/O端口速度（2/10/50MHz）
90   GPIO_Init(TM1640_GPIOPORT, &GPIO_InitStructure);
91 
92   GPIO_WriteBit(TM1640_GPIOPORT,TM1640_DIN,(BitAction)(1)); //端口输出高电平1
93   GPIO_WriteBit(TM1640_GPIOPORT,TM1640_SCLK,(BitAction)(1)); //端口输出高电平1
94   TM1640_start();
95   TM1640_write(TM1640MEDO_ADD); //设置数据，0x40、0x44分别对应地址自动加1和固定地址模式
96   TM1640_stop();
97   TM1640_start();
98   TM1640_write(TM1640MEDO_DISPLAY); //控制显示，开显示，0x88、 0x89、 0x8a、 0x8b、 0x8c、 0x8d、 0x8e、 0x8f分别对应脉冲宽度为:
99                   //------------------1/16、 2/16、 4/16、 10/16、11/16、12/16、13/16、14/16   //0x80关显示
100   TM1640_stop();
101 
102 }
103 void TM1640_led(u8 date){ //固定地址模式的显示输出(8个LED控制)
104    TM1640_start();
105    TM1640_write(TM1640_LEDPORT);          //传显示数据对应的地址
106    TM1640_write(date);  //传1Byte显示数据
107    TM1640_stop();
108 }
109 void TM1640_display(u8 address,u8 date){ //固定地址模式的显示输出
110   const u8 buff[21]={0x3f、0x06、0x5b、0x4f、0x66、0x6d、0x7d、0x07、0x7f、0x6f、0xbf、0x86、0xdb、0xcf、0xe6、0xed、0xfd、0x87、0xff、0xef、0x00};//
111     //---------------   0   1   2   3   4   5   6   7   8   9   0.  1.  2.  3.  4.  5.  6.  7.  8.  9.  无
112    TM1640_start();
113    TM1640_write(0xC0+address);          //传显示数据对应的地址
114    TM1640_write(buff[date]);          //传1Byte 显示数据
115    TM1640_stop();
116 }
117 void TM1640_display_add(u8 address,u8 date){  //地址自动加1模式的显示输出
118   u8 i;
119   const u8 buff[21]={0x3f,0x06,0x5b,0x4f,0x66,0x6d,0x7d,0x07,0x7f、0x6f、0xbf、0x86、0xdb、0xcf、0xe6、0xed、0xfd、0x87、0xff、0xef、0x00};//
120     //---------------   0   1   2   3   4   5   6   7   8   9   0.  1.  2.  3.  4.  5.  6.  7.  8.  9.  无
121   TM1640_start();
122    TM1640_write(0xC0+address);          //设置起始地址
123    for(i=0;i<16;i++){
124       TM1640_write(buff[date]);
125    }
126    TM1640_stop();
127 }
```

图 24.8 TM1640.c 文件的内容

其中 0x08 对应第 9 位，这个数据的最高两位必须为 1，所以数据才是 0xC8。同样原理，前 8 位地址分别是 0xC0 ~ 0xC7，8 个地址对应数码管上的 8 个位，第 9 位是 0xC8，对应硬件 LED 连接的引脚地址。第 106 行给出一个数据，数据是在函数调用时所用的变量 c。第 107 行是 TM1640_stop 函数，结束通信。第 109 行 TM1640_display 函数是固定地址模式的显示函数。第 110 行定义了一个数组，用于显示数字 0 ~ 9 和带小数点的 0 ~ 9，它们有对应的显示段码。显示这些数字实际上是在点亮不同的段码，每个段码有不同的位置。数组中不同段码数据组成了数码管上显示的段码数据。第 112 行开启通信，第 113 行将第一个参数 address 加上 0xc0，参数给出的是 0 ~ 7，主程序中 TM1640_display 函数的第一个参数是 0 ~ 7（对应 8 个显示位置）。0 ~ 7 加上 0xC0，结果是 0xC0 ~ 0xC7，正好对应地址指令表的地址 0xC0 ~ 0xC7。第 114 行是第二个参数所给出的 0 ~ 9，或者 10 到 19（带小数点），或者 20（关闭显示）。显示内容的数据是从 buff[ ] 数组中调用的段码数据，将数组里的段码数据送到对应位置就能在数码管上显示数字 0 ~ 9。第 115 行结束通信。第 117 行是地址自动加 1 的显示函数，同样给出了显示数组，只是显示内容通过 for 语句循环 16 次显示，即将地址 0 ~ 16（16 个位的全部内容）显示为同一个数字。地址加 1 模式并不常用。需要注意：TM1640 芯片以一定频率不断刷新数码管，让数码管保持动态显示状态。所以在程序中不需要反复调用 TM1640_display 函数，只需在修改显示内容时调用此函数。初学者了解数码管的应用就足够了，若要深入研究，可在网上搜索相关资料。

第 47~48 步

25 旋转编码器

25.1 原理介绍

此前，我们介绍过微动开关和触摸按键两种输入方式，本节我们来学习旋转编码器的输入方式。旋转编码器（以下简称编码器）是一种数字旋钮，它通过左右转动调节数值加减，在项目开发中很常用。开始学习之前，先设置开发板上的跳线。在洋桃 1 号开发板上把标注为“旋转编码器”（标号为 P18）的跳线短接（插上），再把标注为“模拟摇杆”（标号为 P17）的跳线断开（拔出）。模拟摇杆数据线与编码器共用 1 组 I/O 端口，使用编码器时要将模拟摇杆的跳线断开。跳线设置如图 25.1 所示，完成以上操作就可以下载演示程序了。

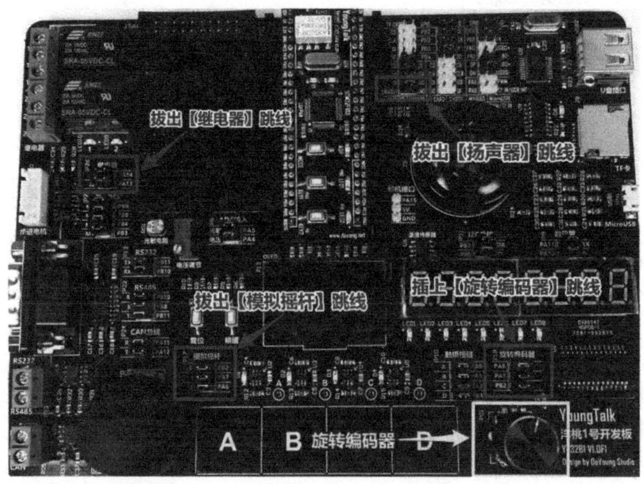

图 25.1 跳线设置

我们在附带资料中找到“旋转编码器数码管显示程序”，将工程中的 HEX 文件下载到开发板，看一下效果。效果是在数码管左边两位显示“00”，这是编码器的计数显示。数码管下方的旋钮就是编码器，它是由方形编码器主体和上面的圆形金属旋钮帽组成的。编码器共有 3 种操作，即逆时针旋转、顺时针旋转和向下按压旋钮。旋转旋钮时会有段落感，每旋转 1 格（1 个段落），数码管上的数字会变化，顺时针旋转 1 格，数字加 1；逆时针旋转 1 格，数字减 1；按下旋钮时计数清 0。这就是编码器的基本操作，试一试在快速旋转和慢速旋转时，数字的变化是否灵敏。编码器在工业项目中较为常用，旋转操作能快速加减数值，比触摸按键和微动开关更高效。项目开发中需要快速设置参数或调节音量之类的功能都可使用编码器实现。

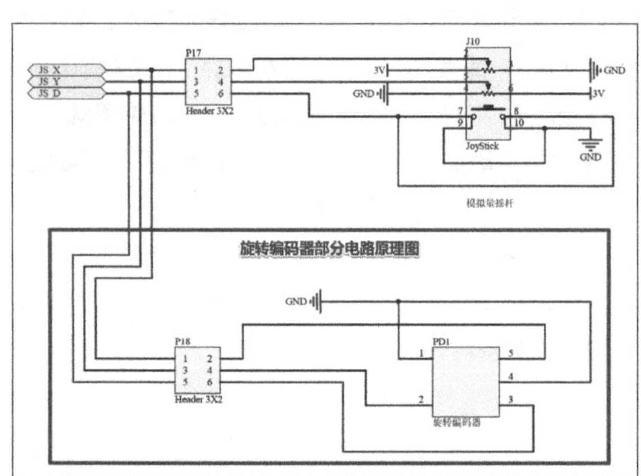

图 25.2 旋转编码器部分电路原理图

接下来看一下编码器的内部原理以及电路设计。在附带资料中找到“洋桃 1 号开发板电路原理图”文件夹，打开“洋桃 1 号开发板电路原理图（编码器和摇杆部分）”文件。如图 25.2 所示，电路原理图中上半部分为模拟量摇杆电路，下半部分为编码器电路。元器件 PD1 就是编码器，它有 5 个引脚，以逆时针方向排列。第 1、4 引脚连接到 GND，第 2、3、5 引脚分别连接到 P18 的跳线，经过跳线连接到开发板总图

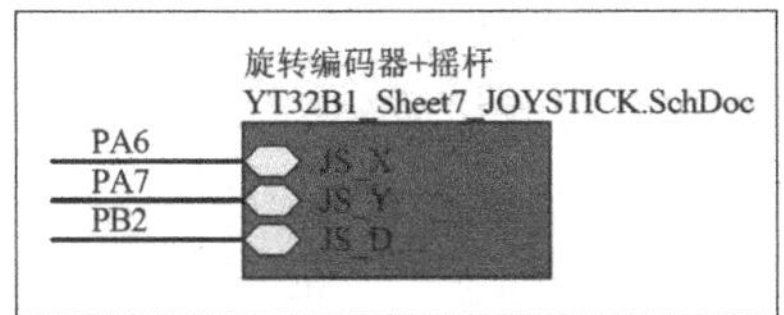

图 25.3 开发板总图中的旋转编码器的子电路图

的 JS_X、JS_Y、JS_D 接口。因为 3 个接口和模拟摇杆共用，在使用编码器时需要将 P18 的跳线连接，将 P17 的跳线断开。编码器和摇杆部分的电路图中，除了编码器和跳线之外没有其他元器件，电路设计非常简洁。接下来在“洋桃 1 号开发板电路原理图（开发板总图）”中找到“旋转编码器 + 摇杆”子电路图，如图 25.3 所示。JS_X、JS_Y、JS_D 接口分别连接 PA6、PA7、PB2 端口，只要操作这 3 个 I/O 端口就能读出编码器状态。

编码器如何与单片机进行通信的？编码器的内部结构是什么样呢？图 25.4 是编码器内部电路结构图，图 25.4 中左边是编码器外观图，编码器下方有 5 个引脚，中间黑色圆形是操作旋钮，1、2 引脚用于判断按键按下，按下旋钮时 1、2 引脚短接。3、4、5 引脚用于判断左右旋转，旋转时 3 个引脚会有对应的输出。再看图 25.4 右边的编码器内部电路等效原理图，1、2 引脚相当于微动开关 K1，按下旋钮时 K1 闭合，使 1、2 引脚短接。3、4、5 引脚相当于两个微动开关 K2 和 K3，4 脚是公共端，K2 另一端连接 5 引脚，K3 另一端连接 3 引脚。旋转时 K2 和 K3 以一定顺序短接和断开。单片机读取 K2 和 K3 的短接顺序就能判断旋转方向，也能得出旋转的段落数量。

我们来分析一下旋钮旋转时 K2 和 K3 的波形时序图，如图 25.5 所示。这里先设定两个方向：方向 1 和方向 2。之所以不直接说左转、右转，是因为不同厂家的编码器在设计上有所不同，可能 A 厂家的编码器向左转时输出方向 1 的波形，B 厂家的编码器向右转才输出方向 1 的波形，所以要根据实际情况来判断。这里假定方向 1 为左转（逆时针），方向 2 为右转（顺时针）。旋钮左转时 K2 和 K3 会分别输出方向 1 的波形，注意波形的时间前后关系。旋钮静止时 K2 和 K3 都处在断开状态，连接的 I/O 端口为高电平。旋钮向左旋转时 K3 会先短接变成低电平，K3 短接一段时间后 K2 才短接，K3 和 K2 的两个 I/O 端口先后变成低电平。随着旋转角度的增加，K3 断开，变成高电平。再继续旋转，随后 K2 断开，也回到高电平，这时就完成了一个旋转段落的时序过程。我们听到编码器发出“嘎嗒”的响声，这短暂的响声就对应了一个旋转段落中，K2 和 K3 的波形变化过程。继续旋转下一个段落又会有同样的波形变化。再看方向 2，旋钮向右旋转时，K2 和 K3 的先后顺序反转，右转首先短接的是 K2，过一段时间 K3 短接，然后 K2 先断开，过一段时间 K3 断开，完成一个段落的波形过程。继续向右旋转，下一个段落会有同样的波形。判断谁先短接就能判断旋钮的旋转方向，判断 K2 或 K3 的低电平次数就能判断旋转的段落数量。另外，旋钮每旋转一个段落会有电平变化（由高电平变到低电平），电平变化会有机械开关的抖动问题。1s 旋转 360° 时，抖动小于 2ms。K1、K2、K3 都属于机械式微动开关，电平变化时才有抖动问题，这和微动开关的抖动原理相同，在编写程序时需要考虑去抖动问题。不同型号的编码器，

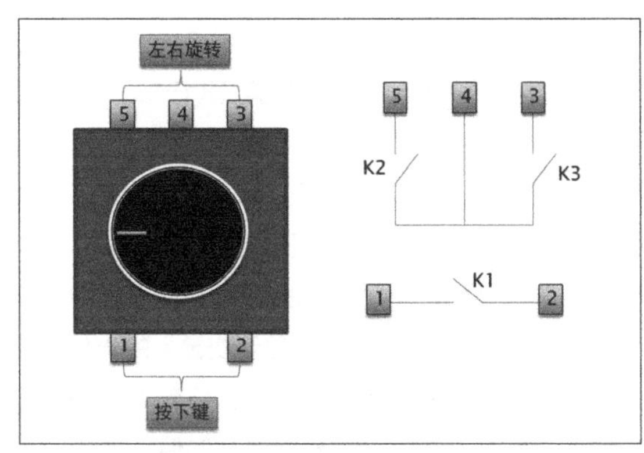

图 25.4 旋转编码器内部电路结构图

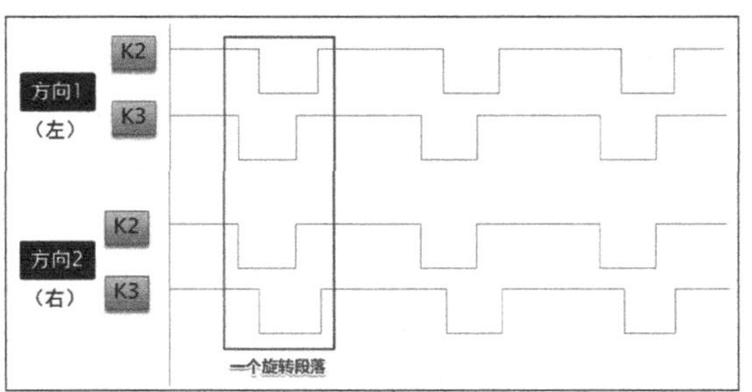

图 25.5 旋转波形时序图

每圈的段落数量不同，有 15 段、20 段、30 段等，洋桃 1 号开发板采用 20 段的编码器。

我们掌握了编码器的内部结构后再回看原理图，如图 25.2 所示。编码器 1、4 引脚连接 GND，就是将 K1 的一个引脚接地，K2 和 K3 的公共端（4 引脚）接地。编码器的 2、3、5 引脚通过跳线连接到 I/O 端口，也就是将 K1、K2、K3 的另外一端分别连接不同的 I/O 端口。这样只要将 I/O 端口设置为“上拉电阻输入方式”，就能在 K1、K2、K3 短接时使 I/O 端口输入低电平，从而读取编码器内部 3 个微动开关的状态。其中编码器的 2 引脚（微动开关 K1）负责旋钮按下的操作，连接在 PA7 端口上。3、5 引脚连接内部的 K2 和 K3，分别连接 PA6 和 PB2 端口。

25.2 程序分析

我们打开附带资料中的“旋转编码器数码管显示程序”的工程，这个工程复制了上一期“数码管 RTC 显示程序”的工程，并加入了关于编码器的驱动程序，加入的位置是在 Hardware 文件夹下面新建 ENCODER 文件夹，文件夹中加入 encoder.c 和 encoder.h 文件。这是编码器的驱动程序文件，在今后的项目开发中可以直接调用。在 Keil 4 中加入编码器的程序文件的方法和之前所述方法相同。

```
17 #include "stm32f10x.h" //STM32头文件
18 #include "sys.h"
19 #include "delay.h"
20 #include "rtc.h"
21 #include "TM1640.h"
22 
23 #include "encoder.h"
24 
25 
26 int main (void){//主程序
27     u8 a=0,b=0,c=0x01;
28     RCC_Configuration(); //系统时钟初始化
29     RTC_Config();  //RTC初始化
30 
31     ENCODER_Init(); //旋转编码器初始化
32 
33     TM1640_Init(); //TM1640初始化
34     TM1640_display(0,a/10); //显示数值
35     TM1640_display(1,a%10);
36     TM1640_display(2,20);
37     TM1640_display(3,20);
38     TM1640_display(4,20);
39     TM1640_display(5,20);
40     TM1640_display(6,20);
41     TM1640_display(7,20);
42 
43     while(1){
44         b=ENCODER_READ(); //读出旋转编码器值
45         if(b==1){a++;if(a>99)a=0;} //分析按键值，并加减计数器值。
46         if(b==2){if(a==0)a=100;a--;}
47         if(b==3)a=0;
48         if(b!=0){ //如果有旋转器的操作
49             TM1640_display(0,a/10); //显示数值
50             TM1640_display(1,a%10);
51         }
52 
53 //          TM1640_led(c); //与TM1640连接的8个LED全亮
54 //          c<<=1; //数据左移 流水灯
55 //          if(c==0x00)c=0x01; //8个灯显示完后重新开始
56 //          delay_ms(150); //延时
57     }
58 }
```

图 25.6 main.c 文件的全部内容

我们看一下在 main.c 文件中有哪些修改。如图 25.6 所示，文件在第 23 行加载了 encoder.h文件，第27行定义的3个变量a、b、c，并且将 a、b 的初始值设为 0，c 的初始值设为 0x01。接下来第 31 行加入了编码器初始化函数 ENCODER_Init。第 33 行调用了 TM1640 的初始化函数。第 33 ~ 41 行给出了数码管 8 个位的显示内容，数码管的前 2 位显示变量 a 的十位和个位，其他位不显示（参考中的“20”表示熄灭数码管）。第 44 行使用 ENCODER_READ 函数读取编码器的编码器值（操作码），即操作状态，将读到的值存入变量 b。第 45 ~ 48 行判断变量 b 的值。第 45 行，如果 b 等于 1，说明编码器右转（顺时针），这时让变量 a 的值加 1（当 a 值大于 99 时则清 0）。第 46 行，如果 b 等于 2 表示旋钮左转（逆时针），让 a 的值减 1（当 a 的值等于 0 时，继续减则让 a 等于 100，再减 1 后等于 99）。通过两个 if 语句能够限定 a 的值在 0 ~ 99。第 47 行，如果 b 等于 3 表示旋钮被按下，让 a 的值清 0。于是我们得到以下的效果：b 为 1 表示右转（顺时针），为 2 表示左转（逆时针），为 3 表示按钮被按下，为 0 表示旋钮没有任何操作。我们通过这样的读取和判断可达到对编码器取值的目的，并做出对应的处理。编码器处理程序在第 48 ~ 50 行。第 48 行判断 b 是否为 0，不为 0 表示旋钮有操作，然后第 49 ~ 50 行调用数码管显示程序，让数码管最左边两位显示变量 a 的十位和个位。最终效果是每次旋转旋钮时，变量 a 会加 1 或减 1，数码管上的数字加 1 或减 1，达到演示效果。

现在只剩下一个问题，ENCODER_READ 函数是如何读取编码器的信息并得到操作码的？接下来

分析编码器的驱动程序原理，主要介绍 3 方面内容：一是如何判断编码器的旋转方向，二是如何处理编码器“卡死”问题，三是项目开发中编码器的操作有哪些注意事项。

我们首先打开 encoder.h 文件，如图 25.7 所示。文件第 4 行加载了延时函数。因为在 encoder.c 文件中调用了延时函数。第 6 ~ 11 行定义连接编码器的 3 个 I/O 端口，分别为 PA6、PA7、PB2，这与电路原理图中的定义相同。第 14 ~ 15 行声明了两个函数，第一个是编码器的初始化函数，第二个是编码器的数值读取函数。再打开 encoder.c 文件，如图 25.8 所示。第 21 行加载了 encoder.h 文件，第 24 ~ 25 行定义了两个变量，8 位无符号变量 kup 是编码器“旋钮锁死”的标志位，16 位无符号变量 cou 是通用计数器变量，分析程序时会讲到它们的作用。接下来是两个函数的内容。第 27 行是编码器初始化函数 ENCODER_Init，内容是 I/O 端口的初始化。第 29 行在 RCC 时钟设置中打开 3 组 I/O 端口的时钟源。第 30 行设置 GPIOA 组的两个端口号，第 31 行设置端口工作方式为上拉电阻输入方式。第 34 行设置 GPIOB 组的端口号，第 35 行设置端口工作方式上为拉电阻输入方式，第 32 和 36 行用库函数对端口进行初始化。

```
1  #ifndef __ENCODER_H
2  #define __ENCODER_H
3  #include "sys.h"
4  #include "delay.h"
5
6  #define ENCODER_PORT_A  GPIOA   //定义I/O端口组
7  #define ENCODER_L GPIO_Pin_6  //定义I/O端口
8  #define ENCODER_D GPIO_Pin_7  //定义I/O端口
9
10 #define ENCODER_PORT_B  GPIOB   //定义I/O端口组
11 #define ENCODER_R GPIO_Pin_2  //定义I/O端口
12
13
14 void ENCODER_Init(void);//初始化
15 u8 ENCODER_READ(void);
```

图 25.7 encoder.h 文件全部内容

第 39 行是编码器的状态读取函数 ENCODER_READ，它没有参数却有返回值，返回值是编码器的当前操作状态（操作码）。在分析 ENCODER_READ 函数之前，先要了解单片机如何读取编码器，如何判断旋钮的旋转方向。接下来再分析一次“波形时序图”，如图 25.5 所示，从时序中找到如何判断旋转方向的方法。不管旋钮是左转还是右转，编码器内部的两个微动开关 K2 和 K3 都会输出低电平，区别是输出低电平的先后顺序不同。在方向 1 中 K3 先变为低电平，过一段时间 K2 再变为低电平。方向 2 正好相反，K2 先变为低电平，过一段时间 K3 再改变。根据这个特性可得出判断方法，即判断哪个微动开关先进入低电

```
21 #include "encoder.h"
22
23
24 u8 KUP;//旋钮锁死标志（1为锁死）
25 u16 cou;
26
27 void ENCODER_Init(void){ //端口初始化
28   GPIO_InitTypeDef  GPIO_InitStructure; //定义GPIO的初始化枚举结构
29     RCC_APB2PeriphClockCmd(RCC_APB2Periph_GPIOA|RCC_APB2Periph_GPIOB|RCC_APB2Periph_GPIOC,ENABLE);
30     GPIO_InitStructure.GPIO_Pin = ENCODER_L | ENCODER_D; //选择端口号
31     GPIO_InitStructure.GPIO_Mode = GPIO_Mode_IPU; //选择I/O端口工作方式 //上拉电阻
32   GPIO_Init(ENCODER_PORT_A,&GPIO_InitStructure);
33
34     GPIO_InitStructure.GPIO_Pin = ENCODER_R; //选择端口号
35     GPIO_InitStructure.GPIO_Mode = GPIO_Mode_IPU; //选择I/O端口工作方式 //上拉电阻
36   GPIO_Init(ENCODER_PORT_B,&GPIO_InitStructure);
37 }
38
39 u8 ENCODER_READ(void){ //端口初始化
40   u8 a;//存放按键的值
41   u8 kt;
42   a=0;
43   if(GPIO_ReadInputDataBit(ENCODER_PORT_A,ENCODER_L))KUP=0; //判断旋钮是否解除锁死
44   if(!GPIO_ReadInputDataBit(ENCODER_PORT_A,ENCODER_L)&&KUP==0){ //判断是否旋转旋钮，同时判断是否有旋钮锁死
45     delay_us(100);
46     kt=GPIO_ReadInputDataBit(ENCODER_PORT_B,ENCODER_R); // 记录旋钮另一端电平状态
47     delay_ms(3); //延时
48     if(!GPIO_ReadInputDataBit(ENCODER_PORT_A,ENCODER_L)){ //去抖动
49       if(kt==0){ //用另一端判断是左转还是右转
50         a=1;//右转
51       }else{
52         a=2;//左转
53       }
54       cou=0; //初始锁死判断计数器
55       while(!GPIO_ReadInputDataBit(ENCODER_PORT_A,ENCODER_L)&&cou<60000){ //等待旋钮被放开，同时累加判断锁死
56         cou++;KUP=1;delay_us(20); //
57       }
58     }
59   }
60   if(!GPIO_ReadInputDataBit(ENCODER_PORT_A,ENCODER_D)&&KUP==0){ //判断旋钮是否被按下
61     delay_ms(20);
62     if(!GPIO_ReadInputDataBit(ENCODER_PORT_A,ENCODER_D)){ //去抖动
63       a=3;//在按键被按下时加上按键的状态值
64       //while(ENCODER_D==0);  等待旋钮被放开
65     }
66   }
67   return a;
68 }
```

图 25.8 encoder.c 文件的全部内容

平。反复读取 K2 和 K3 的电平状态，如果是 K3 的电平状态先变化，表示方向 1，如果是 K2 的电平先变化，表示方向 2。这是一种比较常见、易理解的判断方法，根据原理编写程序就能判断是左转还是右转。除此之外还有第 2 种方法，这种方法的特征是循环判断 K2 是否有电平变化，一旦 K2 变成低电平则同时读取 K3 的电平状态。若是方向 1 则 K3 先为低电平，然后 K2 才变成低电平。但方法 2 只判断 K2 的电平状态，K2 变成低电平的瞬间才开始判断方向，读取 K3 电平的状态就可以了。如果 K3 为低电平表示是方向 1，但如果是方向 2，那么 K2 的电平变化时间会早于 K3，也就是说 K2 的电平变化时 K3 还没有变化，所以 K3 还处在高电平状态。用这种方法只要不断循环判断 K2 的电平状态，在 K2 变为低电平的瞬间判断 K3 的电平，也能判断方向。K3 是低电平表示方向 1，K3 是高电平表示方向 2。

我们回看程序部分，编码器的状态读取函数 ENCODER_READ 采用的是第二种判断方法。如图 25.8 所示，第 40 行定义变量 a，用来存放输出的编码器状态数值。第 41 行定义变量 kt，用来记录 K3 的状态。接下来是程序执行的部分，第 42 行让 a 的值清 0，即当编码器没有任何操作时，返回值输出为 0。第 43 行是 if 判断，读取 ENCODER_L 的 I/O 端口（K2），判断 K2 是否为 1（高电平），如果为 1 则将 KUP 标志位清 0。KUP 标志位用于判断旋钮是否锁死，这行判断暂不用考虑。先来看下面第 44 行的 if 判断，它依然判断 K2 是否为 0。注意：判断的前面加了“!”（逻辑非）符号，即端口值为 0 时才成立。“&&”为与操作，用于同时判断变量 KUP 是否为 0。KUP 是锁死标志位，暂不用考虑。我们只看前面这一段 if(!GPIO_ReadInputDataBit(ENCODER_PORT_A,ENCODER_L)，判断旋钮是否旋转，也就是判断 K2 是否为 0（低电平）。根据第二种方法，K2 短接后马上判断 K3 的电平状态，从而判断旋转方向。第 45 行加入 100μs 延时，以去除机械开关的抖动。第 46 行读取 ENCODER_R，将从 K3 端口读取的值存入变量 kt。第 47 行是 3ms 延时去除机械抖动。编码器电平变化瞬间机械抖动小于 2ms。第 48 行重新读取 K2 端口，确定 K2 是否还处在低电平，如果是，表示按键有效，执行第 49 ~ 53 行的内容。第 49 行判断变量 kt 是否为 0，即 K3 的电平状态。如果 kt 为 0（K3 为低电平），就让 a 等于 1（方向 1）；如果 kt 为 1（K3 为高电平），则让 a 等于 2（方向 2）。判断完成后，第 54 行进入循环判断计数，这里先不考虑循环部分，只要看第 55 行的 while 循环判断 K2 端口是否依然为低电平。一直为低电平则继续循环等待，直到 K2 变成高电平。也就是说通过 while 循环等待 K2 按键被放开，这与等待微动开关按键被放开的程序相同。K2 回到高电平时退出 while 循环。所以这部分程序判断 K2 微动开关是否为放开状态，一旦放开则表示本次操作结束，同时也跳出了第 44 行的旋转方向判断程序。

第 60 行判断按键是否被按下，用 if 语句判断编码器内部的微动开关 K1 的电平状态，为 0 表示 K1 变成低电平（旋钮被按下），执行 if 语句里面的内容。后边的“&&”同时判断 KUP 是否为 0（按键锁死），先不考虑。如果 K1 为低电平，第 61 行先运行 20ms 延时去除抖动。第 62 行再次判断 K1 是否为低电平，如果是则 a 等于 3，即旋钮被按下。第 64 行等待旋钮被放开，这行程序暂时屏蔽，如果需要等待按键被放开的处理可以解除屏蔽。第 67 行通过 return a，将 a 的值存入返回值。读取 ENCODER_READ 函数的返回值就可以得出编码器的当前状态（操作码）。操作码为 0 表示无操作，为 1 表示方向 1，为 2 表示方向为 2，为 3 表示旋钮被按下。不同型号的编码器，左转和右转对应的 K3 状态不同。使用我的程序时如果发现编码器的旋转状态反了，只需要修改 a 的值，将 a=1 改成 a=2，将 a=2 改成 a=1，就可以得到正确的方向了。

理论上讲，使用编码器处理程序已经没有问题了，但实际使用中可能还会遇到问题，最常见的就是编码器“卡死”。我们首先来了解编码器“卡死”的原因。编码器旋钮有段落，旋转后旋钮会落到段落空挡，这是由旋钮内部结构决定的，在段落处阻尼最小，所以转动时会有“嘎嗒”的响声。少数情况下，旋钮会停在段落空挡中间，这时会出现“卡死”问题。波形时序图上段落空挡的位置K1和K2是高电平。从一个段落进入下一个段落的过程中会产生K2和K3的电平变化，但到达下一个段落后又回到高电平。而“卡死”状态是旋钮停在段落之间，如果K2和K3都停在低电平状态，没有施加外力时2个开关不能断开，保持在低电平。这就是“卡死”现象的原理，实际使用中偶尔会出现，出现之后驱动程序会在第55行判断K2放开的while循环中不断循环。K2不能回到高电平，循环无限进行下去，使得编码器“卡死”，单片机处于瘫痪状态。解决“卡死”问题需要加入能够检测“卡死”的程序，在编码器出现“卡死”问题时能够自动检测并自动跳出。方法是在encoder.c文件中定义“卡死”状态的标志位KUP，如果编码器“卡死”则把标志位变成1，如果没有“卡死”则将标志位清0。第25行定义16位变量cou，这是用于“卡死”状态的循环计数器。

编码器的旋钮一旦“卡死”会在while循环中不断循环且不能跳出，我们可以给while循环加一个计数器变量cou，让while循环判断K2是否放开的同时判断变量cou是否小于60000。首先要在while循环的上方第54行给变量cou初始值0，在第55行的循环中“&&”符号后面判断cou是否小于60000。在while循环内部第56行让每循环一次cou加1（cou++）。然后让“卡死”标志位KUP等于1，表示“卡死”状态。然后延时20μs。这样如果进入死循环，cou每循环一次加1并延时20ms，循环60000次是1200ms，即1.2s。当cou加到60000时，“cou<60000”的判断不再成立，跳出循环。也就是说程序不断检查K2电平状态的同时判断时间是否到了1.2s，如果cou计数器超过60000次，表示当前是“卡死”状态。因为在正常状态下即使旋钮旋转得很慢，两个段落切换时间也不会大于1.2s，大于1.2s一定是旋钮“卡死”。所以超过1.2s就跳出循环，这样使得单片机能够继续执行其他程序，不会卡在while循环。当单片机执行完其他程序，再次进入编码器状态读取程序时，第43行的if语句发挥作用。读取ENCODER_L（K2）是否为1，如果为1则将“卡死”标志KUP清0。也就是说如果旋钮一直处在“卡死”状态，K2一直是低电平。K2为高电平则说明旋钮的“卡死”状态已经退出，可以将“卡死”标志位清0。第44行判断旋钮是否被按下时“&&”后面的“卡死”标志位判断，KUP为0表示当前没有“卡死”，KUP不为0表示K2还处在“卡死”状态。“&&”与运算使得两个条件中任何一个条件没有满足，if语句结果都为假。如果“卡死”标志位没有清0，就不能执行第45～59行的旋钮判断程序，也不能执行旋钮的按下判断，程序会直接退出，返回值为0（第42行a等于0），表示旋钮没有任何操作。只有旋钮进入段落空挡，K2为高电平，程序在执行第43行if语句时才会成立，KUP清0。简单来说，旋钮“卡死”则不做任何判断，返回值为0。离开“卡死”状态才会重新判断旋钮是否旋转和被按下，这样就解决了编码器“卡死”的问题。

在实际的开发中，我们可能还会遇到扫描延时造成的读取错误。我们可以在main.c文件中解除第53～56行程序的屏蔽，使8个LED流动显示，重新编译、下载。当LED流动显示时，编码器的旋转会变得迟钝甚至失灵。出现这种现象是因为流水灯程序中第56行有150ms的延时函数，延时函数拖慢了编码器的扫描时间。在没有加入LED流水灯效果时，程序一直快速地调用编码器的读取函数，使得单片机以很快的速度判断K2的电平变化。但是在程序其他部分加入延时函数会拖慢编码器的检测。快速转动旋钮时程序没有及时反应，错过了很多次电平变化，使得编码器反应迟钝或者失灵。要解决这个问题有两个办法：一是在延时函数中加入K2的触发判断，一旦K2变成低电平就运行编码器数值读取；二是使用单片机的中断向量控制器，通过K2产生低电平中断触发，在中断处理函数中读取编码器，如此一来就不需要反复检测K2状态了。

以上是编码器驱动程序的全部分析。其实编码器还可以做更多的扩展操作，比如旋钮的按下操作可以加入双击和长按，还可以加入按下后旋转等复杂操作。

第 49~50 步

26 I²C总线

26.1 I²C总线原理

I²C 总线不同于我们之前学过的 USART 串口，串口的使用和操作比较简单，涉及的知识不多。I²C 总线涉及的底层协议复杂，上层的使用、硬件电路的连接、驱动程序的处理也都比较复杂，所以本期我们仅介绍 I²C 总线应用层面的知识。

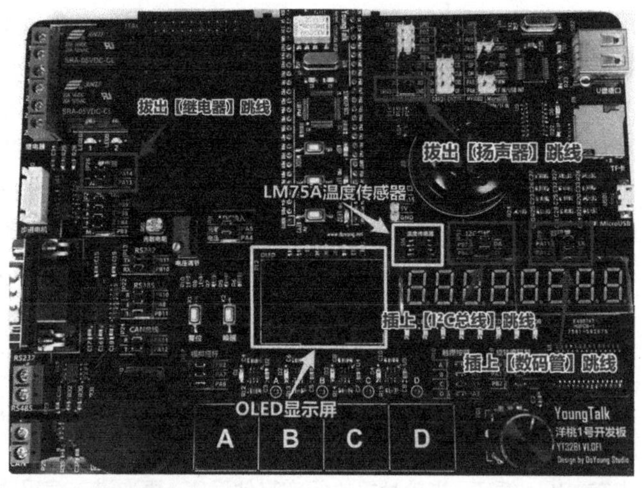

图 26.1 跳线设置

先来学习 I²C 总线的基本概念和电路连接原理。在开始实验之前，我们先对开发板上的跳线进行设置，把标注为“I²C 总线”（编号为 P11）的两个跳线短接（插上），把标注为“数码管”（编号为 P9）的跳线也短接（插上），如图 26.1 所示。接下来在附带资料中找到“温度传感器数码管显示程序”的工程。将工程文件夹中的 HEX 文件下载到开发板看一下效果。效果是开发板上的数码管显示 4 位数字，即当前的环境温度，下方的流水灯开始流动。温度数据是从 I²C 总线上的温度传感器中读取的。温度传感器位于数码管的上方，可以用手指接触温度传感器，使温度升高。如果这时数码管上的温度数字开始上升，说明温度传感器在实时采集温度数据，手指移开后温度开始回落，这就是温度传感器在数码管上的显示效果。这里我们暂不考虑温度传感器的应用，仅介绍 I²C 总线的原理。首先我们要下载一些资料，在附带资料中找到“洋桃 1 号开发板周围电路手册资料”文件夹，在文件夹里找到“I²C 总线规范（中文）”文档。再打开“洋桃 1 号开发板电路原理图”文件夹，找到“洋桃 1 号开发板电路原理图（OLED 和温度传感器部分）”文件。

接下来我将介绍 I²C 总线在应用层面的知识。I²C 总线的电路连接如图 26.2 所示。I²C 总线是总线结构，通过时钟线 SCL 和数据线 SDA 进行通信。在 I²C 总线上只允许有一个主设备，这里是 STM32 单片机。

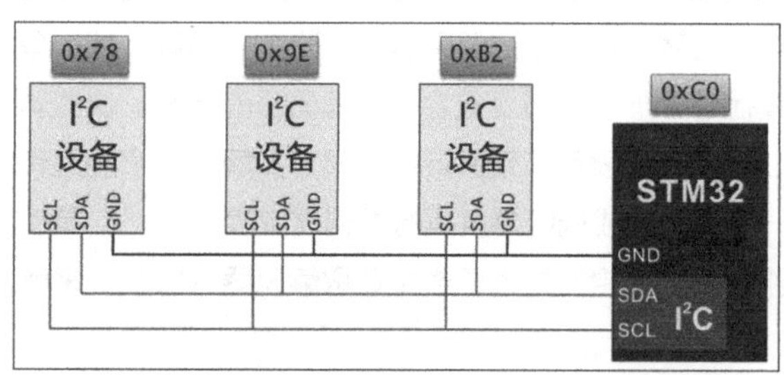

图 26.2 I²C 总线电路连接示意图

总线上允许挂接多个从设备，总线电路连接示意图（见图 26.2）中挂接了 3 个 I²C 从设备，每个设备也有时钟线 SCL 和数据线 SDA，所有设备的时钟线和数据线并联。通信时，总线通过识别不同的从设备地址来分辨设备，而且所有 I²C 主设备和从设备都必须共地（GND 连接在一起）。这是 I²C 设备最基本的电路连接特性，只要照此

连接就能完成 I^{2}C 通信的硬件要求。I^{2}C 是板级总线，它多用于同一块 PCB 的内部通信，通信距离不能超过 2m，I^{2}C 总线的数据线理论上需要串联 2kΩ 的上拉电阻，这个阻值只是理论值，具体阻值要根据通信速度、电路连接属性来确定。以上是在理论层面上对 I^{2}C 总线的介绍，接下来介绍下 I^{2}C 总线的实际电路。

首先看单片机引脚中 I^{2}C 总线的复用接口。STM32F103 单片机中共有两组 I^{2}C 总线，第 43、44 脚是复用的 I2C1，它占用两个引脚 I2C1_SCL（42 脚）和 I2C1_SDA（43 脚），这两个引脚与 PB7 和 PB6 复用。只要打开 I^{2}C 总线的功能，引脚会从 I/O 端口自动切换到 I^{2}C 数据线。第 21、22 脚是第二组 I^{2}C 总线接口，I2C2_SCL（21 脚）和 I2C2_SDA（22 脚）两个引脚与 PB10 和 PB11 复用。目前开发板上只使用 I2C1，它连接 OLED 显示屏和 LM75A 温度传感器。

I^{2}C 接口的使用有一些要点：首先是电路连接，I^{2}C 接口只用两条线——一条时钟线 SCL 和一条数据线 SDA。总线需要串联 1Ω ~ 10kΩ 的上拉电阻，电阻值根据实际电路选择。官方给出的理论电阻值是 2.2kΩ，目前开发板上使用 5.1kΩ 电阻，这是在实际调试中得出的。另外在单片机读取 I^{2}C 总线时，与 I^{2}C 复用的 I/O 端口要设置为"复用开路模式"。另外一个重点就是器件地址，所有的 I^{2}C 总线设备都连接在同一组数据线上，区分它们的方法是器件地址，通信时先发送地址，就像打电话时先拨电话号码一样。如果把 I^{2}C 总线比喻成电话网络，器件地址相当于电话号码，也就是给电话网络中每台电话机一个固定的号码，每个 I^{2}C 器件在总线上都有唯一的器件地址。器件地址由 7 位的十六进制数表示，同一条 I^{2}C 总线上最多挂接 127 个设备。STM32 单片机作为主设备也有一个器件地址，地址值是由用户设定的，我们暂时设定为 0xC0。每个从设备也有地址，一些从设备的地址是固定的，比如 OLED 的通信地址为 0x78。而 LM75A 温度传感器的器件地址允许修改，LM75A 芯片上有 3 个引脚用来设置地址，可以将 3 个引脚拉高或拉低来设置器件地址。当前温度传感器设置的地址为 0x9E。

接下来打开"洋桃 1 号开发板电路原理图开发板总图"，图 26.3 所示是 OLED 和温度传感器的电路部分。子电路部分所连接的 I/O 端口是 PB7（I2C1_SDA）和 PB6（I2C1_SCL），对应单片机引脚上 I2C1 复用的端口号。这两个 I^{2}C 接口连接到子电路图中的 OLED_SDA 和 OLED_SCL。打开"洋桃 1 号开发板电路原理图（OLED 和温度传感器部分）"文件，如图 26.4 所示。图纸左上角是 I^{2}C 总线的两个数据接口，通过跳线 P11 进入 OLED 和温度传感器的电路部分。使用 OLED 或温度传感器时要将跳线 P11 短接。跳线下方是 I^{2}C 总线的上拉电阻。SDA 和 SCL 数据线分别通过 5.1kΩ 电阻连接 3.3V 电源。下方

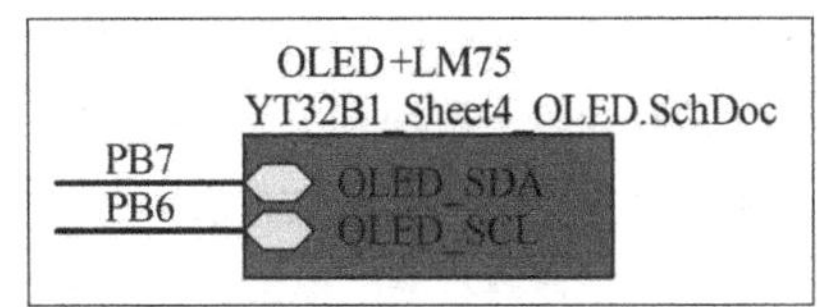

图 26.3 OLED 屏和 LM75 的子电路部分

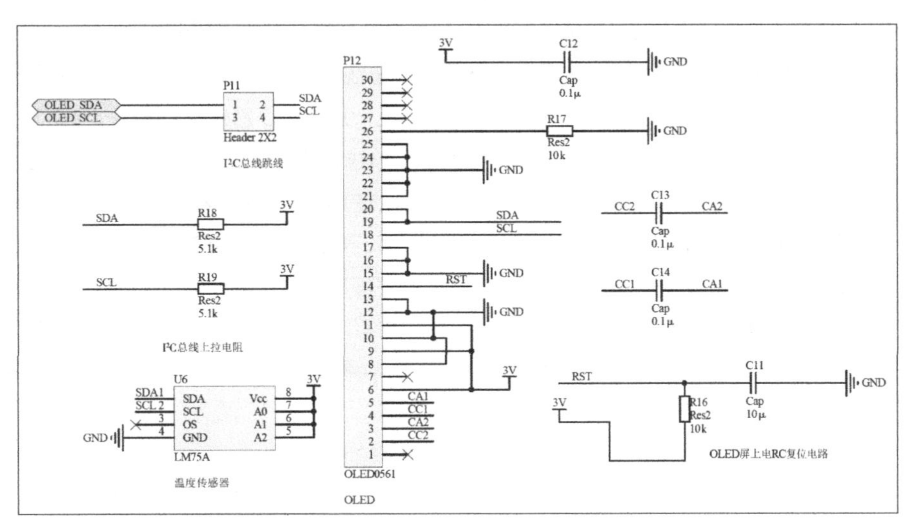

图 26.4 OLED 和温度传感器部分

是 LM75A 温度传感器，这是恩智浦公司生产的一款温度传感器，共有 8 个引脚，1、2 脚是 I^2C 数据线。图纸中间是 OLED 的电路连接，器件标号 P12 是 OLED 的排线接口。其中 18、19、20 脚连接在 I^2C 总线的 SCL 和 SDA，这是 OLED 的 I^2C 总线接口。以上是 I^2C 总线在实际电路中的连接方式。接下来打开“I^2C 总线规范（中文）”文件，其中介绍了 I^2C 总线的全部设计标准，各位可以了解 I^2C 总线的工作原理、通信协议、时序图、地址定义、传输性能、高速模式等内容。文档包含了 I^2C 总线的全部标准规范，如果能够坚持从头看完，将对熟练使用 I^2C 总线很有帮助。

接下来打开“温度传感器数码管显示程序”工程，这个工程复制了上一期的 “旋转编码器数码管显示程序”工程，加入了 I^2C 总线和 LM75A 温度传感器的驱动程序。在未来的开发中，你可直接复制写好的驱动程序文件，不需要自己编写。添加驱动程序文件之后，还要在 Keil 4 软件中进行设置。

工程中新加入的文件有 3 组：一是在 Lib 文件夹中加入的 I^2C 固件库 stm32f10x_i2c.c 和 .h 文件。二是在 Basic 文件夹添加 i2c.c 和 i2c.h 文件；这是 I^2C 总线的驱动程序，它只负责 I^2C 总线通信，不涉及 I^2C 器件。三是总线上的器件驱动，Hardware 文件夹中的 LM75A 文件夹里面有 lm75.c 和 lm75c.h 文件，这是 LM75A 温度传感器的驱动程序。这 3 组文件呈现了 3 个层次。底层是官方固件库，它操作 I^2C 底层寄存器；中层是 I^2C 总线驱动程序，它调用官方固件库使得 I^2C 总线初始化并设置工作方式；高层是器件驱动，它调用 I^2C 驱动程序来收发器件数据，最终实现器件通信（子设备），具体到温度传感器上的操作就是读取温度值。在此基础之上是用户的应用程序。

26.2 I^2C程序分析

分析 I^2C 驱动程序前，先看一下工程中各文件的组成关系。在此我再给出更详细的扩展，即从硬件电路到用户应用程序之间都经历了什么。硬件层中硬件电路部分中总线与器件的连接，也就是 I^2C 器件的两条数据线与单片机的 I^2C 总线接口连接，再通过操作单片机内部的功能配置寄存器对 I^2C 功能进行操作。操作寄存器等于控制 I^2C 总线数据接口输出高低电平或设置 I^2C 功能。程序底层是 ST 公司提供的官方固定库，固定库中有 stm32f10x_i2c.c 和 stm32f10x_i2c.h 文件，库函数直接操作底层寄存器，省去了用户记录和查找寄存器的麻烦。只需要调用固件库中的函数就能操作底层寄存器，从而操作 I^2C 总线的底层硬件电路。再往上一层是 I^2C 总线的驱动程序，驱动程序可以被用户调用，I^2C 总线的驱动程序是 i2c.c 和 i2c.h 文件，这些文件需要用户自己编写，我已经编写好，各位直接使用我的 I^2C 总线驱动程序即可。总线驱动程序本质上是调用固件库的函数，按照 I^2C 总线的协议要求调用不同固件库函数实现 I^2C 通信。所以 I^2C 驱动程序的编写需要参照 I^2C 总线规范。再上一层是 I^2C 器件驱动程序，I^2C 总线驱动程序只负责 I^2C 总线的通信（发送与接收数据），而连接在 I^2C 总线上的器件需要根据不同的特性写出不同的驱动程序，这些属于 I^2C 器件驱动程序。以温度传感器为例，使用 LM75a.c 和 LM75a.h 文件来读取温度值的器件驱动程序，器件驱动程序内部调用的是总线驱动程序。再上一层是用户应用程序，应用程序在 main.c 文件中，最后完成各器件的协作，达成某项应用。请大家仔细研究从硬件电路到用户应用程序中间经历了哪些层级，层级间怎样相互调用，形成了有层次的、系统的文件组合。在未来的开发中，我们只要引用现有的经典电路、固件库、总线驱动程序、器件驱动程序，在示例中修改程序，即可完成项目开发，图 26.5 所示为程序结构关系。

接下来我将对固件库、总线驱动、器件驱动程序进行分析。首先看 I^2C 功能的固件库，包括 stm32f10x_i2c.c 和 stm32f10x_i2c.h 文件。打开“STM32F103 固件函数库用户手册”，第 135 页有很多 I^2C 功能函数，如图 26.6 所示。比如 I^2C 初始化函数 I2C_Init 、发送一个数据的函数 I2C_

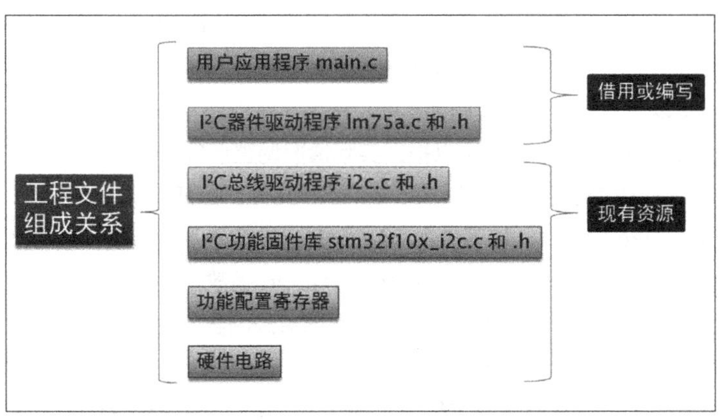

图 26.5 程序结构关系

SendData、接收一个数据的函数 I2C_ReceiveData。这些固件库函数都可以在 I²C 总线驱动程序中调用。接下来看 I²C 总线的驱动程序 i2c.c 和 i2c.h 文件。这两个文件是我编写的。它们是 I²C 总线初始化函数 I2C_Configuration、发送数据串函数 I2C_SAND_BUFFER、发送一个字节函数 I2C_SAND_BYTE、读取数据串函数 I2C_READ_BUFFER、读取一个字节函数 I2C_READ_BYTE，以上这 5 个函数构成了 I²C 总线的驱动程序，编写 I²C 器件驱动时要调用这 5 个函数。再来看 I²C 器件驱动程序，以 LM75A 温度传感器为例，使用的是 lm75A.c 和 lm75a.h 文件。其中只有两个函数，一是温度值的读取函数“LM75A_GetTemp”，二是开启掉电模式函数 LM75A_POWERDOWN。温度读取函数中第 30 行读取温度数值使用 I2C_READ_BUFFER（I²C 读取数据串函数），而掉电模式函数中第 58 行调用了 I2C_SAND_BYTE(I²C写入一个字节的函数)。不论使用哪款 I²C 器件，编写器件驱动程序都只需调用这 5 个函数。

Table 205. I2C 库函数

函数名	描述
I2C_DeInit	将外设 I2Cx 寄存器重设为缺省值
I2C_Init	根据 I2C_InitStruct 中指定的参数初始化外设 I2Cx 寄存器
I2C_StructInit	把 I2C_InitStruct 中的每一个参数按缺省值填入
I2C_Cmd	使能或者失能 I²C 外设
I2C_DMACmd	使能或者失能指定 I²C 的 DMA 请求
I2C_DMALastTransferCmd	使下一次 DMA 传输为最后一次传输
I2C_GenerateSTART	产生 I2Cx 传输 START 条件
I2C_GenerateSTOP	产生 I2Cx 传输 STOP 条件
I2C_AcknowledgeConfig	使能或者失能指定 I²C 的应答功能
I2C_OwnAddress2Config	设置指定 I²C 的自身地址 2
I2C_DualAddressCmd	使能或者失能指定 I²C 的双地址模式
I2C_GeneralCallCmd	使能或者失能指定 I²C 的广播呼叫功能
I2C_ITConfig	使能或者失能指定的 I²C 中断
I2C_SendData	通过外设 I2Cx 发送一个数据
I2C_ReceiveData	返回通过 I2Cx 最近接收的数据
I2C_Send7bitAddress	向指定的从 I²C 设备传送地址字
I2C_ReadRegister	读取指定的 I²C 寄存器并返回其值
I2C_SoftwareResetCmd	使能或者失能指定 I²C 的软件复位
I2C_SMBusAlertConfig	驱动指定 I2Cx 的 SMBusAlert 管脚电平为高或低
I2C_TransmitPEC	使能或者失能指定 I²C 的 PEC 传输
I2C_PECPositionConfig	选择指定 I²C 的 PEC 位置
I2C_CalculatePEC	使能或者失能指定 I²C 的传输字 PEC 值计算
I2C_GetPEC	返回指定 I²C 的 PEC 值
I2C_ARPCmd	使能或者失能指定 I²C 的 ARP
I2C_StretchClockCmd	使能或者失能指定 I²C 的时钟延展
I2C_FastModeDutyCycleConfig	选择指定 I²C 的快速模式占空比
I2C_GetLastEvent	返回最近一次 I²C 事件
I2C_CheckEvent	检查最近一次 I²C 事件是否是输入的事件
I2C_GetFlagStatus	检查指定的 I²C 标志位设置与否
I2C_ClearFlag	清除 I2Cx 的待处理标志位
I2C_GetITStatus	检查指定的 I²C 中断发生与否
I2C_ClearITPendingBit	清除 I2Cx 的中断待处理位

图 26.6 I²C 功能函数表

接下来打开“温度传感器数码管显示程序”工程，先来分析 i2c.h 文件，如图 26.7 所示，第 5 ~ 7 行是定义 I²C 总线的 I/O 端口，使用了 PB6（时钟线 SCL）和 PB7（数据线 SDA）两个端口。接下来第 9 ~ 10 行定义了两个参数。HostAddress 是主机的器件地址，也就是单片机在总线上的

```
4
5   #define I2CPORT   GPIOB //定义I/O端口
6   #define I2C_SCL   GPIO_Pin_6  //定义I/O端口
7   #define I2C_SDA   GPIO_Pin_7  //定义I/O端口
8
9   #define HostAddress 0xc0  //总线主机的器件地址
10  #define BusSpeed  200000  //总线速度（不高于400000）
11
12
13  void I2C_Configuration(void);
14  void I2C_SAND_BUFFER(u8 SlaveAddr, u8 WriteAddr, u8* pBuffer, u16 NumByteToWrite);
15  void I2C_SAND_BYTE(u8 SlaveAddr,u8 writeAddr,u8 pBuffer);
16  void I2C_READ_BUFFER(u8 SlaveAddr,u8 readAddr,u8* pBuffer,u16 NumByteToRead);
17  u8 I2C_READ_BYTE(u8 SlaveAddr,u8 readAddr);
18
```

图 26.7 i2c.h 文件的内容

地址 0xC0，你可以修改这个地址，但不要与其他器件的地址重复。BusSpeed 是总线速度，I^{2}C 总线有低速、高速两种模式，器件一般支持高速模式，但在使用中我发现总线速度过高会出现卡死问题，也就是数据在通信时出错，导致总线不能使用。所以尽量将总线速度调低一些，建议不高于 400kHz，我在示例程序中选择 200kHz 的速度，转换成数值是 200 000，大家可以根据实际情况调整速度值。接下来在第 13 ~ 17 行声明了 5 个函数，这是 I^{2}C 总线驱动程序函数，函数内容在 i2c.c 文件。打开 i2c.c 文件，如图 26.8 所示，在文件开始处第 21 行声明了 i2c.h 文件。接下来第 24 ~ 45 行的两个函数是 I^{2}C 初始化函数。需要注意，真正由用户调用的初始化函数是第 34 行的 I2C_Configuration 函数，I2C_GPIO_Init 只是 I2C_Configuration 函数中的一部分。之所以将接口初始化单独拿出来封装成函数，是为了方便修改程序。当需要修改 I/O 端口时，只需要在接口初始化函数中修改。需要设置 I^{2}C 功能时，可在 I^{2}C 初始化函数中完成。下面就从 I^{2}C 初始化函数来分析。第 35 行定义结构体。第 36 行是 I^{2}C 端口初始化，即调用第 24 行的函数。进入端口初始化函数后，第 35 行定义结构体。第 26 行调用了 RCC 功能函数，开启 I/O 端口时钟，第 27 行是开启 I2C1 功能的 RCC 时钟。需要注意，使用 I^{2}C 总线一定要开启 I^{2}C 时钟，不然 I^{2}C 总线无法工作。第 28 行设置 SCL 和 SDA（PB6 和 PB7），第 29 行将端口设置为复用的开漏输出。I^{2}C 接口与 I/O 端口复用，所以选择复用方式。另外总线外部连接了上拉电阻，不需要选择上拉电阻模式，最终设置为复用的开漏输出。开漏模式是指不连接上拉或下拉电阻，端口处在悬空状态。第 30 行设置端口速度为 50MHz。第 31 行将以上设置写入 I/O 端口初始化固件库函数，完成端口初始化。

```
21 #include "i2c.h"
22
23
24 void I2C_GPIO_Init(void){ //I²C接口初始化
25     GPIO_InitTypeDef  GPIO_InitStructure;
26       RCC_APB2PeriphClockCmd(RCC_APB2Periph_GPIOA|RCC_APB2Periph_GPIOB|RCC_APB2Periph_GPIOC,ENABLE);
27     RCC_APB1PeriphClockCmd(RCC_APB1Periph_I2C1, ENABLE); //启动I²C功能
28       GPIO_InitStructure.GPIO_Pin = I2C_SCL | I2C_SDA; //选择端口号
29       GPIO_InitStructure.GPIO_Mode = GPIO_Mode_AF_OD; //选择I/O端口工作方式
30       GPIO_InitStructure.GPIO_Speed = GPIO_Speed_50MHz; //设置I/O端口速度（2/10/50MHz）
31     GPIO_Init(I2CPORT, &GPIO_InitStructure);
32 }
33
34 void I2C_Configuration(void){ //I²C初始化
35     I2C_InitTypeDef  I2C_InitStructure;
36     I2C_GPIO_Init(); //先设置GPIO端口的状态
37     I2C_InitStructure.I2C_Mode = I2C_Mode_I2C;//设置为I²C模式
38     I2C_InitStructure.I2C_DutyCycle = I2C_DutyCycle_2;
39     I2C_InitStructure.I2C_OwnAddress1 = HostAddress; //主机地址（从机不得用此地址）
40     I2C_InitStructure.I2C_Ack = I2C_Ack_Enable;//允许应答
41     I2C_InitStructure.I2C_AcknowledgedAddress = I2C_AcknowledgedAddress_7bit; //7位地址模式
42     I2C_InitStructure.I2C_ClockSpeed = BusSpeed; //总线速度设置
43     I2C_Init(I2C1,&I2C_InitStructure);
44     I2C_Cmd(I2C1,ENABLE);//开启I²C
45 }
```

图 26.8 i2c.c 文件的内容

再回到 I^{2}C 初始化函数，设置 I^{2}C 总线的各种功能，这需要了解 I^{2}C 总线的基本功能，如果你对 I^{2}C 总线规范了解不深，建议使用默认设置。I^{2}C 总线写数据包括两个部分，如图 26.9 所示，第 47 行是数据串的发送函数 I2C_SAND_BUFFER，第 61 行是 I^{2}C 发送一个字节的函数 I^{2}C_SAND_BYTE。它们的区别是发送的数据量。先来分析单个字节的发送函数 I^{2}C_SAND_BYTE，函数有 3 个参数：第一个参数 SlaveAddr 是发送器件地址，也就是 I^{2}C 总线上每个器件对应的地址，这个参数可以指定向哪个器件发送数据。

```
47 void I2C_SAND_BUFFER(u8 SlaveAddr,u8 WriteAddr,u8* pBuffer,u16 NumByteToWrite){ //I²C发送数据串（器件地
48     I2C_GenerateSTART(I2C1,ENABLE);//产生起始位
49     while(!I2C_CheckEvent(I2C1,I2C_EVENT_MASTER_MODE_SELECT)); //清除EV5
50     I2C_Send7bitAddress(I2C1,SlaveAddr,I2C_Direction_Transmitter);//发送器件地址
51     while(!I2C_CheckEvent(I2C1,I2C_EVENT_MASTER_TRANSMITTER_MODE_SELECTED));//清除EV6
52     I2C_SendData(I2C1,WriteAddr); //内部功能地址
53     while(!I2C_CheckEvent(I2C1,I2C_EVENT_MASTER_BYTE_TRANSMITTED));//移位寄存器非空，数据寄存器已空，产生
54     while(NumByteToWrite--){ //循环发送数据
55       I2C_SendData(I2C1,*pBuffer); //发送数据
56       pBuffer++; //数据指针移位
57       while (!I2C_CheckEvent(I2C1,I2C_EVENT_MASTER_BYTE_TRANSMITTED));//清除EV8
58     }
59     I2C_GenerateSTOP(I2C1,ENABLE);//产生停止信号
60 }
61 void I2C_SAND_BYTE(u8 SlaveAddr,u8 writeAddr,u8 pBuffer){ //I²C发送一个字节（从地址、内部地址、内容）
62     I2C_GenerateSTART(I2C1,ENABLE); //发送开始信号
63     while(!I2C_CheckEvent(I2C1,I2C_EVENT_MASTER_MODE_SELECT)); //等待完成
64     I2C_Send7bitAddress(I2C1,SlaveAddr, I2C_Direction_Transmitter); //发送从器件地址及状态（写入）
65     while(!I2C_CheckEvent(I2C1,I2C_EVENT_MASTER_TRANSMITTER_MODE_SELECTED)); //等待完成
66     I2C_SendData(I2C1,writeAddr); //发送从器件内部寄存器地址
67     while(!I2C_CheckEvent(I2C1,I2C_EVENT_MASTER_BYTE_TRANSMITTED)); //等待完成
68     I2C_SendData(I2C1,pBuffer); //发送要写入的内容
69     while(!I2C_CheckEvent(I2C1,I2C_EVENT_MASTER_BYTE_TRANSMITTED)); //等待完成
70     I2C_GenerateSTOP(I2C1,ENABLE); //发送结束信号
71 }
```

图 26.9 i2c.c 文件的内容

第二个参数 writeAddr 是器件子地址。子地址指向器件内部的寄存器中写入数据的地址，每个 I²C 器件内部都有很多组寄存器，每个寄存器存放着不同功能的数据，要读取哪组数据就给出对应的寄存器子地址。最后一个参数 pBuffer 是向子地址写入的数据内容。

以上过程在函数内部是如何实现的呢？我们需要参考“I²C 总线规范”第 12 页给出的 I²C 数据通信的时序图，如图 26.11 所示。时序图中左侧开始位置需要给出起始信号 START，接下来是 7 位的器件地址 ADDRESS，第 8 位是读写操作位 R/W，通过这一位来确定接下来的操作是读还是写。第 9 位是应答位 ACK，是器件（从设备）对单片机的回应。接下来是要发送的 8 位数据内容 DATA，器件回复一个应答位 ACK；再写入一个 8 位数据 DATA，再回应一个应答位 ACK。数据发送完成，给出结束信号 STOP。I²C 读写函数的内容就是按照此时序图编程的。如图 26.9 所示，第 62 行给出一个开始信号 I2C_GenerateSTART，第 63 行 while 循环等待 I²C 功能完成指令，也就是确定开始信号发送完成（接下来的程序中每一步操作都需要等待的过程，以确定 I²C 功能的操作完成）。第 64 行调用发送器件地址，第 66 行发送器件内部的寄存器地址（子地址）。接下来第 68 行发送数据，参数 pBuffer 是要发送的数据。第 70 行发送结束信号。这样就按照通信时序图的规范完成了一次数据发送。了解了单个字节的发送，多个字节的发送原理相同，如图 26.9 所示。第 47 行在参数中使用了指针变量 *pBuffer，通过指针发送数据。后面新加了一个参数 NumByteToWrite，这个参数用于表示指针的长度（发送的数据长度）。其内容与单个字节发送几乎相同。第 48 ~ 53 行是发送起始位、等待完成、发送器件地址、等待完成、发送子地址、等待完成。第 54 行通过 while 循环发送多个数据，while 循环对数据数量做减法，每循环 1 次减 1，减到 0 为止，最终实现了多个字节的数据发送。第 55 行是调用的发送数据的固件库函数，发送的数据是指针数据 *pBuffer，每发送一次指针值加 1。发送完成后，第 57 行也要等待完成，然后返回第 54 行发送下一个数据，直到数据发送结束。第 59 行发送结束信号。

I²C 的接收方法也和发送方法大同小异，先来看单个数据的读取函数 I2C_READ_BYTE，如图 26.10 所示。第 100 行的 while 循环判断总线是否繁忙，繁忙则循环等待，总线空闲则向下执行。第 101 行发送起始信号，第 102 行等待完成，第 103 行发送器件地址（器件地址是参数中的 SlaveAddr），第 104 行等待完成，第 105 行开启 I2C1 功能，第 106 行发送器件的子地址（子地址是参数中的 readAddr），第 107 行等待完成。第 108 行

```
72  void I2C_READ_BUFFER(u8 SlaveAddr,u8 readAddr,u8* pBuffer,u16 NumByteToRead){ //I²C读取数据串
73    while(I2C_GetFlagStatus(I2C1,I2C_FLAG_BUSY));
74    I2C_GenerateSTART(I2C1,ENABLE);//开启信号
75    while(!I2C_CheckEvent(I2C1,I2C_EVENT_MASTER_MODE_SELECT));  //清除 EV5
76    I2C_Send7bitAddress(I2C1,SlaveAddr, I2C_Direction_Transmitter); //写入器件地址
77    while(!I2C_CheckEvent(I2C1,I2C_EVENT_MASTER_TRANSMITTER_MODE_SELECTED));//清除 EV6
78    I2C_Cmd(I2C1,ENABLE);
79    I2C_SendData(I2C1,readAddr); //发送读的地址
80    while(!I2C_CheckEvent(I2C1,I2C_EVENT_MASTER_BYTE_TRANSMITTED)); //清除 EV8
81    I2C_GenerateSTART(I2C1,ENABLE); //开启信号
82    while(!I2C_CheckEvent(I2C1,I2C_EVENT_MASTER_MODE_SELECT)); //清除 EV5
83    I2C_Send7bitAddress(I2C1,SlaveAddr,I2C_Direction_Receiver); //将器件地址传出，主机为读
84    while(!I2C_CheckEvent(I2C1,I2C_EVENT_MASTER_RECEIVER_MODE_SELECTED)); //清除EV6
85    while(NumByteToRead){
86      if(NumByteToRead == 1){ //只剩下最后一个数据时进入 if 语句
87        I2C_AcknowledgeConfig(I2C1,DISABLE); //只剩下最后一个数据时关闭应答位
88        I2C_GenerateSTOP(I2C1,ENABLE);  //只剩下最后一个数据时使能停止位
89      }
90      if(I2C_CheckEvent(I2C1,I2C_EVENT_MASTER_BYTE_RECEIVED)){ //读取数据
91        *pBuffer = I2C_ReceiveData(I2C1);//调用库函数将数据取出到 pBuffer
92        pBuffer++; //指针移位
93        NumByteToRead--; //字节数减 1
94      }
95    }
96    I2C_AcknowledgeConfig(I2C1,ENABLE);
97  }
98  u8 I2C_READ_BYTE(u8 SlaveAddr,u8 readAddr){ //I²C读取一个字节
99    u8 a;
100   while(I2C_GetFlagStatus(I2C1,I2C_FLAG_BUSY));
101   I2C_GenerateSTART(I2C1,ENABLE);
102   while(!I2C_CheckEvent(I2C1,I2C_EVENT_MASTER_MODE_SELECT));
103   I2C_Send7bitAddress(I2C1,SlaveAddr, I2C_Direction_Transmitter);
104   while(!I2C_CheckEvent(I2C1,I2C_EVENT_MASTER_TRANSMITTER_MODE_SELECTED));
105   I2C_Cmd(I2C1,ENABLE);
106   I2C_SendData(I2C1,readAddr);
107   while(!I2C_CheckEvent(I2C1,I2C_EVENT_MASTER_BYTE_TRANSMITTED));
108   I2C_GenerateSTART(I2C1,ENABLE);
109   while(!I2C_CheckEvent(I2C1,I2C_EVENT_MASTER_MODE_SELECT));
110   I2C_Send7bitAddress(I2C1,SlaveAddr, I2C_Direction_Receiver);
111   while(!I2C_CheckEvent(I2C1,I2C_EVENT_MASTER_RECEIVER_MODE_SELECTED));
112   I2C_AcknowledgeConfig(I2C1,DISABLE); //只剩下最后一个数据时关闭应答位
113   I2C_GenerateSTOP(I2C1,ENABLE);  //只剩下最后一个数据时使能停止位
114   a = I2C_ReceiveData(I2C1);
115   return a;
116 }
```

图 26.10 i2c.c 文件的内容

是允许 I^2C 产生开始信号的条件，也就是单片机允许其他器件产生开始信号，向单片机发送数据，即开启 I^2C 接收。第 109 行等待完成。接下来再一次给出器件地址，等待接收数据，如果没有收到数据则一直执行 while 循环。收到数据则跳出 while 循环。第 112 行最后读到一个数据时关闭应答位，并发送停止位表示通信结束。完成以上的操作后 I^2C 功能寄存器中就存放了一个接收的数据，通过第 114 行把接收的数据存放到变量 a，第 115 行使用 return 返回 a 的值，在函数的返回值中给出接收数据。第 72 行 I^2C 读取数据串函数 I2C_READ_BUFFER 的操作也是类似的，区别是在第 85 行加入 while 循环，用指针变量存放多个数据。第 91 行循环接收数据内容，循环的次数是参数 NumByteToRead 中给出的数据，接收的数据内容存放在指针 *pBuffer 中，读取指针就能读到数据。I^2C 数据通信的时序如图 26.11 所示。

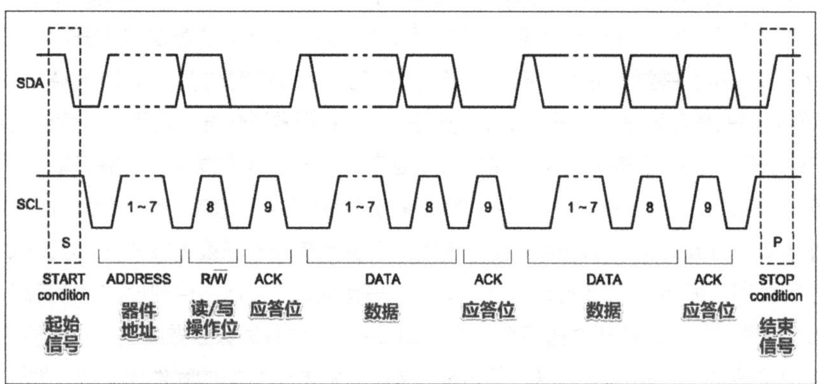

图 26.11 I^2C 数据通信的时序

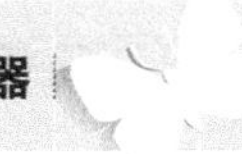

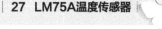

第 51 步

27 LM75A温度传感器

这节我们来分析 LM75A 温度传感器的驱动程序，分析驱动程序可以了解器件的基本原理，在未来开发其他 I^{2}C 器件时可以借鉴。分析程序之前，你需要在附带资料中找到“洋桃 1 号开发板周围电路手册资料”文件夹，其中“LM75 温度传感器”文件夹中的 4 个文件都是 LM75A 温度传感器的资料，有数据手册、编程说明等。之前我已经把 I^{2}C 硬件电路、总线驱动程序讲完了，接下来我们要利用 I^{2}C 总线驱动程序的 5 个函数来编写 I^{2}C 器件驱动程序。

I^{2}C 器件有很多种，洋桃 1 号开发板上有 2 个，分别是 LM75A 温度传感器和 OLED 显示屏。先来分析 LM75A 温度传感器的驱动程序，并分析主函数如何调用器件驱动程序，在数码管上显示温度。

```
1  #ifndef __LM75A_H
2  #define __LM75A_H
3  #include "sys.h"
4  #include "i2c.h"
5
6
7  #define LM75A_ADD 0x9E  //器件地址
8
9
10
11 void LM75A_GetTemp(u8 *Tempbuffer);//读温度
12 void LM75A_POWERDOWN(void); //掉电模式
```

图 27.1 lm75a.h 文件的内容

打开“温度传感器数码管显示程序”工程。在工程中打开 3 个文件：main.c 文件、Hardware 文件夹中的lm75a.c文件、lm75a.h文件。首先看lm75a.h文件，如图 27.1 所示。文件开始处没有定义 I/O 端口，因为 LM75A 温度传感器借用 I^{2}C 总线通信，I^{2}C 接口定义在 i2c.h 文件中，这里不需要定义。第 7 行定义器件地址，0x9E 是 LM75A 的器件地址，代替名为 LM75A_ADD。第 11 ~ 12 行声明两个函数，LM75A_GetTemp 是读取温度函数，LM75A_POWERDOWN 是进入掉电模式函数。掉电模式多用于低功耗设备，读取温度之后进入掉电模式可减少耗电。当前程序中只使用温度读取函数。

```
#include "lm75a.h"



//读出LM75A的温度值（-55~125℃）
//温度正负号（0正1负）、温度整数部分、温度小数部分、(小数点后2位）依次放入*Tempbuffer（十进制）
void LM75A_GetTemp(u8 *Tempbuffer){
    u8 buf[2]; //存储温度值
    u8 t=0,a=0;
    I2C_READ_BUFFER(LM75A_ADD,0x00,buf,2); //读出温度值（器件地址、子地址、数据储存器、字节数）
  t = buf[0]; //处理温度整数部分，0~125°C
  *Tempbuffer = 0; //温度值为正值
  if(t & 0x80){ //判断温度值是否是负数(MSB表示温度符号)
    *Tempbuffer = 1; //温度值为负数
    t = ~t; t++; //计算补码（原码取反后加1）
  }
  if(t & 0x01){ a=a+1; } //从高到低按位加入温度积加值（0~125）
  if(t & 0x02){ a=a+2; }
  if(t & 0x04){ a=a+4; }
  if(t & 0x08){ a=a+8; }
  if(t & 0x10){ a=a+16; }
  if(t & 0x20){ a=a+32; }
  if(t & 0x40){ a=a+64; }
  Tempbuffer++;
  *Tempbuffer = a;
  a = 0;
  t = buf[1]; //处理小数部分，取0.125℃精度的前2位（12、25、37、50、62、75、87）
  if(t & 0x20){ a=a+12; }
  if(t & 0x40){ a=a+25; }
  if(t & 0x80){ a=a+50; }
  Tempbuffer++;
  *Tempbuffer = a;
}

//LM75进入掉电模式，再次调用LM75A_GetTemp();即可正常工作
//建议只在需要低功耗情况下使用
void LM75A_POWERDOWN(void){//
    I2C_SAND_BYTE(LM75A_ADD,0x01,1); //
}
```

图 27.2 lm75a.c 文件的内容

接下来看 lm75a.c 文件，如图 27.2 所示。文件开始部分加

载了 lm75a.h 文件，第 27 行是读取温度值函数 LM75A_GetTemp，函数有一个参数，没有返回值。参数使用了指针变量 *Tempbuffer，温度数据存放在这个指针变量中。第 57 行是掉电模式函数 LM75A_POWERDOWN，其中只使用 I2C_SAND_BYTE（发送一个字节）函数。在温度读取函数中也使用 I^2C 总线驱动函数，第 30 行调用 I2C_READ_BUFFER（读取多字节）函数得到温度数据。首先看这两个 I^2C 总线驱动函数的参数，I2C_READ_BUFFER 函数有 4 个参数：器件地址（LM75A_ADD）、子地址（0x00）、数据存放的数组（buf）、读取数据的个数（2）。I2C_SAND_BYTE 函数有 3 个参数：器件地址（LM75A_ADD）、子地址（0x01）、数据内容（1）。

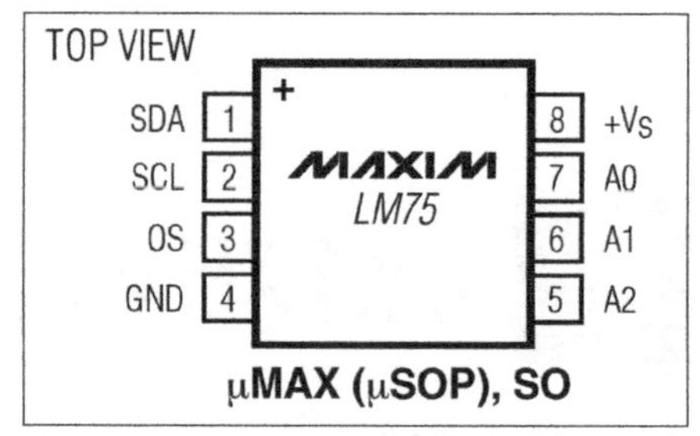

图 27.3 LM75A 芯片的接口定义

接下来介绍器件地址和子地址的原理。打开“LM75 数据手册（中文）”文档，第 1 页有芯片的接口定义，如图 27.3 所示。第 4 页有接口定义说明。LM75A 有 8 个引脚，1、2 脚是 I^2C 总线接口，3 脚是中断输出，4 脚和 8 脚分别是电源的 GND 和 VCC（正极），5、6、7 脚用于定义器件地址。图 27.4 所示是器件地址的位说明。在表格中有一个字节中的 8 个位，左边 7 位是器件地址，右边 1 位是读写标志位，默认为 0。在器件地址的 7 位中，BIT7~BIT4 这 4 位是固定值 1001，BIT3~BIT1 可以通过 5、6、7 引脚设置。引脚接高电平（VCC），对应位为 1；接低电平（GND），对应位为 0。从洋桃 1 号开发板的电路原理图上可以看到，5、6、7 脚都接在高电平，即 A0~A2 都为 1。将 8 位二进制数转换成十六进制数即得到器件地址为 0x9E，lm75a.h 文件中的器件地址 0X9E 由此得来。用引脚修改器件地址是为了方便在一条 I^2C 总线中连接多个相同器件。比如在一条 I^2C 总线上连接两个 LM75A，一个芯片的 5、6、73 个引脚都连高电平（地址是 0x9E）；另一个传感器的 5 脚连到高电平，6、7 脚连低电平（地址是 0x98）。通信时给出不同的器件地址，可以分别从两个传感器中读出温度值。有 3 个地址引脚，最多可以在一条 I^2C 总线上连接 7 个 LM75A。

接下来介绍子地址（寄存器地址）。“LM75 数据手册（中文）”文档的第 8 页有寄存器表，如图 27.5 所示。这是 LM75A 内部寄存器，I^2C 总线器件的功能都以寄存器方式呈现。比如第一项 Temperature 是温度寄存器，它有 2 个 8 位字节存放温度，子地址是 0x00。第二项 Configuration 是配置寄存器，用来设置温度传感器的功能，子地址是 0x01。过温寄存器、滞后寄存器这两个功能寄存器暂时用不到，只需要关注温度寄存器和配置寄存器。读取寄存器是通过子地址 0x00 和 0x01 实现的。比如要操作温度传感器的配置寄存器，寄存器中 8 个位的 0 或 1 状态对应着不同功能的开关，其中最低位

BIT 7	BIT 6	BIT 5	BIT 4	BIT 3	BIT 2	BIT 1	BIT 0
1	0	0	1	A2	A1	A0	$R/\overline{W}$

图 27.4 器件地址说明

REGISTER NAME	ADDRESS (hex)	POR STATE (hex)	POR STATE (binary)	POR STATE (°C)	READ/ WRITE
Temperature 温度	00	000X	0000 0000 0XXX XXXX	—	Read only
Configuration 配置	01	00	0000 0000	—	R/W
T_{HYST} 滞后	02	4B0X	0100 1011 0XXX XXXX	75	R/W
T_{OS} 过温	03	500X	0101 0000 0XXX XXXX	80	R/W
X = 无关。					

图 27.5 寄存器功能说明

B0 的功能是工作模式，为 0 时温度传感器正常工作，为 1 时进入掉电模式。如图 27.2 第 58 行所示，进入掉电模式函数调用了 I2C_SAND_BYTE(LM75A_ADD,0x01,1)，其中 LM75A_ADD 是器件地址 0x9E；第 2 个参数是子地址 0x01，是配置寄存器的地址；第 3 个参数就是向配置寄存器写入数据 1，使得最低位 B0 为 1，进入掉电模式。

温度寄存器的子地址是 0x00，包含两个 8 位数据（两个字节）。LM75A 采集外部温度并转化为数据，存放在温度寄存器的两个字节里。图 27.6 所示是两个字节的功能，16 位（两个字节）中高 8 位中最高位 D15 用来存放正负号。D14~D8 这 7 位存放温度的整数值，而低 8 位存放小数值。LM75A 芯片型号不同，精度不同，精度有 0.5℃和 0.125℃。精度不同也导致小数点后面的数据有所不同，有些芯片的小数部分只有 1 位数据（D7），低位中其他数据（D6 ~ D0）没有使用；一些高精度芯片有 3 位小数数据（D7~D5），低位中其他数据（D4 ~ D0）没有使用。

“LM75A 编程说明（中文）”文档第 10 页的温度数据对照表如图 27.7 所示，第一列是温度对应的 11 位二进制数，通过对比数据可以得知温度和数值的关系。如图 27.6 所示，温度数据的 11 个位中，每一位对应着一个温度值，把所有为 1 的位对应的温度值相加就是实际温度值。其中 D15 表示正负号，为 0 表示正数，为 1 表示负数。当温度为负数时，温度数值要取补码。D14~D8 为温度的整数部分，D8 表示 1℃，D9 表示 2℃，D10 表示 4℃，直到 D14 表示 64℃。比如 D12 和 D9 为 1，其他位为 0，温度结果就是 16℃ +2℃，等于 18℃。如果最高位 D15 为 1，即温度为负数，D14~D0 取补码，哪位为 0 才加上对应的温度（补码取反）。小数部分的原理相同，温度是正值时，D7 为 1 时，则小数部分加 0.5℃。高精度芯片的 D6 和 D5 也有效，它们对应的是 0.25℃和 0.12℃。当这两位为 1 时，也要加上表格中对应的数值。

UPPER BYTE 高8位								LOWER BYTE 低8位							
D15	D14	D13	D12	D11	D10	D9	D8	D7	D6	D5	D4	D3	D2	D1	D0
Sign bit 1= Negative 0 = Positive	MSB 64°C	32°C	16°C	8°C	4°C	2°C	1°C	LSB 0.5°C	X	X	X	X	X	X	X
正负号表示位	整数部分							小数部分	未使用部分						

图 27.6 温度寄存器说明

我们回到程序中逐行分析，如图 27.2 所示。第 28 行定义 buf 数组，内部有两个字节，存放从器件读到的数据。第 29 行定义变量 t 和 a。第 30 行用 I2C_READ_BUFFER 读取温度值，器件地址为 0x9E，子地址为 0x00（温度寄存器），读出 2 字节数据

Temp 数据			温度值
11 位二进制数（补码）	3 位十六进制	十进制值	℃
0111 1111 000	3F8h	1016	+127.000℃
0111 1110 111	3F7h	1015	+126.875℃
0111 1110 001	3F1h	1009	+126.125℃
0111 1101 000	3E8h	1000	+125.000℃
0001 1001 000	0C8h	200	+25.000℃
0000 0000 001	001h	1	+0.125℃
0000 0000 000	00h	0	0.000℃
1111 1111 111	7FFh	−1	−0.125℃
1110 0111 000	738h	−200	−25.000℃
1100 1001 001	649h	−439	−54.875℃
1100 1001 000	648h	−440	−55.000℃

图 27.7 温度数据对照表

存放在 buf 数组。buf 数组的第 1 个元素 buf[0] 存放温度的整数部分，buf[1] 存放温度值的小数部分。接下来是对温度数值的转换和处理。第 31 行读取 buf[0] 的数据（温度的整数部分）送入变量 t。第 32 行把指针 *Tempbuffer 写入 0，也就是正号，先设定为正温度，然后来判断温度的最高位。第 33 行将 t 的值和 0x80 按位进行与运算，得到温度数值的最高位（D15），D15 为 1 表示温度是负值，那么将 *Tempbuffer 变为 1（负数）。如果温度为负数，则对温度数据取补码，第 35 行就是将温度数据取反后加 1 取到补码。如果是正数，则不需要第 33 ~ 36 行的取补码程序。接下来是对温度数值的计算。第 37 ~ 43 行将温度数值的每一位单独取出来。哪一位为 1 则将 a 的值加上对应的温度数据，最低位（D8）加 1℃，最高位（D14）加 64℃。第 44 行将指针 Tempbuffer 地址加 1，第 45 行把 a 的值写入指针的下一个地址处。第 47 行将温度值的小数部分送到变量 t，第 48 ~ 50 行用同样的原理相加每一位数据对应的小数值。第 51 行将指针 Tempbuffer 地址加 1，把 a 的值写入指针的下一个地址处，这样就完成了一次温度读取。最终得到 3 字节的数据，第一个字节是正负号，第 2 个字节是温度整数部分，第 3 个字节是温度小数部分。数值以十进制表示，温度传感器的取值范围是 -55~+125℃。

最后看 main.c 文件，如图 27.8 所示。看一下器件驱动函数如何在主程序中调用。第 22 行声明了 lm75a.h 文件，主程序开始部分第 29 行调用了 I^{2}C 总线初始化函数 I2C_Configuration，在主循环中第 42 行调用了温度传感器的读取函数 LM75A_GetTemp，参数使用在第 25 行定义的 3 字节数组 buffer，存放温度值的正负号、整数部分、小数部分。第 44 ~ 47 行在数码管上显示温度。数组第 0 位（正负号）在数码管显示中没有使用，温度整数部分在第 44 ~ 45 行被“/”和“%”运算分开成十位和个位，显示在数码管左边两位。温度小数部分在第 46 ~ 47 行分成十位和个位，显示在数码管左边 3、4 位。如此就完成了温度的采集和显示。程序运行到第 42 行就会从 LM75A 器件读取最新的温度数据并刷新数组。在未来的编程开发中，大家只要在自己的程序中加入 LM75A_GetTemp 函数，参数给出 3 个字节的数组，就能使用数组中的温度数据。需要注意：主函数之所以没有声明 i2c.h 文件，是因为在 lm75a.h 文件中已经声明了，无须重复声明。lm75a.c 文件中没有初始化函数，因为器件只读取温度值。如果使用芯片中的滞后与过温功能，则需要编写初始化函数。

```
17 #include "stm32f10x.h" //STM32头文件
18 #include "sys.h"
19 #include "delay.h"
20 #include "TM1640.h"
21
22 #include "lm75a.h"
23
24 int main (void){//主程序
25   u8 buffer[3];
26   u8 c=0x01;
27   RCC_Configuration(); //系统时钟初始化
28
29   I2C_Configuration();//I2C初始化
30
31   TM1640_Init(); //TM1640初始化
32   TM1640_display(0,20); //初始显示内容
33   TM1640_display(1,20);
34   TM1640_display(2,20);
35   TM1640_display(3,20);
36   TM1640_display(4,20);
37   TM1640_display(5,20);
38   TM1640_display(6,20);
39   TM1640_display(7,20);
40
41   while(1){
42     LM75A_GetTemp(buffer); //读取LM75A的温度数据
43
44     TM1640_display(0,buffer[1]/10); //显示数值
45     TM1640_display(1,buffer[1]%10+10);
46     TM1640_display(2,buffer[2]/10);
47     TM1640_display(3,buffer[2]%10);
48
49     TM1640_led(c); //与TM1640连接的8个LED全亮
50     c<<=1; //数据左移 流水灯
51     if(c==0x00)c=0x01; //8个LED显示完后重新开始
52     delay_ms(150); //延时
53   }
54 }
55
```

图 27.8 main.c 文件的内容

第 52~55 步

28 OLED显示屏

本期，我们介绍 OLED 显示屏。OLED 显示屏是众多类型显示屏中的一种。除 OLED 显示屏之外，常用的显示屏还有 LCD（液晶）显示屏（见图 28.1），但是 LCD 显示屏的缺点较多、体积较大。考虑到开发物联网产品时需要显示器件具备体积小、性能强的特点，OLED 显示屏正好满足要求，在开发小型化低功耗设备时，OLED 显示屏是很合适的显示器件。我们教学中使用的 OLED 显示屏采用 I^2C 总线通信，学会了这款显示屏的原理和驱动方式后，在使用其他的 OLED 显示屏和 LCD 显示屏时也可以触类旁通。

首先在附带资料中找到“温度值 OLED 显示屏显示程序”工程。将工程中的 HEX 文件下载到开发板后运行，观察效果。正常运行时，开发板中心的 OLED 显示屏上，最上面一行显示“Young Talk”，最下面一行显示“Temp：**.**C”（C 代替℃表示摄氏度）。“**.**”是 LM75A 温度传感器检测到的当前环境温度。把你的手指放在 LM75A 芯片上，屏幕上显示的温度通常会增加；将手指移开，屏幕上显示的温度就会下降（因为人的体温通常比环境温度高）。在这个示例中，我们将原来由数码管显示的温度改用 OLED 显示屏显示。除了温度外，OLED 显示屏还可以显示更多内容。

首先介绍什么是 OLED 显示屏。OLED 全称为“有机发光二极管”，也叫作“有机发光半导体”。它是一种像素自发光的显示器件。LCD 显示屏上每个像素不能发光，背光板提供照明，我们才能看到显示内容。与 LCD 显示屏不同，OLED 显示屏不需要背光，其像素能够独立发光。像素能独立发光的平面显示器件还有等离子显示器和辉光显示器。但相比之下，OLED 显示屏具有更好的显示性能和更小的体积。最近新闻常报道的柔性显示屏就是 OLED 显示屏的一种。归纳起来，OLED 具有以下特点：像素独立发光；不用背光，更省电；体积更小、更薄；可在低温或高温环境下工作。

嵌入式系统开发中常常使用黑白单色 LCD 显示屏，图 28.1 左侧所示是经典的 12864 型 LCD 显示屏，它是由 PCB 加上黑色的金属外壳，再嵌入液晶玻璃板组成的。显示板的背面提供白色背光。LCD 显示屏的缺点是耗电量大，因为背光需要长时间点亮，即使屏幕上只显示一个像素，背光照明也需要完整提供。而且 LCD 显示屏体积大，不适合开发小型的电子设备。

图 28.1 右侧所示是同等分辨率的 OLED 显示屏，它的厚度很小。其耗电量根据显示内容而变化，显示的内容越少，耗电量越低。总之，OLED 显示屏更适合开发小型低功耗的电子设备，LCD 显示屏更适合开发工控类的产品。

接下来介绍开发板上的 OLED 显示屏的特性。这款显示屏的型号是 PLED0561，分辨率为 128 像素 ×64 像素，显示颜色是白色，无灰度显示功能。

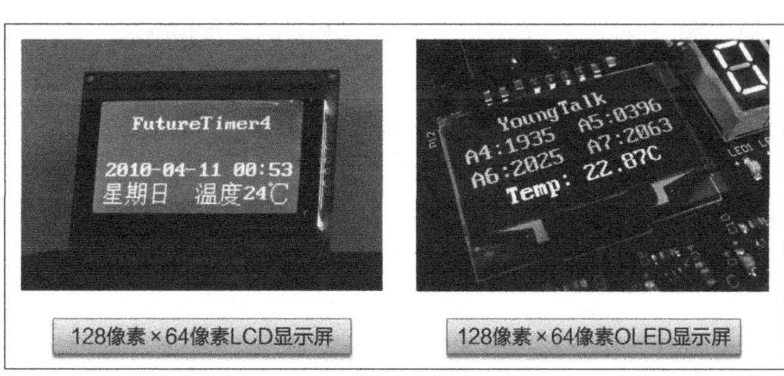

图 28.1 LCD 显示屏与 OLED 显示屏的外观

图 28.2 放大像素

工作电压为 3.3V，通过 I²C 总线通信，对角线尺寸为 1.3 英寸，这种显示屏还有 0.96 英寸、1.6 英寸、2 英寸等其他尺寸规格。智能手机的显示屏都是彩色、有灰度的，可以显示不同颜色和亮度。嵌入式系统中的 OLED 显示屏一般是单色的，没有灰度变化，单独的像素要么点亮，要么熄灭，亮度不能调节，但屏幕的整体亮度可以调节。

如图 28.2 所示，显示屏中发光的像素是一个个独立的小方块，所有发光点排列成长 128、宽 64 的像素阵列。阵列显示比数码管显示的功能更强大，不仅可显示数字和字母，还能显示任何图形。图 28.3 所示是一幅 128 像素 ×64 像素的单色无灰度图片，深蓝色部分表示亮点，浅蓝色部分表示不亮的点。我们可以通过编程将图片显示在整个显示屏上。除了图片之外，显示屏还能显示阿拉伯数字、英文、汉字和其他字符。比如在屏幕上显示数字“1”，只要在图 28.4 所示的一个阵列区块中点亮对应的点就能可以了。你可以看到每个数字和字母所占用的区域是 8 像素（宽）×16 像素（高），这个区域能显示 ASCII 码表中的所有字符。显示汉字需要更大区域，每个汉字最低占用 16 像素 ×16 像素。英文和数字的最小显示区域是 8 像素 ×8 像素，但是一般不会用这样小的区域，因为显示像素太少可能导致看不清楚内容，为了让显示内容在高度上统一，汉字、英文和数字混合显示时都统一采用 16 像素的高度，即以 8 像素 ×16 像素来显示英文和阿拉伯数字，以 16 像素 ×16 像素显示汉字。现在我们知道了 OLED 显示屏可以显示单色图片，还能显示英文、数字和汉字，但是如何生成图片和字符呢？这涉及“字库”的知识，将在后文细讲。

图 28.3 单色无灰度图片

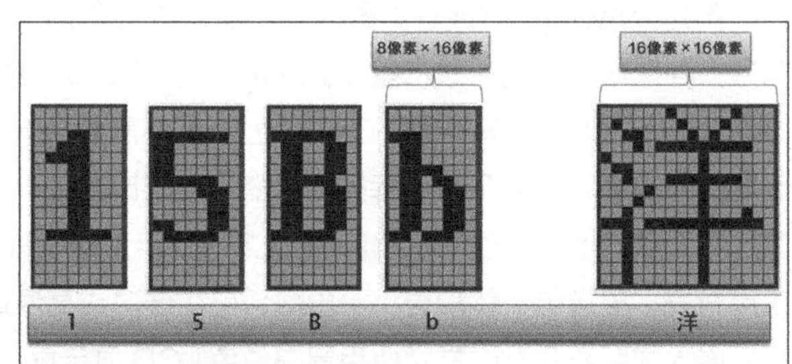

图 28.4 字符的显示

28.1 电路分析

接下来介绍 OLED 屏的电路连接。打开“洋桃 1 号开发板电路原理图（OLED 和温度传感器部分）”文档，我们已经讲过 I²C 总线、跳线、LM75A 温度传感器、上拉电阻，现在重点讲 OLED 显示屏部分。原理图中，OLED 显示屏被画成了 30Pin 排线接口，这是因为 OLED 显示屏本身只是一片玻璃与一片 FFC 排线的组合，排线末端是金属焊盘，焊盘是显示屏的接口，30 个焊盘与原理图上的 30 个接口对应。

OLED 显示屏的外围电路连接方式需参考 OLED 显示屏数据手册。在附带资料中找到“洋桃 1 号开发板周围电路手册资料”文件夹，在其中打开“OLED 主控芯片 SH1106 数据手册”（以下简称为“SH1106 手册”）和“OLED 显示屏 SPEC QG-2864KSWLG01 VER A 数据手册”（以下简称为“QG-2864 手册”）。“QG-2864 手册”介绍了 OLED 显示屏整体的技术参数。“SH1106 手册”介绍了玻璃片中嵌入的 SH1106 主控芯片。将两个手册配合着学习，能深入理解 OLED 显示屏的原理和电路设计方法。但是这部分知识非常复杂，专业性很强，初学者学起来比较困难。大家只要记住我的电路设计就可以了，

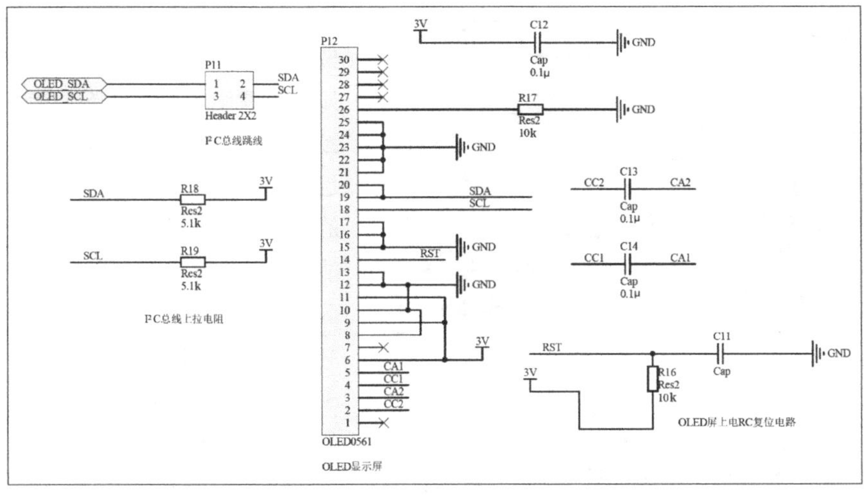

图 28.5 OLED 屏部分电路原理图

在项目开发中只要按照我的电路如法炮制，不需要了解其深层原理。当然，有精力的朋友能深入学习更好。

接下来分析外围电路，如图 28.5 所示。OLED 显示屏排线接口的第 1 引脚的红叉表示空引脚，不需要连接。第 2、3 引脚连接电容 C13，电容值为 0.1μF。第 4、5 引脚连接电容 C14，电容值为 0.1μF。这两个电容是必须连接的。第 6、9、11 引脚连接 3.3V 电源，为显示屏供电。第 7 引脚是空引脚。第 8、10、12、13、15、16、17、21、22、23、24、25 引脚连接 GND。第 14 引脚是 RST（复位）引脚，它通过网络标号 RST 连接到 RC 复位电路，复位电路由电阻 R16（阻值为 10kΩ）和电容 C11（电容值为 0.1μF）组成。开发板上电时，RC 电路可以给复位引脚一个低电平脉冲，使 OLED 显示屏复位。第 18 引脚连到 I²C 总线的时钟线 SCL，第 19、20 引脚连到 I²C 总线的数据线 SDA。第 26 引脚连接电阻 R17（阻值为 10kΩ），电阻另一端接 GND。第 27 ~ 30 引脚为空引脚。只需要这样简单的外围电路就能将 OLED 显示屏驱动起来。原理图中电容 C12（电容值为 0.1μF）是电源的滤波电容。需要注意：这里的主控芯片型号是 SH1106，以上外围电路只有芯片型号相同的显示屏才能通用；主控芯片不同，外围电路以及驱动程序都不同。所以在开发项目时，我们尽量选择与开发板主控芯片相同的显示屏。若必须选择其他型号的显示屏，需要参考数据手册修改参数与设置。

28.2 小区块原理

分析驱动程序之前，需要首先了解屏幕显示英文、数字、汉字的最基本方法。要知道，在屏幕上显示图片，只要把整个屏幕作为 128 像素 ×64 像素的显示区块。但显示英文、数字、汉字，字符要作为独立显示区块，就要把整个屏幕划分成小区块，每个区块显示一个字符，再将小区块字符整行排列。因为字符是小区块，更改时只要在某个小区块内更改，不需要刷新整个屏幕的内容。

字符的区块如何划分呢？首先要根据显示屏的基本显示原理，把整个屏幕划分成 8 像素 ×8 像素的小区块，128 像素 ×64 像素可以划分成 8 行 ×16 列的 8 像素 ×8 像素区块，如图 28.6 所示。区块的划分方法并不是我定义的，而是显示屏厂家规定的，只有这样设计才能将每个字节的数据和小区块内的像素对应起来。单片机发送数据时，小区块内会显示出数据对应的内容。

为了进一步说明，我们以一个小区块为例具体介绍，小区块共有 8 行 ×8 列共 64 个像素。如何让单片机发送数据控制显示内容呢？发送的数据如何控制像素的点亮或熄灭呢？如图 28.7 所示，最左边的红色一列纵向有 8 个像素，把 8 个像素与一个字节中的 8 位（bit）相对应，最上方的像素（B0）对应字节中最低位，最下方的像素（B7）对应字节中最高位，这 8 个像素和一个字节的数据对应。字节中某一位

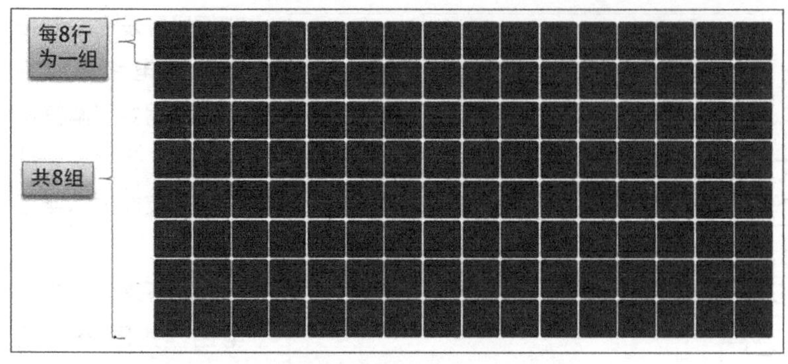

图 28.6 整个屏幕的小区块划分

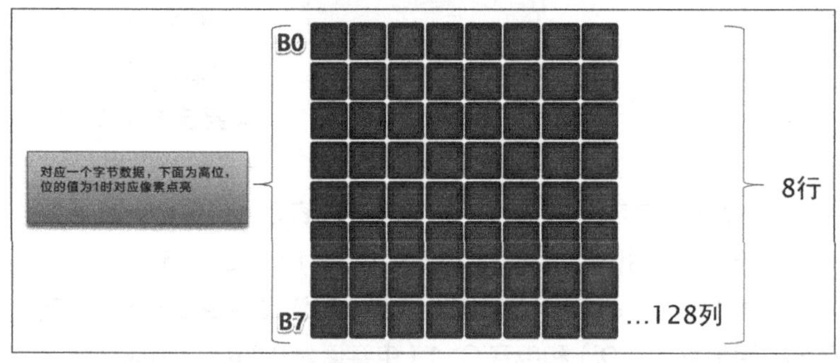

图 28.7 8 像素 ×8 像素小区块的原理

为 1 时，对应像素点亮；某一位为 0 时，对应像素点熄灭。如此就能用一个字节（8 位）控制某一列的 8 个像素。同理也能发送一个字节控制下一列的显示内容。发送 8 个字节就能控制一个 8 像素 ×8 像素小区块的显示内容。也就是说控制一个小区块的显示内容只要 8 个字节。例如第一个数据是 0x00，此数据送到区块中最左边一列，0x00 转化成二进制数是 8 个 0，对应像素全部熄灭。如果发送的数据是 0xFF，转化成二进制数是 8 个 1，于是这一列的 8 个像素全部点亮。通过这种方式，我们可以发送任何十六进制数据控制每列的像素。每个字母、数字需要 2 个 8 像素 ×8 像素的小区块（16 像素 ×8 像素），显示汉字需要 4 个 8 像素 ×8 像素的小区块（16 像素 ×16 像素）。从中可见所有字符的显示高度都是 16 行，只是宽度不同，英文和数字宽是 8 列，汉字宽是 16 列。我们把眼光放回全局，计算可知，如果在这块屏幕上全部显示字母和数字，每行 16 个字符，可以显示 4 行；全部显示汉字，每行显示 8 个汉字，可以显示 4 行。驱动程序的显示方法就是使用这种小区块的划分方法。

接下来打开 OLED 显示屏的两个数据手册，了解其中的重要内容。“QG-2864 手册”的第 2 页给出了显示屏 CAD 尺寸图，设计 PCB 时可以参考该尺寸制作显示屏的封装。第 3、4 页是焊盘排线的引脚定义，每个引脚都有详细的功能介绍。第 16 页有 I^2C 总线方式的经典电路原理图。OLED 显示屏除了 I^2C 总线之外还有其他多种通信方式。从第 20 页开始给出了显示屏初始化的流程图，编程时要按照流程的说明对显示屏初始化。接下来还有各种其他操作的流程图，包括关闭电源、进入睡眠模式等。第 21 ~ 22 页给出了用 C 语言编写的示例程序，其中的十六进制数据是单片机向显示屏发送的设置指令，只要发送这样的指令就能对显示屏进行初始化。

再来看“SH1106 数据手册”，第 1 页介绍了这款芯片的性能，第 13、14 页介绍 I^2C 总线的时序图以及通信协议。第 16 页介绍数据和像素的对应关系。第 19 页给出指令集表，这是整个芯片的控制指令集。熟练掌握指令集表就能用单片机向显示屏发送指令，让显示屏完成显示或设置。想了解 OLED 显示屏的全部用法就要逐一研究指令集表，了解每个指令的功能和显示效果。但是初学者只想显示简单的字母、数字、图片，不需要全面研究指令集，只要能够看懂我写的驱动程序，掌握驱动程序的修改方法便能得到显示效果。

28.3 程序分析

接下来我们开始分析程序，打开“温度值 OLED 显示屏显示程序”工程，此工程复制了上节介绍的“温

度值 OLED 显示屏显示程序”工程，在 Hardware 文件夹里加入“OLED0561”文件夹，在文件夹里加入 3 个文件：ASCII_8x16.h 是 8 像素 ×16 像素的 ASCII 码字符文件，为 OLED 显示屏提供显示字库，字符在屏幕上的像素格式是从字库产生的；oled0561.c 和 oled0561.h 文件是我编写的 OLED 显示屏驱动程序文件。将以上文件加入文件夹后，在 Keil 软件中进行设置（设置过程不再重复），重新编译后即得到新的工程。

```
17 #include "stm32f10x.h" //STM32头文件
18 #include "sys.h"
19 #include "delay.h"
20 #include "lm75a.h"
21
22 #include "oled0561.h"
23
24 int main (void){//主程序
25     u8 buffer[3];
26     delay_ms(100); //上电时等待其他器件就绪
27     RCC_Configuration(); //系统时钟初始化
28
29     I2C_Configuration();//I²C初始化
30     LM75A_GetTemp(buffer); //读取LM75A的温度数据
31
32     OLED0561_Init(); //OLED屏初始化
33
34     OLED_DISPLAY_8x16_BUFFER(0,"   YoungTalk "); //显示字符串
35     OLED_DISPLAY_8x16_BUFFER(6,"  Temp:"); //显示字符串
36
37     while(1){
38       LM75A_GetTemp(buffer); //读取LM75A的温度数据
39
40       if(buffer[0])OLED_DISPLAY_8x16(6,7*8,'-'); //如果第1组为1即是负温度
41       OLED_DISPLAY_8x16(6,8*8,buffer[1]/10+0x30);//显示温度
42       OLED_DISPLAY_8x16(6,9*8,buffer[1]%10+0x30);//
43       OLED_DISPLAY_8x16(6,10*8,'.');//
44       OLED_DISPLAY_8x16(6,11*8,buffer[2]/10+0x30);//
45       OLED_DISPLAY_8x16(6,12*8,buffer[2]%10+0x30);//
46       OLED_DISPLAY_8x16(6,13*8,'C');//
47
48       delay_ms(200); //延时
49     }
50 }
```

图 28.8 main.c 文件的全部内容

首先打开 main.c 文件，如图 28.8 所示。第 22 行加载了 oled0561.h 文件，但没有加载 i2c.h 文件，因为 oled0561.h 文件中加载了 i2c.h 文件，不需要重复声明。第 29 行加入 I^2C 初始化函数 I^2C_Configuration，第 30 行加入温度读取函数 LM75A_GetTemp。在初始化后马上读取温度，是为了在开机后立即得到温度数据。之前的“数码管显示温度程序”中没有类似这一行的温度读取函数，导致开发板上电时，温度显示为 0。加入第 30 行就能在上电后第一次显示时正确地显示温度。第 32 行是 OLED 显示屏初始化函数 OLED0561_Init。第 34 行是 8 像素 ×16 像素字符的字符串显示函数 OLED_DISPLAY_8x16_BUFFER。该函数有两个参数，第一个参数是显示位置，第二个参数是显示内容。效果是在屏幕第一行显示字符串“Young Talk”。第 35 行同样调用字符串显示函数，在屏幕最下一行显示“Temp:”。接下来第 37 行进入 while 主循环，第 38 行是温度读取函数，刷新当前温度数据。第 40 ~ 46 行在显示屏上显示温度，显示后在第 48 行延时 200ms，让显示停留一段时间，再回到第 38 行读取温度数据，周而复始地循环运行，显示屏上实时刷新温度数据。

接下来仔细介绍第 40 ~ 46 行。第 40 行通过 if 语句判断 buffer[0] 中的数据，该数据为 0 表示正值，为 1 表示负值；正温度不显示符号，负温度显示负号。buffer[0] 中的数据为 1 执行 OLED_DISPLAY_8x16(6,7*8,’-’)。注意第 40、43、46 行的参数没有 buffer，第 41、42、44、45 行的参数有 buffer，有 buffer 表示显示字符串，没有 buffer 表示显示固定的字符。第 40 行的函数有 3 个参数，第一个参数是字符显示在哪一行，第二个参数是字符显示在哪一列（行和列后边再介绍），第三个参数是显示内容，这里显示负号，用单引号将负号括起来表示编译时转换成 ASCII 码中的减号（当作负号使用）。

接下来显示温度，先显示整数部分。第 41 行调用 OLED_DISPLAY_8x16 函数，在显示屏第 6 行第 64（8*8）列显示温度整数值的十位（将 buffer[1] 的值除以 10，再加上 0x30 偏移量，使得数值和 ASCII 码表中的数字对应）。第 42 行调用 OLED_DISPLAY_8x16 函数在显示屏第 6 行第 72（9*8）列显示温度数值的个位（将 buffer[1] 的值除以 10 取余数，再加上 0x30 偏移量，使得数值和 ASCII 码表中的数字对应）。第 43 行调用同样的函数，在屏幕第 6 行第 80（10*8）列显示小数点。第 44 ~ 45 行以同样原理显示温度值小数部分的十位和个位，第 46 行显示字符“C”。第 48 行延时 200ms，延时时长决定了温度刷新的频率。

另外要注意的是：在第 26 行需要加入 100ms 延时函数。这个延时非常重要，因为在开发板上电的

瞬间，单片机、OLED 显示屏、LM75A 温度传感器需要一段时间启动，启动时各芯片不能通信。加入延时函数让单片机在上电后等待 OLED 显示屏和 LM75A 温度传感器进入工作状态。如果不加延时函数，单片机上电后马上向温度传感器和 OLED 显示屏发送数据，可能出现两个器件无法接收或者 I²C 总线卡死的问题。如果器件启动较慢，还要适当增加延时时间。

以上对主函数的分析，能把接下来学习的重点确定下来。屏幕初始化函数都包含哪些内容？字符串显示函数如何调用？单个字符显示函数如何使用？程序内部的工作原理是怎样的？接下来，我们带着这些疑问一起来分析显示屏的驱动程序。

首先打开 oled0561.h 文件，如图 28.9 所示。第 4 行加载 i2c.h 文件，第 6 ~ 8 行有 3 个宏定义，第一条是定义显示屏的器件地址为 0x78，这个器件地址是固定的，没有引脚可以修改。接下来两个宏定义是指令和数据所对应的参数，根据主控芯片的指令集决定，也不能修改。第 10 ~ 16 行声明了 7 个函数，这些函数是全部的驱动程序。其中包括初始化函数、打开屏幕显示函数、关闭屏幕显示函数、调节屏幕亮度函数、清除显示内容函数，还有单个字符的显示函数，最后是字符串显示函数。汉字字符的显示函数和图片显示函数我们以后再讲。

```
1  #ifndef __OLED_H
2  #define __OLED_H
3  #include "sys.h"
4  #include "i2c.h"
5
6  #define OLED0561_ADD  0x78  // OLED的I²C地址（禁止修改）
7  #define COM           0x00  // OLED 指令（禁止修改）
8  #define DAT           0x40  // OLED 数据（禁止修改）
9
10 void OLED0561_Init(void);//初始化
11 void OLED_DISPLAY_ON (void);//OLED屏开显示
12 void OLED_DISPLAY_OFF (void);//OLED屏关显示
13 void OLED_DISPLAY_LIT (u8 x);//OLED屏亮度设置（0~255）
14 void OLED_DISPLAY_CLEAR(void);//清屏操作
15 void OLED_DISPLAY_8x16(u8 x,u8 y,u16 w);//显示8像素×16像素的单个字符
16 void OLED_DISPLAY_8x16_BUFFER(u8 row,u8 *str);//显示8像素×16像素的字符串
17
```

图 28.9 oled0561.h 文件的内容

打开 oled0561.c 文件，如图 28.10 所示。第 22 行加载 oled0561.h 文件，第 23 行加载 ASCII_8x16.h 字库文件。第 26 行是初始化函数 OLED0561_Init，它要放在 I²C 初始化函数之后执行，显示屏才能进入工作状态。初始化函数内部调用了 3 个函数。第 27 行是关闭显示函数，关闭 OLED 显示屏显示，不显示任何信息。之所以要关闭显示，是因为 OLED 显示屏在上电时寄存器中的数据都是混乱的，为了防止上电时显示乱码，在初始化之前要关闭屏幕显示，初始化完成后再打开显示。第 28 行是清除屏幕的函数，将屏幕上所有内容清空，即对显示寄存器全部写入 0。第 29 行打开屏幕显示。大家可以试着屏蔽第 27、28 行，看看不关闭、不清 0 会出现怎样的乱码。

下面看关闭屏幕显示、清空屏幕、开启屏幕显示这 3 个函数的具体内容。首先看第 32 行的开启屏幕显示函数 OLED_DISPLAY_ON，其功能是打开屏幕的电源、设置屏幕功能、进入显示状态。第 33 行定义数组 buf，数组包含 28 个数据。第 34~51 行是 28 个数据的内容，其中每个数据都代表对某个功能的设置。这些数据是根据主控芯片指令集表给

```
22 #include "oled0561.h"
23 #include "ASCII_8x16.h" //引入字体 ASCII
24
25
26 void OLED0561_Init (void){//OLED屏开显示初始化
27     OLED_DISPLAY_OFF(); //OLED屏关显示
28     OLED_DISPLAY_CLEAR(); //清空屏幕内容
29     OLED_DISPLAY_ON(); //OLED屏初始值设置并开显示
30
31 }
32 void OLED_DISPLAY_ON (void){//OLED屏初始值设置并开显示
33     u8 buf[28]={
34     0xae,//0xae:关显示，0xAF:开显示
35       0x00,0x10,//开始地址（双字节）
36     0xd5,0x80,//显示时钟频率？
37     0xa8,0x3f,//复用率？
38     0xd3,0x00,//显示偏移？
39     0XB0,//写入页位置（0xB0~0xB7）
40     0x40,//显示开始线
41     0x8d,0x14,//VCC电源
42     0xa1,//设置段重新映射？
43     0xc8,//COM输出方式？
44     0xda,0x12,//COM输出方式？
45     0x81,0xff,//对比度，指令：0x81，数据：0~255（255最高）
46     0xd9,0xf1,//充电周期？
47     0xdb,0x30,//VCC电压输出
48     0x20,0x00,//水平寻址设置
49     0xa4,//0xA4:正常显示，0xA5:整体点亮
50     0xa6,//0xA6:正常显示，0xA7:反色显示
51     0xaf//0xAE:关显示，0xAF:开显示
52     }; //
53     I2C_SAND_BUFFER(OLED0561_ADD,COM,buf,28);
54 }
55 void OLED_DISPLAY_OFF (void){//OLED屏屏显示
56     u8 buf[3]={
57       0xae,//0xAE:关显示，0xAF:开显示
58       0x8d,0x10,//VCC电源
59     }; //
60     I2C_SAND_BUFFER(OLED0561_ADD,COM,buf,3);
61 }
62 void OLED_DISPLAY_LIT (u8 x){//OLED屏亮度设置（0~255）
63     I2C_SAND_BYTE(OLED0561_ADD,COM,0x81);
64     I2C_SAND_BYTE(OLED0561_ADD,COM,x);//亮度值
65 }
```

图 28.10 oled0561.c 文件的内容 1

出的，比如指令集中定义 0xAE 表示关显示，0xAF 表示开显示。以下的数据还包括显示开始地址、时钟频率、偏移量、对比度、负压输出等指令。如图 28.12 所示，“QG-2864 手册”第 20 页有启动顺序流程图，数组里的数据是严格按照流程图中的数据列出的。只要按顺序将单字节或双字节的指令发送给显示屏就可以完成初始化。第 21 页还有关闭屏幕显示、进入睡眠模式的相关顺序流程图。大家不需要了解这些数据的深层含义。第 53 行调用 I²C 总线的发送数据串函数 I2C_SAND_BUFFER。第一个参数是器件地址，第二个参数 COM 表示写入指令（在 oled0561.h 文件中定义的）。第三个参数是要发送的数组 buf 中的 28 个数据。最后一个参数是数据长度 28 字节。只要调用 OLED_DISPLAY_ON 函数就能将启动设置数据写入显示屏，显示屏开始工作。第 55 行是关闭屏幕显示函数。第 56 行定义数组 buf，其中有 3 字节数据。0xAE 是关闭显示的指令，0x8D 和 0x10 是关闭 VCC 电源（也就是关闭整个显示屏的电源）的双字节指令。第 60 行通过 I2C_SAND_BUFFER 函数将以上数据写入屏幕，关闭屏幕显示。

```
66 void OLED_DISPLAY_CLEAR(void){//清屏操作
67   u8 j,t;
68   for(t=0xB0;t<0xB8;t++){ //设置起始页地址为0xB0
69     I2C_SAND_BYTE(OLED0561_ADD,COM,t);  //页地址（ 0xB0～0xB7）
70     I2C_SAND_BYTE(OLED0561_ADD,COM,0x10); //起始列地址的高4位
71     I2C_SAND_BYTE(OLED0561_ADD,COM,0x00); //起始列地址的低4位
72     for(j=0;j<132;j++){ //整页内容填充
73       I2C_SAND_BYTE(OLED0561_ADD,DAT,0x00);
74     }
75   }
76 }
77
78 //显示英文与数字8像素×16像素的ASCII码
79 //取模大小为16像素×16像素，取模方式为“从左到右、从上到下”“纵向8点下高位”
80 void OLED_DISPLAY_8x16(u8 x, //显示汉字的页坐标（0～7）(此处不可修改)
81             u8 y, //显示汉字的列坐标（0～63）
82             u16 w){ //要显示汉字的编号
83   u8 j,t,c=0;
84   y=y+2; //因OLED屏的内置驱动芯片是以0x02列作为屏上最左一列，所以要加上偏移量
85   for(t=0;t<2;t++){
86     I2C_SAND_BYTE(OLED0561_ADD,COM,0xb0+x); //页地址（0xB0～0xB7）
87     I2C_SAND_BYTE(OLED0561_ADD,COM,y/16+0x10); //起始列地址的高4位
88     I2C_SAND_BYTE(OLED0561_ADD,COM,y%16); //起始列地址的低4位
89     for(j=0;j<8;j++){ //整页内容填充
90       I2C_SAND_BYTE(OLED0561_ADD,DAT,ASCII_8x16[(w*16)+c-512]);//为了和ASII表对
91       c++;}x++; //页地址加1
92   }
93 }
94 //向LCM发送一个字符串，长度在64字符之内。
95 //应用：OLED_DISPLAY_8_16_BUFFER(0," DoYoung Studio");
96 void OLED_DISPLAY_8x16_BUFFER(u8 row,u8 *str){
97   u8 r=0;
98   while(*str != '\0'){
99     OLED_DISPLAY_8x16(row,r*8,*str++);
100    r++;
101    }
102 }
```

图 28.11 oled0561.c 文件的内容 2

图 28.12 启动顺序流程图

如图 28.11 所示，第 66 行是清除屏幕显示的函数 OLED_DISPLAY_CLEAR。第 67 行定义两个变量 j 和 t。第 68 行是两个嵌套的 for 循环语句，功能是向屏幕上所有显示区块写入数据 0（像素熄灭），即“清屏”。

它的实现原理很简单：for 循环使计数初始值为 0xB0，也就是 8 像素 ×8 像素小区块中每一行的区块。各小区块的地址划定如图 28.13 所示。这是 128 像素 ×64 像素的完整显示屏，每个小区块是 8 像素 ×8 像素，显示屏厂商给区块定义了对应地址，比如第一行长 128 列，宽 8 行，把区域整行第一行地址定义为 0xB0，第二行地址定义为 0xB1，第三行地址定义为 0xB2，直到最后一行地址定义为 0xB7，共 8 行。屏幕纵向不分列，以像素单独计算共 128 列。显示内容要通过这样的数据结构显示。将其代回到程序中分析就很好理解：for 循环初始值为 0xB0，结束为 0xB7，也就是先向 0xB0 行发送数据，再向 0xB1 行、0xB1 行，直到 0xB7 行发送数据，即纵向从 0xB1 到 0xB7 发送数据。for 循环内部第 69 ~ 71 行有 3 个函数，都使用了 I2C_SAND_BYTE 函数发送一个字节数据。第 69 行发送指令 t，即 0xB0~0xB7 的行数据，表示向哪个区块行写入数据。第 70 ~ 71 行是数据起始地址，也就是从左数的哪一列开始写入。这里将 128 列分成两个字节发送，第一个字节发送高 4 位（固定为 0x10），第二个字节发送低 4 位 0x00，表示从屏幕最左边开始写入数据。第 72 行的 for 循环是向每个区块写入列数据，初始值为 0，结束值为 132。按理说结束值应该是 128，因为屏幕有 128 列，但是 128 列是屏幕显示的总列数，而驱动芯片内部共可以驱动 132 列，屏幕显示只是 132 列中的 128 列。为了更彻底地清除数据，所以写为 132 列。第 73 行调用 I^2C 发送单个字节的函数，发送一个数据 0x00，即将屏幕的内容清 0。

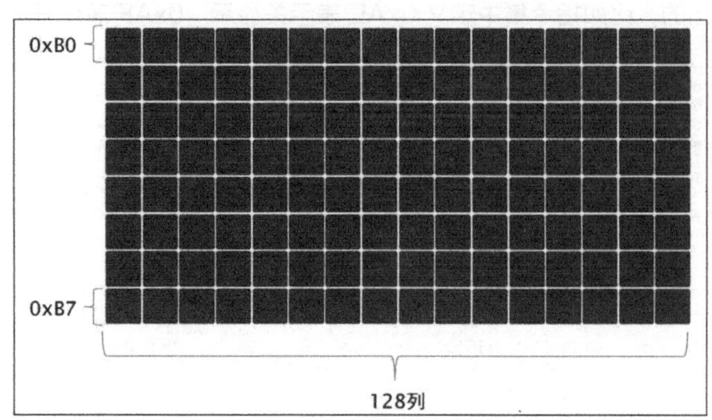

图 28.13 屏幕中各小区块的地址划定

现在整体回顾一下。首先第 68 行 for 循环初始值为 0xB0，也就是屏幕最上方第一行的数据内容为 0x00。第 72 行将数据循环发送 132 次，从最左边开始写入数据，把这行 132 列（实际显示 128 列）全部写入 0，结束后再回到第 68 行的 for 循环将变量 t 加 1，行值变为 0xB1。接下来的操作和之前相同，再发送 132 个数据 0，以此类推，将 8 个区块行中的数据全部写入 0，实现清屏。大家可以试着修改写入的数据值，比如将 0x00 改为 0xFF，重新编译下载，屏幕上所有点会全部点亮。试试改成 0x55，显示出“百叶窗”效果。清屏操作和下面要介绍的写入字符的原理基本相同。

如图 28.10 所示，第 62 行是调节屏幕亮度函数 OLED_DISPLAY_LIT，该函数有一个参数，取值范围为 0~255，可以调节屏幕亮度（灰度），该参数为 0 时亮度最低，为 255 时亮度最高。函数内容很简单，只发送双字节指令，第 63 行发送的 0x81 是固定的亮度指令，第 64 行发送亮度值（0 ~ 255）。改变屏幕亮度的指令在初始化函数第 45 行使用过。如图 28.11 所示，接下来是显示英文和数字的函数 OLED_DISPLAY_8x16，功能是在屏幕上的某个位置写入一个字符。该函数有 3 个参数 x、y、w，其中 x 设置在哪一行显示，数值范围为 0~7，对应 0xB0~0xB7；y 设置在哪一列显示，数值范围为 0~127，对应显示屏上的 128 列；w 是字符的 ASCII 编码。接下来分析函数的内容。第 83 行定义 3 个变量，用于 for 循环。第 84 行让 y 值加 2，这个操作取决于主控芯片型号。有些芯片最左边一列的起始位置是 0x00，还有的是 0x02。为了适应不同型号，这里将 y 加 2 得到正确的起始位置。你在使用其他显示屏时，若显示内容整体右偏两列，屏蔽第 84 行便能回到正确显示。第 85 行的 for 循环里面嵌套有第 89 行的 for 循环。这两个 for 循环的嵌套设计和清屏函数的两个 for 循环相同。第 85 行的 for 循环让变量

t 的初始值为 0，第 89 行的 for 循环向屏幕发送数据数组 ASCII_8x16。数组从哪里来呢？这时我们就要打开 ASCII_8x16.h 文件，如图 28.14 所示。其中只有一个数组 ASCII_8x16，数组给出 ASCII 编码的所有字符的显示建模数据，把这些数据循环写入屏幕便能显示出字符。第 90 行通过算法把 ASCII 数组中的数据读出来显示到对应位置。第 86 ~ 88 行先写入 3 个数据，第一个数据是页地址（区块中的哪一行），地址范围为 0xB0~0xB7。算法是“0xB0+x”，变量 x 是第一个参数，所以 x 写入 0~7 就能选择第 0 行 ~ 第 7 行（页）。第 87 ~ 88 行是列偏移地址，第 87 行先写入 y 的高 4 位，第 88 行再写入 y 的低 4 位，即确定在 128 列中的哪一列。第 90 行查找 ASCII 数据表，将字符数据写入前两个参数设置的位置。第 91 行让 x 加 1，使地址设置为下一行，再写入的字符将显示在第 2 行。每个字符需要 8 像素 ×16 像素，而每一个小区块是 8 像素 ×8 像素。我们要向 8 像素 ×16 像素的位置写入一个字符，需要分两行来写入。先从左到右依次写入第一行的 8 个数据，跳到下一行同一列再写入 8 个数据，循环两次写入两个 8 像素 ×8 像素小区块，完成一个 8 像素 ×16 像素字符的数据写入。

第 96 行是写入字符串的函数 OLED_DISPLAY_8x16_BUFFER，功能是向屏幕写入字符串，如图 28.11 所示。函数有两个参数，第一个参数决定将字符串显示在哪一行。第二个参数用指针变量给出写入的内容。第 98 行的 while 循环判断指针数据是不是“/0”，“/0”表示字符数据发送结束。第 99 行调用了第 80 行的单个字符显示函数 OLED_DISPLAY_8x16。函数的第一个参数是行位置（页地址），第二个参数是写入的列位置。r*8 表示每次移动 8 列，因为英文和数字需要 8 列，字符间隔就是 8 列。*str 是把指针变量作为内容显示出来。最终函数的调用非常简单，调用 OLED_DISPLAY_8x16_BUFFER，给出显示的区块行（页）。要写入的每个字符是占用 8 像素 ×16 像素，最终写入的数据占用了两行，即 0xB0 和 0xB1 同时被占用。照此原理，显示“Young Talk”已经占用了第 0、1 行。所以下一行显示的字符要从 0xB2 写入。8 像素 ×16 像素的字符一共只能显示 4 行。第一行的地址是 0xB0，第二行的地址是 0xB2，第三行的地址是 0xB4，第四行的地址是 0xB6。函数的内容要用双引号括起来，每行内容最多 128 列（16 个字符）。有些位置不需要写入字符时可用空格代替，main.c 文件中第 34 ~ 35 行是显示字符串的示例，只要按照这样的操作就能完成字符串的写入。

OLED 显示屏还有很多复杂的显示程序，包括以不同字号显示字符，显示汉字、图片，再深入研究还要学习字模的生成方法、图片的设计与转换等。总之在屏幕显示功能上，本节的介绍只是基础的第一步。如果你掌握了这关键的第一步，往后的自学会更加顺利且高效。师父领进门，修行靠个人。虽然后续我会讲解 OLED 显示屏的高级编程方法，但你的自学是必不可少的。

```
#ifndef __ASCII_8x16_H
#define __ASCII_8x16_H


// ------------------ ASCII字模的数据表 ------------------------ //
// 码表0x20~0x7E                                               //
// 字库： 纵向取模下高位// （调用时要减512）
// -------------------------------------------------------------- //
const u8 ASCII_8x16[] =  {              // ASCII
	0x00,0x00,0x00,0x00,0x00,0x00,0x00,0x00,  // - -
	0x00,0x00,0x00,0x00,0x00,0x00,0x00,0x00,

	0x00,0x00,0x38,0xFC,0xFC,0x38,0x00,0x00,  // -!-
	0x00,0x00,0x00,0x0D,0x0D,0x00,0x00,0x00,

	0x00,0x0E,0x1E,0x00,0x00,0x1E,0x0E,0x00,  // -"-
	0x00,0x00,0x00,0x00,0x00,0x00,0x00,0x00,

	0x20,0xF8,0xF8,0x20,0xF8,0xF8,0x20,0x00,  // -#-
	0x02,0x0F,0x0F,0x02,0x0F,0x0F,0x02,0x00,

	0x38,0x7C,0x44,0x47,0x47,0xCC,0x98,0x00,  // -$-
	0x03,0x06,0x04,0x1C,0x1C,0x07,0x03,0x00,

	0x30,0x30,0x00,0x80,0xC0,0x60,0x30,0x00,  // -%-
	0x0C,0x06,0x03,0x01,0x00,0x0C,0x0C,0x00,

	0x80,0xD8,0x7C,0xE4,0xBC,0xD8,0x40,0x00,  // -&-
	0x07,0x0F,0x08,0x08,0x07,0x0F,0x08,0x00,

	0x00,0x10,0x1E,0x0E,0x00,0x00,0x00,0x00,  // -'-
	0x00,0x00,0x00,0x00,0x00,0x00,0x00,0x00,
```

图 28.14 ASCII_8x16.h 文件的部分内容

第 56 步

29 继电器

29.1 原理介绍

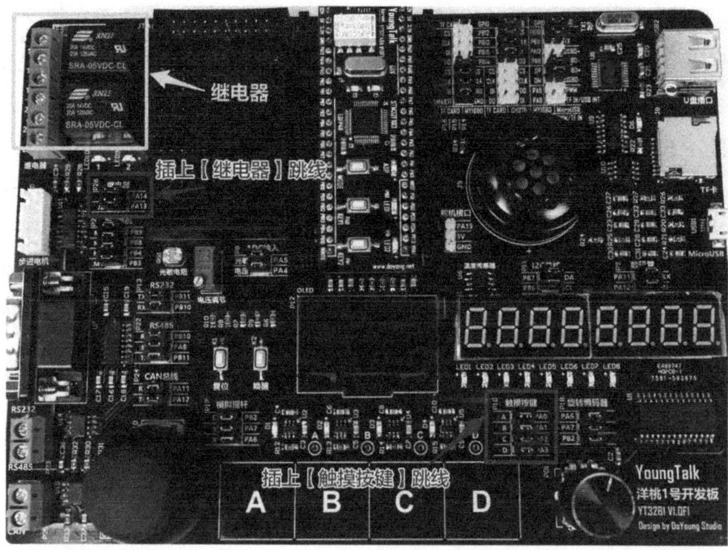

图 29.1 跳线设置

讲完了数码管和 OLED 显示屏的显示部分，接下来学习控制部分。控制部分最常用的元器件是继电器。这一节，我们就来学习继电器的原理和编程。开始实验之前，先对开发板上的跳线进行设置。如图 29.1 所示，把洋桃 1 号开发板左上角的一组标注为“继电器”（编号为 P26）的跳线短接（插上），再把标注为“触摸按键”（编号为 P10）的跳线短接（插上）。实验中将使用触摸按键控制继电器的开关。在附带资料中找到“按键控制继电器程序”工程，将工程中的 HEX 文件下载到开发板中看一下效果。效果是在开发板上触摸按键即可控制继电器的开关。

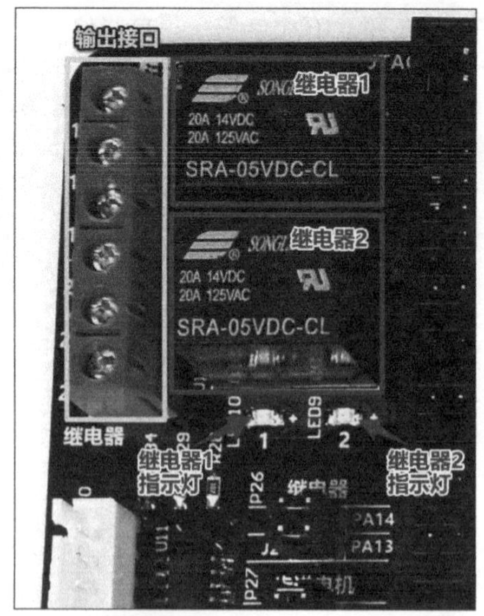

图 29.2 继电器说明

如图 29.2 所示，开发板左上角的这两个黑色方块是两个继电器，上方是继电器 1（J1），下方为继电器 2（J2），可以用触摸按键来控制继电器的开关。按 A 键，继电器 1 打开，继电器下方的“1”指示灯点亮；按 B 键，继电器 1 关闭，“1”指示灯熄灭；按 C 键，继电器 2 打开，“2”指示灯点亮；按 D 键，继电器 2 关闭，“2”指示灯熄灭。

继电器是一种常见的自动化控制元器件，我们可以使用单片机来控制继电器内部的一组触点的导通和断开，从而控制外部的功能电路。如图 29.2 所示，继电器左边的一排接线端子是继电器的控制端口。其中 1C、1A、1B 是继电器 1 的输出端口，2C、2A、2B 是继电器 2 的输出端口。只要将其他用电器串联到端口上，就能通过继电器控制用电器的电源通断。为了让大家更深刻地理解继电器，我介绍一下继电器的内部工作原理。

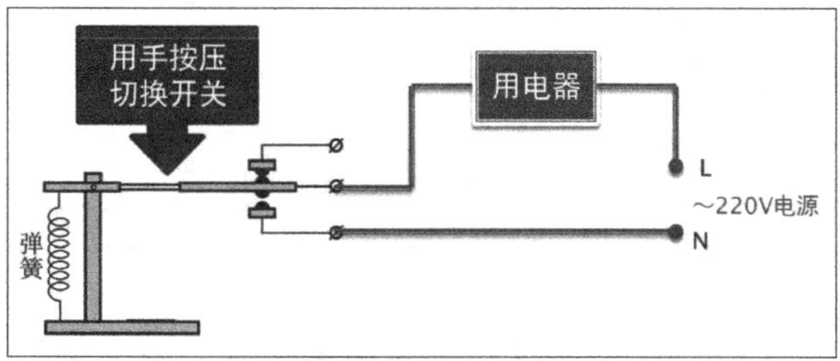

图 29.3 手动控制开关示意图

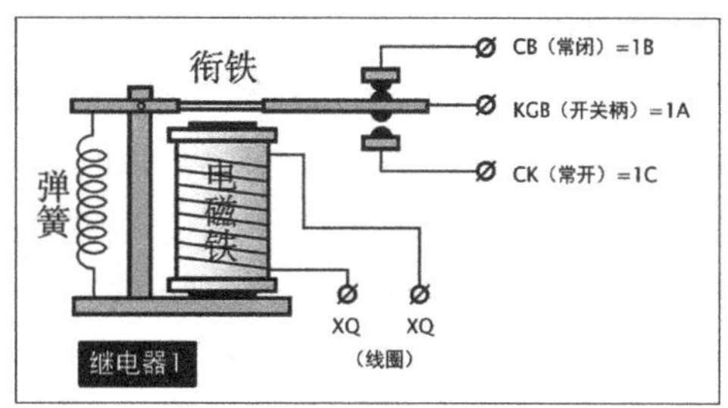

图 29.4 继电器的内部结构

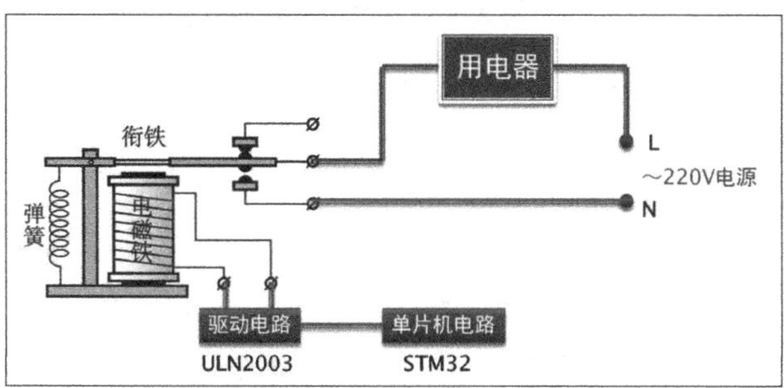

图 29.5 继电器工作电路示意图

首先来看继电器的功能，继电器是一种自动控制开关，用在小电流控制大电流的电路中。也就是说继电器的功能和电灯开关一样，只是操作方法不是手动按压开关，而是用单片机控制自动开关，最终实现用单片机控制用电器。继电器的应用有 4 种，常用的是自动控制。比如用手机远程控制家里的电灯，控制系统的最后一环是用继电器来导通电灯电路。除此之外，继电器还有电气隔离、安全保护、转换电路的功能。对于单片机开发者，继电器最常用的功能还是自动控制。

先看一下手动控制开关的原理。如图 29.3 所示，假设我们设计出这样的手动开关，通过一个金属控制长柄连接一组触点，触点上方、下方各连接两个金属片，然后将中间的长柄和下方的触点连接到 220V 电源，电源上串联一个用电器（如灯泡）。开关长柄的另一端通过杠杆结构连接一个弹簧。平时，弹簧的拉力使得长柄的触点保持与上方的金属触点连接。当用手按压长柄时，长柄向下运动，断开上边的触点，与下边的触点连接，用电器电路导通。当手放开时，弹簧的拉力使长柄又回到平时状态，右边的电路断开，用电器断电。这样就实现了手动按压控制用电器的开关。

继电器的功能是自动控制，用电磁铁代替手按压。图 29.4 所示是继电器的内部结构，长柄、金属触点、弹簧与图 29.3 中的相同，区别是长柄下方加入了电磁铁。电磁铁由铁芯和缠绕在铁芯上的线圈组成。线圈通电时铁芯产生磁性，吸合上方的衔铁，衔铁与长柄连接，向下运动，使长柄 KGB 与上方的触点 CB 断开，与下方的 CK 触点短接。线圈断电时铁芯失去磁性，弹簧拉力使长柄回弹，触点 KGB 与上方的 CB 触点短接。在 XQ 端给电磁铁通电就能控制长柄的上下状态，决定与哪个触点短接。只要用单片机控制电磁铁便能控制长柄的状态。继电器上一般有 5 个引脚，其中两个是线圈引脚 XQ，连接在继电器驱动电路上。另外 3 个是开关控制引脚。在电磁铁没有吸合时，开关长柄 KGB 与上方的常闭触点 CB 连接。线圈通电、电磁铁吸合时，长柄 KGB 和下方的常开触点 CK 连接。3 个接口对应着开发板上的 1B（KGB 长柄）、1A（CB 常闭）、1C（CK 常开），这是继电器 1 的引脚定义。继电器 2 的引脚定义相同，对应的触点是 2B（KGB 长柄）、2A（CB 常闭）、2C（CK 常开）。

图 29.5 所示是继电器的完整工作电路。电路中继电器的线圈连接驱动电路，驱动电路有很多种方案，常用三极管或 ULN2003 达林顿管驱动电路。驱动电路连接到单片机 I/O 端口，单片机输出高电平、低电平控制驱动电路，最终控制电磁铁的吸合或断开。继电器的输出端可以连接电源和用电器，用电器和继电器端子串联形成开关电路，当单片机输出电平时，驱动电路使电磁铁吸合，给用电器通电。

再来看电路原理图。在附带资料中找到“洋桃 1 号开发板电路原理图”文件夹，首先来看“洋桃 1 号开发板电路原理图（开发板总图）”，这里有继电器的步进电机接口，如图 29.6 所示。其中继电器 1 的控制端（RELAY_1）连接到 PA13 接口，继电器 2 的控制端（RELAY_2）连接到 PA14 接口。注意：开发板上 JTAG 接口也使用了 PA13 和 PA14。而且在单片机上电时默认这两个端口为 JTAG 功能，如果要把它们设为 GPIO 功能，需要在程序中设置。

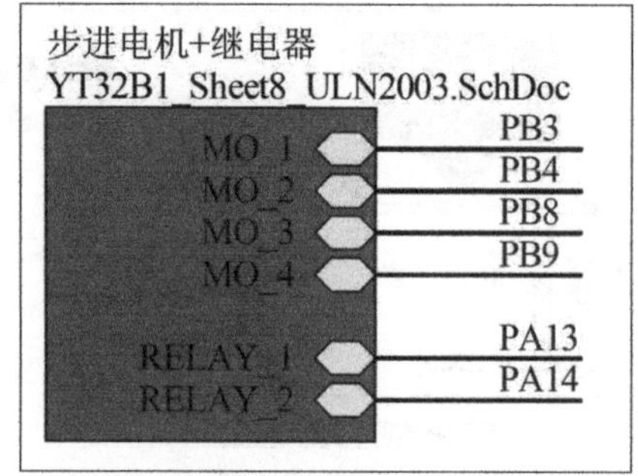

图 29.6 步进电机和继电器子电路图

接下来打开“洋桃 1 号开发板电路原理图（步进电机和继电器部分）”，如图 29.7 所示。图中上方有继电器 1 和继电器 2 的两个端口标号：RELAY_1（PA13）和 RELAY_2（PA14）。接口通过 P26 跳线连接到 ULN2003 驱动芯片。UL2003 是一款达林顿管芯片，功能是用小电流控制大电流电路，把大电流输出给继电器的线圈，使继电器吸合。

打开“洋桃 1 号开发板周围电路手册资料”文件夹中的“ULN2003 数据手册”，手册第 1 页有芯片的接口定义，如图 29.8 所示。其中芯片第 8 引脚连接 GND，第 9 引脚连接驱动大电流的电源正极。芯片左边第 1~7 引脚用来输入，连接单片机。右边第 10~16 引脚用来输出，连接继电器。图中每组三角形符号都是独立的输入和输出。比如我们可以把第 1 引脚连接到单片机的 I/O 端口，内部的非门电路控制 16 引脚输出与 1 引脚相反的电平，因为非门电路的输入电平和输出电平是相反的。继电器线圈需要大电流才能吸合，只有输出引脚给出的大电流电平才行，只靠单片机 I/O 端口的电平（小电流）无法控制继电器，所以 ULN2003 芯片输入端连接单片机输出的小电流电平，输出端输出大电流的电平。输出端驱动电路必须采用灌电流方式。回到图 29.7，两个 I/O 端口连接在 ULN2003 芯片的输入端——第 5、6 引脚的。然后从输出引脚——11、12 引脚连接两组继电器。继电器电路在图 29.7 下方，两个正方形器件，左边的是继电器 1，右边的是继电器 2。

先来看继电器 1，继电器 1 的第 2、4 引脚的标号为 XQ，是线圈的连接端口。线圈不分正负极，只

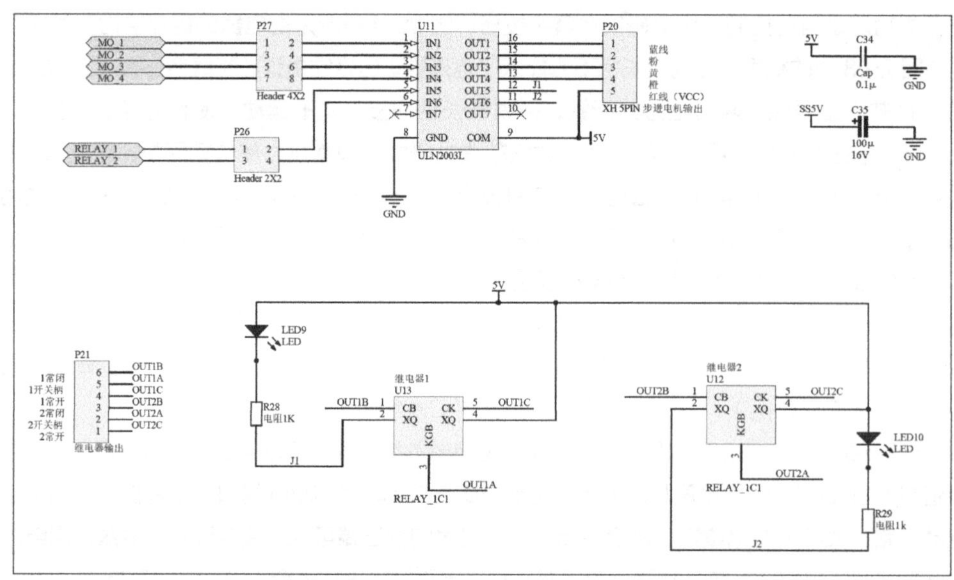

图 29.7 步进电机和继电器部分电路原理图

要在线圈上通过电流就能吸引长柄。于是将线圈的一端连接 5V 电源，另外一端连接 ULN2003 的第 12 引脚。当 I/O 端口输出高电平时，ULN2003 对应输出引脚会输出低电平，使线圈一端变为低电平，而线圈的另一端连接 5V 高电平，线圈吸合。I/O 端口输出低电平时，ULN2003 对应的输出端输出高电平，线圈两端都是高电平，线圈不吸合。另外我在输出端连接了 LED 指示灯（LED9）和限流电阻（R28），用来指示继电器的工作状态。

继电器还有 3 个引脚，1 引脚是 CB 常闭触点，3 引脚是 KGB 开关柄，5 引脚是 CK 常开触点。它们分别连接到了接线端子 P21，其中 4、5、6 引脚是继电器 1 的输出引脚。继电器 2 的工作原理与继电器 1 相同，只是线圈一端连接 ULN2003 芯片的第 6 引脚。通过电路分析可以得出结论：PA13 和 PA14 能控制两个继电器。端口输出高电平时，对应的继电器吸合；端口输出低电平时，对应的继电器断开。控制继电器吸合与断开就与控制 LED 点亮和熄灭一样简单。

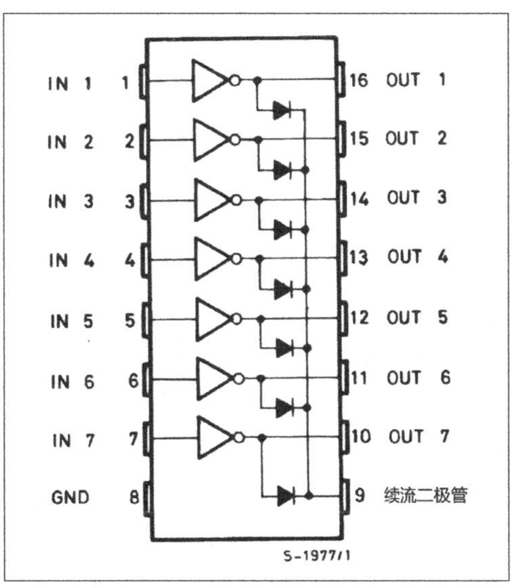

图 29.8 ULN2003 驱动芯片的接口定义

```
1  #ifndef __RELAY_H
2  #define __RELAY_H
3  #include "sys.h"
4
5
6  #define RELAYPORT GPIOA //定义I/O端口
7  #define RELAY1  GPIO_Pin_14 //定义I/O端口
8  #define RELAY2  GPIO_Pin_13 //定义I/O端口
9
10
11
12 void RELAY_Init(void);//继电器初始化
13 void RELAY_1(u8 c);//继电器控制1
14 void RELAY_2(u8 c);//继电器控制2
15
```

图 29.9 relay.h 文件的全部内容

29.2 程序分析

下面我们来分析继电器的驱动程序。打开“按键控制继电器程序”工程。工程完全复制上节“温度值 OLED 屏显示程序”的工程，只是在 Hardware 文件夹下方新加入了 RELAY 文件夹，在文件夹里面加入了 relay.c 和 relay.h 文件，这两个文件是我编写的继电器驱动程序。接下来用 Keil 软件打开工程，在 Keil 的设置中加入刚刚添加的文件。在 Hardware 文件夹中加入 relay.c 文件，同时保留 touchkey.c 文件，用于驱动触摸按键。

我们首先打开 relay.h 文件，如图 29.9 所示。第 6 ~ 8 行是继电器连接的两个 I/O 端口 PA13 和 PA14 的宏定义。第 12 ~ 14 是 3 个函数的声明。第一个是继电器初始化函数，第二个是继电器 1 的控制函数，第三个是继电器 2 的控制函数。

接下来打开 relay.c 文件，如图 29.10 所示。第 20 行有注意事项，说明 PA13 和 PA14 上电后默认为 JTAG 功能，需要在 RCC 设置中启动 AFIO 时钟重映射，才能将两个引脚变成 I/O 端口。第 31 行加载了 relay.h 文件。第 33 行是继电器的初始化函数 RELAY_Init，函数内部第 35 行先启动 APB2 总线，打开所有 I/O 端口。第 36 行启动 AFIO 重映射功能。第 37 ~ 40 行是 I/O 端口设置，设置为推挽输出方式，频率为 50MHz。第 42 行禁用 JTAG 功能，这样引脚才能用于 I/O 端口。第 43 行给出继电器的初始化状态，两个 I/O 端口都设为低电平，使继电器在上电后处在放开状态。接下来第 46 行是继电器 1 的控制函数 RELAY_1，参数中定义了变量 c，程序中对 I/O 端口的操作由变量 c 决定，c 等于 0 时继电器放开，c 等于 1 时继电器吸合。第 49 行是继电器 2 的控制函数 RELAY_2，工作原理和继电器 1 相同。

接下来打开 main.c 文件，如图 29.11 所示。第 20 行加载了 touchkey.h 触摸按键驱动程序文件，

```
注意：
本程序所占用的GPIO端口PA13、PA14上电后为JTAG功能，
需要在RCC程序里启动AFIO时钟，再在RELAY_Init函数里加入：
GPIO_PinRemapConfig(GPIO_Remap_SWJ_Disable, ENABLE);
// 改变指定引脚的映射,完全禁用JTAG+SW-DP才能将JATG端口重定义为GPIO

*/




#include "relay.h"

void RELAY_Init(void){ //继电器的端口初始化
    GPIO_InitTypeDef  GPIO_InitStructure;
    RCC_APB2PeriphClockCmd(RCC_APB2Periph_GPIOA | RCC_APB2Periph_GPIOB | RCC_APB2Periph_GPIOC | RC
    RCC_APB2PeriphClockCmd(RCC_APB2Periph_AFIO, ENABLE);//启动AFIO重映射功能时钟
        GPIO_InitStructure.GPIO_Pin = RELAY1 | RELAY2; //选择端口号（0~15或all）
        GPIO_InitStructure.GPIO_Mode = GPIO_Mode_Out_PP; //选择I/O端口工作方式
        GPIO_InitStructure.GPIO_Speed = GPIO_Speed_50MHz; //设置I/O端口速度（2/10/50MHz）
    GPIO_Init(RELAYPORT, &GPIO_InitStructure);
    //必须将禁用JTAG功能才能做GPIO使用
    GPIO_PinRemapConfig(GPIO_Remap_SWJ_Disable, ENABLE);// 改变指定引脚的映射,完全禁用JTAG+SW-DP
    GPIO_ResetBits(RELAYPORT,RELAY1 | RELAY2); //都为低电平（0）初始为关继电器
}

void RELAY_1(u8 c){ //继电器的控制程序（c=0继电器断开，c=1继电器吸合）
    GPIO_WriteBit(RELAYPORT,RELAY1,(BitAction)(c));//通过参数值写入端口
}
void RELAY_2(u8 c){ //继电器的控制程序（c=0继电器断开，c=1继电器吸合）
    GPIO_WriteBit(RELAYPORT,RELAY2,(BitAction)(c));//通过参数值写入端口
}
```

图 29.10 relay.c 文件的全部内容

```
17 #include "stm32f10x.h" //STM32头文件
18 #include "sys.h"
19 #include "delay.h"
20 #include "touch_key.h"
21 
22 #include "relay.h"
23 
24 int main (void){//主程序
25     RCC_Configuration(); //系统时钟初始化
26     TOUCH_KEY_Init();//触摸按键初始化
27 
28     RELAY_Init();//继电器初始化
29 
30     while(1){
31         if(!GPIO_ReadInputDataBit(TOUCH_KEYPORT,TOUCH_KEY_A))RELAY_1(1); //当按键A被按下时,继电器1标志置位
32         if(!GPIO_ReadInputDataBit(TOUCH_KEYPORT,TOUCH_KEY_B))RELAY_1(0); //当按键B被按下时,继电器1标志置位
33         if(!GPIO_ReadInputDataBit(TOUCH_KEYPORT,TOUCH_KEY_C))RELAY_2(1); //当按键C被按下时,继电器2标志置位
34         if(!GPIO_ReadInputDataBit(TOUCH_KEYPORT,TOUCH_KEY_D))RELAY_2(0); //当按键D被按下时,继电器2标志置位
35     }
36 }
```

图 29.11 main.c 文件的全部内容

第 22 行加载了 relay.h 继电器驱动程序文件。在主函数开始部分，第 26 行是触摸按键初始化函数，第 28 行是继电器初始化函数。在 while 主循环中用 4 个 if 语句判断 4 个触摸按键的状态。某个触摸按键被触发时执行函数中的内容。当 A 键被按下时，调用继电器 1 的控制函数，输入的参数是 1，让继电器吸合。当 B 键被按下时，让继电器 1 放开。当 C 键被按下时，继电器 2 吸合，当 D 键被按下时，继电器 2 断开。这样就实现了示例程序的效果。继电器的驱动程序非常简单，操作起来也很方便。在此需要说明：之所以把继电器的控制引脚设置到 PA13 和 PA14，是因为洋桃 1 号开发版上的功能实在太多了，I/O 端口严重不足，是没有办法之举。如果你的项目开发中 I/O 端口充足，请尽量使用不被 JTAG 功能占用的 I/O 端口，这样可以防止继电器在上电瞬间处在吸合状态，也避免了两种功能端口的冲突。

第 57~58 步

30 步进电机

30.1 原理介绍

步进电机是机电自动控制中的常用器件，电机内部具有特殊的结构，可以精确控制电机转子的转动角度，实现精密控制。打印机、3D 打印机、机械手臂、智能机器人等机电设备中都使用步进电机。这次我们学习步进电机的原理和驱动方法。开始实验之前，先对开发板上的跳线进行设置。如图 30.1 所示，把洋桃 1 号开发板左侧标注为“步进电机”（标号为 P27）的跳线短接（插上），让步进电机电路与单片机 I/O 端口连接。再把标注为“触摸按键”（标号为 P10）的跳线短接，示例程序使用触摸按键控制步进电机旋转。接下来从洋桃 1 号开发板配件包中找到步进电机，将步进电机的白色 XH 端子插入开发板左侧的“步进电机”白色接口，如图 30.2 所示。在附带资料中找到“按键控制步进电机程序”工程，将工程中的 HEX 文件下载到开发板中，看一下效果。

图 30.1 跳线设置

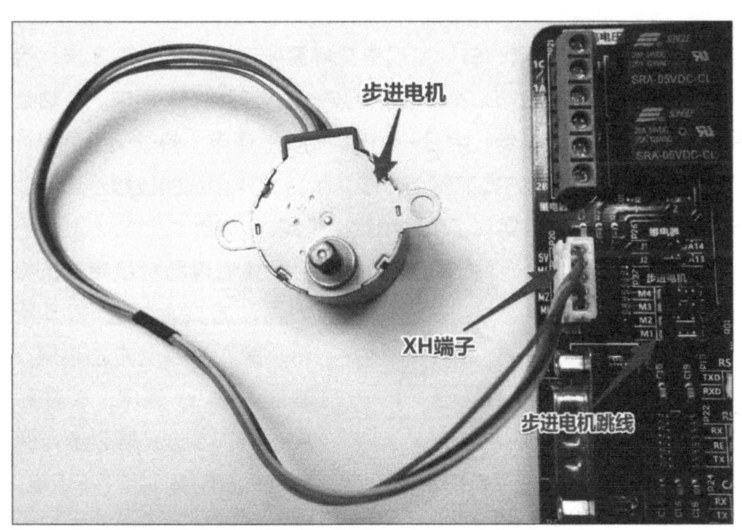

图 30.2 步进电机与开发板连接

效果是按下开发板上的触摸 A 键时，步进电机快速顺时针转动；按下 B 键时，步进电机以同样速度逆时针转动；按下 C 键时，步进电机以慢速顺时针转动；按下 D 键时，步进电机以慢速逆时针转动；松开各个按键时，步进电机均停止转动。A、B 两个触摸按键是以“4 拍”方式正、反旋转，C、D 两个按键是以“8 拍”方式正反旋转。什么是“4 拍”和“8 拍”呢？现在就来看一下步进电机的内部结构以及工作原理。

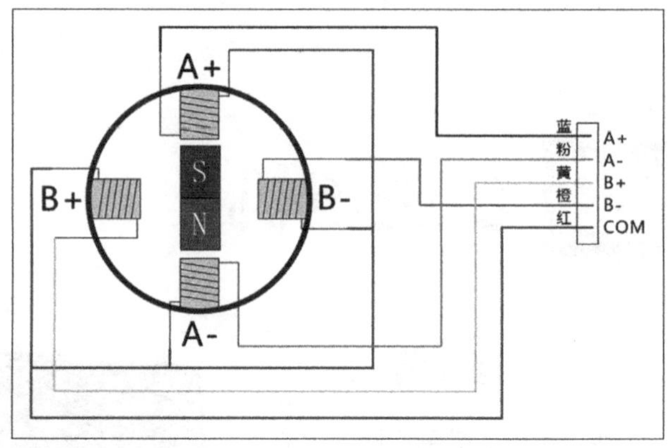

图 30.3 5 线 4 相步进电机的内部原理

什么是步进电机？它和普通电机有什么区别？通俗来讲，步进电机是由电脉冲信号控制转动角度的一类电机。普通电机通电后会以一定速度朝一个方向旋转，转速由负载和电流决定，电流越大、负载越小，转速越快。在不需要精密控制的场合，使用普通电机即可。比如电风扇使用普通电机，通电后旋转产生风力。而对于需要实现精密控制的应用场合，普通电机不能胜任。经典的例子是喷墨打印机，打印时打印头需要在纸张上精确移动，移动的距离固定且可以计算，才能在指定位置打印出文字，这时要采用步进电机。步进电机是按角度旋转的，它所输入的并不是直接的直流或交流电源，而是脉冲，每输入一个脉冲，步进电机旋转一个固定角度。步进电机的定义简单总结为：通过脉冲数量控制旋转角度，从而实现精确角度定位。

图 30.3 所示是 5 线 4 相步进电机，即开发板配件包中的步进电机的内部原理。可以看到步进电机的输出端共有 5 条导线，导线颜色分别是蓝、粉、黄、橙、红，前 4 种颜色对应电机中 4 个线圈的一端，红色导线为公共端。每个线圈缠绕一个铁芯，形成 4 个电磁铁。中心位置是转轴，转轴上安装了永磁铁。当某个线圈通电时，线圈缠绕的金属棒产生磁性，吸引永磁铁靠近这个线圈。

我们来看 4 组线圈在电路上是怎样连接的。将 4 组线圈标注为 A+、A−、B+、B−，对应 4 个方向。其中A+线圈的一端连接到蓝线，A−线圈的一端连到粉线，B+线圈一端连到黄线，B−线圈的一端连到橙线，所有线圈的另一端都连到红线公共端 COM。只要在公共端 COM 输入高电平，想使哪个线圈产生磁性，就对线圈另一端对应的导线输入低电平，使线圈产生磁性。根据实际需要，步进电机的连接方式有很多种，这只是其中一种。

既然可以通过接口端的高低电平变化控制线圈产生磁性，下一步就要了解如何通过电平来控制电机转动。我们所采用的步进电机有 4 拍和 8 拍两种驱动方式，先来看 4 拍驱动方式。如图 30.4 所示，第 1 步给 A+ 线圈通电产生磁性，这时吸引转轴朝 A+ 方向转动，转轴最终变成左边第 1 幅图所示的状态。第 2 步，把 A+ 线圈断电后给 B+ 线圈通电，转轴旋转到 B+ 的位置，转轴呈现第 2 幅图所示的状态。第 3 步，给 B+ 断电后给 A− 通电，转轴继续旋转到第 3 幅图所示的状态。第 4 步，给 A− 断电后给 B− 通电，转轴会转到 B− 的位置，转轴旋转到第 4 幅图所示的状态。下一步，给 B− 断电后给 A+ 通电，转轴又回到第 1 幅图所示的初始位置，完成了一个旋转周期。这就是 4 拍方式的驱动方法，不断给 4 个线圈按顺序通电、断电，使电机转动一周，电机每转动一格的角度是 90° ，实现了精确角度的控制。

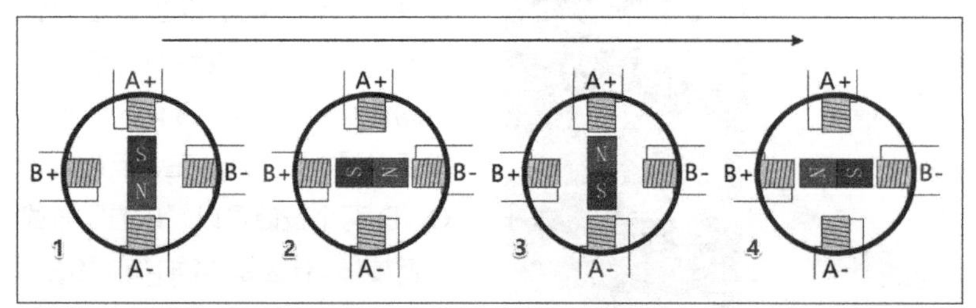

图 30.4 4 拍驱动方式示意图

我们再看精度更高的 8 拍驱动方式，如图 30.5 所示。第 1 步是上方左边第 1 幅图，给 A+ 通电，转轴朝 A+ 方向转动。第 2 步，保持A+通电，同时给B+通电，两个线圈同时通电产生相同磁性，转轴会移动到二者中间的位置，形成 45° 转角。第 3 步，保持 B+ 通电，给 A+ 断电，转轴再旋转 45° 到 B+ 的位置。第 4 步，保持 B+ 通电，同时给 A- 通电，转轴再旋转 45° 到 B+ 和 A- 的中间位置。按同样原理依次类推，总共 8 步让转轴旋转一个周期。

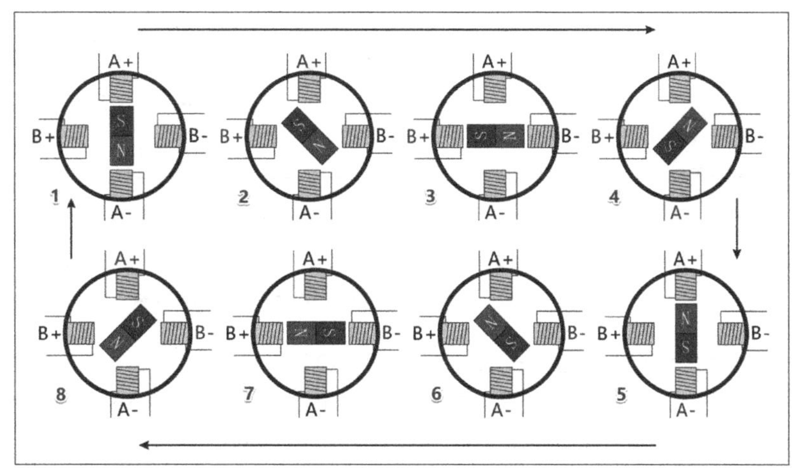

图 30.5 8 拍驱动方式示意图

4 拍驱动方式每拍旋转 90°，8 拍驱动方式每拍旋转 45°，由于每拍旋转的角度更小，8 拍驱动方式会带来更精确的控制。按照步进电机原理，可以简化出图 30.6 所示的电路原理示意图。左边第 1 幅图是 5 线 4 相步进电机的简化图纸，圆圈 M 表示转轴，波浪线表示线圈，这里把 A+ 和 A- 连到一起，在线圈中间抽出一条导线连到 COM 公共端，B+ 和 B- 也一样，电路简化图和原理图等效。图纸上一共有 5 条线（A+、A-、B+、B-、COM）和 4 组线圈（A+ 到 COM，A- 到 COM，B+ 到 COM，B- 到 COM）。第 2 幅图所示是 4 线 2 相步进电机，A+ 和 A- 直接连接，中间没有公共端，B+ 和 B- 直接连接，一共 4 条线（A+、A-、B+、B-）和两组线圈。同样道理，第 3 幅图的电机有 8 根输出线、4 组线圈，所以是 8 线 4 相步进电机。

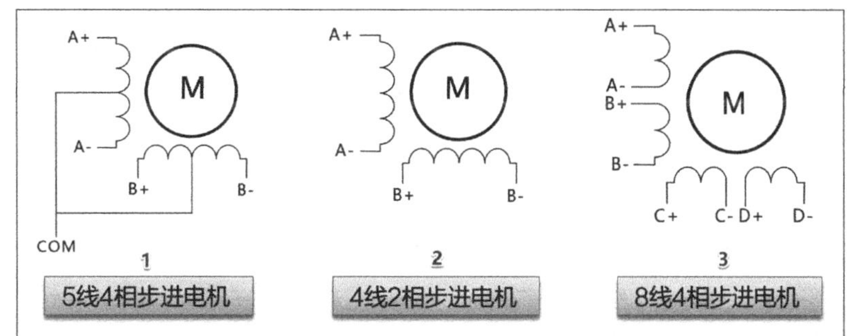

图 30.6 多种步进电机原理示意图

根据不同的应用会有不同的线数和相数，即使是相同相数的步进电机也有不同的接线方法。比如同样是 4 相步进电机会有 8 线、6 线、4 线串联、4 线并联等接线方式。但不论有多少相和线，基本驱动原理相同。

需要注意，不同型号的步进电机有不同的驱动电压，使用前需要确定它的性能参数。配件包中的是 5V 步进电机，使用 5V 电源驱动。另外步进电机停转时不能给线圈长时间通电，旋转结束要断电，以防止长时间对一个线圈通电导致发热，损坏电机。4 拍和 8 拍的驱动方式是用单片机的驱动方法，此外还有专用的步进电机驱动器，它能够实现更精细的角度控制，可以达到 64、128、256 倍的细分角度。但这样的驱动器价格较高，用于精度要求很严格的设备。步进电机的扭矩（即输出力量的大小）由电流决定，旋转速度由线圈的切换时间（脉冲）决定。

下面分析电路原理图。打开“洋桃 1 号开发板电路原理图（开发板总图）”文档，可以找到步进电机和继电器的原理图，如图 30.7 所示。步进电机共有 4 个端口，分别连接到 MO_1（PB3）、MO_2（PB4）、MO_3（PB8）、MO_4（PB9）。其中 PB3 和 PB4 在上电时默认为 JTAG 功能接口，需要在程序初始化时设置为 I/O 端口。在附带资料中打开“洋桃 1 号开发板电路原理图（步进电机和继电器部分）”文档，

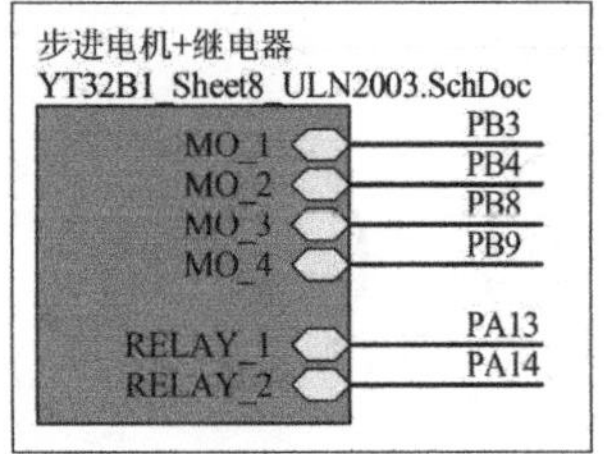

图 30.7 步进电机和继电器子电路图

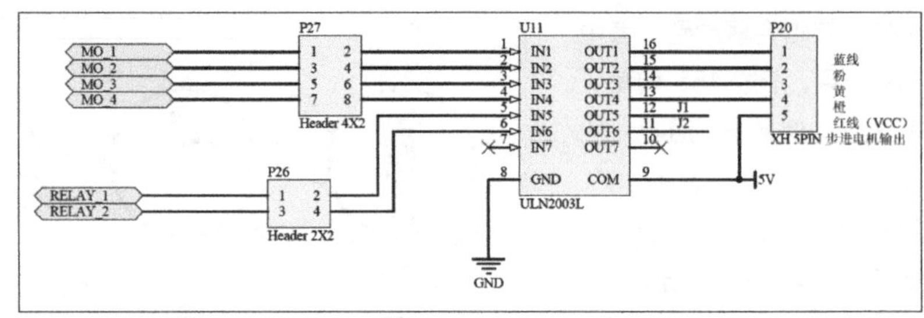

图 30.8 步进电机部分电路原理图

如图 30.8 所示，在图纸左上方的端口有 MO1~MO4，通过跳线 P27 连接到 ULN2003 芯片。在芯片对应的输出端 13~16 脚分别连接到标号为 P20 的端口，即开发板上的白色 XH 步进电机接口，4 个接口分别连接到步进电机的蓝、粉、黄、橙线上。红线 COM 公共端连接 5V 电源。只要把步进电机插入 P20 接口就能实现把 ULN2003 驱动芯片与步进电机的内部电路连接，最终用单片机的 I/O 端口控制步进电机的线圈。之所以使用 ULN2003 芯片，是因为单片机的 I/O 端口不能输出大电流，无法直接带动电机，要通过 ULN2003 达林顿管芯片输出大电流驱动步进电机。按照原理图的设计，只要给对应的 I/O 端口输出高电平，ULN2003 输出低电平，由于 COM 公共端固定连接 5V，某一端为低电平时线圈会产生磁性。注意：配件包中的步进电机的转轴并不是直接输出动力，而是通过内部的齿轮结构进行变速，这使得电机有更小的输出转动角度，实现更精密的控制。我们要知道这款电机每切换一步时输出的角度并不是 90° 或 45° ，而是通过内部的齿轮结构转化成更小的转动角度。

30.2 程序分析

接下来分析步进电机的驱动程序。打开“按键控制步进电机程序”工程，这个工程复制了“按键控制继电器程序”的工程，在 Hardware 文件夹下方新建 STEP_MOTOR 文件夹，里面加入了 step_motor.c 文件和 step_motor.h 文件，这是我编写的步进电机驱动程序。接下来用 Keil 软件打开工程，设置部分内容与前文相同，在此省略。先看 step_motor.h 文件，如图 30.9 所示。第 7 ~ 11 行定义了 I/O 端口，第 15 ~ 21 行声明驱动函数。

```
1  #ifndef __STEP_MOTOR_H
2  #define __STEP_MOTOR_H
3  #include "sys.h"
4  #include "delay.h"
5
6
7  #define STEP_MOTOR_PORT GPIOB //定义I/O端口所在组
8  #define STEP_MOTOR_A  GPIO_Pin_3  //定义I/O端口
9  #define STEP_MOTOR_B  GPIO_Pin_4  //定义I/O端口
10 #define STEP_MOTOR_C  GPIO_Pin_8  //定义I/O端口
11 #define STEP_MOTOR_D  GPIO_Pin_9  //定义I/O端口
12
13
14
15 void STEP_MOTOR_Init(void);//初始化
16 void STEP_MOTOR_OFF (void);//断电状态
17 void STEP_MOTOR_4S (u8 speed);//固定位置（制动）
18 void STEP_MOTOR_4R (u8 speed);//
19 void STEP_MOTOR_4L (u8 speed);
20 void STEP_MOTOR_8R (u8 speed);
21 void STEP_MOTOR_8L (u8 speed);
```

图 30.9 step_motor.h 文件的全部内容

接下来打开 step_motor.c 文件，如图 30.10 所示。第 20 行加载了 step_motor.h 文件。第 25 行是电机初始化函数 STEP_MOTOR_Init，其中第 27 行启动 I/O 端口的 RCC 时钟，第 28 行启动 AFIO 重映射，第 29 ~ 32 行设置 I/O 端口，设置为 50MHz 推挽输出。第 34 行禁用 JTAG 功能，使端口仅作 GPIO 使用。第 35 行给出步进电机的开始状态是断电状态。第 38 行是电机断电函数 STEP_MOTOR_OFF，函数内部只有一行程序，通过 I/O 端口的操作将电机的 4 个接口变为低电平，电机内部的 4 个线圈全部断电。这是电机的初始状态，也是在电机执行完任务后要回到的“待机”状态。如果不回到这个状态，线圈会持续发热。如图 30.11 所示，第 42 行是电机的制动函数 STEP_MOTOR_4S，制动（保持原位不转动）原理比较简单，先将 A、C 接口设置为低电平，B、D 接口设置为高电平，延迟一段时间再将所有接口变为低电平，再延时一段时间后让 B、D 为低电平，A、C 变为高电平，延迟一段时间再全部变为低电平。

```
19
20 #include "step_motor.h"
21
22
23
24
25 void STEP_MOTOR_Init(void){ //LED的端口初始化
26     GPIO_InitTypeDef  GPIO_InitStructure;
27     RCC_APB2PeriphClockCmd(RCC_APB2Periph_GPIOA | RCC_APB2Periph_GPIOB | RCC_APB2Periph_GPIOC | RCC_APB2Peri
28     RCC_APB2PeriphClockCmd(RCC_APB2Periph_AFIO, ENABLE);//启动AFIO重映射功能时钟
29         GPIO_InitStructure.GPIO_Pin = STEP_MOTOR_A | STEP_MOTOR_B | STEP_MOTOR_C | STEP_MOTOR_D; //选择端口
30         GPIO_InitStructure.GPIO_Mode = GPIO_Mode_Out_PP; //选择I/O端口工作方式
31         GPIO_InitStructure.GPIO_Speed = GPIO_Speed_50MHz; //设置I/O端口速度（2/10/50MHz）
32     GPIO_Init(STEP_MOTOR_PORT, &GPIO_InitStructure);
33     //必须禁用JTAG功能才能作GPIO使用
34     GPIO_PinRemapConfig(GPIO_Remap_SWJ_Disable, ENABLE);// 改变指定引脚的映射，完全禁用JTAG+SW-DP
35     STEP_MOTOR_OFF(); //初始状态是断电状态
36 }
37
38 void STEP_MOTOR_OFF (void){//电机断电
39     GPIO_ResetBits(STEP_MOTOR_PORT,STEP_MOTOR_A | STEP_MOTOR_B | STEP_MOTOR_C | STEP_MOTOR_D);//各端口置0
40 }
41
```

图 30.10 step_motor.c 文件的内容 1

```
42 void STEP_MOTOR_4S (u8 speed){//电机固定位置
43     GPIO_ResetBits(STEP_MOTOR_PORT,STEP_MOTOR_A| STEP_MOTOR_C); //各端口置0
44     GPIO_SetBits(STEP_MOTOR_PORT,STEP_MOTOR_B | STEP_MOTOR_D); //各端口置1
45     delay_ms(speed); //延时
46     GPIO_ResetBits(STEP_MOTOR_PORT,STEP_MOTOR_A | STEP_MOTOR_B | STEP_MOTOR_C | STEP_MOTOR_D);
47     delay_ms(speed); //延时
48     GPIO_ResetBits(STEP_MOTOR_PORT,STEP_MOTOR_B | STEP_MOTOR_D);//0
49     GPIO_SetBits(STEP_MOTOR_PORT,STEP_MOTOR_A | STEP_MOTOR_C); //1
50     delay_ms(speed); //延时
51     GPIO_ResetBits(STEP_MOTOR_PORT,STEP_MOTOR_A | STEP_MOTOR_B | STEP_MOTOR_C | STEP_MOTOR_D);
52     delay_ms(speed); //延时
53     STEP_MOTOR_OFF(); //进入断电状态，防止电机过热
54 }
55
56 void STEP_MOTOR_4R (u8 speed){//电机顺时针转动，4拍，速度快，力小
57     GPIO_ResetBits(STEP_MOTOR_PORT,STEP_MOTOR_C | STEP_MOTOR_D);//0
58     GPIO_SetBits(STEP_MOTOR_PORT,STEP_MOTOR_A | STEP_MOTOR_B);//1
59     delay_ms(speed); //延时
60     GPIO_ResetBits(STEP_MOTOR_PORT,STEP_MOTOR_A| STEP_MOTOR_D);//0
61     GPIO_SetBits(STEP_MOTOR_PORT,STEP_MOTOR_B | STEP_MOTOR_C);//1
62     delay_ms(speed); //延时
63     GPIO_ResetBits(STEP_MOTOR_PORT,STEP_MOTOR_A | STEP_MOTOR_B);//0
64     GPIO_SetBits(STEP_MOTOR_PORT,STEP_MOTOR_C | STEP_MOTOR_D);//1
65     delay_ms(speed); //延时
66     GPIO_ResetBits(STEP_MOTOR_PORT,STEP_MOTOR_B | STEP_MOTOR_C);//0
67     GPIO_SetBits(STEP_MOTOR_PORT,STEP_MOTOR_A | STEP_MOTOR_D);//1
68     delay_ms(speed); //延时
69     STEP_MOTOR_OFF(); //进入断电状态，防止电机过热
70 }
71
72 void STEP_MOTOR_4L (u8 speed){//电机逆时针转动，4拍，速度快，力小
73     GPIO_ResetBits(STEP_MOTOR_PORT,STEP_MOTOR_A | STEP_MOTOR_B);//0
74     GPIO_SetBits(STEP_MOTOR_PORT,STEP_MOTOR_C | STEP_MOTOR_D);//1
75     delay_ms(speed); //延时
76     GPIO_ResetBits(STEP_MOTOR_PORT,STEP_MOTOR_A | STEP_MOTOR_D);//0
77     GPIO_SetBits(STEP_MOTOR_PORT,STEP_MOTOR_B | STEP_MOTOR_C);//1
78     delay_ms(speed); //延时
79     GPIO_ResetBits(STEP_MOTOR_PORT,STEP_MOTOR_C | STEP_MOTOR_D);//0
80     GPIO_SetBits(STEP_MOTOR_PORT,STEP_MOTOR_A | STEP_MOTOR_B);//1
81     delay_ms(speed); //延时
82     GPIO_ResetBits(STEP_MOTOR_PORT,STEP_MOTOR_B | STEP_MOTOR_C);//0
83     GPIO_SetBits(STEP_MOTOR_PORT,STEP_MOTOR_A | STEP_MOTOR_D);//1
84     delay_ms(speed); //延时
85     STEP_MOTOR_OFF(); //进入断电状态，防止电机过热
86 }
```

图 30.11 step_motor.c 文件的内容 2

这样的操作使转轴在 A+、A-、B+、B- 之间来回跳转，转轴在 90° 的两个方向来回转动，达到了制动的效果。第 72 行是以 4 拍方式顺时针转动的函数 STEP_MOTOR_4R，是对 I/O 端口的操作，第一步将 C、D 端口变为低电平，A、B 变为高电平，延时一段时间再反转切换两组电平，延时一段时间再切换另外两组电平，这样不断切换每两组接口的电平，就让电机以 4 拍方式转动。之前介绍的 4 拍驱动原理中每次只给一个线圈通电，分别循环给 4 组线圈通电让电机转动一周。而程序中每步两个线圈同时通电，第 1 步让 A+ 和 B+ 通电，第 2 步让 B+ 和 A- 通电，第 3 步让 A- 和 B- 通电，第 4 步让 B- 和 A+ 通电。这是转动角度相同的 4 拍方式，每次转动角度依然是 90°，只是使用两组线圈可以让磁性更强、力度更大。第 72 行是以 4 拍驱动方式逆时针转动函数 STEP_MOTOR_4L。它的原理与顺时针转动函数相同，只是在线圈通电顺序上相反。如图 30.12 所示，第 89 行是 8 拍驱动顺时针转动函数 STEP_

MOTOR_8R，遵循的依然是 I/O 端口操作，只是在 8 拍驱动中会单独给某个线圈通电。线圈通电顺序是：A、AB、B、BC、C、CD、D、DA，与图 30.5 一致。第 117 行是 8 拍驱动方式逆时针转动函数 STEP_MOTOR_8L，驱动原理是相同的。以上是步进电机的驱动方法，只需要 I/O 端口的简单电平变化，非常易懂。

再来分析另外一个程序示例。在附带资料中找到“步进电机步数控制程序”工程，将工程中的 HEX 文件下载到开发板中看一下效果。上一个示例程序是用按键控制步进电机的转与停，当前的示例程序能体现步进电机的精密控制。按下触摸按键 A，步进电机将逆时针旋转 360° ；按下触摸按键 B，步进电机将顺时针旋转 360° 。这样的精密控制如何实现呢?

我们打开示例程序的工程，先打开 step_motor.h 文件，如图 30.13 所示。第 6 行加入全局变量 STEP，它作为计数器记录当前运行到哪一步，在分析程序时即可理解其功能。第 8 ~ 12 行的函数声明部分，将上一个示例程序中的 8 拍和 4 拍驱动正反转的函数全部删除，加入了单步 8 拍驱动运行函数 STEP_MOTOR_8A、按步数运行函数 STEP_MOTOR_NUM、电机按圈运行函数 STEP_MOTOR_LOOP。

```
89  void STEP_MOTOR_8R (u8 speed){//电机顺时针转动，8拍，角度小，速度慢，力大
90      GPIO_ResetBits(STEP_MOTOR_PORT,STEP_MOTOR_B | STEP_MOTOR_C | STEP_MOTOR_D);//0
91      GPIO_SetBits(STEP_MOTOR_PORT,STEP_MOTOR_A);//1
92      delay_ms(speed); //延时
93      GPIO_ResetBits(STEP_MOTOR_PORT,STEP_MOTOR_C | STEP_MOTOR_D);//0
94      GPIO_SetBits(STEP_MOTOR_PORT,STEP_MOTOR_A | STEP_MOTOR_B);//1
95      delay_ms(speed); //延时
96      GPIO_ResetBits(STEP_MOTOR_PORT,STEP_MOTOR_A | STEP_MOTOR_C | STEP_MOTOR_D);//0
97      GPIO_SetBits(STEP_MOTOR_PORT,STEP_MOTOR_B);//1
98      delay_ms(speed); //延时
99      GPIO_ResetBits(STEP_MOTOR_PORT,STEP_MOTOR_A | STEP_MOTOR_D);//0
100     GPIO_SetBits(STEP_MOTOR_PORT,STEP_MOTOR_B | STEP_MOTOR_C);//1
101     delay_ms(speed); //延时
102     GPIO_ResetBits(STEP_MOTOR_PORT,STEP_MOTOR_A | STEP_MOTOR_B | STEP_MOTOR_D);//0
103     GPIO_SetBits(STEP_MOTOR_PORT,STEP_MOTOR_C);//1
104     delay_ms(speed); //延时
105     GPIO_ResetBits(STEP_MOTOR_PORT,STEP_MOTOR_A | STEP_MOTOR_B);//0
106     GPIO_SetBits(STEP_MOTOR_PORT,STEP_MOTOR_C | STEP_MOTOR_D);//1
107     delay_ms(speed); //延时
108     GPIO_ResetBits(STEP_MOTOR_PORT,STEP_MOTOR_A | STEP_MOTOR_B | STEP_MOTOR_C);//0
109     GPIO_SetBits(STEP_MOTOR_PORT,STEP_MOTOR_D);//1
110     delay_ms(speed); //延时
111     GPIO_ResetBits(STEP_MOTOR_PORT,STEP_MOTOR_B | STEP_MOTOR_C);//0
112     GPIO_SetBits(STEP_MOTOR_PORT,STEP_MOTOR_A | STEP_MOTOR_D);//1
113     delay_ms(speed); //延时
114     STEP_MOTOR_OFF(); //进入断电状态，防止电机过热
115 }
116 
117 void STEP_MOTOR_8L (u8 speed){//电机逆时针转动，8拍，角度小，速度慢，力大
118     GPIO_ResetBits(STEP_MOTOR_PORT,STEP_MOTOR_A | STEP_MOTOR_B | STEP_MOTOR_C);//0
119     GPIO_SetBits(STEP_MOTOR_PORT,STEP_MOTOR_D);//1
120     delay_ms(speed); //延时
121     GPIO_ResetBits(STEP_MOTOR_PORT,STEP_MOTOR_A | STEP_MOTOR_B);//0
122     GPIO_SetBits(STEP_MOTOR_PORT,STEP_MOTOR_C | STEP_MOTOR_D);//1
123     delay_ms(speed); //延时
124     GPIO_ResetBits(STEP_MOTOR_PORT,STEP_MOTOR_A | STEP_MOTOR_B | STEP_MOTOR_D);//0
125     GPIO_SetBits(STEP_MOTOR_PORT,STEP_MOTOR_C);//1
126     delay_ms(speed); //延时
127     GPIO_ResetBits(STEP_MOTOR_PORT,STEP_MOTOR_A | STEP_MOTOR_D);//0
128     GPIO_SetBits(STEP_MOTOR_PORT,STEP_MOTOR_B | STEP_MOTOR_C);//1
129     delay_ms(speed); //延时
130     GPIO_ResetBits(STEP_MOTOR_PORT,STEP_MOTOR_A | STEP_MOTOR_C | STEP_MOTOR_D);//0
131     GPIO_SetBits(STEP_MOTOR_PORT,STEP_MOTOR_B);//1
132     delay_ms(speed); //延时
133     GPIO_ResetBits(STEP_MOTOR_PORT,STEP_MOTOR_C | STEP_MOTOR_D);//0
134     GPIO_SetBits(STEP_MOTOR_PORT,STEP_MOTOR_A | STEP_MOTOR_B);//1
135     delay_ms(speed); //延时
136     GPIO_ResetBits(STEP_MOTOR_PORT,STEP_MOTOR_B | STEP_MOTOR_C | STEP_MOTOR_D);//0
137     GPIO_SetBits(STEP_MOTOR_PORT,STEP_MOTOR_A);//1
138     delay_ms(speed); //延时
139     GPIO_ResetBits(STEP_MOTOR_PORT,STEP_MOTOR_B | STEP_MOTOR_C);//0
140     GPIO_SetBits(STEP_MOTOR_PORT,STEP_MOTOR_A | STEP_MOTOR_D);//1
141     delay_ms(speed); //延时
142     STEP_MOTOR_OFF(); //进入断电状态，防止电机过热
143 }
```

图 30.12 step_motor.c 文件的内容 3

接下来打开 step_motor.c 文件，如图 30.14 所示。第 20 ~ 40 行的初始化函数、电机断电函数都和上一个示例相同，第 42 行的单步 8 拍驱动运行函数有所不同。该函数有两个参数，第一个参数用于给出当前步数，第二个参数是电机旋转的速度。所谓的电机步数是指电机要走到哪一拍。在 8 拍驱动方式下，电机每转一周（360° ）需要 8 拍（8 个步骤），但为了实现精密控制，不可能每次电机都旋转一周。有可能

```
#ifndef __STEP_MOTOR_H
#define __STEP_MOTOR_H
#include "sys.h"
#include "delay.h"

extern u8 STEP; //定义单步计数 全局变量

#define STEP_MOTOR_PORT GPIOB //定义I/O端口所在组
#define STEP_MOTOR_A  GPIO_Pin_3   //定义I/O端口
#define STEP_MOTOR_B  GPIO_Pin_4   //定义I/O端口
#define STEP_MOTOR_C  GPIO_Pin_8   //定义I/O端口
#define STEP_MOTOR_D  GPIO_Pin_9   //定义I/O端口



void STEP_MOTOR_Init(void);//初始化
void STEP_MOTOR_OFF (void);//断电状态
void STEP_MOTOR_8A (u8 a,u16 speed);
void STEP_MOTOR_NUM (u8 RL,u16 num,u8 speed);//电机按步数运行
void STEP_MOTOR_LOOP (u8 RL,u8 LOOP,u8 speed);//电机按圈数运行
```

图 30.13 修改 step_motor.h 文件的内容

只旋转 1 拍或 3 拍，这时就要使用 8 拍驱动单步运行函数，因为它将电机旋转一周的 8 拍拆分开，可以单步运行。其中使用了 switch 语句，第 44 行参数 a 等于 0 时执行第 1 拍的程序内容，第 48 行参数 a 等于 1 时执行第 2 拍，依此类推，最后当 a 等于 7 时执行第 8 拍的内容。我们只要在函数的参数中输入“拍号”0 ~ 7，步进电机会转动到相应拍。电机旋转完成后，第 79 行延时一段时间，延时函数的参数是速度值，第 80 行进入电机断电状态。再来看第 83 行电机按步数运行函数 STEP_MOTOR_NUM，其中有 3 个参数，第一个是旋转方向，1 为顺时针旋转，0 为逆时针旋转；第二个参数是电机转动的步数；第三个参数是转动速度。我们只要给出第二个参数，比如 5，电机会旋转 5 拍。此函数内部的实现方法非常简单，如图 30.13 所示。第 84 行定义变量 i，通过第 85 行的 for 循环使 i 不断循环相加，直到不小于 num 的值，而 num 的值是第二个参数的步数值。第 86 行判断方向，RL 等于 1 表示顺时针，等于 0 表示逆时针。第 87 行为顺时针旋转时使计数器——全局变量 STEP 加 1。第 88 行，当 STEP 的值大于 7 时清 0。第 91 行为逆时针旋转时使 STEP

```
42 void STEP_MOTOR_8A (u8 a,u16 speed){//电机单步8拍
43   switch (a){
44     case 0:
45     GPIO_ResetBits(STEP_MOTOR_PORT,STEP_MOTOR_B | STEP_MOTOR_C | STEP_MOTOR_D);//0
46     GPIO_SetBits(STEP_MOTOR_PORT,STEP_MOTOR_A);//1
47       break;
48     case 1:
49     GPIO_ResetBits(STEP_MOTOR_PORT,STEP_MOTOR_C | STEP_MOTOR_D);//0
50     GPIO_SetBits(STEP_MOTOR_PORT,STEP_MOTOR_A | STEP_MOTOR_B);//1
51       break;
52     case 2:
53     GPIO_ResetBits(STEP_MOTOR_PORT,STEP_MOTOR_A | STEP_MOTOR_C | STEP_MOTOR_D);//0
54     GPIO_SetBits(STEP_MOTOR_PORT,STEP_MOTOR_B);//1
55       break;
56     case 3:
57     GPIO_ResetBits(STEP_MOTOR_PORT,STEP_MOTOR_A | STEP_MOTOR_D);//0
58     GPIO_SetBits(STEP_MOTOR_PORT,STEP_MOTOR_B | STEP_MOTOR_C);//1
59       break;
60     case 4:
61     GPIO_ResetBits(STEP_MOTOR_PORT,STEP_MOTOR_A | STEP_MOTOR_B | STEP_MOTOR_D);//0
62     GPIO_SetBits(STEP_MOTOR_PORT,STEP_MOTOR_C);//1
63       break;
64     case 5:
65     GPIO_ResetBits(STEP_MOTOR_PORT,STEP_MOTOR_A | STEP_MOTOR_B);//0
66     GPIO_SetBits(STEP_MOTOR_PORT,STEP_MOTOR_C | STEP_MOTOR_D);//1
67       break;
68     case 6:
69     GPIO_ResetBits(STEP_MOTOR_PORT,STEP_MOTOR_A | STEP_MOTOR_B | STEP_MOTOR_C);//0
70     GPIO_SetBits(STEP_MOTOR_PORT,STEP_MOTOR_D);//1
71       break;
72     case 7:
73     GPIO_ResetBits(STEP_MOTOR_PORT,STEP_MOTOR_B | STEP_MOTOR_C);//0
74     GPIO_SetBits(STEP_MOTOR_PORT,STEP_MOTOR_A | STEP_MOTOR_D);//1
75       break;
76     default:
77       break;
78   }
79   delay_ms(speed); //延时
80   STEP_MOTOR_OFF(); //进入断电状态，防止电机过热
81 }
82
83 void STEP_MOTOR_NUM (u8 RL,u16 num,u8 speed){//电机按步数运行
84   u16 i;
85   for(i=0;i<num;i++){
86     if(RL==1){ //RL=1右转，RL=0左转
87       STEP++;
88       if(STEP>7)STEP=0;
89     }else{
90       if(STEP==0)STEP=8;
91       STEP--;
92     }
93     STEP_MOTOR_8A(STEP,speed);
94   }
95 }
96
97 void STEP_MOTOR_LOOP (u8 RL,u8 LOOP,u8 speed){//电机按圈数运行
98   STEP_MOTOR_NUM(RL,LOOP*4076,speed);
99 }
```

图 30.14 修改 step_motor.c 文件的内容

的值减 1。第 90 行，当 STEP 的值减到 0 时将它重新置为 8，然后再减 1 等于 7。这段程序可以通过判断 RL 的值决定计数器是加还是减。加减值在 0 和 7 之间，第 93 行将对应的值写入单步 8 拍驱动运行函数 STEP_MOTOR_8A，其中第一个参数是拍号，通过上面的算法给出 0~7 的拍号。顺时针拍号是加，逆时针拍号是减。所以只要在主函数中调用 STEP_MOTOR_NUM 函数，就能使步进电机按照指定的拍数旋转。想旋转 100 拍就在第二个参数中输入 100，即 STEP_MOTOR_NUM(0,100,3)。

需要注意的是，拍数和转角并不直接关联，360 拍不等于 360° 。电机内部有减速齿轮，使得转轴输出的角度比电机转子转动的角度有所减少，具体减速比为多少、角度和拍数是什么关系，需要在实际测试中得出答案。得出测试结果后，我们可以写出第 97 行的电机按圈数旋转函数 STEP_MOTOR_LOOP。该函数有 3 个参数，第一个参数是转动方向，第二个参数是旋转圈数，第三个参数是旋转速度。函数内容只有一行内容，调用了电机按步数运行函数 STEP_MOTOR_NUM，并在第二个参数中将步数和角度进行转化，使用第二个变量（圈数）乘以 4076，4076 是转换常数。也就是说旋转一圈（360° ）参数是 1，1×4076 是旋转 4076 拍。在电机上经过实际测试，输出轴在 4076 拍后正好旋转 360° 。由于电机的设计精度不同，要根据实际情况微调此常数。

接下来打开 main.c 文件，如图 30.15 所示。第 33 ~ 36 使用了 4 个触摸按键来控制步进电机，控制的方法有所改变。按触摸按键 A 时，调用按圈数旋转函数 STEP_MOTOR_LOOP，让电机逆时针旋转一圈（360° ），旋转速度为 3。按触摸按键 B 时，电机顺时针旋转一圈，速度为 3。按触摸按键 C 时，调用按步旋转函数 STEP_MOTOR_NUM，逆时针旋转 100 步，速度为 3。按触摸按键 D 时，电机顺时针旋转 100 拍，速度为 3。从中可以看出，按触摸按键 A、B 是以精密的角度旋转 360° ，按触摸按键 C、D 是以精密的拍数旋转 100 拍。

大家还可以根据现有驱动程序扩展，比如已知电机旋转一圈需要 4076 拍（我实测的常数），那么可以算出输出转轴每转一度对应多少拍，写一个函数通过参数给出度数值，让电机按角度旋转。按角度或拍数运行，发挥了步进电机的优势，通过机械部件转换后的旋转角度和运动距离都可以计算。需要注意：步进电机的精密控制要基于良好的驱动电路，如果驱动电路不稳定、电流供应不足，会导致步进电机“丢步”的情况，例如计划旋转 8 拍，结果只旋转 6 拍，丢步 2 拍。丢步的数量累加会导致较大的误差。另外步进电机的负载要在合理范围，超载会导致丢步现象出现。步进电机的使用技巧要在项目开发中不断摸索，只有积累大量经验才能熟悉步进电机的使用方法。

```
17 #include "stm32f10x.h" //STM32头文件
18 #include "sys.h"
19 #include "delay.h"
20 #include "touch_key.h"
21 #include "relay.h"
22
23 #include "step_motor.h"
24
25 int main (void){//主程序
26     RCC_Configuration(); //系统时钟初始化
27     TOUCH_KEY_Init();//触摸按键初始化
28     RELAY_Init();//继电器初始化
29
30     STEP_MOTOR_Init();//步进电机初始化
31
32     while(1){
33         if(!GPIO_ReadInputDataBit(TOUCH_KEYPORT,TOUCH_KEY_A))STEP_MOTOR_LOOP(0,1,3); // 按圈数右转
34         else if(!GPIO_ReadInputDataBit(TOUCH_KEYPORT,TOUCH_KEY_B))STEP_MOTOR_LOOP(1,1,3); //按圈数左转
35         else if(!GPIO_ReadInputDataBit(TOUCH_KEYPORT,TOUCH_KEY_C))STEP_MOTOR_NUM(0,100,3); //按步数右转
36         else if(!GPIO_ReadInputDataBit(TOUCH_KEYPORT,TOUCH_KEY_D))STEP_MOTOR_NUM(1,100,3); //按步数左转
37         else STEP_MOTOR_OFF();//当没有按键时步进电机断电
38     }
39 }
```

图 30.15 main.c 文件的全部内容

第 59 步

31 RS232串口通信

31.1 原理介绍

在洋桃 1 号开发板上有一个 RS232 接口，现在我们来介绍 RS232 的通信原理和驱动方法。RS232 本质上是 USART 串口，只是将 USART 串口中的 TTL 电平转化为 RS232 电平，以实现更远距离的传输。这一节并没有新的知识点，只是针对学过的 USART 串口进行扩展。在开始实验之前先设置开发板跳线，把开发板右侧标注为“RS232”（编号为 P13）的跳线短接（插上），即连通 RS232 相关电路。接下来把标注为“RS485”（编号为 P22）的跳线断开（拔出），再把开发板右上角的编号为 P14 的一组跳线中最上方的两个跳线断开，如图 31.1 所示。这两组跳线和 RS232 同时占用 PB10 和 PB11 端口，所以使用 RS232 时需要将与之复用的功能跳线断开。完成以上的跳线设置就可以下载示例程序了。

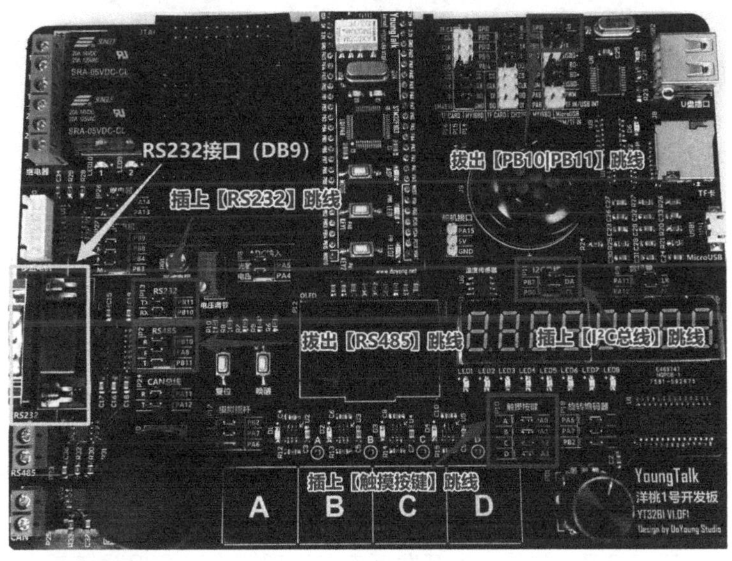

图 31.1 跳线设置

在附带资料中找到“RS232 通信测试程序”的工程，将工程中的 HEX 文件下载到开发板中，效果是在 OLED 屏上显示数据收发界面，如图 31.2 所示。我们可以使用配件包中的 RS232 通信线，通信线接口部分是梯形的 9 针接口，名叫 DB9 接口，该接口分为公口和母口。线上的是公口，在开发板上的接口是母口。公口为针，母口为孔，公口对应母口连接。接头两边的螺丝可以锁定接口。连接线的另外一端可以连接台式计算机或其他 RS232 设备，计算机主板上都有 RS232 接口。我们为了保证实验的通用性，就把 RS232 接口进行内部连接，将数据线的 TXD 和 RXD 短接，让串口发出的数据直接传回串口接收。短接的方法是用一根杜邦线把 DB9 接口的 2 脚与 3 脚短接在一起，如图 31.3 所示。当按触摸键 A 键时，串口发送字符“A”，OLED 屏上“TX:”后面显示“A”，“RX:”后面也显示“A”。“TX”表示单片机串口向外发送出的数据，“RX”表示串口接收到的数据。当杜邦线将串口短接时，TXD 和 RXD 连在一起，每次发出数据可接收到同样的数据。再按 B 键，发送字符“B”，接收字符“B”。C 和 D 键的效果以此类推。通过导线测试收发状态是最简单的 RS232 通信测试方法。

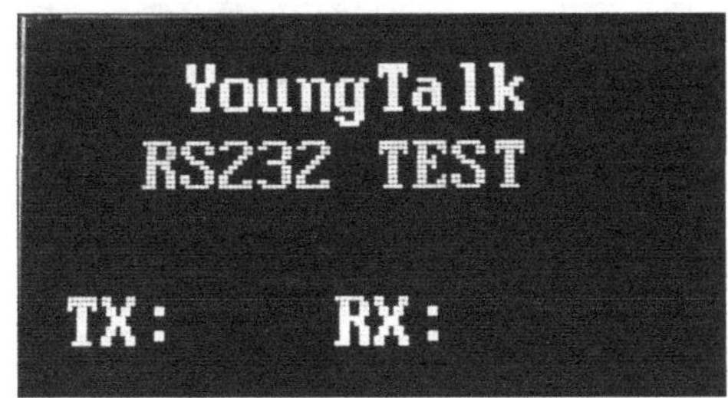

图 31.2 RS232 通信测试程序数据收发界面

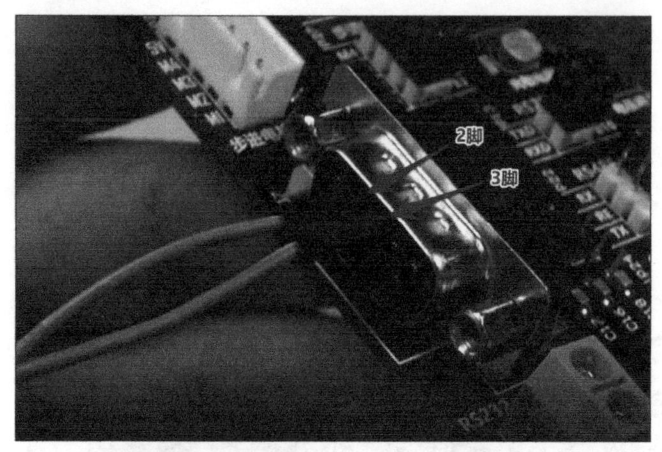

图 31.3 杜邦线连接 DB9 接口

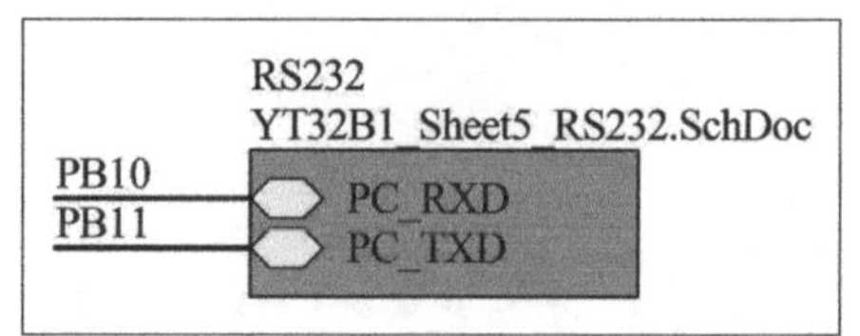

图 31.4 RS232 子电路图部分

接下来我们看一下电路原理图。在附带资料中找到“洋桃 1 号开发板电路原理图”文件夹，找到“洋桃 1 号开发板电路原理图（RS232 通信部分）”文件，再找到“洋桃 1 号开发板周围电路手册资料”文件夹中的“SP3232 数据手册”文件。先打开”洋桃 1 号开发板电路原理图（开发板总图）”文件，图纸中有 RS232 子电路部分，如图 31.4 所示。RS232 占用 PB10 和 PB11 这 2 个 I/O 端口，分别连接子图纸的 PC_RXD 和 PC_TXD。需要注意：RS232 的 I/O 端口在其他功能中有复用，一处是 MP3 音乐电路，另一处是 RS485 总线。我们已经在设置跳线时将 MP3 音乐电路和 RS485 总线断开，之所以复用 I/O 端口，是因为开发板上的功能较多，I/O 端口不足。各位在项目开发中设计串口电路时要让串口独立使用。PB10 和 PB11 的 I/O 端口与 USART3 复用，RS232 是使用单片机内部的 USART3 进行通信的。之前讲过 PA9 和 PA10 复用为 USART1，现在所使用的 PB10 和 PB11 复用为 USART3，它们的使用方法和驱动程序相同。从单片机内部功能来讲，它们都是基于 USART 通信协议，只是外部扩展的电路不同、接口不同。

我们打开“洋桃 1 号开发板电路原理图（RS232 通信部分）”，如图 31.5 所示。图纸左侧有 PC_RXD（PB10）和 PC_TXD（PB11），这是单片机上 USART3 接口的引脚。PC_RXD 连接 USART3_TX（发送端）。PC_TXD 连接 USART3_RX（接收端）。PC_RXD 和 PC_TXD 通过跳线 P13 连接到电平转换芯片 SP3232，这款芯片是专用于 RS232 电平转换的，可以将单片机 I/O 端口的 TTL 电平转换为 RS232 电平，再用 DB9 接口连接外接串口设备。SP3232 芯片周围连接了许多电容，这是根据芯片数据手册的标准电路图连接的，可以参考“SP3232 数据手册”第 7 页的标准电路原理图，图中给出了电容的连接方法。芯片中第 10、11 引脚是逻辑电路输入端，连接单片机。第 14、17 脚是 RS232 输出端，输出 RS232 电平。第 8、13 脚是 RS232 的电平输入端，从 12、9 脚输出 TTL 电平。也就是说这款芯片可以连接 2 组输入和 2 组输出，我们目前只连接其中 1 组，单片机的输出端连接第 11 脚（输入端），经过内部转换，第 14 脚输出 RS232 电平（输出端）。输出接口连接 DB9 接口的第 3 脚，芯片第 13 脚连接到 DB9 接口的第 2 脚。这样就完成了单片机 TTL 电平到 RS232 电平的转换。需要注意：RS232 通信接口标准上讲要连接 9 条线，当前只连接 3 条线（2 脚 RXD、3 脚 TXD、5 脚 GND）就能通信，其

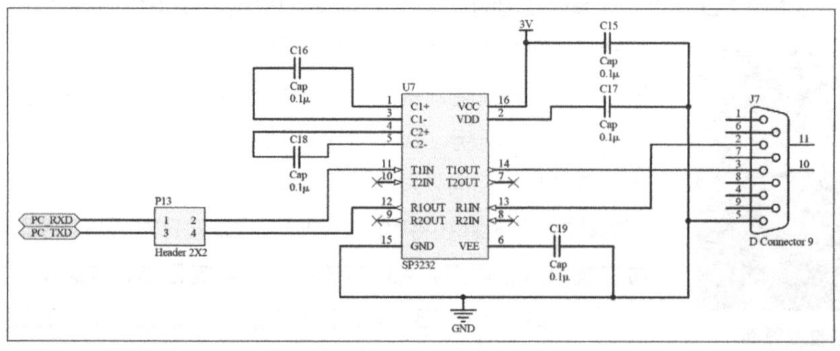

图 31.5 RS232 通信部分电路原理图

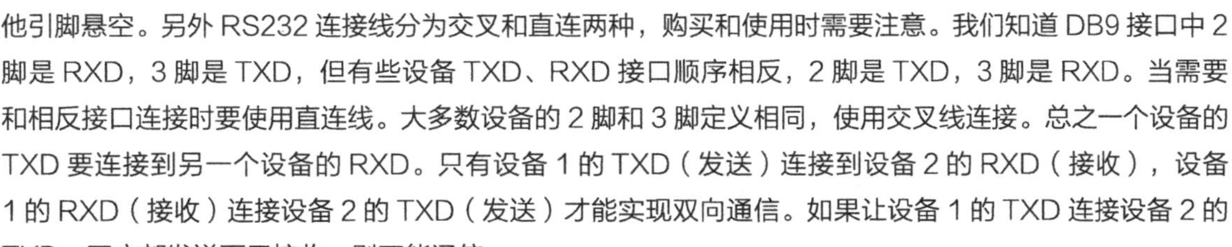

他引脚悬空。另外 RS232 连接线分为交叉和直连两种，购买和使用时需要注意。我们知道 DB9 接口中 2 脚是 RXD，3 脚是 TXD，但有些设备 TXD、RXD 接口顺序相反，2 脚是 TXD，3 脚是 RXD。当需要和相反接口连接时要使用直连线。大多数设备的 2 脚和 3 脚定义相同，使用交叉线连接。总之一个设备的 TXD 要连接到另一个设备的 RXD。只有设备 1 的 TXD（发送）连接到设备 2 的 RXD（接收），设备 1 的 RXD（接收）连接设备 2 的 TXD（发送）才能实现双向通信。如果让设备 1 的 TXD 连接设备 2 的 TXD，双方都发送而无接收，则不能通信。

31.2 程序分析

接下来分析 RS232 驱动程序。打开“RS232 通信测试程序”的工程，它复制了“USART 串口接收程序”的工程，并在 Hardware 文件夹中加入 OLED 驱动程序文件夹“OLED0561”和触摸按键驱动文件夹“TOUCH_KEY”，在 Basic 文件夹中加入 USART 驱动程序文件夹“usart”和 I^2C 驱动程序文件夹“i2c”，这些新加入的内容之前已经学过。接下来用 Keil 打开工程，在 Keil 的设置里面配置好工程文件，设置过程不再赘述。RS232 基于 USART 串口通信，演示效果时用触摸按键发送数据，在 OLED 屏上显示接收到的数据。RS232 接口本质上是 USART 串口，连接的是 USART3，所以我们可以在 usart.c 文件中直接使用 USART3 相关函数，包括初始化函数 USART3_Init、发送数据函数 USART3_printf，还可以开启 USART3 中断函数。因为示例程序没有使用中断，所以要在初始化函数里面将中断设置为 DISABLE。由于要使用 USART3 串口，需要在 usart.h 文件第 19 行将 USART3 的宏定义从 0 改为 1。

接下来打开 main.c 文件，如图 31.6 所示。第 24 行加载 usart.h 文件，第 40 行调用 USART3 初始化函数，第 36 ~ 38 行在 OLED 屏上显示字符。第 43 ~ 46 行在 while 主循环中使用 A、B、C、D 四个触摸按键的按下判断，按下触摸按键就会执行相应的指令。按下 A 键时调用 USART3_printf 发送字符“A”，并在 OLED 屏上“TX:”右边显示字符“A”。按下 B 键时向 USART3 发送并显示字符“B”，按下 C 键时发送并显示字符“C”，按下 D 键时发送并显示字符“D”。由于 DB9 接口连接了杜邦线，发送数据会返回接收数据。第 49 行的数据接收部分使用查询方式，这在学习 USART1 时提到过，现在只是将 USART1 改成 USART3，其他没有变化。第 49 行查询 USART3，如果收到数据就将数据送入变量 a，第 51 行将数据显示在 OLED 屏上。整个程序设计非常简单，本质上没有新的内容。唯一的差别就是在硬件上不是使用 TTL 电平通信，而是通过 SP3232 芯片将 TTL 电平转化成 RS232 电平，电平转换的区别对驱动程序的编写没有影响。

```
17 #include "stm32f10x.h" //STM32头文件
18 #include "sys.h"
19 #include "delay.h"
20 #include "touch_key.h"
21 #include "relay.h"
22 #include "oled0561.h"
23 
24 #include "usart.h"
25 
26 
27 int main (void){//主程序
28     u8 a;
29     delay_ms(100); //上电时等待其他器件就绪
30     RCC_Configuration(); //系统时钟初始化
31     TOUCH_KEY_Init();//触摸按键初始化
32     RELAY_Init();//继电器初始化
33 
34     I2C_Configuration();//I2C初始化
35     OLED0561_Init(); //OLED屏初始化
36     OLED_DISPLAY_8x16_BUFFER(0,"   YoungTalk "); //显示字符串
37     OLED_DISPLAY_8x16_BUFFER(2,"  RS232 TEST "); //显示字符串
38     OLED_DISPLAY_8x16_BUFFER(6,"TX:    RX:   "); //显示字符串
39 
40     USART3_Init(115200);//串口3初始化并启动
41 
42     while(1){
43       if(!GPIO_ReadInputDataBit(TOUCH_KEYPORT,TOUCH_KEY_A)){USART3_printf("%c",'A');OLED_DISPLAY_8x16(6,4*8,'A');} //向
44       else if(!GPIO_ReadInputDataBit(TOUCH_KEYPORT,TOUCH_KEY_B)){USART3_printf("%c",'B');OLED_DISPLAY_8x16(6,4*8,'B');}
45       else if(!GPIO_ReadInputDataBit(TOUCH_KEYPORT,TOUCH_KEY_C)){USART3_printf("%c",'C');OLED_DISPLAY_8x16(6,4*8,'C');}
46       else if(!GPIO_ReadInputDataBit(TOUCH_KEYPORT,TOUCH_KEY_D)){USART3_printf("%c",'D');OLED_DISPLAY_8x16(6,4*8,'D');}
47 
48       //以查询方式接收
49       if(USART_GetFlagStatus(USART3,USART_FLAG_RXNE) != RESET){  //查询串口待处理标志位
50         a =USART_ReceiveData(USART3);//读取接收到的数据
51         OLED_DISPLAY_8x16(6,11*8,a);//在OLED屏上显示
52       }
53     }
54 }
```

图 31.6 main.c 文件的内容

第 60 步

32 RS485总线通信

32.1 原理介绍

这一节介绍 RS485 总线通信，RS485 总线依然是基于 USART 串口，它相比 RS232 串口具有更高的可靠性和更远的传输距离。接下来就来看一下 RS485 总线的通信原理和驱动方法。开始实验之前先设置开发板跳线，把洋桃 1 号开发板左边的标注为“RS485”（编号为 P22）的跳线全部短接，这样才能使用 RS485 功能。再把标注为“RS232”（编号为 P13）的跳线断开。再把开发板右上角的编号为 P14 的一组跳线中最上方的两个跳线断开，如图 32.1 所示。这两处跳线与 RS485 复用，需要断开以免产生通信错误。设置好就可以下载示例程序了。在附带资料中找到“RS485 通信测试程序”，将工程中的 HEX 文件下载到开发板中，看一下效果。效果是在 OLED 屏上显示发送与接收数据的界面。

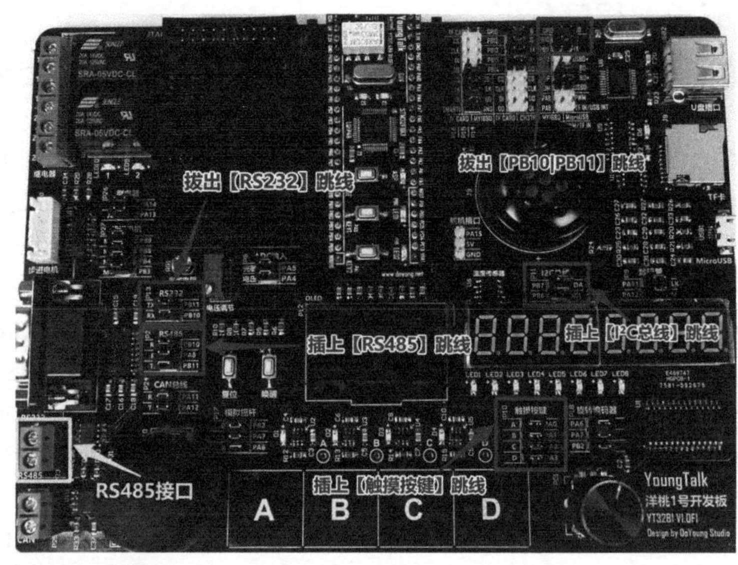

图 32.1 跳线设置

“RS485_TEST”表示 RS485 总线测试，与上一节的 RS232 串口的测试方法相同，使用触摸按键发送数据，在 OLED 屏上“TX:”后显示发送的数据，在“RX:”后显示接收到的数据。如图 32.2 所示，RS485 总线接口位于开发板左下角，它是一个螺丝固定端子。我们可以把去皮导线插入端子插孔里，拧紧上方的螺丝。之前讲过的 RS232 总线是 DB9 接口，RS485 总线只有 2 条线的接口，只要 2 条普通导线。测试 485 总线时需要注意：RS485 总线的通信方式不同于 RS232 总线的通信方式，它并没有单独的接收和发送数据线，无法将接收和发送短接，将发送的数据自己收回，所以我们必须连接一个外

图 32.2 RS485 接口的导线连接

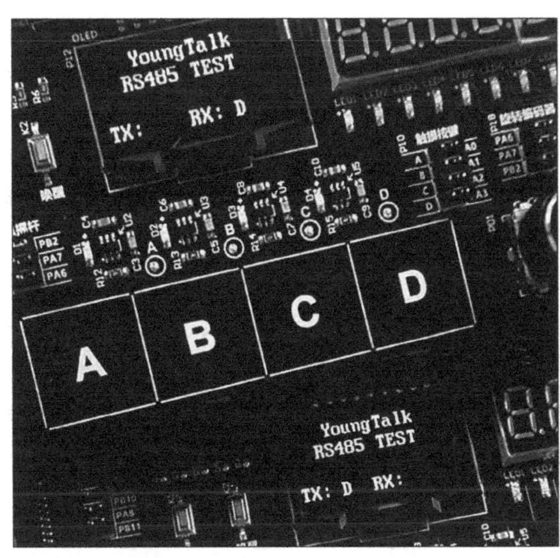

图 32.3 发送与接收界面效果

部的 RS485 设备。我这里没有其他 RS485 设备，就用另外一块洋桃 1 号开发板做实验，只需要将 2 块开发板上的 RS485 总线相连接，2 块开发板写入相同的示例程序，使用相同的跳线设置。RS485 总线的两个端口标号是 A 和 B，每个 RS485 总线设备的 A 端口连接其他 RS485 总线的 A 端口，B 端口连接其他 RS485 设备的 B 端口。各位可以使用杜邦线或普通导线来连接，RS485 总线没有固定线材要求。实验时将 2 块开发板的 A 端口连在一起，B 端口连在一起，用螺丝刀拧紧，就可以通信了。通信方法也非常简单，当按下下方开发板的 A 键时，下方开发板的 OLED 屏上“TX:”后面显示“A”，上方开发板 OLED 屏上“RX:”后面显示“A”。当按下下方开发的 B、C、D 键时，显示效果类似。接下来按上方开发板的触摸按键，按 A 键时上方开发板 OLED 屏上“TX:”后面显示“A”，下方开发板 OLED 屏上“RX:”后面显示“A”。按 B、C、D 键时效果类似。每次按键，另一块开发板会接收到相应的数据，实现了 2 块板的通信，如图 32.3 所示。在实验中需要使用两块洋桃 1 号开发板才能看到实验效果，如果你手中只有一块开发板，可以不做这个实验，看一下我的实验结果，了解通信原理即可。

RS485 总线是工业设备中常见的总线通信方式，它的优势是传输距离很远。USART 串口（TTL 电平）最远传输距离为 2m，RS232 总线（RS232 电平）最远传输距离为 20m，RS485 总线最远传输距离可达 1000m，这归功于 RS485 总线的差分电平通信方式。RS485 总线还具有较高的稳定性和抗干扰能力，在工业控制中常用。工业控制项目中使用 RS485 总线是最好的选择。RS485 是总线结构，同一组数据线可以挂接多个设备，类似于 I^2C 总线。每个设备只需 A 和 B 两条数据线，所有设备的 A 线连到总线的 A 线上，所有设备的 B 线连到总线的 B 线上。为了提升抗干扰能力，RS485 总线的线材多使用双绞线（俗称“麻花线”），线的长度最长可达 1000m，总线两端各连接一个 120Ω 电阻，可提高稳定性。图 32.4 所示的连接实现多个 RS485 设备的通信。每个 RS485 设备的内部分为两个部分。图 32.5 中的虚线部分表示一个 RS485 设备，设备内部有一个单片机（MCU），单片机通过 USART 串口与 RS485 电平转换芯片通信，电平转换芯片将 USART 的 TTL 电平转化为 RS485 差分电平。一个 RS485 设备通过 A、B 端口与总线上的其他 RS485 设备连接。另一个 RS485 设备会将收到的差分电平，通过转换芯片变成 USART 电平，发送给单片机。从单片机编程的角度看，RS485 总线的通信实际上就是 USART 串口通信，

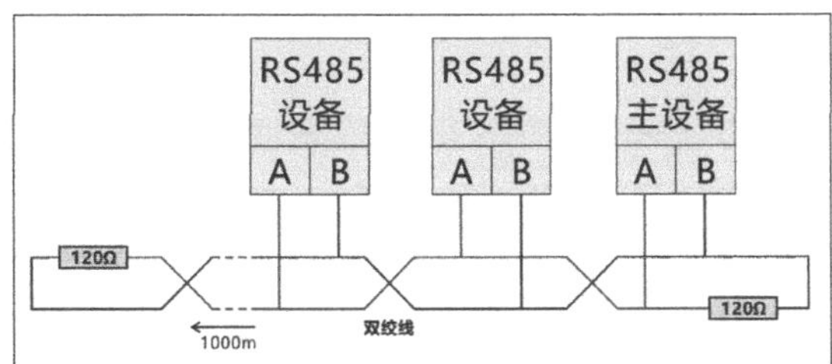

图 32.4 多个 RS485 设备的连接

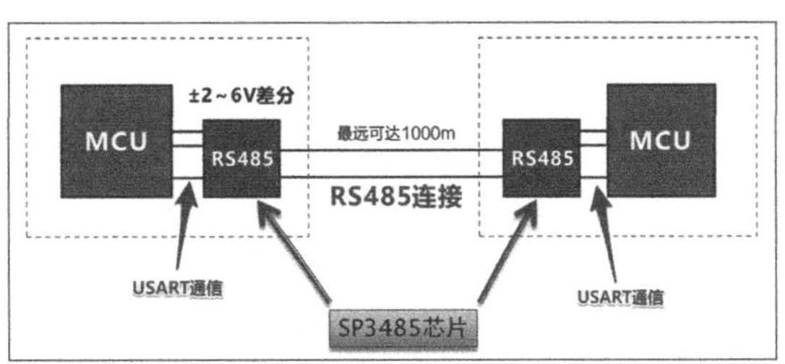

图 32.5 RS485 设备内部原理

采用电平转换芯片完成电平的转换。在市场上你可以找到多种规格、型号的电平转换芯片，我们这里采用 SP3485 芯片，它可以将 USART 电平转化为 RS485 差分电平。

接下来在附带资料中找到“洋桃 1 号开发板电路原理图”文件夹，在其中找到“洋桃 1 号开发板电路原理图（RS485 和 CAN 通信部分）”文件。然后再找到“洋桃 1 号开发板周围电路手册资料”文件夹，在其中找到“SP3232 数据手册”文件。先打开“洋桃 1 号开发板电路原理图（开发板总图）”文件，如图 32.6 所示。这是 RS485 与 CAN 总线的子电路图，先不考虑 CAN 总线，仅看上方 3 个 RS485 总线接口，分别是 PB11（RS485_TX）、PB10（RS485_RX）、PA8（RS485_RE）。PB10 和 PB11 依然占用单片机的 USART3 串口，和 RS232 占用的串口相同。区别是多了 I/O 端口 PA8，连接 RS485_RE 端，这是特殊的收发选择端口，它能控制总线的收发状态。接下来打开“洋桃 1 号开发板电路原理图（RS485 和 CAN 通信部分）”文档，原理图上半部分是 RS485 总线（见图 32.7）。图中左边有 3 个端口，通过 P22 跳线接入 SP3485 芯片，SP3485 是电平转换芯片，芯片第 5 脚连接 GND，第 8 脚连接 3.3V。电平转换的输出是第 6、7 脚，即 A 和 B 端口。A、B 线之间连接 120Ω 电阻，在 A 线上连接 360Ω 上拉电阻，B 线上连接 360Ω 下拉电阻，这 3 个电阻能提高通信稳定性。最后 A、B 线接到端口 P23，即开发板硬件上的接线端子。我们不需要了解差分电平通信原理，只需要了解 USART 串口部分。芯片第 1 脚 RO 接到单片机的 USART3_RX（PB11）接口，第 4 脚 DI 连接到单片机的 USART3_TX（PB10）接口。第 2、3 脚分别控制数据收发，它们并联后接在单片机的 PA8 端口。PA8 是普通的 I/O 端口，输出高低电平来控制发送和接收。单片机向 RE 端输出高电平时，SP3485 处在发送状态；输出低电平时，SP3485 处在接收状态。RS485 总线通信实际是 USART3 串口通信，只是在串口中增加了 RE 收发控制端，其他通信方式和 RS232 总线相同。

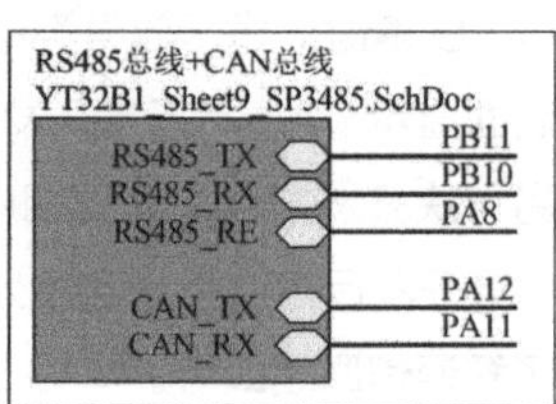

图 32.6 RS485 总线与 CAN 总线子电路图部分

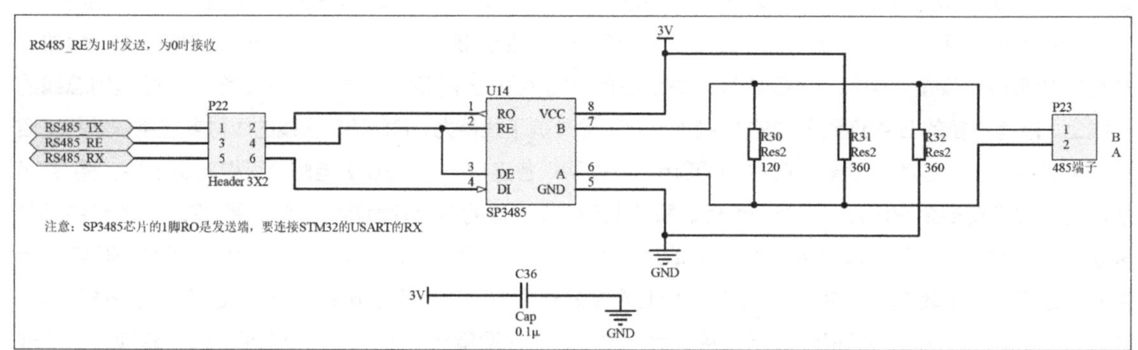

图 32.7 RS485 总线电路原理图

32.2 程序分析

打开“RS485 通信测试程序”示例工程，此工程完全复制了上一节中“RS232 通信测试程序”的工程，只是在 Hardware 文件夹下方加入了 RS485 文件夹，里面加入了 rs485.c 和 rs485.h 文件，这是由我编写的 RS485 总线驱动程序。接下来用 Keil 软件打开工程，设置好后重新编译。先分析 rs485.h 文件，如图 32.8 所示。第 5 ~ 6 行定义了 PA8 接口用来切换收发状态。第 10 ~ 11 是对函数的声明，RS485 驱动程序只有两个函数，第 1 个是 RS485 初始化函数，第 2 个是 RS485_printf 函数，即 RS485 总

```
#ifndef __RS485_H
#define __RS485_H
#include "sys.h"

#define RS485PORT GPIOA //定义I/O端口
#define RS485_RE  GPIO_Pin_8  //定义I/O端口



void RS485_Init(void);//初始化
void RS485_printf (char *fmt, ...); //RS485发送
```

图 32.8 rs485.h 文件的全部内容

线发送数据函数。这里并没有接收数据的函数，因为RS485基于USART串口，RS485总线首先使用USART3，所以RS485总线的接收使用了USART3接收程序，接收方法与RS232总线相同。接下来分析rs485.c文件，如图32.9所示。第20 ~ 22行加载了3个库文件，包括usart.h、rs485.h文件。第24行是RS485初始化函数RS485_Init，内容是初始化PA8端口并将其设置为低电平。PA8端口连接RS485_RE，当它为高电平时表示发送数据，当它为低电平时表示接收数据。初始化后将端口设为低电平，保持在接收状态。第38行是RS485总线发送数据的函数RS485_printf，其中内容复制了usart.c文件中的USART3发送数据函数USART3_printf，区别是RS485_printf函数中加入了控制RS485_RE的程序。第42行在发送数据前将RE端变为高电平，将SP3485切换为发送状态。第43 ~ 49是发送数据的程序，发送数据后第50行将RS485_RE设为低电平，让它回到接收状态。只有平时保持接收状态才能随时接收总线发来的数据。接下来打开main.c文件，如图32.10所示。开始部分第24 ~ 25行加载usart.h和rs485.h文件。主函数中第40行加入USART3初始化函数，只有USART3参与，RS485总线才能工作。第41行是RS485初始化函数。while主循环中还是判断4个触摸按键是否被按下，与上一个工程相比，只是将USART3_printf

```
20 #include "sys.h"
21 #include "usart.h"
22 #include "rs485.h"
23
24 void RS485_Init(void){ //RS485端口初始化
25     GPIO_InitTypeDef  GPIO_InitStructure;
26         GPIO_InitStructure.GPIO_Pin = RS485_RE; //选择端口号（0~15或all）
27         GPIO_InitStructure.GPIO_Mode = GPIO_Mode_Out_PP; //选择I/O端口工作方式
28         GPIO_InitStructure.GPIO_Speed = GPIO_Speed_50MHz; //设置I/O端口速度（2/10/50MHz）
29     GPIO_Init(RS485PORT, &GPIO_InitStructure);
30     GPIO_ResetBits(RS485PORT,RS485_RE); //RE端控制接收/发送状态，RE为1时发送，为0时接收。
31
32 }
33
34 /*
35 RS485总线通信，使用USART3，这是RS485专用的printf函数
36 调用方法：RS485_printf("123"); //向USART3发送字符123
37 */
38 void RS485_printf (char *fmt, ...){
39     char buffer[USART3_REC_LEN+1];  // 数据长度
40     u8 i = 0;
41     va_list arg_ptr;
42     GPIO_SetBits(RS485PORT,RS485_RE); //为高电平（发送）//RS485收发选择线
43     va_start(arg_ptr, fmt);
44     vsnprintf(buffer, USART3_REC_LEN+1, fmt, arg_ptr);
45     while ((i < USART3_REC_LEN) && (i < strlen(buffer))){
46             USART_SendData(USART3, (u8) buffer[i++]);
47             while (USART_GetFlagStatus(USART3, USART_FLAG_TC) == RESET);
48     }
49     va_end(arg_ptr);
50     GPIO_ResetBits(RS485PORT,RS485_RE); //为低电平（接收）//RS485收发选择线
51 }
```

图 32.9 rs485.c 文件的全部内容

```
17 #include "stm32f10x.h" //STM32头文件
18 #include "sys.h"
19 #include "delay.h"
20 #include "touch_key.h"
21 #include "relay.h"
22 #include "oled0561.h"
23
24 #include "usart.h"
25 #include "rs485.h"
26
27 int main (void){//主程序
28     u8 a;
29     delay_ms(100); //上电时等待其他器件就绪
30     RCC_Configuration(); //系统时钟初始化
31     TOUCH_KEY_Init();//触摸按键初始化
32     RELAY_Init();//继电器初始化
33
34     I2C_Configuration();//I²C初始化
35     OLED0561_Init(); //OLED屏初始化
36     OLED_DISPLAY_8x16_BUFFER(0,"   YoungTalk "); //显示字符串
37     OLED_DISPLAY_8x16_BUFFER(2,"  RS485 TEST "); //显示字符串
38     OLED_DISPLAY_8x16_BUFFER(6,"TX:    RX:   "); //显示字符串
39
40     USART3_Init(115200);//串口3初始化并启动
41     RS485_Init();//RS485总线初始化，需要跟在USART3初始化下方
42
43     while(1){
44         if(!GPIO_ReadInputDataBit(TOUCH_KEYPORT,TOUCH_KEY_A)){RS485_printf("%c",'A');OLED_DISPLAY_8x16(6,4*8,'A');} //向
45         else if(!GPIO_ReadInputDataBit(TOUCH_KEYPORT,TOUCH_KEY_B)){RS485_printf("%c",'B');OLED_DISPLAY_8x16(6,4*8,'B');}
46         else if(!GPIO_ReadInputDataBit(TOUCH_KEYPORT,TOUCH_KEY_C)){RS485_printf("%c",'C');OLED_DISPLAY_8x16(6,4*8,'C');}
47         else if(!GPIO_ReadInputDataBit(TOUCH_KEYPORT,TOUCH_KEY_D)){RS485_printf("%c",'D');OLED_DISPLAY_8x16(6,4*8,'D');}
48
49         //以查询方式接收
50         if(USART_GetFlagStatus(USART3,USART_FLAG_RXNE) != RESET){  //查询串口待处理标志位
51             a =USART_ReceiveData(USART3);//读取接收到的数据
52             OLED_DISPLAY_8x16(6,11*8,a);//在OLED屏上显示
53         }
54     }
55 }
```

图 32.10 main.c 文件的全部内容

换成了 RS485_printf 函数，其他内容没有变化。第 50 行数据接收部分查询 USART3 串口，和上节相同。SP3485 芯片的参数可以参看“SP3485 数据手册”，两个设备间的 RS485 通信比较简单，但总线上连接很多 RS485 设备时会涉及地址分配、通信冲突等问题，需要编写上屏通信规范。初学者只要了解 RS485 总线的通信方法即可，深入学习需要另外阅读专业书籍。

第 61~64 步

33 CAN总线通信

33.1 原理介绍

这节我们来介绍CAN总线，CAN总线在工业控制以及汽车电子领域很常用，它具有很高的稳定性和很远的传输距离。CAN总线的通信协议非常复杂，但对于初学者来说，CAN总线的操作非常简单。我们来看一下CAN总线的工作原理和驱动方法。开始实验之前，先设置开发板上的跳线，把开发板左侧的标注为“CAN总线”（编号为P24）的跳线短接，使CAN总线电路与单片机的I/O端口连接。再把标注为“数码管”（编号为P9）的跳线断开，因为数码管与CAN总线复用两个I/O端口，断开才不会产生干扰。所有跳线设置如图33.1所示。跳线设置好后就可以给开发板下载程序了。

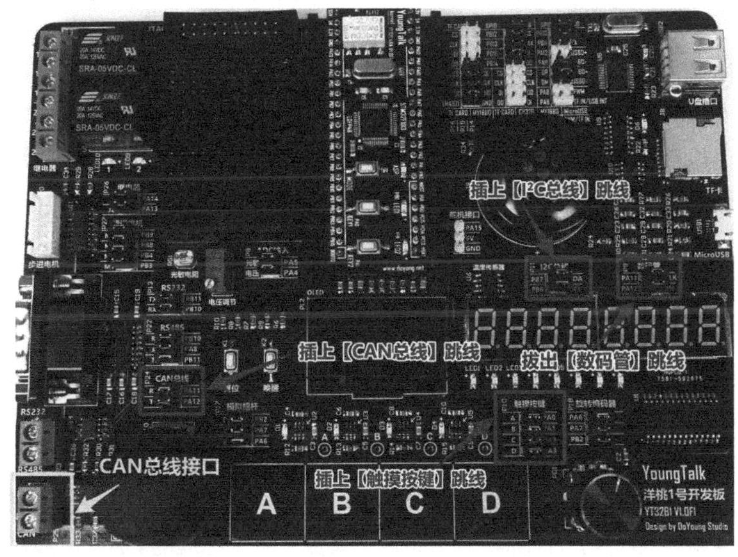

图 33.1 跳线设置

在附带资料中找到“CAN通信测试程序”的工程，将工程中的HEX文件下载到开发板程序中后，OLED屏上显示“CAN TEST”，下面显示“TX:”和“RX:”。CAN总线的测试方法与RS485总线的测试方法基本相同，用户按4个触摸键发送字符数据，通过CAN总线接收其他设备发来的数据。CAN总线的硬件电路在开发板左下角，包括总线控制芯片U15以及接线端子。CAN总线只需要2条数据线（L和H）。所有设备的L线和H线必须对应连接，这一点和RS485总线相同。U15芯片的型号是TJA1050，是CAN总线的收发器（或叫转发器）。如图33.2所示，我们依然使用2块开发板进行CAN总线通信，用2根杜邦线连接。需要注意：L线必须接另一块开发板的L端，H线接另一个开发板的H端，插入杜邦线后用螺丝刀固定。连接好后，我们来测试一下CAN总线的通信效果，按下触摸键A，下方开发板OLED屏上“TX:”后面显示“A”；上方开发板OLED屏上“RX:”后面显示“A”。另外3个触摸键的效果

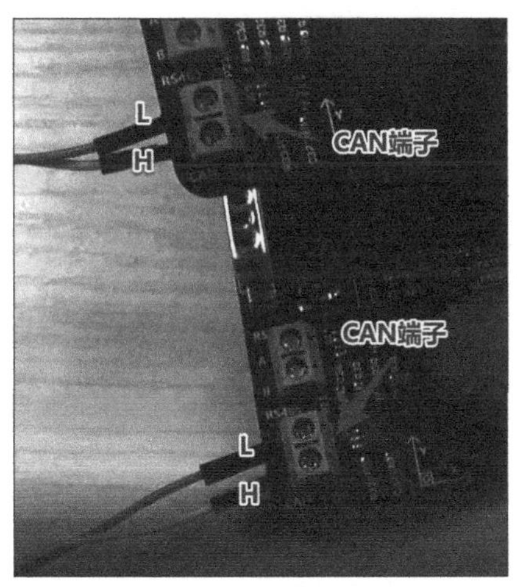

图 33.2 CAN总线的连接方法

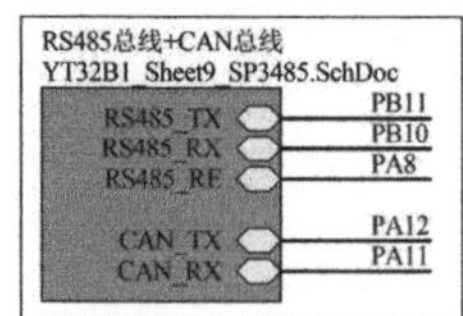

图 33.3 RS485 总线与 CAN 总线子电路图部分

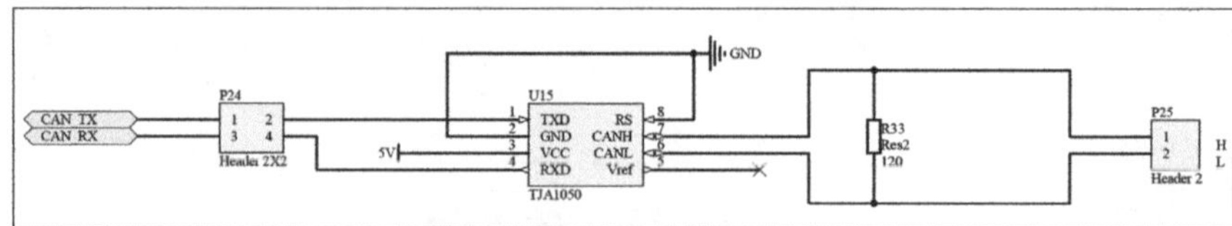

图 33.4 CAN 总线的电路原理图

以此类推。再按上方开发板的触摸键 A，下方开发板可以收到相应的数据，实现了 CAN 总线通信。

接下来研究一下 CAN 总线的电路原理。在附带资料中找到“洋桃 1 号开发板周围电路手册资料”文件夹，找到“TJA1050 数据手册”“CAN 总线协议讲解”“CAN 总线在 STM32 上的发送和接收过滤详解”，打开这 3 个文件。接下来打开“洋桃 1 号开发板电路原理图（开发板总图）”，找到 RS485 总线和 CAN 总线的原理图部分（见图 33.3）。上节介绍了 RS485 总线，现在来讲 CAN 总线。子电路图中有 2 个接口：CAN_TX（PA12）和 CAN_RX（PA11）。需要注意：CAN 总线连接的并不是普通 I/O 端口，而是 CAN 总线专用的控制器端口。在 STM32F103 引脚定义图中可以看到，第 32、33 脚分别是 PA11 和 PA12 端口，复用功能是 CAN 总线，PA11 复用 CAN_RX，PA12 复用 CAN_TX，只有对应正确的端口号才能实现 CAN 总线连接。接下来打开上节用过的“洋桃 1 号开发板电路原理图（RS485 和 CAN 通信部分）”，如图 33.4 所示。左边的 2 个接口是总电路图中的 CAN 总线端口，CAN_TX 连接 PA12，CAN_RX 连接 PA11。它们通过 P24 跳线接入 TJA1050 芯片，TJA1050 芯片是一款 CAN 收发器，它能将单片机内部的 CAN 总线控制器发来的数据转换成 H、L 线的电平状态。这一点和 RS485 总线相似，只是 RS485 总线转换的是 USART 的数据，而 TJA1050 转换的是单片机内部的 CAN 总线控制器的数据。STM32 单片机内部集成了一个标准的 CAN 总线控制器，CAN 总线控制器通过 CAN_TX 端口将数据发送到转发器芯片（TJA1050）的第 1 脚 TXD，CAN 总线接收到的数据通过第 4 脚 RXD 发送给单片机内部的 CAN 总线控制器。第 2、3 脚是电源部分，3 脚连接 5V（芯片工作电压是 5V），2 脚连接 GND。第 6、7 脚是总线端口，第 6 脚是 L 端口，第 7 脚是 H 端口，2 个端口之间连接一个 120Ω 电阻，起到稳定总线的作用。这 2 条线通过接线端子 P25（开发板上的 CAN 总线螺丝固定端子）与其他 CAN 设备连接（可用双绞线）。芯片的第 5、8 脚是 2 个特殊功能接口，第 8 脚接 GND，第 5 脚悬空。这样设计电路就可以实现 CAN 总线通信了。

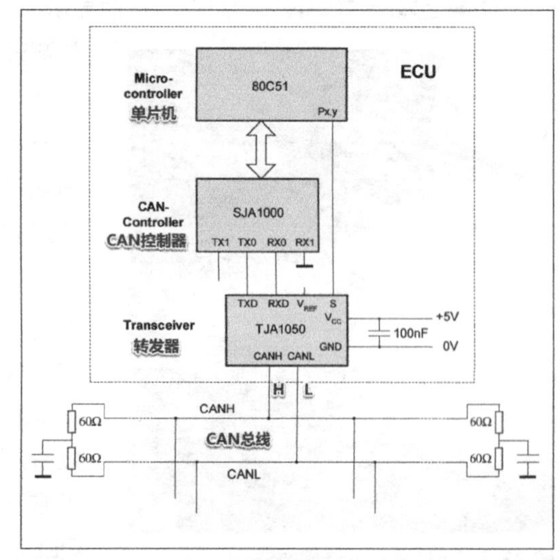

图 33.5 CAN 总线连接示意图

打开“TJA1050 数据手册”文档，可以看到 TJA1050 芯片的具体参数和使用方法。第 9 页有一个电路原理图，如图 33.5 所示。图中下方 2 条线是 CAN 总线的连接线，上方虚线框的部分是一个完整的 CAN 设备，其中包括单片机、CAN 总线控制器、转发器 TJA1050。传统的 8051 单片机内部没有集成 CAN 总线控制器，需要外接 SJA1000。但是 STM32 单片机内部集成了 CAN 总线控制器，单片机和控制器合二为一，只要将 TX 和 RX 接口连接在 CAN 总线转发器（TJA1050）上，再通过转发器连接到 CAN 总线的 H、L 线即可。接下来是 CAN 总线

设备的连接方法，一组 CAN 总线上可连接多个 CAN 设备，理论上总线可连接的设备数量无限多。线材依然是双绞线，双绞线具有很好的抗干扰能力，通信距离可达 10km。总线的两端分别要连接 2 个 120Ω 电阻。CAN 设备的 H 端需要连到 CAN 总线的 H 线，CAN 设备的 L 端需要连到 CAN 总线的 L 线。我们打开“CAN 总线协议讲解”文件，文件中介绍了什么是 CAN 总线、CAN 总线的特点和通信协议。文档内容通俗易懂，有兴趣的读者可以深入了解 CAN 总线的通信原理，但是初学者只要会应用即可。而 CAN 总线在应用层面上和 USART 串口一样简单。接下来分析 CAN 总线的示例程序，通过示例程序来学习使用方法。

这里还是要提醒一下，有些朋友可能会觉得即使学会了 CAN 总线的使用方法也不知道怎么编写程序。实际上学习是个过程，由各个阶段组成。我们现在要理解别人如何写程序、分析别人的程序、看懂别人的程序。当我们看得多了、懂得多了，下一步便可自己编写程序。如果看不懂别人的程序、不能明白别人的设计思路、没能学会别人的开发技巧，又如何能独立编程呢？所以在不会编程时还是以分析和理解程序为主。

33.2 简单通信的程序分析

接下来分析 CAN 总线的通信程序，在附带资料中找到“CAN 通信测试程序”的工程，此工程是由上节“RS485 通信测试程序”工程复制而来，只是在工程中的 Hardware 文件夹里新加入了 CAN 文件夹，在文件夹里面加入 can.c 和 can.h 文件，这是我编写的 CAN 总线驱动程序。用 Keil 软件打开工程，在工程设置里面 Hardware 目录中加入 can.c 和 can.h 文件；在 Lib 目录里添加 stm32f10x_can.c，这是 CAN 总线固件库文件。必须添加固件库文件，否则 CAN 总线的驱动程序无法工作。接下来分析 main.c 文件，如图 33.6 所示。第 24 行加载了 can.h 文件，主函数中第 34 行加入 CAN 总线初始化函数 CAN1_Configuration。需要注意：在主函数开始部分第 27 ~ 28 行定义了无符号变量 x 和数组 buff，数组中有 8 个数据，在下方都会用到。在主循环中，第 44 ~ 47 行使用 4 个触摸按键，只是在按键的执行程序中加入了不同内容。给数组第 0 位赋值（buff[0]='A'），然后调用 CAN 总线发送函数 CAN_Send_Msg，其中包含两个参数。第一个参数是要发送的内容，这里使用了数组 buff。第二个参数是数据长度，这里要发送 1 个数据，值是 1。因为已经将 buff 第 0 位（第 1 个要发送的内容）写入了字符 A，CAN 总线发送函数将字符 A 发送出去，OLED_DISPLAY_8x16 函数把字符 A 显示在 OLED 屏上。另外 3 个触摸按键的效果以此类推。在按下触摸键后将字符从 CAN 总线发送，若想一次发送多个数据，可在数组第 0 ~ 8 位写入数据，并在发送函数的第 2 个参数中修改发送数量。接下来是 CAN 总线接收部分，CAN 总线和 USART 串口一样，有查询和中断两种接收方法。当前使用的是查询方法，第 50 行是 CAN 总线接收函数，判断 CAN 总线是否收到数据，调用 CAN 总线接收函数 CAN_Receive_Msg。参数中所给出的是接收数据存放的位置（数组 buff），函数返回值存入变量 x。返回值用于判断 CAN 总线是否收到数据，x 为 0 表示没有收到数据，不为 0 表示收到数据。第 51 行通过 if 语句判断 x 值，如果 x 为 0 则不执行 if 语句中的内容，x 不为 0 则表示 CAN 总线收到数据，执行 if 语句里面的程序。第 52 行 if 语句里面的程序是在 OLED 屏上显示接收到的数据。接收到的数据在数组 buff 第 0 位。因为触摸按键只发送一个数据，所以这里只接收到一个数据，只在 OLED 屏的“TX:”后面显示数组 buff 第 0 位的数据，实现 CAN 总线数据的接收和显示。CAN 总线在使用层面上并不复杂，但是为了更好地了解 CAN 总线，我们还是要深入介绍 CAN 总线的基本通信原理，分析 can.c 中的驱动程序，还有驱动程序中引用的 CAN

```
#include "stm32f10x.h" //STM32头文件
#include "sys.h"
#include "delay.h"
#include "touch_key.h"
#include "relay.h"
#include "oled0561.h"

#include "can.h"

int main (void){//主程序
  u8 buff[8];
  u8 x;
  delay_ms(100); //上电时等待其他器件就绪
  RCC_Configuration(); //系统时钟初始化
  TOUCH_KEY_Init();//触摸按键初始化
  RELAY_Init();//继电器初始化

  CAN1_Configuration(); //CAN总线初始化 返回0表示成功

  I2C_Configuration();//I²C初始化
  OLED0561_Init(); //OLED屏初始化
  OLED_DISPLAY_8x16_BUFFER(0,"   YoungTalk  "); //显示字符串
  OLED_DISPLAY_8x16_BUFFER(2,"   CAN TEST   "); //显示字符串
  OLED_DISPLAY_8x16_BUFFER(6,"TX:     RX:   "); //显示字符串


  while(1){
    if(!GPIO_ReadInputDataBit(TOUCH_KEYPORT,TOUCH_KEY_A)){buff[0]='A';CAN_Send_Msg(buff,1);OLED_DISPLAY_8x16(6,4*8,'A');} //向
    else if(!GPIO_ReadInputDataBit(TOUCH_KEYPORT,TOUCH_KEY_B)){buff[0]='B';CAN_Send_Msg(buff,1);OLED_DISPLAY_8x16(6,4*8,'B');}
    else if(!GPIO_ReadInputDataBit(TOUCH_KEYPORT,TOUCH_KEY_C)){buff[0]='C';CAN_Send_Msg(buff,1);OLED_DISPLAY_8x16(6,4*8,'C');}
    else if(!GPIO_ReadInputDataBit(TOUCH_KEYPORT,TOUCH_KEY_D)){buff[0]='D';CAN_Send_Msg(buff,1);OLED_DISPLAY_8x16(6,4*8,'D');}

    //CAN查询方式的接收处理
    x = CAN_Receive_Msg(buff); //检查是否收到数据
    if(x){ //判断接收数据的数量，不为0表示收到数据
      OLED_DISPLAY_8x16(6,11*8,buff[0]);//在OLED屏上显示
    }
  }
}
```

图 33.6 main.c 文件的全部内容

总线通信协议，有兴趣的朋友可以学习。

33.3 复杂通信的原理介绍

接下来分析 CAN 总线的驱动程序。在附带资料中找到“STM32F10x 参考手册（中文）”文档，打开第 423 页，这里是“控制器局域网”也就是 CAN 总线的说明部分。接下来请你将这部分通读一遍，发现每一处不理解的概念和术语。我们要带着疑问学习。如图 33.7 所示，开始部分是 CAN 总线的简介，下方是 CAN 总线的主要特性、总体描述、控制状态、配置寄存器、发送邮箱、接收过滤器，还有 CAN 总线的工作模式（初始化模式、正常模式、睡眠低功耗模式、测试模式、静默模式、环回模式、环回静默模式）。下面有功能描述，包括发送的处理、发送优先级、时间触发通信模式、接收管理、FIFO 管理、标识符过滤、报文存储、出错管理、位时间特性、CAN 中断、寄存器描述、寄存器访问保护、控制与状态寄存器、邮箱寄存器、过滤计算器。

22　控制器局域网(bxCAN)

小容量产品是指闪存存储器容量在16K至32K字节之间的STM32F101xx、STM32F102xx和STM32F103xx微控制器。

中容量产品是指闪存存储器容量在64K至128K字节之间的STM32F101xx、STM32F102xx和STM32F103xx微控制器。

大容量产品是指闪存存储器容量在256K至512K字节之间的STM32F101xx和STM32F103xx微控制器。

互联型产品是指STM32F105xx和STM32F107xx微控制器。

本章描述的模块仅适用于互联型产品和增强型STM32F103xx系列。

22.1　bxCAN简介

bxCAN是基本扩展CAN(Basic Extended CAN)的缩写，它支持CAN协议2.0A和2.0B。它的设计目标是，以最小的CPU负荷来高效处理大量收到的报文。它也支持报文发送的优先级要求(优先级特性可软件配置)。

对于安全紧要的应用，bxCAN提供所有支持时间触发通信模式所需的硬件功能。

22.2　bxCAN主要特点

- 支持CAN协议2.0A和2.0B主动模式
- 波特率最高可达 1Mbit/s
- 支持时间触发通信功能

发送

- 3个发送邮箱
- 发送报文的优先级特性可软件配置
- 记录发送SOF时刻的时间戳

接收

- 3级深度的2个接收FIFO
- 可变的过滤器组：
  - 在互联型产品中，CAN1和CAN2分享28个过滤器组
  - 其他STM32F103xx系列产品中有14个过滤器组
- 标识符列表
- FIFO溢出处理方式可配置
- 记录接收SOF时刻的时间戳

时间触发通信模式

- 禁止自动重传模式
- 16位自由运行定时器
- 可在最后2个数据字节发送时间戳

管理

- 中断可屏蔽
- 邮箱占用单独1块地址空间，便于提高软件效率

双CAN

- CAN1：是主bxCAN，它负责管理在从bxCAN和512字节的SRAM存储器之间的通信
- CAN2：是从bxCAN，它不能直接访问SRAM存储器
- 这2个bxCAN模块共享512字节的SRAM存储器(见图195)

图 33.7 参考手册第 423 页

最后是 CAN 计算器列表，列出了 CAN 总线所有寄存器。这些都是我们要学习的部分。首先说一下 CAN 总线的两种通信方式，CAN 总线上只有两个设备时可以使用简单通信方式，将其当成 USART 串口使用，直接发送和接收数据。一个设备发送，另一个设备接收。这样的应用不涉及 CAN 总线复杂的协议，而且还能利用 CAN 总线的高稳定性和超远的传输距离，相当于稳定性高、传输距离更远的 USART 串口。另一种方式是 CAN 总线上连接两个以上的设备，要使用 CAN 总线协议通信。因为总线上设备很多，设备与设备之间传输大量数据，如果只是简单地收发会导致通信混乱。只有利用 CAN 总线的通信协议，使用 CAN 总线的内部功能，包括邮箱标识符、过滤器才能保证通信顺畅。“CAN 通信测试程序”示例程序中正是采用简单通信方式。想使用 CAN 总线的复杂通信需要先学习相关的概念和原理，接下来就来学习 CAN 总线的复杂通信。

首先讲一下 CAN 总线的基本概念。CAN 总线是 ISO 国际标准化的串行通信协议，由德国博世公司在 1986 年提出，在欧洲已经是汽车网络的标准协议，CAN 协议经过 ISO 标准化后有两个标准：ISO11898 和 ISO11519-2。其中 ISO11898 针对 125kbit/s~1Mbit/s 高速通信，ISO11519-2 针对 125kbit/s 以下的低速通信。CAN 总线具有很高的可靠性，广泛应用于汽车电子、工业自动化、船舶、医疗设备、工业设备等方面。大家在开发相关领域的产品时可以使用 CAN 总线。

CAN 总线的优点有 6 个。

（1）多主机控制：总线空闲时所有单元都可以发送信息。两个以上的单元同时开始发送信息时，根据标识符决定优先级。也就是说 CAN 总线不同于 I^2C 总线，I^2C 总线只允许有一个主设备和多个从设备，CAN 总线中每个设备都可以是主设备，都能主动发送数据。

（2）系统柔软性：总线上的设备没有地址概念，因此在总线上添加新设备时，已连接的设备在软硬件和应用层上都不需要修改。I^2C 总线的每个设备需要地址区分，添加或减少设备需要重新分配地址；而 CAN 总线没有地址概念，通过标识符识别数据，增加和减少设备不会影响通信。

（3）速度快、距离远：通信距离小于 40m 时最高速度达到 1Mbit/s，最远传输距离可达 10km。在超远距离通信时速度必须小于 5kbit/s。

（4）具有较强的纠错能力：总线上的所有设备都可以检查错误，当某一设备检查出错误时会立即通知其他设备。正在发送消息的设备，查出错误会立即停止发送，这也是其他总线所没有的功能。

（5）有故障封闭功能：CAN 总线可以判断错误的类型，即是暂时出错还是持续性错误。连续出错时会将故障设备从总线上分离出去，不影响其他正常设备的通信。

（6）一条总线上可连接

ISO/OSI 基本参照模型		各层定义的主要项目
软件控制	7 层：应用层	由实际应用程序提供可利用的服务
软件控制	6 层：表示层	进行数据表现形式的转换。 如：文字设定、数据压缩、加密等的控制
软件控制	5 层：会话层	为建立会话式的通信，控制数据正确地接收和发送
软件控制	4 层：传输层	控制数据传输的顺序、传送错误的恢复等，保证通信的品质。 如：错误修正、再传输控制
软件控制	3 层：网络层	进行数据传送的路由选择或中继。 如：单元间的数据交换、地址管理
硬件控制	2 层：数据链路层	将物理层收到的信号（位序列）组成有意义的数据，提供传输错误控制等数据传输控制流程。 如：访问的方法、数据的形式。 通信方式、连接控制方式、同步方式、检错方式。 应答方式、通信方式、包（帧）的构成。 位的调制方式（包括位时序条件）
硬件控制	1 层：物理层	规定了通信时使用的电缆、连接器等的媒体、电气信号规格等，以实现设备间的信号传送。 如：信号电平、收发器、电缆、连接器等的形态

【注】 *1 OSI：Open Systems Interconnection （开放式系统间互联）

图 33.8 CAN 总线的通信层级

无限多的设备：不过连接设备过多会导致时间延迟、降低速度，一般会在数量和速度之间找到平衡。

接下来研究 CAN 总线的通信层级，如图 33.8 所示。最底层（1 层）是物理层，即数据线连接。2 层是数据链路层，即基本的数据传输协议。1 层和 2 层都属于硬件控制。3 层是网络层，包括数据传输的路由和中继。4 层是传输层，5 层是会话层。6 层是表示层，包括文字设定、数据压缩、加密等控制。最高层（7 层）是应用层，由实际应用程序提供可利用的服务，也就是实现最终的内容通信。3~7 层是软件控制部分。现在从最底层开始看起，如图 33.9 所示，这是 CAN 总线物理层面的基本电平。物理层面包括两种通信模式，一种是 ISO11898 高速通信模式，一种是 ISO11519-2 低速通信模式。需要注意“隐性”和“显性”的概念，它们是在物理层面上的电平概念。在 ISO11898 高速通信模式下的电平方案，当 CAN 总线上两条数据线 H 线和 L 线的电压都为 2.5V 时，它们之间的电压差为 0V，表示隐性电平，对应逻辑 1。当 CAN 总线的 H 线电压是 3.5V，L 线电压是 1.5V 时，它们之间的电压差是 2V，表示显性电平，对应逻辑为 0。2V 显现出电压，0V 没有显现出电压，可以这样理解“显性”和“隐性”的概念。在 ISO11519-2 低速模式下，H 线电压为 1.75V，L 线电压为 3.25V，电压差是 -1.5V（负电压），表示隐性电平；H 线电压是 4V，L 线电压

物理层	ISO 11898(High speed)						ISO 11519-2(Low speed)					
通信速度[*1]	最高 1Mbit/s						最高 125kbit/s					
总线最大长度[*2]	40m/1Mbit/s						1km/40kbit/s					
连接单元数	最大 30						最大 20					
总线拓扑[*3]	隐性 1			显性 0			隐性			显性		
	Min	Nom	Max.	Min.	Nom	Max.	Min	Nom.	Max.	Min.	Nom.	Max.
CAN_High (V)	2.00	2.50	3.00	2.75	3.50	4.50	1.60	1.75	1.90	3.85	4.00	5.00
CAN_Low (V)	2.00	2.50	3.00	0.50	1.50	2.25	3.10	3.25	3.40	0.00	1.00	1.15
电位差 (H-L)(V)	-0.5	0	0.05	1.5	2.0	3.0	-0.3	-1.5	-	0.3	3.00	-
	双绞线 （屏蔽/非屏蔽） 闭环总线 阻抗：120Ω (Min.85Ω Max.130Ω) 总线电阻率：70mΩ/m 总线延迟时间：5ns/m 终端电阻：120Ω (Min.85Ω Max.130Ω)						双绞线 （屏蔽/非屏蔽） 开环总线 阻抗：120Ω (Min.85Ω Max.130Ω) 总线电阻率：90mΩ/m 总线延迟时间：5ns/m 终端电阻：2.20kΩ (Min.2.09kΩ Max.2.31kΩ) CAN_L 与 GND 间静电容量 30pF/m CAN_H 与 GND 间静电容量 30pF/m CAN_L 与 GND 间静电容量 30pF/m					

图 33.9 CAN 总线的物理层面

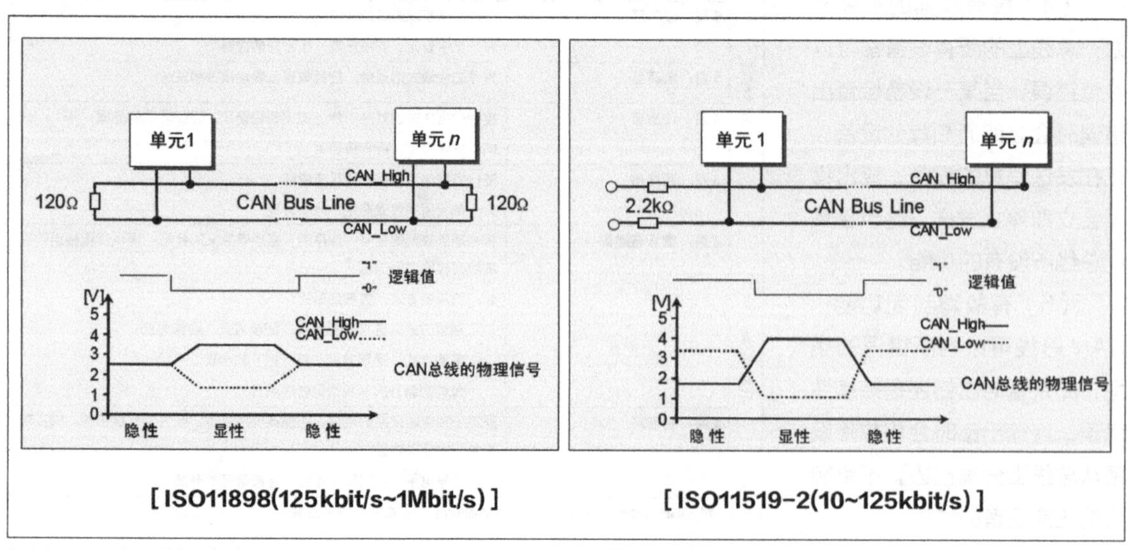

图 33.10 两种模式下的通信方式

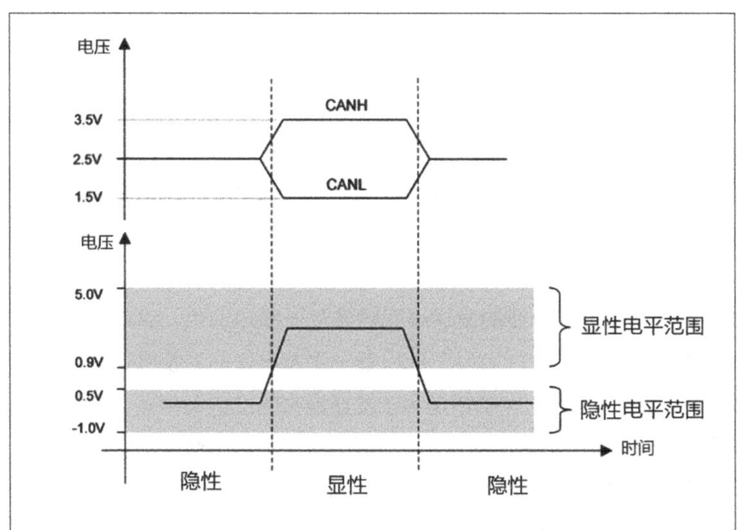

图 33.11 隐性与显性电平说明（高速模式）

是 1V，电压差是 3V，表示显性电平。通俗来讲，CAN 总线是通过 H 线和 L 线的电压差来表示逻辑 1 和 0。GPIO 功能中高电平表示 1，低电平表示 0。

接下来再看两种模式下的通信方式，如图 33.10 所示。左图表示 ISO11898 高速模式。右图上方是 CAN 总线电路图，总线两边连接了 120Ω 电阻，下方是 CAN 总线的物理电平时序图。时序图开始部分是“隐性电平”，表示逻辑 1，H 线电压和 L 线电压都是 2.5V。中间部分是“显性电平”，H 线电压是 3.5V，L 线电压是 1.5V，电压差为 2V。向右又回到“隐性电平”，L 线电压和 H 线电压都是 2.5V。再看右图 ISO11519-2 低速模式，实线表示 H 线电压，虚线表示 L 线电压，可见隐性电平的电压差是 -1.5V（负电压），显性电平的电压差是 3.5V。图 33.11 所示的图表更详细，高速模式下，隐性电平时 H 线电压和 L 线电压都是 2.5V；显性电平时 H 线电压是 3.5V、L 线电压是 1.5V。图 33.11 下方给出显性电平和隐性电平的电压差范围，电压差为 -1 ~ 0.5V 属于隐性电平范围，电压差为 0.9 ~ 5V 属于显性电平范围。所以电压差决定了发送数据是 1 还是 0，隐性电平发送逻辑 1，显性电平发送逻辑 0。显性电平具有优先权，只要有一个设备输出显性电平，全总线即为显性电平。隐性电平具有包容性，只有所有设备都输出隐性电平，全总线才为隐性电平。CAN 总线的两端连接的 120Ω 电阻可减少回波反射，增加通信稳定性。需要注意：洋桃 1 号开发板使用的 TJA1050 芯片采用的是 ISO11898 高速通信模式。CAN 总线是基于相同的波特率通信，原理和 USART 串口相同。我们需要把同一组 CAN 总线上的所有设备的波特率都设置为相同的值。在 CAN 总线中一次最多只能发送 8 字节数据，这是总线协议决定的。发送的数据多于 8 字节时，要把多数据拆分成多个单元，每单元 8 字节数据，分单元发送。

33.4 数据发送程序分析

接下来分析程序，首先打开 can.h 文件，如图 33.12 所示。文件开始部分第 6 行有宏定义，定义是否开启总线的接收中断模式，后边的数值可以修改，为 0 表示关闭中断接收，为 1 表示开启中断接收。第 10 ~ 13 行的宏定义设置总线波特率，其中 4 组参数组合起来就决定了总线的波特率，参考的标准如图 33.12 所示。公式中的 1、8、7、9 对应的第 10 ~ 13 行的 1、8、7、9，这几个数值可以改变。第 1 个数值可以改为 1 ~ 4，第 2 个数值可以改为

```
1  #ifndef __CAN_H
2  #define __CAN_H
3  #include "sys.h"
4
5
6  #define CAN_INT_ENABLE  0 //1 开接收中断，0 关接收中断
7
8  //设置模式和波特率
9  //波特率=(pclk1/((1+8+7)*9))
10 #define tsjw  CAN_SJW_1tq //设置项目 (1~4)
11 #define tbs1  CAN_BS1_8tq //设置项目 (1~16)
12 #define tbs2  CAN_BS2_7tq //设置项目 (1~8)
13 #define brp   9 //设置项目
14
15
16
17 u8 CAN1_Configuration(void);//初始化
18 u8 CAN_Send_Msg(u8* msg,u8 len);//发送数据
19 u8 CAN_Receive_Msg(u8 *buf);//接收数据
```

1 8 7 9 参与计算公式的数字

图 33.12 can.h 文件的内容

1 ~ 16，第 3 个数值可以改为 1 ~ 8，只要修改数值组合就能修改波特率。公式中还有“pclk1”，这是 STM32 单片机的时钟设置部分，我们可以打开工程中的 sys.c 文件，在 RCC 时钟设置函数中第 37 行设置低速 AHB 时钟频率 RCC_PCLK1Config，它也就是公式中的 pclk1。从注释中可以看到其数值是高速时钟的总频率数值除以 2，即 72MHz 除以 2，等于 36MHz。通过公式计算得到的波特率值是 250kbit/s，这就是波特率的设置方法。接下来第 17 ~ 19 行声明了 3 个函数，第 1 个是 CAN 总线的初始化函数 CAN1_Configuration，第 2 个是 CAN 总线发送数据函数 CAN_Send_Msg。第 3 个是 CAN 总线接收数据函数 CAN_Receive_Msg。3 个函数在上节的主程序中都调用过。

接下来主要介绍 CAN 总线的发送部分，在 CAN 总线的发送层面要涉及一些知识点，这对我们理解发送的原理很有帮助。第一个知识点是“报文”，报文指 CAN 总线设备一次发出去的完整数据信息，可以简单理解为“电报的正文”。第二个知识点是“邮箱”，邮箱是用于发送报文的发送调度器，我们通过邮箱来发送报文。第三个知识点是“帧种类”，帧种类是指不同用途的报文种类，包括数据帧、遥控帧、错误帧、过载帧和间隔帧。第四个知识点是“帧格式”，是指一个报文中包含的内容。一组报文中的数据会分成很多功能，这些功能的先后顺序以及作用就是帧格式。最后一个知识点是“标识符”（也叫识别符或 ID），通过识别符可以判断数据是否是发给自己的，相当于 I^2C 总线中的地址，但和地址还有所不同。

首先讲邮箱，邮箱是发送数据的调度器，我们可以通过邮箱发送数据。在 STM32 的 CAN 总线控制器中共有 3 个邮箱。我们可以把邮箱理解成数据发送盒，当单片机想发送一个数据到 CAN 总线时，CPU 会把数据发送到 CAN 总线控制器，如图 33.13 所示，虚线框表示 CAN 总线控制器。总线控制器收到数据后会把数据放入优先级最高的空邮箱中，比如当前邮箱 1、2、3 都是空的，邮箱 1 的优先级最高、邮箱 3 的级别最低，CAN 总线控制器会把数据先放入邮箱 1。假设我们已经把数据传送给邮箱 1，邮箱 1 从空的状态变成满的状态，就会立即检测 CAN 状态，一旦总线空闲，邮箱就会立即向总线发送数据，把数据传送给相应的 CAN 设备。所以一旦邮箱处在满的状态，它就是“正在发送数据”或“等待发送数据”的状态。如果这时单片机再发出一个数据（第 2 个数据），邮箱 1 的数据还没有发送完成，按照规律，数据会被放入优先级最高的空邮箱。因为邮箱 1 处在满状态，所以新数据会被发送到邮箱 2 中，邮箱 2 是空邮箱中优先级最高的（见图 33.14）。数据一旦被放入，邮箱 2 也变成满的状态。当邮箱 1 发送完成，邮箱 2 就会接着向 CAN 总线发送数据，如果邮箱 1 和邮箱 2 都处在满的状态，单片机又发出新数据（第 3 个数据），数据就会被放入邮箱 3。如果第 3 个数据来之前邮箱 1 发送完毕，变成空的状态，第 3

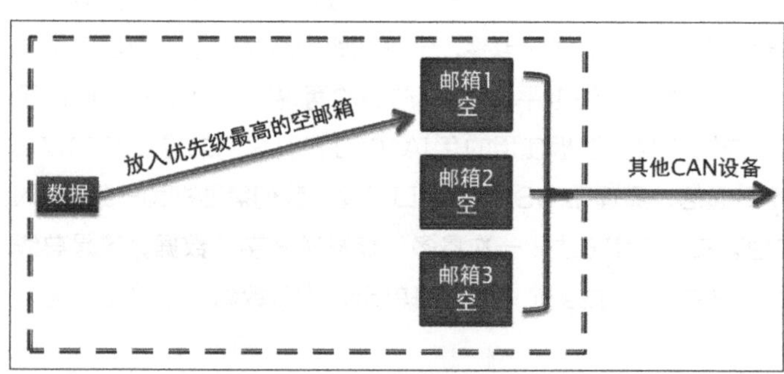

图 33.13 邮箱结构示意图 1

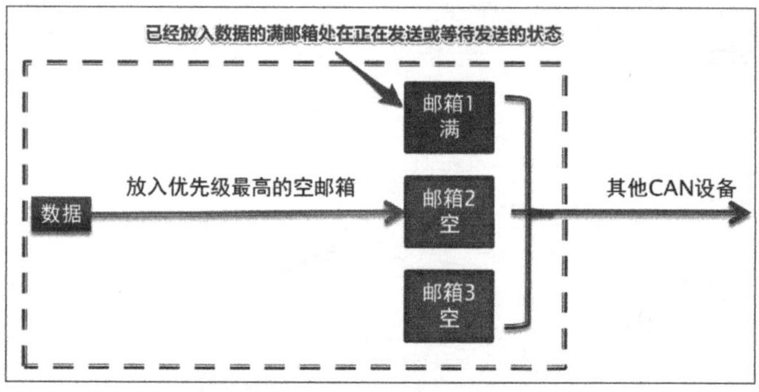

图 33.14 邮箱结构示意图 2

个数据会被发送到邮箱 1，不发送到邮箱 3。CAN 控制器中有 3 个邮箱可以存放数据，起到缓存作用，单片机可以将数据发送给邮箱，之后的工作就不需要管了，邮箱会自动将数据按次序发送到 CAN 总线，不需要程序控制，大大提高了发送效率。如果 CAN 总线控制器中只有一个邮箱，那么将第 1 个数据放入邮箱后，单片机还要循环等待，直到数据发送完毕再推送第 2 个数据，效率很低。

接下来看数据的定义。USART 串口发送的是没有格式的数据。比如发送端发送 0x00，接收端只接收 0x00，除此之外不包含其他信息。如果想用 USART 串口做高级应用，就需要自己定义格式。比如定义 0x01 为起始码，0x00 为结束码，在起始码和结束码之间放入想发送的数据，这就属于自定义格式。在原有的数据前后加入了与数据无关的内容（起始码和结束码），这就属于一种数据格式。在 I^2C 总线中，每个数据都包括器件地址、子地址和数据 3 个内容。器件地址分辨不同设备，当单片机发送一组数据时，所有设备都会先读取器件地址，与器件地址匹配的设备会继续接收子地址和数据。与器件地址不匹配的设备不会继续接收，这种工作原理和 CAN 总线类似。CAN 总线的数据发送通过邮箱调度，TX 引脚以一定的波特率发送数据，接收端以相同的波特率接收数据，并送入过滤器。CAN 总线发送或接收的数据就是报文。和 I^2C 总线不同的是，CAN 总线的所有设备都会接收报文，但是标识符不符的报文会被过滤器删除。标识符是包含在报文中的，每个报文中都有标识符。当一个设备发送报文时，所有设备都会接收报文的全部内容，接收完成后再通过标识符判断数据是否是自己需要的，不是则删除，是则保留。这样看来，好像标识符和地址没什么差别，但实际上 CAN 总线的标识符具有更多的意义，等介绍接收程序时再细讲。

接下来讲报文的种类，报文共有 5 种，第 1 种是“数据帧”，第 2 种是“遥控帧”（或远程帧），第 3 种是“错误帧”，第 4 种是“过载帧”，第 5 种是“帧间隔”。每种报文都有自己的功能和用途，比如数据帧是发送单元主动向接收单元传送数据的报文。遥控帧是接收单元主动向发送单元请求发送数据的报文。剩下的错误帧、过载帧、帧间隔与我们用户关系不大，暂不介绍，我们重点关注数据帧和遥控帧。它们又包含标准格式和扩展格式。我们看一下数据帧和遥控帧的报文格式，如图 33.15 所示。一段数据帧或遥控帧的报文，包括起始部分、标识符部分（ID 部分）、控制部分、数据内容部分、CRC 校验部分、ACK 应答部分、结束部分。标准格式和扩展格式的差别在于标识符部分，标准格式共有 11 个标识符，扩展格式有 29 个标识符。当标准格式的 11 位标识符不够用时，可以采用扩展格式扩展到 29 个标识符，让总线连接更多设备。

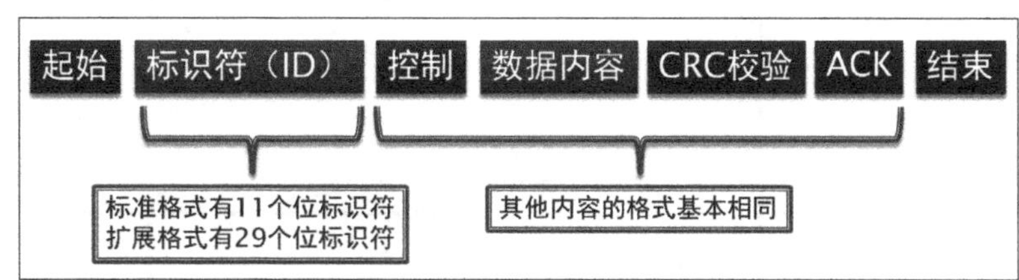

图 33.15 数据帧和遥控帧报文的格式

接下来分析标准格式和扩展格式。首先看标准格式，如图 33.16 所示，它包括帧起始段、标识符段、控制段、数据段、CRC 段、ACK 段、帧结束段。可以看到图中每个长条方框表示一个 0 或 1 的逻辑数据。帧起始段占 1 位，标识符段从 ID28 到 ID18 共占 11 位，也就是

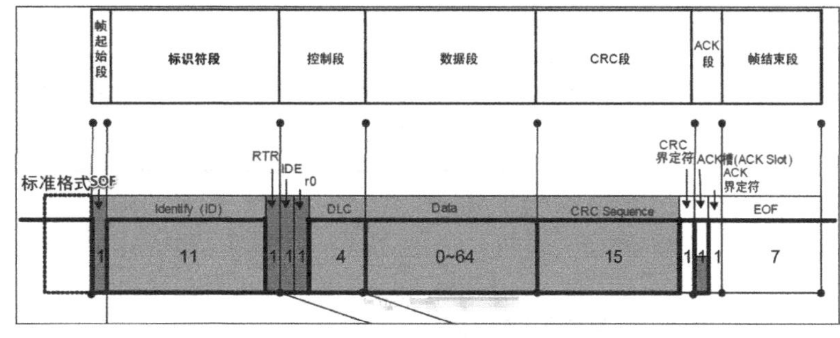

图 33.16 标准格式

11 个 0 或 1 的逻辑数据。接下来是 3 个特殊数据，后边是控制段、数据段。CAN 总线一次只能发送 8 字节数据，（每个字节 8 位），共 64 位数据。如果只发送 1 字节则只有 8 位数据。数据段后面是 CRC 段。以上是标准格式下的数据内容，再来看扩展格式，如图 33.17 所示。和标准格式相比，扩展格式多出了 ID17~ID0 的标识符，标准格式中标识符只有 ID28~ID18。标准格式中标识符段占用 11 位，扩展格式中标识符段占用 29 位。后面的数据段、CRC 校验段、ACK 段、结束段，扩展帧和标准帧相同。

了解这些概念之后再打开 can.c 文件，如图 33.18 所示。第 83 行是发送数据的函数 CAN_Send_Msg。该函数有两个参数，第一个参数是指针变量 *msg，它指向要发送的数据部分；第 2 个参数是数据长度 len，长度不能超过 8 个字节。函数返回值表示数据发送是否成功，0 表示发送成功，其他值表示发送失败。函数里面怎样编写的呢？如图 33.18 所示，第 84 行定义一个 8 位无符号变量 mbox，第 85 行定义一个 16 位无符号变量 i。第 86 行设置发送前的数据结构体。第 87 行给出标准格式的标识符 0x12。第 88 行给出扩展格式下的标识符 0x00。第 89 行设置帧格式，这里采用标准格式。此处的枚举可以设置为两种格式，第 1 种是标准格式 CAN_Id_Standard，第 2 种是扩展格式 CAN_Id_Extended。第 90 行设置数据帧，此处有两种设置，第 1 种是数据帧 CAN_RTR_Data，第 2 种是遥控帧 CAN_RTR_Remote。数据帧主动发送数据，遥控帧请求接收数据。第 91 行定义数据长度，长度值 len 是第 2 个参数给出的。第 93 行将数组 msg 的数据写入 CAN 总线控制器，msg 是第一个参数指向的数组。TxMessage.Data 是 CAN 总线控制器中的数据寄存数组。第 94 行调用 CAN 总线固件库函数 CAN_Transmit，将 &TxMessage 中的数据写入 CAN1 控制器，完成后把返回值放入 mbox，返回值表示数据被放在哪个邮箱中。第 96 行在 while 循环中调用固件库函数 CAN_TransmitStatus，它的任务是等待数据发送到邮箱，如果数据成功发送到空邮箱，返回值为 0。如果循环等待超过一定时间还没有反馈，即认为数据发送失败。变量 i 不断计数，while 每循环一次加 1，如果 i 的值超过上限 0xFFF，表示超时，返回值为 1。以上就是 CAN 总线发送数据的全部过程，其中需要我们考虑的有几个部分，首先是发送数

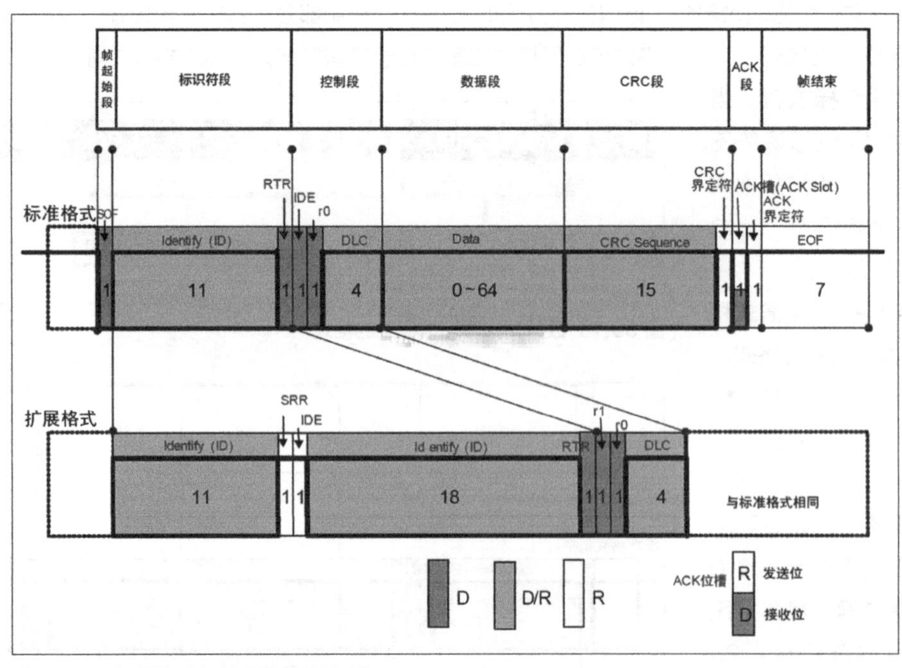

图 33.17 标准格式与扩展格式的比较

```
u8 CAN_Send_Msg(u8* msg,u8 len){
    u8 mbox;
    u16 i=0;
    CanTxMsg TxMessage;
    TxMessage.StdId=0x12;            // 标准标识符
    TxMessage.ExtId=0x00;            // 设设扩展标识符
    TxMessage.IDE=CAN_Id_Standard;   // 标准帧
    TxMessage.RTR=CAN_RTR_Data;      // 数据帧
    TxMessage.DLC=len;               // 要发送的数据长度
    for(i=0;i<len;i++)
    TxMessage.Data[i]=msg[i];        //写入数据
    mbox= CAN_Transmit(CAN1,&TxMessage);
    i=0;
    while((CAN_TransmitStatus(CAN1,mbox)==CAN_TxStatus_Failed)&&(i<0XFFF))i++; //
    if(i>=0XFFF)return 1;
    return 0;
}

//CAN口接收数据查询
//buf:数据缓存区;
//返回值:0,无数据被收到; 其他;接收的数据长度;
u8 CAN_Receive_Msg(u8 *buf){
    u32 i;
    CanRxMsg RxMessage;
    if(CAN_MessagePending(CAN1,CAN_FIFO0)==0)return 0;//没有接收到数据,直接退出
    CAN_Receive(CAN1,CAN_FIFO0,&RxMessage);//读取数据
    for(i=0;i<8;i++) //把8个数据放入参数数组
    buf[i]=RxMessage.Data[i];
    return RxMessage.DLC;  //返回数据数量
}

//CAN的中断接收程序（中断处理程序）
//必须在can.h文件里将CAN_INT_ENABLE 设为1才能使用中断
//数据处理尽量在中断函数内完成，外部处理要在处理前关CAN中断，防止数据被覆盖
void USB_LP_CAN1_RX0_IRQHandler(void){
    CanRxMsg RxMessage;
  vu8 CAN_ReceiveBuff[8]; //CAN总线中断接收的数据寄存器
    vu8 i = 0;
    vu8 u8_RxLen = 0;
    CAN_ReceiveBuff[0] = 0; //清空寄存器
    RxMessage.StdId = 0x00;
    RxMessage.ExtId = 0x00;
    RxMessage.IDE = 0;
    RxMessage.RTR = 0;
    RxMessage.DLC = 0;
    RxMessage.FMI = 0;
    for(i=0;i<8;i++){
        RxMessage.Data[i]=0x00;
    }
    CAN_Receive(CAN1,CAN_FIFO0,&RxMessage); //读出FIFO0数据
    u8_RxLen = RxMessage.DLC; //读出数据数量
    if(RxMessage.StdId==0x12){//判断标识符是否一致
    CAN_ReceiveBuff[0] = RxMessage.DLC; //将收到的数据数量放到数组0的位置
        for( i=0;i<u8_RxLen; i++){ //将收到的数据存入CAN寄存器
            CAN_ReceiveBuff[i] = RxMessage.Data[i]; //将8位数据存入CAN接收寄存器
        }
    }
}
```

图 33.18 can.c 文件中的内容

据的内容和长度；然后要确定标准格式或扩展格式中的标识符；接下来设置CAN 总线以标准格式还是扩展格式发送，如果以标准格式发送，设置的扩展标识符将不会用到；最后设置帧类型是数据帧还是遥控帧。需要注意：用户只能设置帧类型为数据帧或遥控帧，其他帧类型不由用户设置。只要确定这些设置就能正确发送数据。那么标识符到底起什么作用？接收端需要如何存放数据呢？

33.5 数据接收程序分析

CAN 总线的接收在硬件上由过滤器和邮箱两部分组成。我们已知CAN 总线的发送端有 3 个邮箱，而在 CAN 总线的接收端同样有邮箱的概念。接收邮箱与发送邮箱有所不同，接收邮箱只有 2 个，但每个邮箱有 3 层深度。在邮箱的前面还有过滤器，过滤器能用硬件读取标识符并判断哪些报文的标识符是自己需要的，能将标识符不匹配的报文删除，将标识符匹配的报文放入邮箱。这是 CAN 总线接收的基本原理。首先讲接收邮箱，CAN 总线的接收邮箱叫“FIFO”，意思是“先入先出”，先接收的数据先处理，主要指有层级深度的接收邮箱。举一个例子，在超市排队结账，先到收银台的人排在队伍前面，后到的排在后面，于是先到的先结账，后到的后结账，这就是先入先出的概念。STM32F103 单片机共有 2 个 FIFO 邮箱，每个邮箱有 3 层深度，如果开启过滤器，与过滤器匹配的报文会被放入 FIFO 邮箱。什么是 3 层深度呢？要解释这个概念，先看发送部分，如图 33.19 所示。图中右边的发送邮箱由 3 个方块表示，邮箱 0、邮箱 1、邮箱 2 平行排列，每个邮箱一次只能存入一个报文。接收邮箱共有 2 个：FIFO0 和 FIFO1。2 组邮箱平行排列，但每个邮箱里面有 3 层，每个邮箱可存放 3 组报文。假设第 1 组报文被放入 FIFO0，它会排在最前面。再放入的第 2 组报文会被放到中间位置，第 3 组报文会被放在最后位置。当单片机读取邮箱

FIFO0 时，只能读到最先存入的 1 组报文（报文 1）。读出报文 1 后再次读取 FIFO0 就会读取下面一层的报文 2，再次读取 FIFO0 会读取到报文 3。这就是 3 层深度的概念，也就是单片机软件在同一时间只能读取 1 个邮箱中的 1 组报文，每个邮箱最多可存放 3 组报文。读出顺序是先存入的报文先读出，再次读取时读取下一组报文，共可读取 3 组。FIFO1 邮箱也是同样原理。但是 CAN 总线接收的优势是可以用硬件过滤不需要的报文，只保留需要的报文。所以 CAN 总线控制器接收邮箱的前方还会加入一个过滤器。

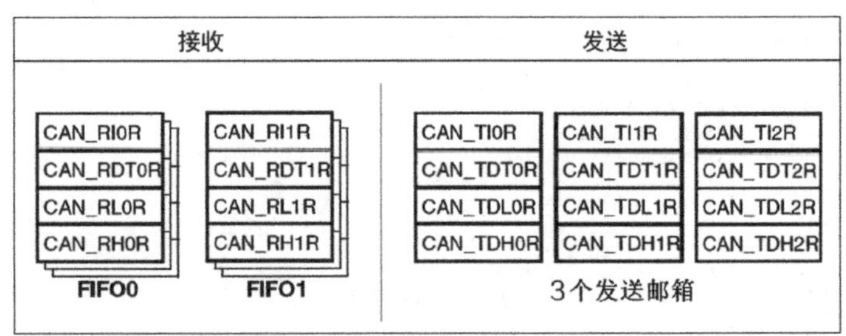

图 33.19 接收邮箱与发送邮箱的比较

什么是过滤器呢？过滤器的功能是通过硬件来判断报文中的标识符，用户提前设置过滤器的值，过滤器会将过滤值和标识符比对，当标识符与过滤值不匹配时，报文被放弃（删除），匹配的报文会被放入接收邮箱。有了过滤器，单片机程序不需要参与报文的判断，事先设置好过滤器，匹配标识符的报文才会被放入邮箱，并提醒 CPU 来处理。STM32F103 单片机中共有 14 个过滤器，过滤器由硬件实现，不需要软件来参与。过滤器判断标识符，标识符有两种格式，标准格式标识符有 11 位，扩展格式标识符有 29 位。两种标识符长度不同，所以过滤器设置为两种长度。图 33.20 所示是过滤器的结构，过滤器可以设置成 4 种模式，左边的两组控制位可以设置过滤器。当过滤器宽度组配置位 FSC 等于 1 时使用 32 位宽度，FSC 等于 0 时使用 16 位宽度。第 2 个配置位是模式配置，当 FBM 等于 0 时表示标识符屏蔽模式，当 FBM 等于 1 时表示标识符列表模式。32 位和 16 位宽度中都可设置屏蔽和列表模式。比如最上面一组设置的是 32 位标识符屏蔽模式（FSC=1，FBM=0），此时可以通过设置 ID 值和屏蔽值来过滤标识符。第二组设置为 32 位标识符列表模式（FSC=1，FBM=1），可以设置 2 个 ID 值。而下方第三组设置为 16 位标识符屏蔽模式（FSC=0，FBM=0），可以设置 2 个屏蔽值。最下方第四组设置为 16 位标识符列表模式（FSC=0，FBM=1），可以设置 4 组标识符列表。用户根据自己的需要来设置过滤器的长度。当发送端发送扩展模式数据时，接收端可以使用 32 位过滤器。当发送端发送标准模式数据时，接收端可以使用 16 位过滤器。

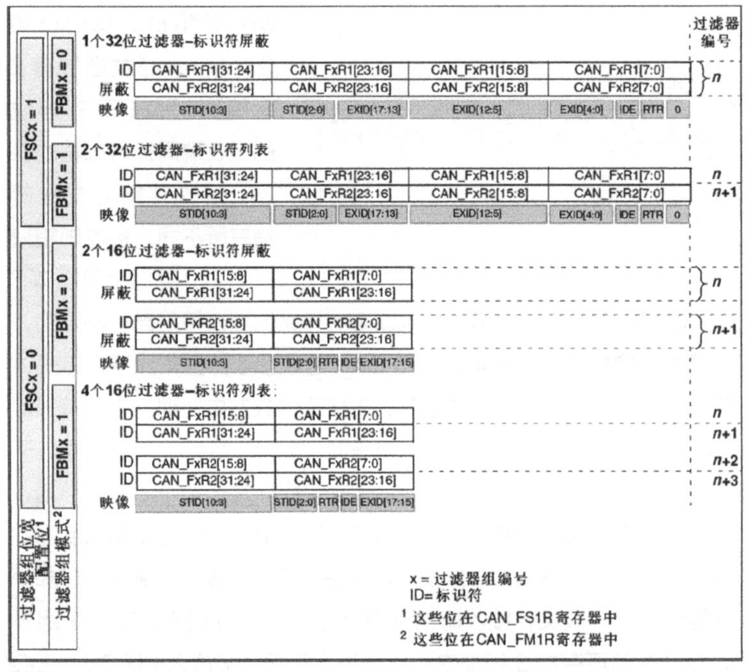

图 33.20 过滤器的结构

什么是标识符列表模式？什么是屏蔽模式模式？首先来看标识符列表模式，也叫 ID 列表模式。举一个例子，如图 33.21 所示。图中最上方的一组数据是报文的标识符，当 CAN 总线收到这组数据时，会将标识符和过滤器中的标识符列表比对。标识符列表的 ID 是用户初始化 CAN 总线时设置的，假设我们将标识符列表设置为 00101000，过滤器会按照 ID 过滤报文。只有收到的报文中标识符与设置的 ID 一致时，过滤器才认为标识符匹配，将报文放入邮箱，这就是标识符列表模式。也就是说我们可以设置一个 ID，只有标识符与 ID 一致，数据才能通过过滤器；标识符与 ID 不一致，数据会被删除。再看屏蔽模式，它需要过滤器设置 2 组内容：ID 值和屏蔽值。ID 值可设置为你需要的标识符状态，你要给出屏蔽哪位数据。在屏蔽值中为 1 的位表示必须匹配此位，为 0 的位表示可以不匹配此位。ID 值和屏蔽值配合看才能理解数据的含义。如图 33.22 所示，比如最高位 ID 值为 0，屏蔽值是 1，表示 ID 值中最高位必须匹配，也就是说收到的报文中最高位必须是 0。左起第 2 位的 ID 值为 1，屏蔽值为 0，表示忽略此位，不需要必须匹配 ID 值，也就是说在报文中左起第 2 位是 0 或 1 都能通过过滤器。左起第 3 位 ID 值为 1，屏蔽值为 1，表示此位必须匹配，收到的识别符的左起第 3 位必须为 1 才能通过过滤器，为 0 则不能通过过滤器。这就是 ID 值和屏蔽值的匹配办法，在屏蔽模式中，2 个值配合能让一组多个标识符通过过滤器，而标识符列表模式只有唯一一个标识符能通过过滤器。

STM32F103 单片机共有 14 组过滤器（第 0 组到第 13 组）。每组过滤器都可设置不同的屏蔽方式，不同屏蔽方式能产生不同的过滤数量。比如设置为 32 位标识符列表方式，1 组过滤器就只能产生 2 个过滤器编号，如图 33.23 所示。32 位屏蔽模式下只能产生 1 个过滤器编号。如图 33.23 所示，过滤器组 0 可以产生 2 个过滤器编号，过滤器组 1 只能产生 1 个过滤器编号。过滤器组 3 的 16 位标识符模式可产生 4 个过滤器编号，过滤器组 5 的 16 位屏蔽模式产生 2 个过滤器编号。不同的过滤器设置会有不同的编号，过滤器编号按照过滤器组的先后顺序依次排列。编号可用来判断邮箱中的报文是通过哪个过滤器得来的。如图 33.24 所示，收到的报文的左边是标识符。首先标识符通过设置为标识符列表模式的过滤器，通过所有的标识符列表之后进入设置为屏蔽模式的过滤器，判断是否有匹配数据，没有则删除报文。如果标识符列表模式下有匹配数据，比如在第 4 组过滤器中，ID 值和标识符匹配，就将标识符存入 FIFO 邮箱，将过滤器

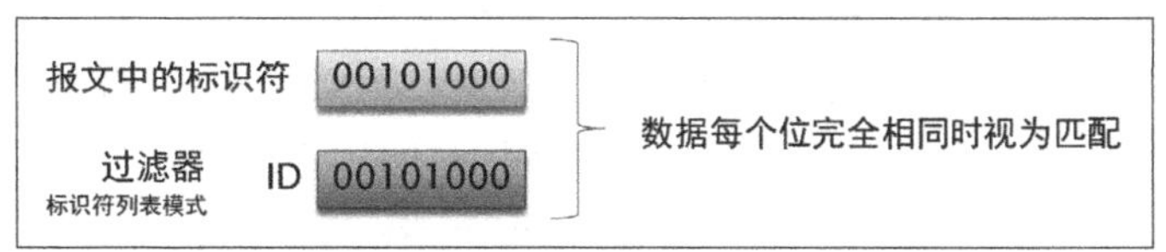

图 33.21 标识符列表模式说明

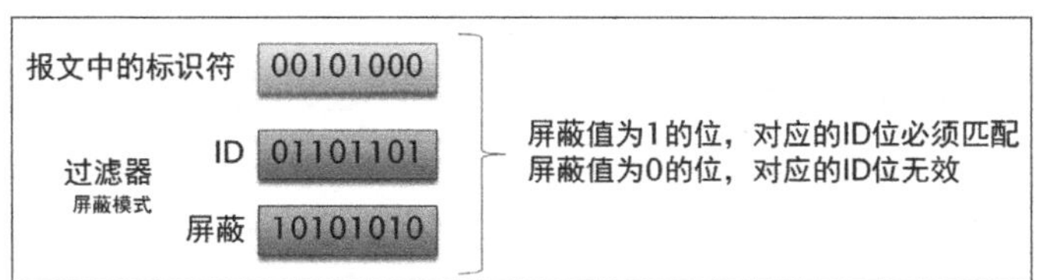

图 33.22 屏蔽模式说明

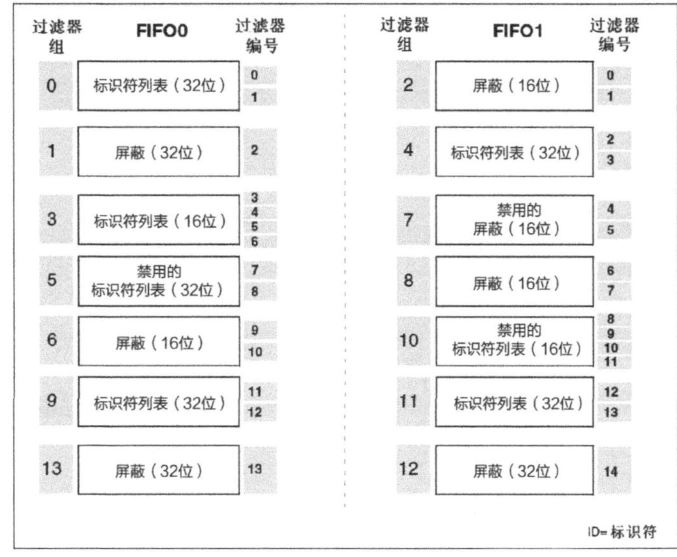

图 33.23 2 组过滤器的说明

编号“4”也存入邮箱。存放的位置是邮箱第 2 个寄存器 CAN_RDTxR，其中 x 是邮箱编号 0 或 1。这样就能在收到数据后读取寄存器值，知道数据是通过哪组过滤器得来的。过滤数据有先后顺序，首先判断位宽度，32 位优先于 16 位的过滤器提前过滤。若位宽度相同，标识符列表模式会先于屏蔽模式。若位宽度和模式都相同，则按过滤器编号排序。编号小的先过滤。除了接收和发送，CAN 总线还有其他功能。比如工作模式有正常模式、睡眠模式、测试模式。测试模式又分为静默模式、环回模式、环回静默模式。另外，如果总线上挂接了很多设备，为防止数据冲突还会使用时间触发通信模式。除此之外还有寄存器访问保护、接收中断、接收时间戳。这些功能提供了更多的应用方式，有兴趣的朋友可以查找资料进一步学习。

最后继续分析 CAN 总线的驱动程序，打开工程中的 can.c 文件，如图 33.25 所示，第 26 行有初始化函数 CAN1_Configuration。第 34 ~ 35 行设置 RCC 时钟。第 36 ~ 42 行设置 I/O 端口。第 44 ~ 50 行对总线相关功能进行设置，比如是否打开时间通信模式、是否自动离线管理、是否进入睡眠模式等。第 52 ~ 56 行设置波特率。第 58 ~ 67 行设置过滤器，使用过滤器 0，14 组过滤器的数据可写入 0 ~ 13，对每组过滤器分别设置。第 59 行将过滤器设置为屏蔽位模式。第 60 行设置为 32 位宽度，第 61 ~ 62 行设置 32 位 ID 值（列表值）。第 63 ~ 64 行设置 32 位的屏蔽值，因为屏蔽值都为 0，即任何数据都可以通过过滤器。第 65 行将过滤器 0 关联到 FIFO0 邮箱，第 66 行激活过滤器。第 67 行把以上设置写入过滤器，完成了过滤器设置。大家可以试着修改 ID 值和屏蔽值，过滤不需要的数据。第 70 ~ 77 行设置中断接收，首先第 70 行设置允许 FIFO0 产生中断，也就是说接收邮箱 0 接收到数据就产生中断。第 72 行设置中断优先级。这就是关于过滤器和邮箱的基本设置。接下来再看邮箱的接收程序，通过查询模式接收相对来说比较简单，主要是读取 FIFO，如果有数据则返回数据和数据长度。而通过中断模式接收要复杂一些。如图 33.18 所示，第 122 ~ 131 行需要清空相关的寄存器，第 132 行读出 FIFO0 的值。只有当 FIFO0 收到数据才产生中断，所以直接读取邮箱数据。第 133 行读出数据数量。第 134 行判断 ID 是否一致，如果标识符一致，第 135 行将数据数量存入数组 CAN_ReceiveBuff 第 0 位，第 136 ~ 138 行通过循环将数据内容存放在数组的其他位，最终完成了数据接收。接收到的数据被存储在数组 CAN_ReceiveBuff 中，可以被主函数使用。对于 CAN 总线通信原理，了解这些即可。在开发项目时只要温习基本原理，在实践中反复练习就能很快完成开发。CAN 总线的使用还会涉及很多知识，可购买相关书籍深入学习。

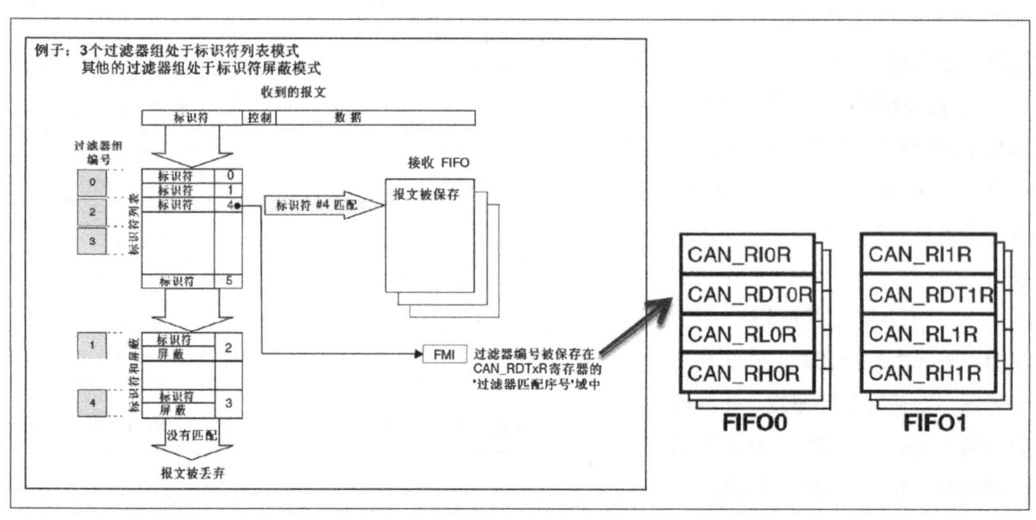

图 33.24 过滤器举例

```
#include "can.h"



u8 CAN1_Configuration(void){ //CAN初始化（返回0表示设置成功，返回其他表示失败）
    GPIO_InitTypeDef        GPIO_InitStructure;
    CAN_InitTypeDef         CAN_InitStructure;
    CAN_FilterInitTypeDef   CAN_FilterInitStructure;

#if CAN_INT_ENABLE
    NVIC_InitTypeDef        NVIC_InitStructure;
#endif
    RCC_APB2PeriphClockCmd(RCC_APB2Periph_GPIOA, ENABLE); //使能PORTA时钟
    RCC_APB1PeriphClockCmd(RCC_APB1Periph_CAN1, ENABLE);    //使能CAN1时钟
  GPIO_InitStructure.GPIO_Pin = GPIO_Pin_12;
  GPIO_InitStructure.GPIO_Speed = GPIO_Speed_50MHz;
  GPIO_InitStructure.GPIO_Mode = GPIO_Mode_AF_PP; //复用推挽
  GPIO_Init(GPIOA, &GPIO_InitStructure); //初始化I/O端口
  GPIO_InitStructure.GPIO_Pin = GPIO_Pin_11;
  GPIO_InitStructure.GPIO_Mode = GPIO_Mode_IPU; //上拉输入
  GPIO_Init(GPIOA, &GPIO_InitStructure); //初始化I/O端口
    //CAN单元设置
    CAN_InitStructure.CAN_TTCM=DISABLE;          //非时间触发通信模式
    CAN_InitStructure.CAN_ABOM=DISABLE;          //软件自动离线管理
    CAN_InitStructure.CAN_AWUM=DISABLE;          //睡眠模式通过软件唤醒(清除CAN->MCR的SLEEP位)
    CAN_InitStructure.CAN_NART=ENABLE;           //禁止报文自动传送
    CAN_InitStructure.CAN_RFLM=DISABLE;          //报文不锁定,新的覆盖旧的
    CAN_InitStructure.CAN_TXFP=DISABLE;          //优先级由报文标识符决定
    CAN_InitStructure.CAN_Mode= CAN_Mode_Normal;  //模式设置：CAN_Mode_Normal 普通模式
    //设置波特率
    CAN_InitStructure.CAN_SJW=tsjw;              //重新同步跳跃宽度(tsjw)为tsjw+1个时间单位
    CAN_InitStructure.CAN_BS1=tbs1;              //Tbs1=tbs1+1个时间单位CAN_BS1_1tq～CAN_BS1_16
    CAN_InitStructure.CAN_BS2=tbs2;              //Tbs2=tbs2+1个时间单位CAN_BS2_1tq～CAN_BS2_8t
    CAN_InitStructure.CAN_Prescaler=brp;         //分频系数(Fdiv)为brp+1
    CAN_Init(CAN1, &CAN_InitStructure);          //初始化CAN1
  //设置过滤器
    CAN_FilterInitStructure.CAN_FilterNumber=0; //过滤器0
    CAN_FilterInitStructure.CAN_FilterMode=CAN_FilterMode_IdMask;  //屏蔽位模式
    CAN_FilterInitStructure.CAN_FilterScale=CAN_FilterScale_32bit; //32位宽
    CAN_FilterInitStructure.CAN_FilterIdHigh=0x0000;    //32位ID
    CAN_FilterInitStructure.CAN_FilterIdLow=0x0000;
    CAN_FilterInitStructure.CAN_FilterMaskIdHigh=0x0000;//32位屏蔽值
    CAN_FilterInitStructure.CAN_FilterMaskIdLow=0x0000;
    CAN_FilterInitStructure.CAN_FilterFIFOAssignment=CAN_Filter_FIFO0;//过滤器0关联到FIFO0
    CAN_FilterInitStructure.CAN_FilterActivation=ENABLE;//激活过滤器0
    CAN_FilterInit(&CAN_FilterInitStructure);           //过滤器初始化

#if CAN_INT_ENABLE  //以下是用于CAN中断方式接收的设置
    CAN_ITConfig(CAN1,CAN_IT_FMP0,ENABLE);              //FIFO0消息挂号中断允许
    NVIC_InitStructure.NVIC_IRQChannel = USB_LP_CAN1_RX0_IRQn;
    NVIC_InitStructure.NVIC_IRQChannelPreemptionPriority = 1;     // 主优先级为1
    NVIC_InitStructure.NVIC_IRQChannelSubPriority = 0;            // 次优先级为0
    NVIC_InitStructure.NVIC_IRQChannelCmd = ENABLE;
    NVIC_Init(&NVIC_InitStructure);
#endif
    return 0;
}
```

图 33.25 can.c 文件中的内容

第 65~66 步

34 模数转换器

这节我们介绍模数转换器（ADC）。ADC 可以将模拟量数据（线性电压值）转化为数字量数据，实现对光敏电阻、热敏电阻等模拟传感器的读取。我将介绍 ADC 的基本原理和驱动方法。开始实验之前先要对洋桃 1 号开发板上的跳线进行设置。如图 34.1 所示，把标注为“ADC 输入”（编号为 P8）的跳线短接，使光敏电阻和调节电压的电位器接到单片机的 I/O 端口。在附带资料中找到“光敏电阻 ADC 读取程序”的工程，将工程中的 HEX 文件下载到洋桃 1 号开发板，看一下效果。如图 34.2 所示，效果是在 OLED 屏上显示“ADC TEST”，表示这是 ADC 测试程序。ADC_IN5 是指 ADC 第 5 个通道，连接开发板上的光敏电阻。后面的数字“0241”是从 ADC 读到的数据，光敏电阻可以将光线强度转化为电阻值，光线越强，电阻值越小。如图 34.3 所示，用手指挡住光敏电阻正面时，“ADC IN5：”后面的数值会变大，我在实验时这一数值变为 0964。也许你看到的数值与此不同，这是因为我们的实验环境的亮度不同，但不同光线下数值的变化是比较明显的。由于手指挡住了光线，光照强度变小，电阻值变小，输出电压变大，ADC 数据变大。将手指挪开时，光敏电阻上的光照强度变大，电阻值变大，电压值变小，ADC 数据变小。挡住的光线越多，ADC 数据越大。这就是光线强弱与 ADC 数据之间的线性变化关系。那么单片机的 I/O 端口是如何采集模

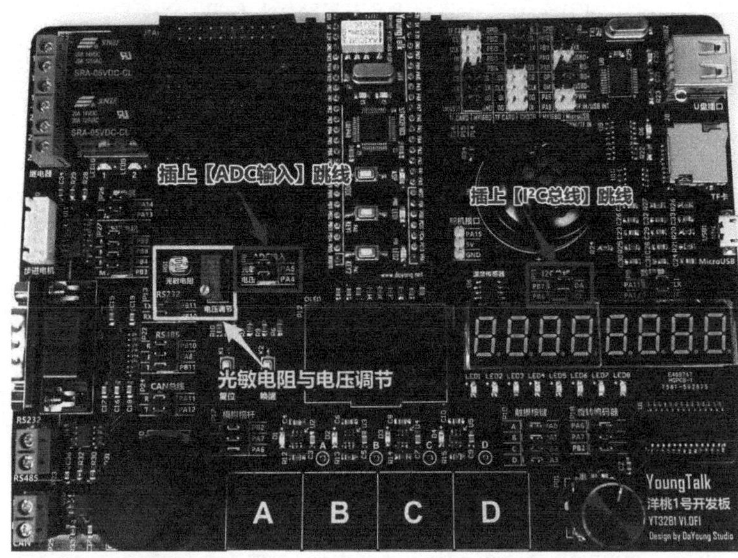

图 34.1 跳线设置

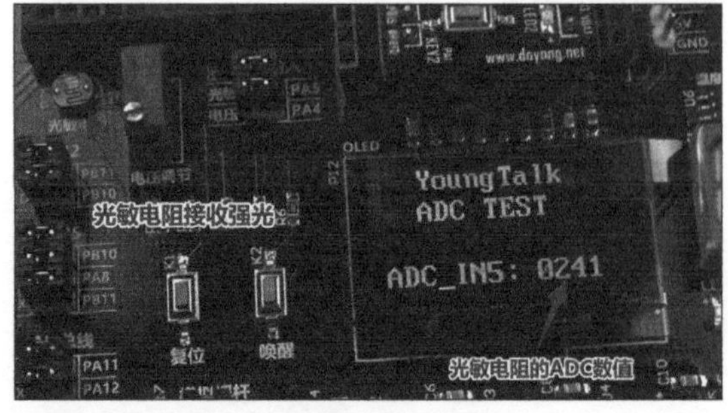

图 34.2 有光时的光敏电阻 ADC 数值

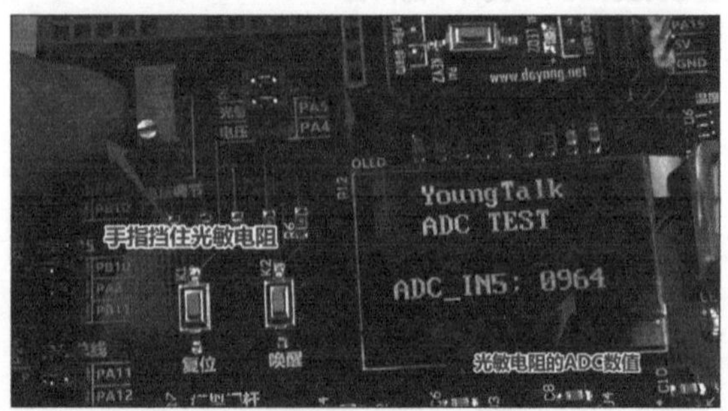

图 34.3 光被挡住时的光敏电阻 ADC 数值

拟电压值的呢?

我们来看 ADC 的基本原理，I/O 端口输入和输出的是逻辑电平。如图 34.4 所示，左图是 I/O 端口输入的逻辑电平，只有低电平和高电平两种状态。低电平电压在 0V 上下，高电平电压在电源电压值附近，STM32 单片机的电源电压是 3.3V。而在 0V 和 3.3V 之间的电压数值用 I/O 端口不能读取。而 ADC 能读取的数值不是两个状态，而是线性电压值，比如在 0 ~ 3.3V 可以读出它们中间的任意电压值，可以读出 0.12V、2.15V、3.3V 等。ADC 位数越高，读到的电压值就越精细。比如光线强弱变化，光敏电阻就改变电路中的电压，用 I/O 端口无法读取，但用 ADC 可以读取。需要注意：如图 34.4 所示，3.3V 假定为 VDDA 端口的电压，如果 VDDA 输入的是其他电压值，那么 ADC 所读取的电压也会随之变化。以上是 ADC 的基本原理。

接下来介绍 ADC 的特性。STM32F103 单片机中共有两个 12 位分辨率 ADC，其可读出的数据长度是 12 位。分辨率越高，可读的电压就越精细，一般的 ADC 分辨率有 8 位、10 位、12 位、14 位、16 位等，12 位算是中端特性。两个 ADC 共有 16 个外部通道，可以映射到 16 个引脚。我们可以设置任何一个 I/O 端口为 ADC 输入通道，向两个 ADC 输入电压。两个 ADC 都可以使用 DMA 功能。DMA 是数据直连传送功能，能让数据传送无须 CPU 参与，自动在各功能间进行。两个 ADC 都能用 DMA 将采集到的数据直接存入寄存器。后文分析程序时会讲到 DMA 的使用。接下来看 ADC 与 DMA 的关系。图 34.5 左边显示的是 ADC 的两个通道，ADC 通道 1 和通道 2。这两个通道连接到两个单片机引脚上，可输入 0 ~ 3.3V 电压，分别输送到 ADC1 和 ADC2 两个内部的 ADC 功能电路。两个 ADC 可通过程序读取电压值，也可通过 DMA 自动将采集到的数据存入 SRAM，程序在处理 ADC 数据时只要读取 SRAM 就可以了。在后文会介绍通过DMA传送数据的ADC数据采集方法。一般情况下，为了减少 CPU 工作量，ADC 采集到的数据用 DMA 传送。示例程序中我们只讲 DMA 方式的处理程序。

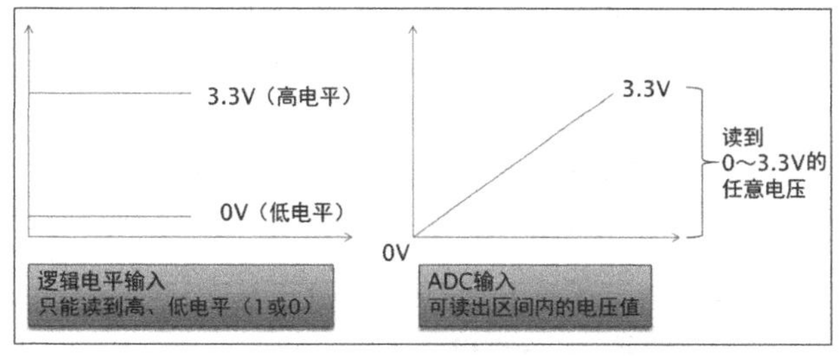

图 34.4 逻辑电平与 ADC 输入电压的对比

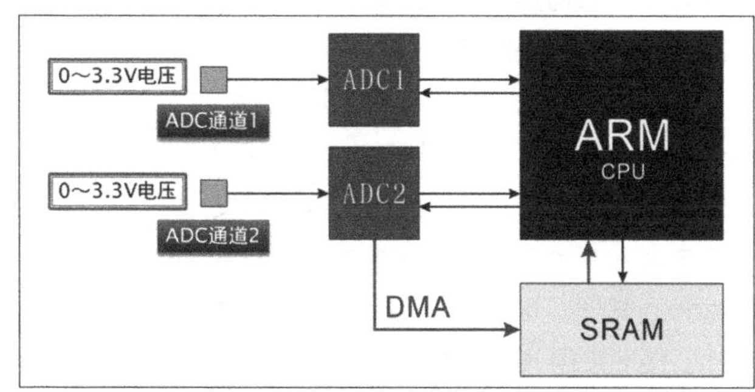

图 34.5 ADC 与 DMA 的关系

洋桃 1 号开发板上的 LQFP48 封装的单片机共有 10 个 ADC 输入通道。如图 34.6 所示，第 10 脚到第 19 脚是 ADC 输入通道的引脚，名称是“ADC12_IN0”“ADC12_IN9”，其中的“12”表示 12 位分辨率，IN0~IN9 表示第 0~9 号通道，共 10 个输入通道。上文说

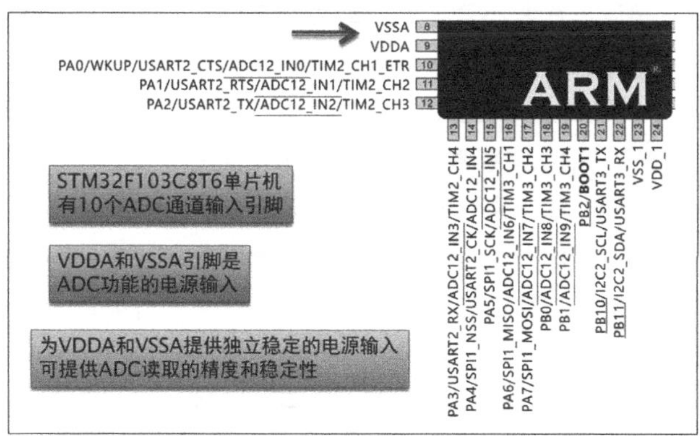

图 34.6 ADC 功能引脚定义

STM32F103 共有 16 个输入通道，但是目前用的 48 脚单片机只引出其中的 10 个通道，引脚数更多的单片机才会引出全部 16 个通道。另外两个重要引脚是 VDDA 和 VSSA，它们在第 8 脚和第 9 脚上。它们提供了 ADC 的模拟电源输入，其中 VDDA 提供的电压是 ADC 数据采集基准电压，它决定了采集到的数据与电压之间的关系。在电路设计上要给 VDDA 和 VSSA 输入稳定、无干扰的电源，才能保证 ADC 采集到的数据的稳定，电源不稳定会导致采集到的数据有很大误差。

接下来我们打开“洋桃 1 号开发板电路原理图（开发板总图）”文件。图 34.7 所示是光敏电阻的输入电路，光敏电阻标号是 RG1。光敏电阻两个引脚的一端接 GND，另一端串联 10kΩ 上拉电阻，光敏电阻通过 1kΩ 限流电阻连接 P8 跳线，通过 P8 跳线连接单片机 PA5 端口。PA5 端口复用为 ADC 第 5 号通道输入（ADC12_IN5）。跳线短接时，光敏电阻的电压值被输入 ADC12_IN5。光照强度变大时，光敏电阻阻值变小，GT 点电压变低，ADC 数据变小。光照强度变小时，光敏电阻阻值变大，上拉电阻使 GT 点电压变大，ADC 输入电压变大，ADC 数据变大。

我们打开“STM32F10x 参考手册（中文）”，在第 155 页找到“模拟数字转换 ADC”。这是 ADC 使用方法的官方介绍，包括 ADC 简介、主要特性、功能框图（以功能框图中可以看到 ADC 内部结构），还有开关控制、时钟、单次采集模式、连续采集模式、校准、数据对齐、DMA 请求、双 ADC 模式等。建议大家阅读该参考手册，它对于理解和学习有很大帮助。初学者只要了解 ADC 的读取方法、如何用 DMA 自动读取数据就可以了，其他高级应用暂不用学习。

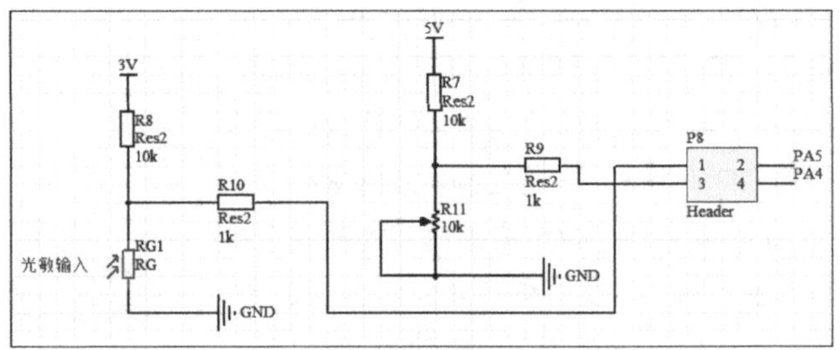

图 34.7 光敏电阻与电压调节部分电路原理图

接下来打开“光敏电阻 ADC 读取程序”示例程序，这个工程还是复制上节“CAN 通信测试程序”的工程，只是在 Basic 文件夹中加入 adc 文件夹，里面加入 adc.c 和 adc.h 文件，这是我编写的 ADC 驱动程序。接下来用 Keil 软件打开工程，在设置里把新加入的 ADC 文件添加进去，删除 CAN 总线等不需要的驱动程序文件。并在 Lib 文件夹中加入 stm32f10x_adc.c 和 stm32f10x_dma.c 文件。因为在程序中使用 DMA 读取数据，要加入 DMA 固件库文件。接下来分析程序，如图 34.8 所示。首先打开 main.c 文件，这是读取光敏电阻 ADC 数据的程序。开始部分第 24 行加载了 adc.h 文件，第 26 行声明了一个全局变量 ADC_DMA_IN5，用来存放 ADC 采集的数据。第 34 行调用了 ADC

```
17  #include "stm32f10x.h" //STM32头文件
18  #include "sys.h"
19  #include "delay.h"
20  #include "touch_key.h"
21  #include "relay.h"
22  #include "oled0561.h"
23
24  #include "adc.h"
25
26  extern vu16 ADC_DMA_IN5; //声明外部变量
27
28  int main (void){//主程序
29      delay_ms(500); //上电时等待其他器件就绪
30      RCC_Configuration(); //系统时钟初始化
31      TOUCH_KEY_Init();//触摸按键初始化
32      RELAY_Init();//继电器初始化
33
34      ADC_Configuration(); //ADC初始化设置
35
36      I2C_Configuration();//I²C初始化
37      OLED0561_Init(); //OLED屏初始化
38      OLED_DISPLAY_8x16_BUFFER(0,"   YoungTalk  "); //显示字符串
39      OLED_DISPLAY_8x16_BUFFER(2,"   ADC TEST   "); //显示字符串
40      OLED_DISPLAY_8x16_BUFFER(6," ADC_IN5:     "); //显示字符串
41
42
43      while(1){
44          //将光敏电阻的ADC数据显示在OLED上
45          OLED_DISPLAY_8x16(6,10*8,ADC_DMA_IN5/1000+0x30);//
46          OLED_DISPLAY_8x16(6,11*8,ADC_DMA_IN5%1000/100+0x30);//
47          OLED_DISPLAY_8x16(6,12*8,ADC_DMA_IN5%100/10+0x30);//
48          OLED_DISPLAY_8x16(6,13*8,ADC_DMA_IN5%10+0x30);//
49          delay_ms(500); //延时
50      }
51  }
52
```

图 34.8 main.c 文件的全部内容

初始化函数 ADC_Configuration，对 ADC 进行设置并开启 ADC 和 DMA 功能。第 38 行在 OLED 屏上显示字符。第 43 行进入 while 主循环，第 45 ~ 48 行显示 ADC 输出的 4 位十进制数据。第 45 行在 OLED 屏第 10×8 位置显示变量 ADC_DMA_IN5 的千位数（除以 1000，加上 0x30 偏移量）。第 46 行在千位数的右边位置显示变量的百位数（除以 1000 的余数再除以 100，加上 0x30）。第 47 行显示变量的十位数（除以 100 的余数再除以 10，加上 0x30）。第 48 行显示变量的个位数（除以 10 的余数加上 0x30）。第 49 行延时 500ms，每 500ms 刷新一次数据，变量 ADC_DMA_IN5 的数据会更新。ADC 初始化函数除了开启 ADC，还开启 DMA 功能，DMA 自动读取 ADC 采集到的数据，将其存放到变量 ADC_DMA_IN5 中，所以变量中的数据会不断变化，始终是 ADC 最新采集的，只要不断刷新屏幕，显示的数值就会不断变化。如果不使用 DMA 功能，我们就要用程序读取 ADC 函数，必然会占用时间，降低运行效率。使用 ADC 时可以不用了解它的原理和设置，只要在程序加载 adc.h 文件，在主函数开始部分加入 ADC 初始化函数，就可以直接使用 ADC 变量，变量中的数据会一直刷新。ADC 的使用层面就是如此简单。

```
 1 #ifndef __ADC_H
 2 #define __ADC_H
 3 #include "sys.h"
 4
 5
 6 #define ADC1_DR_Address    ((uint32_t)0x4001244C) //ADC1这个外设的地址（查参考手册得出）
 7
 8 #define ADCPORT   GPIOA //定义ADC端口
 9 #define ADC_CH4   GPIO_Pin_4  //定义ADC端口 电压电位器
10 #define ADC_CH5   GPIO_Pin_5  //定义ADC端口 光敏电阻
11 #define ADC_CH6   GPIO_Pin_6  //定义ADC端口 摇杆X轴
12 #define ADC_CH7   GPIO_Pin_7  //定义ADC端口 摇杆Y轴
13
14
15 void ADC_DMA_Init(void);
16 void ADC_GPIO_Init(void);
17 void ADC_Configuration(void);
18
19 #endif
20
```

图 34.9 adc.h 文件的全部内容

接下来分析 ADC 驱动程序，驱动程序包含 adc.c 和 adc.h 文件。先打开 adc.h 文件，如图 34.9 所示。第 6 行定义了 ADC1 的外设地址。什么是外设地址呢？STM32 单片机每个内部功能都会分配一个寄存器地址区域，存放着功能相关的寄存器。之前的教学中未涉及地址，是因为地址定义在固件库函数中，调用固件库时即操作了地址。但 DMA 功能需要知道它要从哪个地址读出数据，又把数据放到哪个地址。我们需要让 DMA 读取 ADC1 的寄存器，所以第 6 行定义的地址告诉 DMA 读取数据的地址。ADC1 采集数据的寄存器地址是 0x4001244C。地址是怎么得来的呢？我们打开“STM32F10XXX 参考手册（中文）”，在第 28 页可以找到“2.3 存储器映像”的表 1，如图 34.10 所示，表格中是单片机内部功能的地址寄存器区域。有

2.3　存储器映像

请参考相应器件的数据手册中的存储器映像图。表1列出了所用STM32F10xxx中内置外设的起始地址。

表1　寄存器组起始地址

起始地址	外设	总线	寄存器映像
0x5000 0000 – 0x5003 FFFF	USB OTG 全速	AHB	参见26.14.6节
0x4003 0000 – 0x4FFF FFFF	保留		
0x4002 8000 – 0x4002 9FFF	以太网		参见27.8.5节
0x4002 3400 - 0x4002 3FFF	保留	AHB	
0x4002 3000 - 0x4002 33FF	CRC		参见3.4.4节
0x4002 2000 - 0x4002 23FF	闪存存储器接口		
0x4002 1400 - 0x4002 1FFF	保留		
0x4002 1000 - 0x4002 13FF	复位和时钟控制(RCC)		参见6.3.11节
0x4002 0800 - 0x4002 0FFF	保留		
0x4002 0400 - 0x4002 07FF	DMA2		参见10.4.7节
0x4002 0000 - 0x4002 03FF	DMA1		参见10.4.7节
0x4001 8400 - 0x4001 7FFF	保留		
0x4001 8000 - 0x4001 83FF	SDIO		参见20.9.16节
0x4001 4000 - 0x4001 7FFF	保留	APB2	
0x4001 3C00 - 0x4001 3FFF	ADC3		参见11.12.15节
0x4001 3800 - 0x4001 3BFF	USART1		参见25.6.8节
0x4001 3400 - 0x4001 37FF	TIM8定时器		参见13.4.21节
0x4001 3000 - 0x4001 33FF	SPI1		参见23.5节
0x4001 2C00 - 0x4001 2FFF	TIM1定时器		参见13.4.21节
0x4001 2800 - 0x4001 2BFF	ADC2		参见11.12.15节
0x4001 2400 - 0x4001 27FF	ADC1		参见11.12.15节
0x4001 2000 - 0x4001 23FF	GPIO端口G		参见8.5节
0x4001 2000 - 0x4001 23FF	GPIO端口F		参见8.5节
0x4001 1800 - 0x4001 1BFF	GPIO端口E		参见8.5节
0x4001 1400 - 0x4001 17FF	GPIO端口D		参见8.5节
0x4001 1000 - 0x4001 13FF	GPIO端口C		参见8.5节
0X4001 0C00 - 0x4001 0FFF	GPIO端口B		参见8.5节
0x4001 0800 - 0x4001 0BFF	GPIO端口A		参见8.5节

图 34.10 储存器映像表（部分）

GPIOA ~ GPIOG。还有 ADC1 和 ADC2。我们使用的是 ADC1，ADC1 对应地址范围是 0x40012400 ~ 0x400127FF，DMA 要自动读取的是 ADC1 中 ADC 采集到的电压值数据。我们需要知道哪个地址存放 ADC1 采集的数据。在参考手册中找到 11.12.5 节，如图 34.11 所示，这是 ADC 寄存器地址映像，最后一行的偏移量“4CH”即十六进制数的 0x4C。地址里面是 32 位宽度数据，从数据说明可知，数据低 16 位（0 ~ 15 位）是 ADC1 转化的数据。高 16 位是 ADC2 转化的数据。于是我们可以确定在 0x4C 偏移位置是 ADC 转化数据，DMA 正是要读取这部分数据。我们在存储器映射表中知道 ADC1 数据开始地址是 0x40012400，ADC 的转化数据偏移量是 0x4C，最终得到的地址是 0x4001244C（起始地址加上偏移量）。DMA 从这个地址读到的数据就是 ADC 转化数据。

偏移	寄存器	位 31 ~ 0	复位值
00h	ADC_SR	保留 [31:5]；STRT；JSTRT；JEOC；EOC；AWD	0 0 0 0 0
04h	ADC_CR1	保留；AWDEN；JAWDEN；保留；DUALMOD [3:0]；DISC NUM [2:0]；JDISCEN；DISCEN；JAUTO；AWDSGL；SCAN；JEOCIE；AWDIE；EOCIE；AWDCH[4:0]	0 0 0 0 0 0 0 0 0 0 0 0 0 0 0 0 0 0 0 0 0 0 0 0
08h	ADC_CR2	保留；TSVREFE；SWSTART；JSWSTART；EXTTRIG；EXTSEL [2:0]；保留；JEXTTRIG；JEXTSEL [2:0]；ALIGN；保留；DMA；保留；RSTCAL；CAL；CONT；ADON	0 0 0 0 0 0 0 0 0 0 0 0 0 0 0 0 0 0
0Ch	ADC_SMPR1	采样时间位SMPx_x	0 × 32
10h	ADC_SMPR2	采样时间位SMPx_x	0 × 32
14h	ADC_JOFR1	保留；JOFFSET1[11:0]	0 × 12
18h	ADC_JOFR2	保留；JOFFSET2[11:0]	0 × 12
1Ch	ADC_JOFR3	保留；JOFFSET3[11:0]	0 × 12
20h	ADC_JOFR4	保留；JOFFSET4[11:0]	0 × 12
1Ch	ADC_HTR	保留；HT[11:0]	0 × 12
20h	ADC_LTR	保留；LT[11:0]	0 × 12
2Ch	ADC_SQR1	保留；L[3:0]；规则通道序列SQx_x位	0 × 24
30h	ADC_SQR2	保留；规则通道序列SQx_x位	0 × 30
34h	ADC_SQR3	保留；规则通道序列SQx_x位	0 × 30
38h	ADC_JSQR	保留；JL [1:0]；注入通道序列JSQx_x位	0 × 22
3Ch	ADC_JDR1	保留；JDATA[15:0]	0 × 16
40h	ADC_JDR2	保留；JDATA[15:0]	0 × 16
44h	ADC_JDR3	保留；JDATA[15:0]	0 × 16
48h	ADC_JDR4	保留；JDATA[15:0]	0 × 16
4Ch	ADC_DR	ADC2DATA[15:0]；规则 DATA[15:0]	0 × 32

图 34.11 ADC 地址映像表

如图 34.9 所示，第 8 ~ 12 行是 I/O 端口的定义。洋桃 1 号开发板上共有 4 个端口需要设置为 ADC 端口。分别是通道 4（电位器）、通道 5（光敏电阻）、通道 6 和通道 7（模拟摇杆的 *x* 轴和 *y* 轴）。第 15 ~ 17 行声明 3 个函数，但本质上都用于 ADC 初始化函数。接下来打开 adc.c 文件，如图 34.12 所示。

```
20 #include "adc.h"
21
22 vu16 ADC_DMA_IN5; //存放ADC数值的变量
23
24 void ADC_DMA_Init(void){ //DMA初始化设置
25     DMA_InitTypeDef DMA_InitStructure;//定义DMA初始化结构体
26     DMA_DeInit(DMA1_Channel1);//复位DMA通道1
27     DMA_InitStructure.DMA_PeripheralBaseAddr = ADC1_DR_Address; //定义 DMA通道外设基地址=ADC1_DR_Address
28     DMA_InitStructure.DMA_MemoryBaseAddr = (u32)&ADC_DMA_IN5; //定义DMA通道ADC数据存储器（其他函数可直接读此变量）
29     DMA_InitStructure.DMA_DIR = DMA_DIR_PeripheralSRC;//指定外设为源地址
30     DMA_InitStructure.DMA_BufferSize = 1;//定义DMA缓冲区大小（根据ADC采集通道数量修改）
31     DMA_InitStructure.DMA_PeripheralInc = DMA_PeripheralInc_Disable;//当前外设寄存器地址不变
32     DMA_InitStructure.DMA_MemoryInc = DMA_MemoryInc_Disable;//当前存储器地址：Disable不变，Enable递增（用于多通道采集）
33     DMA_InitStructure.DMA_PeripheralDataSize = DMA_PeripheralDataSize_HalfWord;//定义外设数据宽度:16位
34     DMA_InitStructure.DMA_MemoryDataSize = DMA_MemoryDataSize_HalfWord; //定义存储器数据宽度:16位
35     DMA_InitStructure.DMA_Mode = DMA_Mode_Circular;//DMA通道操作模式:位环形缓冲模式
36     DMA_InitStructure.DMA_Priority = DMA_Priority_High;//DMA通道优先级高
37     DMA_InitStructure.DMA_M2M = DMA_M2M_Disable;//禁止DMA通道存储器到存储器传输
38     DMA_Init(DMA1_Channel1, &DMA_InitStructure);//初始化DMA通道1
39     DMA_Cmd(DMA1_Channel1, ENABLE); //使能DMA通道1
40 }
41 void ADC_GPIO_Init(void){ //GPIO初始化设置
42     GPIO_InitTypeDef  GPIO_InitStructure;
43       RCC_APB2PeriphClockCmd(RCC_APB2Periph_GPIOA|RCC_APB2Periph_GPIOB|RCC_APB2Periph_GPIOC,ENABLE);
44     RCC_AHBPeriphClockCmd(RCC_AHBPeriph_DMA1, ENABLE);//使能DMA时钟（用于ADC的数据传送）
45     RCC_APB2PeriphClockCmd(RCC_APB2Periph_ADC1, ENABLE);//使能ADC1时钟
46       GPIO_InitStructure.GPIO_Pin = ADC_CH5; //选择端口
47       GPIO_InitStructure.GPIO_Mode = GPIO_Mode_AIN; //选择I/O端口工作方式
48     GPIO_Init(ADCPORT, &GPIO_InitStructure);
49 }
50 void ADC_Configuration(void){ //初始化设置
51     ADC_InitTypeDef ADC_InitStructure;//定义ADC初始化结构体变量
52     ADC_GPIO_Init();//GPIO初始化设置
53     ADC_DMA_Init();//DMA初始化设置
54     ADC_InitStructure.ADC_Mode = ADC_Mode_Independent;//ADC1和ADC2工作在独立模式
55     ADC_InitStructure.ADC_ScanConvMode = ENABLE; //使能扫描
56     ADC_InitStructure.ADC_ContinuousConvMode = ENABLE;//ADC转换工作在连续模式
57     ADC_InitStructure.ADC_ExternalTrigConv = ADC_ExternalTrigConv_None;//有软件控制转换
58     ADC_InitStructure.ADC_DataAlign = ADC_DataAlign_Right;//转换数据右对齐
59     ADC_InitStructure.ADC_NbrOfChannel = 1;//顺序进行规则转换的ADC通道的数目（根据ADC采集通道数量修改）
60     ADC_Init(ADC1, &ADC_InitStructure); //根据ADC_InitStruct中指定的参数初始化外设ADCx的寄存器
61     //设置指定ADC的规则组通道，设置它们的转化顺序和采样时间
62     //ADC1,ADC通道x,规则采样顺序值为y,采样时间为28周期
63     ADC_RegularChannelConfig(ADC1, ADC_Channel_5, 1, ADC_SampleTime_28Cycles5);//ADC1选择信道x,采样顺序y,采样时间n个周期
64
65     ADC_DMACmd(ADC1, ENABLE);// 开启ADC的DMA支持（要实现DMA功能，还需独立配置DMA通道等参数）
66     ADC_Cmd(ADC1, ENABLE);//使能ADC1
67     ADC_ResetCalibration(ADC1); //重置ADC1校准寄存器
68     while(ADC_GetResetCalibrationStatus(ADC1));//等待ADC1校准重置完成
69     ADC_StartCalibration(ADC1);//开始ADC1校准
70     while(ADC_GetCalibrationStatus(ADC1));//等待ADC1校准完成
71     ADC_SoftwareStartConvCmd(ADC1, ENABLE); //软件使能ADC1,开始转换
72 }
```

图 34.12 adc.c 文件的全部内容

开始部分第 20 行加入了 adc.h 文件。第 22 行定义变量 ADC_DMA_IN5 用来存放 ADC 转化数据。全局变量 ADC_DMA_IN5 在 main.c 文件中也有声明。接下来是 ADC 初始化程序。第 24 行是 DMA 传送的初始化函数 ADC_DMA_Init。第 41 行是 GPIO 端口初始化函数 ADC_GPIO_Init。第 50 行是给用户调用的初始化函数 ADC_Configuration。主函数中只调用 ADC_Configuration 函数。先从 ADC_Configuration 函数开始分析，首先第 51 行定义相关的结构体，第 52 行调用了第 41 行的 I/O 端口的初始化函数。于是进入 ADC_GPIO_Init 函数分析，第 42 行定义了结构体，第 43 行开启 GPIO 时钟，第 44 行开启 DMA 时钟，因为要用 DMA 传送 ADC 数据，所以要开启 DMA 时钟。接下来第 45 行开启 ADC1 时钟。时钟开启后，第 46 ~ 47 行设置 I/O 端口，将 ADC 通道 5（PA5）设置为模拟量输入状态，第 48 行调用 GPIO_Init 固件库函数将以上的设置写入 GPIO 寄存器。完成 GPIO 初始化后，接下来第 53 行又调用了 DMA 初始化设置，函数中第 25 行定义结构体，第 26 行调用固件库函数 DMA_DeInit 使 DMA 通道 1 复位，将要使用 DMA 通道 1 传送 ADC1 数据。第 27 行给出 DMA 通道的外设基准地址，也就是 ADC1 功能的转化数据所存放的地址 0x4001244C。第 28 行告诉 DMA 要把数据放在哪，给出的存放数据的位置正是定义的 ADC 存放数据的全局变量 ADC_DMA_IN5。第 29 行指定外设的源地址，

不需要考虑。第 30 行给出 DMA 缓冲区大小，要根据 DMA 读取的数据量决定。读取当前光敏电阻的电压值，所以缓冲区大小为 1。第 31 行给出当前的外设地址是否需要变化，我们选择 Disable（不变化）。第 32 行设置 DMA 地址是否自动加 1，也就是变量所存放的地址是否偏移。当前只采集一个数据，选择 Disable（不需要偏移）。第 33 行设置 DMA 的数据宽度，设置为 16 位。第 34 行定义 DMA 存放地址的数据宽度，设置为 16 位。第 35 行设置 DMA 模式、优先级等，这些设置不需改动。第 38 行调用固件库函数 DMA_Init，把以上设置写入 DMA。第 39 行开启 DMA 通道 1，DMA 功能开始工作。它会把 ADC1 转化的数据存放在变量 ADC_DMA_IN5 中。

```
#define ADC_SampleTime_1Cycles5
#define ADC_SampleTime_7Cycles5
#define ADC_SampleTime_13Cycles5
#define ADC_SampleTime_28Cycles5
#define ADC_SampleTime_41Cycles5
#define ADC_SampleTime_55Cycles5
#define ADC_SampleTime_71Cycles5
#define ADC_SampleTime_239Cycles5
```

图 34.13 转化时间所有选项

再回到 ADC_Configuration 函数，第 54 行设置 ADC 模式为 ADC1、ADC2 独立工作模式。第 55 行开启 ADC 扫描，第 56 行让 ADC 进入连续工作模式，也就是循环采集 ADC 通道上的电压。ADC 工作模式有一次模式和连续模式，一次模式是只读取一次数据；连续模式是不间断循环读取数据，使得转化结果不断更新。第 57 行设置 ADC 转化方式和对齐方式，这些设置不需要改动。第 59 行设置 ADC 通道数量，读取光敏电阻只需一个通道，数量为 1。第 60 行调用库建库函数 ADC_Init，将以上设置写入 ADC。第 63 行是用固件库函数 ADC_RegularChannelConfig 设置 ADC 通道、转化顺序和采样时间。第一个参数是 ADC 功能号（ADC1），第 2 个参数是通道号（通道 5），第 3 个参数是顺序位，可写入 1 ~ 4，数值小的先转换，数值大的后转换（1）。第 4 个参数是 ADC 采样时间（转换周期），即设置模拟量转化成数字量需要间隔多久转化一次。图 34.13 所示是转化时间所有选项，我们当前选择 28 个周期转化一次的 ADC_SampleTime_28Cycles5，你也可以选择其他 1 ~ 239 周期。第 65 行开启 ADC 的 DMA 功能，允许 DMA 读取 ADC 数据。第 66 行启动 ADC1，这时 ADC1 开始工作。第 67 ~ 70 行是对 ADC 数据的校准，ADC 读取模拟量会有一定偏差，通过数据校准可以让数据保持稳定，不需改动。最后第 71 行是软件使能 ADC，开始转化。执行后 ADC1 开始将通道 5 中的模拟电压转化成数字量，通过 DMA 存放到变量 ADC_DMA_IN5 中。由于我们开启了 ADC 转换连续工作模式，变量中的数据每 28 个时钟周期刷新一次。最终我们就能在主函数中使用变量读取 ADC 数据。

了解了单个通道的 ADC 数据采集原理，再来看两个通道的 ADC 数据采集如何编程。在附带资料中找到“光敏与电位器 ADC 读取程序”的工程，将工程中的 HEX 文件下载到开发板中，效果是在 OLED 屏上出现两路 ADC 数据，“ADC IN4”是电位器的 ADC 数值，通过跳线连接到 PA4 端口，我这里采集的数据是 1861。如图 34.14 所示，将一字螺丝刀插入电位器上方的螺丝孔，左右旋转，可以看到 OLED 屏上的数据发生变化。这是通过电位器调节电压值，使 ADC 数值发生变化。另一路通道“ADC IN5”是光敏电阻 ADC 数值。用手挡住光敏电阻，数值会发生变化。示例程序通过 ADC1 采集两路通道，得到两组数据，这样的效果在程序上如何实现呢？

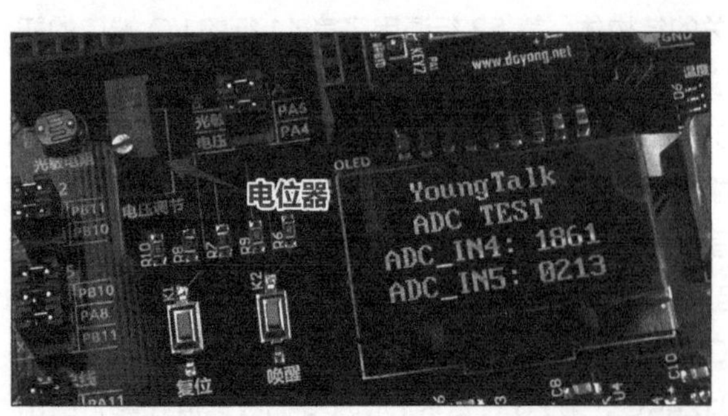

图 34.14 开发板上的电位器

我们打开“光敏和电位器 ADC 读取程序”的工程，这个工程和“光敏电阻 ADC 读取程序”的工程大同小异，我们只看区别。在 main.c 文件中，第 26 行的定义变量部分，单个通道的 ADC 采集中只定义了一个变量，现在定义成数组，数

组包含两个数据。第 40 ～ 41 行对这两个数据分别显示，电位器 ADC 数据在数组的第 0 位，光敏电阻 ADC 数据在数组第 1 位。再看 adc.c 文件中，第 22 行定义的变量是数组，第 28 行在 DMA 设置里面把存放位置改成了 ADC_DMA_IN。第 30 行在 DMA 缓冲区大小处把缓冲区改成 2。第 32 行寄存器地址是否偏移处改成 ENABLE（允许），即允许寄存器地址偏移。这样才能将两个数据存放在数组的第 0 位和第 1 位。如果没有修改，将两个数据都存放入第 0 位，数据会被反复覆盖。第 46 行 GPIO 初始化中加入通道 4（ADC_CH4），即电位器输入通道。第 59 行 ADC 初始化函数中将通道数改成 2。第 63 ～ 64 行 ADC 通道转化顺序以及采样时间部分改成两行程序，第 1 行选择通道 4，顺序 1（先转化），28 个时钟周期；第 2 行是采集通道 5，顺序 2，28 个时钟周期。只有用两行设置才能把通道 4 和 5 的数据按顺序先后读取出来。完成上面这些修改，就能把一个通道的采集变成两个通道的采集。当今后要使用 3 或 4 个通道时，可以按照上述方法修改参数，实现一个 ADC 采集多组数据的功能。

第 67 步

35 模拟摇杆

35.1 原理介绍

我们学会了通过 ADC 读取光敏电阻和电位器，在洋桃 1 号开发板上还有一个模拟量的输入器件——模拟摇杆。如图 35.1 所示，模拟摇杆位于洋桃 1 号开发板的左下角，它可以 360° 自由转动。游戏机手柄，四轴飞行器、航模，船模、车模遥控器上的操纵杆都是模拟摇杆。模拟摇杆比按键操作更方便，按键只有开和关两个状态，而模拟摇杆的转动角度可以发出丰富的模拟数据。比如控制遥控车，如果用按键控制，按下按键，小车前进；松开按键，小车停止。改用模拟摇杆时，摇杆向前推小角度时，小车慢速前进；向前推大角度时，小车快速前进。摇杆不仅能控制小车前进或停止，还能以线性方式控制小车前进的速度。航模、船模的遥控器通常会使用模拟摇杆进行高精度控制。

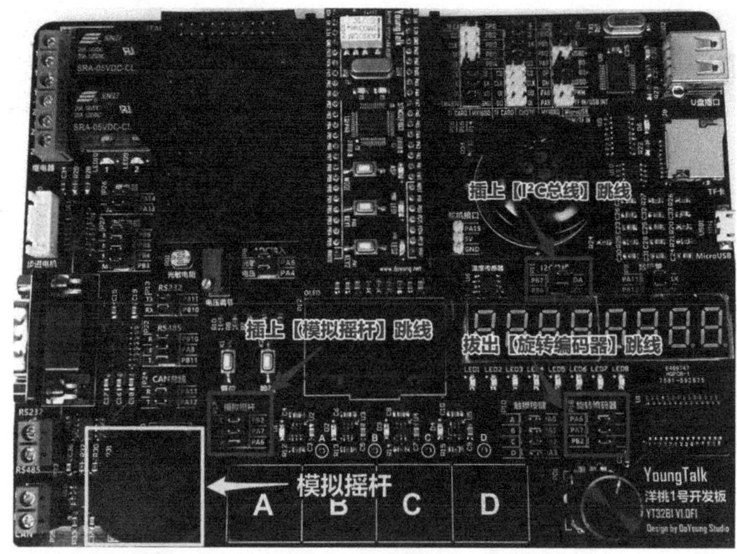

图 35.1 跳线设置

实验之前先设置开发板上的跳线。把标注为“模拟摇杆”（编号为 P17）的跳线短接（插上），使模拟摇杆电路与单片机 I/O 端口连接。再把标注为“旋转编码器”（编号为 P18）的跳线断开（拔出），因为旋转编码器和模拟摇杆共用一组 I/O 端口，使用模拟摇杆要断开旋转编码器的电路。设置完成后就可以下载示例程序了。在附带资料中找到“模拟摇杆 ADC 读取程序”工程，将工程中的 HEX 文件写入开发板，看一下效果。效果是 OLED 屏上显示 ADC_IN6 和 ADC_IN7 两个 ADC 通道的数值，两个通道连接到模拟摇杆。如图 35.2 所示，摇杆内部有两个电位器，ADC 通道正是与两个电位器连接，电位器随着摇杆内部的机械结构转动，改变 ADC 读到的电压值。如果缓慢上推摇杆，屏幕上 ADC_IN7 的值从 2000 左右增加到 3000 左右，再向上推一点，数值变为 4000 左右。松开摇杆，由于内部弹

图 35.2 摇杆机械结构连接两个电位器

簧的作用，数值回到 2000 左右。如果缓慢下推摇杆，通道 7 的值不断变小，从 2000 左右变为 1800 左右。继续向下推，数值变到 900、800、700，最后为 0。松开摇杆时，由于内部弹簧的作用，摇杆回弹到初始位置，数值回到 2000 左右。由此可见通道 7 对应摇杆 y 轴方向（上下）的数值变化。摇杆在最下方时，通道 7 的数值最小；在最上方时，通道 7 的数值最大。现在将摇杆向左轻推，通道 6 的数值随之变小，推到最左边时数值变为 0。再向右轻推摇杆，通道 6 的数值变大，直到 4000 左右。松开摇杆，数值回到 2000 左右。通道 6 对应着摇杆 x 轴方向（左右）。如果摇杆只在 x 轴或 y 轴方向移动，2 组数据会分别变化。摇杆向其他方向移动时，两组数值会组合成坐标。比如把摇杆推到左下角，通道 7 和通道 6 的数值都变小；把摇杆推到右上方，两组数据都变大；把摇杆推到左上方，通道 6 的数值变小，通道 7 的数值变大；把摇杆推到右下方，通道 6 的数值变大，通道 7 的数值变小。通过两组通道的数据组合，就能准确判断摇杆的坐标。模拟摇杆能方便地进行精密操作。摇杆的模拟电压数据通过单片机内部的 ADC 采集得到。摇杆除了可以转动，还可以向下按。下按摇杆帽时，屏幕左上角出现字符 y；松开后，字符 y 消失。

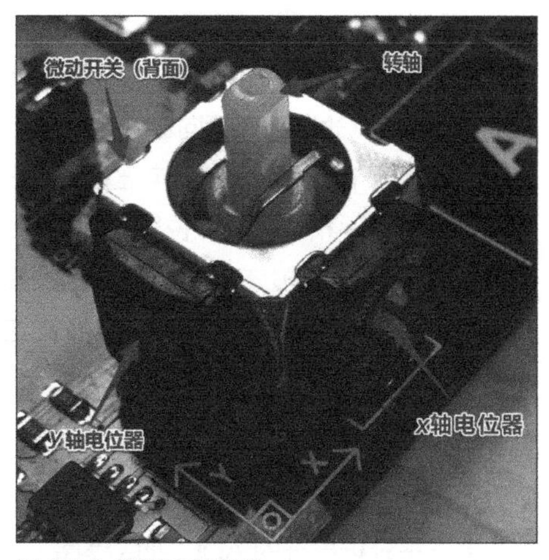

图 35.3 摇杆内部结构

接下来研究一下摇杆的内部结构。将摇杆上方的塑料帽用力向上拔出，从下面的摇杆主体可以看到其内部结构。如图 35.3 所示，主体由中间的转轴、两侧的两个电位器和可下按的微动开关组成。这 3 个结构使它具备 3 种操作方式。第 1 种操作方式是下按，按下摇杆时，摇杆内部转轴会按下下方的微动开关，触发微动开关连接的 I/O 端口，实现下按操作。第 2、3 种操作方式是摇杆在 x 轴、y 轴的移动，这两种操作会驱动两个电位器产生相应的动作。摇杆在 x 轴方向移动时，x 轴电位器跟着左右旋转。电位器旋转改变内部电阻值，使 ADC 采集的电压值变化。摇杆在 y 轴方向移动时，y 轴电位器跟着旋转，电位器电阻值变化，使 ADC 采集的电压值变化。在电路上只要将两个电位器连接到两路 ADC 采集通道，将下按操作的微动开关连接到 I/O 端口上，便可读取摇杆的全部操作，电路图如图 35.4 所示。接下来打开“洋桃 1 号开发板电路原理图（开发板总图）”文档，旋转编码器和摇杆子电路部分共用一个子电路。摇杆 x 轴电位器（JS_X）连接 PA6（ADC 通道 6），y 轴电位器（JS_Y）连接 PA7（ADC 通道 7）。下按的微动开关连接普通的 I/O 端口 PB2。接下来打开“洋桃 1 号开发板电路原理图（编码器和摇杆部分）”文档。如图 35.5 所示，忽略下边的旋转编码器部分，只看模拟摇杆的电路部分。图中左边 3 个端口是 x 轴电位器（JS_X）、y 轴电位器（JS_Y）和下按微动开关（JS_D）的端口，通过跳线 P17 连接到模拟摇杆器件 J10。模拟摇杆器件中 1、2、3 引脚是内部 x 轴电位器的 3 个引脚。其中 1、3 脚是电位器电阻的

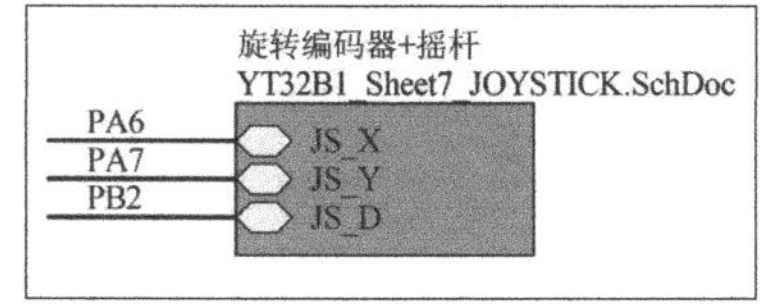

图 35.4 旋转编码器和摇杆的子电路图

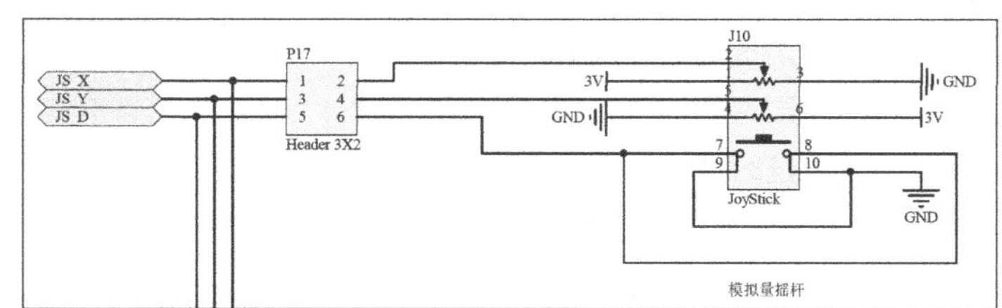

图 35.5 模拟摇杆电路原理图

两端，2 脚是滑动触点。摇杆在 x 轴方向移动时，2 脚的触点会在 1、3 脚之间移动。只要 1 脚连接高电平，3 脚连接低电平，当触点移动时，2 脚的电压会在高电平（3.3V）和低电平（0）之间变化。所以 1 脚接 3.3V，3 脚接 GND。摇杆向左移动时，2 脚会移动到 3 脚方向，读到的电压值为 0V。摇杆向右移动时，2 脚触点靠近 1 脚方向，触点电压接近 3.3V，ADC 数据最大（约为 4096）。接下来 4、5、6 脚是 y 轴的电位器，原理和 x 轴的电位器相同，只是根据 y 轴方向产生变化。摇杆被推到最下方时，ADC 采集的数据为 0；被推到最上方时，采集的数据接近 4096。7 ~ 10 脚是下按微动开关连接的引脚，原理和普通微动开关一样。微动开关的一端 7、8 脚连接 I/O 端口，9、10 脚连接 GND。摇杆被下按时，I/O 端口接地触发。以上就是模拟摇杆的电路原理。

35.2 程序分析

接下来分析摇杆的 ADC 读取程序，首先打开“模拟摇杆 ADC 读取程序”工程文件，此工程复制了上一节“光敏和电位器 ADC 读取程序”的工程，只是在 Hardware 文件夹中加入 JoyStick 文件夹，文件夹中加入 JoyStick.c 和 JoyStick.h 文件。接下来用 Keil 打开工程，加入 JoyStick.c、adc.c 文件（Keil 软件中的设置过程请参考之前章节），设置完成后重新编译。先来看 main.c 文件，如图 35.6 所示。这是摇杆的 ADC 读取程序，第 24 ~ 25 行加载 adc.h 和 JoyStick.h 两个库文件，因为摇杆用到 ADC 功能和按键处理程序。第 35 行加入 ADC 初始化函数，第 36 行加入摇杆初始化函数 JoyStick_Init。第 42 ~ 43 行让 OLED 屏显示通道 6 和通道 7 的字符。while 主循环中第 48 ~ 56 行在 OLED 屏上显示通道 6 和通道 7 的 ADC 数据。第 58 行是对摇杆下按操作的处理，第 58 行通过 if 语句判断摇杆是否被按下，数值为 0（低电平）表示摇杆被按下。第 59 行在 OLED 屏的左上角显示字母 Y。第 61 行判断如果没有被按下或放开，在左上角同一位置显示空格，即通过覆盖删除字符 Y。最终实现按下摇杆显示 Y，松开后 Y 消失。第 63 行的延时函数决定了 OLED 屏上 ADC 数值的刷新频率，注意延时过长会导致摇杆按下判断的卡顿。adc.h 文件和上一章相同。打开 adc.c 文件，如图 35.7 所示，修改的部分是在第 46 行将 I/O 端口定义

```
17 #include "stm32f10x.h" //STM32头文件
18 #include "sys.h"
19 #include "delay.h"
20 #include "touch_key.h"
21 #include "relay.h"
22 #include "oled0561.h"
23
24 #include "adc.h"
25 #include "JoyStick.h"
26
27 extern vu16 ADC_DMA_IN[2]; //声明外部变量
28
29 int main (void){//主程序
30     delay_ms(500); //上电时等待其他器件就绪
31     RCC_Configuration(); //系统时钟初始化
32     TOUCH_KEY_Init();//触摸按键初始化
33     RELAY_Init();//继电器初始化
34
35     ADC_Configuration(); //ADC初始化设置（模拟摇杆的ADC初始化）
36     JoyStick_Init(); //模拟摇杆的按键初始化
37
38     I2C_Configuration();//I²C初始化
39     OLED0561_Init(); //OLED屏初始化
40     OLED_DISPLAY_8x16_BUFFER(0,"   YoungTalk "); //显示字符串
41     OLED_DISPLAY_8x16_BUFFER(2,"   ADC TEST  "); //显示字符串
42     OLED_DISPLAY_8x16_BUFFER(4," ADC_IN6:    "); //显示字符串
43     OLED_DISPLAY_8x16_BUFFER(6," ADC_IN7:    "); //显示字符串
44
45
46     while(1){
47         //将光敏电阻的ADC数据显示在OLED屏上
48         OLED_DISPLAY_8x16(4,10*8,ADC_DMA_IN[0]/1000+0x30);//
49         OLED_DISPLAY_8x16(4,11*8,ADC_DMA_IN[0]%1000/100+0x30);//
50         OLED_DISPLAY_8x16(4,12*8,ADC_DMA_IN[0]%100/10+0x30);//
51         OLED_DISPLAY_8x16(4,13*8,ADC_DMA_IN[0]%10+0x30);//
52
53         OLED_DISPLAY_8x16(6,10*8,ADC_DMA_IN[1]/1000+0x30);//
54         OLED_DISPLAY_8x16(6,11*8,ADC_DMA_IN[1]%1000/100+0x30);//
55         OLED_DISPLAY_8x16(6,12*8,ADC_DMA_IN[1]%100/10+0x30);//
56         OLED_DISPLAY_8x16(6,13*8,ADC_DMA_IN[1]%10+0x30);//
57
58         if(GPIO_ReadInputDataBit(JoyStickPORT,JoyStick_KEY)==0){
59             OLED_DISPLAY_8x16(0,0,'Y');//
60         }else{
61             OLED_DISPLAY_8x16(0,0,' ');//
62         }
63         delay_ms(200); //延时
64     }
65 }
```

图 35.6 main.c 文件的全部内容

为通道 6 和通道 7。在第 63 ~ 64 行将 ADC 两路采集设置为通道 6 和通道 7，其他部分没有修改。将通道切换，把对光敏电阻和电位器的数据采集切换到对摇杆的数据采集，数组变量中的数据改为 *x* 轴和 *y* 轴的数据。

```
1  #ifndef __KEY_H
2  #define __KEY_H
3  #include "sys.h"
4
5
6  #define JoyStickPORT  GPIOB //定义I/O端口组
7  #define JoyStick_KEY  GPIO_Pin_2  //定义I/O端口
8
9
10 void JoyStick_Init(void);//初始化
11
```

图 35.7 JoyStick.h 文件的全部内容

接下来我们打开 JoyStick.h 文件，如图 35.7 所示。第 6 ~ 7 行定义 PB 组 2 号端口（PB2）作为摇杆下按微动开关的接口，第 10 行声明了摇杆的初始化函数。接下来打开 JoyStick.c 文件，如图 35.8 所示，第 21 行加载了 JoyStick.h 文件，第 23 行只有一个摇杆初始化函数 JoyStick_Init。函数只包含摇杆的按下键的初始化设置，没有 *x* 轴、*y* 轴的 ADC 初始化，因为 *x* 轴、*y* 轴的初始化在 adc.c 文件里。函数内容与核心板上的按键初始化程序几乎相同。第 25 行打开 I/O 端口时钟，第 26 行设置 I/O 端口号，第 27 行将 I/O 编口工作方式设置为上拉电阻的输入方式（普通微动开关的常用模式），第 28 行初始化 I/O 端口。大家可以试着将 *x* 轴和 *y* 轴的数据应用在对步进电机的控制上，实现对步进电机的精确控制。相信模拟摇杆的加入，会为你的开发增添更多可能性。

```
21 #include "JoyStick.h"
22
23 void JoyStick_Init(void){ //微动开关的端口初始化
24     GPIO_InitTypeDef  GPIO_InitStructure; //定义GPIO的初始化枚举结构
25       RCC_APB2PeriphClockCmd(RCC_APB2Periph_GPIOA|RCC_APB2Periph_GPIOB|RCC_APB2Periph_GPIOC,ENABLE);
26       GPIO_InitStructure.GPIO_Pin = JoyStick_KEY; //选择端口号（0~15或all）
27       GPIO_InitStructure.GPIO_Mode = GPIO_Mode_IPU; //选择I/O端口工作方式 //上拉电阻
28     GPIO_Init(JoyStickPORT,&GPIO_InitStructure);
29 }
30
```

图 35.8 JoyStick.c 文件的全部内容

第 68~70 步

36 MP3播放功能

36.1 原理介绍

这一节我们来研究 MP3 语音播放芯片的功能。通过学习，大家可以制作智能语音播报器，这对于物联网开发、人机交互界面而言非常重要。先来看一下 MP3 播放芯片的电路原理和技术参数。实验前先设置洋桃 1 号开发板上的跳线，如图 36.1 所示，把标注为“旋转编码器”（编号为 P18）的跳线短接。把标注为“模拟摇杆”（编号为 P17）的跳线断开。再把开发板左上角的 3 组跳线按照如图 36.1 所示连接（左排下方的 4 个跳线短接，中排上方 4 个跳线短接，右排 1、2、5、6 短接）。设置跳线后就可以进行 MP3 播放实验。在洋桃 1 号开发板的配件包中找到 TF（Micro SD）卡，将它有字一面朝上插入开发板右侧的 TF 卡槽，将 USB 线插入 TF 卡槽旁边的 Micro USB 接口，另一端连接计算机。插入 TF 卡后，卡槽旁边的 LED 点亮，表示计算机识别到 TF 卡。下面我们在计算机上进行操作。在计算机的硬盘管理界面可找到新加入的 U 盘图标。需要注意：第一次使用 TF 卡要先初始化，把鼠标指针放在 U 盘图标上单击右键，在弹出的菜单中选择“格式化”。另外，必须选择文件系统为 FAT16 或 FAT32 格式，否则开发板无法读取 MP3 文件。勾选“快速格式化”选项，单击“开始”按钮。格式化完成后进入 U 盘根目录，存入 MP3 或 WAV 格式的音乐文件。如图 36.2 所示，我存入了 4 个音乐文件。音乐文件名必须在开头写入序号。比如第一个文件名要改为“0001 文件名”（注意 0001 后面有空格），第 2 个文件名要改为“0002 文件名”，文件名可以含有中文、数字、英文和字符。按照这样的编号方法，给所有音乐文件名都加上序列号，这样 MP3 芯片才能读取音乐文件。完成 TF 卡的操作后将 USB 线从开发板上拔下来，插回核心板上的 USB 接口，然后给单片机下载程序。在附带资料中找到“MP3 播放测试程序”工程，将工程中的 HEX 文件下载到开发板中，看一下效果。效果是在 OLED 屏上显示“MP3 PLAY TEST”，即 MP3 测试程序。程序读取 TF 卡中的音乐文件，

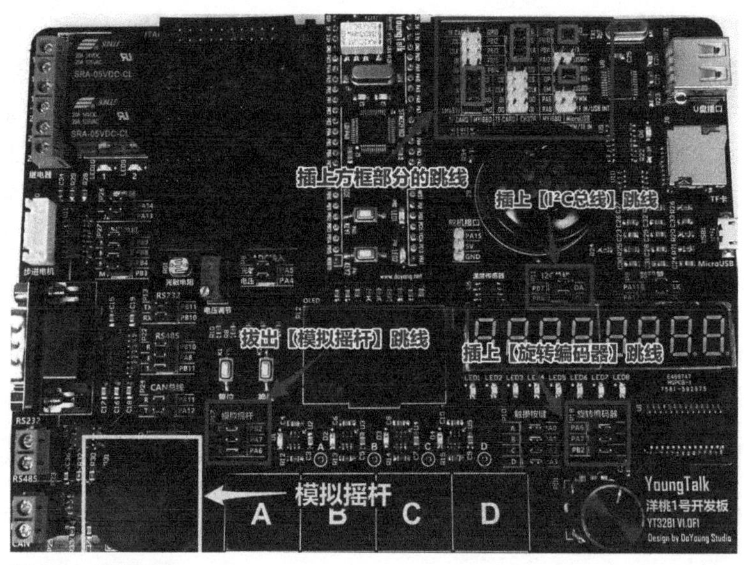

图 36.1 跳线设置

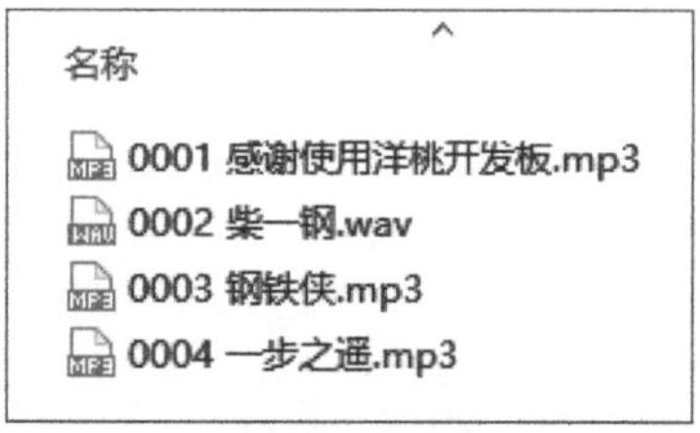

名称

0001 感谢使用洋桃开发板.mp3
0002 柴一钢.wav
0003 钢铁侠.mp3
0004 一步之遥.mp3

图 36.2 TF 卡中存放的音乐文件

通过功放芯片将音频放大，用开发板上的扬声器播放。可用旋转编码器和触摸按键控制音乐播放。按下编码器时播放音乐文件，首先播放 TF 卡中第一个音乐文件（编号为 0001）。按 A 和 B 键切换歌曲，按 A 键切换为上一首，按 B 键切换为下一首。播放过程中可通过左右旋转编码器调整音量，逆时针旋转，音量变小；顺时针旋转，音量变大；按下编码器，暂停播放；再次按下，继续播放。以上就是播放 MP3 音乐的效果。

36.2 电路分析

接下来分析一下 MP3 播放的电路原理，在附带资料中打开“洋桃 1 号开发板电路原理图”文件夹，找到“洋桃 1 号开发板电路原理图（TF 卡和 U 盘部分）”，再打开“洋桃 1 号开发板周围电路手册资料”文件夹，找到“MY1690-16S 语音芯片使用说明书”文档和“MY1680-16S 开发资料包”，资料包中包括了 MP3 播放芯片官方的说明书和示例程序，大家在今后的学习和开发中都会用到这些资料。接下来打开“洋桃 1 号开发板电路原理图（开发板总图）”文件，如图 36.3 所示。图中是 TF 卡和 U 盘的子电路图。子电路图的名称是“TF 卡音乐模块 + 从 USB+PWM 音频 +CH376”。子电路图包括了 4 个功能，现在学习 TF 卡音乐模块。这个功能使用两个端口，分别是 TFMUSIC_TX（PB11）和 TFMUSIC_RX（PB10），两个端口复用 USART3 串口，单片机通过 USART 串口向 MP3 播放芯片收发数据，控制音乐播放。

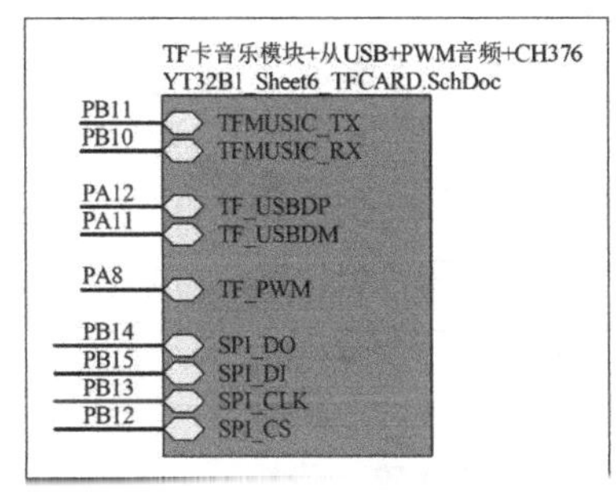

图 36.3 TF 卡和 U 盘的子电路图

打开“洋桃 1 号开发板电路原理图（TF 卡和 U 盘部分）”文件，如图 36.4 所示。此电路图中包含了很多功能，我们只学习 MP3 播放的电路部分。图纸左上角有 TFMUSIC_TX（PB11）和 TFMUSIC_

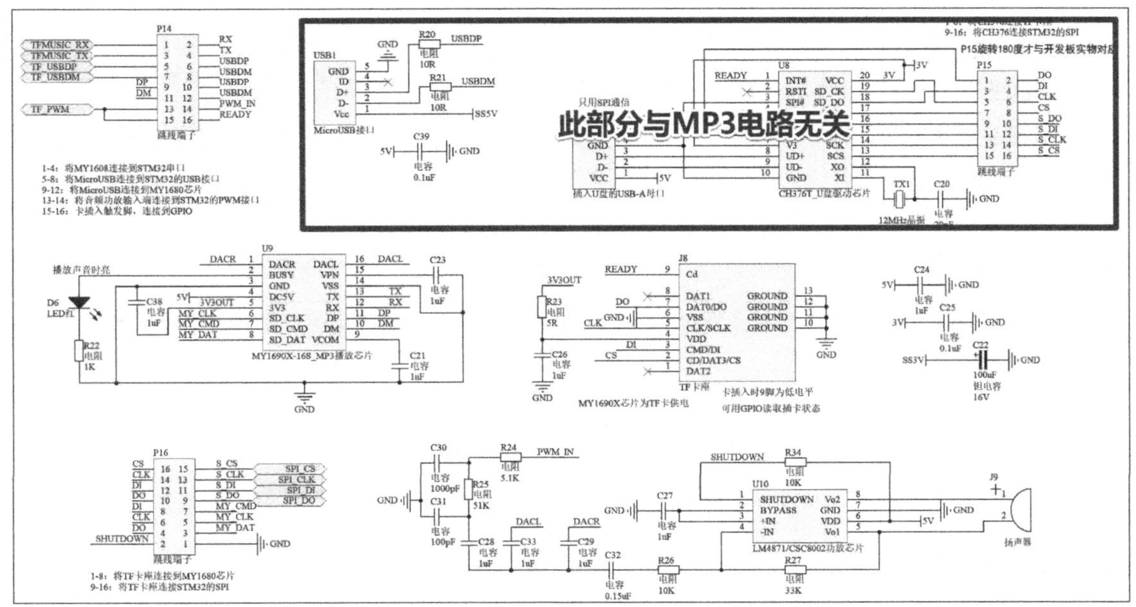

图 36.4 TF 卡和 U 盘部分电路原理图

RX（PB10）这两个端口，它们和单片机的 USART3 连接。两个端口通过跳线 P14，接入 RX 和 TX。再看图纸中间部分，芯片 U9 的型号是 MY1690-16S，这就是 MP3 播放芯片。它内部集成了 MP3 解码和控制功能，可以实现对 U 盘或 TF 卡的文件读取，通过功放芯片将声音从扬声器播放。芯片 U9 右边是 TF 卡槽（SD 卡座），卡槽上的 DO、CLK、DI 和 CS4 根数据线通过跳线 P16 连接到不同功能，上方 3 组跳线短接（3 ~ 8）则将 TF 卡连接到 MY1690 芯片的 1 ~ 3 脚上。跳线 P16 的 1 ~ 2 引脚连接功放芯片 U10——型号是 LM4871 的音频功放芯片。U10 第 1 脚是功放芯片的电源控制端，跳线短接则功放芯片工作，跳线断开则功放芯片停止工作。MY1690 芯片的 1、3 脚连接到 TF 卡，第 4 脚通有 22kΩ 上拉电阻（R23），此引脚可连接外部控制

1、概述

MY1690-16S 是深圳市迈优科技有限公司自主研发的一款由串口控制的插卡MP3芯片，支持MP3、WAV格式双解码，模块最大支持32GB TF卡，也可外接U盘或USB数据线连接计算机更换SD卡音频文件。

2、产品特性

- 支持 MP3 、WAV 高品质音频格式文件，声音优美。
- 24 位 DAC 输出，动态范围支持 93dB，信噪比支持 85dB。
- 完全支持 FAT16、FAT32 文件系统，最大支持 32GB TF 卡和 32GB 的 U 盘。
- 支持 UART 异步串口控制：支持播放、暂停、上下曲、音量加减、选曲播放、插播等。
- 有 ADKEY 功能，通过电阻选择可实现标准 MP3 功能的 5 按键控制和其他功能。
- 可直接连接耳机，或者外接功放。

图 36.5 MY1690 芯片手册的概述与产品特性

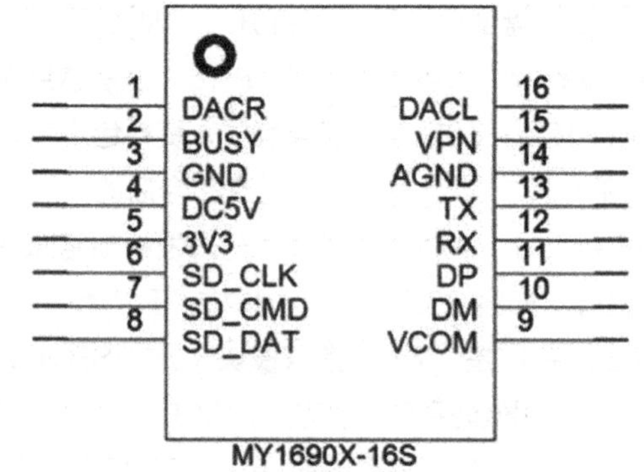

管脚号	管脚名称	功能描述	备注说明
1	DACR	右声道输出	
2	BUSY	播放输出高电平，其他状态低电平	
3	GND	电源负极	
4	DC5V	电源正极	3.4V-5V 供电范围
5	3V3	内部 LDO 3.3V 电压输出	可输出为 FLASH 供电（驱动电流 100MA 内），此为内核 LDO 电源必须就近加个1UF 滤波电容到负极（电容两端到芯片3脚和5脚之间的距离尽量最短）。该电源不能和其他 3.3V 电源接一起，会有冲突
6	SD_CLK	SD_CLK 为 SD 卡时针脚	
7	SD_CMD	SD_CMD 为 SD 卡命令脚	
8	SD_DAT	SD_DAT 为 SD 卡数据脚	
9	VCOM	偏置电压	必须靠近芯片加1uf 电容接负极
10	DM	USB 信号线（D-）	USB 下载声音或读取 U 盘数据
11	DP	USB 信号线（D+）	
12	RX	串口读信号	
13	TX	串口写信号	
14	AGND	模拟负极	接大功率功放时可单点在功放附近接地
15	VPN	偏置电压	必须靠近芯片加1uf 电容接负极
16	DACL	左声道输出	

图 36.6 MY1690 芯片引脚定义

按键，我这里没有连接。5、6 脚用来连接 USB 接口，对应的标号是 DM 和 DP，在跳线 P14 可找到它们与 Micro USB 接口 USB_DP 和 USB_DM 连接，这是开发板右侧的 Micro USB 接口。将 P14 两个跳线（1 ~ 4）短接就让 Micro USB 接口连接到 MY1690 芯片，就能把 MP3 电路通过 USB 接口连接到计算机，把 TF 卡当成 U 盘（存储器）使用。如果连接 USB 接口但没有插入 TF 卡，MY1690 芯片自动切换为声卡功能，把计算机上播放的声音在开发板的扬声器上播放出来。接下来 MY1690 芯片第 7 脚 VPN 连接 1μF 电容（C23），第 8 脚 Vss 接地。第 9、10 脚是左、右声道的音频输出。由于开发板上只有一个扬声器，所以使用单声道输出。这里将第 9、10 脚的两个音频输出连接两个 1μF 电容（C29、C33），将双声道混合成单声道。再通过 C32 电容和 R26 电阻进入 LM4871 功放芯片第 4 脚，放大后的音频通过第 5、8 脚连接的扬声器播放出 TF 卡中的音乐。MY1690 芯片第 11 脚是 3.3V 电源输出，悬空不接。第 12 脚是 5V 电源输入，接到开发板的 5V 电源，第 13 脚 GND 接地。第 14、15 脚连接到单片机的 USART3 串口，第 16 脚连接外部 LED，芯片工作时 LED 点亮。这就是 MP3 播放芯片的电路连接。另外电路会用到 LM4871 音频功放芯片的功能，在项目开发中可直接引用此电路。关于 MY1690 的引脚定义和使用方法可参考芯片数据手册。

接下来打开“MY1690-16S 语音芯片使用说明书”文件，看一下 MY1690 的功能和技术参数。先看产品特性，要知道这款芯片并不只是能简单地播放音乐，还有语音播报等功能，后文会讲。目前在市场上有很多种 MP3 语音芯片，我只是选择其中一种。其他厂家的其他芯片的使用方法和性能大同小异，只要能看懂说明书、了解技术参数就能很快使用。大家不要局限于一款芯片，而要学会所有 MP3 播放芯片的使用方法。图 36.5 所示是概述和产品特性，首先它支持 MP3 和 WAV 两种音频格式、24 位 DAC 输出，有较大的动态范围。芯片支持 FAT16 或 FAT32 格式的文件系统，最大支持 32GB 的 TF 卡 /U 盘，支持 UART 异步串口控制。其中 ADKEY 功能可连接 5 个按键控制 MP3 播放，下边是具体的技术参数。如图 36.6 所示，第 3 页是引脚定义。1 ~ 3 脚连接 TF 卡，4 脚是分压式按键输入，5、6 脚可通过 USB 接口连接 U 盘或计算机。7 脚 VPN 内部有电源偏置电压，连接 1μF 电容。8 脚连接模拟信号。9、10 脚是左、右声道的输出，可连接耳机或外放音箱。11 脚接内部的 3.3V 输出，可给 TF 卡供电，因为 TF 卡使用 3.3V 电源，12 脚为 3.5 ~ 5.5V 电源输入端口，13 脚为 GND 端，14、15 脚连接 USART 串口。16 脚是读忙标志位。播放时输出高电平，暂停或停止时输出低电平，我们可以在引脚连接指示灯，指示当前的工作状态。应用范围介绍了芯片主要应用于高级玩具、工业控制、门禁、医疗、安防等领域，主要功能是语音播报，将事先录好的音频文件放入 TF 卡，通过单片机选择播放一段音频，实现组合音频播放，比如地铁报站，每站要报不同的名字；收费站、停车场都会有不同的动态播报。图 36.7 所示是串口通信协议，介绍了如何用单片机串口发送指令、控制芯片的播放。每个指令都需要连续发送 6 个字节，包括起始码和结束码。首先向串口发送起始码 0x7E，然后发送数据长度、操作码、参数、校验码和结束码 0x1F。按照这样的格式发送就能控制 MP3 播放芯片。接下来第 5 页是指令列表，如图 36.8 所示，其中特别说明 MP3 文件必须按照编号方式命名。表格中的指令有播放、暂停、下一曲、上一曲、音量加减等简单操作。还有设置音量、设置 EQ、设置循环播放模式、文件切换等复杂功能，还可以通过 0x41 指令直接选取。查询功能可查询当前的播放状态、音量等级、音乐风格、TF 卡文件数、播放时间等内容。芯片手册还给出每条指令的具体使用示例、电路原理图，供大家学习参考。

36.3 程序分析

分析驱动程序，首先打开“MP3 播放测试程序”工程文件，此工程复制了上一节的“模拟摇杆 ADC

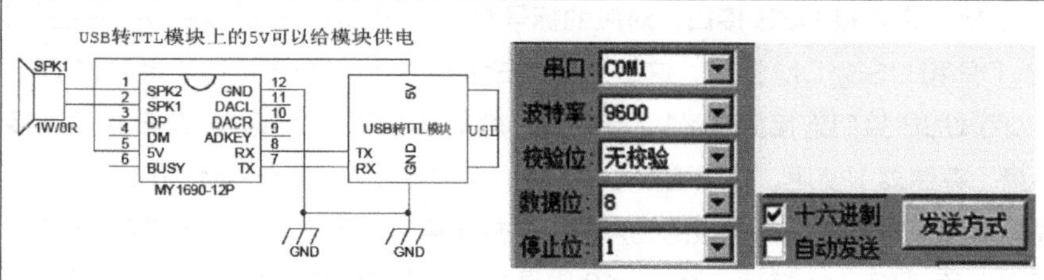

协议命令格式：

起始码	长度	操作码	参数	校验码	结束码
0x7E					0xEF

注意： 数据全部为**十六进制数**。

“**长度**”是指：**长度+操作码+参数**（有些没有参数，有些有两位参数）+**校验码**的个数；

“**校验码**”是指：**长度**〈异或〉**操作码**〈异或〉**参数**的值，既按顺序分别异或的值。

校验码可通过计算器计算得到：例如，设置音量指令为 **7E 04 31 19 2C EF**

长度 04 是这样得到：就是“04”“31”“19”“2C”4 个数；

校验码 2C 是这样得到：

首先打开计算器选择程序员模式；

然后选择十六进制、双字；

最后点击进行计算 04 Xor 31 Xor19 = 2C

图 36.7 串口控制协议

6.1 指令列表

通信控制指令（指令发送成功返回 OK，歌曲播放完停止返回 STOP）。

CMD 详解	对应功能	参数(ASCK 码)
0x11	播放	无
0x12	暂停	无
0x13	下一曲	无
0x14	上一曲	无
0x15	音量加	无
0x16	音量减	无
0x19	复位	无
0x1A	快进	无
0x1B	快退	无
0x1C	播放/暂停	无
0x1E	停止	无

CMD 详解	对应功能	参数(8 位 HEX)
0x31	设置音量	0~30 级可调
0x32	设置 EQ	0~5（NO\POP\ROCK\JAZZ\CLASSIC\BASS）
0x33	设置循环模式	0~4（全盘/文件夹/单曲/随机/不循环）
0x34	文件夹切换	0（上一文件夹）/ 1（下一文件夹）
0x35	设备切换	0（U 盘）/ 1（SD 卡）
0x36	ADKEY 软件上拉	1 开上拉（10kΩ 电阻），0 关上拉，默认为 0
0x37	ADKEY 使能	1 开起，0 关闭，默认 1
0x38	BUSY 电平切换	1 为播放输出高电平，0 为播放输出低电平，默认为 1

图 36.8 指令集表

读取程序”工程，并在Hardware文件夹中加入MY1690文件夹，在文件夹内加入MY1690.c和MY1690.h文件。接下来用Keil打开工程，工程名是“MP3播放测试程序”，在工程设置中添加MY1690.c文件和旋转编码器encoder.c文件，在Basic文件夹里添加usart.c文件。因为MY1690芯片的通信方式是USART串口，在Lib文件夹里添加stm32f10x_usart.c固件库文件。下面我们来分析驱动程序。打开main.c文件，如图36.9所示。第24 ~ 26行加载旋转编码器、USART串口、MY1690芯片的库文件，因为使用了旋转编码器和USART3串口进行操作和通信。主程序中第36行加入旋转编码器初始化程序ENCODER_Init。第37行是MY1690初始化函数MY1690_Init。USART3串口初始化函数在MY1690初始化函

```
17 #include "stm32f10x.h" //STM32头文件
18 #include "sys.h"
19 #include "delay.h"
20 #include "touch_key.h"
21 #include "relay.h"
22 #include "oled0561.h"
23
24 #include "encoder.h"
25 #include "usart.h"
26 #include "my1690.h"
27
28 int main (void){//主程序
29     u8 b;
30     u8 MP3=0;
31     delay_ms(500); //上电时等待其他器件就绪
32     RCC_Configuration(); //系统时钟初始化
33     TOUCH_KEY_Init();//触摸按键初始化
34     RELAY_Init();//继电器初始化
35
36     ENCODER_Init(); //旋转编码器初始化
37     MY1690_Init(); //MP3芯片初始化
38
39     I2C_Configuration();//I²C初始化
40     OLED0561_Init(); //OLED屏初始化
41     OLED_DISPLAY_8x16_BUFFER(0,"   YoungTalk     "); //显示字符串
42     OLED_DISPLAY_8x16_BUFFER(3," MP3 PLAY TEST   "); //显示字符串
43
```

图 36.9 main.c 文件的部分内容

```
43
44     while(1){
45         if(GPIO_ReadInputDataBit(TOUCH_KEYPORT,TOUCH_KEY_A)==0     //判断4个按键是否被按下
46             ||GPIO_ReadInputDataBit(TOUCH_KEYPORT,TOUCH_KEY_B)==0
47             ||GPIO_ReadInputDataBit(TOUCH_KEYPORT,TOUCH_KEY_C)==0
48             ||GPIO_ReadInputDataBit(TOUCH_KEYPORT,TOUCH_KEY_D)==0){
49             delay_ms(20); //延时
50             if(GPIO_ReadInputDataBit(TOUCH_KEYPORT,TOUCH_KEY_A)==0){  //4个按键：A上一曲，B下一曲，
51                 MY1690_PREV(); //上一曲
52                 OLED_DISPLAY_8x16_BUFFER(6,"  -- PREV --    "); //显示字符串
53                 delay_ms(500); //延时
54                 OLED_DISPLAY_8x16_BUFFER(6,"  -- PLAY --    "); //显示字符串
55             }
56             if(GPIO_ReadInputDataBit(TOUCH_KEYPORT,TOUCH_KEY_B)==0){
57                 MY1690_NEXT(); //下一曲
58                 OLED_DISPLAY_8x16_BUFFER(6,"  -- NEXT --    "); //显示字符串
59                 delay_ms(500); //延时
60                 OLED_DISPLAY_8x16_BUFFER(6,"  -- PLAY --    "); //显示字符串
61             }
62             if(GPIO_ReadInputDataBit(TOUCH_KEYPORT,TOUCH_KEY_C)==0){
63                 MY1690_CMD2(0x31,30); //将音量设置为30（最大）
64                 delay_ms(500); //延时
65             }
66             if(GPIO_ReadInputDataBit(TOUCH_KEYPORT,TOUCH_KEY_D)==0){
67                 MY1690_CMD3(0x41,0x04); //直接播放第0004曲
68                 delay_ms(500); //延时
69             }
70             while(GPIO_ReadInputDataBit(TOUCH_KEYPORT,TOUCH_KEY_A)==0 //等待按键被放开
71                 ||GPIO_ReadInputDataBit(TOUCH_KEYPORT,TOUCH_KEY_B)==0
72                 ||GPIO_ReadInputDataBit(TOUCH_KEYPORT,TOUCH_KEY_C)==0
73                 ||GPIO_ReadInputDataBit(TOUCH_KEYPORT,TOUCH_KEY_D)==0);
74         }
75         b=ENCODER_READ(); //读出旋转编码器按键值
76         if(b==1){MY1690_VUP();} //右转音量加
77         if(b==2){MY1690_VDOWN();}//左转音量减
78         if(b==3){ //按下,播放或暂停
79             if(MP3==0){ //判断当前是播放还是暂停
80                 MP3=1;MY1690_PLAY();
81                 OLED_DISPLAY_8x16_BUFFER(6,"  -- PLAY --    "); //显示字符串
82             }else if(MP3==1){
83                 MP3=0;MY1690_PAUSE();
84                 OLED_DISPLAY_8x16_BUFFER(6,"  -- PAUSE --   "); //显示字符串
85             }
86             delay_ms(500); //延时
87         }
88         //串口接收处理
89             if(USART3_RX_STA==1){ //如果标志位是1,表示收到STOP
90                 MP3=0;
91                 OLED_DISPLAY_8x16_BUFFER(6,"  -- STOP --    "); //显示字符串
92                 USART3_RX_STA=0; //将串口数据标志位清0
93             }else if(USART3_RX_STA==2){     //如果标志位是1,表示收到OK
94                 //加入相关的处理程序
95                 USART3_RX_STA=0; //将串口数据标志位清0
96             }
97     }
98 }
99
```

图 36.10 main.c 文件的部分内容

数中调用，所以主函数中不用添加。第 39 ~ 42 行是 I²C 和 OLED 屏的初始化，并在 OLED 屏上显示字符。如图 36.10 所示，第 44 行进入 while 主循环，主循环的工作是检测按键和旋转编码器是否有输入，有输入则向 MY1690 芯片发送指令，控制播放。我们来逐条分析。第 45 ~ 48 行使用 if 语句判断 4 个触摸按键是否被按下，有按键被按下则运行 if 语句中的程序（第 49 ~ 86 行）。第 49 行是 20ms 去抖动延时。第 50 行判断 A 键是否被按下，被按下则执行第 51 ~ 54 行的内容。第 51 行调用 MY1690 播放上一曲的函数 MY1690_PREV，函数来自 MY1690.c 文件，效果是播放上一曲。第 52 行在屏幕上显示“-- PREV --”。第 53 行延时 500ms，使字符停留一会，第 54 行更换显示“-- PLAY --”。第 56 行是对 B 键的判断和处理，按下 B 键时调用 MY1690_NEXT 函数，播放下一曲，第 58 行在屏幕上显示“-- NEXT --”，第 59 行停留 500ms，第 60 行显示“-- PLAY --”。第 62 ~ 65 行是对 C 键的判断和处理，调用 MY1690_CMD2(0x31,30) 函数，功能是发送带参数的指令，指

令内容是第一个参数 0x31，含义是手动设置音量，第 2 个参数是音量值 30（十进制），即把音量调到最大值 30。第 64 行延时 500ms，防止按键的连续操作。当按下 C 键时，播放音量变到最大值。第 66 ~ 69 行是对 D 键的判断和处理。如果 D 键被按下，执行 MY1690_CMD3(0x41, 0x04)，第一个参数是指令 0x41，功能是跳到指定编号的音乐文件。第二个参数是音乐编号，当前编号是 0x04（第 4 个音乐文件）。第 68 行延时 500ms，防止连续发送。第 70 ~ 73 行等待触摸键被放开。

第 75 ~ 87 行调用函数 ENCODER_READ 读取旋转编码器状态，将状态值存入变量 b，通过 if 语句分析变量值，即分析旋转编码器的操作。第 76 行 b 等于 1 时表示旋转编码器向右旋转（顺时针），对应的操作是调用函数 MY1690_VUP，音量加 1。第 77 行 b 等于 2 时说明旋转编码器向左旋转（逆时针），调用函数 MY1690_VDOWN，音量减 1。这两条 if 语句能让旋转编码器通过左右旋转调整音量的增减。第 78 行 b 等于 3 时说明旋转编码器被按下，执行播放或暂停的操作。想执行播放或暂停，需要知道当前状态是播放还是暂停。当前是播放状态就发送暂停指令，当前是暂停状态就发送播放指令，通过变量 MP3 的值判断当前状态。变量 MP3 的值等于 0 表示暂停状态，这时就执行第 80 行，先让变量 MP3 的值等于 1（标志为播放状态），然后调用函数 MY1690_PLAY，发送播放指令。第 81 行在 OLED 屏上显示“-- PLAY --”。如果变量 MP3 的值等于 1，说明当前是播放状态，就执行第 83 行让变量 MP3 的值等于 0（标志为暂停状态）并通过函数 MY1690_PAUSE 发送暂停指令。第 84 行在 OLED 屏上显示“-- PAUSE --”。第 86 行延时 500ms。如何知道变量 MP3 的初始值呢？可以看第 30 行定义变量 MP3 的初始值为 0（暂停状态）。在单片机上电后初始状态为停止播放，所以标志位的值为 0。按下旋转编码器，只有变量 MP3 值为 0 才会使第 79 行的判断成立，才会发送第 80 行的播放指令，这样才符合程序逻辑。第 89 ~ 96 行是 MP3 的串口接收处理，串口接收是指 MY1690 收到指令时会返回数据，返回的数据有两种，一种是“STOP”（停止），另一种是“OK”。播放结束时 MY1690 芯片会向串口返回“STOP”这 4 个字符，所以通过 USART3 串口的中断处理程序判断串口是否收到这 4 个字符。收到则让 USART3_RX_STA 变量的值等于 1。第 89 行通过 if 语句判断 USART3_RX_STA 变量的值是否为 1，为 1 表示收到“STOP”，第 90 行让变量 MP3 的值等于 0（暂停状态）。暂停状态实际上是停止状态，音乐文件播放结束标志位也为暂停状态，然后第 91 行在 OLED 屏上显示“-- STOP --”。第 92 行将 USART3_RX_STA 变量的值清 0，以备下次使用。第 93 行当 USART3_RX_STA 等于 2，表示收到字符“OK”，就可以执行收到“OK”之后的处理程序，我并没有写相应的程序，因为“OK”是很常见的数据，每当 MY1690 收到对应的指令都会返回“OK”。可以用“OK”判断 MY1690 是否收到指令，如未收到可重新发送。接下来第 95 行将标志变量 USART3_RX_STA 的值清 0，以备下次使用。

接下来分析 MY1690 芯片驱动程序。首先打开 MY1690.h 文件，如图 36.11 所示。文件开始部分没有 I/O 端口的宏定义，第 4 行加入了 usart.h 文件，第 7 ~ 19 行声明了 MY1690.c 文件的所有函数。其中第 7 行是芯片初始化函数 MY1690_Init。第 9 ~ 15 行的 7 个函数是指令操作内容，包括播放、上一曲、下一曲、暂停、音量加、音量减、停止。这些函数直接发送指令操作 MY1690 芯片。第 17 ~ 19 行是全部指令，针对 MY1690 芯片指令集表中所有功能进行操作。下面来

```
1  #ifndef __MY1690_H
2  #define __MY1690_H
3  #include "sys.h"
4  #include "usart.h"
5
6
7  void MY1690_Init(void);//初始化
8
9  void MY1690_PLAY(void); //直接输入的指令
10 void MY1690_PREV(void);
11 void MY1690_NEXT(void);
12 void MY1690_PAUSE(void);
13 void MY1690_VUP(void);
14 void MY1690_VDOWN(void);
15 void MY1690_STOP(void);
16
17 void MY1690_CMD1(u8 a); //全部指令
18 void MY1690_CMD2(u8 a,u8 b);
19 void MY1690_CMD3(u8 a,u16 b);
```

图 36.11 MY1690.h 文件的内容

```
22  #include "MY1690.h"
23
24 ⊟void MY1690_Init(void){ //初始化
25     USART3_Init(9600);//串口3初始化并启动
26     MY1690_STOP(); //上电初始化后发送一次指令激活MP3芯片
27  }
28 ⊟void MY1690_PLAY(void){ //播放
29     USART3_printf("\x7e\x03\x11\x12\xef"); //其中 \x 后接十六进制数据
30  }
31 ⊟void MY1690_PAUSE(void){ //暂停
32     USART3_printf("\x7e\x03\x12\x11\xef");
33  }
34 ⊟void MY1690_PREV(void){ //上一曲
35     USART3_printf("\x7e\x03\x14\x17\xef");
36  }
37 ⊟void MY1690_NEXT(void){ //下一曲
38     USART3_printf("\x7e\x03\x13\x10\xef");
39  }
40 ⊟void MY1690_VUP(void){ //音量加1
41     USART3_printf("\x7e\x03\x15\x16\xef");
42  }
43 ⊟void MY1690_VDOWN(void){ //音量减1
44     USART3_printf("\x7e\x03\x16\x15\xef");
45  }
46 ⊟void MY1690_STOP(void){ //停止
47     USART3_printf("\x7e\x03\x1E\x1D\xef");
48  }
```

图 36.12 MY1690.c 文件的内容

具体分析，打开 MY1690.c 文件，如图 36.12 所示。第 22 行加载 MY1690.h 文件。第 24 行是 MY1690 芯片初始化函数，其中调用 USART3 串口初始化函数 USART3_Init，波特率设置为 9600 波特，这是 MY1690 芯片的默认波特率。第 26 行发送停止播放指令，目的是激活芯片，因为在初始化之后需要发送一个指令使单片机和 MY1690 芯片达成通信。接下来是单个的操作指令。第 28 行是播放指令函数 MY1690_PLAY，指令中只有一行程序，调用 USART3_printf，发送 5 个字节数据，其中的“/x7e”表示发送十六进制数据 0x7E，“/x”是特殊转义符，后面可接两个字符，表示十六进制数值。“/x7e”表示发送数据 0x7E。全部发送内容是 0x7E、0x03、0x11、0x12、0xEF。这 5 个数据的组合是一个播放指令，我们打开“MY1690 语音芯片使用说明书”第 6 页可以找到控制指令，如图 36.13 所示。“6.2.1 播放”中有起始码 7E、长度码 03、操作码 11、校验码 12、结束码 EF，这正是程序发送的 5 个数据。也就是说，按照表格中的数据发送就能发出对应指令。表格中还有暂停、下一曲、上一曲等指令的数据格式，这些与第 31 ~ 48 行的功能函数中发送的数据对应，各函数发送不同的数据组合，实现音乐文件的控制。

如图 36.14 所示，“MY1690 语音芯片使用说明书”第 7 页的设置音量指令并不是简单的操作码，而是在操作码后面增加了音量等级，总长度变成 6 个字节。起始码和结束码不变，长度码为 4，即去掉起始码和结束码后剩下的数据长度（包括长度码本身）。校验码是动态生成的，是前 3 个字节（0x04、0x31、0x19）异或运算的结果。在这条 3 个字节的指令中真正有效的内容有两个，一是发送指令，二是发送对应的数据。操作码是 0x31，表示设置音量数值。0x19 为设置的具体音量值（音量值的范围是 0 ~ 30）。除这两个数据之外，其他数据都是动态生成或固定的。起始码和结束码是固定的 0x7E 和 0xEF，长度码是动态变化的，

6.2．控制指令详细说明

6.2.1 播放

起始码	长度	操作码	校验码	结束码
7E	03	11	12	EF

发送该指令可播放音乐，在暂停或者停止状态下可启动播放。

6.2.2 暂停

起始码	长度	操作码	校验码	结束码
7E	03	12	11	EF

发送该指令可暂停播放音乐。

6.2.3 下一曲

起始码	长度	操作码	校验码	结束码
7E	03	13	10	EF

该指令能够触发播放下一曲音乐，在播放最后一曲音乐时，发送该指令可触发播放第一曲音乐。

6.2.4 上一曲

起始码	长度	操作码	校验码	结束码

图 36.13 控制指令详细说明

校验码是通过异或运算得出的。按照这样的指令规范，我们无法为每条指令都编写一个函数，我们需要一个动态生成指令的函数。于是我编写了 MY1690_CMD1、MY1690_CMD2、MY1690_CMD3 函数，3 个函数对应 3 种不同长度数据的发送。函数可动态生成校验码，可以发送指令集中的所有数据。如图 36.8 所示，“MY1690 语音芯片使用说明书”第 5 页是指令集列表，“CMD 详解”的 0x11 ~ 0x1E 中无参数的可使用函数 MY1690_CMD1，在函数的参数中输入操作码即可，函数会对操作码和长度进行计算，生成校验码，自动发送起始码、数据长度、操作码、校验码、结束码。“CMD 详解”的 0x31 ~ 0x44 部分有 8 位返回数据，操作码后边附加一个 8 位参数。发送这部分指令可使用函数 MY1690_CMD2，函数有两个参数，一是操作码，二是 8 位参数。函数会自动计算得到校验码，完成带有 8 位参数的数据发送。第 6 页还有一些指令带有 16 位参数，这就需要调用函数 MY1690_CMD3。函数有两个参数，一是操作码，二是 16 位参数，实现发送起始码、数据长度、操作码、16 位参数的高 8 位、16 位参数的低 8 位、校验码、结束码。

6.2.5 音量加

起始码	长度	操作码	校验码	结束码
7E	03	15	16	EF

芯片有 30 级音量可调，发送一次指令，音量增加一级。

6.2.6 音量减

起始码	长度	操作码	校验码	结束码
7E	03	16	15	EF

芯片有 30 级音量可调，发送一次指令，音量减少一级。

6.2.7 复位

起始码	长度	操作码	校验码	结束码
7E	03	19	1A	EF

一般情况下不需要使用该命令，发送该指令则复位芯片，所有参数回复出厂设置（音量最大，回到第一首）。

6.2.8 快进

起始码	长度	操作码	校验码	结束码
7E	03	1A	19	EF

发送一次指令，音乐快进一段时间。

6.2.9 快退

起始码	长度	操作码	校验码	结束码
7E	03	1B	18	EF

发送一次指令，音乐快退一段时间。

6.2.10 播放/暂停

起始码	长度	操作码	校验码	结束码
7E	03	1C	1F	EF

发一次指令播放，再发一次指令暂停。

6.2.11 停止

起始码	长度	操作码	校验码	结束码
7E	03	1E	1D	EF

音乐在播放或者暂停状态下发送该指令可停止音乐播放。

6.2.12 设置音量

起始码	长度	操作码	音量等级	校验码	结束码
7E	04	31	19	2C	EF

图 36.14 控制指令详细说明

“设置音量”指令是发送 8 位参数的指令，操作码是 0x31，参数是 0x19。第 8 页的“指定文件夹曲目播放”是 16 位参数的指令，操作码是 0x41，第一个参数 0x00 是曲目数据的高 8 位，第二个参数 0x01 是曲目数据的低 8 位。高 8 位加低 8 位才是真正要播放的曲目值。之所以用两个字节（16 位）是为了得到更大的曲目数量，曲目编号范围是 1 ~ 65 536，如此多的曲目数量能完成更复杂的开发。main.c 文件中，第 63 行是按触摸 C 键时调用函数 MY1690_CMD2，设置音量为 30。第 67 行是按触摸 D 键时调用函数 MY1690_CMD3，指定播放曲目为 0004，以上是 CMD 指令函数的示例。

另外，在 usart.h 文件中一定要打开 USART3 功能，才能使用 USART3 发送数据。usart.c 文件

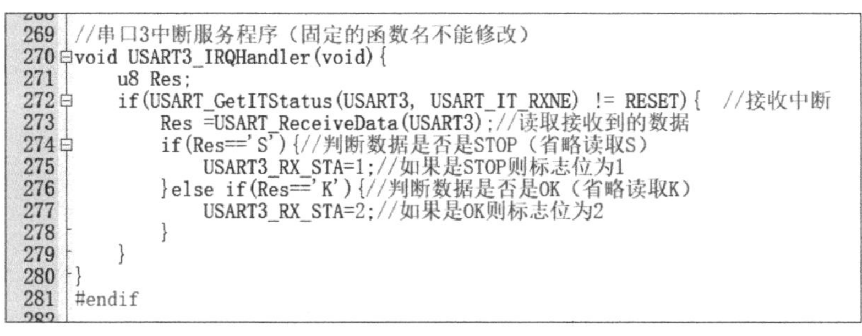

```
269 //串口3中断服务程序（固定的函数名不能修改）
270 void USART3_IRQHandler(void){
271     u8 Res;
272     if(USART_GetITStatus(USART3, USART_IT_RXNE) != RESET){  //接收中断
273         Res =USART_ReceiveData(USART3);//读取接收到的数据
274         if(Res=='S'){//判断数据是否是STOP（省略读取S）
275             USART3_RX_STA=1;//如果是STOP则标志位为1
276         }else if(Res=='K'){//判断数据是否是OK（省略读取K）
277             USART3_RX_STA=2;//如果是OK则标志位为2
278         }
279     }
280 }
281 #endif
```

图 36.15 usart.c 文件的部分内容

中第 264 行的串口接收中断要设置为 ENABLE，只有允许中断，才能接收 MY1690 的数据。接下来分析串口 3 的接收中断函数，当 MY1690 向单片机发送数据时会跳到接收中断函数。如图 36.15 所示，在 usart.c 文件的第 271 行设置变量 Res，第 272 行判断接收中断标志位。第 273 行如果产生中断则将收到的数据存入变量 Res，第 274 行对数据进行判断，如果是字符“S”，表示收到的字符串是“STOP”。上文提到 MY1690 芯片发到单片机的数据有“STOP”和“OK”。程序判断时不需要检测“STOP”这 4 个字母，只需检测是否有“S”字母，因为“OK”中没有字母“S”，收到“S”即表示收到“STOP”。然后第 275 行将标志位 USART3_RX_STA 的值设为 1，表示收到了“STOP”。main.c 文件中串口接收部分第 89 行判断 USART3_RX_STA 的值是否为 1。如果收到的数据为“K”，表示收到了“OK”。之所以不能以字母“O”进行判断，是因为“STOP”中也有字母“O”。收到“K”即表示收到“OK”。第 277 行将 USART3_RX_STA 的值变为 2，表示收到“OK”。于是在主函数中第 93 行判断 USART3_RX_STA 的值是否等于 2，是则表示收到“OK”。MY1690 芯片指令集中还有很多带返回值的数据，返回播放状态、音量值等，我没有编写返回值处理程序，有兴趣的朋友可对照指令集表编写。对接收内容进行处理可以得到播放状态、总文件数、播放时间等数据。这些数据能帮助我们开发出功能完备、显示细致的音频播放设备。

第 71 步

37 MP3语音播报程序

37.1 原理介绍

上一节介绍了 MY1690 芯片通过 TF 卡播放 MP3 音乐文件的功能，我们用这个功能可以制作自动播放音乐的设备。除此之外，它还有一个重要应用——语音播报。语音播报在生活很常见，例如公交和地铁上的到站播报，根据到站名不同，播报不同的内容；再例如带有报时功能的电子表，可通过按下相应的按键，播报当前时间，以上这些都是语音播报的应用。这一节我们学习如何用 MY1690 芯片实现语音播报功能。

在附带资料中找到“MP3 语音播报程序”工程，工程文件包里有 2 个文件夹，“MP3 语音播报程序”是 Keil 工程文件，将工程文件中的 HEX 文件下载到开发板中。然后打开另一个文件夹“杜洋录制语音文件”，其中是我录好的语音文件，将文件夹中的所有 MP3 文件复制到 TF 卡的根目录，将 TF 卡插入开发板。操作完成后重启开发板，看一下演示效果。效果是 OLED 屏上显示“MP3 TIME READ”，意思是 MP3 语音播报程序。OLED 屏下方显示当前时间，时钟不断走时。按下触摸 A 键，开发板的扬声器会播报：“现在是北京时间 1 点 11 分 46 秒（仅举例）”。播报结束时，OLED 屏下方显示“STOP”，再次播报时 OLED 屏下方显示“PLAY”。这是我制作的简单时钟播报程序，它使用了语法播报方式，即播报的时间并非机械化的，而是根据日常说话习惯播报。比如小时显示为“01”，播报时会说“一点”；分钟的“13”不会读成“一三”，而是“十三”。这些都使用了语法播报的处理。这样的时钟语音播报程序要如何实现呢？

分析程序之前，先来看我录制的语音文件，打开“杜洋录制语音文件”文件夹，里面共有 15 个 MP3 文件。按照 MY1690 芯片要求，文件名前面要加入 4 位数字编号。这些音频文件是我为时钟报时录制的单字发音。比如 0001 文件的内容是我读的“零”，0002 文件是我读的“一”，以此类推，0011 文件是我读的“十”。0001 ~ 0011 文件是阿拉伯数字的发音，0012 文件是我录制的“现在是北京时间”这句播报用语，0013 ~ 0015 文件分别是我录制的“点”“分”“秒”发音。制作这些文件很简单，可以用录音软件录制一段含有各种发音的语音文件，再通过语音编辑软件将文件中的每个单独发音截取出来，单独保存为 MP3 文件。语音播报的原理是将每个发音通过程序按播放顺序组合起来，形成完整的一段话。需要注意：语音要保存为 MP3 文件，采样率小于 48kHz，比特率小于 320kbit/s，这是芯片数据手册的要求。参数超出范围的语音文件无法播放。

37.2 程序分析

接下来分析程序，看看单片机如何将多个文件组合成语音报时。打开“MP3 语音播报程序”工程，这个工程是复制了上一节中“MP3 播放测试程序”的工程，在 Basic 文件夹里加入 RTC 文件夹，因为报时需要用到 RTC 时钟功能，RTC 文件夹里有 rtc.c 和 rtc.h 文件。接下来打开 Keil 工程，在工程的设置中，在 Basic 文件夹中加入 rtc.c 文件。接下来打开 main.c 文件，如图 37.1 所示。这是 MP3 语音播报程序，第 23 行加入 rtc.h 文件，在主函数中第 32 行加入 RTC 初始化函数，OLED 屏显示部分第 42 行显示“MP3

```
17 #include "stm32f10x.h" //STM32头文件
18 #include "sys.h"
19 #include "delay.h"
20 #include "touch_key.h"
21 #include "relay.h"
22 #include "oled0561.h"
23 #include "rtc.h"
24
25 #include "encoder.h"
26 #include "usart.h"
27 #include "my1690.h"
28
29 int main (void){//主程序
30   delay_ms(500); //上电时等待其他器件就绪
31   RCC_Configuration(); //系统时钟初始化
32   RTC_Config();//实时时钟初始化
33   TOUCH_KEY_Init();//触摸按键初始化
34   RELAY_Init();//继电器初始化
35
36   ENCODER_Init(); //旋转编码器初始化
37   MY1690_Init(); //MP3芯片初始化
38
39   I2C_Configuration();//I²C初始化
40   OLED0561_Init(); //OLED屏初始化
41   OLED_DISPLAY_8x16_BUFFER(0,"   YoungTalk    "); //显示字符串
42   OLED_DISPLAY_8x16_BUFFER(2," MP3 TIME READ  "); //显示字符串
43
44   while(1){
```

图 37.1 main.c 文件的内容

TIME READ”。如图 37.2 所示，while 主循环中第 46 行读取 RTC 时钟数据，数据存放在变量 rmon、rday、rhour、rmin、rsec、rweek 中。第 47 ~ 54 行在 if 语句中显示时钟内容，包括小时、冒号、分钟、冒号、秒钟。第 55 行延时 200ms。这部分在分析 RTC 程序时讲过。第 57 ~ 60 行判断触摸按键，如果有按键按下则第 61 行延时 20ms，第 62 行再次判断，如果是 A 键被按下，在 OLED 屏上显示“PLAY”。第 65 ~ 116 行是关于语音播报的程序。语音播报的部分我使用两种方式，一种是无语法的播报方式，即纯机械的播报方式；另一种有语法播报方式，即按照汉语习惯播报。先来看无语法方式。无语法的程序我加了屏蔽，大家可以解除屏蔽，再把有语法的程序部分屏蔽，重新编译可收听无语法的播报效果。

没有语法的播报方式编程简单，播报内容只要和显示内容一致即可。如图 37.2 所示，第 65 行是指令发送函数 MY1690_CMD3，发送指令 0x4E。查看数据手册可知，0x4E 后边接两个字节的曲目码，功能是播放曲目码对应的曲目。所以第一个参数 0x4E 是跳到指定文件播放语音，第二个参数是文件编码（曲目码）。第 65 行的编码是 12，即播放 0012 文件，“现在是北京时间”的语音。接下来第 66 行还是调用 MY1690_CMD3 函数播放指定曲目。但曲目码变成算法，算法中的变量是 RTC 时钟的小时值 rhour。小时值除以 10，得到小时值的十位，小时值加 1 后得到曲目码。为什么加 1 呢？因为时间值和语音文件编号错 1 位，比如小时值的十位为 0，播报为“零”，但内容保存在 0001 文件中，所以加 1 可以让曲目码和时钟数据对应。第 67 行依然是播放语音文件，曲目码是 0011，内容是“十”。第 68 行是小时值的个位，通过算法读取个位。第 69 行播放曲目码是 0013，语音是“点”。于是第 65 ~ 69 行播放的前 5 条内容是“现在是北京时间、二、十、三、点”。5 条语音连在一起形成完整的语音播报。第 70 ~ 77 行的分、秒的播报原理相同。这时我们可能会产生疑问，为什么可以连续发送语音指令，连续播放 MP3

```
44   while(1){
45
46     if(RTC_Get()==0){
47       OLED_DISPLAY_8x16(4,8*3,rhour/10+0x30);//显示时间
48       OLED_DISPLAY_8x16(4,8*4,rhour%10+0x30);//显示时间
49       OLED_DISPLAY_8x16(4,8*5,':');//
50       OLED_DISPLAY_8x16(4,8*6,rmin/10+0x30);//显示时间
51       OLED_DISPLAY_8x16(4,8*7,rmin%10+0x30);//显示时间
52       OLED_DISPLAY_8x16(4,8*8,':');//
53       OLED_DISPLAY_8x16(4,8*9,rsec/10+0x30);//显示时间
54       OLED_DISPLAY_8x16(4,8*10,rsec%10+0x30);//显示时间
55       delay_ms(200); //延时
56     }
57     if(GPIO_ReadInputDataBit(TOUCH_KEYPORT,TOUCH_KEY_A)==0     //判断4个按键是否被按下
58       ||GPIO_ReadInputDataBit(TOUCH_KEYPORT,TOUCH_KEY_B)==0
59       ||GPIO_ReadInputDataBit(TOUCH_KEYPORT,TOUCH_KEY_C)==0
60       ||GPIO_ReadInputDataBit(TOUCH_KEYPORT,TOUCH_KEY_D)==0){
61       delay_ms(20); //延时
62       if(GPIO_ReadInputDataBit(TOUCH_KEYPORT,TOUCH_KEY_A)==0){  //4个按键：A上一曲，B下一曲，
63         OLED_DISPLAY_8x16_BUFFER(6,"  -- PLAY --    "); //显示字符串
64         //无语法
65 //          MY1690_CMD3(0x41,12); //直接播放
66 //          MY1690_CMD3(0x41,rhour/10+1); //直接播放
67 //          MY1690_CMD3(0x41,11); //直接播放
68 //          MY1690_CMD3(0x41,rhour%10+1); //直接播放
69 //          MY1690_CMD3(0x41,13); //直接播放
70 //          MY1690_CMD3(0x41,rmin/10+1); //直接播放
71 //          MY1690_CMD3(0x41,11); //直接播放
72 //          MY1690_CMD3(0x41,rmin%10+1); //直接播放
73 //          MY1690_CMD3(0x41,14); //直接播放
74 //          MY1690_CMD3(0x41,rsec/10+1); //直接播放
75 //          MY1690_CMD3(0x41,11); //直接播放
76 //          MY1690_CMD3(0x41,rsec%10+1); //直接播放
77 //          MY1690_CMD3(0x41,15); //直接播放
```

图 37.2 main.c 文件的内容

文件呢？此原理涉及“MY1690-16S 语音芯片使用说明书”第 8 页“组合播放”功能。示例是连续发送 4 组独立数据，每个数据要求播放一个音乐文件。效果是芯片收入组合播放指令后会先播放歌曲 1，结束后自动播放歌曲 2，结束后自动播放歌曲 3，以此类推，直到全部播放完毕才返回结束信号。一次最多可组合播放 20 个曲目，2 个组合播放指令的间隔要小于 6ms。因为芯片本身具有组合播放功能，所以在程序中可直接调用。一次可以指定 20 个曲目，播放 20 段语音。如果一次播报内容超过 20 个，可将语音文件分组，每组不超过 20 个即可。先发送第一组内容进行播报，芯片返回“STOP”时再发送第 2 组内容进行播报。以此类推，直到全部播放结束。

无语法方式编程会在播报时出现语法错误。比如播报上午 8 点，无语法播报会读成“零十八点”。小时值为 18 时读成“一十八点”。只有数值在 20 以上才有正确语法。比如小时值是 23 时读成“二十三点”。为了解决语法错误，需要用有语法的方式编程。接下来看一下有语法报时，如图 37.3 所示，只是在前面的基础上加入了很多 if 语句判断当前时间状态。第 80 行读出“现在是北京时间”，第 81 行用 if 语句判断小时值。如果小时值十位为 0 则不发音，不需要播放“零”和“十”，比如小时值为 8 只播报“八点”。第 83 行加入 else if 语句，判断小时值十位是否为“1”，如果为 1，只读出“十”即可，即小时值为 18 时只读出“十八”，不读成“一十八”。第 85 行当小时值十位是 0 和 1 之外的其他值时，就正常播报，例如小时值为 21，读成“二十一点”。第 89 行是小时值个位，如果个位不等于 0 或小时值为 0，则只读个位的语音。比如小时值是 8，if 判断 8 不等于 0，只播放个位语音。如果小时值个位为 0，比如小时值为 10，则不读出个位的语音。读成“十点”，而不是“十零点”。如果小时值的十位和个位都为 0，就要播报“零”，否则会出现小时值不发音的错误。第 93 行是分钟播报，第 105 行是秒钟播报，原理相同。播放结束后，第 118 行等待按键被放开。第 124 ~ 127 行是串口接收程序，等待接收返回信息。返回信息为 1 表示收到“STOP”，第 125 行在屏幕上显示“-- STOP --”。第 126 行清空标志位，等待下次使用。

这就是语音播报程序的全部分析，只是利用组合播放指令，通过 if 语句判断时间状态，分配正确的语法。只有语法正确才能让播报通顺、自然。需要注意：语音的录制要细致，保证每个单字的音量和情绪一致。录制时可能需要反复尝试才能达到最佳效果。MY1690 芯片还有一些附加功能，这里不再展开细讲，有兴趣的朋友可以自学。

```
79          //有语法
80          MY1690_CMD3(0x41,12); //直接播放
81          if(rhour/10==0){
82            //不发音
83          }else if(rhour/10==1){
84            MY1690_CMD3(0x41,11); //直接播放
85          }else{
86            MY1690_CMD3(0x41,rhour/10+1); //直接播放
87            MY1690_CMD3(0x41,11); //直接播放
88          }
89          if(rhour%10!=0 || rhour==0){
90            MY1690_CMD3(0x41,rhour%10+1); //直接播放
91          }
92          MY1690_CMD3(0x41,13); //直接播放
93          if(rmin/10==0){
94            MY1690_CMD3(0x41,rmin/10+1); //直接播放
95          }else if(rmin/10==1){
96            MY1690_CMD3(0x41,11); //直接播放
97          }else{
98            MY1690_CMD3(0x41,rmin/10+1); //直接播放
99            MY1690_CMD3(0x41,11); //直接播放
100         }
101         if(rmin%10!=0 || rmin==0){
102           MY1690_CMD3(0x41,rmin%10+1); //直接播放
103         }
104         MY1690_CMD3(0x41,14); //直接播放
105         if(rsec/10==0){
106           MY1690_CMD3(0x41,rsec/10+1); //直接播放
107         }else if(rsec/10==1){
108           MY1690_CMD3(0x41,11); //直接播放
109         }else{
110           MY1690_CMD3(0x41,rsec/10+1); //直接播放
111           MY1690_CMD3(0x41,11); //直接播放
112         }
113         if(rsec%10!=0 || rsec==0){
114           MY1690_CMD3(0x41,rsec%10+1); //直接播放
115         }
116         MY1690_CMD3(0x41,15); //直接播放
117       }
118       while(GPIO_ReadInputDataBit(TOUCH_KEYPORT,TOUCH_KEY_A)==0 //等待按键被放开
119         ||GPIO_ReadInputDataBit(TOUCH_KEYPORT,TOUCH_KEY_B)==0
120         ||GPIO_ReadInputDataBit(TOUCH_KEYPORT,TOUCH_KEY_C)==0
121         ||GPIO_ReadInputDataBit(TOUCH_KEYPORT,TOUCH_KEY_D)==0);
122     }
123     //串口接收处理
124         if(USART3_RX_STA==1){ //如果标志位是1，表示收到STOP
125             OLED_DISPLAY_8x16_BUFFER(6,"  -- STOP --    "); //显示字符串
126             USART3_RX_STA=0; //将串口数据标志位清0
127         }
128   }
129 }
```

图 37.3 main.c 文件的内容

第 72~74 步

38 SPI总线通信

38.1 SPI总线

这一节介绍如何用单片机读写 U 盘。我们采用的是带有文件系统的 U 盘读写芯片 CH376。该芯片涉及的知识点很多，包括 ISP 总线、文件系统操作，学习起来有一定难度，我会尽量用简单的语言和具体的示例来讲解。要做这一节的实验，需要准备一个 U 盘，容量小于 32GB。在计算机上将 U 盘格式化为 FAT16 或 FAT32 格式。格式化完成后，把 U 盘插入开发板右上角的 USB 接口。接下来设置跳线，如图 38.1 所示，将开发板右上角的 3 组跳线中，左边一组下方 4 个跳线，中间一组上方 4 个跳线，右边一组的 1、2、5、6 跳线短接。其他跳线按照之前的设置即可。接下来在附带资料中找到“U 盘插拔测试程序”，将工程中的 HEX 文件下载到开发板中，效果是在 OLED 屏上显示“U DISK TEST”，即 U 盘测试程序。第二行显示“CH376 OK!”，表示单片机与 CH376 芯片通信成功。最下方显示“U DISK Ready!”，表示 U 盘已经准备就绪，证明开发板上已插入 U 盘。如果把 U 盘从开发板上取下来，“U DISK Ready!”消失；插入 U 盘后“U DISK Ready!”重新出现，表示单片机能读取 U 盘的插入和拔出状态，后续的 U 盘文件创建和读写操作都基于 U 盘的插拔操作。所以我们先从简单的开始，学习 U 盘状态的识别。

接下来看一下 CH376 芯片的外观，如图 38.1 所示。芯片位于开发板右上角、U 盘接口的左边，编号是 U8，型号为 CH376T。CH376 芯片有 S 和 T 两款封装，这里采用的是引脚较少的 T 封装。芯片的外围电路比较简单，只有几个电容和电阻、一个 12MHz 晶体振荡器。唯一复杂的设计是芯片左侧的 3 组跳线，这 3 组跳线可以决定芯片、U 盘、TF 卡的连接方式，下文会介绍。接下来看 CH376 的电路原理图。先看单片机和 CH376 通信原理框图，如图 38.2 所示。CH376 与单片机有 SPI 总线和 USART 串口两种通信方式，洋桃 1 号开发板使用 SPI 总线。因为 USART 串口的知识已经学过，从知识扩展的角度讲，使用 SPI 总线能学到 SPI 总线的知识。另外 CH376

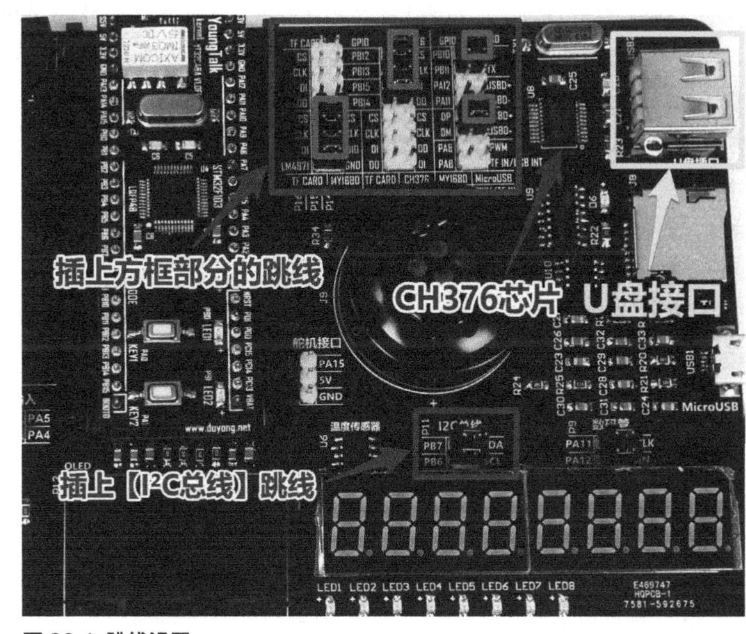

图 38.1 跳线设置

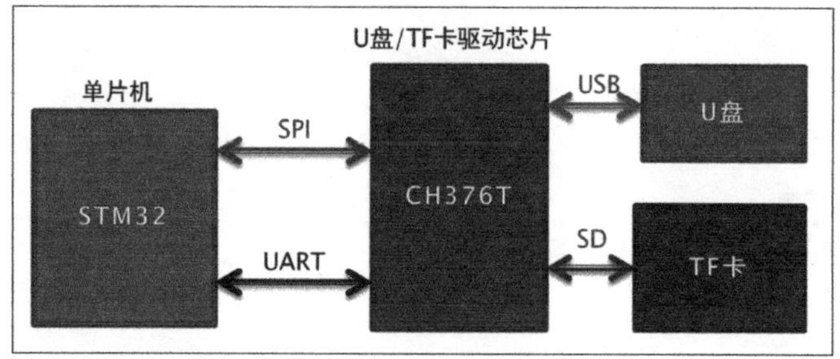

图 38.2 单片机与 CH376 芯片的通信方式

芯片可以连接 U 盘和 TF 卡两种外部设备，目前以 U 盘读写为例。你也可以通过跳线设置，将 TF 卡连接到 CH376 芯片，也可以让 CH376 芯片对 TF 卡进行有文件系统的读写。关于什么是文件系统，后文将会介绍。接下来我们先学会 SPI 总线通信，再学习 CH376 驱动方法，最后学习 U 盘读写。

前面我简单介绍了 SPI 总线，STM32F103 单片机共有两个 SPI 接口，可设为主、从两种模式，最大速率为 18MB/s，有 8 种主模式频率，通信数据可以设置每帧 8 位或 16 位。SPI 总线支持 DMA 功能，可以如 ADC 那样将数据自动存入 RAM。图 38.3 所示是单片机 SPI 接口与 SPI 设备的连接图。图中单片机的 SPI 接口共 4 条线。SPI 总线与 I^2C 总线不同，I^2C 总线给每个 I^2C 设备分配一个地址，不同地址用于与不同设备通信，SPI 总线没有地址概念，区分设备的方法是 NSS 设备使能端口。NSS 端口会连接在一个 SPI 从设备上，当端口输出低电平时，此从设备开始工作；当端口输出高电平时，此从设备停止工作。单片机的标准端口中只有一个 NSS 端口，只能连接一个外部设备。如果想连接多个设备，可用 I/O 端口模拟更多的 NSS 端口。如图 38.3 所示用两个 I/O 端口分别连接两个从设备，要对从设备通信时，只要将从设备 CS 端口连接的 I/O 端口变为低电平，其他端口设为高电平，单片机便可单独与此从设备通信。SPI 通信的缺点是从设备很多时需要占用很多 I/O 端口。优点是相比于 I^2C 总线通信，SPI 总线不需发送地址，通信速度更快。SPI 总线具有全双工通信模式，全双工是指可同时发送和接收数据。总线上的 MISO 和 MOSI 都是数据发送端口，但用途不同，MISO 表示主机接收、从机发送，MOSI 表示主机发送、从机接收。从中可知当单片机 SPI 主设备发送数据时，要用 MOSI 接口将数据发送到从设备的 MOSI 接口。单片机接收数据是通过 MISO 接口完成的。也就是从设备用 MISO 接口发送数据给单片机。由于发送与接收分别是两条线，所以可同时进行。SCK 是时钟同步线，由主设备发送时钟同步频率，从设备根据时钟同步频率通信。另外，所有的主设备和从设备都需要共地（GND 连接在一起），这样就能实现 SPI 通信。

接下来看 SPI 接口在单片机上的引脚定义。洋桃 1 号开发板上的 48 脚单片机上共有两组 SPI 接口，其中 SPI1 连接 14 ~ 17 脚，SPI2 连接 25 ~ 28 脚。单片机第 14 脚是 SPI1 中的 NSS 端口（片选端口），第 15 脚是 SPI1 中的 SCK 端口（时钟同步），第 16 脚是 SPI1 中的 MISO，第 17 脚是 SPI1 中的 MOSI。SPI2 总线的第 25 脚是 SPI2 中的 NSS 端口，第 26 脚是 SPI2 中的 SCK，27 脚是 SPI2 中的 MISO，28 脚是 SPI2 中的 MOSI。洋桃 1 号开发板和 CH376 芯片连接的是 SPI2 总线，SPI1 总线没有使用，端口用于 ADC 或 I/O 端口等功能。SPI 总线通信时序图如图 38.4 所示。图中上方是 NSS 端口，SPI 总线不通信时，NSS 端口保持高电平；SPI 总线通信时，主设备（单片机）将 NSS 端口

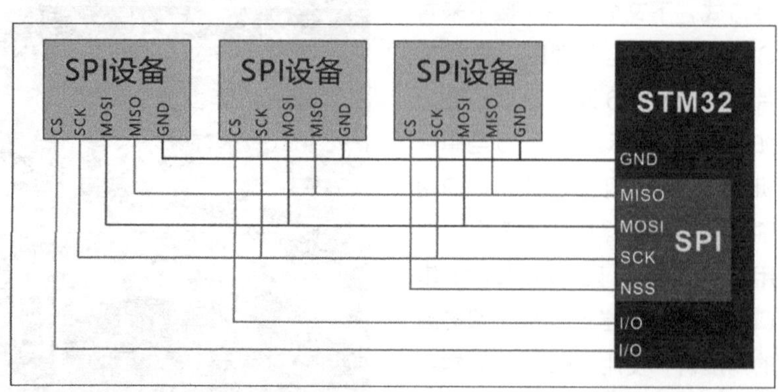

图 38.3 SPI 总线连接图

变为低电平，NSS 端口连接的从设备进入工作状态。NSS 端口要一直保持低电平，直到通信结束。接下来间隔一段时间，由主设备向 SCK 接口输出时钟脉冲（图中的第 2 行的方波），脉冲的速度和频率由单片机程序决定。第三、四行是数据线 MOSI 和 MISO，两条数据线在 SCK 上沿位置给出相应的高、低电平，即发送和接收的数据。图中显示的“方块波形”表示此处可以是高电平或低电平，要由发送或接收的具体数据决定。随着时钟脉冲发送的数据从方块 7 到方块 0 共 8 位，即 1 字节。发送结束后，SCK 端口脉冲停止，NSS 端口回到高电平，从设备停止工作。以上是 SPI 总线的一次通信过程。需要注意：SPI 总线通信协议并不是固定的，可设置的内容有以下几点：在发送位时是高位在前（先发送方块 7）还是低位在前（先发送方块 0），数据采样是上采样还是下采样，数据长度是 16 位还是 8 位。这些要在通信之前设置好。

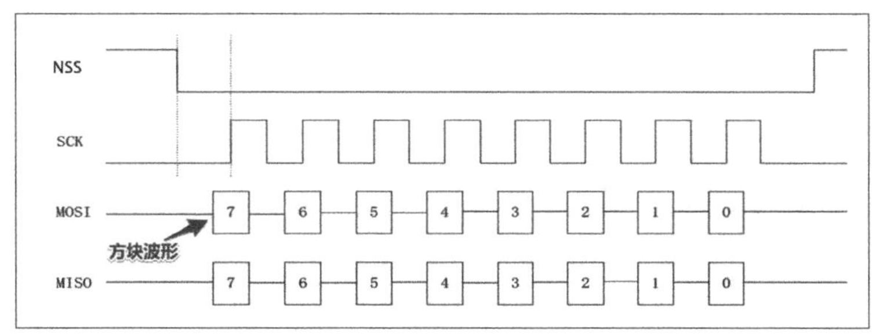

图 38.4 SPI 通信时序图

接下来打开“洋桃 1 号开发板电路原理图（开发板总图）”，图 38.5 所示是 TF 卡音乐模块 + 从 USB+PWM 音频 +CH376 子电路图。现在只看 CH376 电路部分。PB12 ~ PB15 所连接的 4 个端口是 SPI 总线端口，连接单片机的第 25 ~ 28 引脚 SPI2 总线复用端口。其中 SPI_CS 是 NSS 端口，SPI_CLK 是 SCK 端口，SPI_DI 是 MOSI 端口，SPI_DO 是 MISO 端口。打开“洋桃 1 号开发板电路原理图（TF 卡和 U 盘部分）”文件，如图 38.6 所示。图中左下角的跳线 P16 对应开发板右上角 3 组跳线中的最左边一组。SPI 的 4 个端口连接 4 个跳线，和网络标号 S_CS、S_CLK、S_DI 和 S_DO 连接。如果将跳线 P16 中的 9 ~ 164 个跳线短接。SPI2 端口就和 TF 卡槽连接。但是我们不使用 TF 卡槽，而是要连接 CH376 芯片。所以将 P16 的 9 ~ 164 个跳线断开。再看图纸右上角的 P15 跳线，单片机的 SPI2 总线也连接在 P15 跳线上。如果将 P15 中的 9 ~ 164 个跳线短接，SPI2 总线就和 CH376 芯片连接。U8 就是 CH376T 芯片。开发板右上角的 3 种跳线中间一排最上方的 4 个跳线短接，此跳线就是 P15 跳线的 9 ~ 16。这 4 个跳线短接就使 SPI 总线和 CH376 连接。

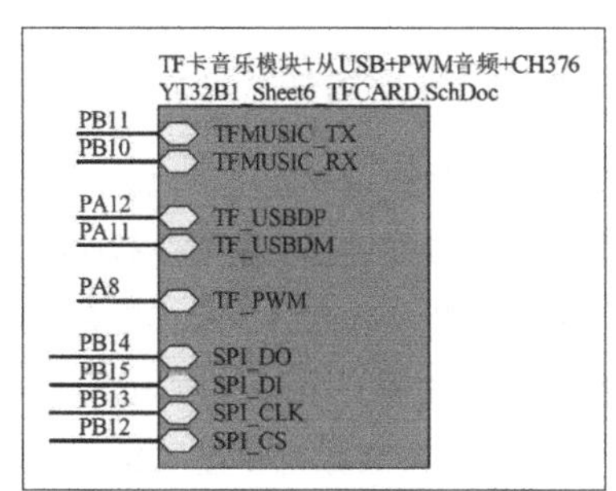

图 38.5 TF 卡和 U 盘的子电路图

接下来看 CH376 外围电路。芯片第 1 脚连接网络标号 READY，标号连接 TF 卡槽第 9 脚，旁边有标注是“卡插入时 9 脚为低电平”。也就是说第 9 脚是 TF 卡插入状态标志，有卡时第 9 脚为低电平，将第 9 脚与 INT 端口连接，使得 TF 卡插入时给 CH376 传达中断信号。第 2 脚是复位引脚，它有内部复位电路，悬空即可。第 3 脚用于选择通信方式，接高电平是 USART 通信，接低电平是 SPI 通信，当前接地，即 SPI 通信。使用 SPI 通信时，第 4、5 脚失效，因为它们是 USART 通信端口。第 6 脚 SD_DI、第 19 脚 SD_CK、第 18 脚 SD_DO、第 17 脚 SD_CS，这 4 个引脚用来连接 TF 卡。通过跳线 P15 的 1 ~ 84 个跳线的短接可连接 TF 卡接口。第 7 脚是 3.3V 电源输入，第 8 ~ 9 脚是 USB 接口的数据线 UD+ 和 UD-，连接在 U 盘接口的数据线上，U 盘被插入后，U 盘数据线和 CH376 连接。第 10 脚是共地端（GND）。第 11 ~ 12 脚连接一个 12MHz 晶体振荡器，晶体振荡器必须连接，否则芯片不能工作。第 12 脚晶体振荡器的输出端连接 20pF 起振电容。第 13 ~ 16 脚是与单片机连接的 SPI 端口。第

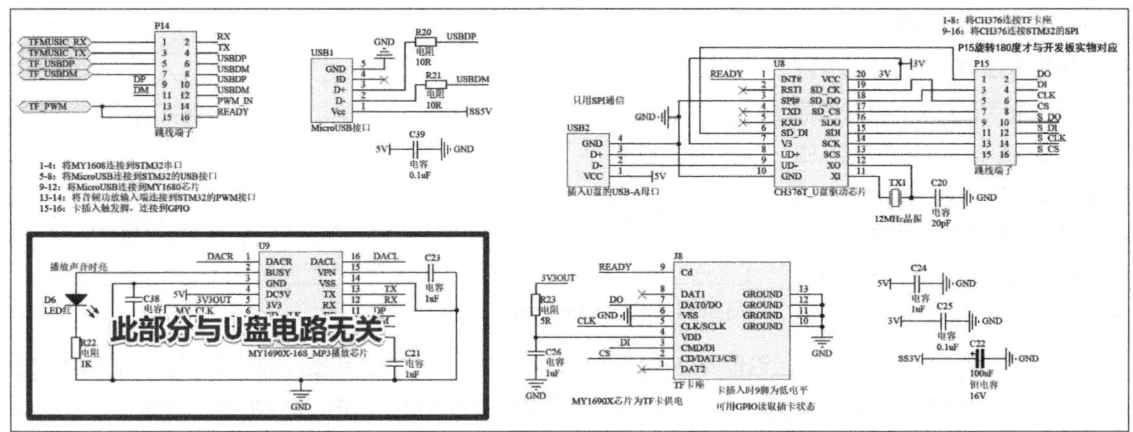

图 38.6 TF 卡和 U 盘部分电路原理图

20 脚是电源正极 VCC，连接 3.3V 电源。这样设计电路，CH376 芯片便可读取 U 盘的工作状态。

38.2 数据手册分析

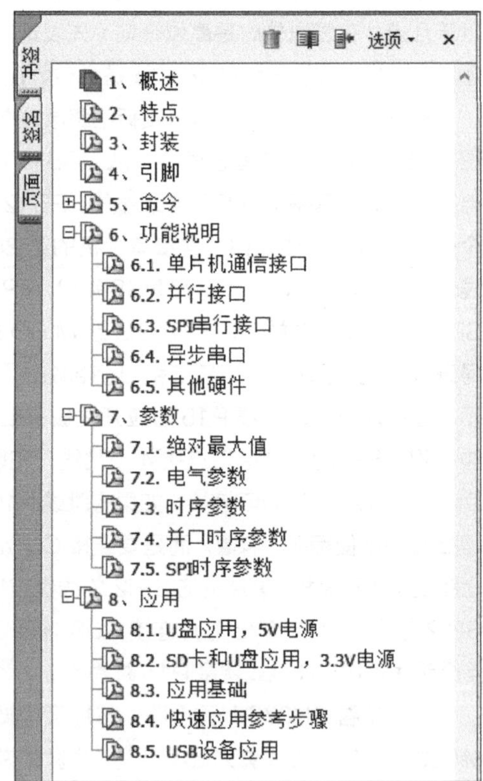

图 38.7 数据手册目录结构

为了进一步介绍 SPI 总线通信和 CH376 芯片的使用方法，我们需要分析 CH376 芯片的数据手册，了解芯片的性能和参数对分析程序大有帮助。接下来在附带资料的“洋桃 1 号开发板周围电路手册资料”文件夹中打开“CH376 中文数据手册”文档。如图 38.7 所示，文档左侧有索引目录，给出了文档的基本结构，包括综述、特性、封装、引脚、命令、功能说明、参数、应用。命令是指 CH376 芯片的指令集表，指令的内容在分析程序时再细讲。功能说明是指单片机的通信接口，有并口、SPI 接口、串口和其他硬件。参数是指电气参数、时序图。应用章节介绍 CH376 芯片如何驱动 U 盘或 SD 卡（含 TF 卡）。接下来按照目录顺序详细分析文档。首先看“概述”，该部分介绍芯片用途与特点。如图 38.8 所示，CH376 是文件管理控制芯片，用于单片机读写 U 盘或 SD 卡保存的文件。文件的读写带有文件系统，文件系统是指如计算机对 U 盘或 SD 卡数据的读写，计算机操作系统（如 Windows）读写 U 盘或 SD 卡是基于一个文件操作。包括创建文件夹和文件都属于文件系统的操作。CH376 芯片支持 USB 设备和 USB 主机方式，它既可作为主机，也可作为从机。它内置 USB 通信协议和 SD 卡的通信接口固件，内置 FAT16、FAT32 的文件系统管理固件，支持常用的 USB 存储设备，包括 U 盘、USB 硬盘、USB 闪存卡、USB 读卡器和 SD 卡。SD 卡分为标准容量和大容量（HCSD），还有与它兼容的 MMC 卡、Mini SD 卡和 Micro SD 卡（TF 卡）。CH376 支持 3 种通信接口，包括 8 位并口、SPI 总线接口和异步串口（UART 串口）。单片机可以用以上接口与 CH376 芯片

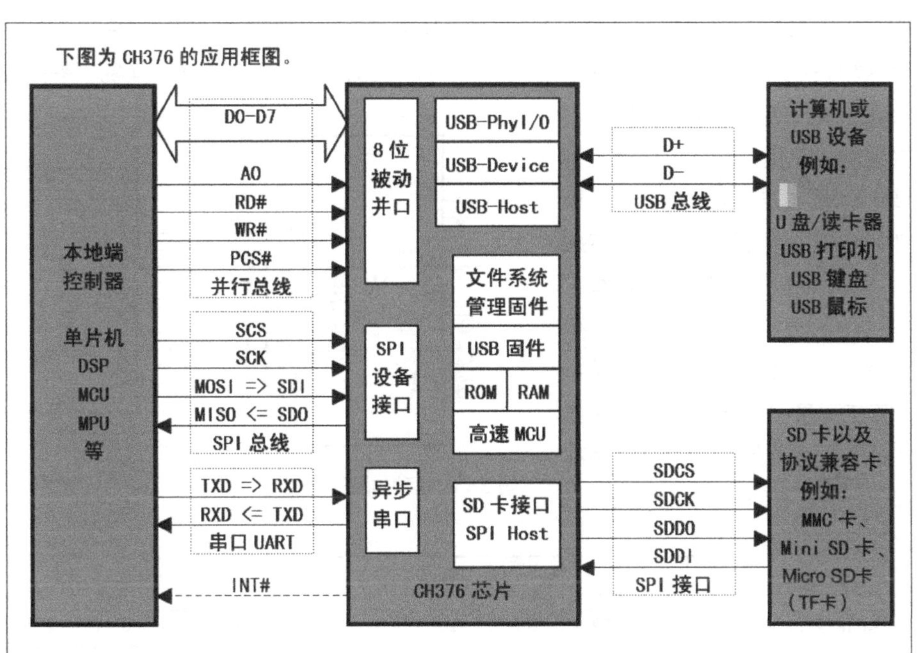

图 38.8 概述部分

通信。CH376 芯片的 USB 设备方式与 CH372 芯片完全兼容，而且 USB 主机模式和 CH375 芯片完全兼容。也就是说，芯片集成了 CH372 芯片的 USB 从设备，还集成了 CH375 芯片的 USB 主设备，一款芯片实现主、从两种设备。如图 38.8 所示，框图中央是 CH376 芯片，方框里给出芯片内部结构，外接控制部分包括 USB 总线、通过 USB 总线连接外部的 USB 设备（包括闪存卡、读卡器、打印机、键盘、鼠标）。将这些设备通过 USB 线连接到芯片内部，内部功能支持外部设备的通信。SD 卡接口通过 SPI 总线与 SD 卡连接。SD 卡通信有 SD 和 SPI 两种方式。芯片有 3 种与单片机通信的方式，分别为 8 线并口、SPI 总线、UART 串口。芯片还有 INT 中断输出接口，可给单片机输出中断信号。

接下来看“特点”，芯片的特点是支持低速（1.5Mbit/s）和全速（12Mbit/s）的 USB 通信，兼容 USB 2.0 协议，支持 USB HOST 主机模式、USB DEVICE 设备接口，支持动态切换主机和设备方式。自动检测 USB 设备的连接和断开。芯片提供 6MHz 的 SPI 主机接口（SD 卡通信的 SPI 接口）。内部固件处理海量存储设备的专用通信协议，支持 Bulk-Only 传输协议和 SCSI、UFI、RBC 或等效命令集的 USB 存储设备。也就是说芯片集成了很多 USB 存储设备的通信协议，单片机开发者不需要研究协议，只要给出指令，CH376 芯片就可以自动完成通信，读写 U 盘。芯片内置 FAT16 和 FAT32 的文件系统管理固件，容量最高可达 32GB。芯片提供文件管理功能，包括打开、新建、删除、枚举、搜索、创建子目录、支持长文件名。这些都是 U 盘存储的文件系统操作，与计算机操作系统里的操作相同。在计算机上打开文件夹，在文件夹里面创建、删除文件，都属于文件系统的操作。CH376 芯片能通过单片机对 U 盘文件进行同样的操作。芯片支持文件读写功能，可以以字节或扇区为单位对多级目录下的文件进行读写。也就是说 CH376 芯片可以读出指定文件的内容，也可以向文件写入内容，类似在计算机上对文件进行操作。另外它还支持硬盘管理，包括初始化硬盘、查询物理容量、查询剩余空间、读写物理扇区等基础的文件系统操作。另外它还有速度为 2Mbit/s 的并口、速度为 2Mbit/s 或频率为 24MHz 的 SPI 接口（芯片与单片机通信）、速度为 3Mbit/s 的 UART 串口。芯片支持 5V 和 3.3V 供电，支持低功耗模式。接下来看“封装”，

CH376 芯片共有两种封装形式，如图 38.9 所示，一种是 SOP28 封装（型号是 CH376S），有 28 个引脚；另一种是 SSOP20 封装（型号是 CH376T），体积较小，有 20 个引脚。洋桃 1 号开发板上使用后者。从封装图上可看到芯片的接口定义。

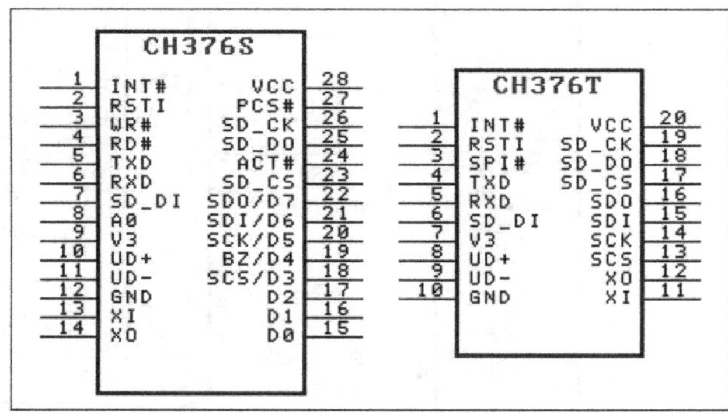

图 38.9 两种封装形式对比

SSOP20 封装的接口定义已经分析过了，SOP28 封装的功能和定义大体相同，只是引脚位置不同，加了一些新的功能。接下来看“引脚”，看看两款芯片到底有哪些区别。如图 38.10 所示，第一列是 SOP28 封装的引脚号，第二列是 SSOP20 封装的引脚号，第三列是引脚定义名称。同样的引脚定义对应在两种封装上，引脚号不同。比如电源正极在 SOP28 封装中是 28 脚，在 SSOP20 封装中是 20 脚。你在开发中需要把 SSOP20 改成 SOP28 封装时，需要仔细查看引脚定义的区别。除了引脚编号的差异，SOP28 封装的部分引脚在 SSOP20 封装中没有。比如并口的 8 位双向数据总线在 SOP28 封装的 15 ~ 22 脚，在 SSOP20 封装中没有。也就是说 SSOP20 封装不支持并口通信，只支持 SPI 和 UART 通信。很多引脚在 SSOP20 封装标为“无”，则表示没有 SOP28 封装中对应的引脚。ACT 接口在 SOP28 封装是第 24 脚，在 SSOP20 封装中没有。ACT 引脚是状态输出，用于连接状态指示灯。USB 设备连接成功或 SD 卡读取成功

CH376S 引脚号	CH376T 引脚号	引脚名称	类型	引脚说明
28	20	VCC	电源	正电源输入端，需要外接 0.1μF 电源退耦电容
12	10	GND	电源	公共接地端，需要连接 USB 总线的地线
9	7	V3	电源	使用3.3V 电源电压时连接 VCC 输入外部电源，使用5V 电源电压时外接容量为 0.01μF 退耦电容
13	11	XI	输入	晶体振荡器输入端，需要外接 12MHz 晶体
14	12	XO	输出	晶体振荡器反相输出端，需要外接 12MHz 晶体
10	8	UD+	USB 信号	USB 总线的 D+数据线
11	9	UD-	USB 信号	USB 总线的 D-数据线
23	17	SD_CS	开漏输出	SD 卡 SPI 接口的片选输出，低电平有效，内置上拉电阻
26	19	SD_CK	输出	SD 卡 SPI 接口的串行时钟输出
7	6	SD_DI	输入	SD 卡 SPI 接口的串行数据输入，内置上拉电阻
25	18	SD_DO	输出	SD 卡 SPI 接口的串行数据输出
25	18	RST	输出	在进入 SD 卡模式之前是电源上电复位和外部复位输出，高电平有效
22～15	无	D7～D0	双向三态	并口的 8 位双向数据总线，内置上拉电阻
18	13	SCS	输入	SPI 接口的片选输入，低电平有效，内置上拉电阻
20	14	SCK	输入	SPI 接口的串行时钟输入，内置上拉电阻
21	15	SDI	输入	SPI 接口的串行数据输入，内置上拉电阻
22	16	SDO	三态输出	SPI 接口的串行数据输出
19	无	BZ	输出	SPI 接口的忙状态输出，高电平有效
8	无	A0	输入	并口的地址输入，区分命令口与数据口，内置上拉电阻，当 A0=1 时可以写命令或读状态，当 A0=0 时可以读写数据
27	无	PCS#	输入	并口的片选控制输入，低电平有效，内置上拉电阻
4	无	RD#	输入	并口的读选通输入，低电平有效，内置上拉电阻
3	无	WR#	输入	并口的写选通输入，低电平有效，内置上拉电阻
无	3	SPI#	输入	在芯片内部复位期间为接口配置输入，内置上拉电阻
5	4	TXD	输入 输出	在芯片内部复位期间为接口配置输入，内置上拉电阻，在芯片复位完成后为异步串口的串行数据输出
6	5	RXD	输入	异步串口的串行数据输入，内置上拉电阻
1	1	INT#	输出	中断请求输出，低电平有效，内置上拉电阻
24	无	ACT#	开漏输出	状态输出，低电平有效，内置上拉电阻。在 USB 主机方式下是 USB 设备正在连接状态输出；在 SD 卡主机方式下是 SD 卡 SPI 通信成功状态输出；在内置固件的 USB 设备方式下是 USB 设备配置完成状态输出
2	2	RSTI	输入	外部复位输入，高电平有效，内置下拉电阻

图 38.10 引脚定义

时指示灯点亮。“指令”在分析程序时才能用到，暂时不做介绍。

再看“功能说明”，首先是单片机通信接口，给出了 CH376S 与单片机的 3 种通信方式，SSOP20 封装不支持并口，只支持 SPI 和 UART 接口。芯片上电复位时，先采样 SPI 引脚（第 3 脚）状态，当引脚为低电平表示使用 SPI 接口，为高电平时使用 UART 串口。所以电路中 SPI 引脚连接 GND，默认使用 SPI 接口。另外 INT 引脚是中断请求，低电平有效。它可以连接单片机的中断输入接口，但不连接也没关系，单片机可以用其他方式获取中断。具体每种通信方式的通信说明，有并口、串口和 SPI 接口，我们只看第 17 页 6.3 章节的 SPI 接口，SPI 引脚说明包括片选引脚 SCS、串行时钟引脚 SCK、数据输入引脚 SDI、数据输出引脚 SDO、接口状态 BZ（BZ 只在 SOP28 封装才有）。文中还介绍了 SPI 接口和单片机的连接方式，SCK 引脚与 SPI 总线的 SCK 连接，SDI 引脚连接单片机的 MOSI，SDO 引脚连接单片机的 MISO。STM32 使用硬件 SPI 接口，这里对硬件 SPI 给出建议。建议硬件 SPI 先设置 2 个寄存器，数据位设置为高位在前。这个说明非常重要，在介绍 SPI 初始化程序时需要按此说明设置。接下来介绍了 SPI 接口支持 SPI 的模式 0 和模式 3。CH376 芯片总是从 SPI 时钟 SCK 的上升沿输出数据，并在允许输出时从 SCK 的下降沿输出数据，数据位顺序是高位在前，满 8 位为一个字节。接下来是 SPI 的操作步骤。第 1 步片选引脚变成低电平，第 2 步单片机向 SPI 输出一个字节的数据，第 3 步单片机查询 BZ 引脚（SSOP20 封装没有 BZ 引脚，通过延时函数代替，延时 1.5μs 避开繁忙状态），第 4 步按写或读的操作分别进行说明，第 5 步单片机向 NSS 端口输出高电平，结束 SPI 通信。

第 75~76 步

39 U盘文件系统

39.1 CH376芯片驱动程序分析

上一节分析了 SPI 总线的初始化程序，我们学到了通信原理和设置方法，这一节介绍 CH376 芯片的驱动程序和 U 盘文件系统。首先分析 CH376 芯片的驱动程序，CH376 芯片驱动程序共包括 ch376inc.h、ch376.h、ch376.c 这 3 个文件。先打开 ch376inc.h 文件，此文件用于定义芯片的指令集表（命令代码）。打开“CH376 中文数据手册”文档的“命令”一节，已知 CH376 芯片和单片机通过 SPI 总线通信，它们之间通信的内容就是命令（或指令）。单片机发送命令给芯片，CH376 芯片收到命令后执行相应的操作。比如读出 U 盘状态、U 盘容量、版本号、文件夹数量。手册第 3 页的图表如图 39.1 所示。第一列“代码”是单片机发送的十六进制数据，而每个数据对应一个命令。比如图表中 01H 是十六进制数据 0x01，对应的命令功能是获取芯片的版本号。单片机发送 0x01，CH376 芯片会返回芯片的版本号。比如 30H（0x30）是检查磁盘是否连接，即检查 U 盘是否插入。发送命令 0x30 再通过接收的数据内容就能得知 U 盘连接状态，这就是命令的作用。从第 5 页开始，列出了每个命令的具体设置方法和参数。比如 5.6 节介绍了 CMD_SET_SDO_INT 命令，用于检查磁盘的连接（不支

代码	命令名称 CMD_	输入数据	输出数据	命令用途
01H	GET_IC_VER		版本号	获取芯片及固件版本
02H	SET_BAUDRATE	分频系数 分频常数	（等1ms） 操作状态	设置串口通信波特率
03H	ENTER_SLEEP			进入低功耗睡眠挂起状态
05H	RESET_ALL		（等35ms）	执行硬件复位
06H	CHECK_EXIST	任意数据	按位取反	测试通信接口和工作状态
0BH	SET_SDO_INT	数据 16H 中断方式		设置 SPI 的 SDO 引脚的中断方式
0CH	GET_FILE_SIZE	数据 68H	文件长度(4)	获取当前文件长度
15H	SET_USB_MODE	模式代码	（等10μs） 操作状态	设置 USB 工作模式
22H	GET_STATUS		中断状态	获取中断状态并取消中断请求
27H	RD_USB_DATA0		数据长度 数据流(n)	从当前 USB 中断的端点缓冲区或者主机端点的接收缓冲区读取数据块
2CH	WR_HOST_DATA	数据长度 数据流(n)		向 USB 主机端点的发送缓冲区写入数据块
2DH	WR_REQ_DATA	数据流(n)	数据长度	向内部指定缓冲区写入请求的数据块
2EH	WR_OFS_DATA	偏移地址 数据长度 数据流(n)		向内部缓冲区指定偏移地址写入数据块
2FH	SET_FILE_NAME	字符串(n)		设置将要操作的文件的文件名
30H	DISK_CONNECT		产生中断	检查磁盘是否连接
31H	DISK_MOUNT		产生中断	初始化磁盘并测试磁盘是否就绪
32H	FILE_OPEN		产生中断	打开文件或目录，枚举文件和目录
33H	FILE_ENUM_GO		产生中断	继续枚举文件和目录
34H	FILE_CREATE		产生中断	新建文件
35H	FILE_ERASE		产生中断	删除文件
36H	FILE_CLOSE	是否允许更新	产生中断	关闭当前已经打开的文件或目录
37H	DIR_INFO_READ	目录索引号	产生中断	读取文件的目录信息
38H	DIR_INFO_SAVE		产生中断	保存文件的目录信息
39H	BYTE_LOCATE	偏移字节数(4)	产生中断	以字节为单位移动当前文件指针
3AH	BYTE_READ	请求字节数(2)	产生中断	以字节为单位从当前位置读取数据块
3BH	BYTE_RD_GO		产生中断	继续字节读
3CH	BYTE_WRITE	请求字节数(2)	产生中断	以字节为单位向当前位置写入数据块
3DH	BYTE_WR_GO		产生中断	继续字节写
3EH	DISK_CAPACITY		产生中断	查询磁盘物理容量
3FH	DISK_QUERY		产生中断	查询磁盘空间信息
40H	DIR_CREATE		产生中断	新建目录并打开或打开已存在的目录
4AH	SEC_LOCATE	偏移扇区数(4)	产生中断	以扇区为单位移动当前文件指针
4BH	SEC_READ	请求扇区数	产生中断	以扇区为单位从当前位置读取数据块
4CH	SEC_WRITE	请求扇区数	产生中断	以扇区为单位在当前位置写入数据块
50H	DISK_BOC_CMD		产生中断	对 USB 存储器执行 BO 传输协议的命令
54H	DISK_READ	LBA 扇区地址(4) 扇区数	产生中断	从 USB 存储器读物理扇区
55H	DISK_RD_GO		产生中断	继续 USB 存储器的物理扇区读操作
56H	DISK_WRITE	LBA 扇区地址(4) 扇区数	产生中断	向 USB 存储器写物理扇区
57H	DISK_WR_GO		产生中断	继续 USB 存储器的物理扇区写操作

图 39.1 命令集

```
/* 硬件特性 */

#define    CH376_DAT_BLOCK_LEN    0x40  /* USB单个数据包, 数据块的最大长度, 默认缓冲区的长度 */

/* ******************************************************************************************** */
/* 命令代码 */
/* 部分命令兼容CH375芯片, 但是输入数据或者输出数据可能局部不同) */
/* 一个命令操作顺序包含:
          一个命令码(对于串口方式,命令码之前还需要两个同步码),
          若干个输入数据(可以是0个),
          产生中断通知 或者 若干个输出数据(可以是0个), 二选一, 有中断通知则一定没有输出数据, 有输出数据则一定不产生中断
       仅CMD01_WR_REQ_DATA命令例外, 顺序包含: 一个命令码, 一个输出数据, 若干个输入数据
   命令码起名规则: CMDxy_NAME
       其中的x和y都是数字, x说明最少输入数据个数(字节数), y说明最少输出数据个数(字节数), y如果是H则说明产生中断通知,
       有些命令能够实现0到多个字节的数据块读写, 数据块本身的字节数未包含在上述x或y之内 */
/* 本文件默认会同时提供与CH375芯片命令码兼容的命令码格式（即去掉x和y之后), 如果不需要, 那么可以定义_NO_CH375_COMPATIBLE_禁止 */

/* ******************************************************************************************** */
/* 主要命令(手册一), 常用 */

#define CMD01_GET_IC_VER  0x01        /* 获取芯片及固件版本 */
/* 输出: 版本号( 位7为0, 位6为1, 位5~位0为版本号 ) */
/*           CH376返回版本号的值为041H即版本号为01H */

#define CMD21_SET_BAUDRATE  0x02      /* 串口方式: 设置串口通信波特率(上电或者复位后的默认波特率为9600波特,由D4/D5/D6引脚选择) */
/* 输入: 波特率分频系数, 波特率分频常数 */
/* 输出: 操作状态( CMD_RET_SUCCESS或CMD_RET_ABORT, 其他值说明操作未完成 ) */

#define CMD00_ENTER_SLEEP 0x03        /* 进入睡眠状态 */

#define CMD00_RESET_ALL   0x05        /* 执行硬件复位 */

#define CMD11_CHECK_EXIST 0x06        /* 测试通信接口和工作状态 */
/* 输入: 任意数据 */
/* 输出: 输入数据的按位取反 */

#define CMD20_CHK_SUSPEND 0x0B        /* 设备方式: 设置检查USB总线挂起状态的方式 */
/* 输入: 数据10H, 检查方式 */
/*           00H=不检查USB挂起, 04H=以50ms为间隔检查USB挂起, 05H=以10ms为间隔检查USB挂起 */

#define CMD20_SET_SDO_INT 0x0B        /* SPI接口方式: 设置SPI的SDO引脚的中断方式 */
/* 输入: 数据16H, 中断方式 */
/*           10H=禁止SDO引脚用于中断输出,在SCS片选无效时三态输出禁止, 90H=SDO引脚在SCS片选无效时兼做中断请求输出 */

#define CMD14_GET_FILE_SIZE 0x0C       /* 主机文件模式: 获取当前文件长度 */
/* 输入: 数据68H */
/* 输出: 当前文件长度(总长度32位,低字节在前) */

#define CMD50_SET_FILE_SIZE 0x0D       /* 主机文件模式: 设置当前文件长度 */
/* 输入: 数据68H, 当前文件长度(总长度32位,低字节在前) */
```

图 39.2 ch376inc.h 文件的部分内容

持对 SD 卡的检测）。在 USB 主机模式下，该命令可查询磁盘（U 盘）是否连接。命令执行后向单片机请求中断。如果操作状态是 USB_INT_SUCCESS（0x14），说明有设备连接。也就是说单片机发送 0x30，CH376 芯片返回数据，数据是 USB_INT_SUCCESS 表示有设备连接。请大家认真阅读命令集，熟悉每行命令的操作。如图 39.2 所示，ch376inc.h 文件中给出所有命令的宏定义，比如将数据 0X01 定义为 CMD01_GET_IC_VER，此字符串正是图 39.1 中的第一个命令。ch376inc.h 文件由芯片官方提供，只要简单了解字符串与命令的对应关系即可。如果有不了解的命令代替字符可以到此文件和手册中相互查找。接下来打开 ch376.h 文件，如图 39.3 所示。第 4 ~ 6 行加载了 SPI、延时、ch376inc.h 库文件。第 8 ~ 9 行定义使用 PA15 端口，用于接收 CH376 发送的中断信号，此中断接口仅是备用的，在实际的程序中并没有使用。第

```
1  #ifndef __CH376_H
2  #define __CH376_H
3  #include "sys.h"
4  #include "spi.h"
5  #include "delay.h"
6  #include "ch376inc.h"
7
8  #define CH376_INTPORT   GPIOA //定义I/O端口
9  #define CH376_INT      GPIO_Pin_8  //定义I/O端口
10
11
12 void  CH376_PORT_INIT( void ); /* CH376通信接口初始化 */
13 void  xEndCH376Cmd( void ); /* 结束SPI命令 */
14 void  xWriteCH376Cmd( u8 mCmd ); /* 向CH376写命令 */
15 void  xWriteCH376Data( u8 mData );/* 向CH376写数据 */
16 u8  xReadCH376Data( void ); /* 从CH376读数据 */
17 u8  Query376Interrupt( void );/* 查询CH376中断(INT#引脚为低电平) */
18 u8  mInitCH376Host( void ); /* 初始化CH376 */
```

图 39.3 ch376.h 文件的全部内容

12 ~ 18 行是函数声明部分，其中第 12 行是 CH376 芯片的接口初始化函数。第 13 行是结束 SPI 命令。第 14 行向 CH376 写入命令。第 15 行向芯片写入数据。第 16 行从芯片中读出数据，包括读出指令的返回状态，或从 U 盘（或 SD 卡）中读出数据。第 17 行查询芯片中断，通过 INT 引脚来判断中断，如果引脚输出低电平表示产生中断（程序中未使用）。第 18 行是 CH376 芯片初始化函数。

接下来打开 ch376.c 文件，如图 39.4 所示。第 21 行加入了ch376.h文件。我们直接从用户需要调用的芯片初始化函数开始讲起。第 104 行是芯片初始化函数 mInitCH376Host，第 105 行定义用于存放返回值的变量 res，第 106 行延时 600ms，目的是让 CH376 芯片在上电后进入稳定状态。第 107 行调用了芯片的中断输入接口初始化函数 CH376_PORT_INIT，我们转到第 31 行分析 CH376_PORT_INIT 函数，如图 39.5 所示。第 32 ~ 35 行设置 PA8 端口为上拉电阻方式，CH376 芯片输出低电平时，单片机可以读到低电平的中断信息。第 37 行设置中断输入引脚为高电平（程序使用了软件中断查询，未使用中断引脚）。第 38 行设置片选端口 NSS 为

```
100 /*******************************************************************************
101 * 描        述        : 初始化CH376.
102 * 返        回        : FALSE:无中断.  TRUE:有中断.
103 *******************************************************************************/
104 u8 mInitCH376Host(void){
105   u8  res;
106   delay_ms(600);
107   CH376_PORT_INIT( );              /* 接口硬件初始化 */
108   xWriteCH376Cmd( CMD11_CHECK_EXIST );     /* 测试单片机与CH376之间的通信接口 */
109   xWriteCH376Data( 0x55 );
110   res = xReadCH376Data( );
111 //   printf("res =%02x \n",(unsigned short)res);
112   xEndCH376Cmd( );
113   if ( res != 0xAA ) return( ERR_USB_UNKNOWN );  /* 通信接口不正常,可能原因有:接口
114   xWriteCH376Cmd( CMD11_SET_USB_MODE ); /* 设备USB工作模式 */
115   xWriteCH376Data( 0x06 ); //06H=已启用的主机方式并且自动产生SOF包
116   delay_us(20);
117   res = xReadCH376Data( );
118 //   printf("res =%02x \n",(unsigned short)res);
119   xEndCH376Cmd( );
120
121   if ( res == CMD_RET_SUCCESS ){  //RES=51   命令操作成功
122       return( USB_INT_SUCCESS ); //USB事务或者传输操作成功
123   }else{
124       return( ERR_USB_UNKNOWN );/* 设置模式错误 */
125   }
126 }
```

图 39.4 ch376.c 文件的部分内容

```
21  #include "CH376.h"
22
23
24 /*******************************************************************************
25 * 函   数   名        : CH376_PORT_INIT
26 * 描        述        : 由于使用软件模拟SPI读写时序,所以进行初始化
27 *                       如果是硬件SPI接口,那么可使用mode3(CPOL=1&CPHA=1)或
28 *                       mode0(CPOL=0&CPHA=0),CH376在时钟上升沿采样输入,下降沿输出,数
29 *                       据位是高位在前.
30 *******************************************************************************/
31 void CH376_PORT_INIT(void){ //CH376的SPI接口初始化
32   GPIO_InitTypeDef  GPIO_InitStructure; //定义GPIO的初始化枚举结构
33     GPIO_InitStructure.GPIO_Pin = CH376_INT; //选择端口号
34     GPIO_InitStructure.GPIO_Mode = GPIO_Mode_IPU;//选择I/O端口工作方式 //上拉电阻
35   GPIO_Init(CH376_INTPORT,&GPIO_InitStructure);
36
37   GPIO_SetBits(CH376_INTPORT,CH376_INT); //中断输入脚拉高电平
38   GPIO_SetBits(SPI2PORT,SPI2_NSS); //片选端口接高电平
39 }
40 /*******************************************************************************
41 * 函   数   名        : xEndCH376Cmd   结束通信命令
42 *******************************************************************************/
43 void xEndCH376Cmd(void){ //结束命令
44   GPIO_SetBits(SPI2PORT,SPI2_NSS); //SPI片选无效,结束CH376命令
45 }
46 /*******************************************************************************
47 SPI输出8个位数据.    * 发送: u8 d:要发送的数据
48 *******************************************************************************/
49 void Spi376OutByte(u8 d){ //SPI发送一个字节数据
50    SPI2_SendByte(d);
51 }
52 /*******************************************************************************
53 * 描        述        : SPI接收8位数据.  u8 d:接收到的数据.
54 *******************************************************************************/
55 u8 Spi376InByte(void){  //SPI接收一个字节数据
56   while(SPI_I2S_GetFlagStatus(SPI2,SPI_I2S_FLAG_RXNE) == RESET);
57   return SPI_I2S_ReceiveData(SPI2);
58 }
```

图 39.5 ch376.c 文件的部分内容

高电平，完成了端口初始化。如图 39.4 所示，接下来回到第 108 行测试单片机和 CH376 芯片的通信。发送命令 CMD11_CHECK_EXIST（实际数据是 0x06），功能是测试通信接口和工作状态。芯片数据手册第 5 页“5.5. CMD_CHECK_EXIST”有此命令的说明，该命令用于测试通信接口和工作状态，检测 CH376 是否正常工作。该命令需输入一个数据，可以是任意数据。如果芯片正常工作，返回数据是输入数据按位取反的结果。比如输入 0x57，输出数据就是 0xA8。这样我们就能明白，如果发送数据和接收数据各位相反，说明单片机和 CH376 芯片通信正常。我们回看程序，发送测试命令的下一行，第 109 行发送数据 0x55，第 110 行通过接收数据函数将数据存入变量 res，第 112 行是结束通信函数，单片机与 CH376 芯片停止通信。之后对数据进行比较，第 113 行通过 if 语句判断，如果收到数据不等于 0xAA（不是按位取反，因为 0x55 的按位取反数据是 0xAA）则返回 ERR_USB_UNKNOWN，表示通信异常。一旦程序中返回此数据，则此函数退出，第 113 行以下的内容都不会执行。如果返回的数据等于 0xAA，表示收到的是按位取反的数据，则程序继续向下执行。第 114 行是写入命令函数 xWriteCH376Cmd，命令说明在数据手册 5.9 章中有详细介绍，功能是设置 USB 工作模式。第 115 行命令的数据 0x06 是切换启动 USB 主机模式，自动产生 SOF 包。SOF 包是 USB 通信的深入知识，在此不展开介绍。接下来第 116 行延时 20 μs，因为数据手册中说，设置 USB 工作模式要在 10 μs 内完成。既然设置过程需要 10 μs，我们延时 20 μs 等待其完成。接下来第 117 行读出返回数据，也就是设置模式的操作结果。第 119 行结束总线通信。第 121 行通过 if 语句比较收到的数据。收到 CMD_RET_SUCCESS（0x51）表示操作成功，并返回 USB_INT_SUCCESS。如果不是则表示操作失败（模式设置错误），返回 ERR_USB_UNKNOWN。这样就完成了芯片的初始化。整体过程是先设置 I/O 端口，检查单片机和芯片的通信状态，通信失败则返回失败数据，成功则设置 USB 的工作模式，然后再次判断是否成功，成功则返回 USB_INT_SUCCESS，失败则返回 ERR_USB_UNKNOWN。

了解初始化函数之后，我们再回到 main.c 文件，回看第 41 行的 if 判断，如图 39.6 所示。第 41 行调用 CH376 芯片初始化函数 mInitCH376Host，判断返回值是不是 USB_INT_SUCCESS，从而得知芯片是否正常工作。第 42 行如果正常工作则显示“CH376 OK!”。现在我们知道了初始化函数的内部工作原理，但在初始化函数中还有几个部分需要进一步解释。xWriteCH376Cmd 是芯片写入指令函数。xWriteCH376Data 是芯片写入数据函数，xEndCH376Cmd 是结束通信函数，xReadCH376Data 是读出数据函数。如图 39.5 所示，第 43 行是结束通信的命令，内容是将 NSS 端口设置为高电平，NSS 端口在初始化中设置为软件方式，所以此处通过软件控制电平结束通信。第 49 行通过 SPI 总线发送一个数据，内容就是调用 spi.c 中的函数 SPI2_SendByte，将数据发送到 SPI 总线。第 55 行是芯片接收数据的函数 Spi376InByte，其内容是在第 56 行调用 SPI 总线接收数据的函数，等待接收寄存器有数据。第 57 行是一旦有数据则返回数据。第 63 行是 CH376 芯片的写指令函数，写指令的核心部分是调用第 49 行的发送命令码函数 Spi376OutByte。第 77 行是芯片写数据函数 xWriteCH376Data，也是调用了第 49 行的发送数据函数 Spi376OutByte，第 85 行是芯

```
39    //CH376初始化
40    SPI2_Init();//SPI接口初始化
41    if(mInitCH376Host()== USB_INT_SUCCESS){//CH376初始化
42      OLED_DISPLAY_8x16_BUFFER(4,"   CH376 OK!    "); //显示字符串
43    }
44    while(1){
45      s = CH376DiskConnect();  //读出U盘的状态
46      if(s == USB_INT_SUCCESS){ //检查U盘是否连接//等待U盘被插入
47        OLED_DISPLAY_8x16_BUFFER(6," U DISK Ready!  "); //显示字符串
48      }else{
49        OLED_DISPLAY_8x16_BUFFER(6,"                "); //显示字符串
50      }
51      delay_ms(500); //刷新的间隔
52    }
53  }
54
```

图 39.6 main.c 文件的部分内容

片的读数据函数 xReadCH376Data，其中第 88 行调用了 SPI 总线的数据发送函数 SPI2_SendByte。第 95 行是查询 CH376 芯片的中断函数 Query376Interrupt，通过 I/O 端口读出芯片的中断状态，将中断状态送入返回值。以上这些程序就能实现 CH376 芯片初始化，也能实现芯片级别的指令发送、数据发送、数据接收和中断检测。

39.2 U盘文件系统

我们分析了 SPI 总线和 CH376 的驱动程序，学习 SPI 总线主要是为了让单片机和 CH376 芯片进行通信，学习 CH376 芯片的驱动程序是为了让单片机发送指令给 CH376 芯片，从而操作 U 盘（或 SD 卡）。不过 U 盘并不是简单的存储设备，它们不同于单片机内部的 Flash，操作 Flash 只需给出地址和数据，而 U 盘是计算机的外部存储设备。计算机有 Windows 之类的操作系统，操作系统是很复杂的程序，对存储设备的操作也比较复杂。比如 Windows 系统对硬盘的操作并不是直接读写硬盘空间的每个地址，而是通过文件系统来操作。文件系统把简单的地址操作上升到更高的应用层面，可以实现更多功能。在计算机上操作文件要有扩展名，文件可以放入文件夹，这些都是文件系统的功能。我们还要在 CH376 芯片的基础上学习文件系统，对 U 盘以文件系统的方式读写。在附带资料中找到“U 盘读写文件程序”工程，将工程中的 HEX 文件下载到洋桃 1 号开发板中，看一下效果。效果是在 OLED 屏上显示“U DISK TEST”，即 U 盘测试程序。“CH376 OK”表示 CH376 芯片和单片机之间通信正常。现在将 U 盘插入计算机的 USB 接口，在计算机上将其格式化为 FAT 格式，然后把 U 盘插入洋桃 1 号开发板的 USB 接口。插入后，OLED 屏上会出现“U DISK Ready!”，表示数据已经成功写入 U 盘。拔出 U 盘并把它插入计算机的 USB 接口，在计算机上打开 U 盘目录，可以看到在 U 盘的根目录下出现名为“洋桃 .txt”的文件，这就是 CH376 芯片向 U 盘写入的文件。使用 Windows 操作系统自带的记事本软件打开这个 TXT 文本文件，文件内容是“洋桃电子 /YT”。这行文字是由 CH376 芯片写入的，内容可在单片机程序中修改。CH376 芯片向 U 盘写入的内容可以在计算机中读出来，这就实现了单片机与计算机之间的数据操作。CH376 芯片不仅能创建 TXT 文本文件，还可以创建图片、表格等文件。而且它还有创建文件夹、删除文件、修改文件内容、修改文件属性等几乎所有的文件操作能力。示例程序只使用了基本的文字写入操作，其他的复杂操作大家可通过数据手册深入学习。

接下来我们分析驱动程序，学习如何创建文件、写入文件内容。我们打开“U 盘读写文件程序”的工程文件，这个工程复制了“U 盘插拔测试”的工程，在 User 文件夹中对 main.c 文件做了修改，添加了 U 盘读写的应用层操作，其他文件没有改动。U 盘读写涉及 filesys.c 和 filesys.h 两个文件，它们是文件系统的相关驱动程序。掌握这两个文件就能对 U 盘进行各种操作。但是文件系统涉及的知识较多，我这里只给大家讲解其概况，通过例子讲解 U 盘的操作流程，大家可以举一反三，参考官方示例程序不断试验和练习，很快能熟悉 U 盘的所有操作。用 Keil 软件打开工程，先打开 filesys.h 文件，如图 39.7 所示。第 8 ~ 11 行是宏定义，第 15 ~ 122 行是函数的声明。函数声明部分涉及的函数很多，每个函数的注释信息说明了该函数的功能作用。要求重点关注的功能函数有：第 37 行读取当前文件长度的函数、第 39 行读取磁盘（U 盘）工作状态的函数、第 51 行检查 USB 存储器错误的函数、第 53 行检查 U 盘是否连接的函数、第 57 行在根目录或当前目录下打开文件或目录的函数、第 59 行在根目录或当前目录下新建文件的函数、第 61 行在根目录或当前目录下新建文件夹并打开的函数、第 65 行打开多级目录下的文件或文件夹的函数、第 80 行读取当前目录的信息的函数、第 82 行保存目录的信息的函数、第 90 行查询磁盘的物理容量的函数、第 92 行查询磁盘的剩余空间的函数。逐一分析每个函数需要花费很长时间，只要用示例掌握这些函数的

```
#ifndef __FILESYS_H__
#define __FILESYS_H__
#include "sys.h"
#include "ch376.h"
#include"CH376INC.H"

#define STRUCT_OFFSET( s, m ) ( (UINT8)( & ((s *)0) -> m ) )          /* 定义获取结构成员相对偏移地址的宏 */
#ifdef  EN_LONG_NAME
#ifndef LONG_NAME_BUF_LEN
#define LONG_NAME_BUF_LEN ( LONG_NAME_PER_DIR * 20 )          /* 自行定义的长文件名缓冲区长度,最小值为LONG_
#endif
#endif

UINT8 CH376ReadBlock( PUINT8 buf );          /* 从当前主机端点的接收缓冲区读取数据块,返回长度 */

UINT8 CH376WriteReqBlock( PUINT8 buf );          /* 向内部指定缓冲区写入请求的数据块,返回长度 */

void  CH376WriteHostBlock( PUINT8 buf, UINT8 len );          /* 向USB主机端点的发送缓冲区写入数据块 */

void  CH376WriteOfsBlock( PUINT8 buf, UINT8 ofs, UINT8 len );          /* 向内部缓冲区指定偏移地址写入数据块 */

void  CH376SetFileName( PUINT8 name );          /* 设置将要操作的文件的文件名 */

UINT32  CH376Read32bitDat( void );          /* 从CH376芯片读取32位的数据并结束命令 */

UINT8 CH376ReadVar8( UINT8 var );          /* 读CH376芯片内部的8位变量 */
```

图 39.7 filesys.h 文件的部分内容

使用方法即可。打开 filesys.c 文件，如图 39.8 所示。第 3 ~ 13 行是文件说明，请大家认真读一遍。第 15 行声明了 filesys.h 文件，第 17 ~ 22 行带有斜线和星号的部分是每个函数的说明，给出每个函数的名称和功能，说明了参数和返回值的特性。第 23 行的函数 CH376ReadBlock，说明是“从当前主机端点的接收缓冲区读取数据块”。函数的参数是一个变量 buf，指向外部的接收缓冲区，返回值是数据长度。函数的内部程序不再逐一分析，这些函数都能在主程序中调用，每个函数对应 U 盘的一种操作，大家可以仔细阅读，了解这些函数的功能。

打开 main.c 文件，这是 U 盘读写文件程序，如图 39.9 和图 39.10 所示。第 17 ~ 18 行加入了两个

```
3  /* name 参数是指短文件名, 可以包括根目录符, 但不含有路径分隔符, 总长度不超过1+8+1+3+1字节 */
4  /* PathName 参数是指全路径的短文件名, 包括根目录符、多级子目录及路径分隔符、文件名/目录名 */
5  /* LongName 参数是指长文件名, 以UNICODE小端顺序编码, 以两个0字节结束, 使用长文件名,子程序必须先定义全局缓冲区GlobalBuf, 长度
6
7  /* 定义 NO_DEFAULT_CH376_INT 用于禁止默认的Wait376Interrupt子程序,禁止后,应用程序必须自行定义一个同名子程序 */
8  /* 定义 DEF_INT_TIMEOUT 用于设置默认的Wait376Interrupt子程序中的等待中断的超时时间/循环计数值, 0则不检查超时而一直等待 */
9  /* 定义 EN_DIR_CREATE 用于提供新建多级子目录的子程序,默认不提供 */
10 /* 定义 EN_DISK_QUERY 用于提供磁盘容量查询和剩余空间查询的子程序,默认不提供 */
11 /* 定义 EN_SECTOR_ACCESS 用于提供以扇区为单位读写文件的子程序,默认不提供 */
12 /* 定义 EN_LONG_NAME 用于提供支持长文件名的子程序,默认不提供 */ /
13 /* 定义 DEF_IC_V43_U 用于去掉支持低版本的程序代码,仅支持V4.3及以上版本的CH376芯片,默认支持低版本 */
14
15 #include"filesys.h"
16 /*******************************************************************************
17 * 函 数 名       : CH376ReadBlock
18 * 描     述      : 从当前主机端点的接收缓冲区读取数据块
19 * 输     入      : PUINT8 buf:
20 *                  指向外部接收缓冲区
21 * 返     回      : 返回长度
22 *******************************************************************************/
23 UINT8 CH376ReadBlock( PUINT8 buf ){
24   UINT8 s, l;
25   xWriteCH376Cmd( CMD01_RD_USB_DATA0 );
26   s = l = xReadCH376Data( );                              /* 后续数据长度 */
27   if ( l )
28   {
29     do
30     {
31       *buf = xReadCH376Data( );
32       buf ++;
33     } while ( -- l );
34   }
35   xEndCH376Cmd( );
36   return( s );
37 }
```

图 39.8 filesys.c 文件的部分内容

库文件，数据计算需要使用这两个库文件。然后第 26 ~ 28 行加载 spi.h、ch376.h、filesys.h 文件。接下来第 30 行定义数组变量 buf，存放临时数据。第 32 行是主函数，第 33 行定义两个变量 s 和 a，第 34 ~ 48 行和上一个示例程序相同。不同的是主循环中的程序不仅检测 U 盘的插拔状态，还可读写 U 盘的内容。创建新“洋桃 .txt”文件并在文件里写入一串文字。首先第 49 行通过 while 循环检测 U 盘的状态，通过函数 CH376DiskConnect 判断 U 盘是否被插入。这里使用不等于判断，也就是说没有插入 U 盘则循环等待，插入 U 盘才向下执行。插入 U 盘后，运行第 50 行，在 OLED 屏上显示“U DISK Ready!”，表示 U 盘已经被插入。第 51 行延时 200ms，第 52 行是 for 循环从 0 ~ 99 循环 100 次，目的是初始化 U 盘。第 54 行调用函数 CH376DiskMount 使 U 盘初始化。初始化并不是格式化，不是清空 U 盘内容，而是让 U 盘和 CH376 芯片建立连接并且等待 U 盘进入工作状态。返回值是中断状态，即返回对 U 盘的操作是否成功，返回值被存入变量 s。第 55 行通过 if 语句判断返回值是否等于 USB_INT_SUCCESS，是则表示 U 盘准备就绪。这时通过第 56 行 break 指令跳出 for 循环，执行第 62 行和下边的程序。你可以给出未就绪的操作，因为我没有考虑不能读取的情况，所以直接跳出 for 循环。第 62 行在屏幕上显示“U DISK INIT! ”，表示 U 盘初始化完成。第 63 行延时 200ms。需要注意：U 盘每次操作都要有延时程序，给 U 盘足够的时间完成工作，如果没有延时或延时太短，会导致指令不能执行，U 盘操作不稳定。第 64 行通过函数 CH376FileCreate Path 创建一个文件，参数中斜杠(/)表示根目录，“洋桃”

```
17 #include <string.h>
18 #include <stdio.h>
19 #include "stm32f10x.h" //STM32头文件
20 #include "sys.h"
21 #include "delay.h"
22 #include "touch_key.h"
23 #include "relay.h"
24 #include "oled0561.h"
25
26 #include "spi.h"
27 #include "ch376.h"
28 #include "filesys.h"
29
30 u8 buf[128];
31
32 int main (void){//主程序
33   u8 s,i;
34   delay_ms(500); //上电时等待其他器件就绪
35   RCC_Configuration(); //系统时钟初始化
36   TOUCH_KEY_Init();//触摸按键初始化
37   RELAY_Init();//继电器初始化
38
39   I2C_Configuration();//I²C初始化
40   OLED0561_Init(); //OLED屏初始化
41   OLED_DISPLAY_8x16_BUFFER(0,"   YoungTalk    "); //显示字符串
42   OLED_DISPLAY_8x16_BUFFER(2,"  U DISK TEST   "); //显示字符串
43   //CH376初始化
44   SPI2_Init();//SPI接口初始化
45   if(mInitCH376Host()== USB_INT_SUCCESS){//CH376初始化
46     OLED_DISPLAY_8x16_BUFFER(4,"    CH376 OK!    "); //显示字符串
47   }
48   while(1){
```

图 39.9 main.c 文件的内容

```
48   while(1){
49     while ( CH376DiskConnect( ) != USB_INT_SUCCESS ) delay_ms(100);  // 检查U盘是否连接,等待U盘被拔出
50     OLED_DISPLAY_8x16_BUFFER(6," U DISK Ready!  "); //显示字符串
51     delay_ms(200); //每次操作后必要的延时
52     for ( i = 0; i < 100; i ++ ){
53       delay_ms( 50 );
54       s = CH376DiskMount( );  //初始化磁盘并测试磁盘是否就绪
55       if ( s == USB_INT_SUCCESS ) /* 准备好 */
56       break;
57       else if ( s == ERR_DISK_DISCON )/* 检测到断开,重新检测并计时 */
58       break;
59       if ( CH376GetDiskStatus( ) >= DEF_DISK_MOUNTED && i >= 5 ) /* 有的U盘总是返回未准备好,不过可以忽略
60       break;
61     }
62     OLED_DISPLAY_8x16_BUFFER(6," U DISK INIT!   "); //显示字符串
63     delay_ms(200); //每次操作后必要的延时
64     s=CH376FileCreatePath( "/洋桃.TXT" ); // 新建多级目录下的文件,支持多级目录路径,输入缓冲区必须在RAM中
65     delay_ms(200); //每次操作后必要的延时
66     s = sprintf( (char *)buf , "洋桃电子/YT");
67     s=CH376ByteWrite( buf,s, NULL ); // 以字节为单位向当前位置写入数据块
68     delay_ms(200); //每次操作后必要的延时
69     s=CH376FileClose( TRUE );   // 关闭文件,对于字节读写建议自动更新文件长度
70     OLED_DISPLAY_8x16_BUFFER(6," U DISK SUCCESS "); //显示字符串
71     while ( CH376DiskConnect( ) == USB_INT_SUCCESS ) delay_ms(500);  // 检查U盘是否连接,等待U盘被拔出
72     OLED_DISPLAY_8x16_BUFFER(6,"                "); //显示字符串
73     delay_ms(200); //每次操作后必要的延时
74   }
75 }
76
```

图 39.10 main.c 文件的内容

是文件名，“.TXT”是扩展名（文本文件）。将鼠标指针放在函数上用“鼠标右键跳转法”可查看 filesys.c 文件中的函数内容。如图 39.11 所示，第 564 行的函数说明：新建多级目录下的目录并打开支持多级目录路径，路径长度不超过 255 个字符。参数就是文件名，返回值表示是否创建成功。函数名中的双引号表示以字符形式发送数据，这样才能在 U 盘中看到与字符一致的文件名。函数将返回值送入变量 s，但并未判断返回值，正常情况下应该用 if 语句判断 S 是否等于 USB_INT_SUCCESS，因为我们只是简单举例，没有判断返回值，但在实际项目开发中需要严谨地判断返回值才能在程序出错时及时进行补救处理，使程序运行稳定。文件创建后，第 65 行是延时 200ms，第 66 行用函数 sprintf 向文件写入文字，函数将第 2 个参数的字符放入第一个参数数组 buf 中，char* 表示放入字符型数据。此函数就将“洋桃电子 /YT”以字符形式存放到数组 buf。返回值被放入变量 s，返回值表示放入数组 buf 的总数据长度。

```
562 /*******************************************************************************
563 * 函  数  名      : CH376FileCreatePath
564 * 描      述      : 新建多级目录下的目录(文件夹)并打开,支持多级目录路径,支持路
565 *         径分隔符,路径长度不超过255个字符.
566 * 输      入      : PUINT8 path:
567 *         指向路径缓冲区.
568 * 返      回      : 中断状态.
569 *******************************************************************************/
570 UINT8 CH376FileCreatePath( PUINT8 PathName )
571 {
572   UINT8 s;
573   UINT8 Name;
574 
575   Name = CH376SeparatePath( PathName ); /* 从路径中分离出最后一级文件名,返回最后一级文件名的偏移 */
576   if ( Name ) /* 是多级目录 */
577   {
578     s = CH376FileOpenDir( PathName, Name ); /* 打开多级目录下的最后一级目录,即打开新建文件的上级目录 */
579     if ( s != ERR_OPEN_DIR ) /* 因为是打开上级目录,所以,如果不是成功打开了目录,那么说明有问题 */
580     {
581       if ( s == USB_INT_SUCCESS )
582       {
583         return( ERR_FOUND_NAME ); /* 中间路径必须是目录名,如果是文件名则出错 */
584       }
585       else if ( s == ERR_MISS_FILE )
586       {
587         return( ERR_MISS_DIR ); /* 中间路径的某个子目录没有找到,可能是目录名称错误 */
588       }
589       else
590       {
591         return( s ); /* 操作出错 */
592       }
593     }
594   }
595   return( CH376FileCreate( &PathName[Name] ) ); /* 在根目录或者当前目录下新建文件 */
596 }
```

图 39.11 filesys.c 文件中的 CH376FileCreatePath 函数

```
819 /*******************************************************************************
820 * 函  数  名      : CH376ByteWrite
821 * 描      述      : 以字节为单位向当前位置写入数据块
822 * 输      入      : PUINT8 buf:
823 *         指向外部缓冲区
824 *                 UINT16 ReqCount:
825 *                 请求写入的字节数
826 *                 PUINT16 RealCount:
827 *                 实际写入的字节数
828 * 返      回      : 中断状态
829 *******************************************************************************/
830 UINT8 CH376ByteWrite( PUINT8 buf, UINT16 ReqCount, PUINT16 RealCount )
831 {
832   UINT8 s;
833 
834   xWriteCH376Cmd( CMD2H_BYTE_WRITE );
835   xWriteCH376Data( (UINT8)ReqCount );
836   xWriteCH376Data( (UINT8)(ReqCount>>8) );
837   xEndCH376Cmd( );
838   if ( RealCount )
839     {
840         *RealCount = 0;
841     }
842 
843   while ( 1 )
844   {
845     s = Wait376Interrupt( );
846     if ( s == USB_INT_DISK_WRITE )
847     {
848       s = CH376WriteReqBlock( buf ); /* 向内部指定缓冲区写入请求的数据块,返回长度 */
849       xWriteCH376Cmd( CMD0H_BYTE_WR_GO );
850       xEndCH376Cmd( );
851       buf += s;
852       if ( RealCount ) *RealCount += s;
853     }
854     else
855       {
856           return( s ); /* 错误 */
857       }
858   }
859 }
```

图 39.12 filesys.c 文件中的 CH376ByteWrite 函数

数据放好后，接下来将数据写入文件中。第 67 行使用函数 CH376ByteWrite 写入文件内容，将鼠标指针放在函数上用“鼠标右键跳转法”可查看函数内容。如图 39.12 所示，第 821 行的说明是：以字节为单位向当前的位置写入数据块。函数有 3 个参数，一是指向外部的缓存区，二是请求写入的字节数量，三是实际写入的字节数量。回到主程序，如图 39.10 所示。第 67 行第一个参数是数组 buf，即外部缓存区。第 2 个参数是变量 s，是数组存入的字节数量，第 3 个参数是实际写入的字节数量，NULL 表示

没有使用这个参数。第 67 行的函数就将“洋桃电子 /YT”写入“洋桃 .TXT”文件中。函数执行后，返回值被存入变量 s。返回值是中断判断，判断写入是否成功，在此我省略了判断程序。第 68 行是延时程序，第 69 行是关闭文件函数 CH376FileClose，只有关闭文件才能将写入的数据保存。CH376FileClose 函数的说明是：关闭当前已经打开的文件或目录，参数为是否更新文件长度，返回值是中断状态，即关闭文件是否成功。返回值依然被送入变量 s，可以通过 if 语句判断关闭文件是否成功，在此我还是省略了判断程序。第 70 行打印字符“U DISK SUCCESS”，表示 U 盘操作完成。第 71 行是 while 循环，判断 U 盘是否被拔出。如果没有被拔出则不断循环。如果 U 盘被拔出则执行第 72 行，在 OLED 屏第 6 行显示空行，将“U DISK SUCCESS”覆盖。第 73 行是延时函数。这样就完成了 U 盘的一次操作流程。流程难点在于开发人员是否熟悉每个函数。我们只要掌握每个函数的功能和使用方法，U 盘操作就不困难。你可以在附带资料中找到“CH376 参考示例程序”资料包，其中有 CH376 芯片的多个示例程序，包括芯片官方给出的示例程序和电路原理图。资料中还有基于 STM32 的 U 盘、鼠标、键盘等操作程序。参考这些资料对完成相关项目开发会有很大帮助。

第四章

配件包功能

第 77~78 步

40 阵列键盘

40.1 原理介绍

开发板上的所有功能都讲解完毕了，我们从这一节开始介绍开发板附带的配件包中的器件，包括 16 键阵列键盘、SG90 舵机、DHT11 温 / 湿度传感器和 MPU6050 加速度传感器。这一节先介绍阵列键盘，看一下它的内部结构和驱动方法。图 40.1 所示是配件包中阵列键盘的外观，16 个按键由一个方形塑料薄膜形成按键，键盘主体的下方有一条薄膜排线，排线末端有 8Pin 排孔。键盘背面是白色贴纸，贴纸下面是一层双面胶，可以用来把键盘粘贴在电子设备外壳的表面上（外壳上要留有能穿过排线的长条孔洞）如图 40.2 所示，由于双面胶是透明的，可以看到按键内部的电路结构。键盘膜的结构可分为两层，一层是横向电路（纬线），4 条纬线都连接到 8Pin 排线的 4 条线上。横向电路的内层隐约可以看到纵向电路（经线），4 条经线连接 8Pin 排线另外 4 条线上，共同组成 8 条线。图 40.3 所示是键盘的内部结构。每个按键都在纬线和经线的交点上。按下按键就是将对应的纬线和经线在电路上短接在一起。可是按照我们之前学过的独立按键的知识，按键一端接地，另一端接到 I/O 端口。4 个按键占用 4 个 I/O 端口，而阵列键盘有 16 个按键，却只占用 8 个 I/O 端口。如何用 8 个 I/O 端口读取 16 个按键呢?

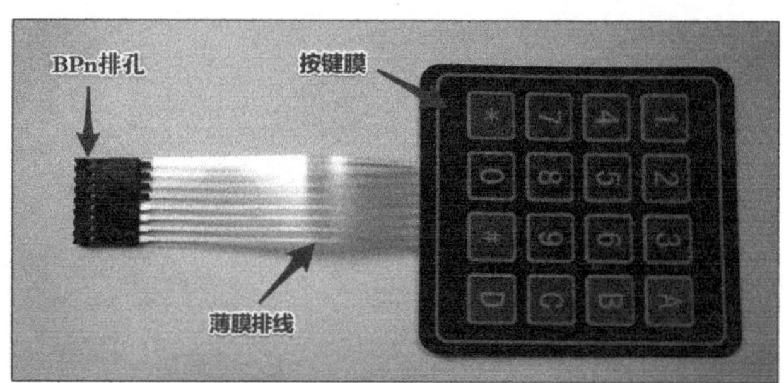

图 40.1 阵列键盘外观

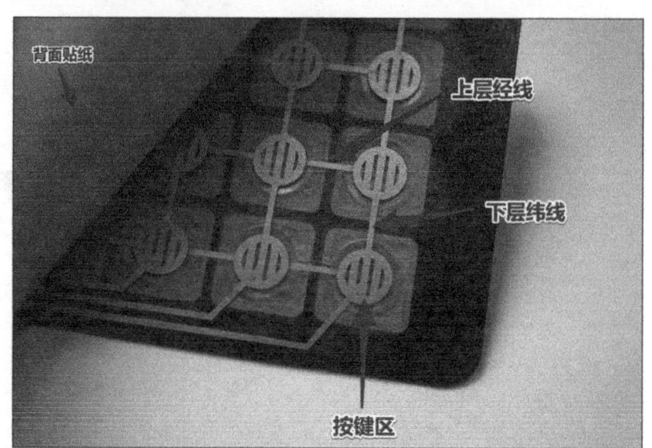

图 40.2 阵列键盘内部结构

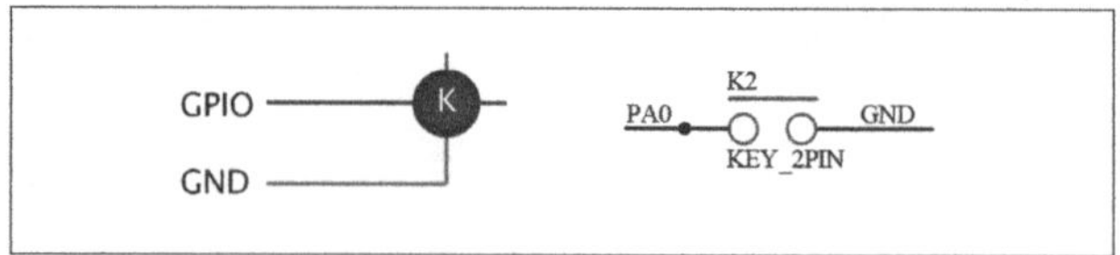

图 40.3 按键的结构原理图

接下来我们看一下阵列键盘的按键效果。先要把阵列键盘连接到开发板上，用配件包中的面包板专用导线，将阵列键盘的 8 个排孔按次序连到核心板旁边的排孔上，对应的 I/O 端口是 PA0 ~ PA7，将 8 个排孔引出导线，按顺序将导线插入排孔中，如图 40.4 所示。由于阵列键盘会占用 PA0 ~ PA7 端口，所以要把开发板上复用的端口断开。需要断开以下 4 个部分：将“ADC 输入”（编号为 P8）的跳线断开，

图 40.4 阵列键盘与开发板的连接

将“模拟摇杆”(编号为 P17)的跳线断开，将“触摸按键”(编号为 P10)的跳线断开，将“旋转编码器”(编号为 P18)的跳线断开。跳线设置好就可下载程序了。在附带资料中找到“阵列键盘测试程序”工程，将工程中的 HEX 文件下载到开发板中，看一下效果。效果是在 OLED 屏上显示“KEYPAD 4x4 TEST”，即 4x4 阵列键盘测试程序。我们在键盘上随意按键，屏幕会显示“KEY No. 01”，表示按下 1 号按键。按其他键会显示 02 ~ 16 等编号，每个按键都有自己独立的编号，编号名称不是键盘上所写的数字，而是由我们自定义。每次按下按键，屏幕会显示按键编号，实现了键盘读取。

那么单片机是如何用 8 个 I/O 端口来读取 16 个按键的呢？先来看单个按键的结构原理，我们在介绍独立按键的原理时说过，按键内部有 2 个触点，触点连接到引脚，按键被按下时，2 个触点短接，2 个引脚短接。通过这个原理，将其中一个引脚接地，另一端引脚接到 I/O 端口，端口设置为上拉电阻输入模式，设为高电平。按键被按下时，I/O 端口与 GND 短接，I/O 端口变为低电平。单片机读到低电平，表示按键被触发。如果把按键等效成电路结构，相当于如图 40.3 所示的电路结构，圆圈 K 表示按钮，按钮下方的红线和蓝线分别表示两个引脚，按键被按下时红线和蓝线短接。只要将其中一个引脚连到 I/O 端口，另一个引脚接 GND 就可读取按键状态。

接下来分析 4×4 阵列键盘的驱动原理，如图 40.5 所示。图片右边是阵列键盘，横向有 4 个按键，纵向有 4 个按键，下方是一条 8Pin 排线，8Pin 数据线和 16 个按键的内容连接关系如图中左侧的原理图所示，其中每个圆圈表示一个按键，有横向 4 个、纵向 4 个，共 16 个按键。和图中右侧的实物键盘图对应。按键下方的红线和蓝线，与独立按键的原理一样。同一行的 4 个按钮连在同一条红线上，同一列的 4 个按钮连在同一条蓝线上，即形成按键网格（阵列）。最终得到 4 条红线（纬线）和 4 条蓝线（经线）。为了方便讲解，先给排线中的 8 条线命名：红线名为 1、2、3、4，蓝线名为 a、b、c、d。8 条线和右侧实物图中的排线接口相对应，8Pin 排线连接到单片机的 PA0 ~ PA7 端口。那么单片机要如何读取 16 个按键呢？红线和蓝线所组成的阵列相当于有经线和纬线的地图。某个按键被按下时，只要知道按键所在的经线和纬线，就能定位按键。假设按下阵列键盘上的 A 键，首先要给出 I/O 端口的初始化状态，将 PA0 ~ PA3 设置为上拉电阻输入模式，设为高电平。接着再将 PA4 ~ PA7 设置为推挽输出模式，设置为低电平，低电平相当于连接 GND。按下 A 键时相当于将 3 线（PA2）和 c 线（PA6）连接，由于 c 线（PA6）相当于接

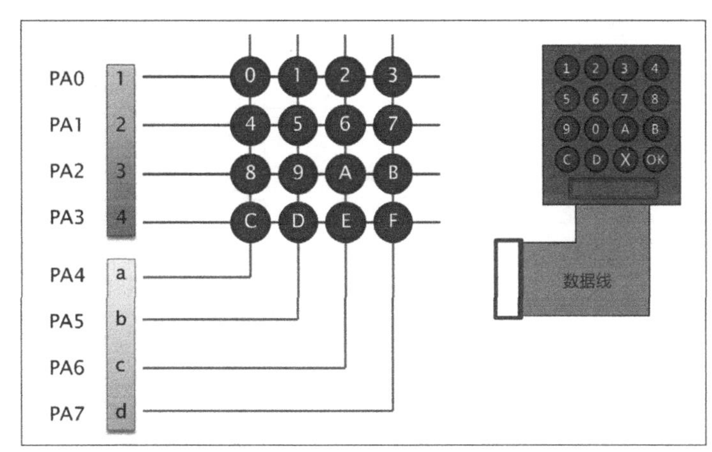

图 40.5 阵列键盘内部电路结构

GND，使得 3 线（PA 2）被拉为低电平。单片机读取 PA2 为低电平，表示 3 线（PA2）上有按键被按下，有可能是“8”“9”“A”“B”这 4 个按键。因为 3 线上 4 个按键中的哪个被按下都会把 PA2 端口变成低电平。当 PA2 变为低电平时，接下来将 I/O 口的状态反转，将 PA0 ~ PA3 （4 条红线）设置为推挽输出模式，设为低电平；将 PA4 ~ PA7（4 条蓝线）设置为上拉电阻输入模式，设为高电平。由于已经按下 A 键，红线的 1（PA0）、2（PA1）、3（PA2）、4（PA3）都为低电平，相当于接地。A 键被按下使得 PA6 接口所连接的 c 线（PA6）被拉为低电平。单片机只要读到 PA6 为低电平，就确定了按键位置。因为在第一步中 PA2 为低电平，表示按键在 3 线上；第二步电平反转，PA6 为低电平，表示按键在 c 线上。有了经线（3 线 /PA2）和纬线（c 线 /PA6），就能确定被按下的是“A”键。同样的经纬线定位法可以判断任何按键，实现 8 个 I/O 端口读取 16 个按键的效果。这种阵列键盘的判断方式很常见，可以增加或减少经纬线，达到不同数量的按键设计。阵列键盘用较少的 I/O 端口读取更多的按键数量，缺点是同时只允许按下一个按键，如果同时按下多个按键，就不能精确判断按键位置。

以上介绍的是单片机直接驱动阵列键盘的电路原理。单片机直接驱动键盘的好处是电路简单、成本低，缺点是阵列键盘需要占用很多 I/O 端口，按键数量小于 20 个还可接受。如果 I/O 端口占用较多，没有多余端口连接阵列键盘，这时可以考虑使用阵列键盘驱动芯片。阵列键盘驱动芯片可以自动扫描阵列

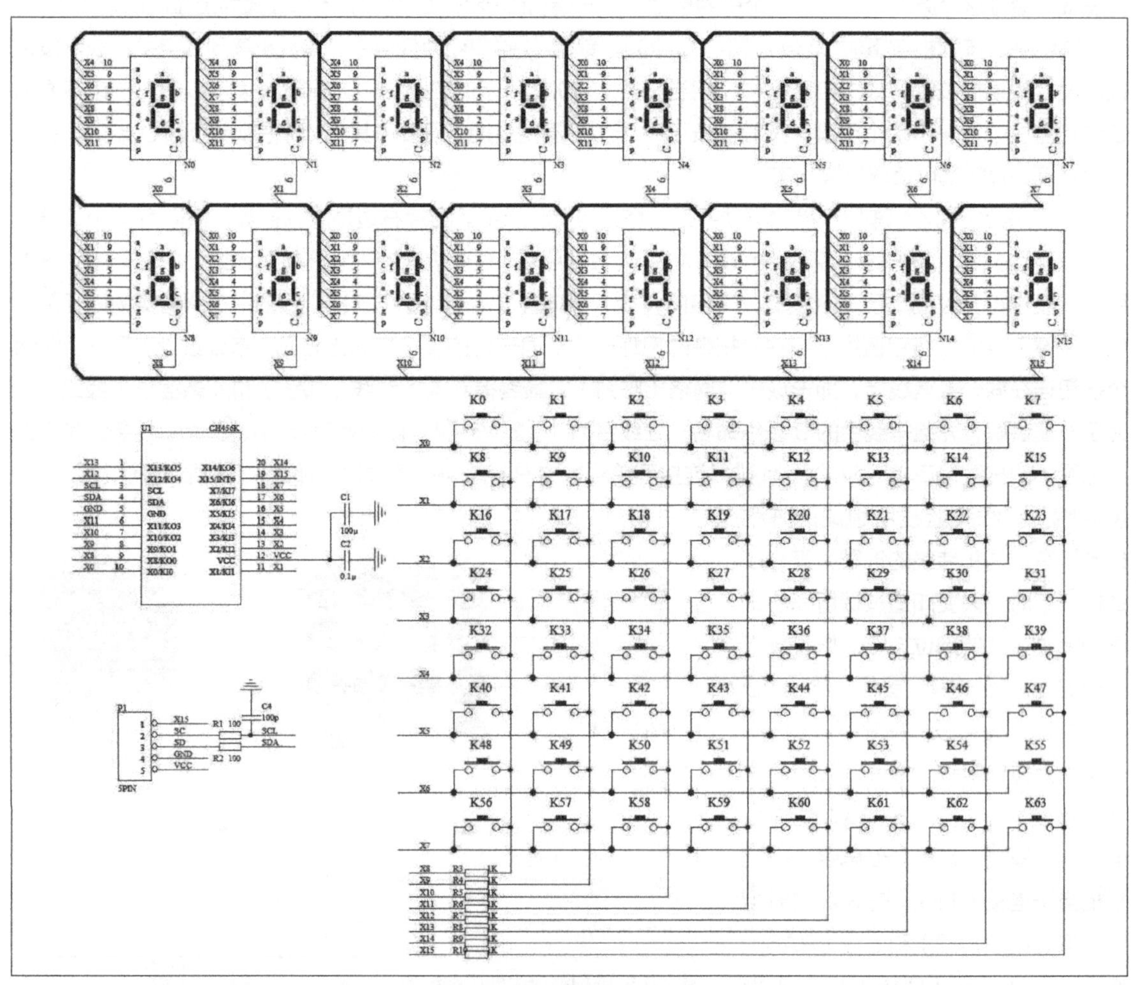

图 40.6 8×8 阵列键盘的电路原理图

键盘，按键值通过 I²C 或 SPI 总线发送给单片机，不需要单片机扫描、判断按键。图 40.6 所示是一个 8×8 的阵列键盘的电路原理图，共有 64 个按键。经线和纬线共占用 16 个端口，采用阵列键盘驱动芯片 CH456，CH456 可以驱动 16 位数码管，同时扫描 64 键的阵列键盘。我们教学中用的数码管的驱动芯片是 TM1640，而 CH456 既可以驱动 16 位数码管，又可扫描阵列键盘。CH456 使用 I²C 总线通信，只占用 2 个 I/O 端口。项目开发时可以考虑使用这款芯片。除此之外，MAX7300 系列也是常用阵列键盘驱动芯片。

40.2 程序分析

阵列键盘的驱动方法有很多，按键读取也有多种方案，包括逐行扫描方案、端口反转方案等。它们之间并没有好坏之分，我们这里使用端口反转方案，但你需要知道阵列键盘并不是只有一种驱动方式，只是以一种为例来讲解。首先打开“阵列键盘测试程序”工程文件，这个工程复制了上一节的工程，修改的部分是在 Hardware 文件夹中加入 KEYPAD4x4 文件夹，其中加入 KEYPAD4x4.c 和 KEYPAD4x4.h 文件，这是由我编写的阵列键盘的驱动程序。接下来用 Keil 软件打开工程，打开 main.c 文件，如图 40.7 所示，这是阵列键盘测试程序。第 17 ~ 21 行加载常规的库文件，第 23 行加载 KEYPAD4x4.h 文件。第 26 行进入主程序，第 27 行定义变量 s，然后第 35 行在 OLED 屏上显示“KEYPAD4x4 TEST”。第 37 行是阵列键盘初始化函数 KEYPAD4x4_Init。第 39 行是 while 主循环，第 41 行是按键值读取函数 KEYPAD4x4_Read，函数没有参数，有返回值，返回按键编号，由于有 16 个按键，返回值是 0 ~ 16。若返回值为 0，表示没有按键被按下。第 43 行将返回值送入变量 s，通过 if 语句判断按键值是否为 0，如果不为 0 表示有按键被按下。假设有一个按键被按下，使 s 值不为 0，执行第 45 ~ 47 行的内容。其中第 45 行在 OLED 屏上显示“KEY NO.”，第 46 行在第 8×8 列的位置显示 s 值的十位，加上偏移量 0x30，最终显示按键编号的十位。第 47 行在 OLED 屏上显示按键编号的个位。显示完成后回到主循环第 41 行循环读取按键值，直到下次有按键被按下，OLED 屏上显示另外的按键编号。这就是主函数所实现的功能。这里主要有两个部分需要进一步分析，一是阵列键盘初始化函数，二是阵列键盘

```
17 #include "stm32f10x.h" //STM32头文件
18 #include "sys.h"
19 #include "delay.h"
20 #include "relay.h"
21 #include "oled0561.h"
22
23 #include "KEYPAD4x4.h"
24
25
26 int main (void){//主程序
27     u8 s;
28     delay_ms(500); //上电时等待其他器件就绪
29     RCC_Configuration(); //系统时钟初始化
30     RELAY_Init();//继电器初始化
31
32     I2C_Configuration();// I²C初始化
33     OLED0561_Init(); //OLED屏初始化
34     OLED_DISPLAY_8x16_BUFFER(0,"   YoungTalk    "); //显示字符串
35     OLED_DISPLAY_8x16_BUFFER(3," KEYPAD 4x4 TEST "); //显示字符串
36
37     KEYPAD4x4_Init();//阵列键盘初始化
38
39     while(1){
40
41         s=KEYPAD4x4_Read();//读出按键值
42
43         if(s!=0){ //如按键值不是0，也就是说有按键操作，则判断为真
44             //-----------------------"----------------"
45             OLED_DISPLAY_8x16_BUFFER(6," KEY No.         "); //显示字符串
46             OLED_DISPLAY_8x16(6,8*8,s/10+0x30);//
47             OLED_DISPLAY_8x16(6,9*8,s%10+0x30);//
48         }
49     }
50 }
```

图 40.7 main.c 文件的全部内容

```
#ifndef __KEYPAD4x4_H
#define __KEYPAD4x4_H
#include "sys.h"
#include "delay.h"


#define KEYPAD4x4PORT GPIOA //定义I/O端口组
#define KEY1  GPIO_Pin_0  //定义I/O端口
#define KEY2  GPIO_Pin_1  //定义I/O端口
#define KEY3  GPIO_Pin_2  //定义I/O端口
#define KEY4  GPIO_Pin_3  //定义I/O端口
#define KEYa  GPIO_Pin_4  //定义I/O端口
#define KEYb  GPIO_Pin_5  //定义I/O端口
#define KEYc  GPIO_Pin_6  //定义I/O端口
#define KEYd  GPIO_Pin_7  //定义I/O端口


void KEYPAD4x4_Init(void);//初始化
void KEYPAD4x4_Init2(void);//初始化2（用于I/O工作方式反转）
u8 KEYPAD4x4_Read (void);//读阵列键盘
```

图 40.8 KEYPAD4x4.h 文件的全部内容

读取函数。

接下来打开 KEYPAD4x4.h 文件，如图 40.8 所示。第 4 行加载延时库函数，因为在 KEYPAD4x4.c 文件用到了延时函数。第 7 ~ 15 行是宏定义部分，定义按键连接的 I/O 端口。按键所连接的是 PA 端口，键盘上的 1 ~ 4 引脚连到 PA0 ~ PA3，键盘上的 A、B、C、D 引脚连到 PA4 ~ PA7，占用了 PA 组的 8 个端口连接阵列键盘。第 18 ~ 20 行是函数声明，包括阵列键盘初始化函数、I/O 端口反转的初始化函数、键盘读取函数。

接下来打开 KEYPAD4x4.c 文件，如图 40.9 所示。第 21 行加载 KEYPAD4x4.h 库文件。第 23 行是按键初始化函数 KEYPAD4x4_Init，第 24 行定义结构体变量，第 25 行开启 PA 组 I/O 端口的时钟，第 26 ~ 28 行定义 KEYa、KEYb、KEYc、KEYd 这 4 个端口，将它们设置为上拉电阻输入方式。第 30 ~ 33 行定义 KEY1、KEY2、KEY3、KEY4 端口，将它们设置为 50MHz 推挽输出方式。第 36 行是第 2 个初始化函数 KEYPAD4x4_Init2，用于 I/O 端口的状态反转，其中的内容和第 23 行的 I/O 端口初始化相同，只是端口定义有变化。第 24 ~ 33 行将 KEYa、KEYb、KEYc、KEYd 端口设置为上拉电阻输入方式，将 1、2、3、4 端口设置为推挽输出。而第 37 ~ 45 行将 KEY1、KEY2、KEY3、KEY4 端口设置为上拉电阻输入方式，将 KEYa、KEYb、KEYc、KEYd 端口设置为推挽输出方式。两组 I/O 端口的工作状态反转，在按键读取时会用到。如图 40.10 所示，第 48 行是按键读取函数 KEYPAD4x4_Read，函数没有参数，有一个返回值。第 49 行定义两个变量 a 和 b，并且给出初始值为 0，这一点非常重要。如果不设置 b 的初始值为 0，程序会出错。第 50 行调用按键初始化函数 KEYPAD4x4_Init，将 KEYa、KEYb、KEYc、KEYd 端口设置为上拉电阻输入方式，将 KEY1、KEY2、KEY3、KEY4 端口设置为推挽的输出方式。第 51 ~ 52 行设置 I/O 端口电平，将 KEY1、KEY2、KEY3、KEY4 端口设置为低电平（相当于 GND），将 KEYa、KEYb、KEYc、KEYd 设置为高电平（用于读取按键状态）。于是第 53 行通过 if 语句判断按键是否被按下，读取 KEYa、KEYb、KEYc、KEYd 端口的电平状态，如果有按键被按下，其中一条线应为低电平。有按键被按下就执行 if 语句其中的内容。第 57 行延时 20ms 去抖动，第 58 ~ 61 行再次读取按键。第 62 行调用固件库函数 GPIO_ReadInputData，读取 PA 整组 I/O 端口的电平状态，读出的数据和 0xFF 按位相与运算。由于整组 I/O 端口是 32 位的，而我们只读取 PA0 ~ PA7 这 8 个端口，运算目的是取到 PA0 ~ PA7 端口状态，将状态值送入变量 a。接下来第 64 行调用状态反转的初始

```
21 #include "KEYPAD4x4.h"
22
23 void KEYPAD4x4_Init(void){ //微动开关的接口初始化
24     GPIO_InitTypeDef  GPIO_InitStructure; //定义GPIO的初始化枚举结构
25       RCC_APB2PeriphClockCmd(RCC_APB2Periph_GPIOA,ENABLE);
26       GPIO_InitStructure.GPIO_Pin = KEYa | KEYb | KEYc | KEYd; //选择端口号（0~15或all）
27       GPIO_InitStructure.GPIO_Mode = GPIO_Mode_IPU; //选择I/O端口工作方式 //上拉电阻
28     GPIO_Init(KEYPAD4x4PORT,&GPIO_InitStructure);
29
30       GPIO_InitStructure.GPIO_Pin = KEY1 | KEY2 | KEY3 | KEY4; //选择端口号（0~15或all）
31       GPIO_InitStructure.GPIO_Mode = GPIO_Mode_Out_PP; //选择I/O端口工作方式 //上拉电阻
32     GPIO_InitStructure.GPIO_Speed = GPIO_Speed_50MHz; //设置I/O端口速度（2/10/50MHz）
33     GPIO_Init(KEYPAD4x4PORT,&GPIO_InitStructure);
34
35 }
36 void KEYPAD4x4_Init2(void){ //微动开关的接口初始化2（用于I/O工作方式反转）
37     GPIO_InitTypeDef  GPIO_InitStructure; //定义GPIO的初始化枚举结构
38       GPIO_InitStructure.GPIO_Pin = KEY1 | KEY2 | KEY3 | KEY4; //选择端口号（0~15或all）
39       GPIO_InitStructure.GPIO_Mode = GPIO_Mode_IPU; //选择I/O端口工作方式 //上拉电阻
40     GPIO_Init(KEYPAD4x4PORT,&GPIO_InitStructure);
41
42       GPIO_InitStructure.GPIO_Pin = KEYa | KEYb | KEYc | KEYd; //选择端口号（0~15或all）
43       GPIO_InitStructure.GPIO_Mode = GPIO_Mode_Out_PP; //选择I/O端口工作方式 //上拉电阻
44     GPIO_InitStructure.GPIO_Speed = GPIO_Speed_50MHz; //设置I/O端口速度（2/10/50MHz）
45     GPIO_Init(KEYPAD4x4PORT,&GPIO_InitStructure);
46
47 }
```

图 40.9 KEYPAD4x4.c 文件的部分内容

```
48 u8 KEYPAD4x4_Read (void){//键盘处理函数
49   u8 a=0,b=0;//定义变量
50   KEYPAD4x4_Init();//初始化I/O
51   GPIO_ResetBits(KEYPAD4x4PORT,KEY1|KEY2|KEY3|KEY4);
52   GPIO_SetBits(KEYPAD4x4PORT,KEYa|KEYb|KEYc|KEYd);
53   if(!GPIO_ReadInputDataBit(KEYPAD4x4PORT,KEYa) || //查询键盘端口的值是否变化
54     !GPIO_ReadInputDataBit(KEYPAD4x4PORT,KEYb) ||
55     !GPIO_ReadInputDataBit(KEYPAD4x4PORT,KEYc) ||
56     !GPIO_ReadInputDataBit(KEYPAD4x4PORT,KEYd)){
57     delay_ms (20);//延时20ms
58     if(!GPIO_ReadInputDataBit(KEYPAD4x4PORT,KEYa) ||//查询键盘端口的值是否变化
59       !GPIO_ReadInputDataBit(KEYPAD4x4PORT,KEYb) ||
60       !GPIO_ReadInputDataBit(KEYPAD4x4PORT,KEYc) ||
61       !GPIO_ReadInputDataBit(KEYPAD4x4PORT,KEYd)){
62       a = GPIO_ReadInputData(KEYPAD4x4PORT)&0xff;//将键值放入寄存器a
63     }
64     KEYPAD4x4_Init2();//I/O端口工作方式反转
65     GPIO_SetBits(KEYPAD4x4PORT,KEY1|KEY2|KEY3|KEY4);
66     GPIO_ResetBits(KEYPAD4x4PORT,KEYa|KEYb|KEYc|KEYd);
67     b = GPIO_ReadInputData(KEYPAD4x4PORT)&0xff;//将第二次取得的值放入寄存器b
68     a = a|b;//将两个数据相或
69     switch(a){//对比数据值
70       case 0xee: b = 16; break;//对比得到的键值给b一个应用数据
71       case 0xed: b = 15; break;
72       case 0xeb: b = 14; break;
73       case 0xe7: b = 13; break;
74       case 0xde: b = 12; break;
75       case 0xdd: b = 11; break;
76       case 0xdb: b = 10; break;
77       case 0xd7: b = 9; break;
78       case 0xbe: b = 8; break;
79       case 0xbd: b = 7; break;
80       case 0xbb: b = 6; break;
81       case 0xb7: b = 5; break;
82       case 0x7e: b = 4; break;
83       case 0x7d: b = 3; break;
84       case 0x7b: b = 2; break;
85       case 0x77: b = 1; break;
86       default: b = 0; break;//键值错误处理
87     }
88     while(!GPIO_ReadInputDataBit(KEYPAD4x4PORT,KEY1) || //等待按键被放开
89       !GPIO_ReadInputDataBit(KEYPAD4x4PORT,KEY2) ||
90       !GPIO_ReadInputDataBit(KEYPAD4x4PORT,KEY3) ||
91       !GPIO_ReadInputDataBit(KEYPAD4x4PORT,KEY4));
92     delay_ms (20);//延时20ms
93   }
94 return (b);//将b作为返回值返回
95 }
```

图 40.10 KEYPAD4x4.c 文件的部分内容

化函数 KEYPAD4x4_Init2，将 KEY1、KEY2、KEY3、KEY4 端口设置为上拉输入方式，将 KEYa、KEYb、KEYc、KEYd 端口设置为推挽输出方式。第 65 ~ 66 行设置 KEY1、KEY2、KEY3、KEY4 端口设为高电平，设置 KEYa、KEYb、KEYc、KEYd 端口为低电平。I/O 端口的状态反转，从读纬线变成读经线状态，然后第 67 行再次读取 I/O 端口，调用固定库函数并和 0xFF 按位相与运算，将得到的值放入变量 b。b 的值相当于经线值，而之前读到 a 的值相当于纬线值。第 68 行将 a 和 b 按位相或运算，将结果放入变量 a。以上运算是把经线和纬线的值放在一起，得到一个字节的数据。第 69 行通过 switch 语句判断最终按键值。第 70 ~ 85 行有 16 个判断分支，第 70 行先比对 a 的值是不是 0xEE。0xEE 是什么含义呢？我们可以将每部分分解开，0xEE 以二进制表示是 11101110，也就是说高 4 位和低 4 位中最低位都为 0。投射到电路中相当于经线 PA4 为 0，纬线 PA0 为 0，对应“0”号按键。将 b 的值设为 16，16 是我们自己给出的按键编号。接下来第 71 行是判断 a 的值是不是 0xED，0xED 以二进制表示是 11101101，也就是说经线 PA4 为 0，纬线 PA1 为 0，对应“4”号按键，将按键编号 15 写入变量 b。以同样原理可完成其他判断。第 86 行是 default，即当以上的判断都不成立时让 b 的值等于 0，表示按键错误。这种情况多发生在 2 个或 2 个以上按键同时被按下时。按键处理完毕后，第 88 ~ 91 行通过 while 语句等待按键被放开，第 92 行在按键被放开后延时 20ms 去抖动，第 94 行将变量 b 的值作为返回值，返回按键编号。switch 语句中每次对 b 的赋值都给出按键编号，大家可以按照自己的按键定义修改编号数值。了解了按键的驱动原理后，可以增加经线和纬线来增加按键数量，得到更多的按键编号。按键驱动程序已经在开发板上验证，不需要修改就可以使用。你即使没有看懂工作原理，也能直接使用。

第 79~81 步

41 外部中断

41.1 原理介绍

学过单片机的朋友一定会问，为什么入门教学没有介绍中断和定时器？在其他的单片机教学中，中断和定时器都是放在最前边介绍。而我把中断和定时器放在后面来讲，是因为中断和定时器是单片机学习的重点和难点。如果放在前边介绍，由于初学者刚刚开始学习，遇到复杂问题，可能长时间停在一处。为了保证学习的顺畅，不给初学者增加难度，保持对学习的兴趣，我把难点放在后面。讲过洋桃 1 号开发板上的所有功能，再来介绍中断和定时器，学习起来就没有那么困难了。这一节我们来介绍“中断”原理，主要讲解“外部中断”和“嵌套向量中断控制器”。关于中断，我在第一章中介绍，中断是中止当前工作，去做其他工作。比如在我工作时有人敲门，敲门声就是中断信号，我要停下工作去开门，开门就是中断事件。简单来讲，中断是突发事件，中止当前工作，转而处理突发事件，处理完后再继续执行前面的工作。这是我用简单的语言来解释中断，虽然不严谨，但很好理解。STM32 单片机允许多种多样的中断形式，包括 I/O 端口中断、ADC 中断、USART 中断、RTC 中断、USB 中断、PVD 中断等。这些功能都能中止 CPU 当前工作。中断的对象是 CPU，CPU 是单片机的运算核心——ARM 内核，只有内核不停工作，单片机才能不间断运行，而中断是中止内核运行。如图 41.1 所示，*x* 轴是时间线，“中断事件”方框左侧实线表示 CPU 处在正常工作状态，“中断事件”方框表示中断事件，外部的某些事情请求单片机进入中断处理程序。这时 CPU 放下当前工作，从本来要走的虚线路线改为从下方事件开始执行中断处理程序，和之前执行的主程序没有关系。中断程序执行完后，CPU 回到原来的主程序继续执行，这就是中断的过程。需要注意：中断对象是内核，中断可以让内核停止当前的任务来执行中断任务，执行完毕后回到之前的任务。能够产生中断的功能有 I/O 端口、ADC 等功能。

我们先来介绍外部 I/O 中断。外部 I/O 端口中断可简称为外部中断。“STM32F103X8-B 数据手册”第 7 页的 2.3.6 章节有“外部中断或事件控制器 EXTI”，用外部 I/O 端口作为中断事情触发输入源。外部中断有 3 个特点：一是 STM32F1 系列单片机支持将所有 I/O 端口设置为外部中断输入源；二是外部 I/O 端口可设置上升沿、下降沿、高低电平 3 种触发方式；三是外部中断可以选择设置为中断触发或事件触发。此处需要解释什么是上升沿、下降沿、高低电平中断，什么是中断触发，什么是事件触发。首先说电平状态，单片机 I/O 端口只能读到数字电平（不开 ADC 功能时）——高电平或低电平。如果把 I/O 端口作为中断触发，根据电平的特性只有 3 种状态。一是下降沿，即电平从高电平变到低电平的瞬间过程。如图 41.2 上半部分所示，左侧开始时 I/O 端口处在高电平状态，接下来端口瞬间变成低电平。由高到低的过程形成一个下降的边沿（竖线），这就是“下降沿”。

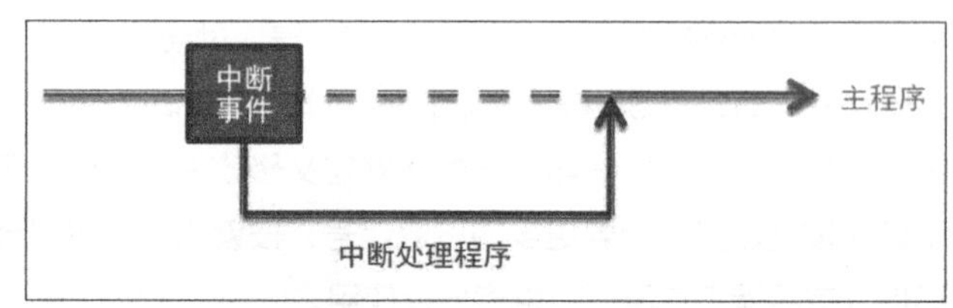

图 41.1 中断原理示意图

高电平变为低电平就会产生一个下降沿。二是上升沿，上升沿与下降沿相反，I/O 端口开始时是低电平，瞬间变成高电平，这个过程产生一个上升沿。三是电平触发，是指任意电平变化产生的触发，包括上升沿和下降沿。如图 41.2 下半部分所示，I/O 端口开始是高电平，然后瞬间变到低电平，经过一段时间后又瞬间变成高电平。这个过程产生了一个下降沿和一个上升沿。但如果只考虑电平的状态，电平从高电平变成低电平，就会产生一次中断，从低电平变成高电平又产生一次中断，电平触发模式可产生 2 次中断。这就是上升沿、下降沿、电平触发的功能性差异。

我们举一个实例来看如何用中断处理阵列键盘的扫描。假如按照上一节介绍的阵列键盘驱动方法，在 I/O 端口电平读取部分将程序以扫描电平方式改为 EXTI 中断输入方式，用外部中断检测 I/O 端口的下降沿，有下降沿即触发中断，进入中断处理程序读出按键值。我已经写好一个中断方式的阵列键盘程序，在附带资料中找到“键盘中断测试程序”，将工程中的 HEX 文件下载到洋桃 1 号开发板中，看一下效果。实际效果和上一节的效果相同，区别是对按键读取的处理方法。上一节在分析阵列键盘程序时，已知键盘的读取是主程序扫描 I/O 端口。主程序必须反复检测 I/O 端口，单片机的其他工作任务会受此影响，某些情况下会出现按键检测延时导致按键失灵。而使用中断处理的方法就不会出现这个问题。如图 41.3 所示，使用中断程序将单片机的 PA4 ~ PA7 端口设置为中断输入引脚。当有按键被按下时，PA4 ~ PA7 中一个引脚产生中断，可能是下降沿或高低电平触发，ARM 结束当前工作，进入中断处理程序读取按键，完成后内核将回到之前的主程序中止处继续执行。

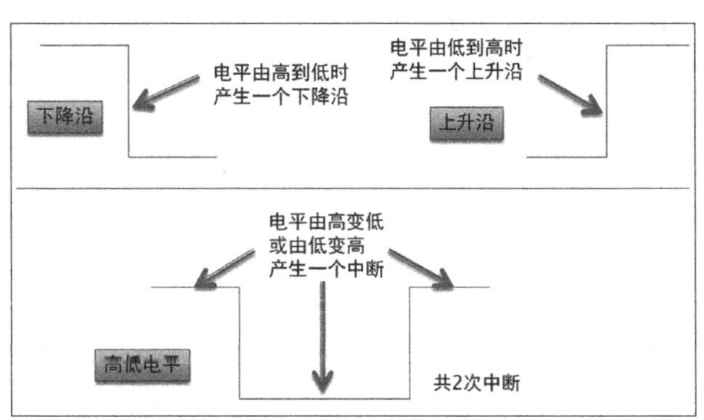

图 41.2 触发电平的说明

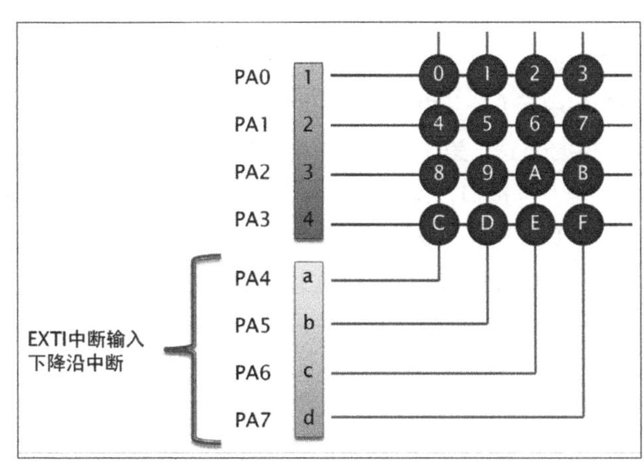

图 41.3 阵列键盘中断读取示意图

接下来解释“中断”和“事件”。如图 41.4 上半部分所示，中断指的是“中断模式”，它是由外部 I/O 端口产生中断触发，单片机内核中止当前工作并处理中断。这时就进入中间部分，这里包括了“CPU 参与”方框部分，有 CPU 的参与。在中断模式下，CPU 需要参与中断处理。比如中断任务是点亮 LED，在 CPU 参与下执行中断处理程序点亮 LED。接下来说事件模式，比如同样是外部 I/O 中断触发，但内部没有 CPU 的

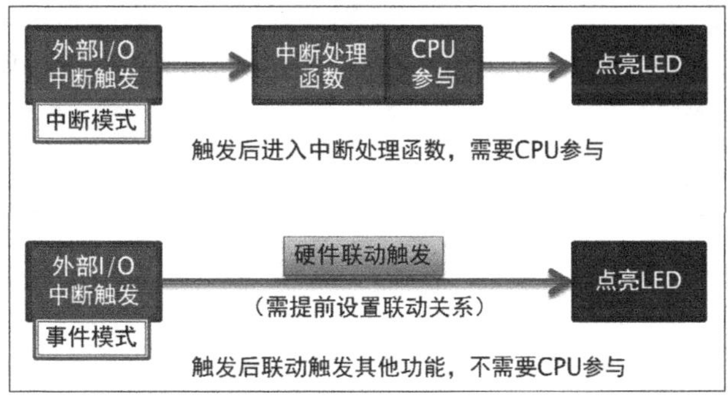

图 41.4 中断模式与事件模式的比较

参与，而是由硬件联动触发。我们需要提前设置好联动的关系，在事件模式下当外部 I/O 产生中断，会通过内部的硬件关联直接点亮 LED，不需要 CPU 处理。简单来讲，中断模式需要 CPU 参与完成工作；事件模式提前设置好硬件自动关联后，不需要 CPU 参与（见图 41.4 下半部分）。图 41.5 是 ST 公司制作的中断向量说明图。在“STM32F10XXX 参考手册（中文）”第 230 页找到“中断与事件”，这里是中断和事件的说明。说明非常详尽，想熟练使用中断模式，要认真学习此说明。说明中提到了“嵌套向量中断控制器”，简称 NVIC。这是和单片机内核密切关联的控制器，它能把外部中断信号关联到单片机内核。它的工作是对各种中断类型分门别类，按先后顺序发送给 ARM 内核，让内核有条理地处理中断任务。参考手册 9.1.2 节“中断和异常向量”，这部分简单了解即可。接下来 9.2 节介绍了外部中断事件控制器 EXTI，它控制外部 I/O 端口产生中断（外部中断）。第 135 页有逻辑框图，图中通过各种与非门电路产生不同的逻辑，发送给对应的中断处理。第 137 页还有中断的路线映射，从中可知 EXTI0 表示第 0 路中断，输入端是每组 I/O 端口的第 0 号接口，包括 PA0、PB0、PC0、PD0……直到 PG0，下方第 1 路中断通道入口是 PA1 ~ PG1，以此类推，第 15 号中断对应 PA15 ~ PG15，有中断编号和 I/O 端口号的对应关系。

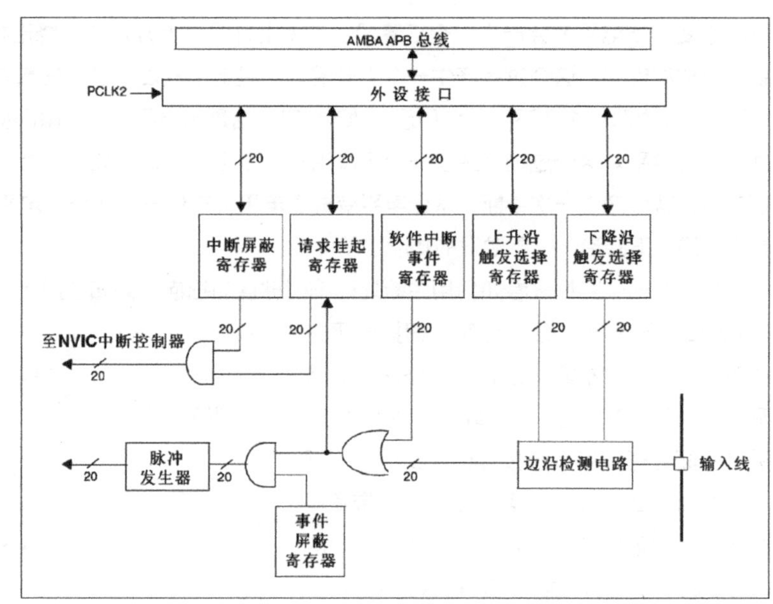

图 41.5 中断向量说明图

I/O 端口映射表如图 41.6 所示，图中第一列是单片机的 I/O 端口，第二列是对应的中断控制器，第三列是中断处理函数的名称，名称不允许用户修改。从中可见每组第 0 号 I/O 端口都接到第 0 号中断（EXTI0），每组第 1 号 I/O 端口接到第 1 号中断（EXTI1），直到每组第 4 号 I/O 端口接到第 4 号中断（EXTI4）。但是接下来有所变化。PA5 ~ PG5 对应的中断号是 EXTI5，直到 PA9 ~ PG9 对应 EXTI9，这 5 个中断共用一个中断处理函数 EXTI9_5_IRQHandler。接下来 PA10 ~ PG10 是第 10 号中断，直到 PA15 ~ PG15 使用的是第 15 号中断（EXTI15）。这 6 个中断共用一个中断处理函数 EXTI15_10_IRQHandler。除了 EXTI0 ~ EXTI15 之外，还有 EXTI16 ~ EXTI18 对应 PVD 输出中断、RTC 闹钟事件、USB 唤醒事件，这些都是为特殊功能保留的中断入口。这些内容在后

GPIO引脚	中断标志位	中断处理函数
PA0~PG0	EXTI0	EXTI0_IRQHandler
PA1~PG1	EXTI1	EXTI1_IRQHandler
PA2~PG2	EXTI2	EXTI2_IRQHandler
PA3~PG3	EXTI3	EXTI3_IRQHandler
PA4~PG4	EXTI4	EXTI4_IRQHandler
PA5~PG5	EXTI5	EXTI9_5_IRQHandler
PA6~PG6	EXTI6	
PA7~PG7	EXTI7	
PA8~PG8	EXTI8	
PA9~PG9	EXTI9	
PA10~PG10	EXTI10	EXTI15_10_IRQHandler
PA11~PG11	EXTI11	
PA12~PG12	EXTI12	
PA13~PG13	EXTI13	
PA14~PG14	EXTI14	
PA15~PG15	EXTI15	

图 41.6 I/O 端口映射表

文分析程序时再细讲。接下来看一下外部中断和嵌套向量中断控制器的关系。如图 41.7 所示，图中左边有外部中断控制寄存器、ADC 模数转换器、USART 串口及其他设备。这些设备在初始化时都可以产生中断。除此之外，其他的中断方式都要和外部中断一样将请求发给嵌套向量中断控制器 NVIC，请求会按先后关系排队处理。最先处理好的、等级最高的中断源可以传送给 CPU。CPU 收到中断信号后会停止当前工作，执行中断工作。

什么是嵌套的向量中断控制器（NVIC）？这是一个中断总控制器，它能处理多达 43 个可屏蔽的中断通道，它有 16 个优先级。有了 NVIC 后，所有外部功能的中断都被整合在一起，按先后顺序产生中断。NVIC 的使用方法很简单，假设要使用外部 I/O 中断，只要在程序上开启外部中断，同时开启 NVIC，确保外部的各功能中断可以进入 NVIC。假设出现一个外部中断，某 I/O 端口产生下降沿，根据外部中断功能内部的设计，在产生下降沿时发送指令。一旦产生中断，中断信号会被送入 NVIC。NVIC 会对每个中断排序，有先有后，将整理好的中断任务发送给 ARM 内核处理。处理完成后，NVIC 会继续发送其他的优先级较低的控制项。关于这个部分，单独介绍纯理论的内容是较难理解的，接下来通过程序介绍外部 I/O 中断如何设置、NVIC 如何设置。只有将两部分设置正确，才能让 ARM 内核进入中断处理程序。

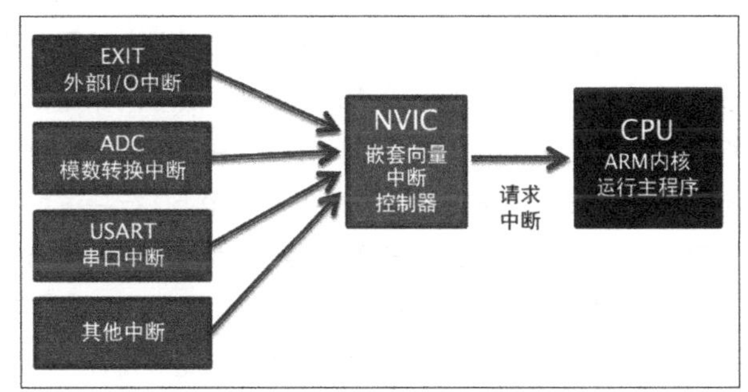

图 41.7 嵌套向量中断控制器的关系图

41.2 程序分析

接下来我们通过分析程序来讲解如何实现中断处理。首先打开“键盘中断测试程序”工程文件。工程文件复制了上一节“阵列键盘测试程序”的工程。区别就是在 Basic 文件夹里加入 nvic 文件夹，其中加入 NVIC.c 和 NVIC.h 文件。这两个文件是我编写的中断驱动程序。接下来用 Keil 软件打开工程，首先打开 main.c 文件，这是阵列键盘中断测试程序，键盘的读取方法从主程序不断扫描检测改为了 I/O 端口中断检测。如图 41.8 所示，第 23 行加载了阵列键盘的库文件 KEYPAD4x4.h，第 24 行加载了断相关的库文件 NVIC.h。第 36 行在 OLED 屏上显示“KEYPAD4x4 TEST”。第 38 行的 INT_MARK 是一个全局变量，功能是标志是否有中断，为 0 表示没有中断。

```
17 #include "stm32f10x.h" //STM32头文件
18 #include "sys.h"
19 #include "delay.h"
20 #include "relay.h"
21 #include "oled0561.h"
22
23 #include "KEYPAD4x4.h"
24 #include "NVIC.h"
25
26
27 int main (void){//主程序
28     u8 s;
29     delay_ms(500); //上电时等待其他器件就绪
30     RCC_Configuration(); //系统时钟初始化
31     RELAY_Init();//继电器初始化
32
33     I2C_Configuration();//I²C初始化
34     OLED0561_Init(); //OLED屏初始化
35     OLED_DISPLAY_8x16_BUFFER(0,"   YoungTalk    "); //显示字符串
36     OLED_DISPLAY_8x16_BUFFER(3," KEYPAD4x4 TEST "); //显示字符串
37
38     INT_MARK=0;//标志位清0
39
40     NVIC_Configuration();//设置中断优先级
41     KEYPAD4x4_Init();//阵列键盘初始化
42     KEYPAD4x4_INT_INIT();//阵列键盘的中断初始化
43
44     while(1){
45
46         //其他程序内容
47
48         if(INT_MARK){ //中断标志位为1表示有按键中断
49             INT_MARK=0;//标志位清0
50             s=KEYPAD4x4_Read();//读出按键值
51             if(s!=0){ //如果按键值不是0，也就是说有按键操作，则判断为真
52                 //-------------------------"----------------"
53                 OLED_DISPLAY_8x16_BUFFER(6," KEY No.         "); //显示字符串
54                 OLED_DISPLAY_8x16(6,8*8,s/10+0x30);//
55                 OLED_DISPLAY_8x16(6,9*8,s%10+0x30);//
56             }
57         }
58     }
59 }
```

图 41.8 main.c 文件的全部内容

```
20 #include "sys.h"
21
22 void NVIC_Configuration(void){ //嵌套中断向量控制器的设置
23     NVIC_PriorityGroupConfig(NVIC_PriorityGroup_2); //设置NVIC中断分组2:2位抢占优先级，2位响应优先级
24 }
```

图 41.9 NVIC_Configuration 的函数内容

一旦产生中断，程序会在中断处理函数中将标志变成除 0 之外的其他值。第 40 行是设置中断优先级函数 NVIC_Configuration，只要调用此函数，就能设置中断优先级，从而启动中断。我们可以用“鼠标右键跳转法”查看函数内部的程序。跳转到 sys.c 文件，如图 41.9 所示。此函数中只有一行程序，设置 NVIC 中断分组，它调用了标准固件库函数，这里我们不需要修改，只要知道需要使用中断时要调用此函数即可。回到 main.c 文件，第 41 行是常规的阵列键盘初始化，第 42 行是阵列键盘的中断初始化。第 38 行设置中断的优先级，第 42 行开启键盘的中断设置，它们的作用不同。只有设置了优先级又设置了键盘中断才能启动中断。接下来是主循环部分，第 46 行可以写入其他任何程序。也就是说在主循环中无须反复读取按键，我们可以写入跟按键无关的其他程序，而按键读取由中断实现。第 48 行通过 if 语句判断中断标志位 INT_MARK 是否为 0。不为 0 表示有按键被按下，产生了中断，然后执行 if 语句中的内容，处理中断任务。第 49 行清空标志，使得 if 语句结束后不至于因标志位还不为 0 而反复循环。第 50 行是读取按键值函数，函数内容和之前介绍的阵列键盘测试程序中的相同，将按键值放入变量 s。第 51 行判断 s 是否不为 0，不为 0 表示有按键被按下。第 53 行在 OLED 屏上显示“KEY No.”和按键编号。现在程序关键集中在两个部分：一是全局变量标志位 INT_MARK 是怎样改变的？主程序并没有改变它的值，初始值为 0，它的值是在中断处理函数中改变的。二是分析 KEYPAD4x4_INT_INIT 函数，因为它是中断初始化函数，它既要启动外部中断 EXTI，又要设置嵌套向量中断控制器（NVIC），将 NVIC 设置为正确状态才能让 I/O 端口触发中断。

```
1 #ifndef __NVIC_H
2 #define __NVIC_H
3 #include "sys.h"
4
5
6 extern u8 INT_MARK;//中断标志位
7
8
9 void KEYPAD4x4_INT_INIT (void);
10
```

图 41.10 NVIC.h 文件的全部内容

我们先来分析中断初始化函数，打开 NVIC.h 文件，如图 41.10 所示。文件内容很简单，第 6 行声明了全局变量 INT_MARK，这是中断标志位。第 9 行声明 KEYPAD4x4_INT_INIT 函数，这是阵列键盘的中断初始化函数。接下来打开 NVIC.c 文件，如图 41.11 所示。第 18 行加载 NVIC.h 文件，第 20 行定义全局变量 INT_MARK，这是中断标志位。第 22 行是需要重点分析的按键中断的初始化函数。第 23 行定义 NVIC 结构体变量，用于嵌套向量中断控制器的设置。第 24 行定义 EXTI 的结构体变量，用于外部中断的设置。第 26 行是 RCC时钟程序，开启 I/O 端口组的 RCC 时钟。需要注意：开启

```
18 #include "NVIC.h"
19
20 u8 INT_MARK;//中断标志位
21
22 void KEYPAD4x4_INT_INIT (void){  //按键中断初始化
23   NVIC_InitTypeDef  NVIC_InitStruct;  //定义结构体变量
24   EXTI_InitTypeDef  EXTI_InitStruct;
25
26     RCC_APB2PeriphClockCmd(RCC_APB2Periph_GPIOA,ENABLE); //启动GPIO时钟 （需要与复用时钟一同启动）
27   RCC_APB2PeriphClockCmd(RCC_APB2Periph_AFIO , ENABLE);//配置端口中断需要启用复用时钟
28
29 //第1个中断
30   GPIO_EXTILineConfig(GPIO_PortSourceGPIOA, GPIO_PinSource4);  //定义 GPIO 中断
31
32   EXTI_InitStruct.EXTI_Line=EXTI_Line4;  //定义中断线
33   EXTI_InitStruct.EXTI_LineCmd=ENABLE;                    //中断使能
34   EXTI_InitStruct.EXTI_Mode=EXTI_Mode_Interrupt;          //中断模式为中断
35   EXTI_InitStruct.EXTI_Trigger=EXTI_Trigger_Falling;      //下降沿触发
36
37   EXTI_Init(& EXTI_InitStruct);
38
39   NVIC_InitStruct.NVIC_IRQChannel=EXTI4_IRQn;   //中断线
40   NVIC_InitStruct.NVIC_IRQChannelCmd=ENABLE;  //使能中断
41   NVIC_InitStruct.NVIC_IRQChannelPreemptionPriority=2;  //抢占优先级 2
42   NVIC_InitStruct.NVIC_IRQChannelSubPriority=2;        //子优先级 2
43   NVIC_Init(& NVIC_InitStruct);
44
```

图 41.11 NVIC.c 文件的部分内容

GPIO 的时钟，在上一个工程里是出现在 KEYPAD4x4_Init 文件中，但在用于 NVIC 控制时，由于对同一个时钟不能频繁开启，所以将它挪到现在的位置。第 27 行开启端口的复用时钟，只有开启复用时钟才能使用外部中断。也就是说要想使用中断，第一步要开启 RCC 时钟，包括 I/O 端口组时钟和复用时钟。接下来是对中断进行设置，第 30 ~ 43 行是第一个中断的设置，第 46 ~ 59 行是第 2 个中断的设置，第 62 ~ 75 行是第 3 个中断的设置，第 78 ~ 91 行是第 4 个中断的设置。阵列键盘有 4 行 4 列共 8 个接口，键盘初始化时将 PA0 ~ PA3 这 4 个接口设置为推挽输出的低电平，将 PA4 ~ PA7 设置为上拉电阻输入方式。如图 41.12 所示，第 95 行通过外部中断设置 EXTI 将 4 个接口设置为下降沿中断。这样当某个按钮被按下时，PA4 ~ PA7 这 4 个 I/O 端口肯定有一个出现下降沿，触发中断。占用 4 个 I/O 端口所以设置 4 个中断。在程序中第 1 个到第 4 个外部中断对应着阵列键盘的 4 个 I/O 端口。我们仅分析第 1 个中断，其他中断的内容大同小异，只是端口号不同。

如图 41.11 所示，第 30 行调用一个固件控函数 GPIO_EXTILineConfig，功能是把某一组 I/O 端口和外部中断 EXTI 连接。函数有两个参数，第一个参数是 I/O 端口组，当前使用 PA 组端口。第 2 个参数是 I/O 端口组要连接哪个中断通道，当前连接第 4 路中断通道。如图 41.6 所示，建议你可通过图表对照着程序看，思路就清晰了。我们使用 PA 组端口可以对应 PA0 ~ PA15 对应的所有通道。它可以连接 EXTI0 ~ EXTI15，共 16 个通道，但函数第 2 个参数是连接到第 4 个通道 EXTI4。设置这两个参数就已经设置好了中断入口：第 4 号通道入口。第 4 号入口对应每组端口的第 4 号端口，从 PA4、PB4 直到 PG4，但是第一个参数已经选择 GPIOA，所以最终的中断通道就是 PA4。PA4 产生中断，程序就会自动跳入第 95 行的中断处理函数 EXTI4_IRQHandler。只要理解了这个设置原理，后边的学习就会相对轻松些。接下来第 32 ~ 35 设置外部中断的性能，第 32 行设置中断线，当前是第 4 号中断通道。由于我们已经设置了第 4 号通道对应 PA4，所以第 33 ~ 35 行设置 PA4 接口的中断性能。第 33 行使能中断，中断功能开始工作。第 34 行设置为中断模式。中断触发有中断模式和事件模式。关于事件模式如何设置才能不用 CPU 参与还能自动完成事件，以后有机会再讲，现在会使用中断模式即可。第 35 行设置中断产生方式，设置为下降沿触发。我们把鼠标指针放在“EXTI_Trigger_Falling”上并用“鼠标右键跳转法”跳到相应的设置选项。可以选择上升沿触发 EXTI_Trigger_Rising、下降沿触发 EXTI_Trigger_Falling、高低电平触发 EXTI_Trigger_Rising_Falling。我们根据自己的需要设置一种触发方式。回到程序分析，第 37 行调用固件库函数 EXTI_Init 写入以上设置，完成了外部中断的设置。但是这里并没有结束，还需要对嵌套向量中断控制器（NVIC）进行设置。第 39 行指定中断入口，当前是外部中断第 4 号入口 PA4，所以参数写的是“EXTI4_IRQn”。第 40 行使能中断，让外部中断直接进入 NVIC。若不使能，外部中断即使被触发也无法触及 ARM 内核。第 41 行设置 NVIC 优先级，当前优先级设置为 2。第 42 行设置子优先级，当前设置为 2。优先级涉及的知识较多，展开介绍比较复杂，初学者只要按照默认设置即可。第 43 行将以上设置写入 NVIC 寄存器，完成了第一个端口的全部设置。

```
95  void  EXTI4_IRQHandler(void){
96      if(EXTI_GetITStatus(EXTI_Line4)!=RESET){//判断某个线上的中断是否发生
97          INT_MARK=1;//标志位置1，表示有按键中断
98          EXTI_ClearITPendingBit(EXTI_Line4);   //清除 LINE 上的中断标志位
99      }
100 }
101 void  EXTI9_5_IRQHandler(void){
102     if(EXTI_GetITStatus(EXTI_Line5)!=RESET){//判断某个线上的中断是否发生
103         INT_MARK=2;//标志位置1，表示有按键中断
104         EXTI_ClearITPendingBit(EXTI_Line5);   //清除 LINE 上的中断标志位
105     }
106     if(EXTI_GetITStatus(EXTI_Line6)!=RESET){//判断某个线上的中断是否发生
107         INT_MARK=3;//标志位置1，表示有按键中断
108         EXTI_ClearITPendingBit(EXTI_Line6);   //清除 LINE 上的中断标志位
109     }
110     if(EXTI_GetITStatus(EXTI_Line7)!=RESET){//判断某个线上的中断是否发生
111         INT_MARK=4;//标志位置1，表示有按键中断
112         EXTI_ClearITPendingBit(EXTI_Line7);   //清除 LINE 上的中断标志位
113     }
114 }
```

图 41.12 NVIC.c 文件的部分内容

接下来第 46 ~ 59 行第 2 个中断的设置程序，设置原理与

第一个中断设置相同。首先设置 PA 组端口连接到第 5 号通道（中断入口设置为 PA5），再设置外部中断的通道为 PA5，使能中断，设置为中断模式、下降沿触发，再设置 NVAC 中断线。需要注意：NVIC 的中段线并不是通道 5，而是通道 9_5。因为通道 5 ~ 9 共用一个中断处理函数，函数名是 9_5。当要设置的是第 5 到第 9 号通道时，都要使用这个共用的中断线通道。接下来使能中断，设置优先级，最后写入设置。再看第 62 ~ 75 行的第 3 个中断的设置，将 PA 组端口写入通道 6，使用 PA6 端口输入中断，使能中断，设置为中断模式、下降沿触发。设置 NVIC 依然是 9_5，使能中断，设置优先级，写入设置。第 78 ~ 91 行是第 4 个中断，指定 PA7 为中断入口，设置中断入口为 7，使能中断，设置为中断模式、下降沿触发，写入设置。NVIC 设置为 9_5，使能中断，设置优先级，写入设置。到此就完成了中断初始化函数，设置好了 4 个中断并将它们分配到 PA4 ~ PA7 端口。最后只剩一个问题：一旦 I/O 端口出现下降沿，触发中断，程序要如何中止？如何进入中断处理程序？中断处理程序又有哪些内容？

在 NVIC.c 文件中除了中断初始化之外，第 95 ~ 113 行是两个中断处理函数。第 95 行是第 4 号通道的处理函数，第 101 行是 9_5 通道的中断处理函数。只要在主程序开始部分调用中断初始化，设置为中断的 I/O 端口出现下降沿就会触发中断，程序跳到中断处理函数。假如 PA4 端口出现下降沿产生中断，程序就会从主函数的任何位置中止运行，跳到通道 4 的中断处理函数 EXTI4_IRQHandler，执行其中的内容。执行完成后再跳回到主程序中断的位置继续执行。中断的意义就是中止主程序，执行中断处理函数。如图 41.12 所示，假如 PA4 端口产生中断，进入第 95 行通道 4 的中断处理函数。首先第 96 行通过 if 语句调用一个固件库函数，判断中断是否被触发。其实能进入中断处理函数就表示已经被触发，但为了保证稳定还要再判断一次。第 97 行把标志位变为 1，表示产生了中断，进入相应的处理函数。接下来第 98 行清除标志位，这里说的标志位并不是 INT_MARK，而是中断固件库函数定义的标志位。只有清除标志位，才能让中断复位，下次才能再次产生中断，所以每次退出中断前都需要清除标志位。接下来看中断通道 9_5，PA5 ~ PA9 这 5 个通道有中断被触发会自动跳入第 101 行执行。通过多个 if 语句判断哪个通道产生的中断。PA5 ~ PA9 共用此中断处理函数，进入中断处理函数后要分清中断来自哪个通道。第 102 行如果是第 5 个通道产生中断就进入 if 语句，标志位 INT_MARK 变为 2，然后第 104 行清除中断标志位。如果是 6 号通道产生中断则 INT_MARK 变为 3，如果是 7 号通道产生中断则把 INT_MARK 变为 4，主函数通过标志位的数值能知道中断来自哪里。但是在主函数中并没有区分标志的数值，只要标志不为 0 则进入处理函数。这里需要说明，真正的按键处理函数是在 main.c 文件第 50 行完成的。中断处理函数只在按键被按下瞬间，跳入中断处理函数，改变 INT_MARK 的数值。主函数判断 INT_MARK 是否改变（不为 0），改变则扫描键盘并在 OLED 屏上显示按键值。之所以没有把按键处理函数写在中断处理函数中，是因为这样会让中断处理函数占用很多时间，导致主程序长时间不执行而出错，使其他中断无法被触发。所以我们只是在中断处理函数中以最快的速度改变标志位，真正的按键处理程序在主程序中完成。当然程序的编写还要适应实际需求而灵活应变。需要注意：中断处理函数的函数名不允许用户修改。一旦中断被触发就会跳转到对应名称的中断处理函数，所以我们只要记住中断处理函数的名字，按照示例程序写函数内容即可。

其实中断的使用非常简单，首先是设置中断优先级，初始化中断，初始化 RCC 时钟设置，把 I/O 端口和中断通道关联，设置外部中断通道，设置 NVIC 通道。这时中断功能已经开启，没有中断时，程序运行主循环的内容；产生中断时，程序跳入相应的中断处理函数。执行完成中断处理函数后，程序回到主循环，从之前离开的地方继续执行。以上就是单片机外部中断功能的具体使用方法。今后开发项目时如果要使用中断功能，只要参考本示例程序，找到对应的通道并修改相关的设置。关于中断的更复杂设置和应用可以参考单片机应用手册，或在网上搜索资料，参考别人的示例程序。经过反复修改和应用，相信各位很快就能理解并熟悉中断的使用方法。

第 82 步

42 舵机

42.1 原理介绍

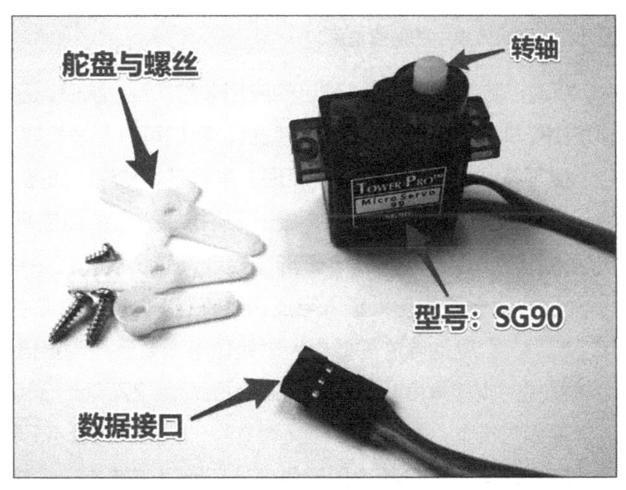

图 42.1 舵机外观

这一节我们来学习配件包中的舵机都有哪些应用，有怎样的工作原理和驱动方法。首先在洋桃 1 号开发板附带的配件包中找到舵机，外观如图 42.1 所示。它有蓝色的透明外壳，一侧有白色转轴，里面有齿轮结构，外壳上引出一条排线，排线由 3 条线组成，颜色分别是橙、红、棕，外壳侧面标有型号：SG90。这就是我们要学习的舵机。舵机根据不同的功能、功率、性质有很多种类型和型号，配件包中是体积较小、功率较低的舵机，主要用于教学实验。在今后的项目开发中，你可能会用到大功率、大角度的舵机，但是价格较贵。舵机主要用于航模及精密机械的控制。不过，无论舵机有怎样的型号和性能，工作原理和使用方法大体相同。只要掌握了一种舵机的驱动原理，就能使用几乎所有舵机。

舵机的包装内附带一包舵机配件，包括白色的塑料舵盘和固定螺丝，如图 42.1 所示。舵盘用于连接舵机的转轴，使转轴与被控制的机械结构相连接。实验时可以把舵盘装在舵机上，舵盘突出的一面朝内，安装在舵机的白色转轴上。我们在实验时可观察舵盘得知转轴的旋转角度。接下来将舵机连接到开发板上并设置跳线。如图 42.2 所示，舵机的排线橙色线在上、棕色线朝在下，插入标注为“舵机”（标号为 P15）的接口，使橙色线连接 PA15，红色线连接 5V，棕色线连接 GND。再把标注为“触摸按键”（编号为 P10）的跳线短接，示例程序要用 4 个触摸按键控制舵机的旋转角度。设置完成后就可以给单片机下载程序了。在附带资料中找到“延时函数驱动舵机程序”工程，将工程中的 HEX 文件下载到开发板中，看一下效果。效果是在 OLED 屏上显示“SG90 TEST”，表示SG90型号的舵机测试程序。如图 42.3 所示，用 4 个触摸按键控制舵机的旋转角度，按住 A 键时 OLED 屏上会显示“Angle 0”，此时转轴会旋转到 0° 。为了方便观察，可以将舵盘取下来，调到一个角度后再安装。接下来按住 B 键，直到舵机停在第 2 个角度，OLED 屏上显示

图 42.2 舵机与开发板的连接

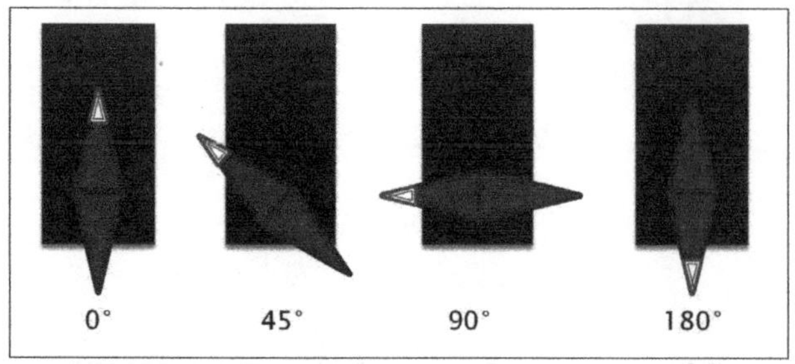

图 42.3 实验效果中的舵盘角度

“Angle 45”，舵盘旋转到 45°。按住 C 键时，OLED 屏上显示“Angle 90”，舵盘旋转到 90°。按住 D 键时，OLED 屏上显示“Angle 180”，舵盘旋转到 180°。再按住 A 键，舵盘回转到 0°。舵机不同于直流电机，直流电机只能在通电时按照一定速度旋转，舵机不是持续旋转，而是旋转一定角度。舵盘旋转，带动与之连接的机械结构，精确控制角度或位置。舵机的应用非常广泛，航模、遥控车的方向控制，小型机器人的手臂或关节控制，都是由舵机来实现的。学会使用舵机，我们可以开发机器人、机械手臂、3D 打印机等项目。

接下来看一下舵机的工作原理。先看基本特性，如图 42.4 所示，方框表示舵机主体，指针表示舵盘，箭头表示舵盘角度。舵机主体引出 3 条排线，橙色线是 PWM 控制信号输入线。单片机通过 I/O 端口向此线输入固定占空比的 PWM 波形，控制旋转角度；红色线连接电源正极（VCC）；棕色线连接电源负极（GND）。一般的舵机输入电压为 5V，空转最大电流小于 2A。如果舵盘连接了机械结构，使得舵盘更加“吃力”，驱动电流需要更大。具体电流要通过测量得出。配件包中的舵机最大旋转角度是 180°，是比较常见的旋转角度，除此之外还有 90°、270°、360° 等多种旋转角度。如图 42.3 所示，当我们将舵盘插到舵机上，初始位置定义为 0°，舵机逆时针或顺时针旋转。可以旋转 45°、90°、180°。0° 到 180° 之间不只有 4 个固定角度，还可以旋转 1°、2°、4° 等，一些高精度舵机甚至能旋转 0.1°。配件包里的舵机最小可以实现 1° 的旋转。

单片机要怎样控制舵机角度呢？这要涉及 PWM 输入波形。图 42.5 所示是用两个 PWM 波形控制舵机的旋转角度。先看图中上半部分 0° 控制波形。想旋转到 0° 就在橙色线（PWM）输出 0.5ms 的高电平，再输出 19.5ms 的低电平。高电平加上低电平的总长度为 20ms。注意整体波形的总时长固定是 20ms，若高电平为 0.5ms，低电平就是 20−0.5=19.5（ms）。输出此波形，舵机就会旋转到 0°。图中下半部分的波形控制舵机旋转到 180°，单片机向舵机输出 2.5ms 高电平，再输出 17.5ms 低电平，总时长依然为 20ms。与控制舵机旋转到 0° 的波形相比，总时长都是 20ms，区别是高电平时长（低电平时长也会相应变化），高电平为 0.5ms 表示旋转到 0°，高电平为 2.5ms 表示旋转到 180°。高电平时长在 0.5 ~ 2.5ms 之间变化，舵机旋转角度就在 0° ~ 180° 之间变化。也就是说 0.5 ~ 2.5ms 的高电平对应着 0° ~ 180° 的旋转角度。如此看来舵机驱动就变得简单了，PWM 线输出的波形可以控制角度，但是波形要连续发送才能让舵机保持旋转，转到正确的角度后停止。也就是说你想让舵机旋转到你需要的角

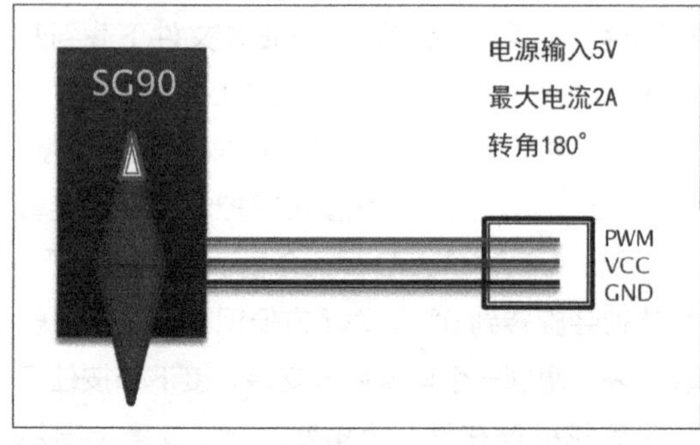

图 42.4 舵机结构示意图

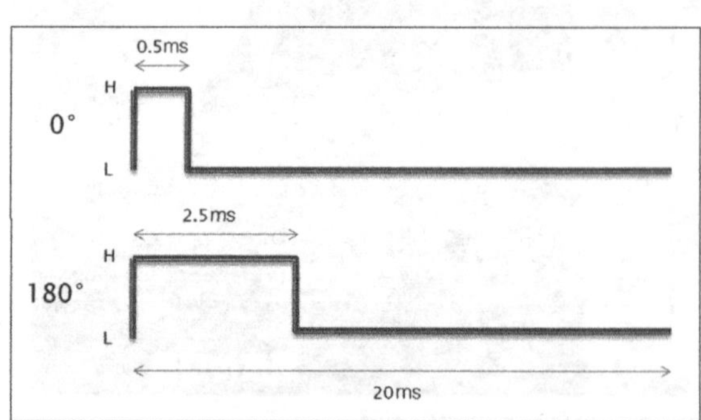

图 42.5 PWM 控制舵机的波形示意图

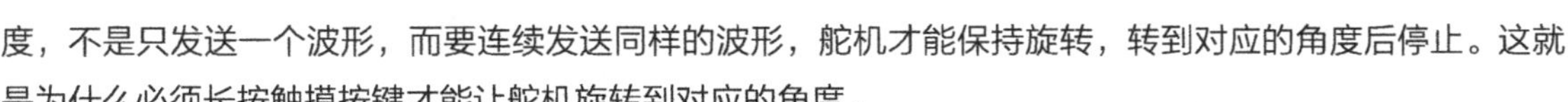

度，不是只发送一个波形，而要连续发送同样的波形，舵机才能保持旋转，转到对应的角度后停止。这就是为什么必须长按触摸按键才能让舵机旋转到对应的角度。

接下来说一下使用舵机的注意事项。（1）舵机工作需要更大的驱动电流，舵机空转时驱动电流较小，在 500 ~ 800mA（因舵机型号而异）。加入负载时，驱动电流达到 2 ~ 4A，瞬间电流可达 4A 以上。所以设计舵机电路时要考虑到电源功率，若出现舵机卡死、未转到指定角度、单片机频繁复位等问题，要检查是不是电源功率不足导致。（2）单片机必须连续不断地向 PWM 控制接口发送波形，直到旋转到位。所以要根据舵机的旋转速度给出一定的延时。（3）180° 舵机最大转角可达 190° 左右，也就是说舵机旋转角度会有一定偏差，我们要在实际测试中校正角度。（4）要按指定型号的舵机波形与实际角度关系做调试，角度和波形的关系是模拟量值。舵机和单片机可能有时钟误差，基准时钟不能同步，角度会有误差。使用舵机进行开发时一定要以实际测试数据为准，不要轻易相信理论数值，不要以为 0.5ms 高电平就一定是旋转到 0° 。

42.2 程序分析

接下来分析舵机的驱动程序，打开“延时函数驱动舵机程序”工程，此工程复制了上一节“键盘中断测试程序”的工程，只是在 Hardware 文件夹中加入 SG90 文件夹，在文件夹里加入 SG90.c 和 SG90.h 文件，这是由我编写的舵机驱动程序。接下来用 Keil 软件打开工程，在工程的设置里面加入 SG90.c 文件和触摸按键的 touch_key.c 文件。先来分析 main.c 文件，如图 42.6 所示，这是延时函数驱动舵机程序。叫“延时函数”驱动是因为舵机通常由专用的 PWM 信号驱动，下一节会介绍。但是在初学时先用延时函数实现舵机驱动，更容易了解其驱动原理，等学会之后再改用专用的 PWM 驱动方式。如此循序渐进有更好的学习效果。第 23 行加载舵机库文件 SG90.h 和触摸按键库文件 touch_key.h 文件。接下来第 27 行是主程序，第 37 行是触摸按键初始化函数，第 38 行是舵机初始化函数 SG90_Init，第 39 行是舵机初始角度设置函数 SG90_angle，其中的参数 0 表示转到 0° 。接下来 while 主循环中，第 42 行通过 if 语句判断触摸按键是否被按下。第 42 行判断如果 A 键被按下就在 OLED 屏上显示“Angle 0”。第 44 行调用函数

```
18 #include "stm32f10x.h" //STM32头文件
19 #include "sys.h"
20 #include "delay.h"
21 #include "relay.h"
22 #include "oled0561.h"
23 #include "SG90.h"
24 #include "touch_key.h"
25
26
27 int main (void){//主程序
28     delay_ms(500); //上电时等待其他器件就绪
29     RCC_Configuration(); //系统时钟初始化
30     RELAY_Init();//继电器初始化
31
32     I2C_Configuration();//I²C初始化
33     OLED0561_Init(); //OLED屏初始化
34     OLED_DISPLAY_8x16_BUFFER(0,"   YoungTalk    "); //显示字符串
35     OLED_DISPLAY_8x16_BUFFER(3,"   SG90 TEST    "); //显示字符串
36
37     TOUCH_KEY_Init();//按键初始化
38     SG90_Init();//SG90舵机初始化
39     SG90_angle(0);
40
41     while(1){
42         if(!GPIO_ReadInputDataBit(TOUCH_KEYPORT,TOUCH_KEY_A)){ //读触摸按键的电平
43             OLED_DISPLAY_8x16_BUFFER(6,"  Angle 0       "); //显示字符串
44             SG90_angle(0);
45         }
46         if(!GPIO_ReadInputDataBit(TOUCH_KEYPORT,TOUCH_KEY_B)){ //读触摸按键的电平
47             OLED_DISPLAY_8x16_BUFFER(6,"  Angle 45      "); //显示字符串
48             SG90_angle(45);
49         }
50         if(!GPIO_ReadInputDataBit(TOUCH_KEYPORT,TOUCH_KEY_C)){ //读触摸按键的电平
51             OLED_DISPLAY_8x16_BUFFER(6,"  Angle 90      "); //显示字符串
52             SG90_angle(90);
53         }
54         if(!GPIO_ReadInputDataBit(TOUCH_KEYPORT,TOUCH_KEY_D)){ //读触摸按键的电平
55             OLED_DISPLAY_8x16_BUFFER(6,"  Angle 180     "); //显示字符串
56             SG90_angle(180);
57         }
58     }
59 }
```

图 42.6 main.c 文件的全部内容

SG90_angle，参数为 0，舵机转到 0° 。第 46 行如果 B 键被按下，OLED 屏上显示“Angle 45”，第 48 行调用函数 SG90_angle，参数为 45，舵机旋转到 45° 。第 50 ~ 53 行是 C 键被按下时，舵机旋转到 90° ，第 54 ~ 57 行是 D 键被按下时，舵机旋转到 180° 。程序中有两个重要函数，一是 SG90_angle，此函数直接控制舵机的旋转角度，在参数里输入角度值就能让转轴转到相应角度。二是舵机初始化函数 SG90_Init。只要分析这两个函数就能知道舵机是如何初始化、如何控制角度的。

```
1  #ifndef __SG90_H
2  #define __SG90_H
3  #include "sys.h"
4  #include "delay.h"
5
6  #define SE_PORT GPIOA //定义I/O端口
7  #define SE_OUT  GPIO_Pin_15 //定义I/O端口
8
9
10 void SG90_Init(void);//SG90舵机初始化
11 void SG90_angle(u8 a);//舵机角度设置
12
```

图 42.7 SG90.h 文件的全部内容

接下来打开 SG90.h 文件，如图 42.7 所示。第 4 行加入了延时函数的库文件，因为舵机驱动程序中使用了延时函数。第 6 ~ 7 行定义端口，使用 PA15 作为舵机控制端口。第 10 ~ 11 行是舵机初始化函数和舵机角度设置函数的声明。接下来打开 SG90.c 文件，如图 42.8 所示，这是舵机驱动程序文件。第 22 行调用了舵机库函数，第 24 行是舵机初始化函数，第 34 行是舵机的角度设置函数。先分析第 24 行的舵机初始化程序，第 25 行定义结构体，第 26 行打开 PA 组 I/O 端口的时钟，第 27 ~ 29 行把 PA15 设置为 50MHz 推挽输出，第 30 行将以上设置写入 I/O 端口。第 31 行对 I/O 端口写入初始电平为 0（低电平），也就是说 I/O 端口初始是低电平。舵机初始化内容很简单，主要是对 I/O 端口的初始化。第 34 行是舵机角度控制函数，函数没有返回值，有一个参数。参数的范围是 0 ~ 180，对应 0° ~ 180° 旋转角度。第 35 行定义变量 b，第 36 行让 b 的初始值等于 100，变量 b 用来校正舵机的偏移量。理论上舵机最大旋转角度为 180° ，但实际会稍大一些，达到 190° 。所以根据不同的舵机旋转误差，需要一个偏移量来校正误差。变量 b 给舵机初始值添加一个增量，数值 100 是根据实际情况修改的。第 36 行让舵机端口输出高电平，第 37 行给高电平延时一段时间，完成如图 42.5 所示的波形中高电平的输出。高电平长度决定舵机的旋转角度，高电平最小 0.5ms。第 37 行是微秒级延时函数，0.5ms 等于 500μs，参数中先加入 500μs 的基准值，再加入变量 a 的值乘以 10，将每一度角对应 10μs（0.01ms）。例如让舵机旋转到 5° ，参数经过计算等于 650ms。高电平可以是最小值 0.5ms，也可以是最大值 2.5ms。具体数值根据变量 a 的值判断。第 38 行让 I/O 端口输出低电平，第 39 行同样加入微秒级延时函数。延时函数的参数经过计算是 19 500μs（19.5ms）。高电平为 0.5ms，低电平就为 19.5ms。高电平时长增加，对应低电平时长减小，波形总时长固定为 20ms，用 19.5ms 减去高电平的延时时间和偏移量，最终得出低电平时间，实现了互补的低电平波形。这 4 行程序就能输出正确的舵机控制波形，控制舵机旋转。我们的延时函数使用滴答计时器，才能产生精确的电平时间。如果你的程序延时不精准，会导致电平时长有误差，可能无法控制舵机。

```
21
22 #include "SG90.h"
23
24 void SG90_Init(void){ //舵机端口初始化
25   GPIO_InitTypeDef  GPIO_InitStructure;
26     RCC_APB2PeriphClockCmd(RCC_APB2Periph_GPIOA,ENABLE);
27     GPIO_InitStructure.GPIO_Pin = SE_OUT; //选择端口号（0~15或all）
28     GPIO_InitStructure.GPIO_Mode = GPIO_Mode_Out_PP; //选择 I/O 端口工作方式
29     GPIO_InitStructure.GPIO_Speed = GPIO_Speed_50MHz; //设置 I/O 端口速度（2/10/50MHz）
30   GPIO_Init(SE_PORT, &GPIO_InitStructure);
31   GPIO_WriteBit(SE_PORT,SE_OUT,(BitAction)(0)); //端口输出高电平1
32 }
33
34 void SG90_angle(u8 a){ //舵机角度控制设置（参数值0~180）对应角度0~180度
35   u8 b=100;//角度校正偏移量
36   GPIO_WriteBit(SE_PORT,SE_OUT,(BitAction)(1)); //端口输出高电平1
37   delay_us(500+a*10+b); //延时
38   GPIO_WriteBit(SE_PORT,SE_OUT,(BitAction)(0)); //端口输出高电平1
39   delay_us(19500-a*10-b); 7/延时
40 }
```

图 42.8 SG90.c 文件的全部内容

第 83~85 步

43 定时器（PWM）

43.1 原理介绍

上一节介绍了舵机的驱动方法，内容涉及用 PWM 波形控制舵机旋转角度。在 20ms 的时间周期内，单片机用高电平的时间长度（低电平时间长度也会相应变化）决定舵机的旋转角度。高电平为 0.5ms 时，舵机旋转到 0°，2.5ms 时舵机旋转到 180°。上一节采用延时函数产生波形，延时函数产生高电平和互补的低电平。延时函数使用精度高的嘀嗒定时器，能达到控制舵机精度的要求。但使用延时函数会影响单片机的工作效率，因为延时函数占用 CPU 工作时间，单片机控制舵机时不能处理其他工作。用延时函数控制舵机是很好的入门选择，但在项目开发中尽量采用单片机内部的 PWM 脉宽调制器产生波形。用脉宽调制器控制舵机，CPU 不参与控制工作，提高了工作效率。这一节将介绍如何使用 PWM 脉宽调制器产生控制波形。

什么是 PWM 脉宽调制器？“PWM”的中文名称是“脉冲宽度调制”，简称为“脉宽调制”。它是利用单片机的数字输出控制模拟电路的一种技术，广泛应用在测量、通信、功率控制与变换等诸多领域中。PWM 脉冲是单片机产生的高低电平的输出，它的目的是控制模拟电路，这是 PWM 的核心应用。使用 PWM 脉冲控制舵机是用高低电平时长来决定舵机的旋转角度，本质上是一种模拟控制。除舵机之外，PWM 还经常用在直流电机的速度调节、步进电机的分步处理、音频输出、DAC 转换等很多应用中。为了更好地理解 PWM，我们回想一下 LED 呼吸灯实验（见图 43.1），实验中改变延时函数的时间长度可调节 LED 亮度。图中 H 表示高电平，L 表示低电平。高电平时 LED 点亮，低电平时 LED 熄灭。一个周期内高电平的时长决定 LED 的亮度。视觉暂留现象使我们看到的亮度保持在固定程度。如果一个周期内高电平的时长增加，LED 变亮；高电平时长减少，LED 变暗。这是呼吸灯的基本原理。这样的脉冲周期不断循环，使得 LED 长时间保持在一个亮度。改变高低电平的比例，可达到调节亮度的效果。这个原理就是 PWM 脉宽调制，PWM 要有完整的周期，周期中既有高电平又有低电平，高低电平的比例不断变化，周期不断循环。PWM 的特性是周期固定，也就是说频率固定不变，变化的是高低电平的比例。高低电平的比例变化是脉宽调制最核心的调制内容，不同电平比例达到不同的控制效果，这就是 PWM 的基本原理。

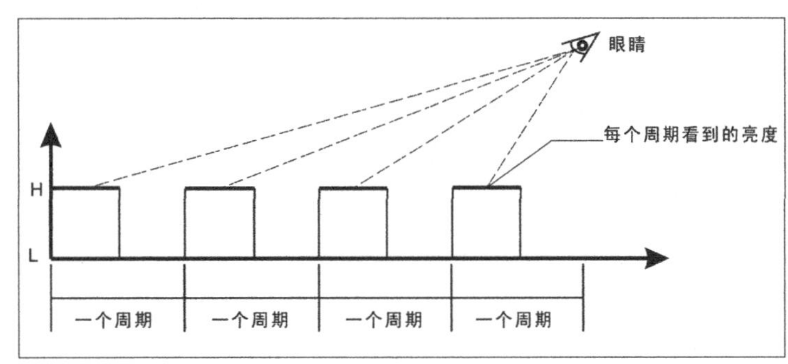

图 43.1 LED 呼吸灯实验

STM32 单片机的 PWM 脉冲是如何产生的呢？这要涉及单片机的定时器，PWM 脉冲可由定时器产生。STM32 的定时器包括 1 个高级定时器 TIM1 和 3 个普通定时

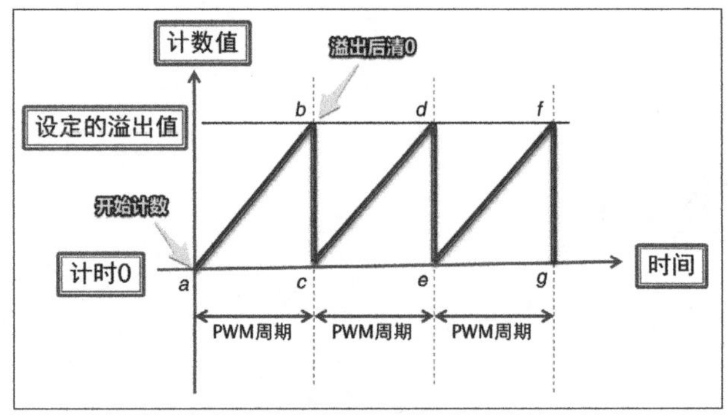

图 43.2 定时器 PWM 一个周期的波形

器 TIM2、TIM3、TIM4。TIM2 ~ TIM4 定时器有 16 位的自动加载（递增或递减）的计数器，有一个 16 位的预分频器和 4 个独立的通道。每个通道都有输入捕获、输出比较、PWM 和单脉冲模式 4 种功能。也就是说普通定时器可以实现 4 种功能，PWM 功能是其中之一。通用定时器都能产生 PWM 输出。每个定时器有独立的 DMA 请求机制，即可以通过 TIM2 ~ TIM4 产生 PWM 脉冲控制舵机。接下来再看高级控制定时器 TIM1，它可以实现 6 个通道的三向 PWM 发生器，具有带死区插入的互补 PWM 输出，设置为 16 位 PWM 发生器时具有全调制能力（0 ~ 100%）。这是非常高级的 PWM 功能，我们暂时先不做介绍，先用普通定时器来产生 PWM 脉冲，实现对舵机的控制。

接下来研究定时器如何产生 PWM 脉冲。首先要知道定时器本质是以单位时间为准的计数器，单片机本身没有时间概念，时间的本质是计数。定时器以一个时钟周期为单位，以单片机晶体振荡器的频率为基准频率，每隔固定时间（1 个时钟周期）计数值加 1，计数值从 0 累加到设定数值，当累加到设定值时会产生溢出信号，之后计数器清 0，重新计数。脉宽调制的周期可由定时器的溢出产生。脉宽调制中高低电平的比例由另一个功能实现。

如图 43.2 所示，图中横向表示“时间”，纵向表示“计数”，*a* 位置表示计数开始。计数的累加标记产生 *a* 到 *b* 的斜线。当计数值达到溢出值时（*b* 位置），计数器产生溢出信号，计数值清 0，下一周期又从初始位置计数，再次计数到溢出值时清 0（*c* 位置），这样不断往复，产生计数循环。*a* 到 *c*、*c* 到 *e*、*e* 到 *g*，每个循环代表着一个 PWM 周期，开始计时表示周期开始，溢出表示周期结束，由此产生 PWM 的完整周期。接下来的问题是如何在完整周期内产生高低电平的变化，决定高低电平的比例。我们要引入一个新概念：占空比标志值。如图 43.3 所示，横向表示时间（*t*），纵向表示计数值（*CNT*），横线 ARR 表示设定的溢出值，横线 CCRx 表示高低电平的变化值。斜线表示定时器计数，初始位置 *t*0 的计数值为 0。当计数到 ARR 溢出值（a_0）时，计时器清 0 重新计时（t_2），产生了 PWM 周期。新加入的 CCRx 决定了一个周期中高低电平的变化位置，当计时值超过 CCRx 会产生电平变化。我们看下边的 I/O 逻辑关系，计数值小于 CCRx 时输出低电平（t_0 到 c_0），当计数值大于 CCRx 则电平变成高电平，计数值溢出后电平又变回低电平（c_0 到 a_0）。在下一个计数周期中同样在 CCRx 下面（t_2 到 c_1）为低电平，超过 CCRx 后（c_1 到 a_1）为高电平。只要知道了计数值和高低电平的关系，就能设置 CCRx 的值决定周期内高低电平的比例。把 CCRx 值变小则高电平的比例上升，把 CCRx 的值变大则高电平的比例下降。最终通过 ARR 和 CCRx 两个值设置 PWM

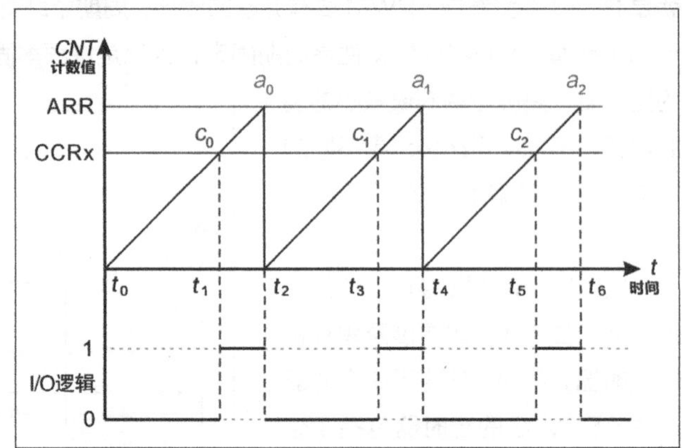

图 43.3 带占空比的 PWM 波形

的两个属性，ARR 溢出值决定 PWM 周期（频率），CCRx 决定一个周期内高低电平的比例。在定时器初始化时设置这两个值，就能自动产生固定频率的 PWM 输出，用于控制舵机。

43.2 程序分析

我们通过分析程序看一下程序如何控制定时器，从而实现舵机控制。在这里我们继承用延时函数驱动舵机的跳线设置，P15 接口连接舵机。另外为了连接定时器的输出，我们还要在核心板旁边的排孔连接一条导线，将 PA15 和 PB0 连接在一起，如图 43.4 所示。舵机接口是 PA15，定时器的输出接口是 PB0，两个接口短接才能实现定时器对舵机的控制。在附带资料中找到“PWM 驱动舵机程序”工程，将工程中的 HEX 文件下载到洋桃 1 号开发板中，看一下效果。效果是在 OLED 屏上显示“SG90 TEST2”，和用延时函数控制舵机的效果相同，通过 4 个 A、B、C、D 按键控制舵机旋转角度。按 A 键舵机旋转到 0°，按 B 键舵机旋转到 45°，按 C 键舵机旋转到 90°，按 D 键舵机旋转到 180°。区别是运行“延时函数”的程序，只有按下按键时，单片机才会输出 PWM 信号；松开按键时，PWM 输出停止。而“定时器”的程序中由于定时器独立工作，不管是否按住按键，PWM 都会一直处在工作状态。当舵机旋转到 0° 或 180° 时会有抖动，表示舵机一直收到 PWM 信号。舵机工作的同时，核心板上的 LED1 一直处在微亮状态。LED1 连接的是 PB0 接口。由于将 PA15 和 PB0 连接在一起，连接在 PB0 上的 LED1 也会根据 PWM 波形显示出不同亮度。仔细观察会发现按下不同按键，LED1 的亮度会变化。按 A 键时亮度最低，按 D 键时亮度最高。这就是 PWM 输出控制 LED 占空比，使亮度发生变化。

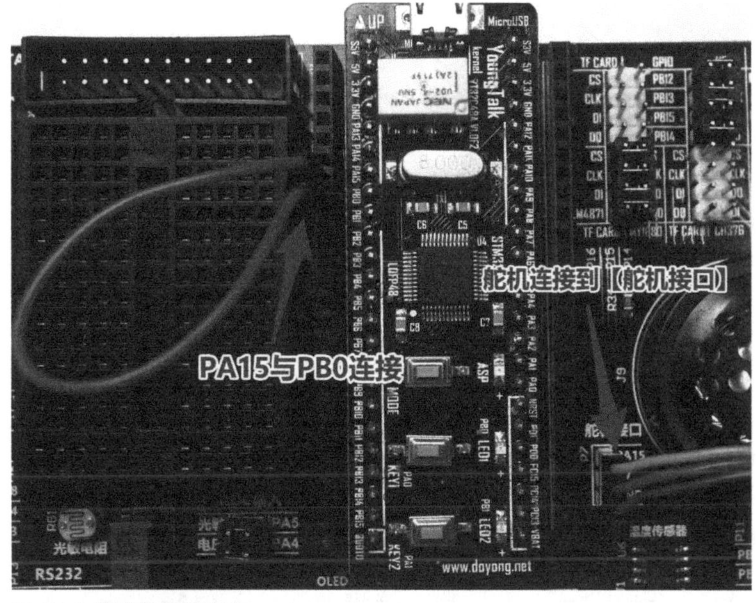

图 43.4 舵机的连接方法

接下来打开“PWM 驱动舵机程序”工程，此工程复制了“延时函数驱动舵机”的工程，在工程中的 Basic 文件夹里新建了 pwm 文件夹，其中有 pwm.c 和 pwm.h 文件，这是我编写的定时器 PWM 驱动舵机程序。接下来用 Keil 软件打开工程，先打开 main.c 文件，如图 43.5 所示，这是 PWM 驱动舵机程序。第 18 ~ 24 行加载了需要使用的库文件，其中加载的 SG90.h 文件是无用的，因为我们并不采用延时函数和 I/O 端口控制舵机，这一行可以删除。第 24 行加入触摸按键的库文件。第 26 行加载了 pwm.h 文件。第 37 行在 OLED 屏上显示“SG90 TEST2”，第 39 行是触摸按键的初始化函数。第 40 行是定时器初始化函数 TIM3_PWM_Init，函数可以设置定时器 3，实现 PWM 输出。函数有 2 个参数，第 1 个参数是定时器的溢出值（ARR），定时器到达与 ARR 的值相等的数值时产生溢出信号，定时值清 0。ARR 是在初始化中设置的，此处设置为 59 999。第 2 个参数是分频系数，是对定时器时钟进行分频，假设定时器使用 72MHz 时钟，可以通过第 2 个参数进行分频，分频后的时钟频率变小，计时时间变慢，以达到更长时间的计时目的，加大分频系数可达到更长的定时时间。在初始化中设置这 2 个参数就能决定 PWM 的周期（频率）。利用溢出值和分频系数如何计算出 PWM 周期呢？这涉及一个公式：T_{out}（单位为秒）

```
18 #include "stm32f10x.h" //STM32头文件
19 #include "sys.h"
20 #include "delay.h"
21 #include "relay.h"
22 #include "oled0561.h"
23 #include "SG90.h"
24 #include "touch_key.h"
25
26 #include "pwm.h"
27
28
29 int main (void){//主程序
30   delay_ms(500); //上电时等待其他器件就绪
31   RCC_Configuration(); //系统时钟初始化
32   RELAY_Init();//继电器初始化
33
34   I2C_Configuration();//I²C初始化
35   OLED0561_Init(); //OLED屏初始化
36   OLED_DISPLAY_8x16_BUFFER(0,"   YoungTalk    "); //显示字符串
37   OLED_DISPLAY_8x16_BUFFER(3,"   SG90 TEST2   "); //显示字符串
38
39   TOUCH_KEY_Init();//按键初始化
40   TIM3_PWM_Init(59999,23); //设置频率为50Hz，公式为：溢出时间Tout（单位为秒）=(arr+1)(psc+1)/Tclk
41                          //Tclk为通用定时器的时钟频率，如果APB1没有分频，则就为系统时钟频率，72MHz
42                          //PWM时钟频率=72000000/(59999+1)*(23+1) = 50Hz(20ms)，设置自动装载值为60000，预分频系数为24
43
44   while(1){
45     if(!GPIO_ReadInputDataBit(TOUCH_KEYPORT,TOUCH_KEY_A)){ //读触摸按键的电平
46       OLED_DISPLAY_8x16_BUFFER(6,"  Angle 0       "); //显示字符串
47       TIM_SetCompare3(TIM3,1500);          //改变比较值TIM3->CCR2达到调节占空比的效果
48     }
49     if(!GPIO_ReadInputDataBit(TOUCH_KEYPORT,TOUCH_KEY_B)){ //读触摸按键的电平
50       OLED_DISPLAY_8x16_BUFFER(6,"  Angle 45      "); //显示字符串
51       TIM_SetCompare3(TIM3,3000);          //改变比较值TIM3->CCR2达到调节占空比的效果
52     }
53     if(!GPIO_ReadInputDataBit(TOUCH_KEYPORT,TOUCH_KEY_C)){ //读触摸按键的电平
54       OLED_DISPLAY_8x16_BUFFER(6,"  Angle 90      "); //显示字符串
55       TIM_SetCompare3(TIM3,4500);          //改变比较值TIM3->CCR2达到调节占空比的效果
56     }
57     if(!GPIO_ReadInputDataBit(TOUCH_KEYPORT,TOUCH_KEY_D)){ //读触摸按键的电平
58       OLED_DISPLAY_8x16_BUFFER(6,"  Angle 180     "); //显示字符串
59       TIM_SetCompare3(TIM3,7500);          //改变比较值TIM3->CCR2达到调节占空比的效果
60     }
61   }
62 }
```

图 43.5 main.c 文件的全部内容

$=(arr+1)(psc+1)/T_{clk}$（单位为赫兹）。T_{clk} 是通用定时器的时钟频率，如果 APB1 总线没有分频，系统频率是 72MHz。得到此常数后，其他值就更容易计算。我们知道舵机 PWM 周期为 20ms，当前时钟频率为 72MHz，即 72 000 000Hz，公式中只剩下溢出值和分频系数。这两个值有不同的组合关系，只要它们相乘的结果除以 72MHz 等于 20ms 即可。我们通过公式得出了初始化的两个参数，确定了 PWM 周期。只要定时器 3 开始工作，对应的 I/O 端口就会输出 PWM 波形，周期是 20ms。

接下来第 44 行进入 while 主循环，第 45 行判断触摸按键，第 46 行当按键被按下时在 OLED 屏上显示角度，第 47 行设置定时器 3 的 CCR 值。CCR 值即 CCRx，它能控制 PWM 的占空比。TIM_SetCompare3 函数有 2 个参数，第 1 个参数是 TIM3，表示要设置定时器 3。第 2 个参数是 CCR，即高低电平比例值。定时器到达 CCR 值时，输出电平将切换。在舵机旋转到 0° 时，CCR 值（第 2 个参数）是 1500。1500 是如何得出的呢？我们已知 PWM 周期为 20ms，定时器溢出值为 60 000，60 000 和 20ms 相关联。20ms 计时需要 60 000 次计数，舵机旋转到 0° 时高电平占 0.5ms，需要计数多少次呢？计算结果是 1500 次。如果舵机旋转到 180°，高电平为 2.5ms，需要计数 7500 次。由此可知 0° ~ 180° 对应 1500 ~ 7500 次计数。可以通过此范围的数值来控制舵机旋转角度。可以大概得出舵机旋转到 0° 的 CCR 数值为 1500，舵机旋转到 45° 时 CCR 数值为 3000，舵机旋转到 90° 时 CCR 数值为 4500，舵机旋转到 180° 时 CCR 数值为 7500。不同 CCR 数值可确定周期内高电平的时长，实现舵机旋转角度控制。从主程序上看，舵机的控制非常简单，只要在程序开始部分对定时器初始化，计算参数给

出 PWM 周期，通过固件库函数设置 CCR，从而确定高电平时长，即可确定舵机旋转角度。

接下来分析定时器初始化函数 TIM3_PWM_Init。我们打开 pwm.h 文件，如图 43.6 所示。其中只有第 5 行声明定时器初始化函数。要知道在定时器中也要进行 I/O 端口的设置，但 pwm.h 文件文件里并没有设置 I/O 端口，而是把它们统一放在 pwm.c 文件中的初始化函数里。接下来打开 pwm.c 文件，如图 43.7 所示。第 21 行加载了 pwm.h 文件。第 24 行是定时器 3 的初始化函数 TIM3_PWM_Init，函数有 2 个参数，没有返回值。第 1 个参数是 ARR 溢出值，第 2 个参数是分频系数 PSC。接下来分析函数的内容，第 25 ~ 27 行定义 3 种结构体，下面的程序中会用到。第 30 ~ 32 行是对时钟的设置，第 30 行开启 TIM3 时钟，具体使用哪个时钟需要参考时钟对应输出的 I/O 端口。第 31 行设置定时器的输出 I/O 端口，TIM3 的输出 I/O 端口是 PB 组，所以开启 PB 组 I/O 端口的时钟。第 32 行开启复用映射 AFIO 时钟。第 34 行设置 I/O 端口，此处没有按照惯例在 pwm.h 文件中对 I/O 端口进行宏定义，因为定时器的 I/O 端口输出是固定的，于是端口设置直接放在 pwm.c 文件中。第 34 ~ 37 行将 TIM3 定义为 0 号端口、50MHz 复用的推挽输出，确定了使用 PB0 输出 PWM 信号。

```
1 #ifndef __PWM_H
2 #define __PWM_H
3 #include "sys.h"
4
5 void TIM3_PWM_Init(u16 arr,u16 psc);
6
```

图 43.6 pwm.h 文件的全部内容

可能有朋友会问为什么一定要用 PB0 端口呢？这涉及 I/O 端口的复用定义，PA6、PA7、PB0、PB1 端口正好复用了 TIM3 的通道 1 ~ 通道 4，也就是说定时器 TIM3 共有 4 个通道，PB0 对应 TIM3 的 3 号通道。在硬件电路上，我们已经把 PA15 和 PB0 短接，使得 PB0 输出的 PWM 信号送入 PA15

```
21 #include "pwm.h"
22
23
24 void TIM3_PWM_Init(u16 arr,u16 psc){  //TIM3 PWM初始化 arr重装载值 psc预分频系数
25     GPIO_InitTypeDef     GPIO_InitStrue;
26     TIM_OCInitTypeDef     TIM_OCInitStrue;
27     TIM_TimeBaseInitTypeDef     TIM_TimeBaseInitStrue;
28
29
30     RCC_APB1PeriphClockCmd(RCC_APB1Periph_TIM3,ENABLE);//使能TIM3和相关GPIO时钟
31     RCC_APB2PeriphClockCmd(RCC_APB2Periph_GPIOB,ENABLE);//使能GPIOB时钟(LED在PB0引脚)
32     RCC_APB2PeriphClockCmd(RCC_APB2Periph_AFIO,ENABLE);//使能AFIO时钟(定时器3通道3需要重映射到BP5引脚)
33
34     GPIO_InitStrue.GPIO_Pin=GPIO_Pin_0;     // TIM_CH3
35     GPIO_InitStrue.GPIO_Mode=GPIO_Mode_AF_PP;     // 复用推挽
36     GPIO_InitStrue.GPIO_Speed=GPIO_Speed_50MHz;     //设置最大输出速度
37     GPIO_Init(GPIOB,&GPIO_InitStrue);          //GPIO端口初始化设置
38
39 //     GPIO_PinRemapConfig(GPIO_PartialRemap_TIM3,ENABLE); //映射，重映射只用于64、100、144脚单片机
40    //当没有重映射时，TIM3的四个通道CH1，CH2，CH3，CH4分别对应PA6，PA7,PB0,PB1
41    //当部分重映射时，TIM3的四个通道CH1，CH2，CH3，CH4分别对应PB4，PB5,PB0,PB1 (GPIO_PartialRemap_TIM3)
42    //当完全重映射时，TIM3的四个通道CH1，CH2，CH3，CH4分别对应PC6，PC7,PC8,PC9 (GPIO_FullRemap_TIM3)
43
44     TIM_TimeBaseInitStrue.TIM_Period=arr;     //设置自动重装载值
45     TIM_TimeBaseInitStrue.TIM_Prescaler=psc;          //预分频系数
46     TIM_TimeBaseInitStrue.TIM_CounterMode=TIM_CounterMode_Up;     //计数器向上溢出
47     TIM_TimeBaseInitStrue.TIM_ClockDivision=TIM_CKD_DIV1;          //时钟的分频因子，起到了一点点的延时作用，
48     TIM_TimeBaseInit(TIM3,&TIM_TimeBaseInitStrue);          //TIM3初始化设置(设置PWM的周期)
49
50     TIM_OCInitStrue.TIM_OCMode=TIM_OCMode_PWM1;          // PWM模式1:CNT < CCR时输出有效电平
51     TIM_OCInitStrue.TIM_OCPolarity=TIM_OCPolarity_High;// 设置极性-有效电平为: 高电平
52     TIM_OCInitStrue.TIM_OutputState=TIM_OutputState_Enable;// 输出使能
53     TIM_OC3Init(TIM3,&TIM_OCInitStrue);          //TIM3的通道3 PWM 模式设置
54
55     TIM_OC3PreloadConfig(TIM3,TIM_OCPreload_Enable);          //使能预装载寄存器
56
57     TIM_Cmd(TIM3,ENABLE);          //使能TIM3
58
59 }
```

图 43.7 pwm.c 文件的全部内容

表42 TIM3复用功能重映像

复用功能	TIM3_REMAP[1:0] = 00 (没有重映像)	TIM3_REMAP[1:0] = 10 (部分重映像)	TIM3_REMAP[1:0] = 11 (完全重映像)[1]
TIM3_CH1	PA6	PB4	PC6
TIM3_CH2	PA7	PB5	PC7
TIM3_CH3	PB0		PC8
TIM3_CH4	PB1		PC9

1. 重映像只适用于64、100和144脚的封装

图 43.8 TIM3 复用功能重映像（重映射）表

的舵机控制引脚，所以才使用TIM3的3号通道。I/O端口的定义还涉及复用功能重映射，打开“STM32F10XXX参考手册（中文）”第118页找到“8.3.7 定时器复用功能重映射”。表格中标明了每个定时器I/O端口的复用关系，如图43.8所示，TIM3复用功能重映射表中列出了4个通道对应 的I/O端口号。没有重映射时，4个通道对应PA6、PA7、PB0、PB1（重映像和重映射的含义相同），开启部分重映射对应的端口是PB4、PB5、PB0、PB1，进行完全重映射对应端口是PC6、PC7、PC8、PC9。通过映射设置可将定时器输出放到2组不同的端口上。需要注意：完全重映射只适合于64、100、144脚封装的单片机，48脚封装的单片机没有PC6到PC9端口，即使开启重映射也没有对应的引脚连接电路，所以只能使用没有重映射和部分重映射。我们回到程序，第39～42行给出通过固定库函数设置重映射，现在被屏蔽，即没有重映射。于是4个通道对应端口是PA6、PA7、PB0、PB1。如果解除屏蔽并且使用部分重映射，通道1和通道2对应的端口会变成PB4和PB5。使用64、100、144引脚的单片机时，还能开启完全重映射，完全重映射的端口是PC6～PC9。

第44~57行设置定时器3的各项功能。第44行设置自动重装载值，参数是定时器溢出值ARR。之所以把“溢出值”称为“重装载值”，是因为定时器溢出之后计数值清0，相应的溢出值会消失。自动重装载是指在定时器清0后将溢出值ARR自动放入定时器，下次计数时计数值到ARR时再次产生溢出信号。大家只要知道此处设置的ARR值就是函数参数中的ARR值（溢出值）。第45行设置预分频系数，参数是PSC。PSC可以和ARR初值进行公式计算，决定PWM周期（频率）。第46行设置计数器的溢出方式，参数是TIM_CounterMode_Up，如图43.9所示，溢出选项共有5行，TIM_CounterMode_Up表示累加计数，TIM_CounterMode_Down表示递减计数。递减计数时初始值是溢出值ARR，然后不断减1直到为0，为0时产生溢出信号。另外还有中央对齐模式1～3。中央对齐模式1（TIM_CounterMode_CenterAligned1）表示计数器交替地向上（加）和向下（减）计数。输出比较中断标志位只在向下计数时置位，也就是说计数器会先累加，达到溢出值之后递减计数，直到为0，产生溢出中断。中央对齐模式2也是交替向上和向下计数，只有向上计数时置位，即计数器先向上再向下计数，计数到ARR时才溢出。中央对齐模式3也是向上和向下计数，在向上和向下计数时均可以置位，即不管是向上到ARR，还是向下到0，都会产生溢出信号。中央对齐模式1～3并不常用，了解即可，使用最多的是向上计数模式。

第47行定义时钟的分频因子，它起到延时作用，一般设置为DIV1。这个参数的选项有DI1、DIV2、DIV4，设置任何一个参数都对定时器的延时值没有影响。时钟分频因子起到内部计数器的滤波作用。它只影响电路的稳定性，不影响延时和PWM波形，按照默认设置即可。第48行是固件库函数TIM3初始化设置，将以上第44～47行的参数写入定时器3的寄存器。现在我们知道了溢出值、分频系数、计数方式，有了这3个条件，定时器就能正常工作了。我们使用定时

```
#define TIM_CounterMode_Up                  ((uint16_t)0x0000)
#define TIM_CounterMode_Down                ((uint16_t)0x0010)
#define TIM_CounterMode_CenterAligned1      ((uint16_t)0x0020)
#define TIM_CounterMode_CenterAligned2      ((uint16_t)0x0040)
#define TIM_CounterMode_CenterAligned3      ((uint16_t)0x0060)
```

图 43.9 计数器的溢出方式的选项

```
#define TIM_OCMode_Timing                  ((uint16_t)0x0000)
#define TIM_OCMode_Active                  ((uint16_t)0x0010)
#define TIM_OCMode_Inactive                ((uint16_t)0x0020)
#define TIM_OCMode_Toggle                  ((uint16_t)0x0030)
#define TIM_OCMode_PWM1                    ((uint16_t)0x0060)
#define TIM_OCMode_PWM2                    ((uint16_t)0x0070)
```

图 43.10 PWM 设置方式

器 3 的 PWM 功能，所以还需要设置 PWM 输出方式。第 50 行设置 PWM 模式，此处设置为 PWM1（模式 1）。如图 43.10 所示，共有 6 个设置方式。前 4 种方式是输出比较，最后 2 个方式 TIM_OCMode_PWM1（PWM 模式 1）和 TIM_OCMode_PWM2（PWM 模式 2）是脉冲宽度调制模式。我们使用定时器进行 PWM 输出，只需要了解 PWM 相关的设置。PWM 模式 1 和 PWM 模式 2 的区别是达到 CCR 转换值时输出不同状态的电平。在 PWM 模式 1 中，如果是向上计数，当计数值小于 CCR 值时定时器端口输出有效电平，否则输出无效电平。另一种情况，PWM 模式 1 如果是向下计数，当计数值大于 CCR 会输出无效电平，否则输出有效电平。模式 2 的情况和模式 1 正好相反，向上计数时，一旦计数值小于 CCR 会输出无效电平，否则输出有效电平；向下计数时，计数值大于 CCR 则输出有效电平，否则输出无效电平。由此可见，PWM 模式 1 和模式 2 在不同模式下输出的电平状态不同。要解释有效和无效电平，就要看第 51 行的定义。第 51 行设置极性，设置有效电平为高电平（TIM_OCPolarity_High）还是低电平（TIM_OCPolarity_Low）。由此很容易理解 PWM 模式定义。假如设置有效电平为高电平，PWM 模式中如果当前计数值小于 CCR 就输出有效电平（高电平），否则就输出无效电平（低电平）。因为需要在第 51 行单独定义有效电平是高电平还是低电平，所以在模式说明中不能直接说“高电平”和“低电平”，而是用“有效电平”和“无效电平”来代替。不同的极性设置会导致有效电平可能是高电平或低电平。当前我们设置的是 PWM 模式 1，有效电平设置为高电平，计数方式是向上计数，由于可知我们所使用的是模式 1 向上计数，当计数值小于 CCR 时输出高电平，大于 CCR 时输出低电平。

如图 43.3 所示，回看波形图。由于向上计数从 0 开始，假如 CCR 值为 1500，在计数值小于 1500 时输出高电平，计数值大于 1500 时输出低电平。只要按照这样的设置就能输出一个控制舵机的理想波形。第 52 行是输出使能，表示开启定时器的外部输出，使定时器的状态在 I/O 端口输出。第 53 行将以上第 50 ~ 52 行的设置写入 TIM3 通道 3 的寄存器。需要注意：通过定时器号选择不同的定时器，通道号可以是 1 ~ 4，不同通道号会从不同的 I/O 端口输出。由于确定使用 PB0 输出，而 PB0 连接定时器 3 的 3 号通道，所以设定为定时器 3 通道 3。第 55 行使能预装寄存器。第 57 行通过固件库函数 TIM_Cmd 开启定时器 3，开始计数。我们再回到 main.c 文件，执行完第 40 行的定时器初始化函数之后，定时器 3 就会在 PB0 端口持续输出 PWM 波形。需要注意：定时器初始化函数的第一个参数是定时器编号，当前是定时器 3，函数名 TIM3_PWM_Init 中的 3 表示通道 3，通道可以改为 1 ~ 4，对应修改不同的通道输出。如果只修改了参数中的定时器编号，没有修改通道号，会导致通道没有输出。至此，我们就完成了定时器的 PWM 输出设置，进而控制舵机的旋转角度。

第 86~88 步

44 DHT11温 / 湿度传感器

44.1 原理介绍

我们继续介绍配件包中下一个配件。图 44.1 所示是配件包中的温 / 湿度传感器，型号是 DHT11。这是一款非常常见的温 / 湿度传感器。它可以采集环境温度和湿度，温度范围是 0 ~ 50℃，湿度范围是 20%RH ~ 90%RH。传感器有 4 个引脚，体积小，使用单总线通信方式，只要用一根数据线和单片机连接就能通信。温 / 湿度传感器在项目开发中比较常用，可用于温 / 湿度显示，也可用于通过温 / 湿度值控制其他电器。接下来我们把传感器连接到开发板，看一下温 / 湿度显示效果。先要将 DHT11 连接到洋桃 1 号开发板，连接前要知道它的接口定义。如图 44.1 所示，将传感器网格窗口朝前，4 个引脚朝下，引脚号从左到右依次是 1、2、3、4。在连接电路时，1 脚连接 5V 电源，2 脚连接数据接收的 I/O 端口，3 脚悬空，4 脚接 GND，传感器就能和单片机通信（见图 44.2）。洋桃 1 号开发板上并没有为这款传感器预留接口，我们用开发板上的面包板来连接电路。如图 44.3 所示，面包板上有很多孔洞，可以分成两部分，以中间的凹槽为界，左边和右边是独立的两部分，每行横向的 5 个插孔在内部导通，每行之间纵向不导通。我们按面包板的特性来连接传感器。把传感器插到面包板上，有字的一面朝向核心板，将 4 个引脚插在面包板右边 4 行中，用面包板专用线连接电路，DHT11 第 1 脚连接核心板两侧排孔的“GND”；第 2 脚连接排孔“PA15”，程序通过 PA15 接口读取温 / 湿度值；第 4 脚连接排孔“5V”。插入 3 根导线，温 / 湿度传感器就连接完成，开发板上的其他跳线按默认即可。在附带资料中找到“DHT11 温湿度显示程序”工程，将工程中的 HEX 文件下载到开发板中看一下效果。效果是在 OLED 屏上显示“DHT11 TEST”，表示温 / 湿度传感器的测试程序，显示当前湿度“Humidity: 11%”，当前温度 “Temperature: 30℃”。这是我的测试数据，这组温度和湿度的数据是 DHT11 读出来的。以上就是示例程序的显示效果。

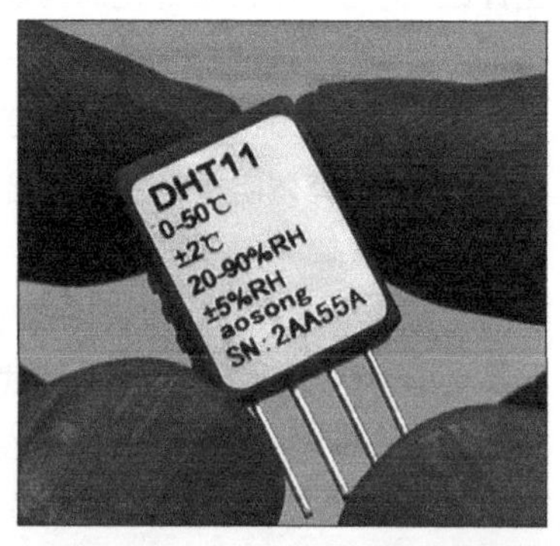

图 44.1 DHT11 温 / 湿度传感器的外观

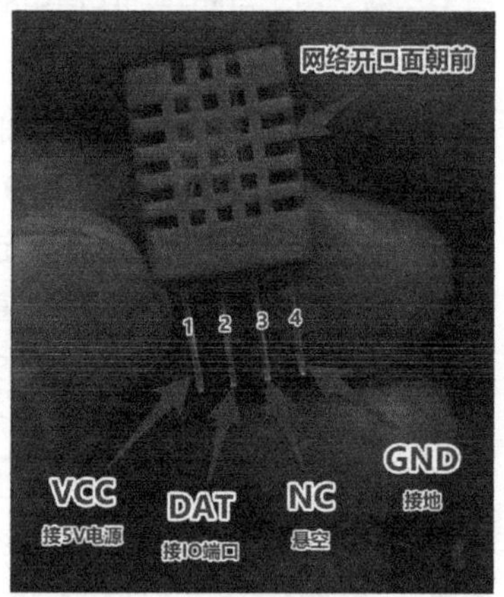

图 44.2 DHT11 的接口定义

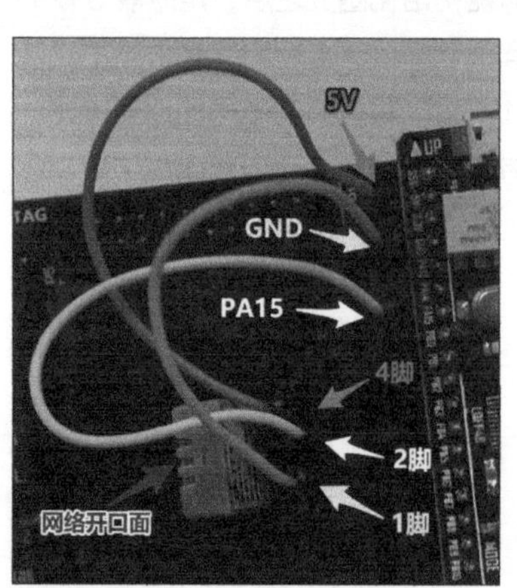

图 44.3 DHT11 与开发板连接图

DHT11 单总线通信原理和传感器特性要通过数据手册来学习。在附带资料中找到“洋桃 1 号开发板周围电路手册资料”文件夹，打开“DHT11 说明书（中文）”文档。第 1 页有传感器的图片、优势特性、产品概述、应用领域。“订货信息”部分是重点内容，湿度测量范围是 20%RH ~ 90%RH，温度测量范围是 0 ~ 50℃。湿度误差为 ±5%，温度误差为 ±2℃。由于传感器的测量误差较大，不能用于精确温 / 湿度测量，只能用在对精度要求不高的项目，比如家用电器、消费类电子产品等中。第 2 页是传感器性能说明，给出了温 / 湿度值的测量性能，湿度分辨率是 1%，温度分辨率是 1℃。接口说明中的电路图是经典电路，1 脚连接 VDD，2 脚数据线连接 I/O 端口，4 脚连接 GND。数据线要串联 5kΩ 上拉电阻，建议连接线短于 20m 时用 5kΩ 上拉电阻，连接线大于 20m 时使用合适的上拉电阻。目前仅在开发板上做实验，暂时省去上拉电阻，在项目开发中需要使用上拉电阻。接下来“电源引脚”部分给出 DHT11 供电电压是 3 ~ 5.5V，传感器上电后需要等待 1s，以越过不稳定状态，在此期间不能发送任何指令。也就是说传感器实际工作电压在 3 ~ 5.5V（在开发板上连接 5V 电源）。“等待 1s”是指系统通电后传感器未能处工作状态，单片机需要延时 1s 等待传感器稳定再读取数据。电源正负极连接 100μF 的电容起到滤波作用。由于开发板内部已经连接了滤波电容，所以在面包板上不需要连接。

第 3 页是串行通信（单线双向通信）。USART 串口、I^2C 总线、SPI 总线、CAN 总线都有 2 个或 2 个以上的引脚，而 DHT11 只需 1 个引脚就能发送和接收，这就是单总线通信。单总线通信的应用并不多，常见的仅有 DS18B20 温度传感器和 DHT11 温 / 湿度传感器。接下来要学习 DHT11 的驱动方法，除了从传感器读出数据，另一个重点是理解单总线通信。文档中提到 DATA 用于微处理器和 DHT11 之间的通信和同步，采用单总线数据格式，一次通信时间 4ms 左右，数据分小数和整数部分。具体格式在下边说明，当前小数部分用于以后的扩展，现读初值为 0。从这句话可知我们现在使用的型号中小数无效，只有整数部分有效。一次完成数据传输 40bit，高位先出。40bit 是指二进制位数。每个字节有 8bit，40bit 是 5 个字节。第一个字节是 8bit 湿度整数部分，第 2 个字节是 8bit 湿度小数部分（为 0），第 3 个字节是 8bit 温度整数部分，第 4 个字节是 8bit 温度小数部分（为 0），第 5 个字节是 8bit 校验和。“校验和”用于验证全部数据是否正确，当数据传送正确时，校验和与前 4 个数据之和相等。接下来给出单总线的通信时序图（见图 44.4），从中可以看出单总线的通信过程，图的下方有一段文字对时序含义进行说明。图中黑线表示单片机（主机）发出的波形，灰粗线表示 DHT11（传感器）发出的波形。由于是单总通信，单片机和传感器信号都在同一条线上。我们从左侧开始分析，左侧是时序图的时间起始。开始时，总线电平为高电平，单片机先将总线拉为低电平（位置 *a*），持续至少 18ms，这是主机发送的开始信号。接下来单片机再把总线拉为高电平（位置 *b*），停留 20 ~ 40μs。需要注意：“18”的单位是 ms，“20 ~ 40”的单位是 μs。到此单片机结束了发送操作。接下来单片机将 I/O 端口状态变为接收，接收从 DHT11 传来的数据，后面的灰线部分表示传感器发送给单片机的波形（DHT 信号）。传感器将总线拉为低电平（位置 *c*），持续约 80μs，表示传感器响应。传感器再把总线拉为高电平（位置 *d*），持续一段时间，再次拉为低电平（位置 *e*），接下来传送数据。数据中的逻辑 0 是由一个短时间的低电平和一个短时间的高电平组成的。逻辑 1 是由一个短时间的低电平

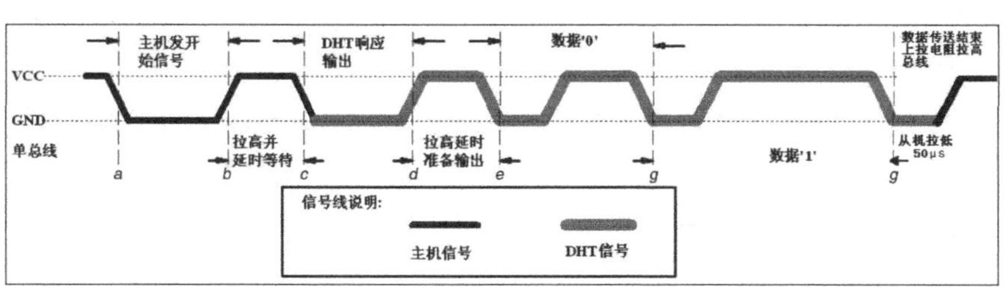

图 44.4 单总线通信时序图 1

和一个长时间的高电平组成的。逻辑 1 或逻辑 0 的波形共传送 40bit（5 字节）。数据传送完成时，传感器将总线拉为低电平（位置 *g*），持续 50 μs 后放开总线。总线回到初始的高电平状态，完成一次单总线通信。

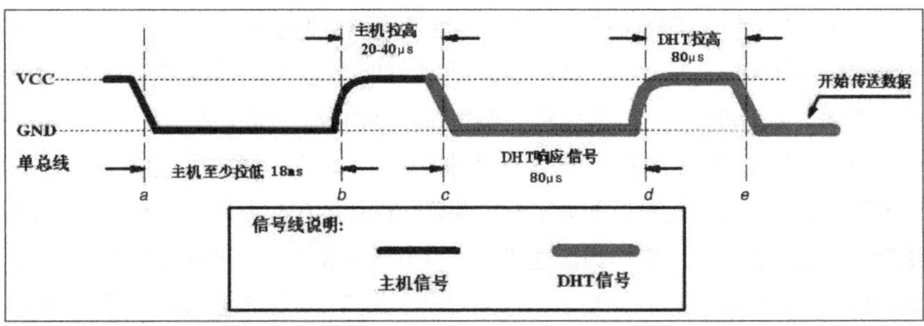

图 44.5 单总线通信时序图 2

图 44.5 所示是每一个波形的时间长度说明。主机（单片机）给出的低电平起始信号为 18ms（*a* ~ *b*），主机拉高的高电平为 20 ~ 40 μs（*b* ~ *c*），传感器响应的低电平为 80 μs（*c* ~ *d*），高电平为 80 μs（*d* ~ *e*）。传送数据分为逻辑 0 和逻辑 1（字节中的每个位）。图 44.6 所示是逻辑 0 的波形。如果发送的数据是 0，传感器会将总线拉到低电平（位置 *a*），保持 50 μs，再变为高电平（位置 *b*），保持 26 ~ 28 μs，接下来再将总行拉低发送下一位数据（位置 *c*）。图 44.7 所示是逻辑 1 的波形。发送数据 1 时，传感器先将总线拉到低电平（位置 *a*），保持 50 μs，再变为高电平（位置 *b*），保持 70 μs，接下来再将总线拉低，发送下一位数据（位置 *c*）。从中可知数据 0 和 1 的区别是高电平的时长。高电平在 70 μs 表示数据 1，高电平在 26 ~ 28 μs 表示数据 0。程序只要判断每 bit 的高电平的长度是 28 μs 还是 70 μs，就能确定数据是 0 还是 1。

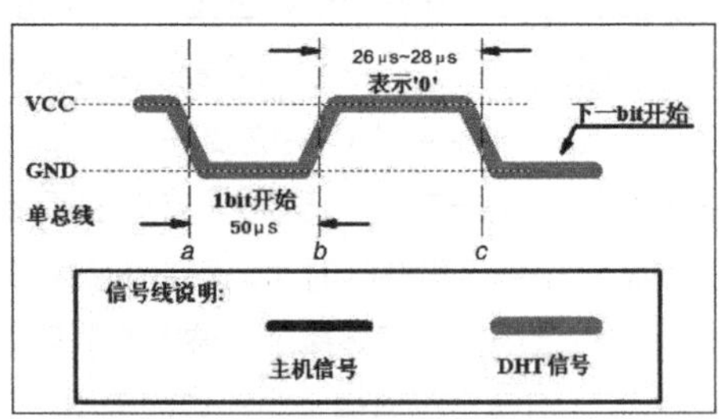

图 44.6 逻辑 0 的波形

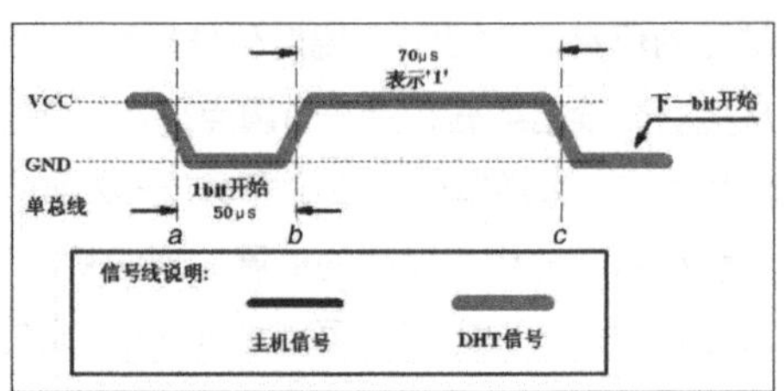

图 44.7 逻辑 1 的波形

现在我们了解了数据 0 和 1 的表达方式，知道了总线的通信过程，用这两个特性就能编写出驱动程序。接下来再看“测量分辨率”，分辨率分别以十进制数表示 8 位（bit）温度值和 8 位（bit）湿度值。第 5 页是电气特性，其中说明采集周期为 1s，即温 / 湿度数据的刷新频率为 1s。说明书的最后是应用信息和封装信息，从封装信息中可知引脚定义和封装尺寸。这就是数据手册的全部内容。

44.2 程序分析

接下来我们分析驱动程序。打开“DHT11 温湿度显示程序”工程，工程复制了上一节的工程，在 Hardware 文件夹中加入 DHT11 文件夹，在文件夹里加入 dht11.c 和 dht11.h 文件，这是我编写的 DHT11 驱动程序。接下来用 Keil 软件打开工程，首先打开 main.c 文件，如图 44.8 所示，DHT11 温 / 湿度显示程序，程序效果是在 OLED 屏上显示温 / 湿度值。第 18 ~ 22 行声明库文件，第 24 行加载 dht11.h 文件。主程序部分，第 28 行定义一个数组，存放两个字节的数据。第 36 行在 OLED 屏上显示“DHT11 TEST”。第 38 行用 if 语句判断 DHT11 初始化函数 DHT11_Init 的返回值，返回值为 0 表示初始化成功。显示第 39 行的温度和时间；为 1 表示初始化失败，执行第 42 行 else 语句显示“DHT11 INIT ERROR!”（传感器错误）。第 44 行显示完成后延时 1s。延时 1s 非常必要，前面说过传感器的采样周期是 1s，初始化后需要等待 1 秒再读取数据，如果 1 秒出错就延时 2 秒或更长时间。另外第 29

行主函数开始部分也有 1s 延时，因为传感器上电后要等待 1s 进入稳定状态。总之，上电开始要延时 1s，初始化结束还要延时。如果发现读取出错，延时时间还要加长一些。第 45 行是 while 主循环，第 46 行用 if 语句判断读出温/湿度值的函数 DHT11_ReadData 的返回值。调用此函数便能读出温/湿度值，参数是数组 b，表示将温/湿度数据放到数组 b 中。函数有返回值，返回值为 0 表示读取成功，为 1 表示读取失败。第 47 ~ 50 行是读取成功的处理程序，把读出来的数据显示在 OLED 屏上。第 47 ~ 48 行显示湿度值（数组 b 的第 [0] 位置，十位和个位分开显示），第 49 ~ 50 行显示温度值（数组 b 的第 [1] 位，十位和个位分开显示）。第 51 行通过 else 语句处理数据读取失败，显示传感器读取错误“DHT11 READ ERROR!”。第 54 行延时 1s。程序回到 while 循环再次读出温/湿度值，刷新显示。

```
18 #include "stm32f10x.h" //STM32头文件
19 #include "sys.h"
20 #include "delay.h"
21 #include "relay.h"
22 #include "oled0561.h"
23
24 #include "dht11.h"
25
26
27 int main (void){//主程序
28     u8 b[2];
29     delay_ms(1000); //上电时等待其他器件就绪
30     RCC_Configuration(); //系统时钟初始化
31     RELAY_Init();//继电器初始化
32
33     I2C_Configuration();//I2C初始化
34     OLED0561_Init(); //OLED屏初始化
35     OLED_DISPLAY_8x16_BUFFER(0,"   YoungTalk    "); //显示字符串
36     OLED_DISPLAY_8x16_BUFFER(2,"   DHT11 TEST   "); //显示字符串
37
38     if(DHT11_Init()==0){ //DHT11初始化  返回0成功，1失败
39       OLED_DISPLAY_8x16_BUFFER(4,"Humidity:   %   "); //显示字符串
40       OLED_DISPLAY_8x16_BUFFER(6,"Temperature:   C"); //显示字符串
41     }else{
42       OLED_DISPLAY_8x16_BUFFER(4,"DHT11 INIT ERROR!"); //显示字符串
43     }
44     delay_ms(1000);//DHT11初始化后必要的延时（不得小于1s）
45     while(1){
46       if(DHT11_ReadData(b)==0){//读出温/湿度值
47         OLED_DISPLAY_8x16(4,9*8,b[0]/10 +0x30);//显示湿度值
48         OLED_DISPLAY_8x16(4,10*8,b[0]%10 +0x30);//
49         OLED_DISPLAY_8x16(6,12*8,b[1]/10 +0x30);//显示温度值
50         OLED_DISPLAY_8x16(6,13*8,b[1]%10 +0x30);//
51       }else{
52         OLED_DISPLAY_8x16_BUFFER(6,"DHT11 READ ERROR!"); //显示字符串
53       }
54       delay_ms(1000); //延时，刷新数据的频率（不得小于1s）
55     }
56 }
```

图 44.8 main.c 文件的全部内容

理解了主函数的程序原理，接下来只剩两个问题。DHT11 如何初始化？DHT11 如何读取温/湿度值？解决这两个问题要分析 dht11.h 和 dht11.c 文件。先看 dht11.h 文件，如图 44.9 所示，文件开始部分第 4 行加入延时函数的库文件，表示在 dht11.c 文件会调用延时函数。第 6 ~ 7 行定义单总线的 I/O 端口，当前使用 PA15。第 10 ~ 17 行声明 dht11.c 文件的函数。声明的函数比较多，但需要用户调用的只有初始化函数 DHT11_Init 和读取温湿度函数 DHT11_ReadData。其他函数都是为这 2 个函数服务的。

接下来分析 dht11.c 文件，第 21 行加载 dht11.h 文件，第 24 行是 I/O 端口设置函数 DHT11_IO_OUT，功能是让端口变为输出，将单总线的 I/O 端口变为推挽输出方式。第 32 行的函数 DHT11_IO_IN，功能是将端口变为输入，把单总线的 I/O 端口变为上拉电阻的输入方式。第 39 行是 DHT11 端口复位函数 DHT11_RST，功能是从单片机发送起始信号，即时序图中的黑线部分（18ms 低电平和 20 ~ 40 μs 高电平）。第 47 行是等待 DHT11 回应函数 Dht11_Check，发送起始信号后等待传感器发回数据。第 63 行是读取一位（bit）的函数 Dht11_ReadBit，返回值是读出的这一位，对应时序图中接收部分，逻辑 0 或 1。第 78 行是读取

```
1  #ifndef __DHT11_H
2  #define __DHT11_H
3  #include "sys.h"
4  #include "delay.h"
5
6  #define DHT11PORT GPIOA //定义I/O端口
7  #define DHT11_IO GPIO_Pin_15//定义I/O端口
8
9
10 void DHT11_IO_OUT (void);
11 void DHT11_IO_IN (void);
12 void DHT11_RST (void);
13 u8 Dht11_Check(void);
14 u8 Dht11_ReadBit(void);
15 u8 Dht11_ReadByte(void);
16 u8 DHT11_Init (void);
17 u8 DHT11_ReadData(u8 *h);
```

图 44.9 dht11.h 文件的全部内容

```
21  #include "dht11.h"
22
23
24  void DHT11_IO_OUT (void){ //端口变为输出状态
25      GPIO_InitTypeDef  GPIO_InitStructure;
26          GPIO_InitStructure.GPIO_Pin = DHT11_IO; //选择端口号（0~15或all）
27          GPIO_InitStructure.GPIO_Mode = GPIO_Mode_Out_PP; //选择I/O端口工作方式
28          GPIO_InitStructure.GPIO_Speed = GPIO_Speed_50MHz; //设置I/O端口速度（2/10/50MHz）
29      GPIO_Init(DHT11PORT, &GPIO_InitStructure);
30  }
31
32  void DHT11_IO_IN (void){ //端口变为输入状态
33      GPIO_InitTypeDef  GPIO_InitStructure;
34          GPIO_InitStructure.GPIO_Pin = DHT11_IO; //选择端口号（0~15或all）
35          GPIO_InitStructure.GPIO_Mode = GPIO_Mode_IPU; //选择I/O端口工作方式
36      GPIO_Init(DHT11PORT, &GPIO_InitStructure);
37  }
38
39  void DHT11_RST (void){ //DHT11端口复位，发出起始信号（I/O发送）
40      DHT11_IO_OUT();
41      GPIO_ResetBits(DHT11PORT,DHT11_IO); //
42      delay_ms(20); //拉低至少18ms
43      GPIO_SetBits(DHT11PORT,DHT11_IO); //
44      delay_us(30); //主机拉高20~40μs
45  }
```

图 44.10 dht11.c 文件的部分内容 1

一个字节的函数 Dht11_ReadByte，返回值是读到的数据。第 88 行是初始化函数 DHT11_Init，第 94 行是读取温 / 湿度值函数 DHT11_Init。dht11.c 文件包含的函数较多，但每个函数的内容较少。只要知道函数之间的调用关系，就能理解函数之间的运作原理。

首先我们来看第 24 行的将 I/O 端口变为输出状态函数和 32 行的将端口变为输入状态函数。单总线通信所使用的 I/O 端口既要发送数据（时序图黑线部分）又要接收数据（时序图灰线部分），一个端口有两种工作状态，这 2 个函数用于切换端口工作状态。如图 44.10 所示，第 25 ~ 29 行设置 I/O 端口（PA15）I/O 方式为 50MHz 推挽输出方式。第 33 ~ 36 行将 I/O 端口 I/O 方式设置为上拉电阻输入方式。接下来第 39 行的 DHT11_RST 函数发送图 44.4 中黑线部分波形（*a* ~ *c*）。第 40 行调用函数 DHT11_IO_OUT 将端口设为输出端口，单片机可以向传感器发送数据。第 41 行将 I/O 端口变为低电平。第 42 行延时 20ms，以上操作即产生了图 44.4 中黑线部分的低电平起始信号（*a* ~ *b*）。低电平要求 18ms，我们实际延时 20ms，延时宁多不宜少。接下来第 43 行将 I/O 端口变为高电平，第 44 行延时 30μs。高电平要求 20 ~ 40μs，我们实际延时 30μs。执行以上函数便向传感器发送起始信号。

```
47  u8 Dht11_Check(void){ //等待DHT11回应，返回1:未检测到DHT11，返回0:成功（I/O端口接收）
48      u8 retry=0;
49      DHT11_IO_IN();//I/O到输入状态
50      while (GPIO_ReadInputDataBit(DHT11PORT,DHT11_IO)&&retry<100) {//DHT11会拉低40~80μs
51          retry++;
52          delay_us(1);
53      }
54      if(retry>=100)return 1; else retry=0;
55      while (!GPIO_ReadInputDataBit(DHT11PORT,DHT11_IO)&&retry<100) {//DHT11拉低后会再次拉高40~80μs
56          retry++;
57          delay_us(1);
58      }
59      if(retry>=100)return 1;
60      return 0;
61  }
62
63  u8 Dht11_ReadBit(void){ //从DHT11读取一个位 返回值：1/0
64      u8 retry=0;
65      while(GPIO_ReadInputDataBit(DHT11PORT,DHT11_IO)&&retry<100) {//等待变为低电平
66          retry++;
67          delay_us(1);
68      }
69      retry=0;
70      while(!GPIO_ReadInputDataBit(DHT11PORT,DHT11_IO)&&retry<100) {//等待变高电平
71          retry++;
72          delay_us(1);
73      }
74      delay_us(40);//等待40μs //用于判断高低电平，即数据1或0
75      if(GPIO_ReadInputDataBit(DHT11PORT,DHT11_IO))return 1; else return 0;
76  }
77
78  u8 Dht11_ReadByte(void){   //从DHT11读取一个字节  返回值：读到的数据
79      u8 i,dat;
80      dat=0;
81      for (i=0;i<8;i++){
82          dat<<=1;
83          dat|=Dht11_ReadBit();
84      }
85      return dat;
86  }
```

图 44.11 dht11.c 文件的部分内容 2

如图 44.11 所示，第 47 行

是等待传感器回应的函数 Dht11_Check。函数无参数，有返回值，返回 1 表示未检查到传感器，返回 0 表示成功。函数中第 48 行定义变量 retry，初始值为 0。第 49 行将 I/O 端口变为输入状态。第 50 行是 while 循环，判断 I/O 端口的输入状态，若为高电平则一直循环等待。同时还判断条件变量 retry 是否小于 100，2 个条件同时满足才能判断为真。while 循环内部有 2 行程序，第 51 行是变量的值加 1，第 52 行延时 1 μs。while 循环检测 I/O 端口，为高电平时循环检测，一旦为低电平则跳出判断。因为发送完起始信号后要等待传感器发回低电平信号，所以循环等待感器回应。若传感器长时间无回应，为了避免循环卡死，我加入循环一次，变量 retry 的值加 1，并延时 1 μs，当变量 retry 的值加到 100 时，自动跳出循环。变量的值加到 100，即延时 100 μs。也就是说程序通过 while 循环等待传感器发来低电平信号，等待最长 100 μs，超过 100 μs 表示传感器损坏或硬件连接出错，此时跳出循环并标记错误。第 54 行判断等待时长是否超过 100 μs，若超过，返回值为 1，表示传感器无回应；若不超过，表示检查到低电平才退出循环，这时将变量 retry 清 0，以备下次使用。

接下来第 55 行又是通过 while 循环读取 I/O 端口状态，区别是此处加入按位取非运算（！）。也就是若 I/O 端口是低电平则一直循环，变为高电平才跳出循环。判断条件中也加入了变量 retry，等待超过 100 μs 跳出循环，通过第 59 行的 if 语句判断是否超出时间。超出时间则返回值为 1，表示传感器无回应；否则返回 0，表示以上两个循环都是因电平状态变化才跳出循环。这两组程序能判断时序图中传感器返回的低电平和高电平信号，有这两个信号就表示传感器正确回应，由此可知传感器是否正常连接，判断初始化是否成功。如图 44.12 所示，在第 88 行的初始化函数 DHT11_Init 中，第 89 行设置 I/O 端口时钟，第 90 行复位传感器端口，发送起始信号。第 91 行通过返回值等待传感器回应，为 0 表示初始化成功，就将初始化函数的返回值也变为 0；为 1 表示初始化失败，就将初始化函数的返回值也变为 1。只要用端口复位和等待回应就能判断传感器是否正常工作。

接下来是与读取温 / 湿度值有关的函数。第 63 行是读取一位（bit）函数 Dht11_ReadBit。第 64 行定义变量 retry，第 65 行进入 while 循环判断 I/O 端口，变为低电平时跳出循环，同时超过 100 μs 时跳出循环。第 70 行又是 while 循环，I/O 端口为高电平时跳出循环，同时超过 100 μs 时跳出循环。这两个 while 循环判断数据位中的波形，第一个循环判断低电平，第 2 个循环判断高电平。传感器返回数据出现低电平时，第 1 个循环成立，进入第 2 个循环等待高电平，传感器输出在 15 μs 后变为高电平，使第 2 个 while 循环退出执行下面的程序。第 74 行延时 40 μs，用于判断数据是 0 还是 1。我们知道数据 0 和 1 的差别是高电平的时长。高电平时长为 28 μs 表示是数据 0，时长为 70 μs 表示数据 1。既然时长不同，只要在两个时长之间取一个采样点就能判断数据。我设定的采样点时间是 40 μs。即进入高电平延时 40 μs 后再判断，如果此时（采样位置）为低电平表示数据为 0，为高电

```
88 u8 DHT11_Init (void){ //DHT11初始化
89     RCC_APB2PeriphClockCmd(RCC_APB2Periph_GPIOA | RCC_APB2Periph_GPIOB |
90     DHT11_RST();//DHT11端口复位，发出起始信号
91     return Dht11_Check(); //等待DHT11回应
92 }
93
94 u8 DHT11_ReadData(u8 *h){ //读取一次数据//湿度值(十进制，范围:20%~90%)
95       u8 buf[5];
96       u8 i;
97       DHT11_RST();//DHT11端口复位，发出起始信号
98       if(Dht11_Check()==0){ //等待DHT11回应
99           for(i=0;i<5;i++){//读取5位数据
100              buf[i]=Dht11_ReadByte(); //读出数据
101          }
102          if((buf[0]+buf[1]+buf[2]+buf[3])==buf[4]){  //数据校验
103              *h=buf[0]; //将湿度值放入指针1
104         h++;
105              *h=buf[2]; //将温度值放入指针2
106          }
107      }else return 1;
108      return 0;
109 }
```

图 44.12 dht11.c 文件的部分内容 3

平表示数据 1。只要判断一次采样点的电平状态便确定了数据。所以第 75 行通过 if 语句判断 I/O 端口电平，高电平返回 1，低电平返回 0，实现了一位（bit）的读取。接下来第 78 行是读取一个字节函数 Dht11_ReadByte，一字节是 8 位。第 79 行先定 for 循环使用的变量 i，第 81 行进入 for 语句循环 8 次，第 82 行是每循环一次将数据左移一位，第 83 行调用按位读取函数 Dht11_ReadBit，将读取的位（bit）放入字节最低位，通过不断左移，循环 8 次最终放满 8 个位（bit）。第 85 行返回一字节的数据。

最后来分析读取温 / 湿度数据的函数 DHT11_ReadData。第 95 行定义 5 个字节的数组 buf，存放传感器读取的数据。5 字节的数据是湿度整数、湿度小数、温度整数、温度小数、校验和。第 96 行定义 for 循环使用的变量 i。第 97 行调用端口复位函数 DHT11_RST，发送起始信号。第 98 行调用等待传感器回应函数 Dht11_Check，通过 if 语句判断返回值，返回值为 0 表示读取成功。第 99 行通过 for 循环读出 5 字节数据。第 100 行调用字节读取函数 Dht11_ReadByte，将读取的字节数据放入数组 buf，循环 5 次读出全部 5 个字节。第 102 行通过 if 语句校验数据。校验方法是将数组中前 4 个字节（buf[0] ~ buf[3]）相加，看相加结果的最后 8 位（bit）是否等于数组中第 5 个字节（buf[4]）的值。相等则数据正确，执行第 103 ~ 105 行数据存放程序。其中第 103 行将数组第 1 字节数据（buf[0]，湿度值整数）放入指针 *h，第 104 行将指针加 1，第 105 行将第 3 字节数据（buf[2]，温度值整数）放入指针 *h，放入完成后执行第 108 行，返回值为 0，表示数据读取成功。如果在第 98 行的 if 判断中传感器无回应，通过第 107 行的 else 语句让返回值为 1，表示读取失败。数据存放成功时，在参数给出的指针中会存有温 / 湿度数据。在主函数调用读出温 / 湿度值函数时，要在参数中给出有 2 个元素的数组，通过数组在主函数中存放温 / 湿度数据。至此 DHT11 的驱动程序就分析完了。

其实程序只是对时序图中的电平进行判断，I/O 端口有时输出，有时输入，程序通过 while 循环判断高低电平的开始位置，通过延时函数进入采样点，判断数据位是 1 还是 0；最后校验数据，校验成功后将 5 字节数据放入指针变量。主函数将温 / 湿度数据以十进制数显示在 OLED 屏上，达到示例程序的效果。单总线通信还有一款比较常用的温度传感器 DS18B20。我们可以分析它的数据手册，以同样的程序设计原理来驱动它。DS18B20 可提供更精准的温度值，但不能提供湿度值。各位可以自行研究，编写驱动程序。如果你能成功驱动 DS18B20 芯片，读出温度值，说明你已经熟悉单总线通信原理，也掌握了从分析数据手册到编写驱动程序的全过程。

第 89~91 步

45 MPU6050模块

45.1 原理介绍

这一节我们介绍配件包中的配件 MPU6050 模块，如图 45.1 所示。模块由一片印制电路板（PCB）和一排排针接口组成。PCB 上面有很多元器件，中间的方形芯片是 MPU6050。MPU6050 是一款 6 轴加速度传感器和陀螺仪，它能感知自身位移和旋转角度。由于芯片体积太小，为了方便实验才将芯片和周边元器件焊接在一片电路板上，形成一个完整的加速度传感器和陀螺仪功能模块。MPU6050 模块在项目开发中很常用，可制作自平衡小车、智能手表、4 轴飞行器等。只要是用到检测加速度、位移、旋转角度的项目，都可使用这款模块。接下来看一下 MPU6050 的工作原理和驱动方法。在开始实验之前，要将 MPU6050 模块连接到洋桃 1 号开发板上。模块下方的排针可以插入洋桃 1 号开发板的面包板上，如图 45.2 所示，插接时排针在左侧，插到面包板的左侧的排孔上，再用面包板专用线将模块与开发板旁边的排孔连接。模块第 1 脚 VCC 连接开发板的 5V 端口，模块第 2 脚 GND 连接到开发板的 GND 端口，模块第 3 脚是 SCL（I^2C 总线的时钟线）连接开发板 PB6 端口，模块第 4 脚 SDA（I^2C 总线的数据线）连接开发板 PB7 端口。插好后就可以给开发板下载程序了。在附带资料中找到“MPU6050 原始数据显示程序”工程，将工程中的 HEX 文件下载到开发板中，看一下效果。效果是在 OLED 屏上显示“MPU6050 TEST”，表示MPU6050测试程序。如图 45.3 所示，屏幕显示 3 行 6 组数据，左边的 X、Y、Z 表示 3 轴加速度值。右边的 X、Y、Z 表示 3 轴陀螺仪值，这是从 MPU6050 芯片读出的原始数据。只要从芯片读出

图 45.1 MPU6050 模块外观

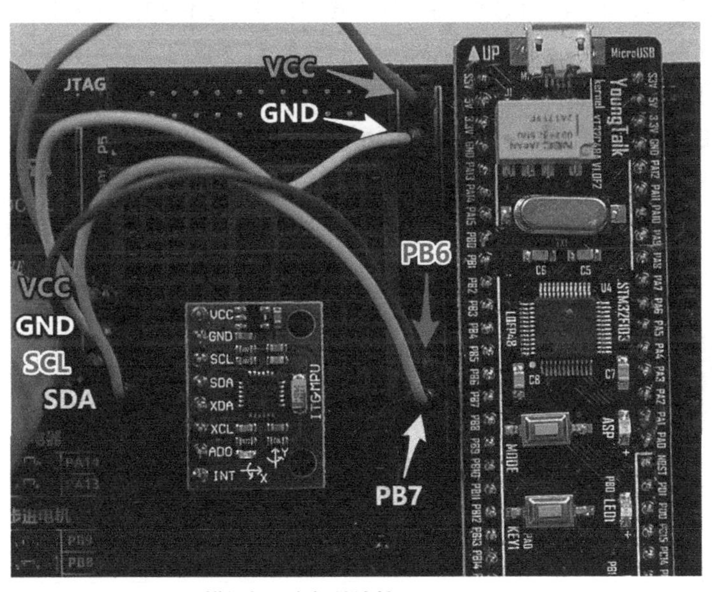

图 45.2 MPU6050 模块与开发板的连接

图 45.3 示例程序的演示效果

这 6 个数值，再经过特殊算法处理，就能得到 MPU6050 模块当前的运动姿态。即使没有经过算法处理，也能从原始数据中看出端倪。只要让传感器产生位移或旋转，就能让原始数据发生变化。这一功能可用于运动手表、智能手环的计步功能，利用加速度传感器测量手臂的移动规律计算出步数。

接下来介绍 MPU6050 模块的特性和驱动方法。在附带资料中找到“洋桃 1 号开发板周围电路手册资料”文件夹，找到“MPU6050 数据手册（中文）”“MPU6050 数据手册（英文）”“MPU-6000 寄存器映射和描述（英文）”，在介绍原理时会用到这 3 个文件。MPU6000 或 MPU6050 是同一个系列中的两款芯片，它们是 6 轴运动处理芯片，内部集成了加速度传感器和陀螺仪。加速度传感器主要检测位移，陀螺仪主要检测方向改变和旋转。图 45.4 是芯片的实物图，芯片引脚在底面上，右边是引脚定义图，其中部分引脚是空脚（NC）。关于引脚的定义和外围电路设计就不进行介绍了，有兴趣的朋友可以自学。我们仅介绍 MPU6050 模块，模块上集成了芯片和外围电路，引出了排针引脚，使开发变得更简单，不需要考虑芯片电路的设计原理，只需要考虑模块和单片机的连接方法。如图 45.5 所示，模块第 1 脚 VCC 可以连接 3.3V 或 5V 电源，因为模块集成了稳压电路，2 种电源都能让芯片正常工作。第 2 脚 GND 连接开发板的 GND 接口。第 3 脚 SCL 连接单片机 I^{2}C 总线的 SCL，我们使用单片机内部的硬件 I^{2}C 总线的 SCL 接口，端口是 PB6。SDA 对应的端口是 PB7。需要注意：I^{2}C 总线规定每条通信线上需要连接 2.2kΩ 上拉电阻，但由于模块和开发板上的 OLED 屏共用一组 I^{2}C 总线，OLED 屏已连接上拉电阻，无须再加电阻。接下来 XDA 和 XCL 接口是 I^{2}C 主模式接口，主模式是模块作为主设备的通信模式。但现在我们是以单片机为主设备、模块为从设备通信。所以 XDA 和 XCL 接口两个引脚悬空。接下来 AD0 接口是器件地址选择接口。我们知道 I^{2}C 设备有 7 位器件地址，AD0 引脚可以控制 7 位地址中的最低位。AD0 连接高电平时地址为最低位为 1，低电平时最低位为 0。由于可选择 2 个地址，同一条 I^{2}C 总线上最多连接 2 个模块。当前使用 1 个模块，AD0 悬空不接。悬空不接时，其内部的下拉电阻会使地址最低位为低电平（0）。

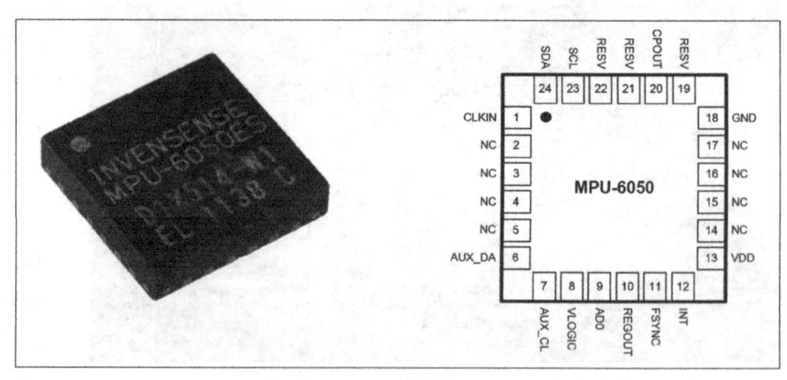

图 45.4 MPU6050 芯片实物图和接口定义图

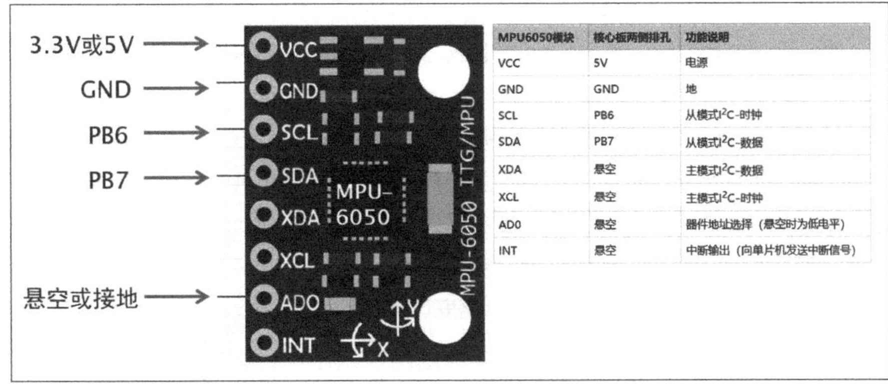

MPU6050模块	核心板两侧排孔	功能说明
VCC	5V	电源
GND	GND	地
SCL	PB6	从模式I²C-时钟
SDA	PB7	从模式I²C-数据
XDA	悬空	主模式I²C-数据
XCL	悬空	主模式I²C-时钟
AD0	悬空	器件地址选择（悬空时为低电平）
INT	悬空	中断输出（向单片机发送中断信号）

图 45.5 模块接口定义图

INT 是中断输出引脚，模块的初始化设置可以开启外部中断。某些数据满足中断条件时，此引脚向单片机发出中断信号，让单片机及时处理。因为我们只是做入门实验，暂时不研究外部中断，引脚悬空。最终只要将模块的 4 个接口和开发板连接就可以正常工作。

接下来研究 6 个轴与芯片实物的对应关系，如图 45.6 所示。6 轴包括加速度传感器的 3 轴和陀螺仪的 3 轴。左边模块实物中，电路板中间的黑色芯片是 MPU6050 芯片，芯片左上角有一个芯片定位点，既标注了第 1 脚位置又表示了 6 轴的方位。将芯片角度对应到右边图片，把芯片实物与示意图上的角度关系对应起来。3 个箭头表示三维空间坐标，从左到右穿过的是 x 轴，从前向后的是 y 轴，从下表面向上表面穿过的是 z 轴，x、y、z 轴组成空间坐标系，传感器数据与 3 轴位移关系对应。芯片向上或向下移动是 z 轴位移，向左或向右移动是 x 轴位移，向前或向后移动是 y 轴位移。3 个箭头上的小弯曲箭头表示芯片在 x、y、z 轴方向的旋转。比如芯片以 z 轴为中轴进行顺时针或逆时针旋转，旋转产生的角度会转化为角度数据。在 y 轴和 x 轴上同样有转角数据。转角数据来自芯片内部的陀螺仪，它能感知轴的旋转。芯片输出的 6 轴数据有正负之分，比如 x 轴向右移动为正值，向左移动为负值。

接下来看模块的器件地址。官方数据手册给出的器件地址是 0x68，但开发板连接模块的器件地址是 0xD0。地址不同是因为器件地址共 7 位，当以十六进制数表示时需要以一个字节（8 位）的方式呈现，给 7 位地址补 0。补 0 的位置决定了地址值。最低位补 0 结果是 11010000（0xD0），最高位补 0 结果是 01101000（0x68）。我们只要记住 STM32 单片机硬件 I²C 总线的器件地址是 0xD0。

接下来打开“MPU6050 数据手册（中文）”文档，阅读手册可以深入了解这款芯片。“简介”章节说明了 MPU6050 和 MPU6000 的区别，MPU6000 既支持 I²C 总线，又支持 SPI 总线通信。MPU6050 芯片只支持 I²C 总线通信。MPU6050 陀螺仪和加速度传感器使用 3 个 16 位的 ADC，陀螺仪测量范围是 ±250 °/s、±500 °/s、±1000 °/s、±2000 °/s，加速度传感器范围是 ±2g、±4 g、±8 g、±16 g。“特征”章节给出

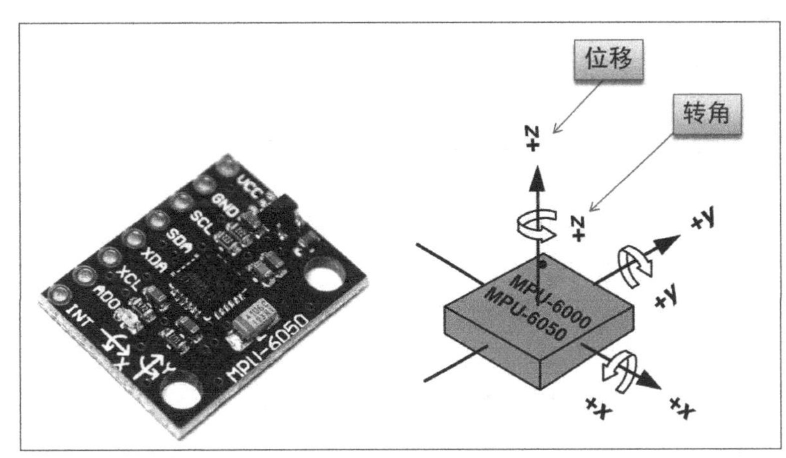

图 45.6 6 轴测量原理示意图

了芯片的特征。“电气特性”部分说明了芯片工作电压是 2.375 ~ 3.46V，模块上有 3.3V 稳压芯片。第 3 ~ 4 页是性能测试特性。第 5 页“使用说明”给出芯片的引脚定义和封装图，还有经典的外围电路设计。接下来介绍了可编程中断、内部时钟机制、数字接口等。请大家认真学习数据手册。数据手册只介绍了芯片的基本参数和特性，没有介绍如何用 I^2C 总线读出原始数据。我们打开“MPU-6000 寄存器映射和描述（英文）”文档。这个文档记录了 MPU6050 芯片的寄存器映射关系，即 I^2C 子地址映射表。通过表格可知子地址中放入了什么数据。第 6 页是寄存器映射表，表前边列出的是子地址，I^2C 总线读取对应子地址中对应的传感器数据。表中第 1 列是由十六进制表示的子地址，第 2 列是由十进制表示的子地址，第 3 列是寄存器名称，第 4 列是寄存器的读写关系。R/W 表示寄存器既可读又可写，R 表示只读，W 表示只写。最后 8 列是一个字节的 8 个位，左边是最高位（bit7），右边是最低位（bit0）。此表格对于初学者来说理解起来有一定难度，请大家翻译并阅读，编程时会用到。表格内容非常多，第 7 页可以找到十六进制数子地址 0x3B，对应加速度传感器 *x* 轴输出的高 8 位，0x3C 对应 *x* 轴输出的低 8 位。高 8 位和低 8 位相加便是完整的 16 位加速度值。子地址 0x3D 和 0x3E 对应 *y* 轴的 16 位加速度值，子地址 0x3F 和 0x40 对应 *z* 轴的 16 位加速度值，子地址 0x43 和 0x44 对应陀螺仪 *x* 轴的 16 位陀螺仪值，子地址 0x45 和 0x46 对应 *y* 轴的 16 位陀螺仪值，子地址 0x47 和 0x48 对应 *z* 轴的 16 位陀螺仪值。示例程序通过 I^2C 总线读出 12 个字节的数据并显示在 OLED 屏上。在编程时需要大家熟悉此表中的子地址功能。第 9 页详细介绍了子地址表中每个功能、每一位的作用。

45.2 程序分析

接下来我们分析 MPU6050 读出原始数据的程序。打开“MPU6050 原始数据显示程序”工程。这个工程复制了上一节“DHT11 温湿度显示程序”的工程，并在 Hardware 文件夹中加入 MPU6050 文件夹，其中加入 MPU6050.c 和 MPU6050.h 文件，这是我编写的 MPU6050 驱动程序。用 Keil 软件打开工程，工程的设置里已经添加了 MPU6050、I^2C 总线、OLED 屏相关的驱动程序文件。接下来 main.c 文件如图 45.7 和图 45.8 所示，这是 MPU6050 原始数据显示程序。“原始数据”是指 3 轴加速度传感器和 3 轴陀螺仪的直接输出的数据，未经过算法处理。在实际的应用中，针对不同的项目开发和应用环境，会对原始数据进行不同的算法处理，达到精确判断位移和旋转角度的效果。不同项目会有不同的算法，我们暂时不研究算法，能读出原始数据即可。如图 45.7 所示，第 18 ~ 22 行定义库文件，第 24 行加入 MPU6050.h 文件。第 28 行定义 16 位数组，数组中有 6 字节的空间，初始值为 0。第 29 行延时 500ms，延时可以使单片机之外的其他元器件在上电后进入工作状态。第 30 行时钟初始化，第 31 行继电器初始化。继电器在本程序中没有使用，但为了防止继电器吸合，需要对继电器

```
18 #include "stm32f10x.h" //STM32头文件
19 #include "sys.h"
20 #include "delay.h"
21 #include "relay.h"
22 #include "oled0561.h"
23
24 #include "MPU6050.h"
25
26
27 int main (void){//主程序
28   u16 t[6]={0};
29   delay_ms(500); //上电时等待其他器件就绪
30   RCC_Configuration(); //系统时钟初始化
31   RELAY_Init();//继电器初始化
32
33   I2C_Configuration();// I²C初始化
34
35   OLED0561_Init(); //OLED屏初始化
36   OLED_DISPLAY_8x16_BUFFER(0,"  MPU6050 TEST  "); //显示字符串
37   OLED_DISPLAY_8x16_BUFFER(2,"X:       X:     "); //显示字符串
38   OLED_DISPLAY_8x16_BUFFER(4,"Y:       Y:     "); //显示字符串
39   OLED_DISPLAY_8x16_BUFFER(6,"Z:       Z:     "); //显示字符串
40
41   MPU6050_Init(); //MPU6050初始化
42
43   while(1){
```

图 45.7 main.c 文件的部分内容 1

初始化，接下来第 33 行是 I²C 初始化函数，模块使用 I²C 总线通信，所以要初始化 I²C 总线。第 36 行在 OLED 屏上显示“MPU6050 TEST”，下面显示 *x*、*y*、*z* 轴的坐标，空格位置用于显示数值。第 41 行是 MPU6050 初始化函数 MPU6050_Init，初始化可使芯片进入工作状态，不断输出加速度传感器和陀螺仪数据。接下来进入 while 主循环，如图 45.8 所示，第 44 行是读取芯片数据函数 MPU6050_READ。函数有一个参数数组 t，意思是将芯片读出的数据存入数组 t。数组可存放 6 个 16 位数据。数组第 0 位到第 2 位存放加速度值，第 3 位到第 5 位存放陀螺仪值。第 46 ~ 77 行是 OLED 屏显示程序。第 46 ~ 50 行在第 2 行分别显示数组第 0 位数值的万位、千位、百位、十位和个位。第 51 ~ 55 行在第 2 行左侧位置显示数组第 3 位的数据，第 57 ~ 61 行显示数组第 1 位的数据，第 62 ~ 66 行显示数组第 4 位的数据，第 68 ~ 72 行显示数组第 2 位的数据，第 73 ~ 77 行显示数组第 5 位的数据。从此可见，屏幕左侧显示 t[0]、t[1]、t[2] 中存储的加速度值，屏幕右侧显示 t[3]、t[4]、t[5] 中存储的陀螺仪值。第 79 行是延时函数，该函数决定了数据的刷新频率。主程序分析完成，接下来还有两个问题：一是 MPU6050 初始化函数如何初始化，二是 MPU6050_READ 函数如何读出数据。

```
43  while(1){
44      MPU6050_READ(t);  //加速度
45      //其中t[0~2]是加速度ACCEL，t[3~5]是陀螺仪值 GYRO
46      OLED_DISPLAY_8x16(2,2*8,t[0]/10000 +0x30);//显示
47      OLED_DISPLAY_8x16(2,3*8,t[0]%10000/1000 +0x30);//显示
48      OLED_DISPLAY_8x16(2,4*8,t[0]%1000/100 +0x30);//
49      OLED_DISPLAY_8x16(2,5*8,t[0]%100/10 +0x30);//
50      OLED_DISPLAY_8x16(2,6*8,t[0]%10 +0x30);//
51      OLED_DISPLAY_8x16(2,11*8,t[3]/10000 +0x30);//显示
52      OLED_DISPLAY_8x16(2,12*8,t[3]%10000/1000 +0x30);//显示
53      OLED_DISPLAY_8x16(2,13*8,t[3]%1000/100 +0x30);//
54      OLED_DISPLAY_8x16(2,14*8,t[3]%100/10 +0x30);//
55      OLED_DISPLAY_8x16(2,15*8,t[3]%10 +0x30);//
56
57      OLED_DISPLAY_8x16(4,2*8,t[1]/10000 +0x30);//显示
58      OLED_DISPLAY_8x16(4,3*8,t[1]%10000/1000 +0x30);//显示
59      OLED_DISPLAY_8x16(4,4*8,t[1]%1000/100 +0x30);//
60      OLED_DISPLAY_8x16(4,5*8,t[1]%100/10 +0x30);//
61      OLED_DISPLAY_8x16(4,6*8,t[1]%10 +0x30);//
62      OLED_DISPLAY_8x16(4,11*8,t[4]/10000 +0x30);//显示
63      OLED_DISPLAY_8x16(4,12*8,t[4]%10000/1000 +0x30);//显示
64      OLED_DISPLAY_8x16(4,13*8,t[4]%1000/100 +0x30);//
65      OLED_DISPLAY_8x16(4,14*8,t[4]%100/10 +0x30);//
66      OLED_DISPLAY_8x16(4,15*8,t[4]%10 +0x30);//
67
68      OLED_DISPLAY_8x16(6,2*8,t[2]/10000 +0x30);//显示
69      OLED_DISPLAY_8x16(6,3*8,t[2]%10000/1000 +0x30);//显示
70      OLED_DISPLAY_8x16(6,4*8,t[2]%1000/100 +0x30);//
71      OLED_DISPLAY_8x16(6,5*8,t[2]%100/10 +0x30);//
72      OLED_DISPLAY_8x16(6,6*8,t[2]%10 +0x30);//
73      OLED_DISPLAY_8x16(6,11*8,t[5]/10000 +0x30);//显示
74      OLED_DISPLAY_8x16(6,12*8,t[5]%10000/1000 +0x30);//显示
75      OLED_DISPLAY_8x16(6,13*8,t[5]%1000/100 +0x30);//
76      OLED_DISPLAY_8x16(6,14*8,t[5]%100/10 +0x30);//
77      OLED_DISPLAY_8x16(6,15*8,t[5]%10 +0x30);//
78
79      delay_ms(200); //延时（决定刷新速度）
80    }
81  }
```

图 45.8 main.c 文件的部分内容 2

继续分析程序，打开 MPU6050.h 文件，如图 45.9 所示。文件开始部分第 4 行加入 i2c.h 文件，因为程序中使用了 I²C 总线。第 4 ~ 5 行加入延时函数的库文件。第 8 行定义 MPU6050 的器件地址 0x0D。如果模块 D0 端口悬空或接地，地址就是 0x0D；如果 D0 端口为高电平，地址就变为 0xD2。第

```
1   #ifndef __MPU6050_H
2   #define __MPU6050_H
3   #include "sys.h"
4   #include "i2c.h"
5   #include "delay.h"
6
7
8   #define MPU6050_ADD 0xD0  //器件地址（AD0悬空或低电平时地址是0xD0，为高电平时为0xD2，7位地址：1101 000x）
9
10
11  #define MPU6050_RA_XG_OFFS_TC       0x00
12  #define MPU6050_RA_YG_OFFS_TC       0x01
13  #define MPU6050_RA_ZG_OFFS_TC       0x02
14  #define MPU6050_RA_X_FINE_GAIN      0x03
15  #define MPU6050_RA_Y_FINE_GAIN      0x04
16  #define MPU6050_RA_Z_FINE_GAIN      0x05
17  #define MPU6050_RA_XA_OFFS_H        0x06
```

图 45.9 MPU6050.h 文件的内容 1

```
115 #define MPU6050_RA_DMP_CFG_1        0x70
116 #define MPU6050_RA_DMP_CFG_2        0x71
117 #define MPU6050_RA_FIFO_COUNTH      0x72
118 #define MPU6050_RA_FIFO_COUNTL      0x73
119 #define MPU6050_RA_FIFO_R_W         0x74
120 #define MPU6050_RA_WHO_AM_I         0x75   /////
121
122
123 void MPU6050_Init(void);
124 void MPU6050_READ(u16* n);
125
```

图 45.10 MPU6050.h 文件的内容 2

11 ~ 120 行是对器件内部的寄存器映射的宏定义。这里需要再看一下“MPU-6000 寄存器映射和描述”第 6 页的寄存器映射表，其中的映射关系就是程序中宏定义的寄存器映射。第 12 行是 0x1A 对应宏定义是 MPU6050_RA_CONFIG，寄存器的地址值用在 I^{2}C 总线子地址，读写子地址就能完成数据读取和设置。需要注意：最终读出的原始数据所在位置是 0x3B ~ 0x48，共 14 组。每个数据都是 1 字节（8 位）。但已知传感器内部 ADC 是 16 位的，最终读出的数据也是 16 位的。16 位的数据分成两个部分，每个部分 1 字节。第 63 行是加速度传感器 *x* 轴高 8 位 MPU6050_RA_ACCEL_XOUT_H，低 8 位是 MPU6050_RA_ACCEL_XOUT_L。二者相加是完整的 16 位数据。第 110 行有 MPU6050_RA_PWR_MGMT_1，这是非常重要的电源设置寄存器，第 106 ~ 109 行还有 4 个寄存器需要在初始化时设置。第 123 ~ 124 行声明 MPU6050 初始化函数 MPU6050_Init 和读出原始数据的函数 MPU6050_READ(见图 45.10）。

接下来打开 MPU6050.c 文件，如图 45.11 所示。第 21 行加载 MPU6050.h 文件。第 24 行是 MPU6050 初始化函数 MPU6050_Init。第 34 行是读出原始数据函数 MPU6050_READ。首先分析 MPU6050 初始化函数，函数没有参考值和返回值。第 25 行是 I^{2}C 总线的发送函数 I2C_SAND_BYTE，第一个参数是器件地址，第 2 个参数是子地址（寄存器映射中的地址），第 3 个参数是数据。这行函数是向 MPU6050 芯片 MPU6050_RA_PWR_MGMT_1 寄存器发送数据 0x80。MPU6050_RA_PWR_MGMT_1 定义的是电源管理专用寄存器（地址为 0x6B）。在寄存器映射表中可以找到 0x6B，名称是 MPU6050_RA_PWR_MGMT_1，可读写（R/W），一个字节的 8 位分别有不同功能，表格中有每个功能的解释。我简单说明一下，字节最高位 bit7 表示 RESET（复位），为 1 时模块复位。bit6 表示休眠，为 1 时进入休眠状态。其他的功能暂时不讲。回到程序部分，将 MPU6050_RA_PWR_MGMT_1 设为 0x80，即最高位 bit7 为 1，使模块复位，复位的目的是解除休眠模式，因为芯片在无设置时处于休眠模式，复位让芯片退出休眠模式。第 26 行延时 1s，让芯片复位后有充分的准备时间。第 27 行继续通过 I^{2}C 总线发送 MPU6050_RA_PWR_MGMT_1 为 0x00，让芯片进入正常工作状态。第 28 行设置陀螺仪的采样率，这里使用 MPU6050_RA_SMPLRT_DIV（子地址 0x19），数据是 0x07。第 29 行对设置寄存器 MPU6050_RA_CONFIG 进行设置，数值是 0x06。第 30 行设置加速度

```
21 #include "MPU6050.h"
22
23
24 void MPU6050_Init(void){  //初始化MPU6050
25   I2C_SAND_BYTE(MPU6050_ADD,MPU6050_RA_PWR_MGMT_1,0x80);//解除休眠状态
26   delay_ms(1000); //等待器件就绪
27   I2C_SAND_BYTE(MPU6050_ADD,MPU6050_RA_PWR_MGMT_1,0x00);//解除休眠状态
28   I2C_SAND_BYTE(MPU6050_ADD,MPU6050_RA_SMPLRT_DIV,0x07);//陀螺仪采样率
29   I2C_SAND_BYTE(MPU6050_ADD,MPU6050_RA_CONFIG,0x06);
30   I2C_SAND_BYTE(MPU6050_ADD,MPU6050_RA_ACCEL_CONFIG,0x00);//配置加速度传感器工作在±16g模式
31   I2C_SAND_BYTE(MPU6050_ADD,MPU6050_RA_GYRO_CONFIG,0x18);//陀螺仪自检及测量范围，典型值：0x18(不自检，2000°/s)
32 }
33
34 void MPU6050_READ(u16* n){ //读出三轴加速度/陀螺仪原始数据 //n[0]是AX，n[1]是AY，n[2]是AZ，n[3]是GX，n[4]是GY，n[5]是GZ
35   u8 i;
36     u8 t[14];
37     I2C_READ_BUFFER(MPU6050_ADD, MPU6050_RA_ACCEL_XOUT_H, t, 14); //读出连续的数据地址，共12字节
38     for(i=0; i<3; i++)  //整合加速度
39       n[i]=((t[2*i] << 8) + t[2*i+1]);
40     for(i=4; i<7; i++)  //整合陀螺仪
41       n[i-1]=((t[2*i] << 8) + t[2*i+1]);
42 }
```

图 45.11 MPU6050.c 文件的全部内容

传感器取值范围，数值是 0x00。第 31 行设置陀螺仪测量范围，数值是 0x18。要想了解以上设置的含义，可打开数据手册第 15 页找到加速度的设置寄存器，子地址 0x1C，其中 bit3、bit4 设置加速度的取值范围，可设为 0、1、2、3。为 0 时传感器取值范围是 ±2g，为 1 时传感器取值范围是 ±4g，为 2 时传感器取值范围是 18g，为 3 时传感器取值范围是 ±16g。不同的范围有不同的精确度和灵敏度，不同的应用中会用到不同的范围。数据手册第 14 页可以找到陀螺仪设置，bit3、bit4 设置陀螺仪的取值范围，可设置为 0 ~ 3。设置为 0 时陀螺仪取值范围是 ±250° /s，为 1 时陀螺仪取值范围是 ±500° /s，为 3 时陀螺仪取值范围是 ±2000° /s。不同的应用对旋转精度可进行不同的设置，大家可以根据自己的需要设置寄存器。发送以上的数据就可使芯片开始工作，按照设置好的取值范围输出数据。

第 34 行是读取数据函数 MPU6050_READ，函数有参数，没有返回值。参数是 16 位指针 *n，存放 3 轴加速度传感器和陀螺仪的原始数据。第 0 位数据对应 AX（A 表示加速度传感器，X 表示 x 轴），n[1] ~ n[3] 对应 GX（G 表示陀螺仪，X 表示 x 轴）。函数内部第 35 行定义用于 for 循环的变量 i，第 36 行定义存放临时数据的数组 t，可存放 14 个字节。第 37 行通过 I^2C 总线连续读取函数，起始地址是 0x3B（MPU6050_RA_ACCEL_XOUT_H，加速度值 x 轴的高 8 位），向下读取 14 个字节，直到 0x48。中间有两个字节数据是无用的，程序会忽略它们，但在连续读取时会把 14 个字节全部读出放入数组 t。第 38 行通过 for 循环将数组 t 的数据存放到指针 n。第 39 行先读取高 8 位数据再左移 8 位，再放入低 8 位数据，即将 x 轴的高 8 位和低 8 位合并，形成 16 位数据。将第 1 个 x 轴数据放入指针第 0 位，然后第 38 行循环 3 次，将 y 轴和 z 轴数据依次放入指针 1 和 2 位。接下来第 40 行放入陀螺仪数据，从 4 位到 8 位放入 3 次。第 41 行将陀螺仪数据的高 8 位和低 8 位合并成 16 位数据，放入指针 n 的 3、4、5 位。完成数据的读取。回顾过程，从 I^2C 总线连续读取 14 个字节数据放入指针 n，在主函数中定义指针 n 对应的数组 t，这样 t[0] ~ t[5] 就是加速度传感器和陀螺仪的 6 个 16 位数据。然后将原始数据在 OLED 屏上显示，最终呈现出示例程序的效果。关于 MPU6050 的应用还有很多内容，以后我们再深入研究。

第五章

扩展功能

第 92~93 步

46 低功耗模式

46.1 原理介绍

工作模式	关掉功能	唤醒方式
睡眠模式	ARM内核	所有内部、外部功能的中断/事件
停机模式	ARM内核 内部所有功能 PLL分频器、HSE	外部中断输入接口EXTI（16个I/O之一） 电源电压监控中断PVD RTC闹钟到时 USB唤醒信号
待机模式	ARM内核 内部所有功能 PLL分频器、HSE SRAM内容消失	NRST接口的外部复位信号 独立看门狗IWDG复位 专用唤醒WKUP引脚 RTC闹钟到时

图 46.1 3 种低功耗模式对照表

这一节我们介绍单片机内部的低功耗模式。低功耗模式通过关闭单片机内部功能来达到降低功率的效果。STM32F103 单片机共有 3 种低功耗模式，分别是睡眠模式、停机模式和待机模式。我们首先研究一下什么是低功耗模式、它的本质是什么。单片机功率是内部各功能模块功率相加之和，低功耗就是在总功率中关掉一部分功能以降低功率。STM32F103 单片机的 3 种低功耗模式需要关闭单片机的部分功能，所以会对系统工作有一定影响，使用哪种低功耗模式要按实际情况选择，并慎重使用。低功耗模式只针对单片机内部功能，不包括外围电路。外围电路的功耗不属于低功耗控制范围，比如扬声器、LED 的功耗取决于电路的设计方案。“STM32F103X8-B 数据手册（中文）”中第 8 页 2.3.12 节是低功耗模式的说明，这里详细写出了 3 种低功耗模式：睡眠模式是指仅 ARM 内核停止工作，其他内部功能处在工作状态，可通过所有内部、外部功能的中断 / 事件唤醒 ARM 内核；停机模式是在保持 SRAM 数据不丢失的情况下，关闭 ARM 内核、内部所有功能、PLL 分频器、HSE，可通过外部中断输入接口 EXTI、电源电压监控中断 PVD、RTC 闹钟到时、USB 唤醒信号唤醒（退出低功耗模式）；待机模式下开发板内部所有 1.8V 电源功能全部关闭，包括 ARM 内核、内部所有功能、PLL 分频器、HSE、SRAM（包括 Flash 存储器）等，以便达到最低的功耗，此时，只能通过 NRST 接口的外部复位信号、独立看门狗 IWDG 复位、专用唤醒 WKUP 引脚、RTC 闹钟到时进行唤醒。以上说明如图 46.1 所示。从睡眠模式到停机模式，再到待机模式，开发板关闭的功能逐步递增。睡眠模式关闭的功能最少，只有 ARM 内核；停机模式关闭的内容除 ARM 内核外还有内部的所有功能，以及分频器和高速外部时钟 (HSE)；待机模式关闭的内容最多，包括 ARM 内核、内部的所有功能、分频器、高速外部时钟和 SRAM 存储器。SRAM 一旦关闭，运行数据会全部消失，即使复位退出待机模式，程序也必须从头开始执行。3 种模式的唤醒方式由上到下递减。睡眠模式关闭的功能最少，唤醒方式最多，可通过内部或外部的所有功能产生中断或事件唤醒。停机模式的唤醒方式少了很多，只能通过外部中断、电源电压监测中断、RTC 闹钟到时、USB 唤醒信号这 4 种方式唤醒。待机模式关掉的功能最多，只能通过外部复位信号、独立的看门狗复位、WKUP 唤醒引脚复位、RTC 闹钟到时这 4 种方式唤醒。具体选择哪种低功耗模式、哪种唤醒方式，要根据实际项目来选择。

如图 46.2 所示，单片机内部的耗电部分有 ARM 内核、SRAM（包括 Flash 存储器）、高速外部时钟、分频器和内部功能。其中高速外部时钟需要供给 SRAM、ARM 内核和内部功能。上电后用户程序要

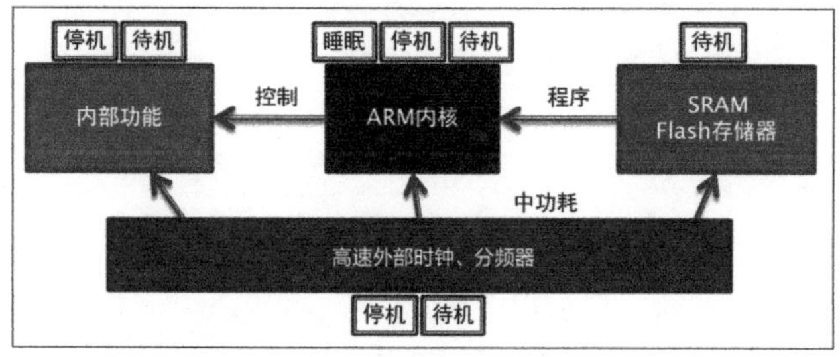

图 46.2 低功耗模式与系统功能示意图

从 Flash 载入 SRAM 运行，SRAM 是程序运行的载体，程序控制 ARM 内核做运算和处理，从而控制内部功能（I/O 端口、ADC、I^2C 总线等）达到我们需要的控制效果。这 4 个部分通力配合才能让单片机正常工作，如果进入低功耗模式，就需要在这 4 个部分中关闭一些功能。哪个部分可以独立关闭？哪个部分需要配合关闭呢？先看高速外部时钟，高速外部时钟为其他 3 部分提供时钟信号，它一旦关闭，其他 3 个部分将停止工作，所以它不能独立关闭。再看 SRAM 和 Flash 内存，它们用于存储用户程序，关掉它们将不能运行程序，无法控制 ARM 内核，不能控制内部功能达到应用效果。所以 SRAM 和 Flash 不能独立关闭。再看内部功能，内部功能面向输出应用，这些功能通过引脚输出到外部电路。内部功能全部关闭等于切断了开发板与外部的联系。即使高速外部时钟工作、程序运行、内核正常计算，但是所有工作都不能向外输出，那单片机的工作也就毫无意义，所以内部功能也不能单独关闭。最后看 ARM 内核，如果高速外部时钟工作、程序运行、内部功能正常输出，只关闭 ARM 内核不会对其他部分产生影响。当 I/O 端口输出高、低电平，ADC 可通过 DMA 独立转换和处理。当它们不需要内核参与时，内核可以停止工作，节省一部分功耗。当内部功能需要内核参与运算时，只要重新启动内核来理相关任务即可。所以只关闭 ARM 内核可以减少功耗，这种方式就是睡眠模式。睡眠模式只关闭 ARM 内核，其他部分正常工作。

如果想进一步降低功耗，还可以关掉内部功能。ARM 内核最终控制的是内部功能，内部功能作为 ARM 内核的配合者可以被关掉。也就是说在某种条件下不需要内部功能来参与工作，这时我们就可以把 ARM 内核和内部功能全部关掉。高速外部时钟和分频器是提供给 ARM 内核和内部功能的，如果把 ARM 内核和内部功能关掉，那高速外部时钟和分频器也可以关掉。但是为了让程序在唤醒后继续运行，我们不能关闭 SRAM 和 Flash。这就产生了第二种关闭方案，关闭 ARM 内核、内部功能、高速外部时钟和分频器，只保持 SRAM 和 Flash，这就是停机模式。终极低功耗模式是将 SRAM 和 Flash 也关闭，用户程序消失（关闭 Flash 是停止从 Flash 中载入程序，Flash 断电后下载的用户程序不会消失）。单片机再次唤醒时从程序第 1 行开始执行，之前运行过程中的数据全部消失，这就是待机模式。待机模式是将 4 个部分全部关闭，得到最低功耗。以上介绍的 3 种低功耗模式的本质是参考 4 个部分的协同工作状态，按照对系统的影响大小，由轻到重逐渐关闭。使用低功耗模式时需要考虑实际应用中对各部分功能的依赖性，选择适合的低功耗模式。

接下来看低功耗模式到底能降低多少功耗。这里我给出单片机最小系统中的不精确的测量值。因为不同单片机型号、不同工艺、运行不同程序，开发板功耗会有很大不同。我用大概范围让大家对功耗差异有个初步印象：当所有功能全部开启时，开发板工作电流在 10mA 左右。睡眠模式下 ARM 内核关闭，开发板工作电流在 2mA 左右。在停机模式下，开发板的 ARM 内核、内部功能、高速外部时钟和分频器全部关闭，工作电流在 20μA 左右。停机模式相对睡眠模式的省电效果有极大提高。待机模式的工作电流在 2μA 左右，几乎可以忽略不计。使用不同模式会有不同的工作电流，可根据项目要求的省电级别来选择适合的低功耗模式。

接下来看一下 3 种模式的特点。当 ARM 内核没有工作任务时，开发板可进入睡眠模式，睡眠模式像计算机 CPU 的空闲状态。它只是让 CPU 停止工作，显示器、鼠标、键盘都正常工作。睡眠模式的应用不多，因为只关闭内核，节能效果有限，所以这一模式很少在非操作系统的环境下使用。在嵌入式操作系统（RTOS）中，大家会采用睡眠模式让内核在没任务时睡眠。睡眠模式的优点是对系统影响很小，进入和退出不占用时间，缺点是节能效果差，它和正常模式的功耗都是毫安级别的，起不到很明显的节能效果。停机模式能保持 SRAM 中的数据，唤醒后可继续运行，它的节能效果与待机模式相近，是微安级别的，在节能方面有更多优势。停机模式适用于电池供电的设备，能提高电池寿命。停机模式的优点是节能效果好、程序不复位，缺点是恢复时间较长，因为高速外部时钟、分频器、内部功能全部关闭，重新唤醒需要一段时间。待机模式会使 SRAM 数据消失，唤醒后程序从头运行。待机模式和停机模式的功耗都是微安级别，所以项目中多会使用停机模式，极少使用待机模式。待机模式的优点是节能效果最好，缺点是程序消失，只有复位才能唤醒开发板。大家了解 3 种模式的特性后，在项目开发中可根据不同需要选择不同的低功耗模式。

46.2 程序分析

接下来介绍在程序中如何进入 3 种低功耗模式，如何从低功耗模式唤醒。低功耗模式在原理层面上较难学习，但在程序开发中比较简单。只要认真理解每行程序，学会调用相关函数，就可以轻松进入和唤醒低功耗模式。首先看睡眠模式，在附带资料中找到“睡眠模式测试程序”工程。将工程中的 HEX 文件下载到开发板中，看一下效果。效果是在 OLED 屏上显示“SLEEP TEST”字样，表示睡眠模式测试程序。下一行显示“CPU SLEEP!”，表示 ARM 内核 (CPU) 已经进入睡眠状态。这时按核心板上的 KEY1 按键，它在程序中被设置为中断触发按键。按下按键产生中断，可以唤醒开发板，OLED 屏上会显示“CPU WAKE UP!”，表示 ARM 内核已经被唤醒。0.5s 后再次进入睡眠模式。核心板上的 LED1 会随着 ARM 内核状态熄灭或点亮。此示例程序能测试 ARM 内核进入睡眠模式并可用按键唤醒。下面来分析程序，我们打开“睡眠模式测试程序”工程。这个工程复制了上一节“MPU6050 原始数据显示程序”的工程，其中保留着之前添加过的文件，包括 Basic 文件夹中的 nvic 文件夹，其中有 NVIC.c 和 NVIC.h 文件。在 Hardware 文件夹中有 KEY 文件夹，其中有 key.c 和 key.h 文件。接下来用 Keil 软件打开工程，我们先分析 main.c 文件。如图 46.3 所示，第 18 ~ 24 行加载了很多库文件，第 26 行加载了中断向量控制器库文件 NVIC.h。第 29 行是 main 主程序，第 33 ~ 34 行是 LED 和按键初始化函数。第 39 行在 OLED 屏上显示“SLEEP

```
18 #include "stm32f10x.h" //STM32头文件
19 #include "sys.h"
20 #include "delay.h"
21 #include "relay.h"
22 #include "oled0561.h"
23 #include "led.h"
24 #include "key.h"
25
26 #include "NVIC.h"
27
28
29 int main (void){//主程序
30     delay_ms(500); //上电时等待其他器件就绪
31     RCC_Configuration(); //系统时钟初始化
32     RELAY_Init();//继电器初始化
33     LED_Init();//LED
34     KEY_Init();//KEY
35
36     I2C_Configuration();// I2C初始化
37
38     OLED0561_Init(); //OLED屏初始化
39     OLED_DISPLAY_8x16_BUFFER(0,"   SLEEP TEST   "); //显示字符串
40
41     INT_MARK=0;//标志位清0
42     NVIC_Configuration();//设置中断优先级
43     KEY_INT_INIT();//按键中断初始化（PA0是按键中断输入）
44
45     NVIC_SystemLPConfig(NVIC_LP_SEVONPEND,DISABLE); //SEVONPEND: 0:
46     NVIC_SystemLPConfig(NVIC_LP_SLEEPDEEP,DISABLE); //SLEEPDEEP: 0:
47     NVIC_SystemLPConfig(NVIC_LP_SLEEPONEXIT,DISABLE); //SLEEPONEXIT:
48
49     while(1){
50
51         GPIO_WriteBit(LEDPORT,LED1,(BitAction)(1)); //LED控制
52         OLED_DISPLAY_8x16_BUFFER(4,"  CPU SLEEP!    "); //显示字符串
53         delay_ms(500); //
54
55         __WFI(); //进入睡眠模式，等待中断唤醒
56 //      __WFE(); //进入睡眠模式，等待事件唤醒
57
58         GPIO_WriteBit(LEDPORT,LED1,(BitAction)(0)); //LED控制
59         OLED_DISPLAY_8x16_BUFFER(4,"  CPU WAKE UP!  "); //显示字符串
60         delay_ms(500); //
61     }
62
63 }
```

图 46.3 “睡眠模式测试程序”的 main.c 文件的全部内容

TEST”。第 41 行是中断标志位清零操作，第 42 行调用中断设置函数 NVIC_Configuration，设置中断优先级。第 43 行加入的是按键中断初始化函数，设置 PA0 端口为按键中断输入端口，核心板上的 KEY1 按键被按下时产生一次中断。接下来第 45 ~ 47 行是关于睡眠模式的设置，这 3 行可以设置睡眠模式的功能。NVIC_LP_SEVONPEND 如果为 DISABLE，表示使能中断和事件才能唤醒内核；如果为 ENABLE，则表示启动，作用是任何中断和事件都可以唤醒内核。也就是说这一行设置睡眠模式怎样被唤醒。NVIC_LP_SLEEPDEEP 如果为 DISABLE，表示低功耗模式为睡眠模式，如果为 ENABLE，则表示进入低功耗时为“深度睡眠模式”。NVIC_LP_SLEEPONEXIT 如果为 DISABLE，表示被唤醒后进入线程模式（正常模式）后不再进入睡眠模式；如果为 ENABLE，则表示唤醒并执行完中断处理函数后再进入睡眠模式，即不回到主函数，处理完中断处理程序后直接睡眠。这些设置会在进入睡眠模式后生效。接下来第 49 行进入 while 主循环，第 51 行将 LED1 点亮，第 52 行在 OLED 屏上显示“CPU SLEEP!”，第 53 行延时 500ms。这些操作是在进入睡眠模式前先给出系统的状态显示。第 55 行通过函数“__WFI”进入睡眠模式。程序执行完这一行后不再向下运行，ARM 内核停止工作。需要注意：进入睡眠模式有 2 种方式，第一种是用函数“__WFI”进入以中断方式唤醒的睡眠。此时程序只有在出现外部中断时才能被唤醒。第 56 行还有一个函数“__WFE”，它也是进入睡眠模式，通过“__WFE”进入的睡眠模式只有事件才能唤醒。如果你想使用事件唤醒，可以屏蔽第 55 行，将第 56 行的屏蔽去掉，即改成事件唤醒。如果屏蔽第 56 行、开启第 55 行，就是使用中断唤醒。

程序进入睡眠模式后不再执行，只等待中断或事件。KEY1 按键被按下就是中断，因为第 43 行已经设置了中断向量，给出了按键的中断初始化，KEY1 被按下就会产生中断，进入中断处理函数。中断处理函数结束后回到主函数，从第 58 行开始执行程序，LED1 熄灭。第 59 行在 OLED 屏上显示“CPU WAKE UP!”，第 60 行延时 500ms。然后程序回到 while 主循环，再次点亮 LED1、显示“CPU SLEEP!”，延时 500ms。最后执行函数“__WFI”进入睡眠模式，实现示例程序的效果。每次按下 KEY1 按键会唤醒一次单片机，500ms 后单片机再次进入睡眠模式。这里启动中断是为了给出唤醒源，在睡眠模式下，单片机可以通过内部和外部的中断或事件进行唤醒，这里使用按键中断是为了唤醒 CPU，你也可以使用其他的中断唤醒，如串口中断、ADC 中断、I^2C 中断等，只要产生中断信号都可唤醒 CPU。在程序中和睡眠模式相关的内容集中在两处，第一处是第 45 ~ 47 行设置睡眠模式。第二处是第 55 ~ 56 行通过“__WFE”或“__WFI”函数分别进入中断或事件唤醒睡眠模式。我们可以将鼠标指针放在这两个函数上，用“鼠标右键跳转法”跳到 core_cm3.h 文件，这是内核的基础文件，也就是说进入睡眠模式的函数是内核相关的库函数，只要调用就能进入。

接下来看停机模式，在附带资料中找到“停机模式测试程序”工程，将工程中的 HEX 文件下载到开发板中，看一下效果。效果是在 OLED 屏上显示“STOP TEST”，表示停机模式测试程序。OLED 屏下方显示“CPU STOP!”，表示单片机处在停机模式。按核心板上的 KEY1 按键，OLED 屏显示“CPU WAKE UP!”，表示单片机已经被唤醒。0.5s 后再次进入停机模式。同时核心板上的 LED1 会随之点亮或熄灭。接下来分析停机模式的程序。打开“停机模式测试程序”的工程，这个工程是从“睡眠模式测试程序”中复制过来的，没有添加新文件和文件夹，我们只在主程序中修改。用 Keil 软件打开工程，打开 main.c 文件，如图 46.4 所示。第 18 ~ 26 行调用库文件，第 29 行进入主程序，第 33 ~ 34 行调用 LED 和按键初始化函数。第 39 行在 OLED 屏上显示“STOP TEST”，第 41 ~ 43 行是中断设置，与睡眠模式的设置相同。接下来第 45 行有所不同，是开启电源 PWR 时钟，因为停机模式是电源 PWR 时钟的一个功能，所以使用停机模式要先开启 PWR 时钟。第 47 行进入主循环，第 48 行点亮 LED1，第

```
18 #include "stm32f10x.h" //STM32头文件
19 #include "sys.h"
20 #include "delay.h"
21 #include "relay.h"
22 #include "oled0561.h"
23 #include "led.h"
24 #include "key.h"
25 
26 #include "NVIC.h"
27 
28 
29 int main (void){//主程序
30   delay_ms(500); //上电时等待其他器件就绪
31   RCC_Configuration(); //系统时钟初始化
32   RELAY_Init();//继电器初始化
33   LED_Init();//LED
34   KEY_Init();//KEY
35 
36   I2C_Configuration();//I2C初始化
37 
38   OLED0561_Init(); //OLED屏初始化
39   OLED_DISPLAY_8x16_BUFFER(0,"   STOP  TEST    "); //显示字符串
40 
41   INT_MARK=0;//标志位清0
42   NVIC_Configuration();//设置中断优先级
43   KEY_INT_INIT();//按键中断初始化（PA0是按键中断输入）
44 
45   RCC_APB1PeriphClockCmd(RCC_APB1Periph_PWR,ENABLE);  //使能电源PWR时钟
46 
47   while(1){
48     GPIO_WriteBit(LEDPORT,LED1,(BitAction)(1)); //LED控制
49     OLED_DISPLAY_8x16_BUFFER(4,"  CPU STOP!      "); //显示字符串
50     delay_ms(500); //
51 
52     PWR_EnterSTOPMode(PWR_Regulator_LowPower,PWR_STOPEntry_WFI);//进入停机模式
53 
54     RCC_Configuration(); //系统时钟初始化（停机唤醒后会改用HSI时钟，需要重新对时钟初始化）
55 
56     GPIO_WriteBit(LEDPORT,LED1,(BitAction)(0)); //LED控制
57     OLED_DISPLAY_8x16_BUFFER(4,"  CPU WAKE UP!  "); //显示字符串
58     delay_ms(500); //
59   }
60 
61 }
```

图 46.4 “停机模式测试程序”的 main.c 文件的全部内容

49 行在 OLED 屏上显示“CPU STOP!”，第 50 行延时 500ms。第 52 行使用 PWR 固件库 PWR_EnterSTOPMode 进入停机模式。函数有两个参数，第一个参数设置电源部分是否进入低功耗模式。用“鼠标右键跳转法”跳到 stm32f10x_pwr.h 文件，可以看到这里有两种设置选项。PWR_Regulator_ON 是电源不进入低功耗模式，保持正常工作。这样做可以让单片机在唤醒时没有延迟，唤醒后立即进入工作状态。PWR_Regulator_LowPower是让电源进入低功耗模式，优点是省电，缺点是唤醒后电源开启有延迟。函数的第二个参数用“鼠标右键跳转法”查看选项，也有两个设置选项，PWR_STOPEntry_WFI 是以中断方式唤醒，PWR_STOPEntry_WFE 是以事件方式唤醒。由于这里使用外部按键中断，所以选择以中断方式唤醒。参数设置完成后就可以进入停机模式。第 52 行的程序执行完就进入停机模式，单片机停机，ARM 内核、内部功能、分频器、高速外部时钟全部停止工作，只能通过外部中断、电源监控中断、RTC 闹钟到时、USB 唤醒这 4 种方式唤醒单片机。我们这里采用外部中断唤醒，按下按键向 PA0 端口输入低电平，产生外部中断，退出停机模式。按下 KEY1 时，单片机被唤醒，唤醒后程序从下一条（第 54 行）继续执行，即 RCC 系统时钟初始化。重新初始化是因为在停机唤醒后，单片机主频的时钟源会改为内部高速时钟，但是核心板使用的是外部高速时钟，为了让时钟源切换到之前的设置，需要重新初始化。第 56 行让 LED 熄灭，第 57 行在 OLED 屏上显示“CPU WAKE UP!”，第 58 行延时 500ms，表示单片机已经被从低功耗模式唤醒。然后程序回到第 47 行 while 循环再次进入停机模式。如此看来进入停机模式也很简单，只要加入两个函数，第一个函数是第 45 行的使能电源 PWR 时钟函数，第二个函数是第 52 行的进入停机模式函数，我们通过参数设置模式功能，通过 4 种方式进行唤醒，唤醒后重新初始化 RCC 时钟。这就是停机模式的工作原理。

接下来看待机模式，在附带资料中找到“待机模式测试程序”工程，将工程中的 HEX 文件下载到开发板中，看一下效果。实验开始之前，我们先对开发板上的跳线进行设置，如图 46.5 所示，将开发板上标注为“触摸按键”（编号为 P10）最上方的 PA0 跳线断开，然后开始实验。效果是在 OLED 屏上显示“STANDBY TEST”，表示待机模式测试程序。下一行显示“STANDBY!”，表示单片机处在待机模

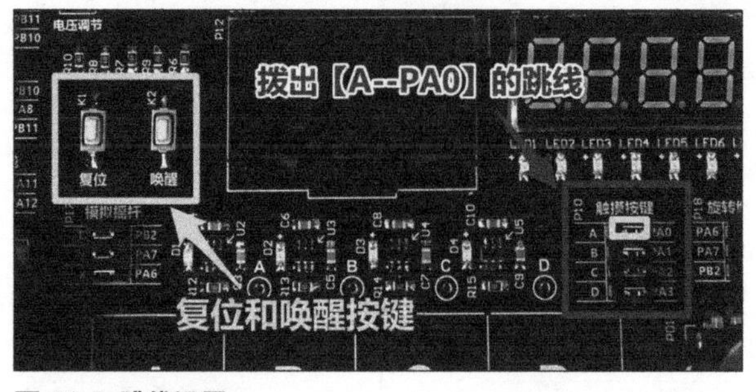

图 46.5 跳线设置

式。这时我们按 KEY1 按键是不起作用的，因为待机模式不能用外部中断唤醒，只能通过复位按键或者唤醒 (WAKE UP) 按键唤醒。如图 46.5 所示，这两个按键在开发板上 OLED 屏左边。先按复位按键，OLED 屏上显示“CPU RESET!”，表示复位成功，过一会儿单片机又进入待机模式。再按下唤醒按键，单片机复位，显示“CPU RESET!”，过一会儿又进入待机模式。接下来分析程序，用 Keil 软件打开“待机模式测试程序”工程，这个工程复制了“睡眠模式测试程序”工程，没有新加入内容，只在 main.c 文件中有所修改。在工程中删除外部中断的相关文件，因为待机模式只能通过复位按键或唤醒按键唤醒。接下来打开 main.c 文件，如图 46.6 所示。第 18 ~ 23 行加载库文件，删除了中断库文件。第 26 行进入主程序，第 30 行是 LED 初始化函数，删除了按键初始化函数。第 35 行在 OLED 屏上显示“STANDBY TEST”。第 37 行开启电源 PWR 时钟，因为停机模式和待机模式都使用 PWR 时钟。第 38 行调用固件库函数 PWR_WakeUpPinCmd，开启 WKUP（WAKE UP）唤醒功能引脚。WKUP 引脚是与 PA0 引脚复用的引脚，待机状态下此引脚变成输入状态，引脚出现上升沿信号就能唤醒单片机。唤醒按键一端接 3.3V 电源，另一端连接 PA0 接口（WKUP 接口）。按下唤醒按键，电源会向 WKUP 接口输入高电平，产生上升沿信号，唤醒单片机。第 38 行开启 WKUP 功能，如果参数改成 DISABLE，表示关闭 WKUP 功能，唤醒按键将失效；ENABLE 表示开启 WKUP 接口。接下来第 40 行让 LED 熄灭，第 41 行显示“CPU RESET!”，第 42 行延时 500ms。第 44 行让 LED 点亮，第 45 行显示“STANDBY!”，第 48 行调用函数进入待机状态。只要调用 PWR_EnterSTANDBYMode 函数就会进入待机模式，不需要其他设置，进入待机模式后，程序不会继续执行。唤醒后由于 SRAM 内容消失，程序复位，从头开始执行。你会发现本程序没有 while 主循环，因为程序无法循环，进入待机模式就是终结，唤醒后从第 1 行开始执行。需要注意：使用待机模式前先要开启 PWR 时钟，根据需要设置是否使用 WKUP 引脚，在需要进入的地方进入待机模式。待机模式只能通过外部复位、独立看门狗复位、RTC 闹钟到时、WKUP 引脚复位唤醒。了解以上 3 款程序就能学会 3 种低功耗模式的使用方法，关于其他唤醒方式，请大家参考数据手册和参考手册。

```
18 #include "stm32f10x.h" //STM32头文件
19 #include "sys.h"
20 #include "delay.h"
21 #include "relay.h"
22 #include "oled0561.h"
23 #include "led.h"
24
25
26 int main (void){//主程序
27     delay_ms(500); //上电时等待其他器件就绪
28     RCC_Configuration(); //系统时钟初始化
29     RELAY_Init();//继电器初始化
30     LED_Init();//LED
31
32     I2C_Configuration();//I2C初始化
33
34     OLED0561_Init(); //OLED屏初始化
35     OLED_DISPLAY_8x16_BUFFER(0," STANDBY TEST    "); //显示字符串
36
37     RCC_APB1PeriphClockCmd(RCC_APB1Periph_PWR,ENABLE);  //使能电源PWR时钟
38     PWR_WakeUpPinCmd(ENABLE);//WKUP唤醒功能开启（待机时WKUP脚PA0为模拟输入）
39
40     GPIO_WriteBit(LEDPORT,LED1,(BitAction)(0)); //LED控制
41     OLED_DISPLAY_8x16_BUFFER(4,"  CPU RESET!     "); //显示字符串
42     delay_ms(500); //
43
44     GPIO_WriteBit(LEDPORT,LED1,(BitAction)(1)); //LED控制
45     OLED_DISPLAY_8x16_BUFFER(4,"   STANDBY!      "); //显示字符串
46     delay_ms(500); //
47
48     PWR_EnterSTANDBYMode();//进入待机模式
49
50     //因为待机唤醒后程序从头运行，所以不需要加while(1)的主循环体
51 }
```

图 46.6 “待机模式测试程序”的 main.c 文件的全部内容

第 94~95 步

47 看门狗

47.1 原理介绍

看门狗是单片机系统的辅助功能，它能帮助单片机自我检查，监控程序是否正常工作，提高系统稳定性。看门狗定时器（以下简称看门狗）简写为 WDT，是单片机的组成部分之一，实际上就是一个定时器。我们给出定时值，看门狗开始倒计数，当倒计数到 0 时，看门狗发出复位信号使单片机复位。一旦启动看门狗，每隔一段时间（倒计时的时间），单片机就会复位，从头运行。为了让单片机不频繁复位，程序能正常运行，我们要在程序中加入一行重新设置看门狗定时值的程序。这样在定时值没有计到 0 之前就将值重新设置，使看门狗重新倒计时，不计到 0 就不会触发单片机复位。如果程序出错或卡死，没能在倒计时到 0 之前重置定时值，看门狗则会让单片机复位，让出错或卡死的程序重新运行。比如写入定时值为 100，启动后开始倒计数，变成 99、98……程序中有一行语句是过一段时间重新写入数值 100，看门狗又开始计数到 99、98……重新写入的过程被称为“喂狗”。如果程序能重新写入计数值，表示程序运行正常。如果程序出错或卡死，无法重新写入计数值，看门狗倒计数到 0 后单片机复位。看门狗的工作就是监控程序是否正常运行。程序不断喂狗证明工作正常，程序没有喂狗说明出现问题。但是看门狗不能检测出单片机到底出了什么问题，它只能让单片机复位重新运行。类似于计算机死机，只要重启就能解决问题。STM32 单片机有“独立看门狗”和“窗口看门狗”两种看门狗，它们虽然都起到监控作用，但性能不同。独立看门狗基于一个 12 位的递减计数器和一个 8 位的预分频器。它有一个独立的 40kHz 内部 RC 振荡器为其提供时钟，独立看门狗就是有独立时钟的看门狗。系统出现问题时，独立看门狗可独立工作。窗口看门狗内置一个 7 位的递减计数器，使用系统主时钟源。窗口看门狗没有独立时钟源，而是和 ARM 内核共用主时钟。窗口看门狗有早期预警中断功能。

接下来看独立看门狗的特性。如图 47.1 所示，图左边是独立看门狗的部分，右边是整体单片机系统。单片机系统包括内核、时钟源和内部功能。单片机系统通过外部 8MHz 晶体振荡器（或内部高速晶体振荡器）提供频率，而独立看门狗有专用的 40kHz 时钟。时钟源进入看门狗后会有一个 8 位的预分频器进行分频，分频后的时钟驱动一个 12 位的递减计数器。用户可以预先设置计数值，计数值按分频器的频率逐步递减，当数值减到 0 时就使单片机复位。若在复位前程序重新发送计数值（喂狗），计数值会回到初始值，重新计数。只要单片机正常工作，在计数器清零前喂狗，看门狗就不会复位单片机。如果出现问题，比如外部时钟源断开或程序卡死不能喂狗，单片机就会复位，问题也会随之解除，系统恢复正常。使用者不会因程序出错而遇到危险或遭受损失，这就是独立看门狗的作用。独立看门狗的特点

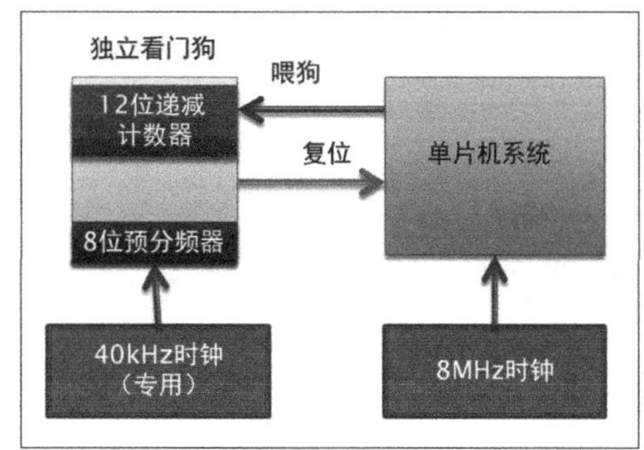

图 47.1 独立看门狗的结构

是需要在计数器到 0 之前随时喂狗，用于监控程序出错。如图 47.2 所示，图中纵向表示计数值，横向表示时间，斜线表示计数值随着时间不断递减，独立看门狗是 12 位计数器，最大值是 0xFFF。计数初始值可以设置为 0xFFF~0x001。假设将计数值设为最大值 0xFFF，启动看门狗。计数值随时间不断递减，最后递减到 0，此时看门狗发出复位信号，复位单片机。从计数开始到复位这段时间内，单片机都可以喂狗。

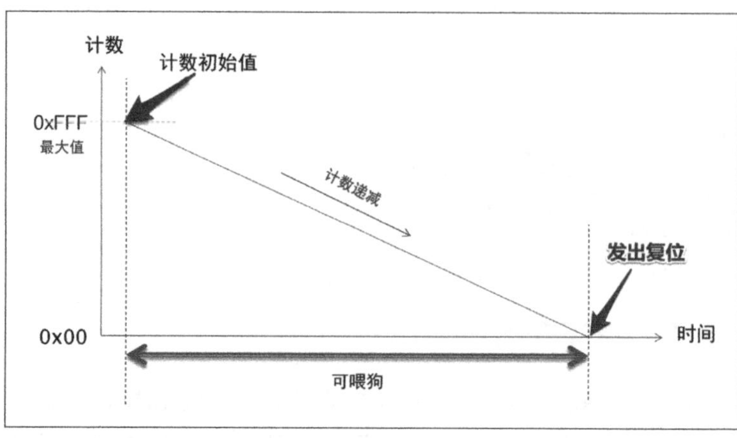

图 47.2 独立看门狗原理示意图

接下来看窗口看门狗。“窗口”是什么含义呢？如图 47.3 所示，图左边是窗口看门狗，内部有一个 7 位递减计数器、一个分频器，时钟源和系统共用。窗口看门狗可以产生复位信号，还能产生中断信号，这是独立看门狗所不具备的。窗口看门狗的作用是监控单片机运行时效，即必须在规定时间范围内喂狗，以判断单片机运行是否精确。独立看门狗和窗口看门狗在作用上有所不同，独立看门狗仅防止程序出错；窗口看门狗不仅要保证程序运行正常，还保证程序的运行时间精准。如果程序没有在指定的时间窗口内执行指定的任务，则会被认为程序失去了时效性，早执行或晚执行都被认为失去时效性。在一些对时间要求苛刻的项目中可以用窗口看门狗保证单片机的时效性。窗口看门狗的喂狗动作必须在规定时间内完成，不早不晚。如图 47.4 所示，图中纵线表示计数值，横线表示时间，斜线表示计数值随时间递减，窗口看门狗有 7 位计数器，最大值为 0x7F，最小值为 0x41，计数值低于 0x40 时就会产生中断信号，当计数值再减 1，变到 0x3F 时会产生复位信号，所以设置的计数器初始值不能小于 0x40。另外还要设置“上窗口边界值”，上窗口边界值不能超过计数初始值，只能设在初始值到 0x40 之间。假设把上窗口边界设置为 0x50，即确定了窗口时间范围。假设将计数初始值设置为 0x7F，计数器启动随时间递减，计数值递减到上窗口边界前不允许喂狗。如果喂狗会检测到“喂狗时间提前”，看门狗会复位单片机。喂狗时间必须在上窗口边界（0x50）到下窗口边界（0x3F）之间，这是我们设置

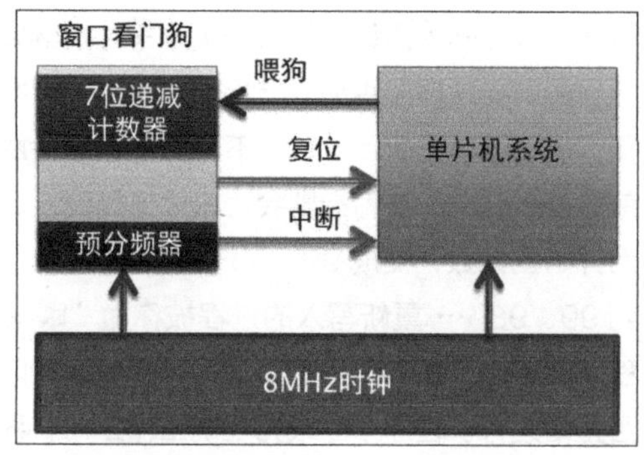

图 47.3 窗口看门狗结构

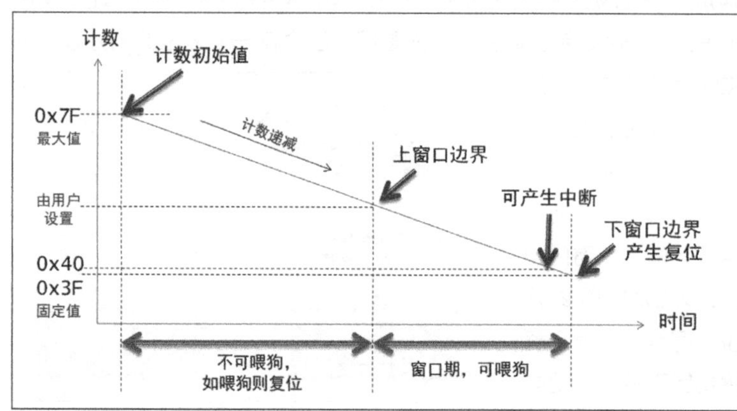

图 47.4 窗口看门狗原理示意图

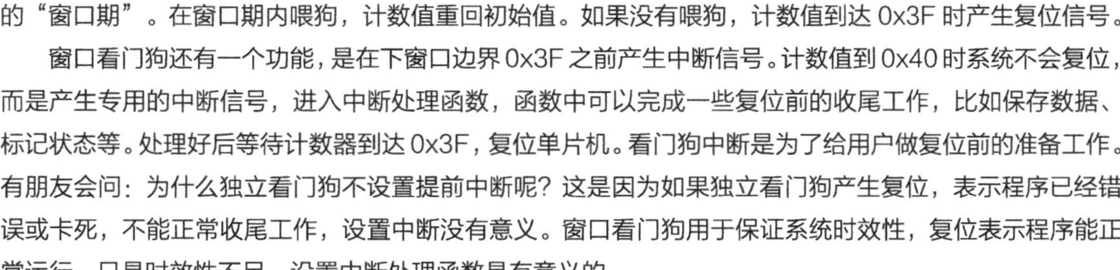

的“窗口期”。在窗口期内喂狗，计数值重回初始值。如果没有喂狗，计数值到达 0x3F 时产生复位信号。

窗口看门狗还有一个功能，是在下窗口边界 0x3F 之前产生中断信号。计数值到 0x40 时系统不会复位，而是产生专用的中断信号，进入中断处理函数，函数中可以完成一些复位前的收尾工作，比如保存数据、标记状态等。处理好后等待计数器到达 0x3F，复位单片机。看门狗中断是为了给用户做复位前的准备工作。有朋友会问：为什么独立看门狗不设置提前中断呢？这是因为如果独立看门狗产生复位，表示程序已经错误或卡死，不能正常收尾工作，设置中断没有意义。窗口看门狗用于保证系统时效性，复位表示程序能正常运行，只是时效性不足，设置中断处理函数是有意义的。

47.2 独立看门狗程序分析

接着我们通过示例程序学习如何使用看门狗。在附带资料中找到“独立看门狗测试程序”工程，将工程中的 HEX 文件下载到开发板中，看一下效果。效果是在 OLED 屏上显示“IWDG TEST”，表示独立看门狗的测试程序。独立看门狗是保证单片机正常工作的，一旦不喂狗则单片机复位。目前程序正常运行，单片机正常喂狗，看不到任何复位效果。按一下核心板上的 KEY1 按键，屏幕上显示“RESET!”，表示单片机复位。程序通过 KEY1 按键产生长时间的延时，导致不能及时喂狗而复位。单片机复位说明独立看门狗起了作用。接下来我们看程序中如何达到这样的效果。打开“独立看门狗测试程序”工程，这个工程复制了上一节的“待机模式测试程序”工程，并在 Basic 文件夹中加入了 iwdg 文件夹，在文件夹里加入了 iwdg.c 和 iwdg.h 文件，这是独立看门口的驱动程序文件。接下来用 Keil 软件打开工程，在工程设置里的 Basic 文件夹中添加 iwdg.c 文件，在 Lib 文件夹中添加 stm32f10x_iwdg.c 文件，这是看门狗的固件库文件。在 Hardware 文件夹中添加 LED 和独立按键的驱动程序文件，程序中会用到。先来分析 main.c 文件，如图 47.5 所示，第 18 ~ 24 行加载了相应的库文件，第 26 行加载了 iwdg.h 文件。第 32 ~ 33 行加入 LED 和按键的初始化函数，第 38 行在 OLED 屏上显示“IWDG TEST”，第 39 行在 OLED 屏上显示“RESET!”，表示已经复位。第 40 行延时 800ms，第 41 行显示一行空格，将“RESET!”的显示清空。这就是上电时看到 OLED 屏上显示“RESET!”，过一会儿消失的效果。显示和消失能判断单片机是否复位，只有重新复位才会显示“RESET!”。看门狗产生复位并显示就代表复位成功了。接下来第 43 行是看门狗初始化函数 IWDG_Init，初始化函数设置了功能并开始倒计数。第 45 行是 while 主循环，第 47 行加入喂狗程序。喂狗程序非常简单，只调用函数

```
18 #include "stm32f10x.h" //STM32头文件
19 #include "sys.h"
20 #include "delay.h"
21 #include "relay.h"
22 #include "oled0561.h"
23 #include "led.h"
24 #include "key.h"
25
26 #include "iwdg.h"
27
28 int main (void){//主程序
29   delay_ms(500); //上电时等待其他器件就绪
30   RCC_Configuration(); //系统时钟初始化
31   RELAY_Init();//继电器初始化
32   LED_Init();//LED
33   KEY_Init();//KEY
34
35   I2C_Configuration();//I²C初始化
36
37   OLED0561_Init(); //OLED屏初始化  -----------"
38   OLED_DISPLAY_8x16_BUFFER(0,"   IWDG TEST    "); //显示字符串
39   OLED_DISPLAY_8x16_BUFFER(4,"    RESET!      "); //显示字符串
40   delay_ms(800); //
41   OLED_DISPLAY_8x16_BUFFER(4,"                "); //显示字符串
42
43   IWDG_Init(); //初始化并启动独立看门狗
44
45   while(1){
46
47     IWDG_Feed(); //喂狗
48
49     if(!GPIO_ReadInputDataBit(KEYPORT,KEY1)){
50       delay_s(2); //延时2s，使程序不能喂狗而导致复位
51     }
52   }
53 }
```

图 47.5 “独立看门狗测试程序”main.c 文件的全部内容

IWDG_Feed，函数没有参数和返回值。第 49 行是按键处理函数，通过 if 语句读取 KEY1 按键，KEY1 为 0 则进入 if 语句，即第 50 行延时 2s。由于看门狗初始化里设置了 1s 的看门狗触发时间，单片机在 1s 内喂狗才不会复位，所以主循环中的喂狗间隔是 1s。KEY1 未被按下时，主循环不断喂狗，间隔很短。KEY1 按键被按下时延时 2s，2s 内不能喂狗，看门狗触发复位。程序复位，OLED 屏上显示“RESET!”。独立看门狗只涉及看门狗初始化函数和喂狗函数，初始化函数主要是设置倒计时时间和功能的选择方式，喂狗是重新写入计时时间。

接下来打开 iwdg.h 文件，如图 47.6 所示。第 8 ~ 9 行定义了两个数据，一是预分频值 pre，二是重装载值 rlr。预分频值设置看门狗内部的预分频器，将独立看门狗的 40kHz 时钟进行分频，得到不同的计数时间。预分频值可设置为 4、8、16、32、64、128、256，不同数值会得到不同的分频系数，当前设置为 64。重装载值也就是计数初始值，设置好后计数器会由此值递减。由于独立看门狗使用 12 位计数器，重装载值的范围是 0x00 ~ 0xFF，换算成十进制数为 0 ~ 4095。但是预分频值和重装载值并不重要，我们需要知道看门狗倒计数的时间，时间要通过公式计算。第 5 行的说明是看门狗定时时间计算公式，Tout 表示最终得到的定时时间，定时时间等于预分频值乘以重装载值再除以 40，单位是 ms。当前设置的预分频值为 64，重装载值为 625，计算得出倒计时时间为 1s。1s 是大概值，并不精准，独立看门狗使用的独立 RC 振荡器本身存在误差，只能是大概值。如果想修改倒计时时间，只要重新设置预分频值和重装载值，通过公式计算就能得到新的定时值。第 12 ~ 13 行是看门狗初始化函数和喂狗函数的声明。

接下来打开 iwdg.c 文件，如图 47.7 所示，第 21 行加载了 iwdg.h 文件。下方有两个函数，第 24 行是独立看门狗初始化函数 IWDG_Init，第 32 行是喂狗函数 IWDG_Feed。看门狗初始化函数中调用了看门狗固件库函数，第 25 行使能对应的寄存器写操作，允许看门狗写入数据。第 26 行向看门狗定时器写入预分频值，第 27 行写入重装载值。第 28 行将重装载值写入计数器，这时计数器的初始值是我们设置的重装载值 625。第 29 行使能 IWDG 功能，看门狗开始倒计数。此时看门狗将计时 1s，若 1s 内没有喂狗，程序将复位。接下来分析喂狗函数，第 33 行只有一行程序，将重装载值写入计数器，它和初始化中的第 28 行相同。此时无论计数减到多少值都会变成 625，重新递减，实现喂狗操作。看门狗的程序设计非常简单，用户只需要修改预分频值 pre 和重装载值

```
1  #ifndef __IWDG_H
2  #define __IWDG_H
3  #include "sys.h"
4
5  //看门狗定时时间计算公式:Tout=(预分频值*重装载值)/40 (单位: ms)
6  //当前pre为64，rlr为625，计算得到Tout时间为1秒（大概值）
7
8  #define pre    IWDG_Prescaler_64 //分频值范围: 4,8,16,32,64,128,256
9  #define rlr    625 //重装载值范围: 0~0xFFF (4095)
10
11
12 void IWDG_Init(void);
13 void IWDG_Feed(void);
```

图 47.6 “独立看门狗测试程序”iwdg.h 文件的全部内容

```
21 #include "iwdg.h"
22
23
24 void IWDG_Init(void){ //初始化独立看门狗
25     IWDG_WriteAccessCmd(IWDG_WriteAccess_Enable); //使能对寄存器IWDG_PR和IWDG_RLR的写操作
26     IWDG_SetPrescaler(pre); //设置IWDG预分频值
27     IWDG_SetReload(rlr); //设置IWDG重装载值
28     IWDG_ReloadCounter(); //按照IWDG重装载寄存器的值重装载IWDG计数器
29     IWDG_Enable(); //使能IWDG
30 }
31
32 void IWDG_Feed(void){ //喂狗程序
33     IWDG_ReloadCounter();//固件库的喂狗函数
34 }
```

图 47.7 “独立看门狗测试程序”iwdg.c 文件的全部内容

rlr，通过公式计算定时器时间。另外，用户需要在程序中的适当位置不断喂狗，保证喂狗间隔小于 1s。

47.3 窗口看门狗程序分析

接下来分析窗口看门狗，在附带资料中找到“窗口看门狗测试程序”工程，将工程中的 HEX 文件下载到开发板中，看一下效果。效果是在 OLED 屏上显示“WWDG TEST”，表示窗口看门狗测试程序。程序效果和独立看门狗相同，按 KEY1 按键产生长时间延时，阻止喂狗，OLED 屏上显示“RESET!”，系统复位。接下来分析程序，打开“窗口看门狗测试程序”工程，Basic 文件夹中新加入了 wwdg 文件夹，里面有 wwdg.c 和 wwdg.h 文件，这是窗口看门狗的驱动程序。接下来用 Keil 软件打开工程，在设置里的 Basic 文件夹添加 wwdg.c 文件，在 Lib 文件夹里添加 stm32f10x_wwdg.c 文件，这是窗口看门狗的固件库函数。先打开 main.c 文件，如图 47.8 所示，程序内容与“独立看门狗测试程序”基本相同，我们只分析有区别的地方。第 26 行加载了 wwdg.h 文件，第 38 行在 OLED 屏上显示“WWDG TEST”。接下来第 43 行是窗口看门狗初始化函数 WWDG_Init，第 45 行是主循环部分，第 46 行延时 54ms，用延时函数找到喂狗的窗口时间，避开从计数初始值到上窗口边界的时间。第 47 行喂狗。按键没被按下时每隔 45ms 喂狗一次，有按键被按下时产生 2s 延时，若延时之内没有喂狗，单片机将复位。这个程序和独立看门狗程序的区别是加入了 45ms 延时，用于找到窗口时间。

```
18 #include "stm32f10x.h" //STM32头文件
19 #include "sys.h"
20 #include "delay.h"
21 #include "relay.h"
22 #include "oled0561.h"
23 #include "led.h"
24 #include "key.h"
25
26 #include "wwdg.h"
27
28 int main (void){//主程序
29     delay_ms(500); //上电时等待其他器件就绪
30     RCC_Configuration(); //系统时钟初始化
31     RELAY_Init();//继电器初始化
32     LED_Init();//LED
33     KEY_Init();//KEY
34
35     I2C_Configuration();//I²C初始化
36
37     OLED0561_Init(); //OLED屏初始化-------------"
38     OLED_DISPLAY_8x16_BUFFER(0,"    WWDG TEST     "); //显示字符串
39     OLED_DISPLAY_8x16_BUFFER(4,"     RESET!       "); //显示字符串
40     delay_ms(800); //
41     OLED_DISPLAY_8x16_BUFFER(4,"                  "); //显示字符串
42
43     WWDG_Init(); //初始化并启动独立看门狗
44
45     while(1){
46       delay_ms(54); //用延时找到喂狗的窗口时间
47       WWDG_Feed(); //喂狗
48
49       if(!GPIO_ReadInputDataBit(KEYPORT,KEY1)){
50         delay_s(2); //延时2s，使程序不能喂狗而导致复位
51       }
52     }
53 }
```

图 47.8 “窗口看门狗测试程序”main.c 文件的全部内容

接下来打开 wwdg.h 文件，如图 47.9 所示。第 9 ~ 11 行有 3 个宏定义，第一个参数是计数器初值（重装载值）WWDG_CNT，取值范围是 0x40 ~ 0x7F，当前设置为 0x7F。第二个参数是窗口值 wr（上窗口边界），取值范围是 0x40 ~ 0x7F，当前设置为 0x50。下窗口边界是固定的 0x3F，只能设置上窗口边界。接下来设置预分频值 fprer，可设置为 1、2、4、8，通过“WWDG_Prescaler_8”最后的数字修改。3 个数据可以通过第 5 ~ 7 行给出的公式计算，得到上窗口边界和下窗口边

```
1  #ifndef __WWDG_H
2  #define __WWDG_H
3  #include "sys.h"
4
5  //窗口看门狗定时时间计算公式:
6  //上窗口超时时间（单位为μs）= 4096*预分频值*(计数器初始值-窗口值)/APB1时钟频率（单位为MHz）
7  //下窗口超时时间（单位为μs）= 4096*预分频值*(计数器初始值-0x40)/APB1时钟频率（单位为MHz）
8
9  #define WWDG_CNT  0x7F //计数器初始值，范围：0x40~0x7F
10 #define wr     0x50 //窗口值，范围：0x40~0x7F
11 #define fprer WWDG_Prescaler_8 //预分频值，取值：1,2,4,8
12
13 //如上 3 个值是：0x7F、0x50、8时，上窗口边界为48ms，下窗口边界为64ms
14
15 void WWDG_Init(void);
16 void WWDG_NVIC_Init(void);
17 void WWDG_Feed(void);
```

图 47.9 “窗口看门狗测试程序”wwdg.h 文件的全部内容

界。如果 3 个数据分别设置为 0x7F、0x50、8，计算得到上窗口边界是 48ms，下窗口边界是 64ms。在 mian.c 主程序中间隔的延时时间 54ms，正好在 48 ~ 64ms 之间，可以成功在窗口期喂狗。大家可以试着把数值改为小于 48 或大于 64，看一下喂狗是否能成功。接下来第 15 ~ 17 行是窗口看门狗初始化函数、窗口看门狗中断初始化函数、喂狗函数的声明。

接下来打开 wwdg.c 文件，如图 47.10 所示。第 21 行调用了 wwdg.h 文件，第 24 行是窗口看门狗初始化函数 WWDG_Init。第 34 行是窗口看门狗中断程序初始化函数 WWDG_NVIC_Init，这是在看门狗初始化里面被调用的函数。第 43 行是喂狗函数 WWDG_Feed。第 47 行是窗口看门狗中断服务函数 WWDG_IRQHandler。中断函数是系统自带的库函数，所以在 wwdg.h 文件中不需要声明。首先分析初始化函数，第 25 行打开 APB1 总线的 WWDG 时钟，窗口看门狗与 CPU 共用主时钟，使用看门狗之前先打开窗口看门狗的时钟。第 26 ~ 27 行设置预分频值和窗口值，第 28 行启动看门狗。第 29 行清空看门狗中断标志位，中断是指计数值到达 0x40 时产生的提前中断。第 30 行初始化看门狗中断服务，第 31 行开启看门狗中断，计数值达到 0x40 便产生中断。如果不使用中断，可以把第 29 ~ 31 行的内容屏蔽。接下来分析看门狗中断服务程序，主要是设置 NVIC。第 35 行设置中断内容为窗口看门狗，第 37 ~ 38 行设置抢占优先级和子优先级，第 39 行使能中断，第 40 行将以上内容写入设置。接下来第 43 行喂狗函数里面只调用一个固件库函数 WWDG_SetCounter，参数是计数初始值（0x7F），在窗口期写入初始值就完成了喂狗。第 47 行是中断处理函数，其中第 48 行清空中断标志位，以备下次中断使用。第 50 行可以按照实际需要写入用户程序，当前的示例程序没有写入处理内容。中断处理函数在窗口期没有喂狗的情况下计数减到 0x40 时产生中断，你只有一个计数值的时间完成用户处理程序，当计数到达 0x3F 时产生复位。主程序中调用喂狗程序必须考虑喂狗的时间点，这需要在启动窗口看门狗之后精确计算窗口时间。窗口看门狗使用的是系统时钟，定时精度高，即使窗口时间很窄也能精准喂狗，具体时间需要在项目开发中根据应用程序的内容实际测算。

```
21 #include "wwdg.h"
22
23
24 void WWDG_Init(void){ //初始化窗口看门狗
25     RCC_APB1PeriphClockCmd(RCC_APB1Periph_WWDG, ENABLE); // WWDG 时钟使能
26     WWDG_SetPrescaler(fprer); //设置 IWDG 预分频值
27     WWDG_SetWindowValue(wr); //设置窗口值
28     WWDG_Enable(WWDG_CNT); //使能看门狗,设置 counter
29     WWDG_ClearFlag(); //清除提前唤醒中断标志位
30     WWDG_NVIC_Init(); //初始化窗口看门狗 NVIC
31     WWDG_EnableIT(); //开启窗口看门狗中断
32 }
33
34 void WWDG_NVIC_Init(void){ //窗口看门狗中断服务程序（被WWDG_Init调用）
35     NVIC_InitTypeDef NVIC_InitStructure;
36     NVIC_InitStructure.NVIC_IRQChannel = WWDG_IRQn; //WWDG 中断
37     NVIC_InitStructure.NVIC_IRQChannelPreemptionPriority = 2; //抢占 2 子优先级 3 组 2
38     NVIC_InitStructure.NVIC_IRQChannelSubPriority = 3; //抢占 2,子优先级 3,组 2
39     NVIC_InitStructure.NVIC_IRQChannelCmd=ENABLE;
40     NVIC_Init(&NVIC_InitStructure); //NVIC 初始化
41 }
42
43 void WWDG_Feed(void){ //窗口喂狗程序
44         WWDG_SetCounter(WWDG_CNT); //固件库的喂狗函数
45 }
46
47 void WWDG_IRQHandler(void){ //窗口看门狗中断处理程序
48     WWDG_ClearFlag(); //清除提前唤醒中断标志位
49
50     //此处加入在复位前需要处理的工作或保存数据
51 }
```

图 47.10 wwdg.c 文件的全部内容

48 定时器

48.1 原理介绍

这一节我们介绍 STM32 定时器的原理和使用方法。之前曾经简单介绍过定时器，说过 STM32F103 内部有 4 个定时器（3 个通用定时器，1 个高级定时器），可实现输入捕获、输出比较、PWM 和单脉冲模式。舵机教学中介绍过 PWM 功能，PWM 是常用的定时器功能。这里仅介绍每个功能的基本原理，以及程序如何设计。高级控制定时器 TIM1 具有更高级的定时功能，关于它的原理和使用方法，我们以后有机会再细讲。

定时器的第 1 个衍生功能是输入捕获，用来测量脉冲波形的频率和宽度。脉冲由外部设备产生，通过 I/O 端口输入单片机，再通过定时器的捕获器测量波形的频率和宽度。定时器的第 2 个衍生功能是输出比较，定时器的比较器分为模拟比较器和数字比较器两种。模拟比较器比较两组输入电压的大小，外部两组电压通过两个 I/O 端口输入内部的模拟比较器，模拟比较器判断两个电压的大小，输出比较结果，STM32F103 单片机没有模拟比较器。另一种是数字比较器，数字比较器可以向外输出脉冲，脉冲的频率和占空比可以调节。定时器的第 3 个衍生功能是 PWM，它可以产生固定频率、占空比可调的脉冲波形。PWM 功能已经讲过，不再赘述。定时器的第 4 个衍生功能是单脉冲模式，它可以产生单一脉冲，属于脉宽调制的一种。由于功能比较简单，在此不做介绍。输入捕获、输出比较、PWM、单脉冲模式都属于定时器的衍生功能，定时器的最基本功能是定时。学会这些复杂功能之前，先要知道定时器的基础用法。STM32 定时器的原理和嘀嗒定时器、看门狗定时器相同。先设定一个定时时间，让定时器走时，时间到达时等待 ARM 内核检测“到时”标志位。如果 ARM 内核发现“到时”标志位为 1，表示定时时间到，会运行相应程序，这种定时方式叫“查询方式”。另一种是中断方式，在到时后产生定时器中断，进入中断处理程序，在中断处理程序中处理相应的程序。项目开发中常用中断方式。

接下来看一下普通定时器需要如何使用。如图 48.1 所示，假设我们在一个固定的时间内处理一项任务（任务 1），但是 ARM 内核还有其他任务（任务 2），不能通过延时函数一直等待，这时可用普通定时器来设定时间，“到时”产生中断，在中断处理程序中做任务 1 的处理。图中纵向线表示计数数量，横向线表示计时时间。斜线表示计数值随着时间不断增加，定时器有加数和减数两种模式。以加数模式为例，初始值为 0，计数不断增加，当计数值到达设置的溢出值时就会产生中断信号，定时器停止，进入中断处理程序。从开始计时到中断产生的时间是定时总时长。这是普通定时器的工作原理。

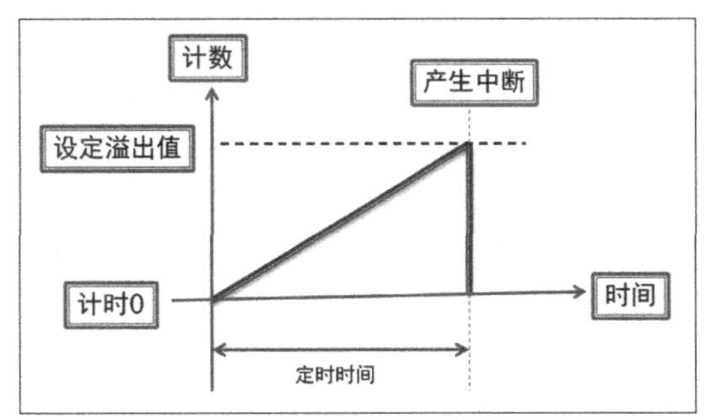

图 48.1 定时器的工作原理

接下来看捕获器，捕获器捕获外来的电平变化，具体捕获的是输入接口上升沿或下降沿的电平变化，它可以测量脉冲的宽度或频率。当接口产生上升沿或下降沿时，将当前定时值保存，捕获结束后再根据保存的定时时间算出脉冲的宽度或频率。捕获的波形是数字信号（方波）。如图 48.2 所示，如果有这样一个方波输入，捕获器能捕获到每个脉冲的上升沿或下降沿。上升沿是输入电平从低电平变为高电平的瞬间，下降沿是从高电平变为低电平的瞬间。从图中可以直观地看出上升沿和下降沿。捕获器如何捕获脉冲宽度呢？捕获脉冲宽度需要记录两个值，比如记录高电平的时间长度，只要记录高电平开始处的时间值，再记录结束处的时间值，把两项相减就能得出脉冲宽度。让捕获器在上升沿记录一次捕获值 *T*1，在下降沿再记录一次捕获值 *T*2，*T*2 减 *T*1 得到高电平的时间长度。如果要捕获脉冲频率则需要找到脉冲的周期变化。如图 48.3 所示，比如有这样一个脉冲，得出脉冲频率就要记录 2 个波形开始处的时间间隔（周期），频率即周期的倒数。当前的波形从 *T*1 的位置开始，到 *T*2 的位置结束，这就是一个脉冲周期。只要捕获器每次都捕获上升沿，就可以得到脉冲周期。第一次捕获上升沿 *T*1，第二次捕获上升沿 *T*2，*T*2 减 *T*1 得到周期，可计算出频率。这是捕获器的基本原理，通过捕获电平得出脉冲的时间属性。如果设置第一次捕获上升沿，第二次捕获下降沿，是计算高电平的宽度；两次都捕获上升沿，是计算周期（可计算出频率）。

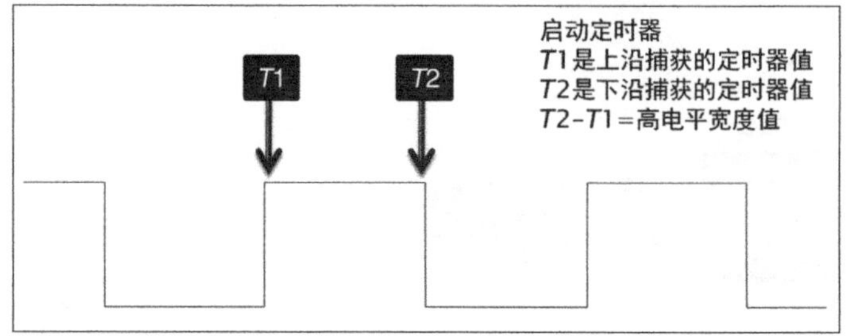

图 48.2 捕获的波形示意图 1

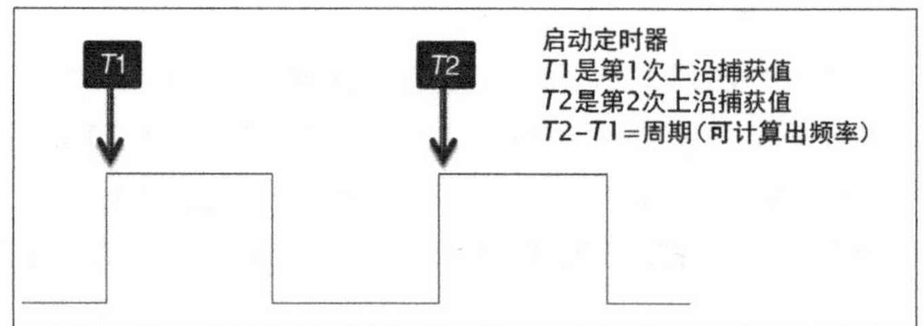

图 48.3 捕获的波形示意图 2

接下来看数字比较器。数字比较器可以输出脉冲，脉冲可以调节占空比和频率。其实 PWM 也能调节频率，只是不方便随时调节。数字比较器可随时调节占空比和频率。数字比较器多用于对步进电机、伺服电机的控制，产生不同的占空比和频率控制电机速度或旋转角度。使用数字比较器可以产生任意的脉冲波形，也就是说每个周期的时间长度可以不同，每个周期的占空比也可以不同。它具有更宽泛的特性，不受周期束缚，可以当作“高级版”PWM 使用。

48.2 程序分析

接下来通过程序分析学习使用定时中断功能。在附带资料中找到“定时器中断测试程序”工程，将工程中的 HEX 文件下载到开发板中，效果是在 OLED 屏上显示“TIM TEST”，表示定时器的测试程序。核心板上 LED1 不断闪烁，闪烁周期大约为 1s，闪烁是使用定时器产生的。接下来打开工程文件夹，这个工程复制了上一节的“窗口看门狗测试程序”工程，只是在 Basic 文件夹中加入了 tim 文件夹，在里面加入了 tim.c 和 tim.h 文件，这是定时器中断的处理程序。接下来用 Keil 软件打开工程，在工程设置里的 Basic 文件夹中添加 tim.c 文件，在 Lib 文件夹中添加 stm32f10x_tim.c 文件，这是定时器的固件库函数文件。接下来分析 main.c 文件，如图 48.4 所示，第 18 ~ 24 行加载库文件，第 26 行加载了 tim.h 文件。第 39 行在 OLED 屏上显示“TIM TEST”。第 41 行是定时器 3 初始化函数 TIM3_Init，函数有两个参数，第一个参数是 9999，第二个参数是 7199。设置这两个参数产生 1s 的定时时间，之后会介绍计算方

```
18 #include "stm32f10x.h" //STM32头文件
19 #include "sys.h"
20 #include "delay.h"
21 #include "relay.h"
22 #include "oled0561.h"
23 #include "led.h"
24 #include "key.h"
25
26 #include "tim.h"
27
28
29 int main (void){//主程序
30     delay_ms(500); //上电时等待其他器件就绪
31     RCC_Configuration(); //系统时钟初始化
32     RELAY_Init();//继电器初始化
33     LED_Init();//LED
34     KEY_Init();//KEY
35
36     I2C_Configuration();//I²C初始化
37
38     OLED0561_Init(); //OLED屏初始化-------------"
39     OLED_DISPLAY_8x16_BUFFER(0,"    TIM TEST      "); //显示字符串
40
41     TIM3_Init(9999,7199);//定时器初始化, 定时1s(9999, 7199)
42
43     while(1){
44
45     //写入用户的程序
46     //LED1闪烁程序在TIM3的中断处理函数中执行
47
48
49     }
50 }
```

图 48.4 main.c 文件的全部内容

法。接下来第 43 行是 while 主循环，主循环中没有程序。由于定时器独立于 CPU 工作，因此不需要在主循环中加入定时器的处理程序，只要写入用户的其他程序，做其他工作。当定时“到时”，定时器中断处理函数会执行相关程序。试验中，LED1 不断闪烁的程序是在中断处理函数中完成的。使用定时器进行时间处理可大大减少 ARM 内核工作量。

接下来剩下两个问题，定时器初始化函数如何设定定时时间？如何在中断处理函数中编写程序？先打开 tim.h 文件，如图 48.5 所示，第 5 ~ 6 行声明两个函数，除此之外没有其他内容。接下来打开 tim.c 文件，如图 48.6 所示。第 19 行加载 led.h 文件，因为中断处理函数中使用了 LED 指示灯。第 21 行加载了 tim.h 文件，第 26 行是定时器 3 初始化函数 TIM3_Init，第 41 行是开启 TIM3 定时器的中断向量函数。第 50 行是中断处理函数，中断处理函数是特殊函数，不需要在 tim.h 文件中声明。首先看定时器初始化函数，STM32F103 共有 4 个定时器，当前使用 TIM3。初始化函数没有返回值，有 2 个参数。第一个参数是 16 位变量 atrr，是定时器的重装载值（溢出值）。第二个参数是 16 位变量 psc，是时钟预分频系数。这两个参数可以设定定时时间。第 27 行定义结构体，第 29 行开启 TIM3 时钟，第 30 行调用 TIM3 中断向量初始化，即调用第 41 行的函数。函数 TIM3_NVIC_Init 中，第 42 行是结构体声明，第 43 行定义 TIM3 中断，第 44 ~ 45 行设置抢占优先级和子优先级，第 46 行允许中断，第 47 行将以上设置写入中断向量控制器，完成 TIM3 中断设置后回到初始化函数。第 32 行设置重装载值，重装载值是参数 arr。第 33 行设置预分频系数，即参数 psc。计算两个值得出定时值，第 23 行有计算公式。定时时间 Tout=（重装载值 +1×（预分频值 +1））/ 时钟频率。假设定时 1s，重装载值设置为 9999，预分频系数设置为 7199，时钟频率是 72MHz（系统主频），结果是 1 000 000 μs（1s）。大家可以根据公式计算不同的定时时间。

第 35 行设定定时器方向，当前选择定时器向上溢出 TIM_CounterMode_Up。第 35 行设置定时器分频因子，按默认设置即可。第 36 行将以上设置写入 TIM3 相关寄存器，第 37 行开启 TIM3 中断，第 38 行开启 TIM3 定时器，这时 TIM3 开始工作，1s 产生一次中断。中断让程序自动跳入中断处理函数。函数 TIM3_IRQHandler 中第 51 行判断是否为 TIM3 中断，第 52 行是在 TIM3 中断的情况下，清空中断标志位，第 54 行的位置可写入用户的处理程序。我使用 LED1 表现定时时间，所以在第 55 行加入了 LED1 的控制程序，让 LED1 的电平取反，使 LED1 每秒变换一次状态，最终达到演示效果。总结一下，我们

```
1 #ifndef  __PWM_H
2 #define  __PWM_H
3 #include "sys.h"
4
5 void TIM3_Init(u16 arr,u16 psc);
6 void TIM3_NVIC_Init (void);
7
```

图 48.5 tim.h 文件的全部内容

只要在程序开始部分（或想启动定时器的地方）加入定时器初始化函数，给出重装载值和分频系数就可以开启定时器，再到定时器中断处理函数中加入需要的处理程序，产生中断就执行相关程序。定时器中断的使用方法就这么简单。

```
#include "led.h" //因在中断处理函数中用到LED驱动

#include "tim.h"

//定时器时间计算公式Tout = ((重装载值+1)*(预分频系数+1))/时钟频率;
//例如: 1秒定时, 重装载值=9999, 预分频系数=7199

void TIM3_Init(u16 arr,u16 psc){  //TIM3 初始化 arr重装载值 psc预分频系数
    TIM_TimeBaseInitTypeDef     TIM_TimeBaseInitStrue;

    RCC_APB1PeriphClockCmd(RCC_APB1Periph_TIM3,ENABLE);//使能TIM3
    TIM3_NVIC_Init (); //开启TIM3中断向量

    TIM_TimeBaseInitStrue.TIM_Period=arr; //设置自动重装载值
    TIM_TimeBaseInitStrue.TIM_Prescaler=psc; //预分频系数
    TIM_TimeBaseInitStrue.TIM_CounterMode=TIM_CounterMode_Up; //计数器向上溢出
    TIM_TimeBaseInitStrue.TIM_ClockDivision=TIM_CKD_DIV1; //时钟的分频因子，起到了一点点的延时作用
    TIM_TimeBaseInit(TIM3,&TIM_TimeBaseInitStrue); //TIM3初始化设置
    TIM_ITConfig(TIM3, TIM_IT_Update, ENABLE);//使能TIM3中断
    TIM_Cmd(TIM3,ENABLE); //使能TIM3
}

void TIM3_NVIC_Init (void){ //开启TIM3中断向量
  NVIC_InitTypeDef NVIC_InitStructure;
  NVIC_InitStructure.NVIC_IRQChannel = TIM3_IRQn;
  NVIC_InitStructure.NVIC_IRQChannelPreemptionPriority = 0x3; //设置抢占和子优先级
  NVIC_InitStructure.NVIC_IRQChannelSubPriority = 0x3;
  NVIC_InitStructure.NVIC_IRQChannelCmd = ENABLE;
  NVIC_Init(&NVIC_InitStructure);
}

void TIM3_IRQHandler(void){ //TIM3中断处理函数
    if (TIM_GetITStatus(TIM3, TIM_IT_Update) != RESET){ //判断是否是TIM3中断
        TIM_ClearITPendingBit(TIM3, TIM_IT_Update);

        //此处写入用户自己的处理程序
    GPIO_WriteBit(LEDPORT,LED1,(BitAction)(1-GPIO_ReadOutputDataBit(LEDPORT,LED1)));//取反LED1电平
    }
}
```

图 48.6 tim.c 文件的全部内容

第 97 步

49 CRC与芯片ID

49.1 CRC校验功能

这一步介绍单片机最后两个功能：CRC 校验功能和芯片 ID 功能。它们是单片机的辅助功能，并不常用，这里作为选学内容为大家介绍。首先介绍 CRC 校验功能，CRC 校验是一个内部具有 32 位寄存器的 CRC 计算单元，功能是验证数据的准确性，可用于 Flash 检测、外部数据检测、软件签名等方面。CRC 校验使用简单，它有一个计算寄存器用于写入和读出数据。如图 49.1 所示，计算寄存器连接在 AHB 总线，当 AHB 总线向 CRC 寄存器写入数据，数据被写入“数据寄存器（输入）”（32 位写操作）。写入数据后会进行“CRC 计算”，通过多项式计算完成 CRC 算法，将计算结果送入“数据寄存器（输出）”，再以 32 位的方式输送回 AHB 总线（32 位读操作）。从中可知写入和读出的数据不同，写入的是准备计算的数据，存放在“数据寄存器（输入）”中；读出的数据是经过 CRC 计算后放入“数据寄存器（输出）”的计算结果。如图 49.2 所示，CRC 功能中还有一个 8 位的用户独立寄存器，是给用户存放标志位或临时数据的。CRC 对此寄存器并没有计算功能，写入和读出的数据相同。8 位独立寄存器独立存在，即使 CRC 功能复位，8 位独立寄存器中的数据也不会丢失。CRC 复位之后，32 位 CRC 计算寄存器中的数据会消失。CRC 功能可以很方便地做数据校验。如图 49.3 所示，假设我们需要在两个设备之间收发数据，上方是发送端，下方是接收端，“要发送的数据”方框中是要发送的数据。我们只要将数据分组，将每组 32 位（4 字节）的数据逐一写入 CRC 寄存器。写入完成

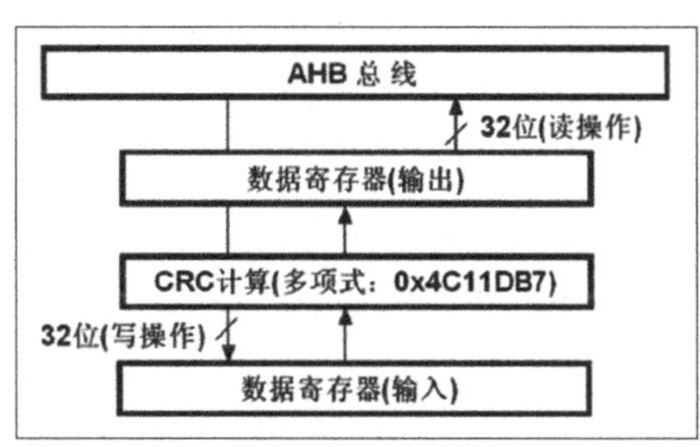

图 49.1 CRC 寄存器结构示意图

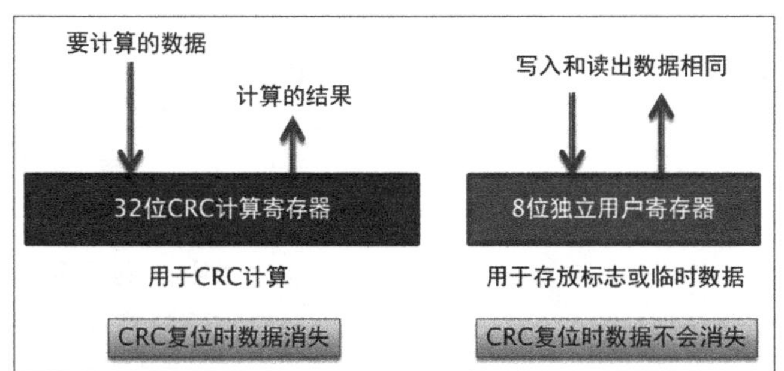

图 49.2 两个 CRC 寄存器原理

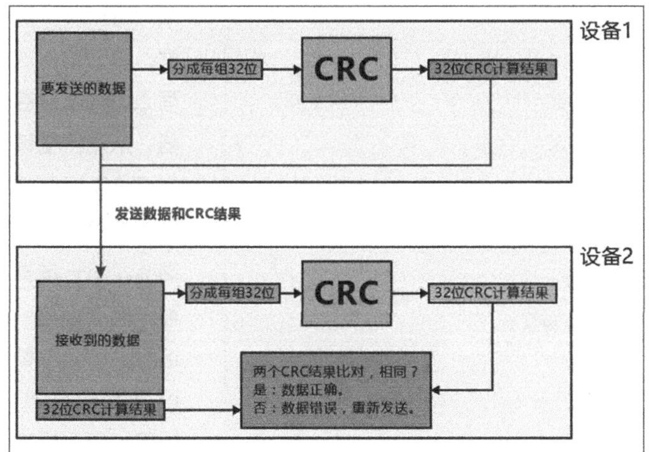

图 49.3 两台设备的数据 CRC 校验原理

后直接从 CRC 寄存器读出计算结果，将结果与要发送的数据一同发送给接收设备。接收设备收到全部数据和 CRC 结果，然后把收到的数据统一分组，每组 32 位，写入接收设备的 CRC 寄存器，并读出 CRC 计算结果。将计算结果与发送来的计算结果相比较，二者相同表示收到的数据正确。在无线通信、远程通信等项目中使用 CRC 校验可增加通信的准确率和稳定性。

接下来看一下 CRC 校验在程序中要如何使用。在附带资料中找到“CRC 功能测试程序”工程，这个工程复制了上一个示例程序“定时器中断测试程序”的工程，工程中没有新内容。由于 CRC 校验属于内部数据处理，示例程序不能在开发板上看到实验效果，所以不进行演示。用 Keil 软件打开工程，在设置里面的 Lib 文件夹中添加 stm32f10x_crc.c 文件，这是 CRC 校验的固件库文件。在程序里我直接使用库文件，没有编写驱动程序。接下来分析 main.c 文件，如图 49.4 所示，第 18 ~ 24 行加入相关的库文件。第 28 ~ 29 行定义 a、b、c 这 3 个变量，第 30 行定义一个数组 y，用于 CRC 校验。第 40 行在 OLED 屏上显示“CRC TEST”，第 42 行开启 CRC 功能时钟。第 44 行进入 while 主循环，第 45 行复位 CRC 功能，每次使用 CRC 计算之前都要复位。第 46 行调用固件库函数 CRC_CalcCRC 向 CRC 寄存器写入数据。函数的参数是需要计算的数据，返回值是 CRC 计算结果。由于我们只写入一个 32 位数据，不需要读出计算结果，没有使用返回值。第 47 行再次调用函数 CRC_CalcCRC 写入一个数据，第 48 行再写入一个数据，这次使用了返回值，将计算结果存放在变量 a 中。以上 4 步操作是单独数据的 CRC 计算，将 3 个 32 位数据写入 CRC 寄存器，并读出计算结果，将其放入变量 a。

除此之外，还有用数组方式写入数据的方法，在第 50 ~ 51 行。第 50 行复位 CRC，清除之前的计算结果。第 51 行通过固件库函数 CRC_CalcBlockCRC 写入数组 y，将计算结果存入变量 b，这是专用于数组写入的 CRC 固件库函数。它有两个参数，第一个参数是数组名，第二个参数是数组长度（一个长度单位是 32 位）。第 30 行定义的 32 位数组 y，包括 3 个 32 位数据，参数中使用的正是数组 y，读出数组 y 前 3 个数据，将它们依次写入 CRC 寄存器，从返回值读出 CRC 计算结果，将其存入变量 b。单一数据写入和数组写入这 2 种方法都可以完成 CRC 计算，可根据实际情况来决定用

```
18 #include "stm32f10x.h" //STM32头文件
19 #include "sys.h"
20 #include "delay.h"
21 #include "relay.h"
22 #include "oled0561.h"
23 #include "led.h"
24 #include "key.h"
25
26
27 int main (void){//主程序
28     u32 a,b;
29     u8 c;
30     u32 y[3]={0x87654321,0x98765432,0x09876543};
31     delay_ms(500); //上电时等待其他器件就绪
32     RCC_Configuration(); //系统时钟初始化
33     RELAY_Init();//继电器初始化
34     LED_Init();//LED
35     KEY_Init();//KEY
36
37     I2C_Configuration();//I²C初始化
38
39     OLED0561_Init(); //OLED屏初始化------------"
40     OLED_DISPLAY_8x16_BUFFER(0,"   CRC TEST    "); //显示字符串
41
42     RCC_AHBPeriphClockCmd(RCC_AHBPeriph_CRC, ENABLE);//开启CRC时钟
43
44     while(1){
45       CRC_ResetDR();//复位CRC，需要清0重新计算时先复位
46       CRC_CalcCRC(0x12345678);//CRC计算一个32位数据。参数：32位数据。返回值：32位计算结果
47       CRC_CalcCRC(0x23456789);//CRC计算一个32位数据。参数：32位数据。返回值：32位计算结果
48       a = CRC_CalcCRC(0x34567890);//CRC计算一个32位数据。参数：32位数据。返回值：32位计算结果
49
50       CRC_ResetDR();//复位CRC，需要清0，重新计算时先复位
51       b = CRC_CalcBlockCRC(y,3);//CRC计算一个32位数组。参数：32位数组名，数组长度。返回值：32位计算结果
52
53       CRC_SetIDRegister(0x5a);//向独立寄存器CRC_IDR写数据。参数：8位数据。
54       c = CRC_GetIDRegister();//从独立寄存器CRC_IDR读数据。返回值：8位数据。
55
56       //此时，a存放的是3个独立数的CRC结果。（32位）
57       //b存放的是数组y中3个数据CRC计算结果。（32位）
58       //c存放的是我们写入的独立寄存器数据0x5a。（8位）
59     }
60 }
```

图 49.4 “CRC 功能测试程序”main.c 文件的全部内容

哪一种。第 53 ~ 54 行是操作 8 位独立数据寄存器的程序，调用固件库函数 CRC_SetIDRegister 向独立寄存器写入数据，函数的参数是要写入的 1 字节数据。此处向 8 位独立寄存器写入 0x5A。第 54 行使用固件库函数 CRC_GetIDRegister 从 8 位独立寄存器读出数据，将读出的数据存入变量 c。可以单独调用数据写入函数和数据读出函数完成对 8 位独立寄存器的操作。运行以上 3 段程序，最终变量 a 存放了 3 个独立数据得出的 CRC 计算结果，变量 b 存放了数组 y 中 3 个数据的 CRC 计算结果，变量 c 存放了 8 位独立寄存器写入的数据。CRC 固件库的内容在 stm32f10x_crc.c 文件中，包含刚才介绍的 CRC 固件库函数，请大家仔细看一下。

49.2 芯片ID功能

接下来介绍芯片 ID 功能，每个单片机芯片都有一个 96 位的独立序列号（ID），相当于身份证号码。开发者可以读取芯片 ID 用于特殊应用。96 位 ID 可以读出 3 个 32 位数据，或 8 个 8 位数据。可以以字节（8 位）、半字（16 位）或全字（32 位）为单位。每个芯片的 ID 是唯一的，出厂时被写入且不能修改。ID 可以作为产品的序列号使用，也可以作为密码提高安全性，或者用于保护程序不被复制，在需要加密的项目中使用 ID 非常方便。96 位 ID 存放在 12 个地址，每个地址存放 8 位，ID 的存放地址是 0x1FFFF7E8 ~ 0x1FFFF7F3，共 12 个字节。ID 可读不可写，数据支持大端和小端表示。STM32 单片机默认以小端方式存放数据。接下来通过程序示例来看一下芯片 ID 如何读取。

在附带资料中找到“芯片 ID 读取程序”工程，将工程中的 HEX 文件下载到开发板中，看一下效果。写入程序后，打开超级终端能看到芯片 ID。在此之前先观察 FlyMcu 软件窗口，如图 49.5 所示，下载完成后信息窗口出现 96 位的芯片 ID。ID 共 2 组数据，上面一组是以十六进制显示的 ID，下面一组把 96 位数据分成 3 个 32 位数据显示，当前使用下边一组数据。接下来打开超级终端，打开对应的串口号，按一下开发板上的复位按键。这时终端会收到一串字符，第一行是“ChipID:”，分为 3 组显示（见图 49.6）。这 3 组数据和 FlyMcu 窗口中的 3 组数据相同。下面一行显示“chipID error!”，表示程序中的 ID 和芯片 ID 不一致。因为我在程序中填写的 ID 和我目前使用的单片机 ID 不一样，而如果你手上的单片机和我的不同，芯片 ID 也不同，判断结果都是“不一致”。只有把程序里的 ID 修改为你的芯片 ID，才会显示“chipID OK!”。

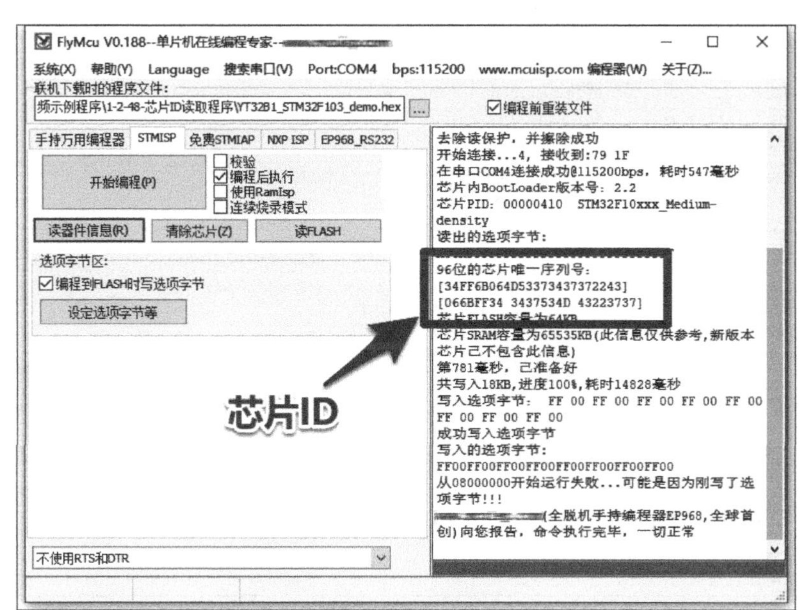

图 49.5 FlyMcu 软件窗口中的芯片 ID

接下来分析程序。我们打开“芯片 ID 读取程序”工程，这个工程复制了“CRC 功能测试程序”工程，工程没有新内容，所有修改都在主函数中。接下来用 Keil 软件打开工程，在工程的设置里的 Lib 文件夹中添加 usart.c 文件，这是串口通信驱动程序文件，程序使用串口输出数据。接下来打开 main.c 文件，如图 49.7 所示。第 18 ~ 24 行加载相关的库文件，第 25 行加入 usart.h 文件。第 29 行定义一个 32 位数组“ID”，存放 3 个数据。第 36 行是 USART1 初始化函数，波特率是 115 200 波特。第 42 ~ 44 行从芯片中读取 ID，其中第 42 行用指针变量将芯片地址 0x1FFFF7E8 中的数据以 32 位形式存入数组 ID[0]，地址 0x1FFFF7E8 是存放 96 位 ID 的起始地址。第 43 ~ 44 行将地址 0x1FFFF7EC 和 0x1FFFF7F0 中的数据存放到 ID[1]、ID[2] 中。数据的读取都是 32 位方式，每次 4 个字节，分 3 次读取。第一次从 0x1FFFF7E8 向下读取 4 个字节，第二次从 0x1FFFF7EC 读取 4 个字节，第三次从 0x1FFFF7F0 读取 4 个字节。把 96 位 ID 读到数组 ID 中。然后第 46 行 printf 语句将 ID 发送到 USART1，开头显示“ChipID:”，然后在超级终端以十六进制数显示 3 组数据。需要注意：正常的十六进制表示是用“%x”，程序中使用的却是“%08x”。其中“08”表示如果数据不足 8 位就以 8 位的方式补 0 显示。比如 ID 不加入“08”会显示为 66EFF34，数据不足 8 位。使用“%08x”就是给不足 8 位的数据补 0。“%09x”表示不足 9 位的数据以 9 位的方式补 0 显示，使用时可以根据实际需要来设置。接下来第 48 行是对芯片 ID 的匹配检查，用 if 语句判断 3 个数组中的数据是否等于程序中给出的数据。如果 3 个数据同时匹配，表示读到的芯片 ID 和设置的 ID 相同，第 49 行在串口显示“chipID OK!”；数据不一致则显示“chipID error!”。大家可以在 FlyMcu 软件中复制芯片 ID，将 3 组数据修改到第 48 行中，重新编译、下载。再次试验，你会发现，屏幕上会显示“chipID OK!”，这就是芯片 ID 的读取和判断方法。

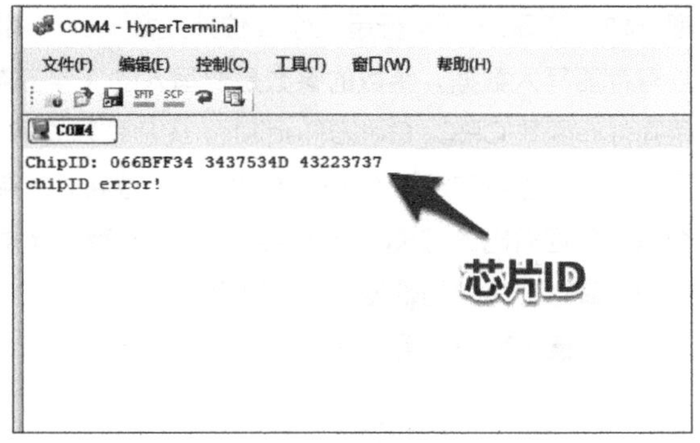

图 49.6 超级终端显示的芯片 ID

```
18 #include "stm32f10x.h" //STM32头文件
19 #include "sys.h"
20 #include "delay.h"
21 #include "relay.h"
22 #include "oled0561.h"
23 #include "led.h"
24 #include "key.h"
25
26 #include "usart.h"
27
28 int main (void){//主程序
29   u32 ID[3];
30   delay_ms(500); //上电时等待其他器件就绪
31   RCC_Configuration(); //系统时钟初始化
32   RELAY_Init();//继电器初始化
33   LED_Init();//LED
34   KEY_Init();//KEY
35
36   USART1_Init(115200); //串口初始化（参数是波特率）
37   I2C_Configuration();//I²C初始化
38
39   OLED0561_Init(); //OLED屏初始化--------------"
40   OLED_DISPLAY_8x16_BUFFER(0,"  CHIP ID TEST  "); //显示字符串
41
42   ID[0] = *(__IO u32 *)(0X1FFFF7E8); //读出3个32位ID 高字节
43   ID[1] = *(__IO u32 *)(0X1FFFF7EC); //
44   ID[2] = *(__IO u32 *)(0X1FFFF7F0); // 低字节
45
46   printf("ChipID: %08X %08X %8X \r\n",ID[0],ID[1],ID[2]); //从串口输出16进制ID
47
48   if(ID[0]==0x066EFF34 && ID[1]==0x3437534D && ID[2]==0x43232328){ //检查ID是否匹配
49     printf("chipID OK! \r\n"); //匹配
50   }else{
51     printf("chipID error! \r\n"); //不匹配
52   }
53
54   while(1){
55
56   }
57 }
```

图 49.7 “芯片 ID 读取程序”main.c 文件的全部内容

第 98~100 步

回顾总结

现在技术教学内容全部结束了，我们来做最后的总结，用新的眼光回看 STM32，会得出一些新的概念。结束也是开始，结束的是我们的入门教学，开始的是你的自学之路。在这里学到的知识、经验和方法，能帮助你开展更多的学习，达到独立开发的程度才能真正掌握单片机的开发要领。

如图 50.1 所示，第 1 ~ 13 步是基本简介。由于是入门教学，我们需要在开始处进行简单的介绍，让大家对什么是 ARM、什么是 STM32、STM32 的内部功能有基本了解。这个部分没有实验操作，只有知识点的讲述，让大家在脑子里有一点印象，形成基本概念。这对后边内容的讲解是重要的引导。第 14 ~ 23 步是平台建立，包括硬件平台、洋桃 1 号开发板、软件平台、IDE 开发环境。首先介绍硬件部分，包括开发板、ISP 下载、最小系统、Keil 软件安装、工程简介、调试流程、固件库安装、固件库调用、添加工程文件，这些是在计算机上完成的软件部分。建立平台后，我们能在开发板和计算机上完成后续的学习和开发。由此可知，学习单片机的条件并不多，只需要有一台计算机、一块开发板，剩下的工作就是在计算机上编写程序，将程序下载到开发板上观察试验效果。第 24 ~ 41 步是核心板部分，主要介绍核心板部分的功能开发。首先介绍最简单的 LED，完成点亮和熄灭两种状态的设置，根据点亮和熄灭做出 LED 闪灯；加快闪烁频率、调节占空比做出 LED 呼吸模式。接下来加入按键控制 LED，加入 Flash 读写、保存数据。接下来是蜂鸣器驱动，让蜂鸣器播放音乐。USART 串口部分讲得内容较多，除了单一数据的发送和接收，还有超级终端的人机交互界面。接下来是 RTC 实时时钟，以及 RTC 作为标准时间的设置，最后是 RCC

图 50.1 100 步的全部内容

系统时钟设置。核心板部分是单片机最小系统部分，基于核心板的功能可以完成最基本的单片机开发。第 42 ~ 76 步介绍开发板功能，把洋桃 1 号开发板的所有功能全部纳入进来。介绍每个功能的电路连接，分析驱动程序，包括触摸按键、数码管驱动、I²C 总线、旋转编码器、OLED 显示屏、继电器、步进电机、RS232、RS485、CAN 总线、ADC 模数转换器、模拟摇杆、MP3 播放芯片、SPI 总线、U 盘文件系统等，囊括单片机开发的全部基础应用。掌握这些功能的电路原理和驱动程序，我们在未来的开发中可直接使用示例程序进行调整，也可从中学到驱动程序的运作原理，为今后自己编写驱动程序打下基础。第 77 ~ 91 步是配件包功能，洋桃 1 号开发板还有一个配件包，包括一些扩展模块和元器件，这里介绍了 4×4 阵列键盘、舵机、DHT11 温 / 湿度传感器、MPU6050 模块，这些功能可以帮我们扩展开发板之外的应用，学到更多知识。第 92 ~ 97 步是内部功能讲解，包括低功耗模式、看门狗、定时器、CRC 校验和芯片 ID。不使用这些功能也不会影响开发，但学会它们可以让我们的开发过程如虎添翼。第 98 ~ 100 步是总结部分，全部学习结束后再回看单片机内部功能框图，如图 50.2 所示，其中 90% 的内容已经学到，无论是介绍核心板还是开发板，本质上都是介绍单片机的内部功能。开发板上的每个功能都要与单片机建立连接，以某种方式通信。比如 OLED 屏用 I²C 总线，U 盘读写芯片用 SPI 总线，LED 和按键用 I/O 端口。学习功能驱动实际上是学习如何用单片机内部功能接口（I/O 端口、I²C 总线等）实现外部电路的通信和控制。掌握内部功能的操作后再掌握与之相关的外部功能，可用同一内部功能操作不同的外部功能，这样才能举一反三、一通百通。学习单片机最重要的就是掌握内部功能。由于我们是进行入门教学，在介绍内部功能时有一些较深、较难的部分没有展开讲解，入门以后，深入而复杂的知识还需要大家自己努力研究，培养自学能力。

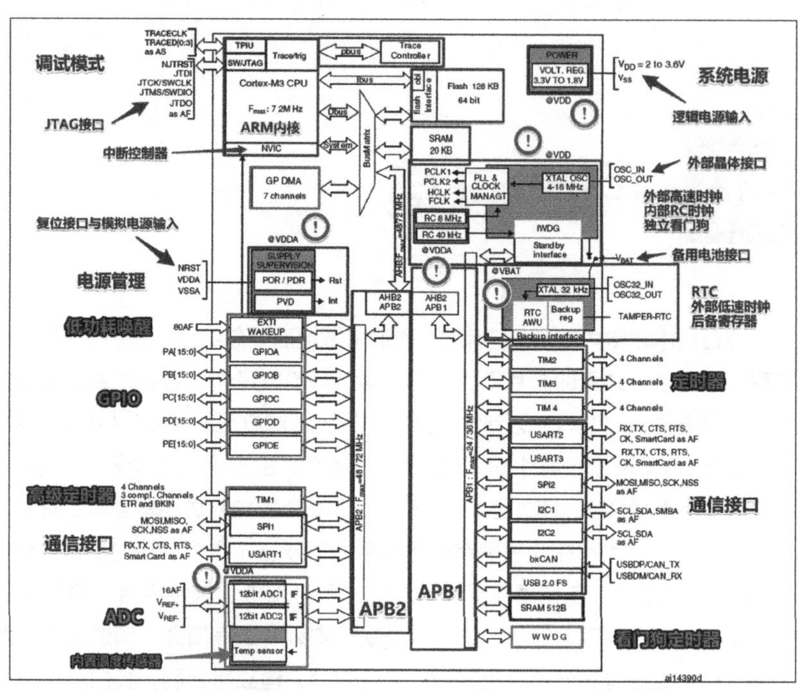

图 50.2 单片机内部功能框图

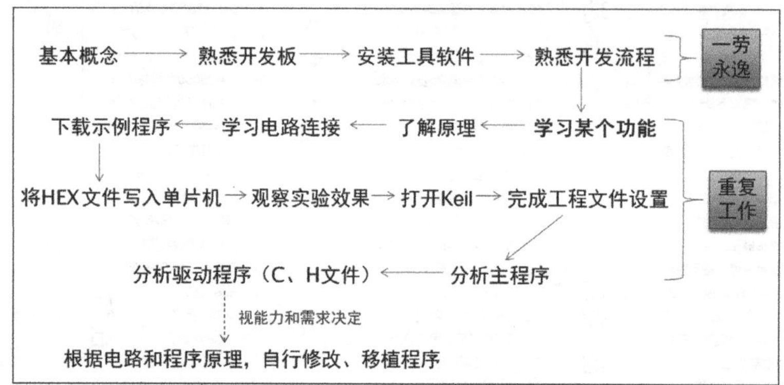

图 50.3 学习的流程图

接下来从另外一个角度回看我们的学习过程。图 50.3 给出了 100 步学习行为，我们回看一共完成了怎样的操作、学到了怎样的知识和经验。首先是“基本概念”，我们知道了什么是单片机、什么是 STM32、它有哪些功能、每个功能的作用。接下来是“熟悉开发板”，大家第一次接触单片机硬件，了解开发板的结构、每个功能的“样子”、跳线设置方法。接下来是“安装工具软件”，建立学习、实验的平台。我们安装 Keil 软件、ISP 软件，掌握如何下载程序。接下来是“熟悉开发流程”，打开 Keil 工程、分析或修改程序、重新编译、重新下载、在开发板上观察实验效果，开发流程在后序的每次开发中都进行了反复操作。接下来是“学习某个功能”，了解基本原理、电路连接方式、阅读数据手册、了解引脚定义、外部电路连接方法等。接下来是“下载示例程序”，把 HEX 文件下载到单片机中，在开发板上观看效果。接下来用 Keil 软件打开工程，在工程里设置驱动程序文件。分析主程序、分析驱动程序、简单修改程序以观察效果的变化。这是学习“STM32 入门 100 步”的基本操作流程。未来当我们继续学习新知识时，也要按照这样的操作流程。表面上看，我们在学习单片机的各种功能，实际上是完成了一系列重复的操作，通过重复操作来练习开发过程、加深印象、养成开发者思维、达到熟练掌握的程度。今后当你独立开发时，这些重复的过程都轻车熟路了。

我们再从硬件和软件的角度回看学到的知识。如图 50.4 所示，我把知识分成了 4 个部分，左边是硬件，右边是软件。硬件部分的上方是学到的相关芯片，下方是涉及的元器件。软件部分上方是涉及的计算机软件（开发环境），下方是单片机程序。你会发现不管学习哪个功能都要涉及这 4 个部分，单片机入门正是要丰富这 4 个部分，让每个部分不断增加，同时找到彼此之间的联系。

接下来我给出我学习 STM32 的一些心得总结，我的总结仅为个人经验，供各位参考。我们学习单片机，单片机的功能核心是什么？在我看来，单片机只做两件事：通信和运算。通信是单片机和外部设备之间的通信，包括单片机和计算机、和外部设备、和开发板上的各种功能电路的通信，也包括单片机内部各功能的通信。无论如何，单片机始终在通信，如果单片机断开与外部的通信，它就失去了存在的意义（见图 50.5）。通信方面我们要学习什么呢？那就是通信接口。与计算机通信有 USB、RS232、RS485，与外部设备通信有 GPIO、RS232、RS485、CAN 总线，与开发板上的功能电路通信有 USART、I^2C、SPI、GPIO、PWM。学习单片机就是学习这些接口通信方法。掌握了接口的通信方法，单片机就学会了一半。另一半是运算，运算是在单片机内部完成的，运算的核心是 ARM 内核，它可以运行程序并计算数据。单片机运算所需要的数据通过通信得到，运算结果再用通信发送出去。单片机如何运算呢？如何处理数据？这是学习的重点。在内部功能中 RTC 时钟、定时器、看门狗、RCC 时钟、电源，这些功能都是辅助运算的。你会发现单片机的所有功能都可以分为 3 个部分：**通信、运算、辅助运算和通信**。只要从这 3 个部分入手就能掌握单片机入门的核心要义。

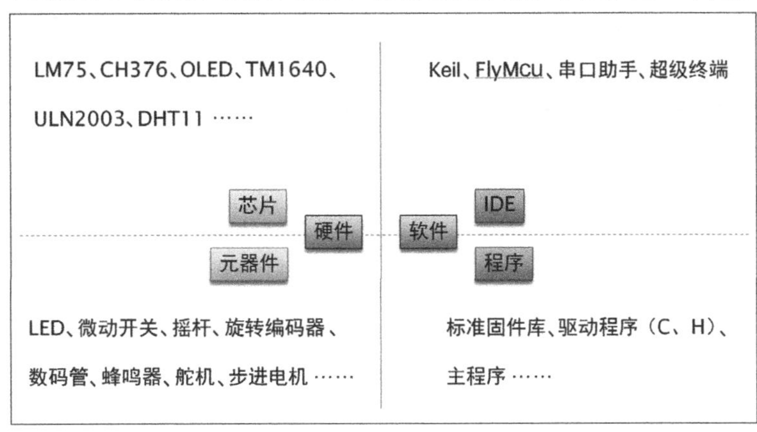

图 50.4 硬件与软件对比关系图

最后我再谈一下学习的问题。你认为初学入门最重要的是什么呢？有朋友认为是记下知识点、看懂电路图、看懂程序、自己设计电路、独立编程。这些都很重要，但在我看来这些是表面现象。我认为学习一项技术最重要的是：**掌握方法和反复练习**。掌握方法是当你

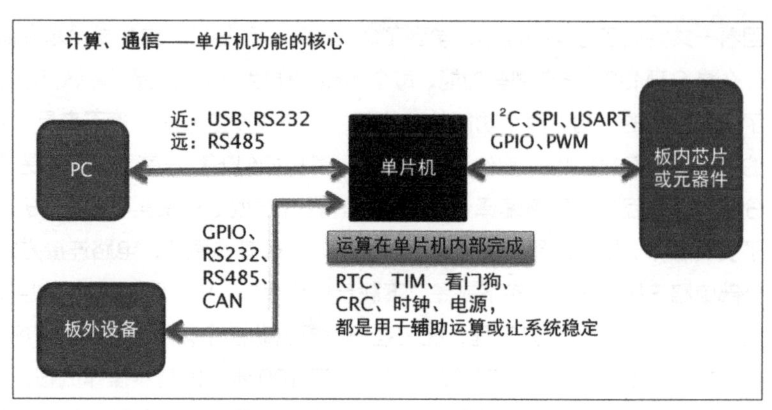

图 50.5 单片机的计算与通信

进入这个行业时跟着前辈学习怎样工作。在我们的教学中，我教给大家的建立平台、分析程序，都是掌握一种学习方法。掌握方法之后要反复练习。我们反复打开示例程序、反复下载 HEX 文件、反复打开工程、反复分析程序，对每个功能的分析都不同，我们做的工作都是反复练习、熟悉过程。如果没有掌握正确的方法，即使再多的练习也是无用功。如果只掌握方法，没有练习，那也是纸上谈兵。掌握方法是理论，反复练习是实践。理论结合实践才能学好一门技术。学习技术的目的是什么呢？我认为学技术的目的是**解决问题**。人生就是在不断地解决问题，怎样生存，怎样生活得更好，这是每个人都要解决的问题。学习单片机是为了大学毕业设计，或是为了找份工作，或是出于爱好，或是出于事业的理想。学技术本身是解决问题的过程。如何才能学会单片机？STM32 是什么？CAN 总线怎样通信？LM75 驱动程序怎么写？每向前进一步就会遇到新的问题，解决了问题后又进一步，走完 100 步再回头看，一路下来解决了阻挡我们的所有问题，这就是成长的一部分。从解决问题的角度回看“100 步”，你会对学习有新的认识。

在对单片机的学习中，怎样才算真正入门了呢？在我看来就是拥有用单片机解决问题的能力。当你遇到问题时，你能知道问题出在哪里，知道去哪里找到答案，最终独立解决问题。拥有这样的能力就表明你已经学会了单片机。但是这个能力有大有小、有高有低，只有反复练习、反复解决问题，在过程中积累经验、不断成长，才能解决更多的问题。入门是技巧和方法，入门之后继续往里走，就是反复练习、积累经验，这是循序渐进的过程。初学者常问我一些问题，因为他们并没有入门，没有得到解决问题的能力。已经入门的人还会问我更难的问题，因为他们没有丰富的经验，不知道如何解决新问题。当你能够通过各种方法循序渐进地独立解决问题，才表示你真正意义上学会了单片机。不论是技术还是人生，当你解决的问题比别人多时，你就是高手。“STM32 入门 100 步”像一个孩子在学步时最开始走过的 100 步，需要大人搀扶孩子。随着不断地练习和适应，大人慢慢放手直至完全放开，孩子则可以独立前行。在蹒跚学步的过程中有跌倒和退步，是必然的。坚持站起来继续走，任何人都能走完这 100 步。学会走路表示什么呢？表示你通过实践和反复练习，掌握了一种新的解决问题的方法。学完了“STM32 入门 100 步”，你不再需要我的搀扶，接下来的路需要你自己慢慢走。祝大家一路顺风！

第六章

技术问答

51 学习STM32的易点和难点

学习 STM32 之前总容易心存恐惧，因为 STM32 是 32 位 ARM 内核单片机，听起来很高级、很复杂、很神秘。即使学过 51 单片机的朋友也会被某些新功能、新知识吓怕了。在实践中，我发现有一些问题确实是 STM32 入门的难点，还有一些则是徒有其表，实际并不难。为了把这些难点分辨清楚，我特别写下这节，希望大家在战略上藐视敌人，在战术上重视敌人，用平常心按部就班地一步一步学习，如果你这样做了，我保证你能战胜它们。

51.1 4个不难学的难点

1. 电压兼容问题

学过 51 单片机的朋友一定习惯使用 5V 电源给单片机供电，一旦改用 STM32 的 3.3V 电源，可能会有些不适应。而且，如果周边使用的元器件、芯片都是 5V 电压的，STM32 单片机的 3.3V 电压能不能与它们兼容呢？如果不能兼容，是不是还要加电平转换芯片？这感觉平添了很多麻烦。电压问题确实是 STM32电路设计上需要考虑的问题，但并不很难，因为STM32单片机的I/O接口有很多是兼容5V电压的。只要是兼容 5V 电压的 I/O 接口就可以像 51 单片机的接口一样使用，不需要额外的电路就能连接 5V 电压的元器件和芯片。不兼容 5V 的 I/O 接口可以用来连接 3.3V 电压的元器件和芯片。在实际开发中，电压兼容问题并没有给我带来困扰，对电压问题的担心没有必要。

2. 电路复杂度

STM32 电路设计的复杂度确实要比 51 单片机高一些。比如最小系统电路，51 单片机只需要 1 个外部晶体振荡器和 2 个起振电容，5V 电源只连接 1 组 VDD 和 GND 即可。而 STM32 要 2 个晶体振荡器，3.3V 电源要连接 3 组（甚至更多）VDD 和 GND，还有一组模拟电源 VDDA 和 GNDA。电路设计上还要加上 BOOT0 和 BOOT1 启动模式跳线，看起来复杂很多。STM32 比 51 单片机多出一个 32.768kHz 晶体振荡器，但那是给单片机内部的 RTC 功能使用的，如果不使用 RTC 功能或用内部低速 RC 振荡器，就可以省去这个晶体振荡器。多组电源输入的问题其实并不复杂，把多组电源并联即可。ADC 输入精确度要求不高的时候，VDDA 和 GNDA 可以跟 VDD 和 GND 并联。BOOT0 和 BOOT1 启动模式的设计难度不大。除此之外，STM32 电路设计与 51 单片机差不多，也许某些内部功能的使用方法有所差别，但不难学习。

3. 32位寄存器操作

51 单片机的 SFR 特殊功能寄存器是 8 位的，STM32 采用 32 位 ARM 指令集，每个功能寄存器是

32 位的，指令复杂度比 51 高很多。这一点确实是困难，但 ST 公司已经想了各种办法来帮我们降低寄存器操作的难度。比如在 51 单片机中操作一组 I/O 端口可以用 P1=0x01 这样的指令，在 STM32 上用 GPIOA=0x00000001 这样操作容易出错。于是 ST 公司制作并发布了固件库，避免用户直接操作寄存器，固件库把需要操作的寄存器程序封装成一个函数，在函数内操作寄存器，调用这个函数只需要给出参数或读取返回值即可。这样用户只要记住哪些函数有什么功能即可，而不需要记住寄存器地址。一旦习惯了固件库方法，就会觉得 STM32 也并不难。ST 公司最近又发布了一款更强大的工具：STM32CubeMX。这是一款图形化代码生成器，你可以像设置计算机软件一样，用勾选、下拉列表、按按钮等操作配置好单片机功能，只要按一下按钮就能自动生成程序，不需一步一步编程。所以说 STM32 不仅不难，还可能比 51 单片机更简单。

4. I²C、SPI总线

我发现很多初学者对总线学习有恐惧，一看到总线就后退三步。经常有初学者说总线内部的时序关系看不懂，特别是 I²C 和 SPI 总线。其实 I²C、SPI 总线是不需要用户考虑时序问题的，只是因为 51 单片机没有硬件总线，只能用程序模拟，而模拟的过程难免有兼容问题，程序移植不良就需要分析时序图，看看哪里有 bug。不过这个问题在 STM32 单片机上不会出现，因为 STM32 集成了硬件 I²C 和 SPI 总线，只要开启硬件功能，硬件就能完成收发，使用效果和 USART 串口一样方便。我还特意测试了 I²C 和 SPI 总线的稳定性，比软件模拟好很多。用户不需要考虑底层，只要发送或接收数据就好了。

以上是我总结的 4 个“看难实易”的知识点。不论如何，我们都不能被别人灌输的观念吓倒。技术难不难是由我们自己在学习过程中总结的，每个人的学习能力不同，对同一技术会有不同的认识。如果被“前辈”的经验影响，害怕了，失去了学习的兴趣和信心，那我们怎么还有勇气去面对真正的困难呢？

51.2 真正难学的点

1. RCC系统时钟

STM32 单片机比 51 单片机难的地方在于它功能多，且每个功能都有复杂的设置。RCC 设置就是比较麻烦的设置，因为你必须从原理上明白，才能知道每个设置起什么作用，才能计算倍频与分频关系。51 单片机上的时钟频率是由外接晶体振荡器决定的，晶体振荡器频率是多少，主频就是多少。用户不能用程序设置系统时钟，这样的设计虽然功能不强大，但学习起来简单。而 STM32 的 RCC 系统时钟需要用户设置 PLL 倍频器、AHB 总线分频、APB1 总线分频、APB2 总线分频，还有各个功能的分频。各功能的分频又与总线频率、PLL 倍频相关。初学者一般会用教学给出的经典倍分频设置，省去设置的烦恼。可是一旦要自己做项目开发，RCC 系统时钟设置是一个难点，需要深入了解原理才行。

2. 定时器的复杂功能

STM32 单片机有多个 TIM 定时器，功能复杂，不易使用。相比之下，51 单片机的定时器就很简单，只有定时和计数两个功能，定时是以系统机械周期计数，计数是对外部电平的计数，总之都是计数。STM32 的 TIM 定时器虽然也是对时间计数、对外部电平计数，但它带有捕获器、输出比较器、PWM 脉宽调制器功能。如果你不了解这些功能，就没办法设置好定时器。另外，STM32 中定时器的 32 位计数单元也有很多需要设置的内容。定时器是 STM32 入门的重点和难点，需要下一些功夫才行。

3. CAN总线

RS232 和 RS485 是两种常用的通信方式，在 51 单片机的教学中无一例外会讲到，因为这两种通信方式设置简单、使用方便。STM32 集成了更复杂的 CAN 总线，它的协议要复杂许多，总线上可以挂接几乎无限多个设备。CAN 总线在汽车内部做电子设备通信已经非常成熟，在需要高稳定性的工业控制环境中也很常用。CAN 总线学起来有一些难度，因为它不像 I^2C 总线那样有地址概念，而是使用叫标识符的新概念。要想全方位使用 CAN 总线，需要了解全部的设置项，这也是很麻烦的事，需要初学者花很多精力。

4. 启动汇编代码

要说 STM32 最复杂的部分当属启动代码。51 单片机没有启动代码的概念，因为 51 单片机内核简单，只要从 Flash 中指定的位置开始 PC 指针就行了。STM32 采用 32 位的 ARM 内核，内核启动需要用效率最高的汇编语言编写，对 ARM 内核做基本设置和初始化，再转用 C 语言启动内核相关的功能并设置参数，等这些结束之后才运行用户程序。一般情况下，我们都使用 ST 公司提供的固件库开发，固件库带有写好的启动代码。可是一旦我们学习操作系统移植，或者想使用内核深层的应用，了解启动代码是必要的工作。了解启动代码对初学者来说是很大的挑战，幸运的是，如果你掌握了这个难点，就算真正学通了 STM32。

可能有朋友会说，学习嵌入式操作系统不是也很复杂吗？但这个复杂并不是 STM32 单片机所独有的，将操作系统移植到任何单片机上都有难度。而且移植系统也不算是学习 STM32，而是学习操作系统。我能总结到的入门难点大概就是这些，希望能帮助你预见学习前路中可能遇到的问题，希望各位知难而进，知易而快进，加油！

52 单片机开发的3个思考误区

入行十余年，我所见业内轶事众多，当初的一些想法，如今也在实践和事实面前有所转变。所以我要写的是对自己过去的评论，反思自己的思想转变，分享今昔之差异，抛砖引玉。在单片机的学习过程中随着经验的增加，思考方式有了几个大的变化，写出来与大家分享。

52.1 我设计你生产 → 你生产我设计

我总结的单片机开发的思考误区，其实都是我们在行业内把自己的地位看得太重而导致。今天先讲关于设计开发与加工生产的主次问题。单片机开发涉及的内容众多，入门的门槛也高一些，技术人员很少与其他行业的资深人士交流，于是刚入行的单片机开发者会认为自己是产业链中端，上游有元器件供应商，下游有加工生产制造商，而我所学的技术都是元器件厂商决定的，元器件厂商做好的芯片、写好的数据手册，很有权威性。我们技术人员要学会这些知识才能找到工作，才能顺利设计开发。而下游的加工生产商，是我们花钱让它们生产加工，它们得按我们的要求生产，达不到要求，我们还能退货。

这些是显而易见的，业内很多人士都持类似的看法，我们会认为上游决定下游，我们被上游元器件厂商控制，又控制下游加工生产商。但如今，我经历了多次与加工生产商打交道，在生产中遇见种种困难，思考方式慢慢转变。也许换一个角度想，事情恰恰相反。

我们先看决定市场的最根本因素，那就是消费者。在市场经济环境下，供大于求，商家竞争激烈，消费者用钱投票，选择他们喜欢的产品。而产业链所有环节都要为消费者服务。所以应该是终端决定中端，也决定始端。消费者对大屏手机的需求，决定了厂商做大屏手机，决定了屏幕厂商做大屏幕。虽然也有创新产品创造消费新需求的例子，但毕竟是极少数。

在产业链条上，下游加工商的工艺水平决定了我们设计开发的上限。而我们开发需要什么样的元器件，决定了元器件厂商未来的供货方向。表面上，我们开发者是主导者，但其实加工生产水平控制着我们的设计范围。从开发者的角度来说，我们要学习元器件厂商的数据手册。从元器件厂商角度来看，它们也正在制造我们想要的元器件。

控制关系好像正好反转了，但幸好我们还有一些权力。但是现实情况是产业升级需要时间，下游加工生产商的工艺升级缓慢，上游元器件推出也滞后一段时间。但设计开发层面的竞争非常激烈，使上下游的限制与压力都集中在我们这里。表面上看我们是行业的领头羊，但本质上我们谁也领导不了，还要受到行业的各种限制。所有参与单片机开发的公司或个人都在这个限制的范围之内发挥了自己最大的竞争力。机遇与挑战是一体两面。

52.2 技术越强越成功 → 技术越强死得越快

思维固化在技术圈里是一个很严重的问题，只是因为大家的思维普遍固化，所以也没感觉有问题，即大家都一样，也就正常了。我在 20 岁出头的年纪也特别迷恋技术，对前沿技术充满好奇。当时我就职于一家 ARM 产品的研发型公司，我也被环境感染了，我充满自信要达到技术的最高点，我想成为某一项技术的高手，心想只要学好某某技术，学到无人能敌就是最大的胜利。

后来我辞去了工作，自主创业。创业所经历的不只这门技术，还有众多门类。刚开始我都疲于应对，但慢慢地，我发现了各门类的奥妙，虽不能说应对自如，但也明白了怎么回事。从此我开始发展技术的广度，遇事也会换角度考虑。在随后的一段时间里，我发现自己的思维展开了，好像之前从来没有想到的事情都逐渐清晰起来。我开始研究在有限技术下的创新，我发现技术还有另一种玩法、另一种思维方式。我开始学习其他技能，从中获取灵感，在研发我自己的产品时，多门类的技术给了我很多不曾想过的精彩。

我的思想转变并不代表我是正确的，只能说如果让我重新选择一次的话，我还会选择现在的状态。原来的技术思维使我固化保守，而这种固化形成了一种信仰，让我活在自己的小世界中。我与技术应该是相互影响吧，也可能是我内向的性格使我喜欢上了技术，而技术反过来巩固了我的内向。要不是创业维艰，我也不能突破自己的桎梏。我们都想通过技术得到成就感，但追求技术的高峰并不是唯一的出路。当努力追赶某个技术高峰的时候，技术很有可能反过来绑架我们的思维。

所以我要说：技术越高死得越快。这里说的死不是技术的死，只要有想追求技术高峰的年轻人，技术都永不会死。死的不是生命，而是思维。思维贵在多元交汇之中产生的灵光。

我在追求技术高峰的路上走了很久，现在以一个“叛徒”的身份，提醒那些向技术狂奔的宅男们。技术是美好的，但也得防止固化在某项技术之中，失了聪明，也许我们更需要的是开拓的思维和眼界。

52.3 创新带来进步 → 创新造成不稳定

科技是一把双刃剑，带给我们方便的同时也造成了同等的问题和麻烦。我们只把眼光放在优点上，忽略了那些不易察觉则影响深远的问题。当我意识到科技创新的负面时，开始对于我最热衷的技术创新有了反思。从前我一直认为做科技行业，特别是电子技术开发，最重要的就是创新，新设计、新功能、新性能、新外观，只有在技术上体现创新，技术才能不断进步。事实也确实如此，不论是手机还是计算机都是在不断进化的，没有人能阻挡创新，也没有人想这样做。科技的进步也确实让我们的生活更便捷，更大限度满足了欲望。在单片机开发当中，我们乐意使用更新的开发工具软件，改用更新款的单片机型号，加入新型传感器和元器件。好像这样是最好的选择，但后来我发现追求创新也要付出一定代价。

创新的负面问题很多，最显而易见的问题是稳定性。传统可以理解为陈旧，也可以理解为稳定。AT89C51 单片机之所以能在如此竞争激烈的市场存活至今，稳定是主要原因之一，被无数开发者实践验证过的稳定才能在市场上长久立足。稳定性对于一款工控、医疗产品的意义远大于创新，而很多实践经验不足的开发者很容易忽略这一点。创新的风险在于拿稳定性来交换与众不同。但是没有办法，为了打败比竞争对手，挤占市场，只有创新才能带来消费者的关注，才能创造更大的销量。而在科技社会里，消费者不喜欢传统，而喜欢新奇、特别的东西。科技的创新反过来又促进了消费者的偏爱。在相互促进的循环中，创新是被迫的选择。当你发现买到的最新款手机经常死机、软件 bug 太多时，不用恼火，这正是追求创新带来的负面影响。早年间，在我开发经验不足的时候，总是想做些新东西，也因此吃了不少苦头。

如今我在开发中更加谨慎，特别是在项目开发中，把稳定性放在第一位。并不是说我要放弃创新，那也会失去创新的众多优势。我需要在稳定与进步、传统与创新之间找到一个平衡，要把开发内容和环境也考虑进去，找到一个有针对性的平衡。比如我现在用的开发工具软件都不是最新版本，当然也不是最旧的版本，我只会在功能和性能都达到要求的情况下，找到最稳定的版本。比如在元器件的选择上，不能执念于最新、最好的，还要考虑成本、生产工艺还有可替换等问题，我通常会在较新的元器件当中找到综合条件最好的元器件。在单片机的使用和选择上我更加谨慎，在做重要的项目开发时，所用的单片机一定要是在小项目中反复验证多年的产品。这是应该守旧的地方，应该延续传统。而应该创新的地方，通常是那些传统当中问题最多、麻烦最大的部分。我们还要坚持变革，但是这需要高超的智慧去辨析二者，在该创新处创新，在该保守时保守。

创新是美好的，但不应该只看到美好的一面，而忽略了创新所带来的不可预见的破坏力。同时关注创新的创造力和破坏力，并运用智慧在其间找到适度的平衡点，创新才能在我们的驾驭之下增加便捷，并减少麻烦。

53 开启中断函数后出错?

提问：杜老师，程序进入中断处理函数后，执行一次中断就不返回主函数，请问这是什么原因呢？也就是说，在开启中断函数后程序编译正常，但在单片机上运行时则会发生未知的错误，关掉中断后错误消失。这种因开启中断而产生的错误是什么原因导致的呢？

解答：关于中断函数出错的问题，有很多可能的原因，比如中断重复触发、函数嵌套错误、中断向量控制器设置错误、电路设计错误等。在使用洋桃开发板做中断实验的案例中，因为使用了洋桃现有硬件，可排除电路设计错误。如果使用了洋桃的示例程序，也可以排除中断向量控制器设置错误，最可能的原因就是中断重复触发、函数嵌套错误。如果你不是用洋桃 1 号开发板，不是用我们的示例程序，则需要注意中断向量控制器设置错误、电路设计错误。

53.1 中断重复触发

中断重复触发一般出现在外部电平触发的情况，比如我们设置某一个 I/O 端口在低电平时触发中断，当端口为低电平后，中断被触发，可是中断处理函数执行完成退出后，外部端口还是低电平，这时会再一次进入中断处理函数，只要低电平不离开，中断就会一直循环。给开发者的感觉就是中断不能退回主函数。解决这个问题可以在中断触发后断开触发源，也就是让端口强制拉高，观察中断是否回到主函数。对于这种问题最好的方法就是把 I/O 端口设置为使用“上升沿”或“下降沿”触发，这样可以保证只在端口从高电平到低电平，或从低电平到高电平的一瞬间触发中断，而在电平稳定在高电平或低电平的时候不重复触发。

53.2 函数嵌套错误

函数嵌套错误也是常见的问题。导致这种问题的原因是在主函数和中断处理函数里面都调用了同一个子函数。例如在主函数中调用了延时函数，而中断处理函数中也调用了延时函数。这时编译器就会报错，即使可以通过编译，程序也不能正常工作。因为在主函数中，程序执行到延时函数的时候触发了中断，而中断处理函数又调用了一次延时函数，这时主函数中延时函数的寄存器数据就会被中断处理函数中的延时函数的寄存器数据替换。当程序回到主函数继续执行原来的延时函数时，其延时数据都是错误的，是被中断替换的错误数据，这会导致不可预知的问题。

解决方法是不要让主函数和中断处理函数调用同一个子函数。如果中断函数想调用延时函数，那就专门为它写一个独立的延时函数。在洋桃 1 号开发板的示例程序中，延时函数是使用嘀嗒定时器计时的，如果要给中断处理函数加延时，可以独立写一个采用定时器 2/3/4 计时的延时函数，不要使用同一个定时器。假如需要主函数与中断处理函数修改一组寄存器数据，可以在进入中断函数时，用程序把这组数据先复制到另一个不被修改的寄存器中，然后在退出中断处理程序时再把数据复制回原寄存器，这样就不会导致数据错乱了。

54 程序下载时提示“开始运行失败”？

提问：使用 FlyMcu 软件给洋桃 1 号开发板下载程序时，会在下载信息窗口中显示“从 08000000 开始运行失败…可能是因为刚写入了选项字节 !!!”，如图 54.1 所示。可是程序下载后可以在开发板上正常运行。这是什么情况？程序到底是正常运行呢还是失败了呢？

共写入14KB,进度100%,耗时5781毫秒
写入选项字节： FF 00 FF 00 FF 00 FF 00 FF 00 FF 00 FF 00 FF 00
成功写入选项字节
写入的选项字节：
FF00FF00FF00FF00FF00FF00FF00FF00
从08000000开始运行失败...可能是因为刚写了选项字节!!!
(全脱机手持编程器EP968,全球首创)向您报告，命令执行完毕，一切正常

图 54.1 信息中显示开始运行失败

解答：很多朋友在学习 ISP 程序下载时可能没太注意这个信息中的“失败”文字，当看到开发板上程序的效果后，就认为程序正常运行了。而注意到“失败”文字的朋友就会担心，程序真的正常运行了吗？还是说运行是部分失败的，只是在硬件上暂时看不出效果，时间久了就会发现“失败”导致的问题了？首先我需要明确地说：只要你在开发板上看到程序运行的效果，比如下载 LED 闪烁程序后 LED 开始闪烁了，下载蜂鸣器程序后蜂鸣器开始响了，就说明程序 100% 下载成功，不存在部分成功、部分失败的问题？所以这行文字里所说的“开始运行失败”并不会影响程序下载和运行，大家可以忽略它。

接下来我就说一下导致出现“失败”文字的原因。在我们的教学中给出的下载方法里，FlyMcu 软件下载时要勾选“编程到 Flash 时写选项字节”。只要在下载时选择了这一项，下载的程序就会带有写保护、特殊寄存器设置的内容。当 STM32 单片机在下载时收到这部分的数据修改，就不会在下载完成后开始运行程序，必须重新上电或者手动复位才能运行程序，这是 STM32 单片机的特性，厂商就是这么设计的。所以当 ISP 下载完成后，FlyMcu 软件会显示“从 08000000 开始运行失败”，因为必须复位单片机才能运行，这一条说明信息没有问题。但是由于我们使用的是洋桃 1 号开发板，开发板上有一个专用的 ISP 下载辅助芯片——ASP 自动下载芯片，这是洋桃电子设计的芯片，只要芯片收到 ISP 下载的串口数据，就会自动设置 BOOT0 和 BOOT1，完成下载工作，下载完成后还会自动把开发板断电再上电，使开发板上所有硬件复位。正是因为有自动重启开发板这一功能，所以在下载时即使勾选了“编程到 Flash 时写选项字节”，单片机也能重启，开始运行程序。简单来说就是：勾选“编程到 Flash 时写选项字节”让单片机下载后不能运行程序，而开发板上的 ASP 芯片在下载后自动重启了单片机，所以单片机依然能运行程序。

如图 54.2 所示，当你不勾选“编程到 Flash 时写选项字节”时，你会发现显示的信息变成了“成功从 08000000 开始运行”。因为 STM32 单片机只要不设置写保护和特殊寄存器，就可以在下载完成后运行程序。另外需要注意：STM32 单片机在下载后是否运行程序是可以设置的，勾选“开始编程”按钮右边的第 2 项“编程后执行”，就是下载后马上运行程序；不勾选的话，下载后程序不运行，只有重启或复位单片机才运行程序。如果不勾选此项，也就不会有“从 08000000 开始运行失败”的问题了。但 ASP

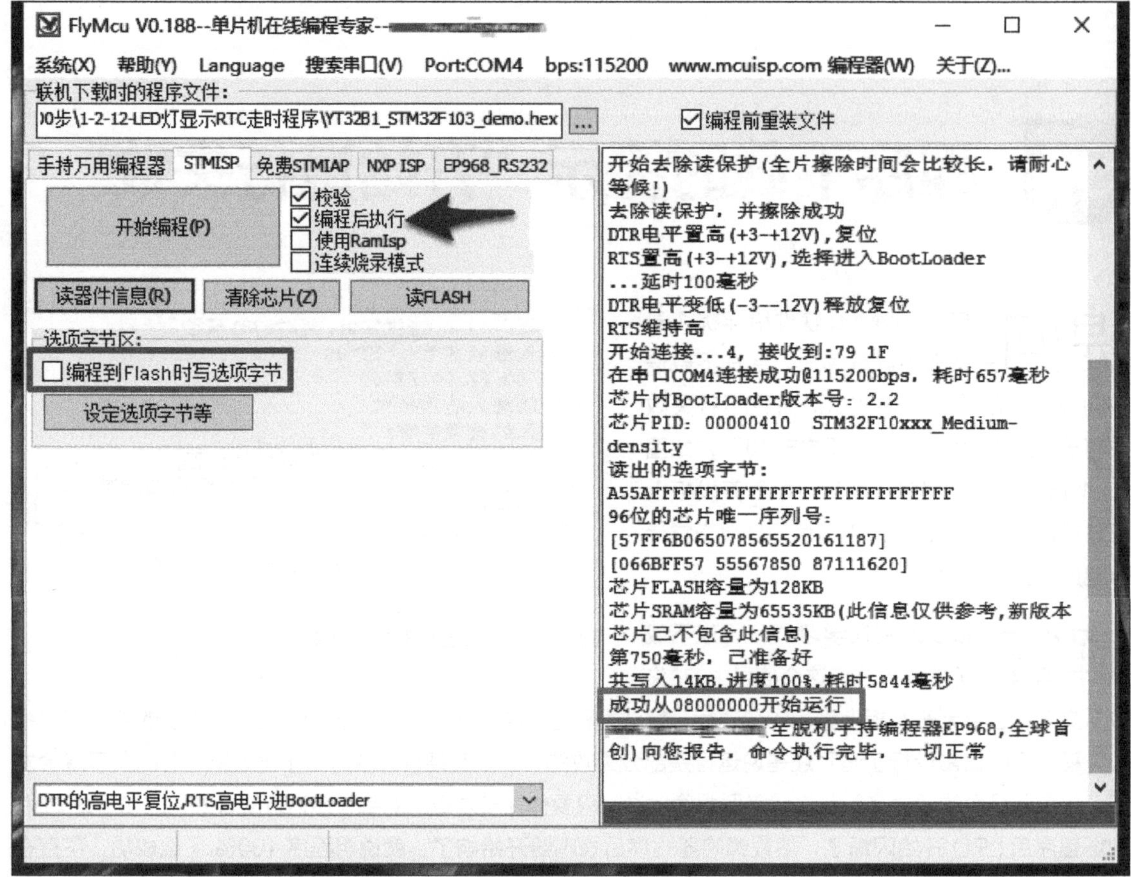

图 54.2 未勾选“编程到 Flash 时写选项字节”后的提示信息

芯片有强制重启功能，所以这一项选不选都会运行。最后的总结是：洋桃 1 号开发板自带下载后重启功能，所以勾不勾选“编程到 Flash 时写选项字节”，程序都能在下载后运行。各位可以忽略这行“失败”的提示信息。

55 注释信息出现乱码？

提问：杜老师，我复制洋桃教学视频中示例程序的代码，但注释信息本应显示中文的地方变成了乱码，这是什么原因？

解答：由于 Keil 软件是英国公司研发的，所以该软件对英文之外的其他语言的支持并不理想。当我们输入中文时，会涉及字符编码和全角、半角问题，导致显示乱码（见图 55.1）。下面给出乱码的原因。

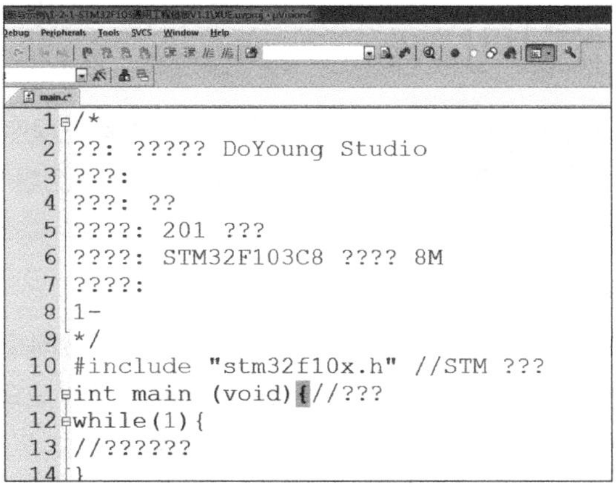

```
/*
??: ????? DoYoung Studio
???:
???: ??
????: 201 ???
????: STM32F103C8 ???? 8M
????:
1-
*/
#include "stm32f10x.h" //STM ???
int main (void){//???
while(1){
//??????
}
```

图 55.1 注释信息乱码

55.1 字符编码问题

当使用中文做注释时，编辑器必须采用支持中文的编码格式，最常用的是 GB2312（国标）和 BIG5（大五码）。如果你要使用繁体中文，可选择 BIG5 编码；如果使用简体中文，可选择 GB2312 编码。方法是单击菜单栏中的“Edit”（编辑），然后选择最后一项“Configuration”（配置），在弹出的窗口中选择“Editor”（编辑器），在选项卡中选择编码方式（Encoding）为 GB2312 或 BIG5。如图 55.2 所示，这样才能支持中文字符的输入。如果你是从其他地方复制过来代码，可以先删除有问题的代码，把编码方式设置好后再复制一次，就不会出问题了。

55.2 全角、半角问题

即使选择了 GB2312 或 BIG5 编码，在输入中文时也会出现部分文字乱码，这是因为中文字符是全角字符，占用 2 个半角字符的位置。如果你先写入一些全角汉字，然后在某个汉字的中间插入半角（或全角）字符，之前的汉字就会被拆分，形成两个乱码。这个问题多出现在 Keil 2 及之前版本，Keil 3 之后版本对此做了优化，就很少出现此问题了。如果遇见这个问题，可以升级软件版本，或者注意不要在汉字中间插入字符。

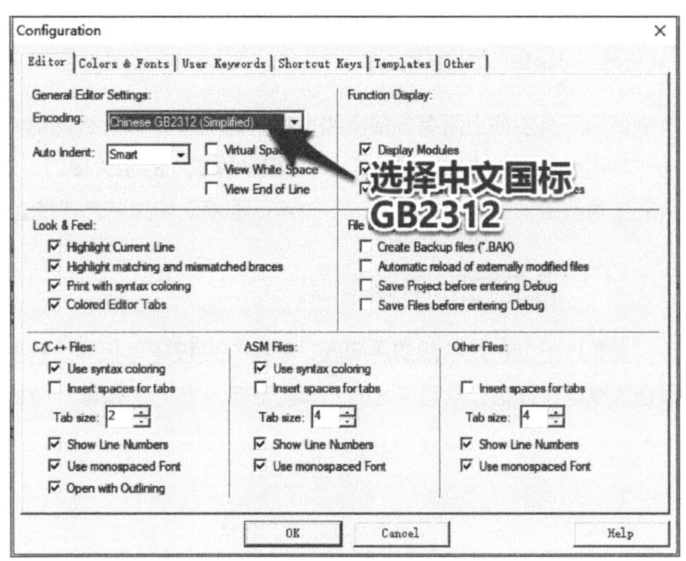

图 55.2 在“Editor”选项卡中选择编码为 GB2312

56 洋桃1号开发板上电不运行?

提问：我购买的洋桃 1 号开发板，之前一直用得好好的，但今天插上电源发现没有反应，但核心板上的 ASP 指示灯是亮的。这是什么原因?

解答：洋桃 1 号开发板上电不能运行程序的原因有很多种，需要按照一定的步骤排查，才能确定原因。下面我就以排查步骤的先后顺序为线索来分析。

56.1 排查所下载的程序

首先我们要排查是不是我们下载的程序有问题，当你自己编写程序时，很可能出现语句逻辑关系错误、变量赋值错误、死循环等问题，导致程序不能呈现效果。所以我们先下载洋桃电子官方的出厂测试程序，如果下载后依然没有反应，则确定是硬件问题。

56.2 排查硬件设置

洋桃 1 号开发板具有 ASP 自动下载程序功能，这一功能的设置需要与 FlyMcu 软件上的设置完全相配才能运行用户程序。如果设置不相配，可能会出现程序不运行的情况。排查方法是了解 ASP 功能如何设置，学习这个知识可以观看“洋桃 1 号开发板快速使用指南”视频，要将开发板上的 ASP 功能设置为 Flash ISP 模式（长按 MODE 键使 ASP 灯闪烁 1 下），在 FlyMcu 软件上不勾选“使用 RamISP”，然后重新下载出厂测试程序。如果依然不能运行，则排除了设置问题。

56.3 排查外接电路

请取下开发板上所有外接电路，特别是连接在核心板两侧排孔上的外接导线。因为 STM32 单片机启动时会用到 RST（复位）和 BOOT（启动模式）的相关接口，如果这些接口不小心被你的外接电路占用，可能会导致启动初始电平错误，不能运行程序。如果依然不能运行则排除了外接电路问题。

56.4 确定内部电路问题

如果以上测试均不能解决问题，则是开发板硬件损坏。这时请联系我们的技术支持人员，联系方式可以在洋桃电子微信公众号下方的“洋桃服务→支持 + 保修”中找到。

57 Flash读写导致单片机死机？

提问：我在一个自己写的程序里，加入了将数据存入 Flash 的函数，可下载后发现在向 Flash 写数据的时候，单片机程序会错乱。当去掉 Flash 读写函数就正常了，这是为什么？也就是说当程序中有写 Flash 函数时，程序就会出现数据无法保存，或者程序错乱，甚至死机的现象。

解答：因为 Flash 有断电后数据不丢失的优点，所以在项目开发中，重要数据会在程序运行时存入 Flash。但由于单片机程序也是保存在 Flash 里面的，操作时要特别小心。常见的问题有数据覆盖和启动模式错误，下面我将分别细说这两个问题。

57.1 数据覆盖

由于单片机内部只有一个 Flash 存储器，且没有硬件上的分区，所以需要掉电保存的数据都会放到这里，包括我们编译、下载的程序，还有在程序运行过程中需要保存的数据。也就是说，当我们在程序里对 Flash 进行读写操作时，所操作的正是程序自己所存放的地方，这就需要特别小心。如果不小心把数据写入存放程序的地址，覆盖掉了原有的程序内容，就等于破坏了程序，使程序出现不可预知的错误，或死机或混乱。

为防止程序被覆盖，我们需要知道 Flash 的空间结构，即 Flash 的地址总数量。然后要知道我们下载的程序保存在什么位置（位置即地址空间），从而把我们的数据存放在程序没有使用的地址上。从图 57.1 中可以看出，Flash 的主存储区起始地址固定为 0x08000000，结束地址是 0x0801FFFF（还有地址空间更大的表格，此处仅以 512KB 为例），我们的用户程序和保存的数据就存放在此。但这是理论上的地址空间，实际上根据单片机的型号不同，Flash 空间大小也不一样，有 32KB、64KB、128KB 等不同的空间大小。一个 32 位数据需要 4 个地址空间来存放。图 57.1 中的每页内容是 1K 的 32 位数据，也就是 4KB。从 0 页到 127 页一共有 512KB。但我们的开发板上所使用的 STM32F103C8T6 中的 Flash 空间是 64KB，地址范围是 0x08000000 ~ 0x08003FFF，这是在硬件上我们能使用的 Flash 空间。但用户程序需要在单片机复位后自动执行，所以需要在 Bootloader 程序中指定自动执行的地址，这就是起始地址 0x08000000，假如程序大小是 4KB，即占用了 0x08000000 ~ 0x080003FF，那么可以在程序中保存数据的地址就是 0x08000400 ~ 0x08003FFF，程序越大，保存数据的空间就

块	名　称	地址范围	长度/B
主存储区	页 0	0x08000000～0x080003FF	4×1K
	页 1	0x08000400～0x080007FF	
	页 2	0x08000800～0x08000BFF	
	页 3	0x08000C00～0x08000FFF	
	页 4～7	0x08001000～0x08001FFF	4×1K
	页 8～11	0x08002000～0x08002FFF	4×1K
	…	…	…
	页 124～127	0x0801F000～0x0801FFFF	4×1K
信息区	启动程序代码	0x1FFFF000～0x1FFFF7FF	2K
	用户配置区	0x1FFFF800～0x1FFFF9FF	512

图 57.1 Flash 分区表

图 57.2 Flash 数据存放关系

越小（见图 57.2）。需要特别注意：Flash 的操作是按“页”擦除、写入的，所以如果程序占用了某一页中哪怕只有 1 个字节，这一页都不能用于保存数据，否则我们在擦写数据时也会删除程序。

所以，当我们发现单片机程序死机或混乱时，先看一下 FlyMcu 下载后信息区里显示的程序字节大小，再根据此型号单片机的 Flash 总空间，计算数据的存放区域，看是否有数据覆盖程序的问题，再试着把你的数据保存地址往后几页，也许问题就解决了。注意 Flash 读写地址不要超出此型号单片机的总空间大小，特别是在项目开发中需要更换单片机型号时，需要特别考虑一下 Flash 空间地址的问题。图 57.3 所示为 STM32F103 系列单片机 Flash 空间与型号关系。

57.2 单字节操作

在 Flash 写入时，每一个数据占用 16 位（2 个字节），所以在程序中写入 Flash 的地址应该是偶数。如 0x08000400、0x08000402、0x08000404，即下一个地址要加 2。如果连续写多个数据，地址每次加 1，可能会导致数据无法写入。

57.3 启动模式错误

当我们要使用 Flash 保存数据时，在下载程序时必须选择 Flash ISP 模式，也就是把程序存入 Flash 后执行；不可以使用 RAM ISP 模式，也就把程序放入 SRAM 中执行。当程序在 SRAM 中执行时是无法操作 Flash 的，这会导致写数据函数无效，写入和读出的数据都为乱码或 0xFFFF。所以当你在 RAM ISP 模式下运行程序并进行 Flash 操作时，会发现 Flash 不能写入数据。这时只要将 FlyMcu 软件和开发板都设置为 Flash ISP 模式，重新下载一遍程序，问题就解决了。依据我的个人经验，在一些没有操作 Flash 的程序中也会出现单片机程序混乱或者频繁复位的现象，这也可能是 RAM ISP 模式导致的，只要改回 Flash ISP 模式就正常了。

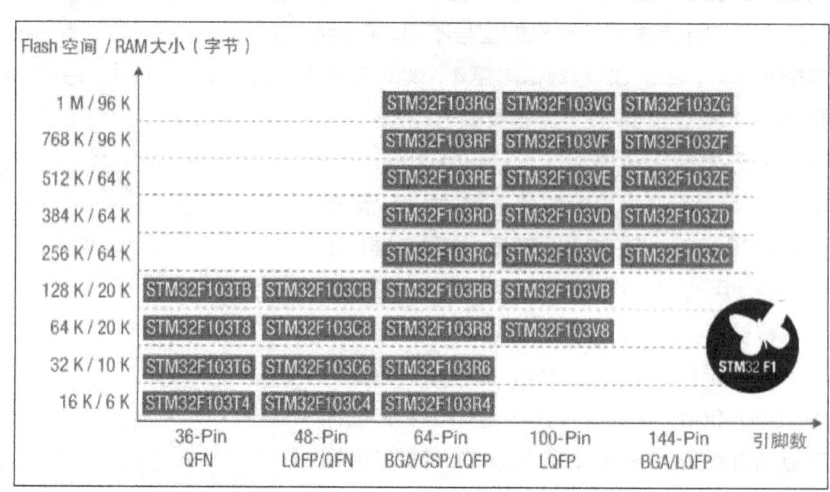

图 57.3 STM32F103 系列单片机 Flash 空间与型号关系

使用舵机时开发板复位？

提问：在完成舵机实验时，发现舵机转动瞬间，开发板会复位重启。虽然复位后可正常显示，但多操作几次舵机转动会再次复位，这是什么原因？使用大功率的外接设备，如舵机、电机、电磁铁、高亮 LED 时，为什么单片机会出现复位重启的问题？

解答：当我们使用大功率外接设备或模块时，一定要考虑供电问题。我们要保证系统电路整体的电压和电流在正常工作的范围内。以我们的开发板为例，洋桃 1 号开发板是采用计算机的 Mirco USB 接口供电，USB 接口的标准电压是 5V，一般计算机的输出电流是 500mA。通过 $P=U \times I$ 可得到总的输出功率是 2.5W。开发板上设备的用电电流大约是 70mA，余下的电流才能给外接设备。如果你的外接设备功率很大，就会使开发板本身的输入电流减少、电压下降，当电压下降到一个阈值时，单片机就会复位。

另外，还有一种可能是外接设备的瞬间工作电流很大，比如舵机从静态到转动的瞬间，需要的电流相对较大，而一旦转起来就不需要那么大的电流了。这个瞬间电流会导致单片机偶尔复位，因为不是每一次都复位，所以大家可能不会怀疑问题是舵机导致的，而会认为问题是程序 bug 或其他电路问题导致的。

解决此类问题的最好方法就是加大电源的功率，如果是开发板上的问题，可以把开发板的电源改成手机用的 5V/2A 的 USB 充电器或充电宝，看还会不会出现复位的问题。你可以在开发时在开发板的 USB 接口上连接另一个 USB 电源，双电源供电以带动大功率的外接设备。电路问题当中，电源是非常重要的一个部分，请大家多多注意。

59 如何在Keil中更改单片机型号?

提问：在 Keil 创建工程的时候有一个选择单片机型号的窗口，可以选择 STM32 的单片机型号。但如果我需要在已有的 Keil 工程中修改单片机型号，要在哪里修改呢?

解答：在 Keil 工程中有 2 处允许设置和修改单片机型号，一处是在创建新工程时，会弹出一个 CPU 型号选择窗口，如图 59.1 所示。因为 Keil 软件必须知道你用的是什么单片机，才能正确地配置编译器和仿真器。一般情况下选择一次单片机型号就可以了。第二处就是在创建好的工程里，单击“Options”图标按钮，在弹出的设置窗口中选择最左边的“Device”选项卡，这时会出现和创建工程时弹出的窗口一样的选择界面，在此处重新选择你使用的单片机型号就可以了，如图 59.2 所示。

需要注意：同一系列的单片机型号功能都很相似，比如同是 STM32F103，后缀是 CB 还是 C8 只是 Flash 空间大小有区别，即使不修改型号也是可以的。这个型号选择只是个参考，通常型号不完全符合也不会对编程、开发产生影响。

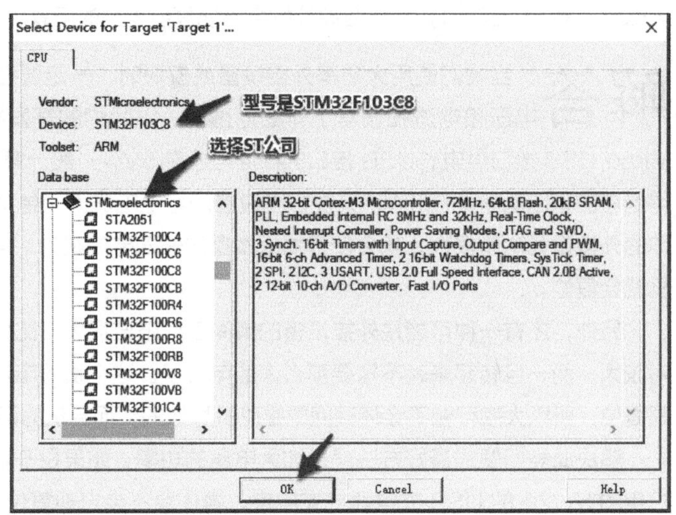

图 59.1 创建工程时弹出的单片机型号选择窗口

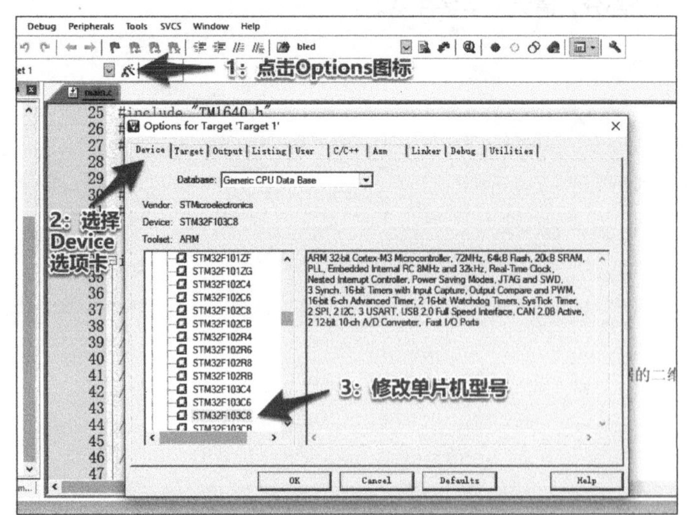

图 59.2 在“Device”选项卡中设置单片机型号

60 如何在 Keil中同时安装C51和MDK?

提问：在安装 Keil 时，能够实现 ARM 核心编译器和 51 单片机编译器同时存在吗？我要如何同时安装它们，使用时需要注意什么？

解答：理论上 Keil 软件是支持在一个平台上安装多个编译器的，也就是说你可以用 Keil 软件同时打开 51 单片机和 STM32 单片机的工程。下面我们以 Keil 4 软件为例，介绍一下如何同时安装 2 个编译器。

（1）首先你需要下载 2 个软件，Keil 4-C51 版和 Keil 4-MDK 版（MDK 是 ARM 编译器）。

（2）先安装 Keil 4-C51 版软件并注册。

（3）确定 Keil 4-C51 版本可以正常运行，能打开 51 单片机工程后再安装 Keil 4-MDK 版并注册。

（4）这时用 Keil 4 打开 STM32 工程，再打开另一个 51 工程，如果二者都能编译，说明安装成功。

检查方式：在 Keil 菜单中选择“File → License Management”，在 License Management 窗口中会显示出 MDK-ARM 和 PKC51 的注册信息。如果它们同时显示，则表示安装成功。

注意事项：

（1）注意要用同一个 Keil 软件的版本，如用 Keil 4 就都安装 Keil 4。如果同时安装了 Keil 4 和 Keil 5，将会在不同版本中打开不同的编译器工程。

（2）在某些计算机上安装完 C51 再安装 MDK-ARM 时会发现，C51 的注册信息消失了。这时可以再安装一次 C51 软件，通常就可以恢复。

（3）安装完软件后，一定要完成注册，不然编译器只能编译 2KB 以下的程序。

61 2个单片机通信用什么接口?

提问：我在做一个项目时需要 2 个单片机协同完成工作，可单片机与其他芯片通信的方法我学习过，而单片机与单片机之间的通信好像没有学过。如果要让 2 个单片机相互通信，用什么接口比较好?

解答：首先这个问题需要先从观念上有所改变。其实单片机本身也是一种芯片，它和显示屏驱动芯片、温度传感器芯片一样，都是完成某项任务的芯片。唯一的不同是显示驱动芯片、温度传感器芯片是厂家指定用途的，而单片机是通用的。所以单片机与单片机的通信，我们可以理解成单片机与另一个芯片的通信，只是这个芯片的通信方式由我们自己设置。

理解了这个概念，接下来就是考虑 2 个单片机之前的工作关系。举个例子，2 个单片机是老板跟员工的关系（主对从），还是老板跟老板的关系（主对主），或是员工和员工的关系（从对从）。

（1）主对从：这种关系最为常见。在系统中有一个主单片机，它里面的程序控制完成整个系统的管理，另一个单片机只负责完成某一小部分工作任务。拿杜洋工作室出品的巡线小车为例，在小车 OLED 显示屏的背面有一个 64 脚的主控单片机，它生成人机界面和各种功能。而在小车下方有一个高分辨率的巡线传感器，因为这个传感器的分辨率很高，需要很复杂的算法和很高的采集频率，所以巡线传感器上有一个专门用于采集数据的单片机。这时巡线单片机从功能上讲是从单片机，于是巡线单片机给出一个 I^2C 接口，主单片机只要通过 I^2C 总线通信协议就可以读出巡线单片机里的数据。就像读其他 I^2C 接口的功能芯片，如 LM75A 温度传感器一样。从单片机的特点是永远被动，只要主单片机不来读写，从单片机是不会主动通信的。

当有主、从机区别时，只要从机模拟其他功能芯片的接口就行了。常用的接口有 I^2C、SPI、USART（RS232）、RS485、USB 等。如果注重扩展性（如想在一个接口上接多个从单片机与芯片）则用 I^2C；如果注重通信速度则用 SPI；如果注重编程简单、使用方便则用 USART；如果注重远距离通信就用 RS485；如果是有操作系统的高级通信设备，可用 USB 接口。只要在从单片机上开启这些接口并设置为从设备就可以了。硬件上没有的接口也可以用软件模拟，但对刷新速度要求高的不推荐模拟。

（2）主对主：2 个单片机都是主控，每个单片机独立管理一个完整的系统，且每个单片机都有可能主动发起通信。多主机通信最大的问题是数据冲突，如果 2 个（或更多）主机同时发数据，谁先谁后呢？这就需要使用带有多主机功能的接口了，如 CAN、以太网等。一般 2 个主单片机是不会放在一块电路板上的，大多还是 2 台设备间的通信，这时可以用专用线缆的接口。CAN 总线高级很多，有专业的仲裁机制和保护机制，在多主机的通信中最常用。以太网就是互联网的通信接口，只是你的系统不一定接入互联网，可能只形成一个小局域网，那么以太网接口的 TCP/IP 协议（或其他协议）一样可以使多主机通信更稳定。另外，还可使用 RS232 和 RS485 接口，它们是开放的通信接口，需要用户自己设计通信原则和仲裁方案，如果通信不复杂的话可以使用。

（3）从对从：这种情况非常少见，大都需要另有一个主单片机控制它们。当主单片机需要在从单片机 A 中读出数据发给从单片机 B 时，只要主单片机发出一个信号，从单片机 A 就会直接向从单片机 B 发送数据，不需要经过主单片机，这有点像 DMA 功能。这时能用的接口就很多了，USART、SPI、CAN、RS485 都可以。接口的选择由关注的重点决定。

以上只是基于现有成熟的接口方案，还有一种用户自己设计的接口。比如拿几个普通 I/O 端口直接用电平高低或者冲突的数量进行通信，这种最原始、最直观的通信方式也是很好用的。如果你是名初学者，想完成简单的通信，那么这是一个很好的选择。但如果你能完成以上介绍的任何一种接口的开发，那就不要用原始方案。因为直接用电平表示缺少成熟接口协议的封装，在可靠性和扩展性上都不高。有时电平方式通信所占用的引脚数量比成熟的 I^2C、SPI 还要多，这样做在复杂开发中会遇到各种问题。我们不应该被困难打败，而退而求其次，而是应该掌握知识、运用知识，用专业接口做专业通信。

62 晶体振荡器引脚如何变成GPIO?

提问：我想把 STM32F103 单片机中的 4 个晶体振荡器引脚复用成普通的 GPIO，但发现 PC14、PC15 在程序中设置为推挽输出后，却不能使用，不能像其他 GPIO 一样驱动 LED。请问是哪里没有设置对?

解答：如图 62.1 所示，STM32F103 单片机在 LQFP48 封装中共有 4 个引脚是与外部晶体振荡器连接的，其中 3、4 引脚连接 32.768kHz 晶体振荡器，5、6 引脚连接 8MHz 晶体振荡器。另外第 2 引脚虽然没有连接晶体振荡器，但它的复用功能也与 RTC 有关。这 5 个引脚在上电时默认为外部晶体振荡器功能，但也可以通过程序复用为 GPIO 功能，复用的 I/O 端口组是 PC 和 PD，这两组 GPIO 在 48 脚单片机中并没有整组引出来，只有 100 脚及以上单片机中才能使用整组的 PC 和 PD。这里只有从 2 脚到 6 脚的 PC13、PC14、PC15、PD0、PD1 接口。

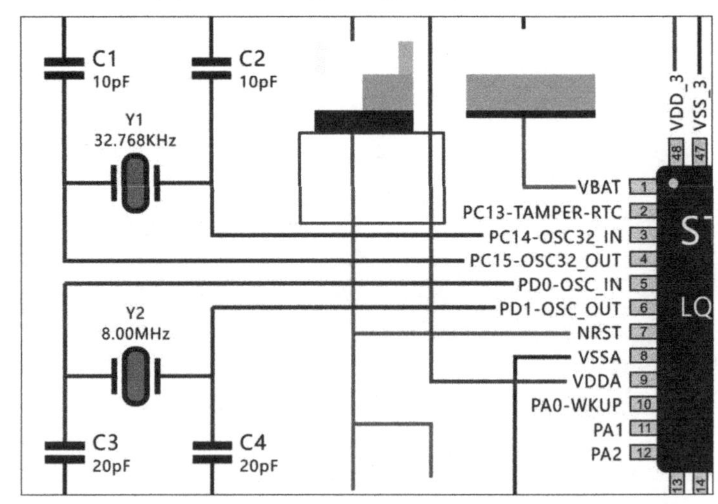

图 62.1 单片机晶体振荡器相关接口

接下来我们打开“STM32F103X8-B 数据手册（中文）”文档，在手册第 17 页可以找到如图 62.2 所示的引脚定义图表，这里面写明了定义的编号和功能。请注意在“引脚名称”一列中，PC13、PC14、PC15 的上角标有“（4）”，这是对其进行特别说明的标注。表示我们可以在表格的下方找到一系列注，其中第 4 个说明就是关于这 3 个 GPIO 的说明。表格下方的说明文字如图 62.3 所示。PC13、PC14 和 PC15 引脚通过电源开关进行供电，而这个电源开关只能够吸收有限的电流 (3mA)。因此这 3 个引脚作为输出引脚时有以下限制：在同一时间

表5　中等容量STM32F103xx引脚定义

引脚编号						引脚名称	类型(1)	I/O电平(2)	主功能(3)(复位后)	可选的复用功能	
LFBGA100	LQFP48	TFBGA64	LQFP64	LQFP100	VFQFPN36					默认复用功能	重定义功能
A3	-	-	-	1	-	PE2	I/O	FT	PE2	TRACECK	
B3	-	-	-	2	-	PE3	I/O	FT	PE3	TRACED0	
C3	-	-	-	3	-	PE4	I/O	FT	PE4	TRACED1	
D3	-	-	-	4	-	PE5	I/O	FT	PE5	TRACED2	
E3	-	-	-	5	-	PE6	I/O	FT	PE6	TRACED3	
B2	1	B2	1	6	-	V_{BAT}	S		V_{BAT}		
A2	2	A2	2	7	-	PC13-TAMPER-RTC(4)	I/O		PC13(5)	TAMPER-RTC	
A1	3	A1	3	8	-	PC14-OSC32_IN(4)	I/O		PC14(5)	OSC32_IN	
B1	4	B1	4	9	-	PC15-OSC32_OUT(4)	I/O		PC15(5)	OSC32_OUT	
C2	-	-	-	10	-	V_{SS_5}	S		V_{SS_5}		
D2	-	-	-	11	-	V_{DD_5}	S		V_{DD_5}		

图 62.2 数据手册中的引脚定义

只有一个引脚能作为输出，作为输出脚时只能工作在 2MHz 模式下，最大驱动负载为 30pF，并且不能作为电流源（如驱动 LED）。

其中可以看出这 3 个 I/O 端口并不同于普通的 I/O 端口，它们的内部供电电源比较特别，当工作在灌电流状态时，最大吸收电流只有 3mA。这是很小的电流，因为正常的 I/O 端口能吸收 20mA 的电流。另外，当这 3 个引脚用于推挽输出时，不能作为电流源，即不能对外输出大电流。而 LED 正是很常用的电流驱动器件。所以这 3 个 I/O 端口如果接了 LED，LED 根本不会亮。

回答最初的问题，PC13、PC14、P15 这 3 个 I/O 端口本身的性能就决定了其不能驱动 LED，只能做电平通信或电平输入。不过 PD0 和 PD1 的性能要比前 3 个端口强很多，可见图 62.3 中的第 8 条，PD0 和 PD1 如果要输出时只能工作在 50MHz 的速度下，但其他的性能则和普通 PA、PB 组接口一样，也就是说 PD0 和 PD1 可以驱动 LED。

如果在使用 I/O 接口时出现问题，请先查看“数据手册”和“参照手册”，仔细阅读标注的说明，里面有很多重要的信息，如果没有关注到，可能会导致问题。

1. I = 输入，O = 输出，S = 电源，HiZ = 高阻
2. FT：容忍5V
3. 可以使用的功能依选定的型号而定。对于具有较少外设模块的型号，始终是包含较小编号的功能模块。例如，某个型号只有1个SPI和2个USART时，它们即是SPI1和USART1及USART2。参见表2。
4. PC13，PC14和PC15引脚通过电源开关进行供电，而这个电源开关只能够吸收有限的电流(3mA)。因此这 3 个引脚作为输出引脚时有以下限制：在同一时间只有一个引脚能作为输出，作为输出脚时只能工作在2MHz模式下，最大驱动负载为30pF，并且不能作为电流源(如驱动LED)。
5. 这些引脚在备份区域第一次上电时处于主功能状态下，之后即使复位，这些引脚的状态由备份区域寄存器控制（这些寄存器不会被主复位系统所复位）。关于如何控制这些IO口的具体信息，请参考STM32F10xxx参考手册的电池备份区域和BKP寄存器的相关章节。
6. 与LQFP64的封装不同，在TFBGA64封装上没有PC3，但提供了V_{REF+}引脚。
7. 此类复用功能能够由软件配置到其他引脚上(如果相应的封装型号有此引脚)，详细信息请参考STM32F10xxx参考手册的复用功能I/O章节和调试设置章节。
8. VFQFPN36封装的引脚2和引脚3、LQFP48和LQFP64封装的引脚5和引脚6、和TFBGA64封装的C1和C2，在芯片复位后默认配置为OSC_IN和OSC_OUT功能脚。软件可以重新设置这两个引脚为PD0和PD1功能。但对于LQFP100/BGA100封装，由于PD0和PD1为固有的功能引脚，因此没有必要再由软件进行重映像设置。更多详细信息请参考STM32F10xxx参考手册的复用功能I/O章节和调试设置章节。
在输出模式下，PD0和PD1只能配置为50MHz输出模式。

图 62.3 对晶体振荡器引脚的特别说明

63 编译示例程序时出现错误和警报怎么办？

提问：我安装 Keil 4 软件并打开洋桃 1 号开发板的示例工程，可正常打开，但重新编译时出现错误和警报。

解答：你是否安装了 Keil 4 的汉化补丁？如果是，请删除后重新安装英文原版。非官方的汉化文件可能会导致不可预知的问题。初学者请按视频操作安装，不要安装汉化版或 Keil 5 版本。由此导致的问题，初学者可能无法解决。

64 如何用ST官方ISP软件下载程序?

提问：如何用 ST 公司官方提供的 ISP 软件给洋桃 1 号开发板下载程序?

解答：ST 官方的 ISP 下载软件名称是 Flash Loader Demonstrator，这款软件使用起来很麻烦，业内很少有人用它下载程序，反而是第三方的 FlyMcu 软件更好用。所以我在视频中没有介绍官方软件的用法。下面给出下载方法，有需要的朋友可以尝试。

1 首先关闭洋桃 1 号开发板 ASP 自动下载功能，方法是双击 MODE 按键，使 ASP 灯亮度变暗。

2 设置从内部 Bootloader 启动方法：当 BOOT0=1、BOOT1=0 时，单片机进入程序下载模式。当 BOOT0=0（BOOT1=0 或 1 均可）时，单片机运行用户的程序。

启动模式选择引脚		启动模式	说明
BOOT1	BOOT0		
X	0	主闪存存储器 Flash ISP	主闪存存储器被选为启动区域
0	1	系统存储器 Bootloader	系统存储器被选为启动区域
1	1	内置SRAM RAM ISP	内置SRAM被选为启动区域

因为要下载程序，所以在开发板上需要用导线（面包板线）将单片机的 BOOT0 接到 VCC，将 BOOT1（PB2）接到 GND。重新上电（按 MODE 按钮断电再上电）后，单片机处在下载状态。

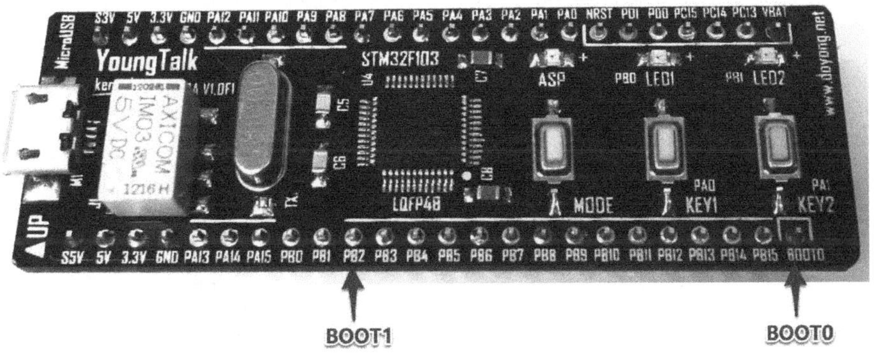

3 打开软件，选择正确的串口号（你的串口号）和设置（如下图所示），波特率（Baud Rate）一般设置为 115 200 波特，但如果出现通信不稳定或无法连接，可设置为 9600 波特。然后单击“NEXT”按钮。

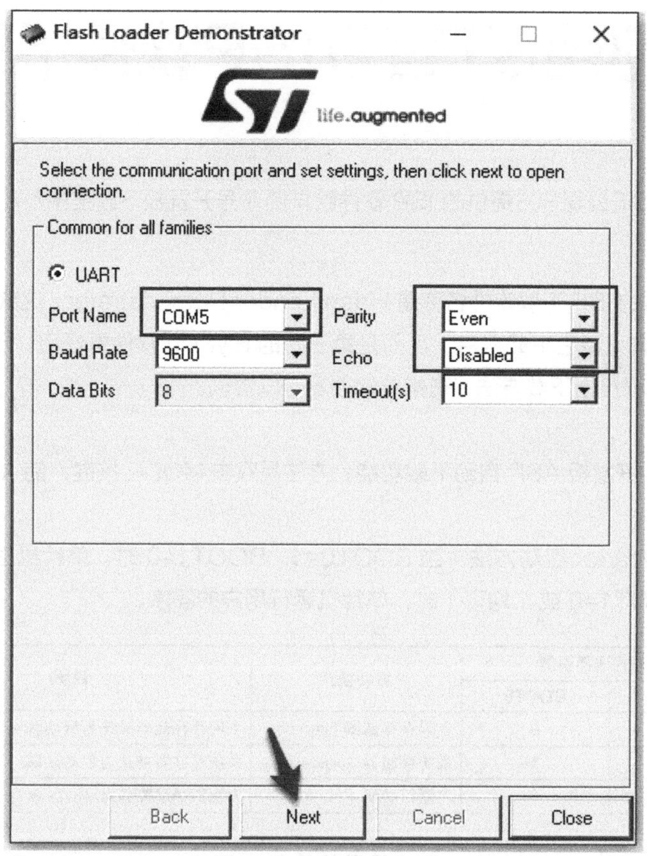

4 如果连接错误或没有重启 STM32 芯片，就会出现如下提示，那么请从头再做一遍上述操作。

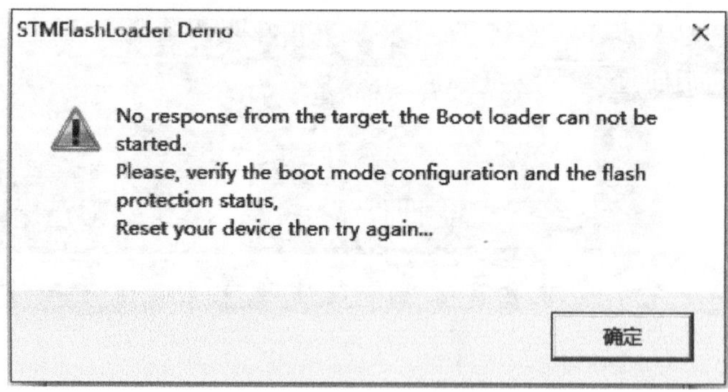

5 如果连接正确且重启了 STM32 芯片，就会有如下显示。此处会显示当前芯片的 Flash 大小，下图所示是 64KB。接着单击“NEXT”按钮。

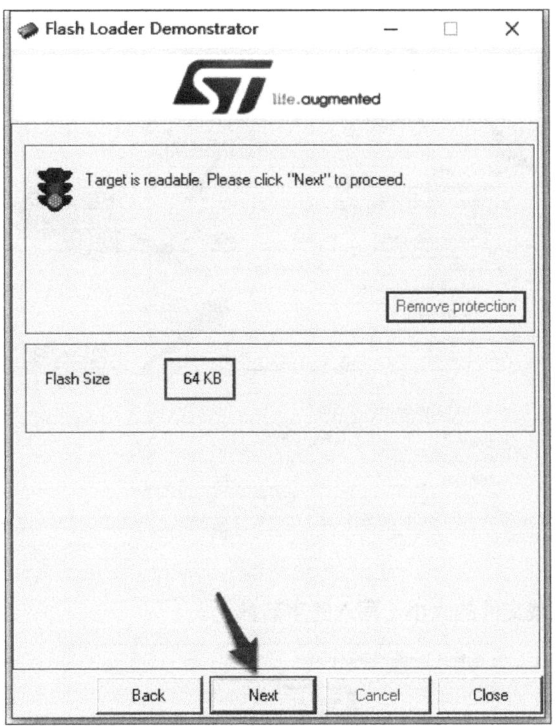

6 选择正确的芯片和 Flash 大小，然后单击“NEXT”按钮。

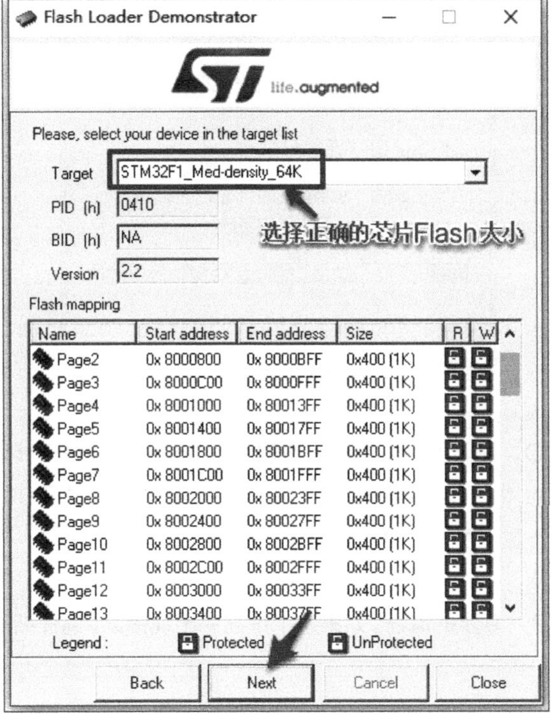

7 这里选择第二项（Download to device），在文件选择框中打开我们要下载的 HEX 文件。设置下边的 2 个功能项，单击“NEXT”按钮。

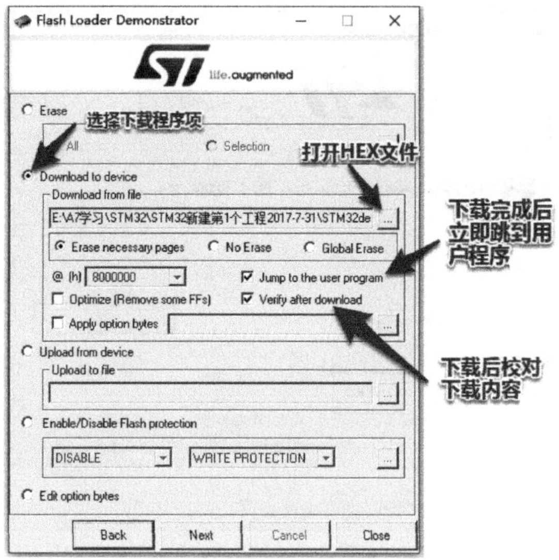

8 下载完成，并显示出下载文件的大小（写入的字节数）。

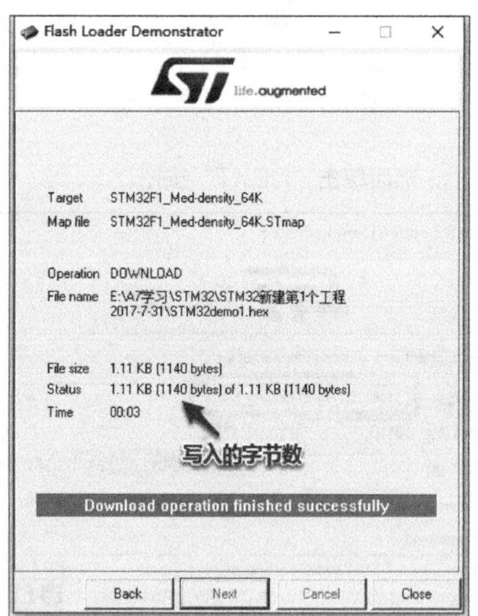

9 将 BOOT0 改接到 GND，重新上电后运行用户程序。注意：如果第 7 步勾选了“下载完成后立即跳到用户程序”（Jump to the user program）这一项，则不用变动 BOOT0 也能运行用户程序。当调试工作结束，不需要再次下载程序时，再把 BOOT0 改接到 GND。

再次下载程序时要重复 2 ~ 9 步的流程。如果这个过程中出现错误，请仔细检查各步骤，重新再做一次。